本书原创性研究成果得到以下科研项目的资助

- 科技部基础调查专项项目：中国生态系统通量数据整编和性状调查项目（2019FY101300）
- 国家自然科学基金委基础科学中心项目：生态系统对全球变化的响应（31988102）
- 科技部“美丽中国”生态文明科技工程专项：北方典型植被自然保护区生物多样性评估和维持机制（XDA23080401）
- 科技部第二次青藏高原综合考察专项项目：地表功能元素耦合作用的植物性状响应（2019QZKK060602）
- 国家自然科学基金委重大项目：陆地生态系统中生物对碳–氮–水耦合循环的影响机制（31290221）
- 东北林业大学柔性人才引进项目：植物功能性状与生态系统碳氮循环

植物功能生态学

——从器官到生态系统

何念鹏　于贵瑞　刘聪聪　李　颖　王瑞丽 等　著

科学出版社

北　京

内 容 简 介

本书介绍了植物功能性状的概念、内涵及其发展历史，梳理了植物功能性状的指标体系及其主要分类、制定了适用于植物功能性状的野外调查样地设置规范，以及植物不同器官的样品采集和测量技术规范。同时，本书原创性提出概念体系，如植物群落功能性状、生态系统功能性状、植物功能性状网络、基于功能性状的生产力预测框架等，实现了植物功能性状在复杂生态系统中的多维度拓展（单性状–多性状、单器官–多器官、单物种–多物种），形成了通过植物功能性状探究群落维持机制和生态系统功能优化机制的新思路，构建了以功能性状为核心的生态系统生态学研究和整合生态学研究的新理论框架。

本书可供林学、生态学、地理学等相关专业的师生阅读参考，也可作为相关专业研究人员的参考用书。

审图号：GS 京（2024）0231 号

图书在版编目（CIP）数据

植物功能生态学：从器官到生态系统/何念鹏等著. —北京：科学出版社，2024.3

ISBN 978-7-03-077514-6

Ⅰ. ①植…　Ⅱ.①何…　Ⅲ. ①植物生态学　Ⅳ.①Q948.1

中国国家版本馆 CIP 数据核字（2024）第 013701 号

责任编辑：石　珺　张力群 / 责任校对：郝甜甜

责任印制：赵　博 / 封面设计：无极书装

科学出版社 出版

北京东黄城根北街 16 号

邮政编码: 100717

http://www.sciencep.com

北京中科印刷有限公司印刷

科学出版社发行　各地新华书店经销

*

2024 年 3 月第　一　版　开本：787×1092　1/16

2024 年 4 月第二次印刷　印张：24 1/4

字数：575 000

定价：218.00 元

(如有印装质量问题，我社负责调换)

作 者 简 介

何念鹏，中国科学院地理科学与资源研究所研究员，长江学者特聘教授。主要从事植物功能性状、生态系统碳汇、生物地球化学等方面的研究。发展了群落功能性状、生态系统功能性状、植物功能性状网络、基于功能性状预测生产力等概念体系和方法，为群落生态学和生态系统生态学相关研究提供了新思路。曾获中国科学院杰出科学成就奖，贵州省自然科学奖一等奖、吉林省科技进步奖二等奖等奖项。

于贵瑞，中国科学院地理科学与资源研究所研究员，中国科学院院士。在生态系统碳–氮–水通量观测技术及耦合循环机理方面取得了系列创新性成果。兼任国家生态系统观测研究网络（CNERN）综合研究中心主任、CERN 科学委员会副主任、中国陆地生态系统通量观测研究网络联盟（ChinaFLUX）理事长，亚洲通量网络（AsiaFlux）主席。曾获得国家科技进步奖一等奖、国家科技进步奖二等奖（2 项）、中国科学院杰出科学成就奖等奖项。

刘聪聪，中央民族大学生命与环境科学学院预聘副教授。主要从事植物性状–环境关系、植物性状–生态系统功能的研究。主持国家自然科学基金青年基金、博士后面上基金和中国科学院特别研究助理资助项目等科研项目多项。曾获中国科学院院长特别奖。

李颖，北京林业大学草业与草原学院讲师。主要致力于植物功能性状网络的植物多维度适应与响应机制研究。目前已发表SCI论文20余篇，其中以第一作者和通讯作者发表SCI论文9篇，相关论文发表于*Ecology Letters*和*Trends in Ecology and Evolution*等国际知名期刊。曾入选中国科协青年人才托举计划，主持国家自然科学基金青年基金项目和博士后面上基金，担任*Forests*的客座编辑。

王瑞丽，西北农林科技大学林学院副教授。主要从事植物功能性状领域的研究工作，在叶片/根系功能性状的变异性、偶联关系及生态系统功能维持机制等方面开展了大量工作。曾主持陕西省高校科协青年人才托举计划项目、国家自然科学基金以及博士后科学基金等科研项目10项。以第一作者和通讯作者在国内外期刊发表学术论文17篇。

前　言

性状（trait）是植物、动物和微生物等生命体对外界环境长期适应和演化后所呈现的相对稳定并可度量的特征参数。通过对性状的相关研究，人们可以深入了解生物的生活史、行为、适应性以及生物间相互作用。同时，通过定量揭示性状的时空变异特征，还可以帮助我们更好地理解生态和进化模式背后的过程，并建立生物体与复杂生态系统结构、过程和功能间的桥梁。

早在公元前 300 年，提奥弗拉斯（Theophrastus）等希腊哲学家就根据生物的形态、生理、行为和物候特征，建立了第一个正式对生物进行定义和分类的系统，记载了当时已知的 480 多种植物，并用粗放的形态特征将其分为乔木、灌木、半灌木和草本。1859 年，达尔文在《物种起源》中详细描绘加拉帕戈斯群岛达尔文雀（*Coerebini*）鸟喙的大小和形状特征，正式引入了“性状”的概念，并指出“性状”是生物有机体行为的指示器；这也是被公认的对“性状”首次开展的定量化研究。

在很长一段时间内，“性状”这个术语被广泛地应用于描述土壤性质、生物个体或群落特征等不同对象和不同研究尺度，在使用过程中，其内涵非常混乱。为了解决这个问题，法国生态学家西里尔•维奥勒（Cyrille Violle）明确地给出“生态学视觉”的性状定义：性状是指在个体水平上测量的任何形态学的、生理学的和物候学的特征，不涉及环境因子以及其他任何机体水平。在此基础上，西里尔进一步对“功能性状（functional trait）”进行了定义：任何影响植物、动物和微生物等适合度的形态学的、生理学的和物候学的特征。同期，为加强功能性状测量的一致性和可比较性，荷兰生态学家约翰内斯（Johannes H. C. Cornelissen）及其合作者率先发表了植物功能性状的测量标准。至此，植物功能性状的研究逐步走向规范化并迎来蓬勃发展。2019 年，何念鹏和于贵瑞等在发展植物群落功能性状（plant community trait）和生态系统功能性状（ecosystem trait）时，进一步对植物功能性状的内涵进行了拓展，并明确了其与遗传相关的（genetic）、相对稳定的（relatively stable）和可测量的（measurable）基本特征，完善了植物功能性状的定义并为制定规范化的测试技术规范奠定了基础。

鉴于植物功能性状的基础性和重要性，它已成为近 30 年来贯穿植物学、遗传学、生态学、农学和地学等多个学科的研究热点，也是在不同空间和时间尺度上解决生态学和进化问题的关键手段。20 世纪 90 年代后期以来，我国的植物功能性状研究得到了快速的发展；经历了多年的追踪热点式的研究、逐步发展到近年来填补空白型和局部引领式的研究阶段。

2012 年以来，在于贵瑞院士牵头的国家自然科学基金委重大项目（陆地生态系统中生物对碳–氮–水耦合循环的影响机制）和何念鹏研究员主持的科技部基础调查专项项目（中国生态系统通量数据整编和性状调查项目）等共同资助下，何念鹏等提出了以“系统性和配套性”为特色的新型功能性状数据库的建设原则，并带领近 10 个来自研究所和大学的研究团队，2012~2021 年间对中国 100 多个典型生态系统开展了大规模的野外调查和室内测试，初步构建了由 112 项“叶–枝–干–根”功能性状参数和配套群落结构参数等构成的中国生态系统功能性状数据库（China_Traits）。

在新型数据库的支持下，研究团队不仅系统地探究了器官水平植物功能性状在样带和中国区域的空间变异规律、影响因素和调控机制，填补了多项植物功能性状区域变异规律的空白。同时，研究团队还通过一系列新观点、新方法和新理论的发展，如植物群落功能性状（plant community trait）、生态系统功能性状（ecosystem traits）、植物功能性状网络（plant trait networks）、基于功能性状预测生产力的新框架（trait-based productivity）等，实现了植物功能性状在面向复杂生态系统时的多维度拓展（即：从单器官到多器官拓展、从单性状到多性状拓展、从单物种到多物种拓展），建立了以植物功能性状探究群落维持机制和生态系统功能优化机制的全链条式新思路。在此基础上，我们还构建了以群落功能性状为核心的生态系统生态学研究和整合生态学研究的新理论框架，希望通过促进宏观生态学、宏观地学和遥感科学等多学科融合，使相关研究能更好地服务于当前区域生态环境问题和全球变化问题的解决。

还原论（Reductionism）指向事物的微观性质，重在从宏观走向微观；而系统论（System Theory）倒转行程，把目光指向事物的宏观性质和复杂性，重在从微观走向宏观。必须指出，在当前还原论科学一统天下的时代，科学理论一向重分析轻综合。然而在与植物功能性状研究密切相关的自然界的物种、群落、生态系统、区域乃至全球，都属于复杂性系统，不能过度依赖当前强调微观、单一性状、单一物种的还原论途径，而应融入系统论思维，才能更科学地揭示其适应机制或维持机制。在全面梳理国内外植物功能性状的研究进展、问题和未来的发展趋势，凝练未来植物功能性状的发展方向的基础上，我们逐步让传统植物功能性状研究真正走进复杂的自然群落、生态系统、社会系统和经济系统，强调其复杂性本质，进而推动以功能性状为基础的整合生态学快速发展。总之，我们是在概括国内外相关进展的基础上，集成了研究团队 10 多年的相关研究成果，最终撰写了本书。

“植物功能生态学”，或可更直接称为“植物功能性状生态学”，是以植物功能性状为基本途径，深入揭示不同尺度的生态过程、维持机制和功能优化机制的生态学分支学科。按国际学术交流习惯，我们将本书定名为“植物功能生态学”（*Plant Functional Ecology*），甚至更宽泛的“功能生态学”（*Functional Ecology*）；然而，若基于大家日常生活中对“植物功能性状”更直观的接触和理解，从科普与交流角度，也可将其称为“植物功能性状生态学”（*Plant Functional Trait Ecology*）。无论如何命名，其核心都是发展以功能性状为基础的生态学（Trait-Based Ecology）或整合生态学（Trait-Base Integrative

Ecology）。此外，由于本书以植物功能性状如何贯彻从器官到生态系统的各个研究尺度为核心轴展开，期望让植物功能性状研究能更好地走进更复杂的自然生态系统，同时也是本专著的原创性基石之所在，因此我们最终将其定名为《植物功能生态学：从器官到生态系统》。在此特别加以说明，如有不妥之处，期待后续各位专家和学者的斧正！

本书共由 3 篇 17 章内容组成。其中，第一篇为“植物功能性状研究进展与测定技术规范总论”，包括三章。分别是：第 1 章“植物功能性状研究的历史、演化与发展趋势”，回顾了植物功能性状的发展历程，总结了植物功能性状的研究进展，并为植物功能性状的未来发展提出展望；第 2 章“植物功能性状的指标体系及其分类”，阐述了当前植物功能性状的分类以及研究体系；第 3 章“植物功能性状研究配套的野外群落结构调查规范”，详细介绍了大尺度野外植物功能性状的野外采样工作与流程。第二篇为“植物功能性状测定技术规范”，包括五章。从第 4～8 章详细介绍了植物叶片、茎干、根系、繁殖体、整体功能性状的测试方法以及注意事项。第三篇为“植物功能性状研究：从器官到生态系统”，包括九章。分别是：第 9 章“植物功能性状在器官水平的变异、适应与优化机制”和第 10 章“植物不同器官间的功能性状协同演化与优化机制”分别在器官内和跨器官水平阐述了植物功能性状的适应与优化；第 11 章“植物功能性状多样性及其与植物适应和功能优化间的关系”，概述了功能多样性指数概念和计算方式，并从功能多样性的角度阐释了群落的维持与生产力优化机制；第 12 章“植物功能性状网络及其多维度适应机制”，创新发展了植物功能性状网络的概念、参数和方法，并从功能性状多维度特征的角度揭示植物的适应机制；第 13 章“植物群落功能性状频度分布与群落构建机制”，强调未来的研究不应该仅仅关注功能性状的群落加权平均值，群落加权方差、偏度和峰度等都有可能反应了群落构建和环境适应的关键信息；第 14 章“植物群落功能性状及其空间变异和影响因素”、第 15 章“基于植物群落功能性状的生态系统生产力预测的新途径”和第 16 章“根系群落功能性状空间变异及其对生产力的调控机制”，阐述了植物功能性状从物种到群落的尺度拓展方法，并从群落尺度探究植物的适应及其对生态系统生产力的调控途径与机制；第 17 章“生态系统功能性状：传统性状与宏观生态研究的桥梁”，阐述了如何在群落尺度联系植物、动物、微生物功能性状，并将功能性状应用到宏观生态和地理学的研究，服务于区域生态环境问题和全球变化问题的解决。

本书作者主要由于贵瑞院士和何念鹏研究员及其团队研究生组成；他们分别是李颖、刘聪聪、王健铭、王瑞丽、王若梦、闫镤、张佳慧、张自浩、赵宁（按汉语拼音排序）。除此之外，还邀请了中国科学院长春地理与农业研究所以植物繁殖体功能性状研究著称的张红香研究员帮助完成第 7 章的繁殖体功能性状及其测定方法部分的撰写，在此特别致谢！同时，还有许多来自研究组的其他老师和同学们、其他研究所和大学参与野外调查、室内测试和数据分析的老师和同学们、野外台站的领导和辅助野外监测的老师们，都对本书出版和相关章节的研究内容做出了重要贡献，在此不一一枚举。中国科学院地理科学与资源研究所徐丽、李明旭、梁晶、王秋风、孙晓敏、何洪林、张心昱、温学发等老师协助完成了大量后勤和实验室测定等工作。在此一并致谢。

在长达 10 多年连续野外调查和系统性研究过程中，我们离不开多个重要项目的接龙式资助，在此特别表示感谢，它们分别是：科技部基础调查专项项目（中国生态系统通量数据整编和性状调查项目，2019FY101300），国家自然科学基金委基础科学中心项目（生态系统对全球变化的响应，31988102），科技部“美丽中国”生态文明科技工程专项（北方典型植被自然保护区生物多样性评估和维持机制，XDA23080401），科技部第二次青藏高原综合考察专项项目（地表功能元素耦合作用的植物性状响应，2019QZKK060602），国家自然科学基金委重大项目（陆地生态系统中生物对碳–氮–水耦合循环的影响机制，31290221），东北林业大学柔性人才引进项目：植物功能性状与生态系统碳氮循环。同时，也感谢这些项目跟踪专家对我们该系列研究工作的指导和帮助！

总而言之，本书规范了植物功能性状的野外调查方法和实验测量技术，并汇聚了国内外植物功能性状研究的最新成果。其中，它还更是以我们团队的相关研究进展为主，试图去建立一个以“植物功能性状”为核心、贯穿“器官、个体、群落、生态系统、区域乃至全球”不同时空尺度的生态学研究的新框架，进而促进宏观生态、宏观地学和遥感科学等多学科融合发展。相关新思路和新想法还处于初步发展阶段，必然存在诸多不成熟、不完善的地方，亟需未来进一步发展。如有任何不妥之处，还请见谅、敬请多多批评指正！

作　者

2022 年 12 月

目　录

第一篇

植物功能性状研究进展与测定技术规范总论

第1章 植物功能性状研究的历史、演化与发展趋势

摘要：植物功能性状（plant functional traits）通常是指能直接或间接影响植物生长、繁殖和生存的形态学、生理学和物候学等相对稳定和可测量的特征参数。通过多年发展，植物功能性状的定义、内涵以及测量手段已经科学化和规范化，人们利用在不同地点、不同时间测定的数据，深入阐述了植物功能性状的种内与种间变异、区域乃至全球植物功能性状的空间变异规律及其调控机制、多种功能性状间的协同与权衡以及植物功能性状的演化等。20世纪90年代开始，大尺度和全球整合型植物功能性状数据库的逐步建成，植物功能性状的研究已经不再局限于个体和物种尺度。一方面，区域和全球的植物功能性状生物地理学研究蓬勃发展；另一方面，植物功能性状研究也逐步被拓展到多种功能性状耦合、群落物种共存机制、生态系统功能形成与变异等的机理解释。随着植物功能性状研究逐步深入到复杂的自然群落或生态系统，科研人员发现传统“零星数据收集性数据库”难以很好地满足相关数据要求，迫切需要考虑群落复杂性和植物不同器官功能性状相匹配的新型数据库，该数据库的基本要求和特色是“配套性和系统性”。随着科学概念和新型数据库的发展，相关研究呈现出如下发展趋势：①进一步强调了植物不同器官间功能性状的协同机制与权衡关系，并力争从植物整体观探讨植物对资源环境变化的响应与机制；②强调多种功能性状对资源环境变化的多维度响应与适应机制，发展了植物功能性状网络理论体系和技术手段；③强调了植物群落结构复杂性，利用植物功能性状分布频谱和功能多样性指数探究群落构建机制；④完善了植物功能性状从器官–物种–群落–生态系统拓展理论体系，进一步搭建了以植物群落功能性状为核心的宏观生态学与宏观地学等多学科的桥梁。这些新发展趋势，逐步让传统功能性状研究真正走进自然生态系统、社会系统和经济系统，进而推动以功能性状为基础的整合生态学快速发展，服务于区域生态环境问题的解决。

性状（traits）是植物、动物和微生物等生命体对外界环境长期适应和演化后所呈现的相对稳定并可度量的外在特征，具有非常重要的生态学意义，是探索生物对环境响应和适应的重要途径之一。植物功能性状通常是指能直接或间接影响植物生长、繁殖和生存的形态学、生理学和物候学等的相对稳定和可测量的特征参数；在具体研究中，科研人员常将植物功能性状与植物性状几乎等同（何念鹏等，2018a）。植物性状研究长期受

高度重视，人们常常利用植物性状来解释生态过程中的相关机理（Violle et al.，2007）。但植物功能性状不仅与遗传因素密切相关，同时也会受到外界环境的修饰。因此，植物功能性状的时空变异规律，可以一定程度上反映植物对资源环境变化的响应策略。目前，功能性状已经是植物学、遗传学和农学等学科的研究热点，也是在空间和时间尺度上解决生态学问题的重要工具。

近年来，基于性状的生态学（trait-based ecology）飞速发展，生态学家也开始从植物功能性状的角度，揭示各个时空尺度的复杂生态过程；相关中英文综述类文章已有多篇，从不同角度推动了相关领域快速发展（Martin and Isaac，2015；刘晓娟和马克平，2015；宋光满等，2018；何芸雨等，2019；何念鹏等，2020；Hanisch et al.，2020）。本章在系统梳理前人研究的基础上，由浅入深地介绍了“性状”的涵义及其发展的脉络，总结了植物功能性状的种内种间变异、功能性状间的协同和权衡、功能性状与群落构建、功能性状与生态系统功能等方面的重要研究进展，并展望了未来植物功能性状研究的发展趋势和新生长点。

1.1 性状的起源与发展

1.1.1 性状与人类的发展

在远古时期，人类就已经学会用质地坚硬的棍棒、弹性较高的枝条制作的弓箭作为狩猎工具；用燃点低的叶片或树皮作为钻木取火的材料；用热值高或能够持续燃烧的树干在夜间取暖和驱赶野兽；用质地柔软的植物枝叶铺垫作为休息的温床。在神话故事中，神农氏尝遍百草，发现草木有酸甜苦辣等各种味道，并将苦味的草用于治疗咳嗽；酸味的草用于治疗肠胃疾病。现在看来，这些成功的实践是利用了植物的化学性状。到农耕时期，人类已经学会将“性状”应用到农业生产，如筛选颗粒饱满的种子，以实现农作物的高产优质。到秦汉时期，人们根据“二十四节气”指导农业生产活动，也是利用了农作物相对稳定的物候性状。“人间四月芳菲尽，山寺桃花始盛开”，这首白居易的诗所描述的是海拔对植物花期的影响；通常，随着海拔的升高，植物花期会更晚。古代人类并没有科学地定义“性状”这个名词，也没有将“性状”定量化，但“性状”早已贯穿到人类发展史和生产活动中。

1.1.2 性状研究的科学化与规范化

1. 性状定义的规范化

1859 年，达尔文在《物种起源》中详细描绘加拉帕戈斯群岛达尔文雀（*Coerebini*）鸟喙的大小和形状时，就引入了“性状”的概念，并指出“性状”是机体行为的指示器，这也是首次对“性状”定量化的研究。随着群落生态学和生态系统生态学的发展，“性状”的概念早已超越其原始的界限。基于性状的方法（trait-based approaches）现在被用于从有机体到生态系统的各个层次的研究中。

即使是在生态学领域，“性状”这个名词的涵义，也经历了一个混沌化的过程。Petchey 等（2004）利用“性状”解释生物质生产（biomass production）的差异，在这些所谓的“性状”中，8 个在个体水平上（4 个叶片性状，3 个描述植物整体性状和种子质量），3 个在群落水平上（生物量、植物盖度和林冠高度）。Eviner（2004）把生物量、土壤条件和微生物磷含量统称为“性状”，并探究了这些“性状”对凋落物、有机碳输入、土壤温度和湿度的影响。在这两项研究中，因变量都是在生态系统水平上，都被自变量“性状”所解释，这里的 “性状”包含了植物个体、植物群落、微生物群落的相关特征，甚至还包括土壤条件。在使用相同的术语“性状”时，实际却包含了不同的生物水平以及生态系统的不同组成部分，使得在用“性状”探究群落结构和生态系统功能机制时产生不可避免的混乱。为解决上述问题，Violle 等（2007）在 *Oikos* 上发表题为“*Let the concept of trait be functional*”的文章，文中指出，大多数情况下“性状”一词应该用于生物的个体水平，但也可以用于包括群落的统计学特征（图 1.1），但为避免混淆，性状应该只应用于个体水平。同时，他们给出了性状明确的定义：性状是指在个体水平上测量的任何形态学的、生理学的和物候学的特征，不涉及环境因子。“功能性状”（functional traits）在植物生态学中也一直被广泛应用，但不同的科学家对其理解也不同。从字面意思上，功能性状就是某个功能的代理者，但科学家却对“功能”的实际意义难以达成一致。“功能”可以是影响机体的表现，如比叶面积影响植物光合速率；可以是影响植物的适合度，如比叶面积越大，植物生长速率越高；也可以是影响生态系统的功能，如比叶面积与生态系统净初级生产力的正相关关系。为明确 “功能性状”的含义，Violle 等（2007）进一步将“功能性状”定义为：“任何影响植物、动物和微生物等适合度的形态学的、生理学的和物候学等的相关特征”。

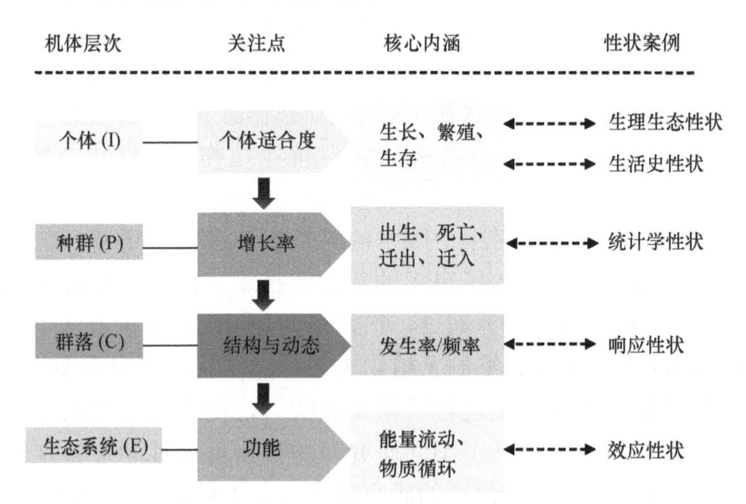

图 1.1　功能性状在生态学研究的各个层次中的应用（译自 Violle et al.，2007）

虽然 Violle 等（2007）对功能性状的定义目前已经被大部分同行所接受，但也有科学家持有不同的意见。Mlambo（2014）强烈反对 Violle 等（2007）定义中的“任何”

二字，他认为没有性状不与生物的适合度有关，因此这个概念也只是把“性状”全部转换叫法改为“功能性状”而已，把“生理性状”、“行为性状”和“生活史性状”等统一打上“功能性状”的标签，反而损失了很多有效的信息。功能性状应该对生态系统过程产生影响，而不是适合度，如果性状没有被证明是“功能的（functional）”，那么这个性状应该叫作“生物学性状（biological traits）”。也就是说，所有的功能性状都是生物学性状，但并不是所有的生物学性状都可以叫作功能性状。功能性状只能是生物学性状中，明确对生态系统过程具有效应和响应的性状，需要经过严格的生物多样性–生态系统功能关系实验进行检验。

当考虑到植物表型整合、选择压力的时空变化以及基因型与环境交互对植物表型特征的影响时，理论上所有的性状都会对适合度有潜在的影响。因此，从演化角度上来说，所有的植物性状都是功能性状（Sobral，2021）。总而言之，Violle 等（2007）对功能性状的定义是当前大家最广泛接受的，但性状与功能性状间的界限并没有严格的划分。考虑到性状起源与遗传相关，以及规范其在生态研究中的可比性，我们将植物功能性状定义为在个体水平上任何影响植物的形态、解剖结构、生物化学、生理和物候学上可遗传的（genetic）、相对稳定的（relatively stable）并可测量的（measurable）特征参数（He et al.，2019，2023）。在新定义中，建议应搁置特定性状与功能（含适合度）的简单映射关系，因为大量研究表明自然界植物的生存、生长与繁殖同时受到多种功能性状及其相互间复杂关系的影响，难以简单地表述（He et al.，2020）。

2. 性状测量的规范化与统一命名

在性状研究的漫长过程中，不同学科背景、不同实验条件下，科研人员对指标选择和测试方法选择往往存在非常大的差异。这种由于实验条件和操作手段的不同而引起对同一植物功能性状测量的误差，不仅给功能性状自身研究带来巨大困扰，而且在一定程度上限制了功能性状在生态学不同研究尺度和领域的应用。为减小这种误差，Cornelissen 等（2003）总结和介绍了 28 个植物功能性状的测量方法，揭开了植物功能性状规范化测量的序幕。随着植物功能性状在农业、生态和遗传等方面的广泛应用与发展，科学家们对上一版本的测量方法进行了更新，纳入了更多的植物功能性状的测量规范，并引入了更多的新测量技术（Pérez-Harguindeguy et al.，2013）。此外，Wigley 等（2020）对 34 个植物功能性状的测量方法以及测量误区进行了阐述；Freschet 等（2021）编制了植物根系功能性状的测量手册，对根系取样、测量和根系功能性状的生态意义进行了系统总结。这些论著的发表，极大地规范了植物功能性状的测量准则，提升了不同研究间的数据可比性和可整合性，拓展了植物功能性状在复杂系统和大空间尺度的研究领域（表 1.1）。在对植物功能性状新定义中，我们强调了其“可遗传的、相对稳定的、可测量的”特性，将可进一步推进相关研究的科学化和规范化。

表 1.1　与植物功能性状规范化测量和名称统一化相关的主要论著

	题目	期刊	作者
1	A handbook of protocols for standardised and easy measurement of plant functional traits worldwide	*Australian Journal of Botany*	Cornelissen et al.，2003
2	New handbook for standardised measurement of plant functional traits worldwide	*Australian Journal of Botany*	Pérez-Harguindeguy et al.，2013
3	A handbook for the standardised sampling of plant functional traits in disturbance-prone ecosystems, with a focus on open ecosystems	*Australian Journal of Botany*	Wigley et al.，2020
4	A starting guide to root ecology: strengthening ecological concepts and standardising root classification, sampling, processing and trait measurements	*New Phytologist*	Freschet et al.，2021
5	Towards a thesaurus of plant characteristics: an ecological contribution	*Journal of Ecology*	Garnier et al.，2017
6	A unique web resource for physiology, ecology and the environmental sciences: Prometheus Wiki	*Functional Plant Biology*	Sack et al.，2010

由于语言、学科背景、个人喜好等原因，人们对同一功能性状的命名和测定方法可能均存在明显差异。例如，叶片大小（leaf size），既可以代表叶片面积（leaf area）和叶片重量（leaf mass），又可以代表叶片长度（leaf length）和宽度（leaf width）。名称和内涵的混乱，极大地阻碍了植物功能性状的整合和飞速发展。Garnier 等（2017）呼吁大家对植物功能性状的命名规范加以重视，并开发 Plant Trait Thesaurus（http://trait_ontology.cefe.cnrs.fr:8080/Thesauform/）网站，供国内外同行学习、交流和使用。此外，人们也积极开发一些网站对植物功能性状的名称和测量等进行规范化，如 PrometheusWiki（http://prometheuswiki.publish.csiro.au/tiki-custom_home.php）。该网站由 Sack 等（2010）开发，科研人员可以对词条进行编辑和持续更新。目前国内外专家已经陆续上传了各自所关注的植物功能性状的名称和具体测量方法。

1.2　文献计量学下的植物功能性状的研究进展

通过上述探讨发现，大多数研究都认为植物功能性状与植物性状几乎等同，没有必要过度强调其差异。以“植物性状”或“植物功能性状”为关键词，我们检索了 2000 年以来 Web of Science 的文献，发现与植物功能性状相关的发文量一直呈现快速增加的趋势。2001 年的发文量为 499 篇，随后以平均每年增加 147 篇的速度，涨到 2020 年的 3000 多篇（图 1.2），表明植物性状研究处于高速发展阶段。“性状”的研究目前主要涉及到植物学、生态学和遗传学，并主要发表在 *New Phytologist*、*Annals of Botany*、*American Journal of Botany* 和 *Functional Ecology* 等国际主流期刊。通过词云图可以发现（图 1.3），目前植物功能性状的研究主要集中在以下两个方面：①气候驱动下植物功能性状的空间分布及其适应机制；②如何通过植物功能性状的筛选提高农作物的产量。“性状”的高速发展离不开国内外植物学家和生态学家的努力，并在各个时期都出现了奠基性的工作，为“性状”的发展做出了巨大的贡献（表 1.2）。例如，Garnier 等（2004）率先将植物功能性状与群落结构相结合，从理论上将植物功能性状推导至群落水平，为揭开群落尺度探究植物功能性状与生态系统功能关系拉开了序幕。Wright 等（2004）率先提出了全球叶片经济学谱系，Cornwell 等（2006）将植物功能性状与群落的构建过程联系起来，Violle 等（2007）在概念上澄清了“功能性状”，Pérez-Harguindeguy 等（2013）制定了植物功能性状的测量标准。

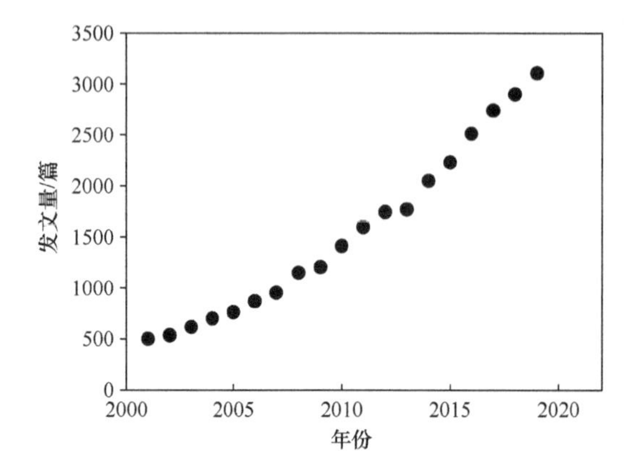

图 1.2　植物功能性状相关的文章发文量动态变化

图 1.3　植物功能性状研究的词云图分析结果

表 1.2　2000 年以来与植物功能性状研究相关的重要工作

	题目	期刊	作者
1	Biological stoichiometry from genes to ecosystems	*Ecology Letters*	Elser et al.，2000
2	The worldwide leaf economics spectrum	*Nature*	Wright et al.，2004
3	Plant functional markers capture ecosystem properties during secondary succession	*Ecology*	Garnier et al.，2004
4	Leaf traits are good predictors of plant performance across 53 rain forest species	*Ecology*	Poorter and Bongers，2006
5	A trait-based test for habitat filtering: convex hull volume	*Ecology*	Cornwell et al.，2006
6	Trait convergence and trait divergence in herbaceous plant communities: Mechanisms and consequences	*Journal of Vegetation Science*	Grime，2006
7	Rebuilding community ecology from functional traits	*Trends in Ecology and Evolution*	McGill et al.，2006
8	Assessing the effects of land-use change on plant traits, communities and ecosystem functioning in grasslands	*Annals of Botany*	Garnier et al.，2007
9	Let the concept of trait be functional!	*Oikos*	Violle et al.，2007
10	A trait-based approach to community assembly: partitioning of species trait values into within-and among-community components	*Ecology Letters*	Ackerly and Cornwell，2007
11	Plant species traits are the predominant control on litter decomposition rates within biomes worldwide	*Ecology Letters*	Cornwell et al.，2008
12	Community assembly and shifts in plant trait distributions across an environmental gradient in coastal California	*Ecological Monographs*	Cornwell and Ackerly，2009
13	Opposing effects of competitive exclusion on the phylogenetic structure of communities	*Ecology Letters*	Mayfield and Levine，2010
14	Intraspecific functional variability: extent, structure, and sources of variation	*Journal of Ecology*	Albert et al.，2010
15	New handbook for standardised measurement of plant functional traits worldwide	*Australian Journal of Botany*	Pérez-Harguindeguy et al.，2013
16	The world-wide "fast-slow" plant economics spectrum: a traits manifesto	*Journal of Ecology*	Reich，2014
17	The global spectrum of plant form and function	*Nature*	Diaz et al.，2015
18	Scaling from traits to ecosystems: developing a general trait driver theory	*Advances in Ecological Research*	Enquist et al.，2015
19	Ecosystem traits linking functional traits to macroecology	*Trends in Ecology and Evolution*	He et al.，2019
20	Plant trait networks: improved resolution of the dimensionality of adaptation	*Trends in Ecology and Evolution*	He et al.，2020

1.3　植物功能性状的主要研究进展

经过 20 世纪 90 年代末以来的高速发展，目前基于植物功能性状的研究早已从传统的个体和物种水平尺度拓展到群落和生态系统水平，并延伸到生态学研究的各个方面。其中，备受大家关注的科学话题主要包括但不限于：①环境因子驱动下的植物功能性状分布格局；②植物功能性状间的协同与权衡机制；③植物功能性状多样性指数的发展与应用；④植物功能性状与局域群落物种共存机制及群落动态变化的内在调控机制；⑤植物功能性状的演化及其与古气候的反演；⑥植物功能性状与生态系统功能乃至多功能的关系；⑦功能性状对全球变化的响应及如何影响到生态系统结构和功能的维持；⑧植物功能性状与生物入侵；⑨如何基于功能性状在不同尺度揭示植物、动物和微生物的互作关系；⑩植物功能性状与作物驯化、引种和产量的关系等；⑪功能性状与生态系统可持续管理的关系。本章重点回顾和展望植物功能性状当前的几个主要进展和新方向，并未囊括植物功能性状研究的所有领域，未涉及或未深入展开的领域请大家参考其他国内外综述或论著。

1.3.1　植物功能性状种间变异规律及其空间格局

植物功能性状的种间变异及其在不同功能群和群落间的差异，是当前研究最广泛内容，甚至可称为植物功能性状研究的经典领域。Kattge 等（2011）等报道了 52 个植物功能性状的种间变异，并定量化评估了每种功能性状的最大值、最小值和均值等统计特征，发现大部分植物功能性状在全球尺度呈现对数正态分布。植物功能性状在不同功能群中的差异也早已被明确探究；人们发现落叶植物的比叶面积、叶片氮含量和光合速率等显著高于常绿植物（Wright et al.，2004）；被子植物的气孔密度和最大气孔导度显著高于裸子植物（Liu et al.，2018）；木本植物的根系组织密度显著高于非木本植物等（Ma et al.，2019）。相关研究非常之多，在此不一一赘述。

近年来，在区域和全球尺度上，定量探究植物功能性状的空间分布特征以及驱动因子是生物地理学或宏观生态学研究的热点（何念鹏等，2018b）。Wang 等（2016）在中国东部森林样带测量了 847 种植物的叶片面积、厚度、比叶面积等，探究了物种水平上森林植物叶片功能性状的纬度变异及其控制机制。Han 等（2005）通过搜集中国区域公开发表的文献，系统地分析了氮、磷、钾等 11 种植物功能元素的计量特征、大尺度地理格局及其生态成因，明确了气候、土壤和植物功能群对植物化学计量特征的相对贡献，并提出了植物养分平衡假说或限制元素稳定性假说（stability of limiting elements hypothesis）。Freschet 等（2017）揭示了全球植物根系性状变异特征，发现气候、土壤和植物功能型是植物根系性状空间变异的主要驱动因子。此外，科研人员还发现在全球尺度上种子质量随着纬度的升高而降低，植物功能群和植被类型的变化是造成种子质量纬度变化的重要原因（Moles et al.，2007）。

近年来，随着植物功能性状实测数据的积累和神经网络等机器学习算法的快速发展，通过探究植物功能性状的主控因子及其与系统发育的关系，科学家正逐渐将局域和样点尺度的植物功能性状拓展到全球尺度上（Boonman et al.，2020）。此外，全球尺度比叶面积、树高、木质密度和叶片氮含量等数据产品均已公开，预计将极大地促进植物功能性状研究的发展和影响力。

1.3.2 植物功能性状的种内变异

近年来，植物功能性状及其多样性的研究呈现出爆炸性的增长，为探究植物群落构建维持和生态系统功能形成等提供了新的角度和契机。在传统的基于植物功能性状的群落生态学研究中，科研人员重点关注物种间的功能性状差异。然而，越来越多研究表明，植物功能性状表现出了一定的种内变异，反映了植物的遗传变异和表型可塑性；并且种内功能性状变异可影响生物体之间以及生物体与其环境之间的相互作用，进而影响群落构建过程以及生态系统功能（Bolnick et al.，2011）。因此，科学家逐步对植物功能性状的种内变异产生了浓厚兴趣，并将其应用于探究局部群落构建、物种间的相互作用、群落对环境变化时空动态的响应以及生态系统功能预测等领域（何念鹏等，2018b；Luo et al.，2022）。

每个植物物种通常具有特定的分布范围，物种内的个体在不同环境下会调整其特定的功能性状以达到对环境的最优化适应。种内功能性状变异的普遍性，与先前提到的植物功能性状的核心内涵“与遗传因素密切相关且相对稳定”并不冲突，而是植物对周边环境变化的响应机制。例如，在自然状态下，羊草个体的叶片厚度、比叶面积、脯氨酸、K^+、Na^+等在样带尺度会随着气温和降水的变化而发生显著的变化（Wang et al.，2011）；拟南芥的个体大小和相对生长速率也呈现一定的纬度变异规律，且与气候密切相关（Li et al.，1998）；栎属植物的叶片形态性状和功能元素组成与降水量具有显著的相关性（CastroDiez et al.，1997）；Midolo 等（2019）通过整合全球 109 个物种的 7 个叶片功能性状，如比叶面积（SLA）、单位面积叶质量（LMA）、叶面积（LA）、单位面积氮浓度（N_{area}）、单位质量氮浓度（N_{mass}）、单位质量磷浓度（P_{mass}）和碳同位素组成（$\delta^{13}C$）发现，随着海拔升高，LMA、N_{area}、N_{mass}和 $\delta^{13}C$ 显著升高，而 SLA 显著降低；在全球变化的控制实验中，氮添加可使叶片氮含量和光合速率分别提升 18.4%和 12.6%（Liang et al.，2020）；CO_2 浓度升高会显著促进植物光合速率、降低植物气孔导度，从而显著提升植物水分利用效率（Wang and Wang，2021）。

近期，研究人员逐渐开始定量化植物功能性状的种内变异，进而探讨这些种内变异的影响因素。Siefert 等（2015）以全球 629 个植物群落、36 个植物功能性状为研究对象，发现种内功能性状变异占群落内总性状变异的 25%，占群落间总性状变异的 32%。其中，植物个体大小相关的功能性状（如树高）比器官水平的功能性状（如叶片面积和厚度）和叶片功能元素（如氮含量、磷含量）表现出更大的种内变异率。Thomas 等（2020）以苔原 6 个植物功能性状为研究对象，发现种内功能性状变异约占功能性状总体变异的 23.2%，其中氮含量具有最大的种内变异率，可占到功能性状总体变异的 55%。Liu H 等（2022）对光合速率、比叶面积和叶片氮含量的研究发现，叶片功能性状对全球变化因素响应的可塑性并不受系统发育的约束。

然而，在具体研究中何时应将种内性状变异考虑在内，目前仍存在争议（Bolnick et al.，2011）。考虑种内功能性状变异，势必会促进基于性状的研究方法的发展，但在具体生态学研究过程中衡量每个生态系统类型和每种环境条件下功能性状的种内变异，几乎是不可行的。因此，未来基于功能性状种内变异，来开展群落构建或生态系统功能优化机制的研究中，要根据研究目的、研究尺度、人力物力等实际条件仔细思考，实现科学性与可行性的有机统一。

1.3.3　植物功能性状间的协同与权衡

植物功能性状间的协同与权衡关系目前倍受科研人员关注，是当前的研究热点之一。通常，科研人员将性状–性状之间的协同与权衡关系归咎为如下三种原因。第一，功能性状之间的关联性是结构优化的结果，例如，在结构与生理功能之间的关系中，结构数量与大小直接决定了植物的特定生理速率或过程；气孔大小和气孔密度的协同变化，共同促成植物具有稳定的气孔最大导度，以便更好、更快速地响应环境资源变化（Liu et al.，2022b）。第二，功能性状之间的关联性是功能平衡的结果，两个功能性状独立地对更高等级的功能有所贡献，如气孔形态性状和叶脉性状都对水分的传导和优化起到至关重要的作用。第三，功能性状之间的关联性是局部环境筛选而形成的生态位优化的适应性结果，例如，在光受限的情况下，主叶脉分支的单子叶植物更容易结出肉质多汁的果实（Sack and Scoffoni，2013）。

科研人员通过探究 6 种叶片功能性状之间的相关关系，如叶片氮磷含量、叶片寿命、比叶面积、光合速率和呼吸速率等，发展了经典的“叶片经济型谱（leaf economics spectrum）”：它的一端代表着生长速率快、寿命短的物种，另一端代表着生长速率慢、寿命长的物种（Wright et al.，2004）。通过进一步的研究还证实，叶片经济学性状间的关系受到局地气候的修饰作用较小，并且叶经济型谱在苔原、青藏高原、湿地，甚至在全球变化实验的研究结果中都比较稳定（Cui et al.，2020）。此后，人们逐步发展了干经济型谱（Chave et al.，2009）、根经济型谱（Weemstra et al.，2016）和花经济型谱（Roddy et al.，2021）。其中，根经济型谱把根系呼吸强度、比根长和氮含量等归为与资源获取密切相关的性状（acquisitive traits），而把根系干物质含量、根系直径和木质素、氮含量归为保守性状（Weemstra et al.，2016）。近年来，越来越多的研究发现根系–根菌间的合作打破了传统的根系经济型谱，将功能性状的协同与权衡关系从二维性状向多维性状空间拓展，同时，该拓展也被认为是该研究领域的重要进展之一。通过对全球 1810 个物种的根系功能性状数据深入分析，人们证实了根系中存在着描述投资收益快慢的保守性状轴（conservation gradient）和菌根合作性状轴（collaboration gradient）。其中，保守性状轴一端代表着投资回报缓慢但寿命长、具有高组织密度的物种，另一端代表着投资回报快、寿命短，并具有高氮含量和高代谢速率的物种。同时，菌根合作性状轴的一端代表着具有高比根长、细根系的物种，另一端代表着粗根系并与菌根合作紧密的物种（Bergmann et al.，2020）。

近年来，叶片和根系功能性状的相互关系及其区域变化特征也引起了科研人员的重视。Wang 等（2017）发现叶片和根系的形态特征是分化的，而功能元素含量却是紧密相关的；Zhao 等（2016）发现叶片和根系的多种功能元素具有相似的控制机制。相关研究开启了植物不同器官间功能性状的协同关系及其区域变化特征研究的先河，推动了人们对植物环境变化的综合适应机理的认知。Valverde 等（2020）通过整合全球植物根系和叶片性状，发现叶脉密度与细根直径、组织密度和比根长密切相关，并且在历史演化中也保持着紧密的关系。Weigelt 等（2021）指出根系和叶片的保守梯度是耦合的，植株高度和根系深度显著正相关。叶–枝–干–根是连续的有机体，以植物体内的水分运输为例，叶片会生产蒸腾拉力，促进吸收根吸收水分，通过运输根、树干和枝条，最终到达叶片。因此，只关注叶片和根系性状的相互关系可能远远不够，人们还应重视植物叶–枝–干–根协同分析的重要性。Zhang 等（2020）在生物区系尺度分析了叶、枝、干、根 C∶N 的演化规律与气候驱动因素；Zhao 等（2020）分析了各个器官多种功能元素的异速分配规律，发现这些功能元素分配在不同的器官具有一定的保守性。迄今为止，跨越多个器官的植物功能性状的研究还相对较少，是未来值得期望的研究领域。

1.3.4 植物功能性状与植物群落构建机制

群落内物种共存机制一直是生态学研究的核心问题。理论上，植物功能性状与物种分布和物种间的相互作用密切相关，从功能性状的角度揭示植物群落构建机制是非常具有潜力的途径。群落中具有不同功能性状的物种更趋向于利用环境中的不同资源，或者在不同时间尺度上利用相同的资源，促进群落内物种共存。在具体研究过程中，基于功能性状的群落构建可划分为两种相反的作用机制，分别是生境过滤作用（habitat filtering）和相似性限制作用（limiting similarity）。由于环境的过滤作用，具有极端功能性状值的物种将会受到抑制甚至消失，逐步减小了群落内物种功能性状的分布范围，进而导致群落内功能性状表现为趋同（trait convergence）。而相似性限制作用通过增加功能性状间的差异，来减小物种间的资源竞争，导致群落内物种的功能性状趋异（trait divergence）。

在区域尺度上，群落功能性状的趋同和趋异可能会同时存在。Grime（2006）研究表明：与生产力相关的功能性状会表现出聚集，而与生殖相关的功能性状会表现出发散。Cornwell 和 Ackerly（2009）对加利福尼亚森林群落的研究表明，生境过滤和相似性限制作用能同时影响群落内功能性状的分布，并且两者的贡献值取决于所研究群落的非生物因子变化。Liu 等（2020）发现水分可利用性和温度分别决定了水力学性状和叶片经济学性状在群落内部的均匀程度，并且群落内部功能性状的组装过程优化了生态系统生产效率（或提高了生态系统生产力）。群落的构建过程有很强的尺度依赖性，并且功能性状的选择也可能会影响群落构建过程的解译，这些复杂过程需要在后续研究过程中加以重视。

1.3.5　植物功能性状与生态系统功能的关系

为了探索植物功能性状对不同尺度功能的定量关系，Violle 等（2007）将植物功能性状划分为响应性状（response traits）和效应性状（effect traits）。响应性状描述植物对环境变化的响应，而效应性状描述植物对生态系统功能的影响。因此，一个特定的功能性状可以反映植物的适应策略或其对生态系统功能的影响。从理论上讲，植物功能性状可以跟踪环境变化，在决定生态系统功能方面起着重要作用。因此，建立植物功能性状与生态系统功能之间的联系，一直是生态学研究的热点之一。目前而言，响应性状和效应性状虽然在定义上有明确的界限，但在实际应用中，由于功能性状间存在着直接或间接的关系，两者在实际操作过程中难以区分，而且在大部分情况下，一个性状可能既是响应性状，又是效应性状。

理论上，植物功能性状通过多种途径影响生态系统功能，从而进一步影响生态系统功能与服务（图 1.4）。外界环境条件和生物条件的变化，会导致群落结构发生改变，进而影响群落物种的效应性状，从而对生态系统功能产生一定的影响；同时，外界环境条件和生物条件的变化，植物响应性状会受到影响，不同物种对环境的变化做出

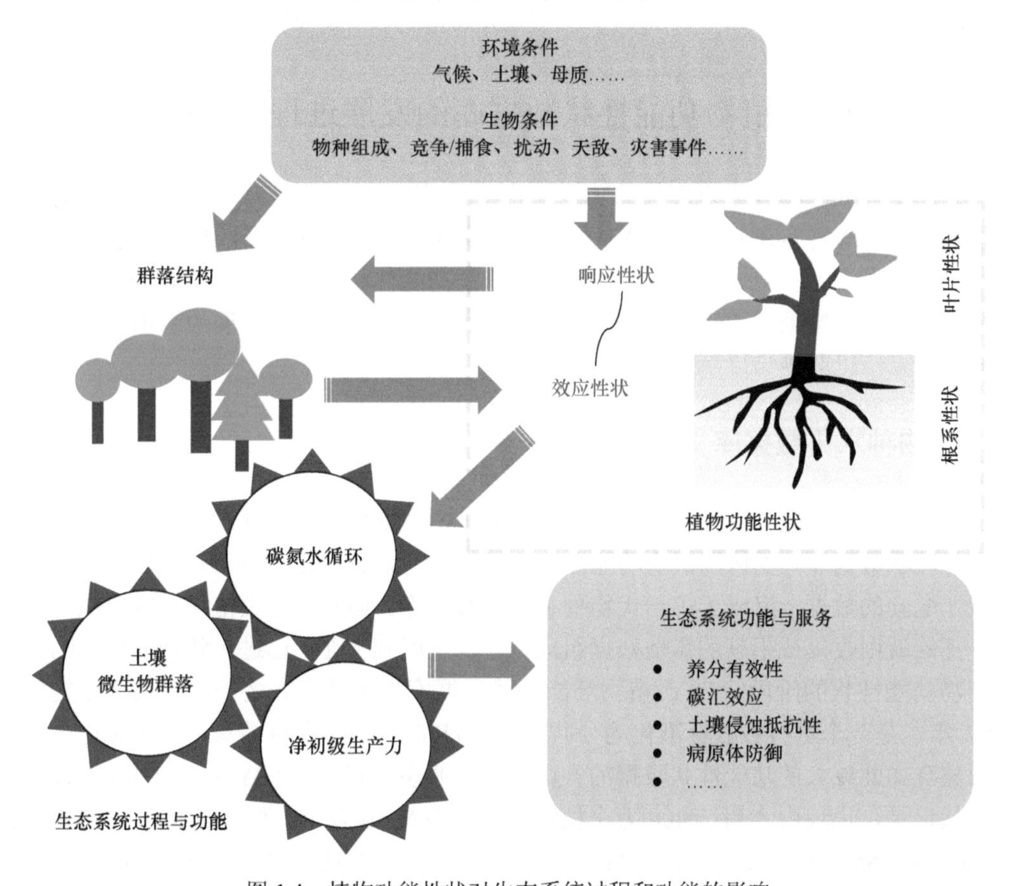

图 1.4　植物功能性状对生态系统过程和功能的影响

不同的响应，进一步优化群落结构，最终通过效应性状对生态系统功能产生影响。植物响应性状和效应性状间存在着一定的关系，从而造成效应性状的变化，进一步影响着生态系统的功能（Liu et al.，2021）。

目前，植物功能性状与生态系统功能的主要研究途径有两种：一种是基于物种相对多度或群落生物量加权的植物功能性状平均值，对应着环境对物种的选择效应（selection effect）；另一种是功能性状的多样性，对应着生态位互补效应（niche complementarity effect）。受“质量比”假说的影响，传统观点认为优势种对生态系统功能的影响起决定作用，而群落加权平均值也主要取决于优势物种的功能性状。相关研究也发现了群落加权平均值与生态系统功能间的关系，如 Liu 等（2018）发现气孔密度与生态系统水分利用效率间存在着显著的正相关关系。随着生态位理论的发展，人们逐渐意识到群落内的物种可能会通过互补效应对生态系统功能产生影响，Li 等（2022a）发现生态系统生产力受到功能多样性指数的强烈影响。选择效应和互补效应对生态系统功能的贡献可能会随着时间和外界环境的变化而变化。例如，Bongers 等（2021）发现互补效应对森林生态系统生产力的影响，会随着林龄的增长而逐渐超过选择效应。实际上，选择效应和互补效应并不是对立的，同时考虑选择效应和互补效应对生态系统功能的影响，还将帮助我们深入探究群落构建法则和生态系统功能优化机理。

1.4 植物功能性状数据库的发展过程与方向

无论是建立经验性或机理性的功能性状–环境的关系，还是对动态植被模型的参数优化或验证，都离不开大量的植物功能性状的实测数据。建立完备的植物功能性状数据库一直是生态学家所追求的，同时也是推动植物功能性状研究发展的重要因素。本节回顾植物功能性状数据库建设的发展，探讨植物功能性状研究快速发展的缘由和未来发展方向。主要可以归纳为以下 3 类数据库。

1.4.1 物种水平数据库

20 世纪 90 年代初，植物学家和生态学家陆续收集和整理公开发表的数据，构建植物功能性状数据库。受传统植物功能性状数据仅能在器官水平进行测试的限制，这类零星或非配套的数据，组成了第一代物种水平的数据库。通常，这类植物功能性状数据库从一开始就由收集或捐献的零散数据组成，逐步发展到现在，已进入整合全球范围内多种植物功能性状的阶段。TRY 植物功能性状数据库作为其代表之一，该数据库初建于 2007 年，是一个进行数据标准化的公共平台。TRY 并不是字母缩写，而是表达初创者们对整合如此庞大的功能性状数据的尝试和彷徨心态。目前，TRY 共有 1100 多万个功能性状记录，记录内容超过 400 万个植物个体，涉及 16 万个物种、2100 余种功能性状（Kattge and Sandel，2020）。在 TRY 中，大约一半的数据是与地理分布相关的，测量点超过 15000 个，测量范围覆盖全球。近年来，研究人员基于 TRY 数据开展了系列令人瞩目的开拓性研究工作。例如，Wright 等（2004）利用 TRY 数据库中 6 个重要功能性状数据并构建性状间的关系，发展了著名的叶经济型谱。Diaz 等（2016）采用来自 TRY 的 423 个科 46085 种维管植物数据，共 50 万个植物个体、80 万条功能性状测量值，在全球范围内对与植物生长、存活和繁殖相关的性状，如成年株高、比茎重、叶面积、比叶重、传播体质量等的关系进行了分析。Kunstler 等（2016）整合了 TRY 中木材密度、比叶面积和最大高度这 3 种性状信息，和全球 14 万个监测样地中超过 300 万棵树的生长数据，研究了全球植物的功能性状对群落竞争强弱的影响。此外，我国科学家建立了区域或全球的植物性状数据库，并利用相关数据开展了大量研究工作。例如，Wang 等（2018）整理了中国 122 个野外样点的 1215 个植物物种的植物形态、化学特性和光合作用等的功能性状数据；Tian 等（2019）整理了全球 3227 种植物叶片氮、磷含量数据。其他数据集还有许多，在此不一一赘述（表 1.3）。

表 1.3 常见的物种水平植物功能性状数据库

	名称	功能性状	物种数	样点	相关介绍
1	TRY	2100 种	16000	>15000	Kattge and Sandel，2020
2	GLOPNET	比叶重、光合性状、氮磷含量和叶寿命等	2548	175	Wright et al.，2004
3	LEDA Traitbase	生活史相关 26 种功能性状	>3000	—	Kleyer et al.，2008
4	全球光合性状数据	最大羧化速率和电子传递率	564	46	de Kauwe et al.，2016
5	全球光合/叶化学性状数据	光合性状、氮磷含量、比叶面积	356	35	Walker et al.，2014
6	全球叶面积数据	叶面积	7670	682	Wright et al.，2017
7	中国植物功能性状数据	超 30 种功能性状	1215	122	Wang et al.，2018
8	全球叶片氮/磷数据	叶片氮含量、磷含量	3227	1291	Tian et al.，2019
9	GRooT 全球根系性状数据库	38 种	6214	—	Guerrero et al.，2021
10	苔原性状数据	18 种	978	207	Bjorkman et al.，2018

1.4.2 配套群落结构的植物功能性状数据库

植物分布范围会因为生态系统的变化而发生改变，甚至有些物种会因为无法适应快速变化的环境而灭绝。目前大多数植物功能性数据集，都是来自于单个研究人员或研究团队，覆盖范围相对较小。为了探究物种多样性地理分布的潜在机制，并利用越来越多的数据进行可重复的科学研究，BIEN（Botanical Information and Ecology Network，https://bien.nceas.ucsb.edu/bien/）从 2008 年开始就致力于通过合作方式建立一个植物学研究的基础数据库。BIEN 数据库一直在更新，目前最新版本 BIEN 4.1 包括超过 2 亿个观测数据、364 477 个样方数据和 485 902 个物种。除此之外，BIEN 还开发“RBIEN”包，使得研究人员可以免费在线获得所有的数据以及数据产品，包括物种的分布范围、进化树、功能性状和样方数据等，成为当前植物功能性状研究的新锐数据库（Maitner et al.，2018）。

此外，科学家近期正努力将 sPlot 发展成为一个新的全球植被分析工具。在具体操作过程中，sPlot 致力于整合全球植被样方数据，分析群落水平上全球植物分类多样性、功能多样性和系统发育多样性等时空格局及其变异规律（Bruelheide et al.，2019）。目前，sPlot 包含了 1 121 244 个植物样方数据，其中记录了 23 586 216 种植物的覆盖度和丰度等信息。通过与 TRY 数据库相结合，sPlot 已经将部分关键植物功能性状推导到群落水平（Bruelheide et al.，2018）。

1.4.3 系统性和配套性为特色的植物功能性状数据库

植物功能性状数据库建设理念和技术途径与研究内容是协同发展的，应与时俱进。以 TRY 类型数据库为例，在研究前期其快速获取、数量大、空间代表性强等特点，使其成为推动植物功能性状研究的重要推手。然而，随着研究的深入，研究逐渐从传统器官水平拓展到复杂的自然群落或生态系统，其局限性日益显现；这也是推动近年来 sPlot 和 TRY 相结合型的、配备群落结构的植物功能性状数据库的主要原因之一，在一定程度上弥补了缺乏群落结构数据的缺陷。TRY 数据库或第二代组合型数据库真的很完美吗？深入分析后会发现，受数据库建设思路和数据源的限制，上述数据库主要收集了植物易于测定的性状数据，如叶片大小、厚度、比叶面积、碳含量、氮含量、个体大小，而非常缺乏叶–枝–干–根配套的性状数据；同时，也非常缺乏与群落结构相配套的物种功能性状数据，使其难以真正运用到自然群落结构维持和生态系统功能优化的研究中。

借鉴 TRY 数据库的构建经验，并充分考虑自然群落复杂性的特点，中国科学院地理科学与资源研究所何念鹏等提出了以“系统性和配套性”为特色的植物功能性状数据库建设新思路（图 1.5）。在该新思路下，科研人员对中国典型区域 100 多个森林、灌丛、草地、荒漠和农田生态系统开展了系统性的调查和测定工作（图 1.5），建立了由

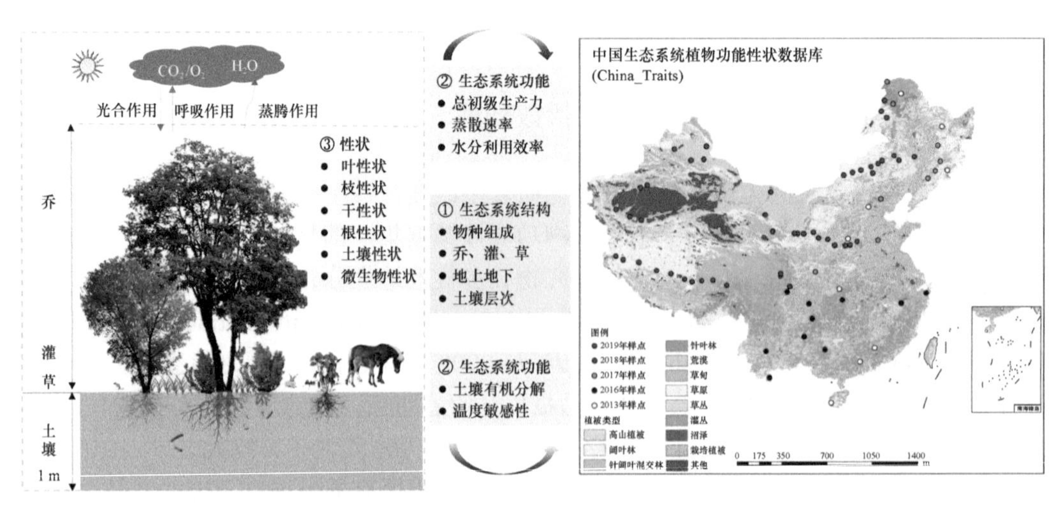

图 1.5 系统性和配套性为特色的植物功能性状数据库建设新思路

以中国生态系统植物功能性状数据库（China_Traits）为例

112 种配套参数组成的中国生态系统植物功能性状数据库。在实际操作过程中，不仅详细调查了植物群落结构、土壤和土壤微生物属性等，也收集了每个样地所有物种叶–枝–干–根样品（>6120 物种），测定了所有样品碳、氮、磷、钾等 16 种元素含量。并配套性的对叶片常规形态性状–气孔性状–解剖结构性状–叶绿素含量–非结构性碳水化合物含量–元素含量，以及根形态指标–元素含量–同位素特征等进行了调查和测试。

基于这种“系统性和配套性”为理念建立的新型数据库，帮助科研人员开拓了“器官–物种–群落–生态系统”功能性状研究的新领域，拓展了基于多种功能性状协同揭示植物多维度适应机制的新途径，保障了相关研究成果的创新性和引领性（He et al.，2019，2020，2023）。China_traits 数据库克服了传统的以收集数据为主的数据库的一大缺陷——缺乏配套性状数据和群落结构数据，使后续相关研究能够在物种、功能群和群落开展全新视角的多维度性状研究。2018 年 1 月，功能性状领域国际旗舰期刊 *Functional Ecology* 以“*Functional traits along a transect*”为专题，报道了这套基于中国东部森林样带配套的功能性状测试数据撰写的系列论文，打破了该刊创刊 32 年以来，“不发表基于实验数据专题”的惯例。

1.5　植物功能性状研究的潜在新生长点

2000 年前，整合全球数百个物种的功能性状进行分析，通常就会被认为是非常重要的研究。如今，利用功能性状数据库（TRY）和全球生物多样性信息网络（Global Biodiversity Information Facility，GBIF），根据坐标信息获得对应样地的气候（WorldClim，http://www.worldclim.org/）和土壤（Harmonized World Soil Database）等多源数据，科学家可以相对轻松地阐释区域乃至全球植物功能性状的生物地理格局及其驱动因素。除此之外，完备的系统发育树也是科研人员探究植物的演化规律和进化机制的有效分析工具（Jin and Qian，2019）。

经过黄金 20 年的高速发展，植物功能性状研究取得了令世人瞩目的研究成果，逐步拓展到了生态学研究的各个时空尺度，形成了基于功能性状的生态学的雏形。在赞赏和欢呼前人成绩时，人们正面临一系列巨大挑战：植物功能性状研究下一阶段的突破方向是什么？如何实现原创性重大理论创新？如何让植物功能性状研究真正能服务于当前严峻的生态环境问题的解决？破解之路就是回归我们的科研初心，认识自然和揭示自然背后的调控规律。因此，植物功能性状研究必须走进复杂的自然群落或自然生态系统，直面自然植物群落的复杂性和多样性、以及其周边自然环境条件多变性和诡异的极端干扰或灾害事件。简言之，就是让植物功能性状研究真正走进复杂的自然，揭示自然现象及其背后的调控机制，服务于区域生态环境问题的解决。

在具体研究过程中，建议从如下几个方面着手：①不断发展新的功能性状参数，拓展传统功能性状研究的内涵与研究视角，尤其应充分利用微观的基因组学、宏观的遥感技术，和大数据为基础的新型算法（图 1.6）；②突破传统理念的束缚，创新发展新理论体系并利用日益增多的多源数据，全面实现植物功能性状研究从单一功能性状到多种功能性状的多维度拓展，实现从单器官到多种器官的拓展；③通过创新理论、方法和技术，真正实现植物功能性状从单物种到多物种的拓展应用，揭示基于功能性状的自然群落结构维持机制和响应机制；④除了推动结构决定功能的传统认知，更应深入探讨结构如何协同功能性状来实现自然生态系统功能的优化与稳定。必须指出，系统性和配套型的植物功能性状数据库，是开展这些新领域研究的必要条件；当然，科研人员应敢于打破传统束缚、勇于发展新的概念、方法和技术，尤其是加强学科交叉融合的新技术和新方法。

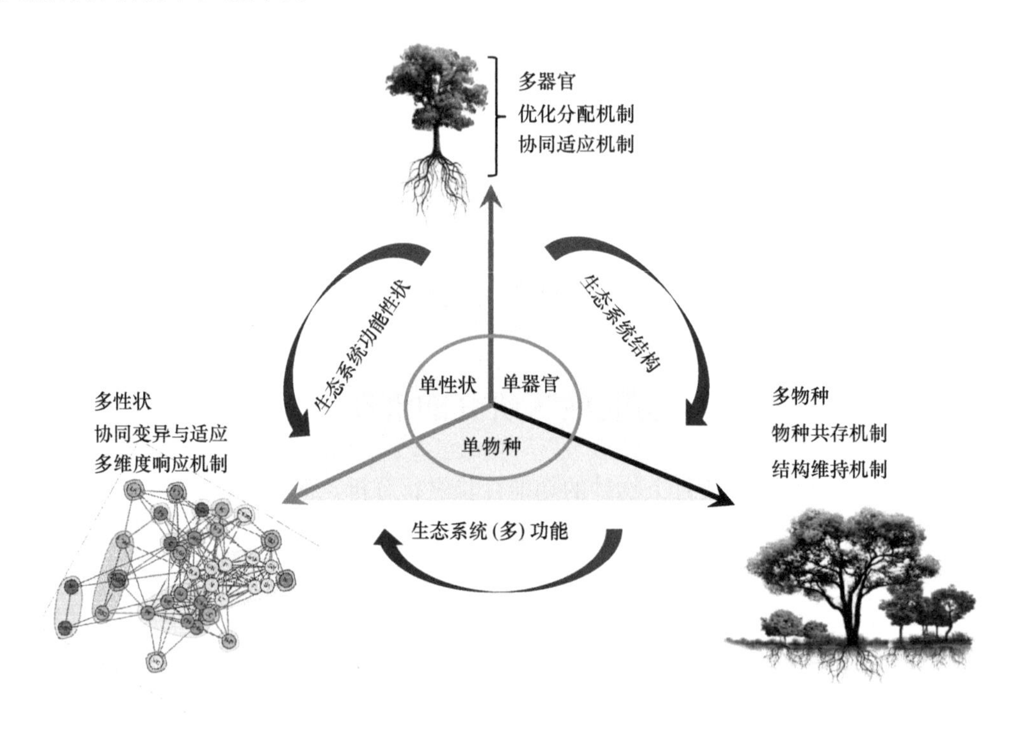

图 1.6　植物功能性状研究的多维度拓展趋势

多性状、多物种、多功能的多维度拓展，助推植物功能性状研究真正进入复杂的自然群落或自然生态系统，服务于区域生态环境问题的解决

1.5.1　植物功能性状新参数的发展与应用

大量植物功能性状参数已被广泛使用，但在区域乃至全球尺度使用的还多为一些易于测定的参数。随着人们对植物功能性状认知的加深和各种观测技术的发展，越来越多与植物响应和适应密切相关的参数会涌现出来。以气孔为例，传统对气孔形态性状的研究多集中于气孔密度和大小。事实上，在相同气孔密度和大小下，气孔的空间排列组合依然可以千变万化，并影响叶片整体的气孔最大导度和响应机制。Liu 等（2021）基于叶片气孔间的距离变化，提出量化气孔排列组合模式的三个相互独立指标。其中，气孔均匀度指数用来量化气孔分布的均匀程度；气孔离散度指数可以量化气孔分布的空间离散程度；气孔聚合度指数可以描述临近气孔间的最小距离，并将植物气孔分布模式划分为聚集–随机–规则三种模式（图 1.7）。这些新参数的加入，不仅弥补了传统参数的研究

的缺陷，还为更好的探索农作物培育、植物适应和演化提供了新思路。类似地，叶片 pH 也是新兴的植物功能性状参数之一（Cornelissen et al.，2011）。叶片 pH 变化在物种间普遍存在，其受到相对稳定的原质体 pH 和对外界环境变化较为敏感的质外体 pH 的共同调控。由于叶片 pH 测量的简易性及其在养分循环和生理过程中的密切作用，可能在未来生态过程模型中被考虑或应用（Liu et al.，2019）。除了在器官水平的新参数外，人们在拓展植物功能性状研究尺度时，也可能发展新的参数，拓展新的研究领域（何念鹏等，2018；He et al.，2019）。总而言之，新参数的发展与应用，将是助推植物功能性状研究快速发展的重要途径以及原始创新之源泉。

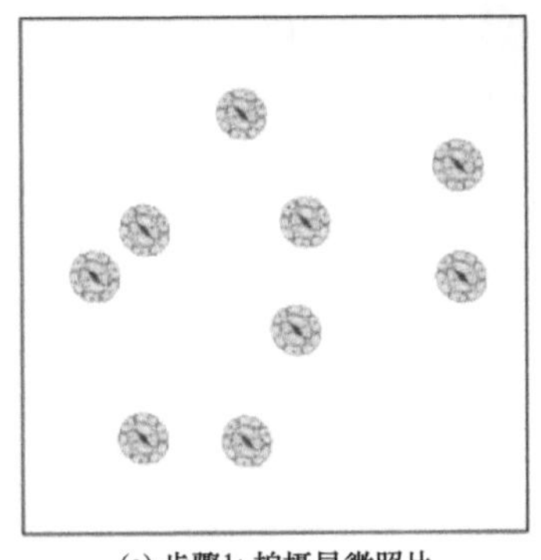

(a) 步骤1: 拍摄显微照片

(b) 步骤2: 建立坐标系

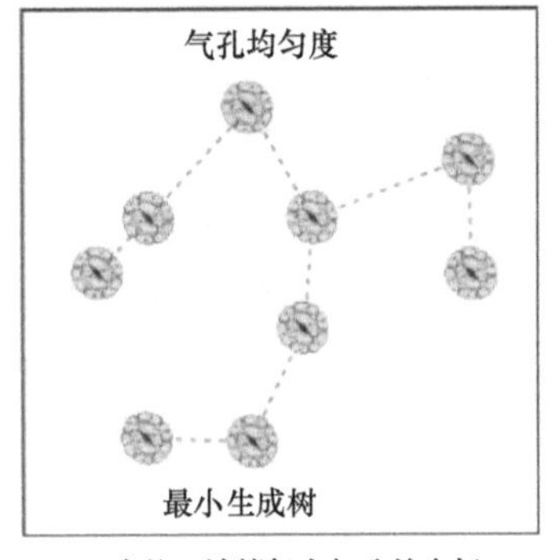

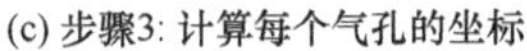

(c) 步骤3: 计算每个气孔的坐标

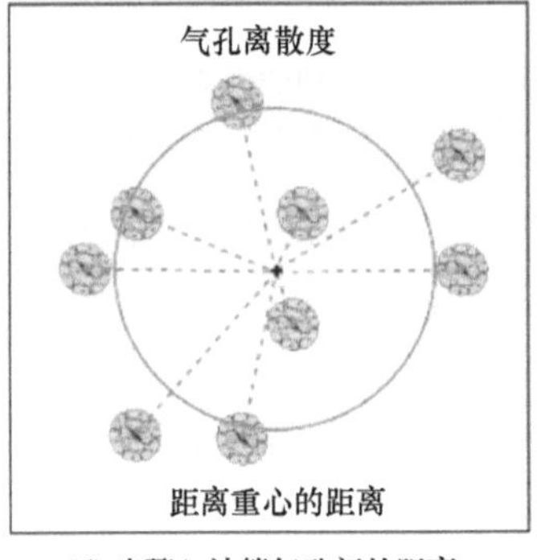

(d) 步骤4: 计算气孔间的距离

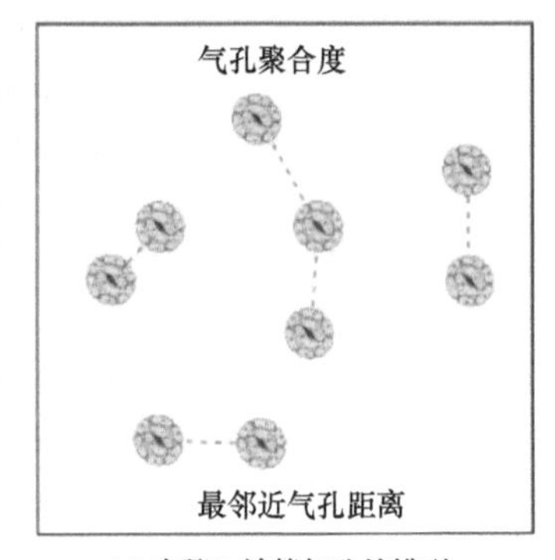

(e) 步骤5: 计算气孔的排列

图 1.7　气孔均匀度、离散度和聚合度的测定与计算方法

1.5.2　叶–枝–干–根间功能性状协同适应与优化分配

在自然群落中，任何高等植物都是由不同器官相互连接而构成的连续体，不同器官各司其职、相互配合、相互影响，共同维持和调节着植物的各项生命活动（图 1.8）。其中，叶片最重要的功能之一是光合作用，它通过从大气中吸收二氧化碳，释放氧气，同时产生碳水化合物提供能量，以支持植物自身以及生态系统内其他生物的物质和能量需求。枝和干具有支撑和储存的作用，其韧皮部和木质部分别承担着运输养分和水分的重要功能；根除了具有固定的功能外，更重要的是从土壤中吸收水分和养分。这些植物器官在功能上各异、互为补充、分工协作而不可替代；在结构上彼此连接，具有相同的养

分和能量来源。因此，弄清植物不同器官协同演变和适应机制，是科学评估植物及其群落对资源环境变化响应或外界扰动响应的重要理论基础。

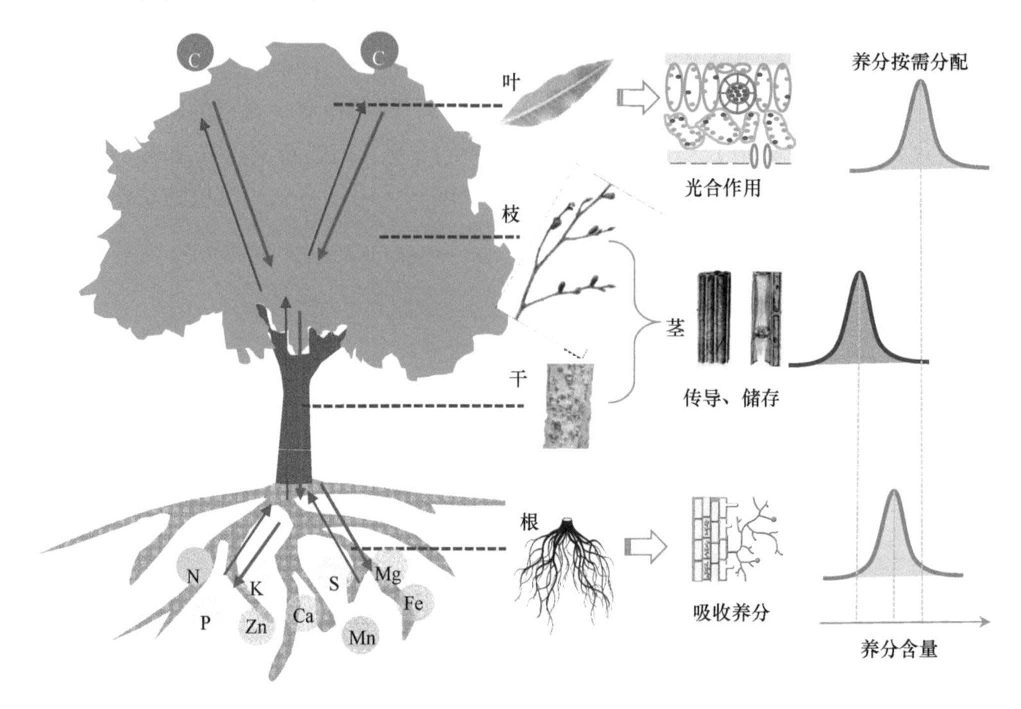

图 1.8 植物不同器官间功能元素的最优分配与适应机制

自然群落的植物，在供给充足时按需分配优先，供给受限时采用最低生存下低风险策略

虽然人们早就意识到植物叶–枝–干–根功能性状协同与优化分配的普遍性和科学意义，但真正在区域乃至全球尺度开展多物种叶、枝、干、根联动分析的研究还非常罕见。以功能元素含量为例，元素含量在不同器官间的协同和权衡是植物在长期演化和适应的重要策略（Zhang et al.，2020）。弄清功能元素在不同器官间的分配和调控机制，将有助于进一步揭示植物内部的物质循环和能量流动规律，并对生态过程模型的优化具有重要帮助。在整个生长发育过程中，植物所必需的功能元素大约有 16 种；这些功能元素以不同形式参与植物各种生理生化反应，与植物生命活动密切相关（Zhao et al.，2016）。各个元素功能的差异及植物对其的需求可以体现在各元素的平均含量上，通常大量元素参与了更多也更基础的生理生化过程（Fernández-Martínez，2022）。基于最小因子限制理论，任何元素供应量小于最适平衡的需求，都可能会限制植物生长。植物多种元素含量及变异规律可有效地反映植物营养的调控分配策略以及对环境变化的适应机制，相关研究不应把不同器官割裂开来，而应该将“叶–枝–干–根”进行联动分析，否则可能会获得片面的结果。例如，人们经常从叶片氮含量角度探讨氮的限制性，而忽略植物茎/干氮含量在自然植物应对“氮限制”的重要性。如果氮真是特定植物群落生长的限制因子，植物在保证基本光合生理氮需求的前提下，会把多余的氮储存在枝干或根系中，而不是冒险地把限制其种群繁衍的氮更多分配到叶片，即维持相对低的、相对稳定的氮，才是植物应对氮限制情景下的长期生存优先策略，可概括为植物器官间功能元素优化分

配与协调适应原则（Zhang et al.，2018，2020）。因此，在利用单个器官氮含量来推测自然群落植物的适应特征时，应慎之又慎。

1.5.3　植物功能性状的多维度协同适应与响应机制研究

大多数研究还局限在探究单一功能性状的变异以及两两功能性状间的关系上，而植物生长、发育和繁殖等每一个过程都需要多个功能性状的协同与权衡。因此，只有综合考虑多个功能性状间的复杂关系，才有望系统而全面的阐述植物对资源环境变化的适应对策（He et al.，2020；Li et al.，2022b）。目前，研究人员在对多种功能性状的研究中，大多采用“降维”的方式进行处理。如果多个功能性状呈现强烈的相关性，则可采用主成分分析等方法对这些功能性状进行简化。例如，植物叶经济型谱被认为是沿单轴变化的，一端代表的是生长速度快、寿命短的物种，另一端代表的是生长缓慢但寿命长的物种（Wright et al.，2004）。通过主成分对数据降维的分析在表达上较为直观，但缺陷是掩盖了多种功能性状间真实的复杂关系。

自然界中的植物以多维空间形式来响应复杂而多变的资源环境。为了推动这方面的探索工作，He 等（2020）发展了植物功能性状网络（plant trait networks，PTNs）的理论体系，系统地阐述了其定义、关键参数及生态学意义。在新理论体系中，植物功能性状可以当作网络的“节点”，性状–性状间的关系可以当作网络的“边”，进而构建多维度的植物功能性状网络，可以用网络分析中的参数量化多种性状间的关系，并鉴定其中重要的或敏感的功能性状。作为一种新的理念或方法，植物功能性状网络为一系列研究提供了新的视角，如植物功能性状生物地理学研究、植物群落演替过程研究、整合植物不同器官关系研究、植物群落对全球变化响应研究等。Li 等（2022b）以中国东部森林植物 35 个叶片性状为研究对象，发现叶经济学性状是性状网络中的关键性状，并且其在网络中的中心位置受环境的影响较小。Liu 等（2022a）发现藤本植物性状网络的模块化程度显著高于乔木的性状网络，为全球变化条件下藤本植物丰富度增加的现象提供了新的解释。Zhang 等（2021）发现氮添加对草地群落结构的影响取决于植物功能元素网络的可塑性，可塑性高的物种在氮添加下相对生物量增加，反之亦然。总之，植物性状网络为揭示植物对资源环境变化和外界扰动的响应提供了多维度的新视角，可能发展成为未来植物功能性状研究的新生长点和主流研究方法之一。

1.5.4　基于植物功能性状频谱的群落结构和功能

功能性状驱动理论（trait driver theory）认为生物、非生物和中性过程的相对作用变化将导致植物群落存在不同功能性状分布特征谱系，从而深刻影响生态系统过程和功能（Enquist et al.，2015）。受“质量比假说”影响，科研人员非常重视群落尺度的加权平均值，这一定程度上可能夸大了优势物种的影响；相反地，“生态位互补假说”强调了非优势物种，甚至稀有物种在群落中的作用。植物功能性状频谱在自然群落中普遍存在，它可将优势种、非优势种和稀有种的作用都考虑进来，并以群落加权均值（mean）、方差（variance）、偏度（skewness）和峰度（kurtosis）来简单地加以描述（图 1.9）。植物群落功能性状平均值主要反映了植物群落对环境适应权衡的最优结果；方差反映了植物群落功能性状分散程度，也就是功能离散度，可衡量植物群落内部生态位互补的程度；偏度和峰度是性状频度分布的两个形态参数，偏度表征着性状频度分布的功能稀有性，峰度反映着功能性状频度分布的均匀度（Enquist et al.，2015）。

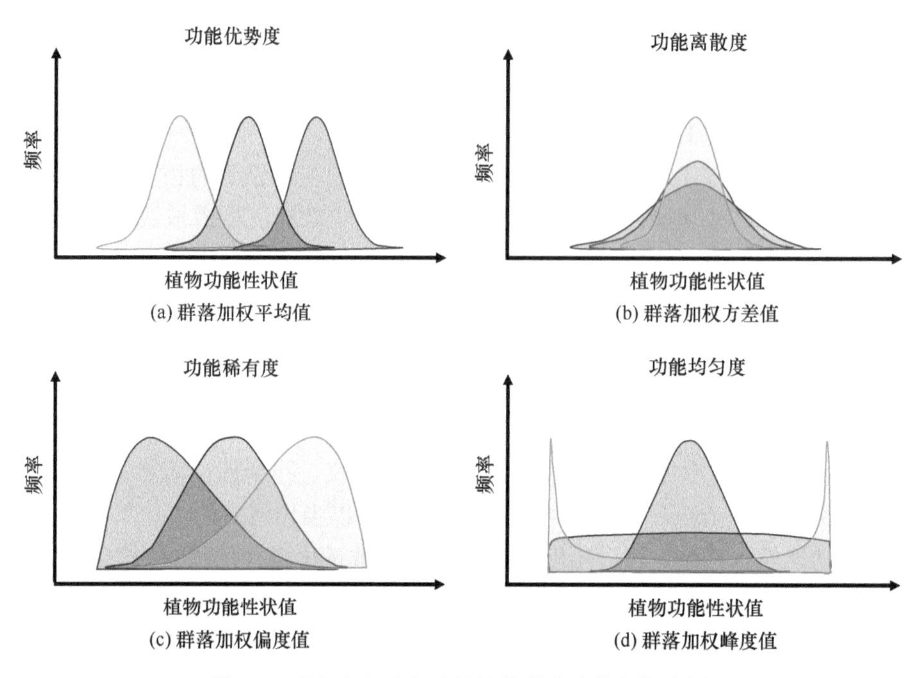

图 1.9　群落内部植物功能性状的分布特征概念图

植物功能性状频谱可以帮助人们探究跨越多个尺度植物群落结构的维持法则。在种群尺度上，功能性状频谱反映的是种群对不同选择压力和其他进化驱动力的响应；在群落尺度上，功能性状频谱反映的是局域选择的差异、物种的相互作用、与物种共存和生态系统功能相关的不同生态驱动因素，以及过去的历史干扰、物种的迁移、灭绝和环境变化。植物功能性状频谱的理论基础已经相当成熟，但受限于系统性数据的缺乏，人们目前还仅能使用比叶面积和树高等常用功能性状频谱来推断群落构建过程，以及种群、群落和生态系统对气候变化的响应（Gross et al.，2021）。随着配套性和系统性植物功能性状数据库的发展，Liu 等（2022b）获得气孔面积指数、最大气孔导度和气孔空间利用效率的群落加权均值、方差、偏度和峰度，并首次在区域尺度探究气孔性状频度特征对生态系统生产力的影响。总而言之，植物功能性状频谱既考虑了优势物种的选择效应，又考虑了非优势物种的生态位互补效应，方便纳入植物功能性状的种内变异，因此在以功能性状为基础的研究上具有广阔的应用前景。此外，植物功能性状频谱蕴含了复杂自然系统的丰富信息，其特征也有利于未来与遥感光谱等建立理论联系，不仅能从几个关键特征参数着手，更能从频谱微弱波动中揭示特定植物对资源环境变化的敏感性，反映植物群落结构变化，进而推算和预测生态系统功能。

1.5.5　从植物功能性状到生态系统（多）功能

“结构决定功能”是生态系统生态学的基本法则，然而，在面对复杂群落或复杂的生态系统时，弄清“结构如何决定功能”远比空谈“结构决定功能”更重要，也更具有理论和实践价值。植物功能性状微弱变化以及多种功能性状的复杂关系，是决定生态系统结构和功能及其对全球变化响应的核心根源。由于种种原因，现有的植物功能型框架，并未给予植物功能性状应有的重要地位，一定程度上阻碍了全球植被动态模型的发展。植物功能性状不仅可以反映植物对环境变化的响应与适应，而且与生态系统的结构和功能密切相关，基于植物功能性状的途径将可显著提升全球植被动态模型对生态系统过程的模拟和功能的预测。

在所有的生态系统功能中，生产力的变异是最受到关注的话题，而准确预测区域乃至全球生态系统生产力，是永恒的核心科学问题之一。传统上，人们以大叶模式（big-leaf model）为核心的生态过程模型来预测生产力的时空变异，并取得了巨大进展。该途径基于叶片组织水平光合和呼吸机理过程，并通过统一性原理来模拟分析生态系统生产力，并在环境变量驱动下预测生产力时空尺度变异。它在单站点的预测精度较高，但在区域甚至全球生产力时空变异预测中存在高不确定性（He et al.，2019）。研究人员特别指出：植物功能性状，如叶片大小、比叶面积、C∶N 等，在“器官–物种–功能群–群落–生态系统”等多尺度上影响甚至决定植物生产力，是未来模型改进和发展的重要方向。近期，科研人员基于物理学经典的发动机功率输出模式和植物群落功能性状二维特征，发展了“数量性状×效率性状×生长期”为核心的生产力预测新框架（trait-based productivity，TBP）（He et al.，2023）（图 1.10）。在新框架中，温度、降水和土壤养分

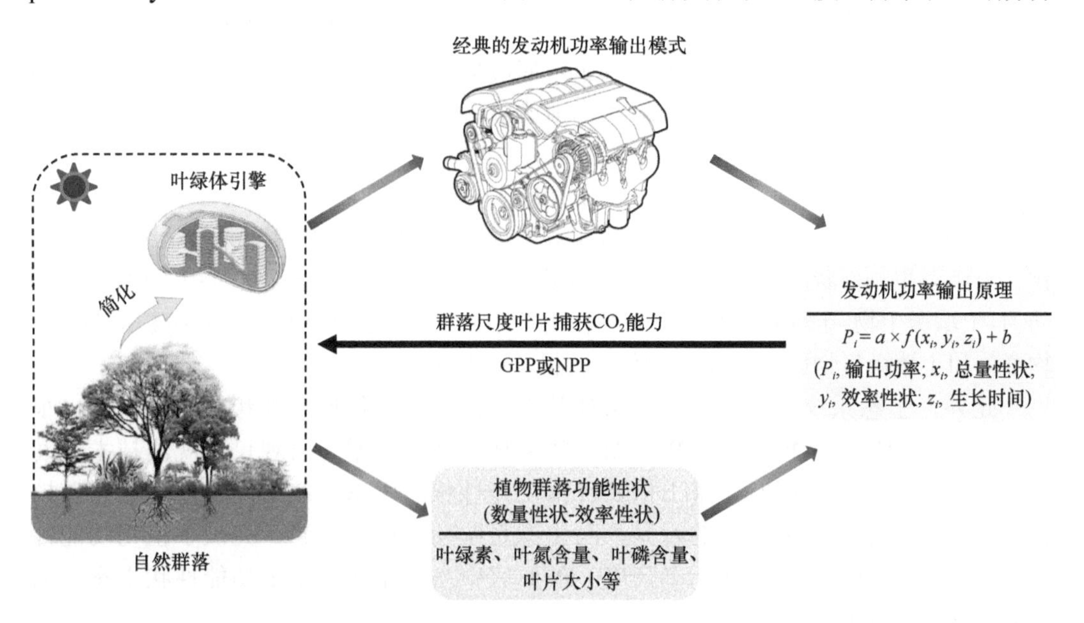

图 1.10　基于植物群落功能性状的生态系统生产力时空变异预测新模式

该模式最初是为预测生态系统生产力而提出，也适用于个体、种群和群落等多个尺度

等环境因子对生态系统生产力的影响并不是直接的，而是通过影响群落结构、物种组成、种内功能性状变异等，间接影响生态系统生产力时空变异。最近案例研究表明：利用单位土地面积标准化的群落叶绿素的数量性状和效率性状，能解释中国草地生态系统生产力60%的空间变异（Zhang et al.，2021）；利用叶片比叶面积的数量性状和效率性状，可以解释森林演替梯度上生态系统生产力78%的变异（Li et al.，2021）；利用叶片氮含量的数量性状和效率性状，可以解释中国自然生态系统生产力81%的空间变异（Yan et al.，2022）。随着植物功能性状数据的积累和高光谱遥感等高新技术的发展，植物群落功能性状可能是预测生态系统生产力（或多功能）的重要途径，并有望成为未来新一代机理过程模型的驱动核心。

1.5.6 以功能性状为基础构建多学科融合发展的桥梁

功能性状从其起源到标准化定义，就囊括了所有生物类群，如植物、动物、微生物等（Violle et al.，2007；He et al.，2019；何念鹏等，2018）。在复杂的自然生态系统中，植物功能性状、动物功能性状、微生物功能性状等既相互关联、又相互独立且各具特色。植物功能性状是学科交叉融合中发展相对更快的领域，其所发展的新概念、新方法、新技术可以为动物功能性状和微生物功能性状借鉴或改进。

自然生态系统是由特定空间范围内植物、动物、微生物等生物要素与非生物环境要素共同构成，并以物质循环和能量流动来串联这些生物要素和非生物要素。近年来，科研人员逐步收集和整编了与脊椎动物（如爬行动物、鱼类、鸟类、两栖动物、哺乳动物等）、无脊椎动物、珊瑚和真菌等相关的功能性状数据库（Gallagher et al.，2020）。然而，真正在生态系统尺度深入探讨植物–动物–微生物功能性状关系、空间变异规律及其对资源环境变化响应的研究还非常罕见。大多数研究都是聚焦在植物、动物或土壤微生物的某一类生物功能性状变异与适应机制研究。如何基于功能性状研究框架，对生态系统植物–动物–微生物相互关系进行研究，是当前所面临的巨大挑战。近期发展的以群落功能性状（community traits）为基础的生态系统功能性状（ecosystem traits）理论框架，提出了单位土地面积标准化的、可比较的群落功能性状强调和密度的新参数（He et al.，2019；Zhang et al.，2021）。群落功能性状的提出和发展，为在生态系统尺度深入探讨植物、动物、土壤微生物性状的内部关系、协同或趋异规律提供了新思路，也可用于探讨植物–动物–土壤微生物–土壤和气候等的相互作用关系、并从功能性状角度揭示植物群落、动物群落和土壤微生物群落的构建与维持机制（图 1.11）。

此外，生态系统功能性状是一系列基于单位土地面积群落性状的组合，可以很好地解决长期以来（植物、动物、微生物）功能性状数据与宏观尺度观测技术空间尺度不匹配的问题。同时，基于植物群落功能性状的生态系统生产力框架构建、植物功能性状网络理论体系等的发展，与生态系统功能性状一起，突破了植物功能性状跨尺度（多物种、多性状、多尺度）的研究壁垒，拓展了基于功能性状生态学的研究范畴（图 1.12）。

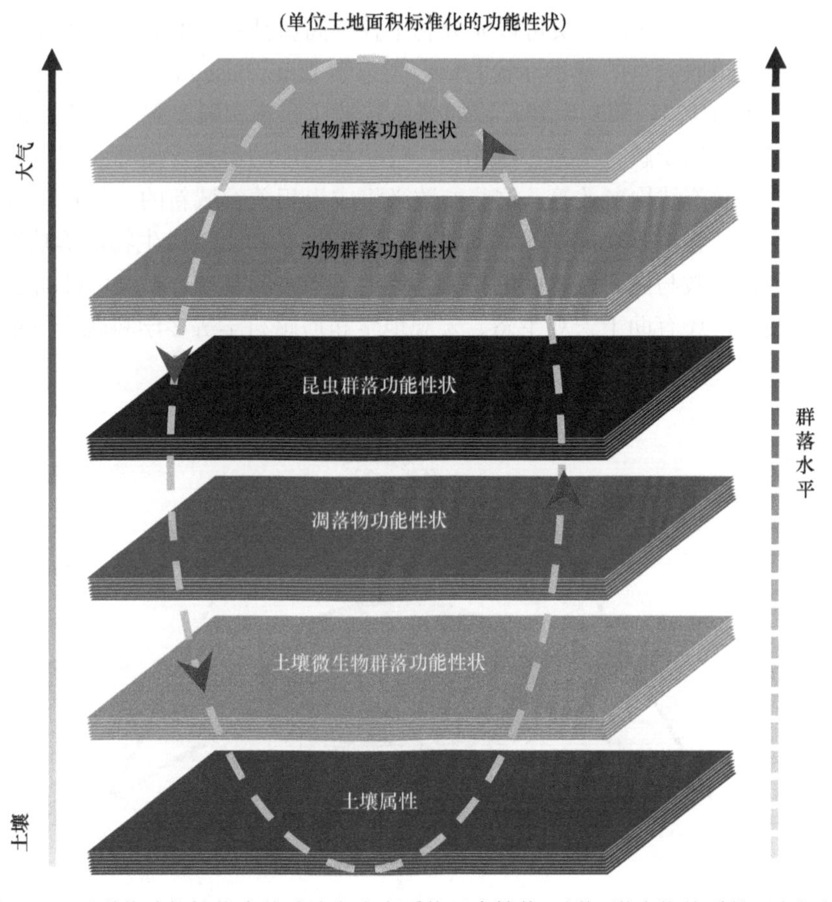

图 1.11　以群落功能性状为基础建立生态系统尺度植物–动物–微生物关系的研究框架

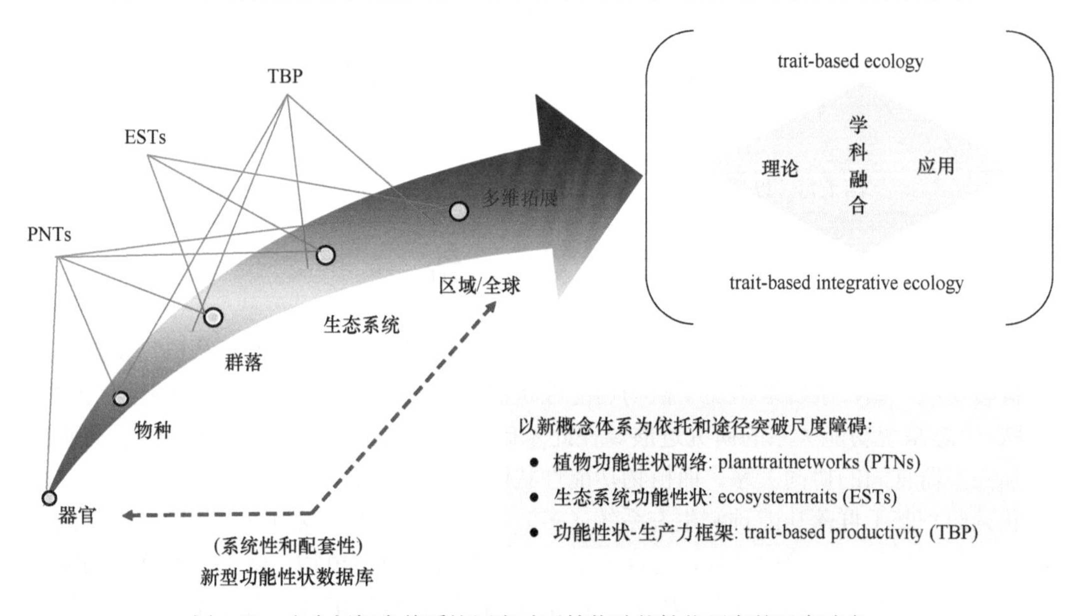

图 1.12　多个新概念体系协同突破了植物功能性状研究的尺度壁垒、拓展了基于功能性状生态学的研究范畴

在新研究框架下，科研人员可以充分利用各种高新技术，推动生态系统组分–结构–过程–功能–服务级联关系的基于性状的整合生态学（trait-based integrative ecology）的理论框架构建（图 1.13）。随着宏观尺度的高新技术（遥感和通量观测）快速发展，将可能会产生更多的可用于解释生态系统结构、性状和功能的参数，如叶面积指数、比叶面积、荧光参数、群落结构参数等。这些参数必将成为相关领域新的生长点。总之，生态系统功能性状（植物群落功能性状、动物群落功能性状和土壤微生物群落功能性状等）为构建地面测试参数与高新技术间的桥梁，奠定了坚实的基础，不仅可推动生态系统生态学自身的发展，还有助于宏观生态、宏观地学和遥感科学等多学科融合发展。

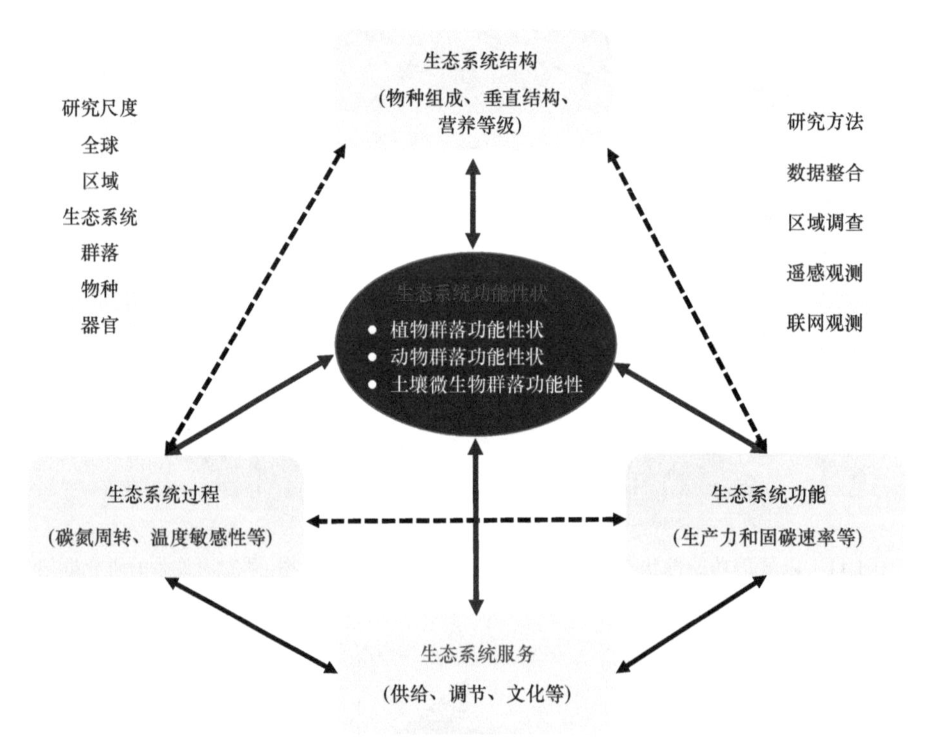

图 1.13　以群落功能性状为核心构建整合生态学研究的理论框架

1.6　小　　结

基于植物功能性状的研究方法贯穿了生态学不同尺度的研究。本章从植物功能性状的概念发展开始，系统地阐述了植物功能性状的种内变异、种间变异、性状–性状关系、性状–生态系统功能关系的研究进展。在此基础之上，探讨了未来植物功能性状的研究应加强多器官间的协同关系，而植物功能性状网络、植物群落功能系统性状、植物功能性状频谱和基于群落功能预测生态系统（多）功能等，可能会成为下一阶段植物功能性状研究的新增长点。除此之外，建议未来应通过整合动物、植物、微生物的群落功能性状，深入探讨植物–动物–土壤微生物–土壤和气候等的相互作用关系，并从功能性状角度揭示植物群落、动物群落和土壤微生物群落的构建与维持机制。同时，建议发展以群落功能性状为核心的整合生态学研究的理论框架，推动以功能性状为基础的生态学的发展，促进宏观生态、地学和遥感科学等多学科融合，使相关研究能更好地服务于当前生态环境问题和全球变化问题的解决。

参 考 文 献

何念鹏, 刘聪聪, 徐丽, 等. 2020. 生态系统性状对宏生态研究的启示与挑战. 生态学报, 40(8): 2507-2522.

何念鹏, 刘聪聪, 张佳慧, 等. 2018a. 植物性状研究之机遇与挑战: 从器官到群落. 生态学报, 38(19): 6787-6796.

何念鹏, 张佳慧, 刘聪聪, 等. 2018b. 森林生态系统之性状的空间格局与影响因素: 基于中国东部样带整合分析. 生态学报, 38(18): 6359-6382.

何芸雨, 郭水良, 王喆. 2019. 植物功能性状权衡关系的研究进展. 植物生态学报. 43(12): 1021-1035.

刘晓娟, 马克平. 2015. 植物功能性状研究进展 中国科学: 生命科学, 45(3): 325-339.

宋光满, 韩涛涛, 洪岚, 等. 2018. 演替过程中植物功能性状研究进展. 生态科学, 37(2): 207-213.

Ackerly D D, Cornwell W K. 2007. A trait-based approach to community assembly: Partitioning of species trait values into within- and among-community components. Ecology Letters, 10: 135-145.

Albert C H, Thuiller W, Yoccoz N G, et al. 2010. Intraspecific functional variability: Extent, structure and sources of variation. Journal of Ecology, 98: 604-613.

Bergmann J, Weigelt A, Plas F V, et al. 2020. The fungal collaboration gradient dominates the root economics space in plants. Science Advance, 6: eaba3756.

Bjorkman A D, Myers-Smith I H, Elmendorf S C, et al. 2018. Tundra Trait Team: A database of plant traits spanning the tundra biome. Global Ecology Biogeography, 27: 1402-1411.

Bolnick D I, Amarasekare P, Araújo M S, et al. 2011. Why intraspecific trait variation matters in community ecology. Trends in Ecology and Evolution, 26: 183-192.

Bongers F J, Schmid B, Bruelheide H, et al. 2021. Functional diversity effects on productivity increase with age in a forest biodiversity experiment. Nature Ecology and Evolution, 5: 1594-1603.

Boonman C C, Benítez-López A, Schipper A M, et al. 2020. Assessing the reliability of predicted plant trait distributions at the global scale. Global Ecology and Biography, 29: 1034-1051.

Bruelheide H, Dengler J, Jimenez-Alfaro B, et al. 2019. Splot - A new tool for global vegetation analyses. Journal of Vegetation Science, 30: 161-186.

Bruelheide H, Dengler J, Purschke O, et al. 2018. Global trait-environment relationships of plant communities. Nature Ecology and Evolution, 2: 1906-1917.

CastroDiez P, VillarSalvador P, PerezRontome C, et al. 1997. Leaf morphology and leaf chemical composition in three Quercus (Fagaceae) species along a rainfall gradient in NE Spain. Trees, 11: 127-134.

Chave J, Coomes D, Jansen S, et al. 2009. Towards a worldwide wood economics spectrum. Ecology Letters, 12: 351-366.

Cornelissen J H C, Lavorel S, Garnier E, et al. 2003. A handbook of protocols for standardised and easy measurement of plant functional traits worldwide. Australian Journal of Botany, 51: 335-380.

Cornelissen J H C, Sibma F, Van Logtestijn R S P, et al. 2011. Leaf pH as a plant trait: Species-driven rather than soil-driven variation. Functional Ecology, 25: 449-455.

Cornwell W K, Ackerly D D. 2009. Community assembly and shifts in plant trait distributions across an environmental gradient in coastal California. Ecological Monographs, 79: 109-126.

Cornwell W K, Cornelissen J H C, Amatangelo K, et al. 2008. Plant species traits are the predominant control on litter decomposition rates within biomes worldwide. Ecology Letters, 11: 1065-1071.

Cornwell W K, Schwilk D W, Ackerly D D. 2006. A trait-based test for habitat filtering: Convex hull volume. Ecology, 87: 1465-1471.

Cui E Q, Weng E S, Yan E R, et al. 2020. Robust leaf trait relationships across species under global environmental changes. Nature Communicatio, 11: 2999.

de Kauwe M G, Lin Y S, Wright I J, et al. 2016. A test of the 'one-point method' for estimating maximum carboxylation capacity from field-measured, light-saturated photosynthesis. New Phytologist, 212: 792-792.

Diaz S, Hodgson J G, Thompson K, et al. 2004. The plant traits that drive ecosystems: Evidence from three continents. Journal of Vegetation Science, 15: 295-304.

Diaz S, Kattge J, Cornelissen J H C, et al. 2016. The global spectrum of plant form and function. Nature, 529: 167-171.

Enquist B J, Norberg J, Bonser S P, et al. 2015. Chapter nine - scaling from traits to ecosystems: Developing a general trait driver theory via integrating trait-Based and metabolic scaling theories. In: Pawar S, Woodward G, Dell A I. Advances in Ecological Research. Academic Press.

Eviner V T. 2004. Plant traits that influence ecosystem processes vary independently among species. Ecology, 85: 2215-2229.

Fernández-Martínez M. 2022. From atoms to ecosystems: Elementome diversity meets ecosystem functioning. New Phytologist, 234: 35-42.

Freschet G T, Pagès L, Iversen C M, et al. 2021. A starting guide to root ecology: Strengthening ecological concepts and standardising root classification, sampling, processing and trait measurements. New Phytologist, 232: 973-1122.

Freschet G T, Valverde-Barrantes O J, Tucker C M, et al. 2017. Climate, soil and plant functional types as drivers of global fine-root trait variation. Journal of Ecology, 105: 1182-1196.

Gallagher R V, Falster D S, Maitner B S, et al. 2020. Open science principles for accelerating trait-based science across the tree of life. Nature Ecology and Evolution, 4: 294-303.

Garnier E, Cortez J, Billes G, et al. 2004. Plant functional markers capture ecosystem properties during secondary succession. Ecology, 85: 2630-2637.

Garnier E, Lavorel S, Ansquer P, et al. 2007. Assessing the effects of land-use change on plant traits, communities and ecosystem functioning in grasslands: A standardized methodology and lessons from an application to 11 European sites. Annals of Botany, 99: 967-985.

Garnier E, Stahl U, Laporte M A, et al. 2017. Towards a thesaurus of plant characteristics: An ecological contribution. Journal of Ecology, 105: 298-309.

Grime J P. 2006. Trait convergence and trait divergence in herbaceous plant communities: Mechanisms and consequences. Journal of Vegetation Science, 17: 255-260.

Gross N, Le Bagousse-Pinguet Y, Liancourt P, et al. 2021. Unveiling ecological assembly rules from commonalities in trait distributions. Ecology Letters, 24: 1668-1680.

Guerrero R N R, Mommer L, Freschet G T, et al. 2021. Global root traits (GRooT) database. Global Ecology Biogeography, 30: 25-37.

Han W X, Fang J Y, Guo D L, et al. 2005. Leaf nitrogen and phosphorus stoichiometry across 753 terrestrial plant species in China. New Phytologist, 168: 377-385.

Hanisch M, Schweiger O, Cord A F, et al. 2020. Plant functional traits shape multiple ecosystem services, their trade-offs and synergies in grasslands. Journal of Applied Ecology, 57: 1535-1550.

He N P, Li Y, Liu C C, et al. 2020. Plant trait networks: Improved resolution of the dimensionality of adaptation. Trends in Ecology and Evolution, 35: 908-918.

He N P, Liu C C, Piao S L, et al. 2019. Ecosystem traits linking functional traits to macroecology. Trends in Ecology and Evolution, 34: 200-210.

He N P, Yan P, Liu C C, et al. 2022. Predicting ecosystem productivity based on plant community traits. Trends in Plant Science, 28: 43-53.

Jin Y, Qian H. 2019. V.PhyloMaker: an R package that can generate very large phylogenies for vascular plants. Ecography, 42: 1353-1359.

Kattge J, Díaz S, Lavorel S, et al. 2011. TRY - a global database of plant traits. Global Change Biology, 17: 2905-2935.

Kattge J, Sandel B. 2020. TRY plant trait database - Enhanced coverage and open access Global Change Biology, 26: 5343.
Kleyer M, Bekker R M, Knevel I C, et al. 2008. The LEDA Traitbase: a database of life-history traits of the Northwest European flora. Journal of Ecology, 96: 1266-1274.
Kunstler G, Falster D, Coomes D A, et al. 2016. Plant functional traits have globally consistent effects on competition. Nature, 529: 204-U174.
Li B, Suzuki J I, Hara T. 1998. Latitudinal variation in plant size and relative growth rate in Arabidopsis thaliana. Oecologia, 115: 293-301.
Li Y, Hou J H, Xu L, et al. 2022a. Variation in functional trait diversity from tropical to cold-temperate forests and linkage to productivity. Ecological Indicators, 138: 108864.
Li Y, Li Q, Xu L, et al. 2021. Plant community traits can explain variation in productivity of selective logging forests after different restoration times. Ecological Indicators, 131: 108181.
Li Y, Liu C C, Sack L, et al. 2022b. Leaf trait network architecture shifts with species-richness and climate across forests at continental scale. Ecology Letters, 25: 1442-1457.
Liang X Y, Zhang T, Lu X K, et al. 2020. Global response patterns of plant photosynthesis to nitrogen addition: A meta-analysis. Global Change Biology, 26: 3585-3600.
Liu C C, He N P, Zhang J H, et al. 2018. Variation of stomatal traits from cold temperate to tropical forests and association with water use efficiency. Functional Ecology, 32: 20-28.
Liu C C, Li Y, He N P. 2022a. Differential adaptation of lianas and trees in wet and dry forests revealed by trait correlation networks. Ecological Indicators, 135: 108564.
Liu C C, Li Y, Xu L, et al. 2021. Stomatal arrangement pattern: A new direction to explore plant adaptation and evolution. Frontiors in Plant Science, 12: 655255.
Liu C C, Li Y, Zhang J H, et al. 2020. Optimal community assembly related to leaf economic-hydraulic-anatomical traits. Frontiers in Plant Science, 11: 341.
Liu C C, Sack L, Li Y, et al., 2022b. Contrasting adaptation and optimization of stomatal traits across communities at continental scale. Journal of Experimental Botany, 73: 6405-6416.
Liu H, Ye Q, Simpson K J, Cui E, et al. 2022. Can evolutionary history predict plant plastic responses to climate change? New Phytologist, 235: 1260-1271.
Liu S, Yan Z, Chen Y, et al. 2019. Foliar pH, an emerging plant functional trait: Biogeography and variability across northern China. Global Ecology and Biogeography, 28: 386-397.
Luo W T, Griffin-Nolan R J, Song L, et al. 2022. Interspecific and intraspecific trait variability differentially affect community-weighted trait responses to and recovery from long-term drought. Functional Ecology, 37(3): 504-512.
Ma Z Q, Guo D L, Xu X L, et al. 2019. Evolutionary history resolves global organization of root functional traits. Nature, 555: 94-97.
Maitner B S, Boyle B, Casler N, et al. 2018. The BIEN R package: A tool to access the Botanical Information and Ecology Network (BIEN) database. Methods in Ecology and Evolution, 9: 373-379.
Martin A R, Isaac M E. 2015. REVIEW: Plant functional traits in agroecosystems: A blueprint for research. Journal of Applied Ecology, 52: 1425-1435.
Mayfield M M, Levine J M. 2010. Opposing effects of competitive exclusion on the phylogenetic structure of communities. Ecology Letters, 13: 1085-1093.
McGill B J, Enquist B J, Weiher E, et al. 2006. Rebuilding community ecology from functional traits. Trends in Ecology and Evolution, 21: 178-185.
Midolo G, de Frenne P, Hölzel N, et al. 2019. Global patterns of intraspecific leaf trait responses to elevation. Global Change Biology, 25: 2485-2498.
Mlambo M C. 2014. Not all traits are 'functional': insights from taxonomy and biodiversity-ecosystem functioning research. Biodiversity and Conservation, 23: 781-790.
Moles A T, Ackerly D D, Tweddle J C, et al. 2007. Global patterns in seed size. Global Ecology and Biogeography, 16: 109-116.
Pérez-Harguindeguy N, Díaz S, Garnier E, et al. 2013. New handbook for standardised measurement of plant

functional traits worldwide. Australian Journal of Botany, 61: 167-234.
Petchey O L, Hector A, Gaston K J. 2004. How do different measures of functional diversity perform? Ecology, 85: 847-857.
Poorter L, Bongers F. 2006. Leaf traits are good predictors of plant performance across 53 rain forest species. Ecology, 87: 1733-1743.
Reich P B. 2014. The world-wide 'fast-slow' plant economics spectrum: A traits manifesto. Journal of Ecology, 102: 275-301.
Roddy A B, Martínez-Perez C, Teixido A L, et al. 2021. Towards the flower economics spectrum. New Phytologist, 229: 665-672.
Sack L, Cornwell W K, Santiago L S, et al. 2010. A unique web resource for physiology, ecology and the environmental sciences: PrometheusWiki. Functional Plant Biology, 37: 687-693.
Sack L, Scoffoni C. 2013. Leaf venation: Structure, function, development, evolution, ecology and applications in the past, present and future. New Phytologist, 198: 983-1000.
Siefert A, Violle C, Chalmandrier L, et al. 2015. A global meta-analysis of the relative extent of intraspecific trait variation in plant communities. Ecology Letters, 18: 1406-1419.
Sobral M. 2021. All traits are functional: An evolutionary viewpoint. Trends in Plant Science, 26: 674-676.
Thomas H J D, Bjorkman A D, Myers-Smith I H, et al. 2020. Global plant trait relationships extend to the climatic extremes of the tundra biome. Nature Communication, 11: 1351.
Tian D, Kattge J, Chen Y H, et al. 2019. A global database of paired leaf nitrogen and phosphorus concentrations of terrestrial plants. Ecology, 100: e02812.
Valverde B O J, Maherali H, Baraloto C, et al. 2020. Independent evolutionary changes in fine-root traits among main clades during the diversification of seed plants. New Phytologist, 228: 541-553.
Violle C, Navas M L, Vile D, et al. 2007. Let the concept of trait be functional! Oikos, 116: 882-892.
Walker A P, Beckerman A P, Gu L, et al. 2014. The relationship of leaf photosynthetic traits - Vcmax and Jmax – to leaf nitrogen, leaf phosphorus, and specific leaf area: A meta-analysis and modeling study. Ecology and Evolution, 4: 3218-3235.
Wang H, Harrison S P, Prentice I C, et al. 2018. The China Plant Trait Database: Toward a comprehensive regional compilation of functional traits for land plants. Ecology, 99: 500-512.
Wang R L, Wang Q F, Zhao N, et al. 2017. Complex trait relationships between leaves and absorptive roots: Coordination in tissue N concentration but divergence in morphology. Ecology and Evolution, 7: 2697-2705.
Wang R L, Yu R, He N P, et al. 2016. Latitudinal variation of leaf morphological traits from species to communities along a forest transect in eastern China. Journal of Geographic Science, 26: 15-26.
Wang R Z, Huang W W, Chen L, et al. 2011. Anatomical and physiological plasticity in Leymus chinensis (Poaceae) along large-scale longitudinal gradient in Northeast China. PloS One, 6: e26209
Wang Z G, Wang C K 2021. Responses of tree leaf gas exchange to elevated CO_2 combined with changes in temperature and water availability: A global synthesis. Global Ecology and Biogeograpy, 30: 2500-2512.
Weemstra M, Mommer L, Visser E J, et al. 2016. Towards a multidimensional root trait framework: A tree root review. New Phytologist, 211: 1159-1169.
Weigelt A, Mommer L, Andraczek K, et al. 2021. An integrated framework of plant form and function: the belowground perspective. New Phytol, 232: 42-59.
Wigley B J, Charles-Dominique T, Hempson G P, et al. 2020. A handbook for the standardised sampling of plant functional traits in disturbance-prone ecosystems, with a focus on open ecosystems. Australian Journal of Botany, 68: 473-531.
Wright I J, Dong N, Maire V, et al. 2017. Global climatic drivers of leaf size. Science, 357: 917-921.
Wright I J, Reich P B, Westoby M, et al. 2004. The worldwide leaf economics spectrum. Nature, 428: 821-827.
Yan P, Li M X, Yu G R, et al. 2022. Plant community traits associated with nitrogen can predict spatial variability in productivity. Ecological Indicators, 140: 109001.

Zhang J H, He N P, Liu C C, et al. 2020. Variation and evolution of C∶N ratio among different organs enable plants to adapt to N-limited environments. Global Change Biology, 26: 2534-2543.
Zhang J H, Hedin L O, Li M X, et al. 2022. Leaf N∶P ratio does not predict productivity trends across natural terrestrial ecosystems. Ecology, 103: e3789.
Zhang J H, Zhao N, Liu C C, et al. 2018. C:N:P stoichiometry in China's forests: From organs to ecosystems. Functional Ecology, 32: 50-60.
Zhang Y, He N P, Li M X, et al. 2021. Community chlorophyll quantity determines the spatial variation of grassland productivity. Science of Total Environment, 801: 149567.
Zhao N, Yu G R, He N P, et al. 2016. Coordinated pattern of multi-element variability in leaves and roots across Chinese forest biomes. Global Ecology and Biogeography, 25: 359-367.
Zhao N, Yu G R, Wang Q F, et al. 2020. Conservative allocation strategy of multiple nutrients among major plant organs: From species to community. Journal of Ecology, 108: 267-278.

第2章　植物功能性状的指标体系及其分类

摘要： 植物功能性状通常是指植物对外界环境长期适应与进化后所表现出的相对稳定、可量度的且对植物多种功能具有一定影响或与环境适应等密切相关的特征参数。随着植物功能性状研究的持续发展，它已经成为贯穿器官、个体、物种、种群、群落、生态系统、区域乃至全球生态学研究的普适性参数，融入生态学、地学和环境科学等多个学科重大科学问题的解决之中。随着其所涉及领域和科学问题的多样化，植物功能性状的参数体系日趋复杂，分类方法也日趋多样化；系统性地梳理和总结，将有助于读者更好地了解植物功能性状的研究现状，规范未来的相关研究工作。目前，植物功能性状的参数和分类非常复杂，从不同角度或需求看各自具有特色及其科学意义，但在具体使用时常常会被混淆使用甚至错误的交叉使用。本章首先简要地回顾了植物功能性状研究的发展历程，从单一功能性状到多个功能性状的协同变异拓展研究、从单器官到叶–枝–干–根多器官的联动拓展研究、从物种到群落的尺度拓展研究，期望能为完善植物功能性状的指标体系及其分类提供内在需求和科学性。本章系统地梳理了几种常见的植物功能性状的分类方法、阐明了其科学内涵和适用范畴。从实际操作性角度，提出将植物功能性状分为叶性状、枝/干性状、根性状、全株性状和繁殖性状五大类别的体系，并对每一类别的主要植物功能性状及其生态意义进行了详细阐述。通过本章对植物功能性状的指标体系及其分类的梳理，希望能推动植物功能性状参数测定的科学性、系统性和规范性，为后续相关研究提供科学依据。

植物功能性状通常是指任何在个体水平上可遗传的、相对稳定的、可测量的，且一定程度上决定或影响着植物体的整体适合度（存活、生长与繁殖）的各种特征参数（Violle et al.，2007；He et al.，2019；何念鹏等；2020）。植物功能性状反映了植物对生长环境的响应和适应策略，将环境、植物个体和生态系统结构、过程与功能联系起来，已成为贯穿器官、个体、物种、种群、群落、生态系统、区域乃至全球生态学研究的普适性参数。例如，科学家已经在不同尺度上深入探究了植物功能性状协同变异机理、调控植物群落或生态系统应对全球变化等生态学热点问题（Westoby and Wright，2006；Wallenstein and Hall，2012；van Bodegom et al.，2014）。到目前为止，植物功能性状已经广泛应用到农业生产、环境保护、生物地理、群落构建、古气候反演和全球变化等各个方面。

目前植物功能性状种类繁多、分类复杂。虽然从不同角度或需求看，各自具有特色及其科学意义，但在实际操作过程中常常会被混淆使用甚至交叉使用。如何准确把握植物功能性状的指标体系及其分类，常令许多科研人员困惑，尤其是那些刚入门涉及到植物功能性状参数的学生们。针对这个问题，本书系统梳理了植物功能性状的概念、研究进展、常见分类及其应用范畴和科学意义，旨在提供一个相对简单而清晰的分类框架，推动植物功能性状参数测定和使用的规范性、系统性和科学性，为后续相关研究提供参考。

2.1　植物功能性状概念的发展历程与范畴

“性状”最早用于遗传学和生理学等领域，它是与遗传信号密切相关的参数；随着学科的分化与融合，逐渐特化为不同学科领域的专门术语。在生态学、地学和环境学相关的领域，除了采用性状外，不同学科的科研人员还广泛使用多个与性状相似的名词，如特征、属性、参数等。这些参数有其科学性和学科特性，无法定量评判其科学价值或直接给出优劣性。为了避免混淆，在充分考虑各个名词的起源背景基础上，在生态学范畴中，我们建议“在描述具有生命力相关的生物特征参数时，统一使用性状”，以规范生态学内名词使用，促进动物–植物–微生物性状的协同研究。例如，植物叶、枝、干、根、花、果相关的性状；类似地，归类为动物性状和微生物性状等。

Darwin 最初使用“性状”是作为有机体表现的预测者或代言者。Violle 等（2007）对 20 世纪前关于性状的概念和相关参数进行了梳理，并将性状定义为：从细胞到整个有机体个体水平的可测度的任何形态、生理、物候特点，不包括任何其他生物层次和环境因素，同时将其从性状拓展到功能性状。更为重要的是他发展了功能性状在个体、种群、群落和生态系统多个层次如何发挥其功能特征的概念框架，为将功能性状应用于解决各种生态环境问题提供了美好愿景。

植物功能性状通常是指植物对外界环境长期适应与进化后所表现出的相对稳定的、可量度的、可测量的且与植物生长、繁殖和适应等密切相关的特征参数（He et al.，2019；何念鹏等，2020）。在新的植物功能性状定义中，我们继承了前人和 Violle 等（2007）的核心内容，进一步强调了其相对稳定性、可量度性和可测量性。因此，在新概念内涵中，叶片功能元素含量、叶片大小、比叶面积、饱和光合速率、最大植株高度、根系长度、比根长、种子大小、种子质量等均属于植物功能性状。但部分传统的不稳定参数，如光合速率、呼吸速率、植株高度等，是否属于植物功能性状参数仍然需要后续更加严谨的论证。

植物功能性状的研究已有相当长的历史，国内外科学家已经在植物功能性状研究领域开展了大量的研究工作，并取得了丰硕的成果。从生态学的角度研究植物性状，最早的经典工作可追溯到 1934 年 Raunkiaer 的生活型分类系统（Clapham，1935）。随着科技的进步，测量技术的不断发展，越来越多的性状被人们所关注（Sack and Scoffoni，2013）。2000 年以来，随着全球变化研究的不断深入，科研人员将植物功能性状与植物功能型（plant functional types）两个概念相结合，应用到气候变化对生态系统功能影响的定量分析、模拟和评价（Li et al.，2018；Liu et al.，2019a；Yan et al.，2022）。作为连接植物外在形态、内在生理以及生态系统功能的桥梁，植物功能性状现已逐渐成为生态学研究的热点（Reich et al.，1997；Wright et al.，2004；Li et al.，2015；Moles et al.，2014；Reich，2014；Reichstein et al.，2014；van Bodegom et al.，2014）。目前，针对植物功能性状的研究逐渐从单一功能性状向多种功能性状间的协同变异转变。其中，里程碑式的案例是叶经济型谱的提出（Wright et al.，2004）。基于叶经济型谱，科研人员相继提出了其他器官的经济型谱，包括干经济型谱、根经济型谱和花经济型谱、植物整体经济型谱（Chave et al.，2009；Weemstra et al.，2016；Roddy et al.，2021）以及植物性状的不同维度组合，如水力学性状维度、树高–种子维度等（Li et al.，2015b；Diaz et al.，2016）。对于植物而言，各个器官各司其职又相互协作，共同完成各种生命活动。这些多器官、多维度性状关系的存在更有利于植物适应复杂多变的环境。科研人员已经意识到叶–枝–干–根协同分析的重要性（Zhang et al.，2020），因此，针对植物功能性状的研究也逐渐从单一器官向多器官联动分析转变。未来的研究应加强水力学性状，叶片经济型谱、干经济型谱和根系经济型谱的联动分析，从而更好的揭示植物的适应机制和对全球变化的响应与适应。近年来，植物功能性状网络等新概念和新方法的发展，为揭示植物功能性状的表型整合提供了新的途径（He et al.，2020；Li et al.，2022），很可能会快速推动相关领域的发展，同时从植物功能性状的角度促进人们对于植物多维度适应机制的理解。

此外，植物功能性状在器官–物种–种群–群落–生态系统水平均具有其特定的适应或功能优化的意义，因此对于功能性状的测定和研究不能仅局限于器官或物种水平。如何构建植物性状与生态系统功能间的桥梁是近年来生态学领域的热点问题也是极具挑战性的问题。科研人员尝试结合群落结构，通过群落加权平均值（community weighted mean，CWM）（Garnier et al.，2004）、功能多样性指数（Gross et al.，2021）等方法探究生物多样性与生态系统功能的关系（Garnier et al.，2004；Vile et al.，2006；Perez et al.，2012；何念鹏等，2018）。近期，研究人员发展了以单位土地面积强调或密度来规范各种功能性状的生态系统功能性状（ecosystem traits，ESTs）和群落功能性状（community traits）的概念体系，将传统器官或物种水平功能性状研究拓展到了群落和生态系统水平，解决了传统性状与宏生态研究“尺度不统一”和“量纲不统一”的难题，并从“理念–数据源–推导方法–应用”等多角度为后续研究提供了可借鉴的案例。他们构建了一个将传统功能性状与宏观生态研究或地学研究的桥梁，给人们展现了一个实现“性状研究、生态系统生态学研究、宏观生态研究”多赢的途径和方法 （He et al.，2019；何念鹏等，2020）。随着植物功能性状这些相关的新概念和测度方法不断涌现，研究人员从植物功能性状的多个角度深入揭示了植物个体或群落对于环境的响应机制与适应机制。

2.2 植物功能性状指标的常用分类

植物功能性状的分类和测量方法，依赖于具体的研究目的、实验条件和自然环境等多种因素，很难简单粗暴地去判断其优劣性。目前，存在多种植物功能性状的分类方法，在内涵上部分分类方法间还存在内在关联性；但他们常常跨越多个尺度或维度，难以直接联系或更换。在此必须指出，这些分类方法和名词大多数都是外国学者使用英文在不同论文中提出来的，部分分类刚开始仅是直接使用，这类分类参数没有明确的定义和概念、也没有具体参数和内涵，在后续被使用者解读并使用。因此，不排除我们对这些名词存在错误性解读或多人不同的中英文翻译，而导致当前分类体系混乱和相互交叉。读者朋友们一方面应辩证地看待每种分类体系的优劣点，但同时在使用时不应被其限制，如果可能请查阅所使用分类体系的出处和原文。

结合当前国内外研究现状，在不同尺度上的植物功能性状具有多种分类体系。例如，Barboni 等（2004）建立的地中海地区植物性状分类体系、McIntyre 等（1999）提出的全球范围草本占优势的植被中响应干扰的功能性状体系、Mabry 等（2000）发展的温带木本植被的形态和生活史性状体系，以及 Cornelissen 等（2003）制定的全球植物功能性状分类体系手册。鉴于植物功能性状的分类方法繁多，本章重点介绍其中几种较常见分类（图 2.1）。

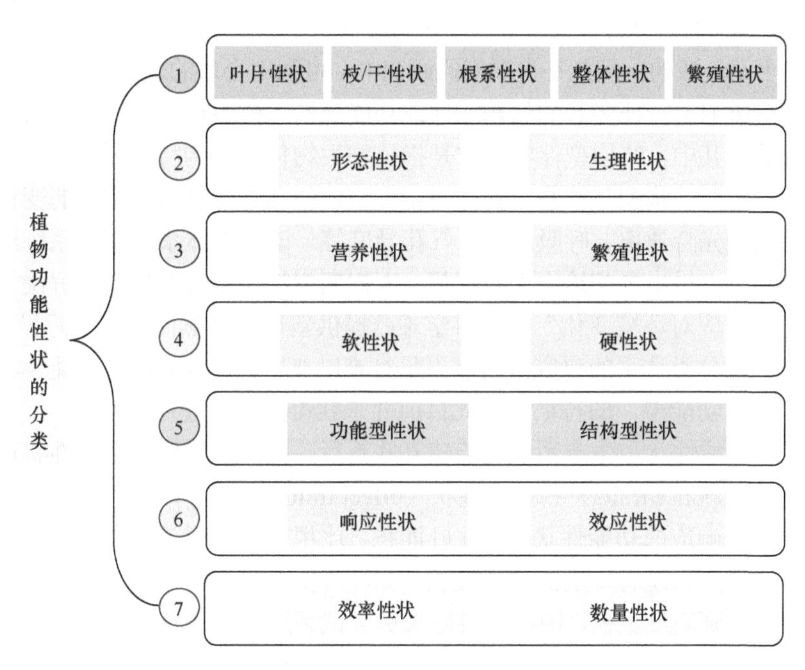

图 2.1　植物功能性状的常见分类

（1）根据植物不同器官所呈现的特征参数，将植物功能性状分为地上性状（aboveground traits）和地下性状（belowground traits）。其中，地上性状通常包括植物地上部分所有的功能性状，如叶片功能性状（比叶面积、叶片厚度、叶片元素含量等）、枝/干功能性状（干密度、干氮含量）甚至花和果的功能性状参数（花大小、果实大小等）；地下性状通常是指地下部分的植物功能性状，主要是根系功能性状（根直径、根组织密度等）、有时也可以用于根茎的繁殖体，如根茎的直径、组织密度等。

（2）根据植物个体的形态特征和生理特征，将植物功能性状分为形态性状（morphological traits）和生理性状（physiological traits）。其中，形态性状主要包括株高、叶片面积大小、叶片厚度、小枝的数量、花的大小和颜色等这些描述植物形态的特征参数；生理性状则主要包括与光合速率、呼吸速率、抗逆性等描述植物生理过程相关的特征参数。

（3）根据植物的生长与繁殖对策，将植物功能性状分为植物营养性状（vegetative traits）和繁殖性状（regenerative traits）。其中，植物营养性状通常是指与植物营养生长相关的性状，如植株整体功能性状（植株高度、生活型等）、叶片功能性状（叶片大小、比叶面积等）、枝干功能性状（干组织密度、小枝数量等）、和根系功能性状（根直径、比根长等）；繁殖性状通常是指与植物繁殖器官或繁殖过程相关的性状，包括花性状、种子性状和果实性状等，有时甚至包括根茎繁殖特征、芽特征等。

（4）根据特征参数的测定难易程度，将植物功能性状分为软性状（soft traits）和硬性状（hard traits）。软性状通常指测量相对容易且快速的植物功能性状，如繁殖体大小、繁殖体形状、叶片大小、叶片厚度、植物高度；相比软性状，硬性状指更能准确代表植物对外界环境变化的响应，却很难直接大规模测量的这一类植物功能性状，如叶片光合速率、植物耐寒性、耐阴性、叶片寿命等。软性状与硬性状是相互联系的，而且这种联系在不同的环境条件下是一致的，因此在大尺度的研究中，可利用合适的软性状来代替硬性状。

（5）根据所测定特征参数的结构属性或功能属性，植物功能性状可分为结构型性状和功能型性状。其中，结构型性状通常是指植物生物化学结构特征，在特定环境下保持相对稳定。功能型性状则与植物生长代谢指标密切相关，随时间和空间的变化程度相对较大，主要包括光合速率、呼吸速率、气孔导度等。该分类体系与生态系统结构和功能的框架密切相关，提出之初给人无限遐想，人们期望将其系统发展，为解决“生态系统结构和功能如何应对环境变化”这一科学难题提供新途径。然而，在实际操作过程中，科研人员发现该分类体系的包容性明显不足且难以兼容。大多数植物功能性状同时兼顾“结构型”和“功能型”的特征，因此目前并未获得广泛的使用。

（6）在将功能性状与生态系统功能建立联系后，科学家将植物功能性状进一步拆分为响应性状（response traits）和效应性状（effect traits）。其中，响应性状通常是指对环境条件变化做出响应的功能性状，如比叶面积、比根长等；而效应性状则是表现对环境条件、群落或生态系统有影响的功能性状，如叶片氮含量、叶绿素含量等。该分类体系一经提出，就受到高度重视，国内外科研人员尝试利用该分类体系来揭示自然群落结构维持机制和生产力优化机制（Mensens et al.，2017）。同样的，该分类体系也面临着“两者相互混淆”的难题，许多植物功能性状，如叶片大小、比叶面积、叶片氮含量、叶片磷含量、根系大小、比根长等，同时具有响应性状和效应性状的特征，如何处理这些重要但又具有两者共同特征的功能性状，是限制该分类体系推广前景的重要瓶颈。

（7）根据最新发展的植物群落功能性状二维特征，可将生产力形成密切相关的单位土地面积标准化的功能性状分为效率性状（efficiency traits）和数量性状（quantity traits）（He et al.，2023；Yan et al.，2022）。具体来说，将特定功能性状转化到单位土地面积后，用于表征单位面积内的密度特征即称之为效率性状；如叶片氮含量（%）、叶片磷含量（%）、比叶面积等，这些与密度相关的功能性状通常对应了植物内禀性的生长效率性状，这也是称其为效率性状的重要原因。同时，科研人员将表征单位面积之植物群落功能性状的强度参数称为数量性状，如单位土地面积的叶片氮含量（g/m^2）、叶片磷含量（g/m^2）、叶片面积或比叶面积等，它通常对应了单位面积功能性状的数量。随着植物功能性状应用领域的快速拓展，面临着在多器官（叶、枝、干、根）、多尺度（器官、物种、种群、群落、生态系统）、多维度（单一功能性状、多种功能性状、多维功能性状）的应用与发展，科研人员提出了将植物功能性状标准化到单位土地面积的思路，一定程度上解决了植物功能性状与生态系统和宏观地学研究间的尺度和量纲不统一的问题（何念鹏等，2018；He et al.，2019）。植物功能性状的二维特征（效率性状和数量性状），主要用于揭示器官–物种–种群–群落–生态系统的生产力及其多功能形成过程，一定程度上可以统一叶片和根系的多种功能性状，为深入揭示生产力形成机制提供新的思路（He et al.，2023）。当然，该分类体系是最新提出且具有特定的针对性，未来能发展到何种程度，且待将来评判。

2.3 按不同器官的植物功能性状分类

由于大多被子植物共同具有叶、茎/干、根、花、果实、种子等器官，因此，按照器官来进行植物功能性状分类是最普遍、最流行的分类方法，尤其是在具体的野外调查或观测中。整体来说，叶、茎/干、根更多扮演着营养器官的角色，而花、果实、种子更多被认为是繁殖器官。虽然不同植物器官具有不同的功能，但不同器官都通过各自功能性状变化从不同的角度反映了植物对于环境变化的响应与适应。严格来说，每种器官的功能性状都非常重要，性状间的协同与互补能帮助植物很好地应对外界复杂多变的环境、扰动甚至极端事件。因此，在依托植物功能性状去揭示植物适应机制和功能形成机制时，应注重多器官联动、多功能性状协同，逐渐杜绝过度强调某个器官或某个功能性状。

鉴于植物性状种类繁多，不同器官植物性状反映了植物对于环境的响应与适应，本节主要介绍根据植物器官对植物功能性状进行分类的方法。依据此方法，主要将植物功能性状分为整体功能性状、叶片功能性状、茎/干功能性状、根系功能性状、和繁殖体功能性状五大类（图 2.2）。针对每类功能性状，本节分别列举了常见功能性状，并介绍了其生态学意义（表 2.1）。

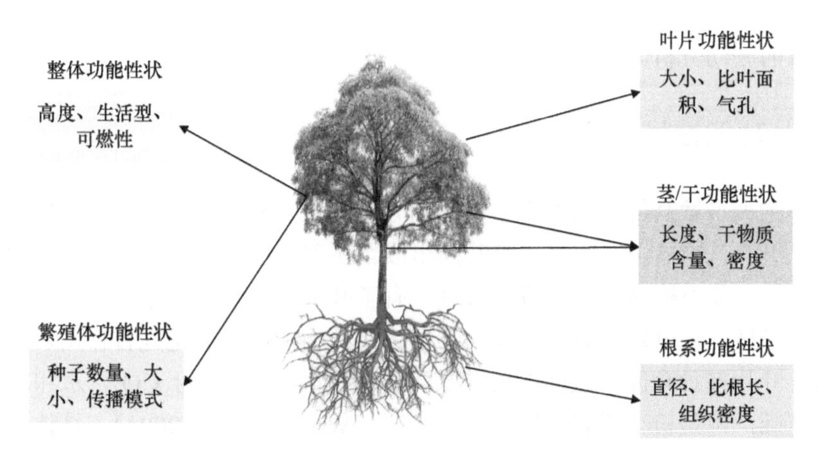

图 2.2　植物功能性状依据植物器官的划分类别

表 2.1　不同器官常见的植物功能性状

性状类别	常见性状	常见性状的英文名称	定义
整体功能性状	植物寿命	plant lifespan	从植株建立到其个体没有生命特征的时间间隔，常以天和年为单位
	植株高度	plant height	植物主要光合组织（不包括花序）的上边界与地面之间的最短距离
	相对生长速率	relative growth rate	给定时间间隔内植物大小的相对增加
叶片功能性状	叶片大小	leaf size	植物单个叶片的大小
	比叶面积	specific leaf area	叶片单面面积与叶片干重之比
	叶片氮含量	leaf nitrogen content	单位叶片干重的氮含量
	叶片磷含量	leaf phosphorus content	单位叶片干重的磷含量
茎/干功能性状	树皮厚度	bark thickness	树皮的厚度
	木质密度	wood density	单位体积木材的质量
根系功能性状	比根长	specific root length	细根长度与其干重的比值
	根直径	root diameter	根的直径
	根密度	root density	单位土壤体积中根的总长度
繁殖体功能性状	种子质量	seed mass	种子的干重
	种子寿命	seed longevity	种子从完全成熟到丧失生活力为止所经历的时间

2.3.1　植物整体功能性状

植物是由多器官所构成的有机体，除了每个器官具有其特性外，植物在进化和发展过程中，与环境相互作用，其整体也表现出系列特征，即植物的整体功能性状。常见的整体功能性状包括植株高度、植物的生活型、生长型、可燃性等性状。相对于单一器官的性状，植物的整体性状相对更具综合性，这些性状的变化很大程度上会直接影响植物的适合度。目前，大家非常关注于植物高度，例如 Moles 等（2009）揭示了全球植物植株高度的空间格局及其影响因素；随着近年来遥感和雷达技术快速突破，这方面预计将迅猛发展。而其他整体功能性状，如可燃性、棘刺等性状关注相对较少；鉴于这些性状对于生物多样性保护具有重要意义，未来可以加强对于植物整体性状的变异及其与其他各器官性状的联动分析。

2.3.2　叶片功能性状

叶片是绝大多数高等植物的重要营养器官之一，是光合作用的主要场所；它由保护组织、同化组织、输导组织和气孔等共同组成。在藻类植物中还没有叶的分化，苔藓植物也仅具拟叶，蕨类植物和种子植物才真正有了叶的分化，特别是种子植物的叶在结构上更为复杂多样，以更好地适应不同的环境。叶片的主要功能是光合作用、蒸腾作用和吸收作用，叶片多种功能性状间的协同是实现植物叶片–大气间 CO_2、水和能量交换平衡的重要基础，也是植物重要的适应途径之一（Wright et al.，2004）。具体而言，植物叶片的核心功能性状必须体现植物光合、呼吸以及蒸腾等多种功能的调控和优化能力，且这些功能性状的测量方法还应相对简单。因此，目前叶片大小、比叶面积、叶片氮含量、叶片磷含量、叶片光合速率等是使用最广泛的叶片功能性状。近年来，随着人们对叶片 CO_2、H_2O 和热量综合调控机制认知的需求，气孔形态性状和叶脉性状的相关参数也越来越受到关注，成为该领域当前的热点之一（Liu et al.，2018；Sack and Scoffoni，2013）。

2.3.3 茎/干功能性状

茎/干是植物地上部分的主轴，其下与根相连，茎上生长叶；它们也是由保护组织、基本组织、输导组织、分生组织等构成的。同样，藻类植物没有茎的分化，苔藓植物只有拟茎，蕨类植物才真正有了茎的结构。种子植物的茎/干更为发达，维管组织系统更为进化，对陆生环境的适应也最好。虽然在传统教科书或公众意识中，大家都普遍承认“叶–枝–干–根–果”间功能性状的协同进化/优化，是当前种子植物广布于陆地生态系统的重要因素，但在绝大多数研究中均未考虑茎/干功能性状的重要性。在已有的涉及茎/干功能性状的研究中，尤其是大尺度研究，学者们大多是考虑与水分以及养分传递密切相关的功能性状，以期能从植物对资源传递的能力角度揭示其对环境的适应机制（Liu et al.，2019b）。而反映茎/干重要的支撑功能的功能性状，如干密度、小枝数量等却鲜有报道（Preston et al.，2006）。

2.3.4 根系功能性状

根系是植物的营养器官之一，一般分布在土壤中，主要功能是将植物体固定在土壤中并从土壤中吸收水和无机盐；同时，将这些物质向上运输到植物体的各个部分。通常，种子植物的根可分为主根、侧根和不定根，每一种根均具有根尖，即从根最顶端到有根毛的一小段。根尖由根冠、分生区、伸长区和成熟区（根毛区）组成，成熟区是根吸收水和养料的主要部位。从解剖结构上看，几乎所有根系都是由保护组织、分生组织、基本组织、输导组织组成的。种子植物的根系非常发达，对陆地的适应能力最强，根系的出现对于高等种子植物适应陆地干旱环境具有极其重要的意义。正是由于没有真正的根系，低等植物藻类和高等植物的苔藓大多都只能生活在水中或非常阴湿的地方。蕨类植物有了真根，但主根不发育，主要为不定根，难以支撑高大植株，且无法应对长高的胁迫压力（养分供给、水分供给、风、动物踩踏等），因此蕨类植物难以成为陆地生态系统的建群种。很早以前，根系生物学研究就已经开展；尤其是20世纪90年代以来，根系生物学及其适应机制的研究迅猛发展，取得了令世人瞩目的成绩（Ostonen et al.，2017；Carmona et al.，2021）。全球根性状数据库（Global Root Trait Database）的建立，进一步推动了根性状研究的发展（Guerrero-Ramírez et al.，2021）。当前，通过根系功能性状的时空变异，揭示植物地下部分对环境变化的适应策略已经逐步成为生物学和生态学中重要的研究领域。在具体操作过程中，科研人员常常使用根系长度、根系直径、比根长、根系氮磷含量等来反映植物对于水分或养分的获取能力和效率（Carmona et al.，2021）。

然而，在区域尺度，极少有研究聚焦植物根系最敏感区（根冠、分生区和伸长区），这部分根系蕴含着植物对外界环境响应与适应的重要机制，未来值得深入探讨。

2.3.5 繁殖体功能性状

花、种子和果实都是被子植物特有的繁殖器官。其中，一个完全的花通常是由花萼、花冠、雄蕊群和雌蕊群组成，花器官对于植物的传粉和受精具有极其重要的意义；因此，其形态参数和构造特征可以反映植物对环境的适应机制及揭示动植物关系（Fornoff et al.，2017）。与被子植物相比，藻类、苔藓和蕨类植物均无花的结构；裸子植物虽然具有球花构造，但未形成真正的花。种子是种子植物特有的繁殖器官，种子的出现是植物进化史上的重要里程碑，也是种子植物能在世界上具有广泛分布的重要原因。种子质量、寿命等是植物生活史重要的特征。而藻类、苔藓和蕨类植物都不能产生种子，仍然以孢子进行繁殖。果实是被子植物特有的繁殖器官，由雌蕊的子房在受精以后发育而成，对种子可以更好地进行保护，而且更有利于种子的传播。自然界中，植物的花、种子和果实的形态和结构千变万化，除了受到遗传信号的控制，还是在亿万年进化史中对各种复杂多变的环境、动植物关系等适应的结果。虽然花、种子和果实的相关功能性状的重要性被人们广泛承认，但除少数在局部或特定物种的研究外，在区域或复杂系统中开展的相关研究还非常少；真正将繁殖体功能性状、叶片功能性状、根系功能性状等联动分析的研究更属于罕见！

2.4 主要植物功能性状的生态意义

2.4.1 植物整体功能性状的生态意义

1. 植物寿命

植物寿命（plant lifespan，单位：a）定义为从建立植株到其个体没有存活迹象的时间段，通常以年为单位。最大植物寿命是种群持久性的一个指标，因此与土地利用和气候变化密切相关。非无性植物寿命有限，但无性植物寿命几乎是无限的。最大寿命与环境胁迫机制显著正相关，如低温和低营养可利用性显著降低植物寿命。另外，最大寿命与干扰频率的关系大多是负相关，尽管长期（再生）无性植物也可能耐受频繁的干扰。植物最大寿命与植物在时间和空间上的扩散之间可能存在一种权衡。长寿的物种通常具有短寿命的种子库，产生具有低传播潜力的种子或果实，而短寿命的物种通常具有非常长寿命的种子库和高传播潜力的种子或果实。在具体研究中，定量测定植物寿命这个参数是非常困难的。而人们更多关注植物叶片寿命和根系寿命，并将其作为重要的功能性状参数来揭示植物对环境的响应与适应机制。

2. 植株高度

植株高度（plant height，单位：m），简称株高，它是植物地上主要光合组织（不包括花序）的上边界与地面之间的最短距离，常以 m 为单位（Moles et al.，2009）。植株高度或植株最大高度（H_{max}），是植物典型的成熟个体在特定的栖息环境中达到的最大高度。H_{max} 与植物生长形式、植物在植被垂直光梯度中的位置、竞争活力、繁殖大小、全植物繁殖力、潜在寿命等密切相关，它还在一定程度上反映物种是否能够在经历多种干扰事件或极端事件后仍然完成繁殖与建植。在具体研究中，人们通常将植株高度作为其竞争力的重要参数，或用于表征植物物种在群落中的地位或相对贡献。

3. 相对生长速率

相对生长速率［relative growth rate，单位：g/(g·d)］通常是指在给定时间间隔内植物大小或数量的相对增长速率（Sun and Frelich，2011）。通过比较不同物种、或不同器官间的相对生长速率，可较好地揭示植物对外界环境变化的适应策略以及应对胁迫和干扰的相关机制。

2.4.2　叶片功能性状的生态意义

1. 叶片寿命

叶片寿命（leaf lifespan，单位：d）是一个反映植物行为和功能的综合性指标，并被认为是植物在长期适应过程中为获得最大光合生产以及维持高效养分利用所形成的重要适应策略（Reich et al.，1991）。叶片寿命可综合反映植物对各种胁迫因子的适应策略，如光、温、水、营养、大气污染、草食动物的摄食等；同时，它又与植物相对生长速率以及单位质量光合速率正相关，是反映植物碳捕获策略的关键叶片功能性状之一。

2. 比叶面积

比叶面积（specific leaf area，SLA，单位：cm^2/g）通常是指叶的单面面积与其干重之比（Liu et al.，2022）。SLA 经常被用于植物生长速率分析，因为它通常与跨物种的潜在相对生长速率正相关。SLA 与叶片光饱和光合速率和叶片氮浓度正相关，与叶片寿命和单宁或木质素等定量重要二级化合物的 C 投资负相关。一般来说，在水温资源丰富的环境中的物种，往往比资源贫乏环境中的物种具有更高的 SLA，是植物应对干旱或高温环境的适应策略。

3. 叶片氮含量和叶片磷含量

叶片氮含量（leaf nitrogen content，单位：mg/g）和叶片磷含量（leaf phosphorus content，单位：mg/g）通常是指单位叶片干重的氮含量或磷含量。叶片是植物的重要光合器官，其生理活性应受到光合反应方程对元素需求的刚性约束；因此，从生理角度看叶片氮和磷含量具有相对稳定的特征，甚至相对稳定的比值。大量研究均表明：在叶片水平，氮或磷含量与潜在最大光合速率正相关；此外，低 N∶P 比植物通常具有更高的相对生长速率，反之亦然。因此，叶片 N∶P 常被用作评估氮或磷的可用性以及养分限制的重要指标；然而，上述个体或物种水平观点能否直接应用于复杂的自然生态系统尚需野外实测数据的检验。总之，叶片氮含量和叶片磷含量是当前使用最为广泛的植物功能性状，被应用到生态学各个研究领域和尺度。

2.4.3 茎/干功能性状的生态意义

1. 树皮厚度

树皮厚度（bark thickness，单位：mm）是指植物茎/干木质或木质部外面部分的厚度，包括维管形成层（Rosell，2016）。通常，厚树皮可使植物分生组织和芽原基免受与火灾相关的致命高温的胁迫，其有效性取决于火灾的强度和持续时间、树干或分支的直径、芽原基在树皮或形成层内的位置以及树皮的质量和水分。此外，厚树皮也可以保护植物重要组织免受病原体、食草动物、霜冻或干旱的伤害与攻击。树皮的结构和生物化学特征，如软木、木质素、单宁、其他酚、胶、树脂等，通常也与树皮的防御功能密切相关。因此，在全球变化的背景下，未来或许可以基于树皮厚度等性状着手开展生物多样性保护等相关工作。

2. 木质密度

木质密度（wood density，单位：g/cm^3）是指单位体积木材的重量。木本植物的木质密度通常与植物水力运输能力和支撑能力密切关系（Serra et al.，2022）。一方面，干材密度能够反映植物木质部生理功能的三个重要方面：水力运输效率、水力运输安全性和机械支撑（Preston et al.，2006；Chave et al.，2009；Gleason et al.，2016）。木质密度较大的植物其导管直径通常较小（Preston et al.，2006；Fan et al.，2012），这可能会限制木质部最大水分运输效率，但同时能够提供较大的生物机械支持、较高的抗栓塞性能（Hacke et al.，2001）、较低的组织储水容量（Meinzer et al.，2008）与最小的叶片水势（Santiago et al.，2004）。而木质密度较小的植物，虽然机械支撑能力较差，但其配置有较大直径的导管，使水分运输和生长速率更快。尽管关于木质密度的研究相对较多，但缺乏多器官联动分析，未来可加强木质密度与其他器官功能性状的关系探究，揭示植物的多器官协同适应策略。

2.4.4 根系功能性状的生态意义

1. 比根长

比根长（specific root length，单位：m/g）即植物细根长度与其干重的比值。它与叶片比叶面积相对应，可表征地下标准获取单位根长与资源投资的比值。与低比根长植物相比，具有高比根长的植物可通过特定物质投资建立更长的根系，通常被认为具有更高的养分和水分吸收能力；当然，它们通常也具有更短的根系寿命和更高的相对生长速率。然而，比根长由根系长度和根系密度共同调控，植物具有高比根长也有可能是低直径或低组织密度所造成的。例如，越细的根系对土壤的渗透力越小，运输水能力越弱；而组织密度低的根系在高营养条件下寿命较短，但其单位投资下的吸收率较高，在具体研究时建议做更深入分析。

2. 根直径

根直径（root diameter，单位：mm）又称为根系直径，通常指根的直径。根直径，特别是其尖端或顶端直径，是一个非常重要的根系功能性状。给定长度的根系生物量随直径的平方而变化，从经济角度来看，根直径与植物在根中的物质投资直接相关（Eissenstat，1992）。因此，对于给定的碳水化合物投资，根直径在很大程度上影响根系长度和根系数量的权衡关系（Bidel et al.，2000）。细根是植物根系结构的重要组成部分，占有较大的生物量比重；在复杂的自然环境和长期演化进程中，植物整体趋向于优化根长（或吸收根表面积）与根重（投资）的比率来适应干旱的陆地环境。然而，根系直径的减小会一定程度上限制根系在土壤中的穿透性，甚至威胁到用于水分和养分运输的内部结构的优化，因此，根系演化也不是越细越好（Jaramillo et al.，2013）。

2.4.5　繁殖体功能性状的生态意义

1. 种子质量

种子质量（seed mass，单位：g）也称为种子大小，是一个物种种子的平均干重。伴随着种子植物的进化和栖息地的空间拓展，植物种子质量呈现多样化的特征、并形成了不同的种子传播策略。种子大小的变化，被认为是植物适应环境和外界干扰的重要途径之一（Moles and Leishman，2008），因此种子大小是植物的一个核心性状。现存的化石记录显示，从距今 8585Ma 前到白垩纪–古近纪界线后不久（65Ma），种子大小的变化特别迅速。在此期间，被子植物辐射到热带以外区域，它们逐渐从以小种子为主、转变为种子大小变化范围更广、平均大小更大。现在的植物种子大小间有多个数量级的差异，从兰花的尘埃状种子到重瓣椰子 20kg 左右的种子。通常，更大种子中所储存资源能够帮助植物幼苗在面对环境危害（如树荫、干旱、食草性）时更好地建植和生存。相反，在同样的繁殖投资下，植物可以产生更小的种子；较小的种子在形态上更接近球形，可被埋在土壤更深层，有助于它们在种子库的长期维持，或传播更远，利于物种向外空间拓展。例如，当前大多数外来入侵植物，多具有种子质量小而数量多的共同特征。总而言之，种子的传播、扩散、萌发、幼苗的存活、定居、建成以及种群分布格局皆与种子质量密切相关。在植物的诸多性状中种子质量处于中心地位，是植物生活史中的一个核心特征。

2. 种子寿命

种子寿命（seed longevity，单位：a）指在一定环境条件下种子能够保持生活力所达到的平均年限，是影响种子资源长期保存的重要特性，也是决定土壤种子库命运进而间接影响植物种群更新与群落动态的关键因素。一般来说，种子寿命的长短受内在因素和外在因素综合影响，种子特性决定了种子寿命固有差异，环境因子则对种子寿命具有关键调控作用。在气候变化背景下，探明种子寿命的变异及其适应机制有助于我们更好地了解群落生物多样性的维持机制。此外，种子寿命未来也可作为重要的指标运用到生物多样性保护的研究中。

2.5 小　　结

鉴于植物功能性状的重要性，本章从植物功能性状的概念出发，梳理了国内外有关植物功能性状的分类体系。目前植物功能性状的种类繁多，分类体系各自成一派或具有特殊的产生背景，本章所介绍的几种常用分类方法谨供大家参考。由于植物的不同器官具有其特定的功能，同时也是常规野外调查和测试的基础，因此本章着重介绍了依据器官将植物功能性状分为叶片功能性状、茎/干功能性状、根系功能性状、植物整体功能性状和繁殖体功能性状五大类的方法，也是本书后续多个章节所采用的分类方法体系。总而言之，本章旨在通过相对系统地阐释植物功能性状调查与测定指标体系及其分类方法，指导或启示后续研究更规范和更科学地运用这些植物功能性状和分类体系。

参 考 文 献

何念鹏, 刘聪聪, 徐丽, 等. 2020. 生态系统性状对宏生态研究的启示与挑战. 生态学报, 40(8): 2507-2522.

何念鹏, 刘聪聪, 张佳慧, 等. 2018. 植物性状研究的机遇与挑战: 从器官到群落. 生态学报, 38(19): 6787-6796.

Barboni D, Harrison S P, Bartlein P J, et al. 2004. Relationships between plant traits and climate in the Mediterranean region: A pollen data analysis. Journal of Vegetation Science, 15: 635-646.

Bidel L P R, Pagès L, Rivière L M, et al. 2000. A carbon transport and partitioning model for root system architecture. Annals of Botany, 85: 869-886.

Carmona C P, Bueno C G, Toussaint A, et al. 2021. Fine-root traits in the global spectrum of plant form and function. Nature, 597: 683-687.

Chave J, Coomes D, Jansen S, et al. 2009. Towards a worldwide wood economics spectrum. Ecology Letters, 12: 351-366.

Clapham A R. 1935. The Life Forms of Plants and Statistical Plant Geography. Oxford: Clarendon Press.

Cornelissen J H C, Lavorel S, Garnier E, et al. 2003. A handbook of protocols for standardised and easy measurement of plant functional traits worldwide. Australian Journal of Botany, 51: 335-380.

Diaz S, Kattge J, Cornelissen J H C, Wright I J, et al. 2016. The global spectrum of plant form and function. Nature, 529: 167-171.

Eissenstat D M. 1992. Costs and benefits of constructing roots of small diameter. Journal of Plant Nutrition, 15: 763-782.

Fan Z X, Zhang S B, Hao G Y, et al. 2012. Hydraulic conductivity traits predict growth rates and adult stature of 40 Asian tropical tree species better than wood density. Journal of Ecology, 100: 732-741.

Fornoff F, Klein A M, Hartig F, et al. 2017. Functional flower traits and their diversity drive pollinator visitation. Oikos, 126: 1020-1030.

Garnier E, Cortez J, Billes G, et al. 2004. Plant functional markers capture ecosystem properties during secondary succession. Ecology, 85: 2630-2637.

Gleason S M, Westoby M, Jansen S, et al. 2016. Weak tradeoff between xylem safety and xylem-specific

hydraulic efficiency across the world's woody plant species. New Phytologist, 209: 123-136.
Gross N, Le Bagousse-Pinguet Y, Liancourt P, et al. 2021. Unveiling ecological assembly rules from commonalities in trait distributions. Ecology Letters, 24: 1668-1680.
Guerrero-Ramírez N R, Mommer L, Freschet G T, et al. 2021. Global root traits (GRooT) database. Global Ecology and Biogeography, 30: 25-37.
Hacke U G, Sperry J S, Pockman W T, et al. 2001. Trends in wood density and structure are linked to prevention of xylem implosion by negative pressure. Oecologia, 126: 457-461.
He N P, Li Y, Liu CC, et al. 2020. Plant trait networks: Improved resolution of the dimensionality of adaptation. Trends in Ecology and Evolution, 35: 908-918.
He N P, Liu C C, Piao S L, et al. 2019. Ecosystem traits linking functional traits to macroecology. Trends in Ecology and Evolution, 34: 200-210.
He N P, Yan P, Liu C C, et al. 2023. Predicting ecosystem productivity based on plant community traits. Trends in Plant Science, 28: 43-53.
Jaramillo R E, Nord E A, Chimungu J G, et al. 2013. Root cortical burden influences drought tolerance in maize. Annals of Botany, 112: 429-437.
Li L, McCormack M L, Ma C G, et al. 2015. Leaf economics and hydraulic traits are decoupled in five species-rich tropical-subtropical forests. Ecology Letters, 18: 899-906.
Li Y, Liu C C, Sack L, et al. 2022. Leaf trait network architecture shifts with species-richness and climate across forests at continental scale. Ecology Letters, 25: 1442-1457.
Li Y, Liu C C, Zhang J H, et al. 2018. Variation in leaf chlorophyll concentration from tropical to cold-temperate forests: Association with gross primary productivity. Ecological Indicators, 85: 383-389.
Liu C C, He N P, Zhang J H, 2018. Variation of stomatal traits from cold temperate to tropical forests and association with water use efficiency. Functional Ecology, 32: 20-28.
Liu C C, Li Y, Xu L, et al. 2019a. Variation in leaf morphological, stomatal, and anatomical traits and their relationships in temperate and subtropical forests. Scientific Reports, 9: 5803.
Liu H, Gleason S M, Hao G, et al. 2019b. Hydraulic traits are coordinated with maximum plant height at the global scale. Science Advances, 5: eaav1332.
Liu Z G, Zhao M, Zhang H X, et al. 2022. Divergent response and adaptation of specific leaf area to environmental change at different spatio-temporal scales jointly improve plant survival. Global Change Biology, 29: 1144-1159.
Mabry C, Ackerly D, Gerhardt F. 2000. Landscape and species-level distribution of morphological and life history traits in a temperate woodland flora. Journal of Vegetation Science, 11: 213-224.
McIntyre S, Lavorel S, Landsberg J, et al. 1999. Disturbance response in vegetation-towards a global perspective on functional traits. Journal of Vegetation Science, 10: 621-630.
Meinzer F C, Campanello P I, Domec J C, et al. 2008. Constraints on physiological function associated with branch architecture and wood density in tropical forest trees. Tree Physiology, 28: 1609-1617.
Mensens C, De Laender F, Janssen C R, et al. 2017. Different response-effect trait relationships underlie contrasting responses to two chemical stressors. Journal of Ecology, 105: 1598-1609.
Moles A T, Leishman M R. 2008. The seedling as part of a plant's life history strategy. In: Leck M A, Simpson R L, Parker V T. Seedling Ecology and Evolution. Cambridge: Cambridge University Press.
Moles A T, Perkins S E, Laffan S W, et al. 2014. Which is a better predictor of plant traits: temperature or precipitation? Journal of Vegetation Science, 25: 1167-1180.
Moles A T, Warton D I, Warman L, et al. 2009. Global patterns in plant height. Journal of Ecology, 97: 923-932.
Ostonen I, Truu M, Helmisaari H S, et al. 2017. Adaptive root foraging strategies along a boreal-temperate forest gradient. New Phytologist, 215: 977-991.
Perez R I M, Roumet C, Cruz P, et al. 2012. Evidence for a 'plant community economics spectrum' driven by nutrient and water limitations in a Mediterranean rangeland of southern France. Journal of Ecology, 100: 1315-1327.
Preston K A, Cornwell W K, DeNoyer J L. 2006. Wood density and vessel traits as distinct correlates of ecological strategy in 51 California coast range angiosperms. New Phytologist, 170: 807-818.

Reich P B. 2014. The world - wide 'fast–slow' plant economics spectrum: A traits manifesto. Journal of Ecology, 102: 275-301.

Reich P B, Uhl C, Walters M B, et al. 1991. Leaf lifespan as a determinant of leaf structure and function among 23 amazonian tree species. Oecologia, 86: 16-24.

Reich P B, Walters M B, Ellsworth D S. 1997. From tropics to tundra: Global convergence in plant functioning. Proceedings of the National Academy of Sciences of the United States of America, 94: 13730-13734.

Reichstein M, Bahn M, Mahecha M D, et al. 2014. Linking plant and ecosystem functional biogeography. Proceedings of the National Academy of Sciences of the United States of America, 111: 13697-13702.

Roddy A B, Martínez-Perez C, Teixido A L, et al. 2021. Towards the flower economics spectrum. New Phytologist, 229: 665-672.

Rosell J A. 2016. Bark thickness across the angiosperms: More than just fire. New Phytologist, 211: 90-102.

Sack L, Scoffoni C. 2013. Leaf venation: Structure, function, development, evolution, ecology and applications in the past, present and future. New Phytologist, 198: 983-1000.

Santiago L S, Goldstein G, Meinzer F C, et al. 2004. Leaf photosynthetic traits scale with hydraulic conductivity and wood density in Panamanian forest canopy trees. Oecologia, 140: 543-550.

Serra M X, Gazol A, Anderegg W R L, et al. 2022. Wood density and hydraulic traits influence species' growth response to drought across biomes. Global Change Biology, 28: 3871-3882.

Sun S, Frelich L E. 2011. Flowering phenology and height growth pattern are associated with maximum plant height, relative growth rate and stem tissue mass density in herbaceous grassland species. Journal of Ecology, 99: 991-1000.

van Bodegom P M, Douma J C, et al. 2014. A fully traits-based approach to modeling global vegetation distribution. Proceedings of the National Academy of Sciences of the United States of America, 111: 13733-13738.

Vile D, Shipley B, Garnier E. 2006. Ecosystem productivity can be predicted from potential relative growth rate and species abundance. Ecology Letters, 9: 1061-1067.

Violle C, Navas M L, Vile D, et al. 2007. Let the concept of trait be functional! Oikos, 116: 882-892.

Wallenstein M D, Hall E K. 2012. A trait-based framework for predicting when and where microbial adaptation to climate change will affect ecosystem functioning. Biogeochemistry, 109: 35-47.

Weemstra M, Mommer L, Visser E J W, et al. 2016. Towards a multidimensional root trait framework: A tree root review. New Phytologist, 211: 1159-1169.

Westoby M, Wright I J. 2006. Land-plant ecology on the basis of functional traits. Trends in Ecology and Evolution, 21: 261-268.

Wright I J, Reich P B, Westoby M, et al. 2004. The worldwide leaf economics spectrum. Nature, 428: 821-827.

Yan P, Li M X, Yu G R, et al. 2022. Plant community traits associated with nitrogen can predict spatial variability in productivity. Ecological Indicators, 140: 109001.

Zhang J H, He N P, Liu CC, et al. 2020. Variation and evolution of C : N ratio among different organs enable plants to adapt to N-limited environments. Global Change Biology, 26: 2534-2543.

第3章　植物功能性状研究配套的野外群落结构调查规范

摘要：植物功能性状是贯穿生态学不同研究尺度的重要研究内容和基本途径。随着相关研究的深入，人们逐步从最初的单一功能性状拓展到多个功能性状、从单物种拓展到多物种甚至群落和生态系统。同时，除了揭示植物器官水平特定功能性状变异与环境适应机制外，还期望能揭示多种功能性状的协同/权衡规律、探讨植物群落构建法则、阐明生态系统生产力甚至多功能的优化机制。种种迹象表明：植物功能性状研究向群落、生态系统、区域甚至全球的拓展既是时代的迫切需求、又是学科自身突破与蜕变的内在发展要求。然而，目前关于植物功能性状的研究，绝大多数都缺乏配套的群落结构数据和其他辅助数据，极大地阻碍了植物功能性状在群落–生态系统–区域–全球的宏观生态研究中的应用。因此，制定科学的、规范的和相对统一的，能与植物功能性状野外调查相匹配的植物群落结构、土壤微生物和土壤的调查规范，是非常迫切和必要的。本章以陆地生态系统为研究对象，分为森林、草地、湿地、荒漠和农田，从样地设置、群落结构调查、植物功能性状样品的采集与保存、配套辅助数据采集（小型土壤动物、土壤微生物、土壤理化性质）等多个方面进行阐述。结合实际调查过程，逐一描述了野外调查过程中的具体操作细节，并根据不同生态系统特征，对调查方法和技术手段进行了相应调整。除了规范植物功能性状野外调查的信息记录外，还针对野外调查期间的辅助参数采集分别提供了具体的操作方法和配套调查表格。在此基础上，结合以“系统性和配套性”为特色的中国生态系统功能性状数据库（China_Traits）为例，并以世界著名的 TRY 数据库对比，阐述了配套群落结构数据和其他辅助数据后的优缺点和潜在分析领域，供相关研究人员参考。本章内容重点是归纳和总结了与植物功能性状野外调查相匹配的群落结构和辅助信息的调查规范，希望能满足后续植物功能性状研究人员对于相关数据采集和数据获取的多种需求，推动植物功能性状数据及其配套数据的科学性、规范性和可比性。

植物功能性状不仅能够反映植物对生长环境的响应和适应，还能将植物个体、种群、群落和生态系统结构、过程与功能有机联系起来。自现代生物学或生态学诞生以来，科学家就以植物功能性状为抓手，由浅入深、并从不同研究尺度出发，形成自上而下、由简向繁的研究体系（Diaz et al.，2004；Moles et al.，2008；Wright et al.，2004）。在真实的自然界中，从器官、物种、群落到生态系统，必然会涉及到系统内植物叶、枝、干和根的功能性状数据，甚至还需要配套的群落结构数据和其他相关辅助数据。因此，除了建立系统性和匹配性的植物功能性状数据库外，还需配套的群落结构数据和相关辅助数据，这样才能真正满足从器官–植物–群落–生态系统–区域的拓展，甚至延伸至全国和全球（图 3.1），进而从不同角度揭示自然生态系统结构和功能对环境变化的响应与适应机制（He et al.，2019）。随着相关研究的逐步深入，人们迫切期望能应用植物功能性状解释多种功能性状的协同/权衡关系 、植物群落构建法则、生态系统生产力甚至多功能的优化机制、生态系统结构和功能对全球变化的响应与适应机制，乃至服务于其他相关区域生态环境问题的解决。

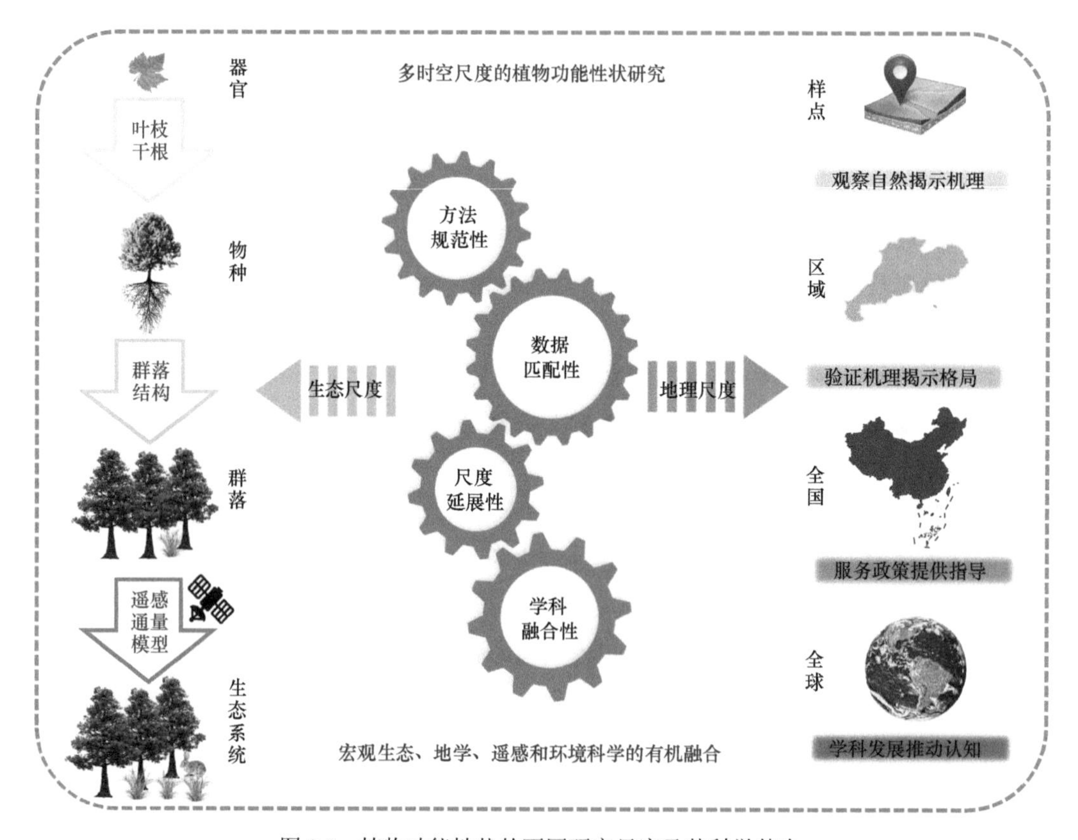

图 3.1　植物功能性状的不同研究尺度及其科学使命

近年来，国内外已经建立了多个大型的植物功能性状数据库。其中，最著名的当属 TRY 数据库，它通过收集、共享或科学家私人赠与等途径构建了覆盖全球不同区域植物的功能性状数据（Kattge et al.，2011）。截至 2022 年，它涵盖了 27.9 万个物种的 1185 万条的植物性状记录（http://www.try-db.org）。此外，近期还陆续建立了 FRED、BIOPOP、USDA PLANTSdata 等专业数据库（Kattge et al.，2020）。这些数据库极大地推动了近 20 年植物功能性状的研究，尤其是在宏观尺度的跨物种和多种功能性状的研究领域。然而，受他们收集数据和后期简单配套数据的建库模式的限制，在植物功能性状日益走进自然群落和复杂生态系统的当下，其植物功能性状不系统、不匹配，以及缺乏配套群落结构数据等的缺点越来越明显，一定程度上限制了人们将其应用于自然生态系统结构和功能的深入研究。

目前，绝大部分植物功能性状研究都是以器官水平测量数据为主，可能受传统概念和方法学限制，还未真正意识到从器官到物种、物种到群落、群落到生态系统拓展研究的科学意义和巨大潜力。因而，在具体操作过程中，人们常忽略或未测定配套的植物群落组成、结构以及功能等信息。受数据源尤其是配套群落结构和辅助数据的缺失，科研人员难以进行大尺度、多维度的生态系统结构和功能的深入研究，难以实现宏观生态研究与地学研究的有机融合，这也将是未来很长一段时间将面临的重大挑战与机遇（图 3.1）。为了克服上述缺陷，亟需建立方法规范、数据匹配、尺度可延展以及学科可融合的植物功能性状数据和辅助数据配套的数据库。因此，在操作上必须从植物功能性状数据获取的第一步开始，按照科学的、规范的、统一的方法进行；其中，野外调查样地设置、调查方法和样品保存都至关重要，是保证后续的功能性状数据系统性、普适性、匹配性的重要基础。

中国拥有地球上除极地冻原以外的几乎所有主要的植被类型，并具有独特的青藏高原高寒植被（侯学煜，2001；张新时，2007）。为人们深入开展植物功能性状研究提供了理想的野外研究基地。根据中国植被的主要类型，我们分森林生态系统、草地生态系统、荒漠生态系统、湿地生态系统分别进行阐述；同时，考虑到农田是中国主要生态系统类型并具有重要意义，因此也将其列为其中（图 3.2）。在具体论述过程中，本章重点描述了与植物功能性状调查匹配的野外群落结构和辅助信息的调查规范，并遵循将科学性、可靠性、可操作性相结合的原则，希望最大程度地满足后续植物功能性状研究人员对于相关数据采集和配套数据获取的需求。

图 3.2　中国区域丰富的生态系统及其植被群落

3.1　植物功能性状野外调查样地的主要布设方式

植物功能性状野外调查的主要目的是科学地获取能分析“器官–物种–群落–生态系统”中能反映植物适应、生长和繁殖等相关的功能性状参数及其配套数据。由于野外调查的高复杂性、高风险性和高费用等特点，开展相关野外调查的规模通常受到一定限制。因此，如何通过有限的野外调查，尽可能获得更科学、更配套和更系统的数据，满足后续多角度/多尺度的植物功能性状分析，合理的野外调查样点的布设至关重要。整体来说，目前与植物功能性状调查的野外样地布设方式大致有如下6种（表3.1）。

表3.1 野外采样点布设方法汇总

布设方法	优点	缺点	适用尺度
1 网格抽样法	涵盖类型广，覆盖面积多，数据连续性强	采样点数量多，工作量大，耗资大	大规模调查
2 典型生态系统替代法	针对性强，覆盖类型多，数据通用性高	前期工作量大，调查面积多，耗资大	大规模调查
3 典型样带调查法	简单且易操作，省时经济，数据代表性强	主观影响较大，易受到非主要因子干扰	区域调查
4 垂直梯度法	简单且易操作，可部分替代样带法	研究对象单一，生态系统类型受限	局域调查
5 演替梯度法	简单且易操作，样地划分依据明确	调查区域单一，受人为干扰程度高	局域调查
6 控制实验样地法	简单且易操作、可控性强，可长期连续观测	调查区域单一，易受到外界因子干扰	局域调查

3.1.1 样点布设原则与方法

科学地设置植物功能性状野外采样地，是保证调查数据准确性和代表性的重要步骤。

1. 野外调查样地系统布设应考虑的主要因素

主要应考虑的因素包括：调查区域的地理位置、气候属性、区域覆盖形状、人为干扰程度等；造成特定区域生态环境变化的主要原因或潜在原因。

2. 野外样地的水平分布

自然生态系统通常具有复杂的组成成分，在不同生境或不同水平方向上具有明显的空间异质性。为了能够更好的对这种具有高异质性的生态系统进行观测与评价，需要尽可能多地设置野外调查样地。常见做法是根据地理坐标等距的方式设置样地，并且要求所选择样地对区域植被特征或地貌特征具有广泛代表性。

3. 野外样地的垂直分布

高程变化所造成的微地形效应，可使被调查区域的植被和土壤在较小空间范围内出现较大的变化；此外，日益增强的人类干扰活动，也会造成调查数据的明显差异。因此，为了能够更科学地获取不同层次的调查数据，采样点布设距离应适度；同时，还要适当考虑调查区域的海拔高度带来的潜在影响，尤其在山区或具有明显垂直过渡带的区域。

4. 野外样地的演替状态

由于自然灾害或人为干扰等原因，如火烧、砍伐等，天然植被会发生变化，在同一区域范围内出现明显的植被演替分布，植被组成及土壤条件也会出现较大差异。因此，为了获得这种不同演替梯度的数据，采样点布设通常以时间为依据，如火烧恢复年限、砍伐恢复年限等，能够明显划分各调查样地。同时所调查区域的气候、地理位置等环境要素差异不能太大，以减少误差来源。

3.1.2　网格抽样法的野外调查样地设置

针对调查区域的空间分异特征，通常采用网格划分方式设置野外调查样地；在 ArcGIS 成图功能协助下，按照不同距离精度划分网格，网格交点即为野外采样样点的分布区域。网格划分既可满足对调查精度的要求，同时也可以满足对调查数量的需求；国际常用的网格划分标准为 1 km、10 km、25 km、50 km 和 100 km（或者按 0.1°，0.5°，1°划分），随后对划分好的网格进行随机抽样，抽样率取决于自身所能承受的工作量或经费预算（图 3.3）。网格划分法常用于大规模的区域性调查，覆盖面积广，涵盖类型多；由于采样点数量庞大，每个取样点的野外调查指标的选取应以简洁、快速为宜，能全面表征样地土壤、植被、气候等重要特点（Li X et al.，2022）。此外，在许多大型调查中，还应根据调查对象的密集程度对抽样率进行差异化处理，使得野外调查数量相同情况下获得更高的估算精度。例如，为了准确评估青藏高原的植被碳氮储量，建议按荒漠、草地、灌丛、森林的顺序进行逐渐加强的抽样方式；即在东南部森林区域提高抽样率，而在西北草地或荒漠区降低抽样率。

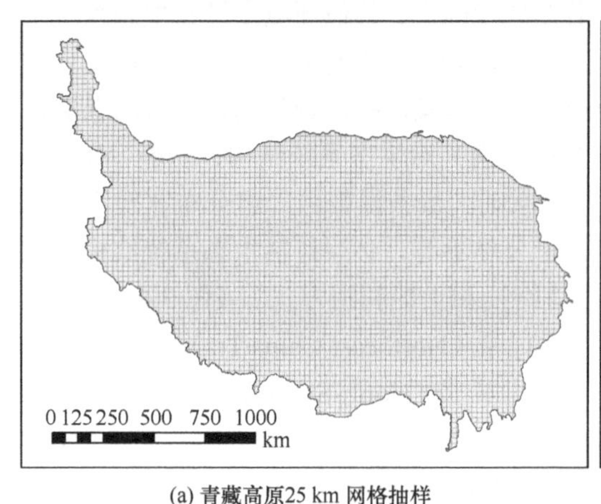

(a) 青藏高原25 km 网格抽样

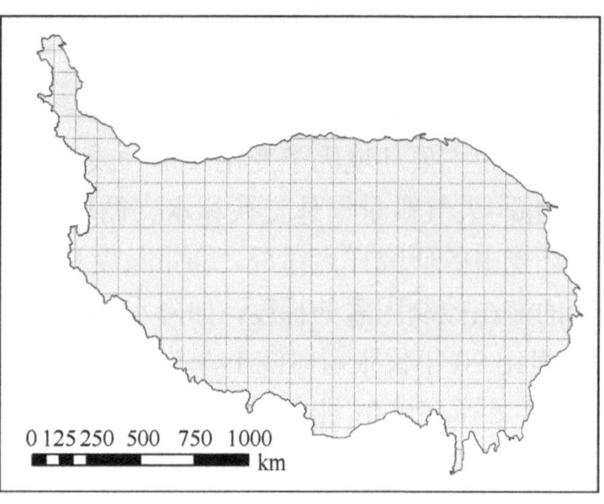

(b) 青藏高原100 km 网格抽样

图 3.3　青藏高原地区网格调查设置图

3.1.3　典型生态系统替代法

在实际野外调查中，对于无法到达或者植被全覆盖的区域，几乎无法实现面面俱到的野外调查，为了使所调查野外数据更具有代表性和可利用性，科研人员常以“相似相同”为样地选择和设置的前提。通常，人们以植被生活型或生态区为依据开展相关样地设置：①按照所划分的植被类型，通常大类可分为森林、草地、荒漠、湿地、农田；每种类型可继续细分，例如，森林可分为常绿阔叶林、常绿针叶林、落叶阔叶林、落叶针叶林、针阔混交林等；草地可分为草甸草地、典型草地以及荒漠草地等。②按照中国生态区类型进行设置（傅伯杰等，2001；Xu et al.，2020；Yan et al.，2020），如根据现有的生态区划分标准可分为八大生态区，它们分别是寒温带湿润区、温带湿润和半湿润区、温带干旱半干旱区、暖温带湿润和半湿润区、亚热带湿润区、热带湿润区、暖温带干旱区和青藏高原寒温带干旱区。

具体操作过程中，按照研究对象所在生态区或所属植被类型设置样地；优先选择植被代表性强、受干扰程度低的区域。在调查样地选取固定调查范围，如 1 km^2，或更大或更小的调查面积，其特征能够代表该生态系统类型。因此，典型生态系统替代法对样地设置前的准备工作有较多需求，要求操作者对统一植被类型生态系统的实地考察，并结合经费、人工等因素确定具体的样地区域。典型生态系统替代法倾向于大尺度、多区域、全国乃至全球的联合分析；通过对研究区域个别典型生态系统的野外调查，得到能够代表区域的植物功能性状数据（Wang et al.，2021；Zhang et al.，2020）。该方法提高了数据代表性和可比性，以最小的研究成本获得最大化的研究利益。对于同一类型生态系统，野外调查原则上不少于 3 个研究样地，以降低空间异质性的影响。

3.1.4　典型样带法的野外调查样地设置

长期以来，对比类研究对理解生态系统过程和控制因素非常重要。沿着某种环境梯度模拟的生态系统水平实验，可以用来分析潜在环境因素、其他环境变量和生态系统生物成分之间的相互作用，是国际地圈生物圈计划（IGBP）确认的生态系统对全球变化响应与适应研究的重要途径（Koch et al.，1995）。在具体操作中，野外调查样带的选取常以能反映主要环境因子变化（单一或多个控制性因素）对生态系统结构、功能、组成、生物圈–大气微量气体交换和水文循环的影响为原则。每条样带由一组分布在较大的地理环境中的研究样点组成，样带长度几百至几千公里不等，必须包括生态系统结构和功能的潜在控制因素的梯度，如降水、温度、土壤特征和土地利用方式等（图 3.4）。例如，20 世纪 90 年代张新时院士牵头建立的中国东北样带（Northeast China Transect，NECT）（陈雄文等，2000；张新时等，1997）、中国东部南北样带（North-South Transect of Eastern China，NSTEC）（张新时等，1997；Zhang et al.，2020）和 2020 年何念鹏等沿 30°N 建立的中国东西样带（West-East Transect of China，WETC）（Wang et al.，2022；王小濛等，2023）。

在野外调查过程中，通常每条样带上设置的采样点数量 10～100 个不等，根据项目经费、人力物力以及研究目的设定。与网格法相比，样带法是非常经济、更简单易操作的区域调查方式（He et al.，2017；Liu et al.，2017；Zhang et al.，2017）。调查样带布点的基本标准：①一组连贯的样点能较好地表征由于人为的或全球环境变化导致的植物功能性状、生态系统结构和功能变化；②样带所处的区域正在或可能的改变，本身具有区域或全球尺度重大生态意义，还可能反过来影响到区域或全球的大气、气候或水文系统；③样带的跨度足够长和宽，使得从对样带的研究中获得的理解可以拓展到狭窄样带之外的区域，同时它跨越不同主要生命形式（如森林/草原或热带稀树草原，针叶林/苔原）。

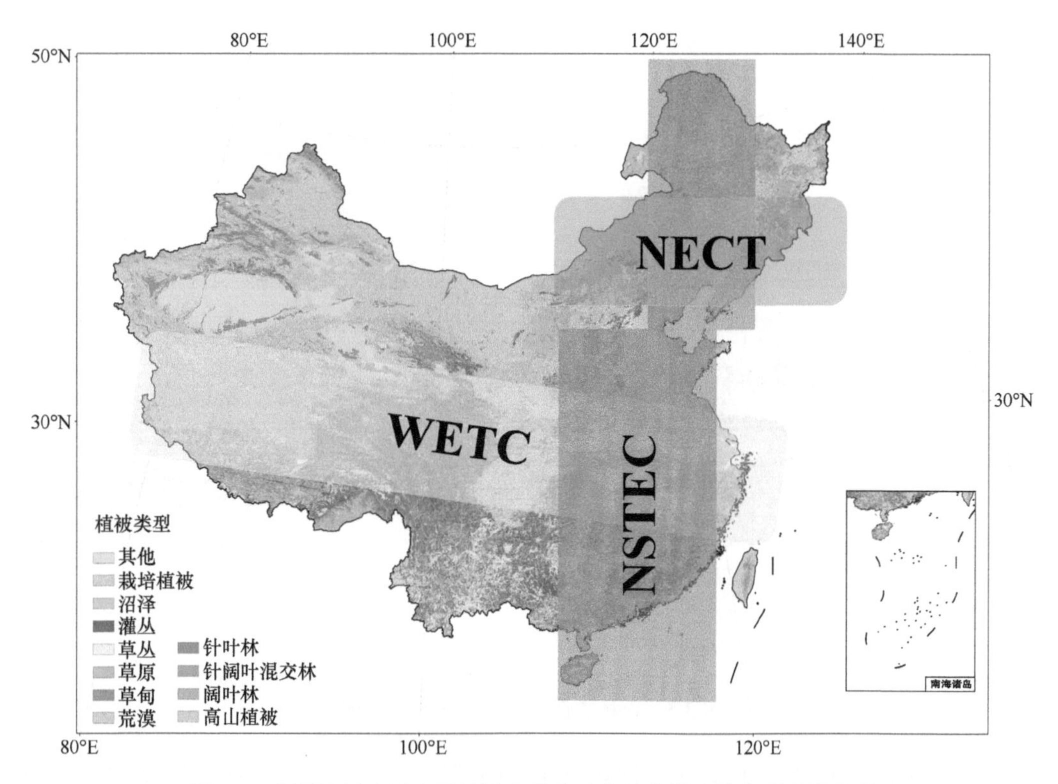

图 3.4　中国区域广泛应用且适合植物功能性状调查的典型样带体系

3.1.5　垂直梯度法的野外调查样地设置

理论上，随着海拔的升高，气候会出现显著变化。首先，气温随海拔增加而降低，每上升 100 m 气温下降 0.6℃；其次，降水量和降水日数随海拔的增加而增加，而到达一定海拔以上，由于气流中水汽含量减少，降水量又随高度增加而降低，第三，风速也会随着海拔升高而增大，此外大气压指数、含氧量等甚至也会出现显著变化。因此，可依据山体总海拔确定采样地数量，或根据山体由下至上的植被类型划分采样区域。垂直梯度采样法适用于对某个山体的整体研究，并可以用垂直气候梯度替代水平气候梯度进行替代研究，极大降低了研究人员的旅程、野外调查工作量和资金损耗。以长白山为例（图 3.5），山体自下而上的垂直带可作为欧亚大陆温带到寒带的连续植被缩影，通过对垂直带植被、土壤等的野外调查，可获得与水平植被分布相似的数据结果，是非常理想的调查平台（Wang et al.，2014；Zhao et al.，2016）。

3.1.6　演替梯度法的野外调查样地设置

在区域尺度上，复杂的自然生态系统通常是由处于不同演替阶段的生态系统空间镶嵌而成。灾害事件、极端气候事件和人为干扰等都会形成不同演替序列，如森林砍伐恢复梯度，森林火烧恢复梯度、放牧梯度、草地围封恢复梯度等。研究人员根据森林

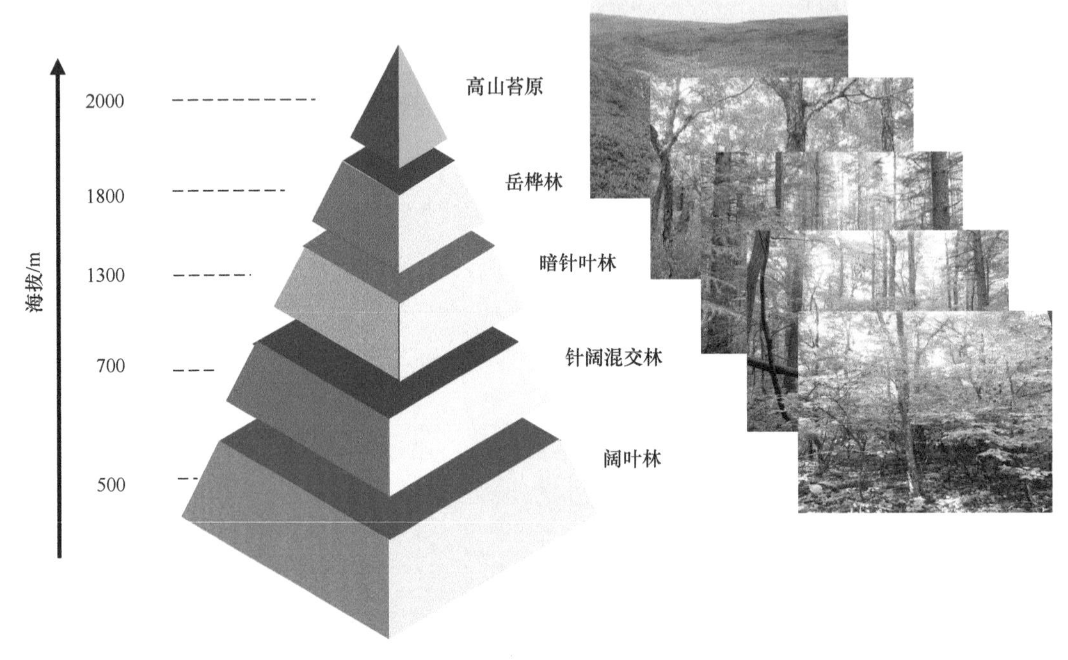

图 3.5　吉林长白山的植被垂直分布图

砍伐恢复梯度（图 3.6），设置了不同恢复年限的调查样地，系统性地开展了植物功能性状的野外调查和配套植物群落结构调查（Li et al.，2021a；2021b）。演替梯度法通常适用于发生过重大自然或人为干扰导致植被发生显著变化的研究区域，以获得同一区域不同阶段的性状数据，探讨植被演替过程中的植物功能性状对环境变化的响应和适应，揭示演替过程中的生态系统结构和功能维持与优化机制。

图 3.6　吉林蛟河森林砍伐梯度恢复年限的林相图

3.1.7　控制实验样地法的野外调查样地设置

控制实验在当前生态学研究中被广泛地应用，是依据研究目的人为设置的一个非自然状态环境，按照某种程序或顺序调整或改变一个或几个控制条件，通过观察和分析变量的变化过程来研究其相互关系和变化规律（图3.7）。首先，根据实验目的和需求，控制实验野外调查样地应考虑区域环境均质性和植被代表性，保证处理效果正常呈现，同时应查实近年自然灾害发生频率，如冰雹、洪水、虫害鼠害等。其次，研究人员应对控制实验的野外调查样地进行严格的本底数据，如未经实验处理情况下的植物功能性状、土壤基础数据等。最后，设定合理的实验重复，可以减少系统误差和降低工作量。基于野外控制实验开展的植物功能性状数据，具有可控性强、多次重复、连续多年的特点，能够直观地体现植被对环境变化的适应和响应，也能通过植物功能性状来揭示群落结构维持机制和生产力稳定机制（Zhang et al.，2021）。

图3.7 中国科学院内蒙古草原生态站的部分控制实验样地

3.2 生态系统野外样地设置、群落结构调查与功能性状样品采集

3.2.1 森林生态系统

1. 野外调查样地设置与基本信息采集

野外调查样地的选择和科学设置，是保证野外数据获取准确性和代表性的重要基础；除植物功能性状动态研究或繁殖功能性状研究外，调查时间建议选择在森林群落生长季的高峰期进行，以利用不同研究和不同区域的综合集成分析（董鸣等，1996；吴冬秀等，2007）。在具体操作过程中，野外样地必须设置于该森林类型最有代表性的位置，包括群落类型、地形、坡度、海拔、面积大小等的典型代表性；原则上，同一样地不应跨越两个或多个明显物种组成不同的植物群落，在南方应更加注意。所选择的森林生态系统的典型地段，原则上满足无干扰或轻度干扰、非人工的森林区域。考虑到野外调查

样地的长期性和逐年采样所带来的干扰，建议建立足够大的样地；然而，样地并非越大越好，随着样地面积增大，样地内的变异将增加而导致误差增大。样地内的各种因素必须尽可能一致，如群落水平结构、坡度、地形等，即使由于地形因素的限制而无法实现样地在几何形状上的标准化（如长方形或正方形），也要保证样地内各种物理因素尽可能一致（于贵瑞等，2013）。

野外样地的设置通常分为两类，分别是样方型样地和非样方样地。样方样地主要用于生态系统群落结构调查，非样方样地主要用于样品采集工作（He et al.，2019；Li et al.，2018，2022；Liu et al.，2017；Zhang et al.，2020）。第一步是设置样方样地，进行乔木、灌木、草本的群落结构调查，在各个森林生态系统典型地段中，建议设置 4 组如图 3.8 所示的样方组合，每个样方组合包括 1 个乔木样方（大小为 30 m×40 m，且原则上最小不得小于 20 m×20 m），两个灌木样方（大小为 5.0 m×5.0 m），4 个草本样方（大小为 1.0 m×1.0 m）。第二步是设置非样方样地，非样方样地的位置在样方样地周边，调查范围一般设置为以样方样地为中心向四周辐射扩散，原则上辐射距离不得小于 1 km（图 3.8）。所用工具见章后附表，根据实际情况进行选择和修改。

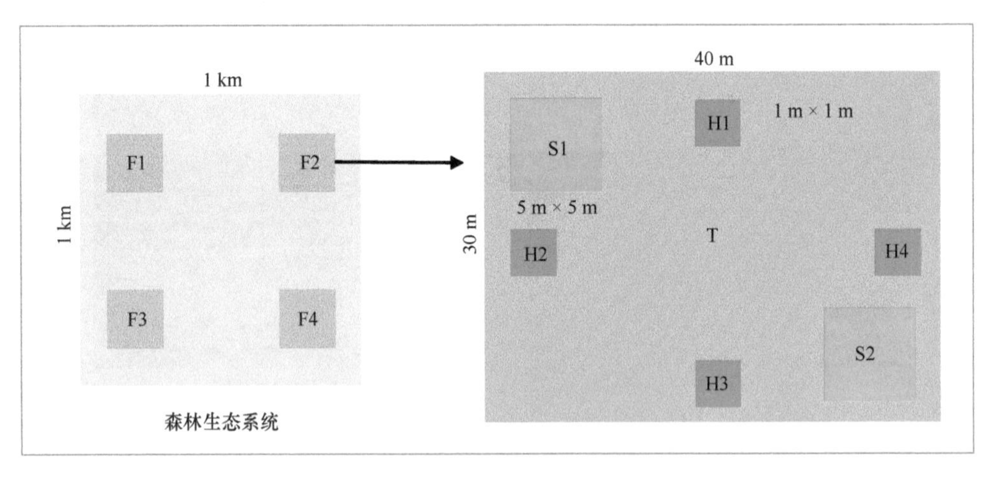

图 3.8　森林调查样地设置示意图

F 代表森林植被调查样方，T 代表乔木样方，S 代表灌木样方，H 代表草本样方

同时，还应调查样地的其他基本信息和辅助信息。除位置信息（纬度、经度、海拔）和地形特征（坡度、坡向、坡位等），还应该包括该调查区域的气温（年均温、月均温、最高温、最低温等）、降水量（年均降水量、月均降水量、年最高降水量、年最低降水量等）、辐射（总辐射、紫外辐射、光合有效辐射等）、风速、所在区域气候类型、所在区域气候带类型、森林类型、土壤类型、优势种等信息，如有可能，还可获得当地森林管理措施、封育情况、主要动物、自然灾害如山火发生频度等信息。相关调查所需表格如附表 3.1 至附表 3.4 所示。

2. 群落结构及其辅助数据调查

群落结构调查在样方样地内进行，为了规范而采用统一的命名规则。样方内调查编号规则如下：采样地简称（通常为首字母，如泰山，简写为 TS）+样方编号（如 1，2 等，根据所调查样方顺序而定）+样方类型（乔木样方，Tree，简写 T；灌木样方，Shrub，简写 S；草本样方，Herb，简写 H）+样方内植物编号（没有固定顺序，可按照调查顺序进行顺序编号，如 1，2，3，…）+样方内植物样本名称（中文学名），如 TS-1-T-1-马尾松。

乔木样方内分物种调查每株乔木胸径（>0.1 cm 计入乔木）、高度、冠幅；灌木样方分物种调查每株灌木基径、高度、冠幅；草本样方分物种调查其高度（营养高度和生殖高度）、盖度、密度和生物量，生物量通过按物种齐地剪下的方式收集，采用烘干法测定每个物种的生物量（董鸣等，1996；吴冬秀等，2007）。调查完成后，在草本样方内收集地表凋落物，并采用烘干法测定凋落物量（图 3.9）。

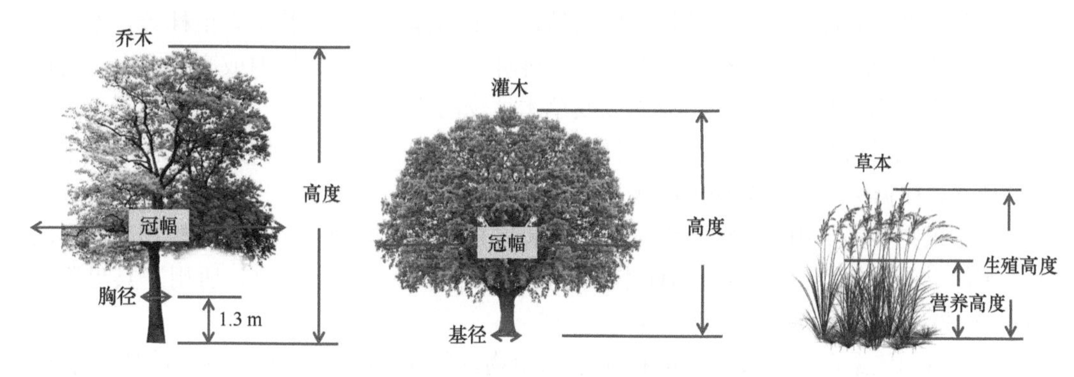

图 3.9　乔木、灌木、草本野外调查指标示意图

群落结构调查的辅助数据通常包括调查地图像数据、种子样品、凋落物样品、土壤样品以及水样品。森林群落结构图像采集由数码相机完成，主要包括群落整体景观图像 3 张，自上而下或自下而上的垂直结构 3 张，水平结构 3 张，以及调查地周边环境图像 3 张，群落优势种照片 3 张。图像的具体要求：能够体现调查地群落结构特征，群落结构层次清晰，植株完整，优势种图像应尽量包含根、茎、叶、花、果实、种子等多个器官。照片均需要按照高清晰度且未经专业软件处理过的原始图像进行保存（吴冬秀等，2012）。命名规范为调查地简称+群落整体景观+重复数、调查地简称+群落垂直结构/水平结构+重复数、调查地简称+周边景观+重复数、调查地简称+优势种名称+重复数；其余以此类推。种子样品采集由于季节性较强，通常会进行单独采集，要求尽量采集成熟的、完整的种子，命名规范为调查地简称+物种名称+采集时间。

森林地上凋落物层较厚，覆盖于森林土壤表层，厚度 5～20 cm 不等，使用草耙收集地表凋落物，命名规范为调查地简称+采样点编号+凋落物或用字母 D 代替。土壤样品采集通常在森林样方内设置不少于4个采样点（Xu et al.，2017），用土钻进行0～10 cm、10～30 cm、30～50 cm 和 50～100 cm 四个层次的土壤取样，建议采集量：0～10 cm 土壤样品>1000 g、10～30 cm 土壤样品>500g、30～50 cm 和 50～100 cm 土壤样品>300 g，命名规范为调查地简称+采样点编号+土壤层次。水样品采集，根据采样地实际情况选择是否采集，通常用采样瓶取不少于 500 ml 地表水样品，命名规范为调查地简称+水源类型+收集日期。所用工具和表格如附表 3-17 所示，可根据实际情况进行选择或调整。

3. 植物功能性状测试样品采集与保存

植物功能性状测试样品在非样方样地进行，建议尽量采集区域内所有可见植物种，乔木采集叶、枝、干、根，灌木采集叶、枝、根，草本采集叶、茎、根；此外，还应包括藤本、蕨类、苔藓等非典型植物的样品。植物样本采集编号：采样地简称（通常为首字母，如泰山，简写为 TS）+植物编号（没有固定顺序，可按照调查顺序进行顺序编号，如 1，2，3，…）+植物样本名称（中文学名），如 TS-1-马尾松。

植物功能性状测试样品的采集原则：采集向阳的、健康的、成熟的且尽量完整的样品，并保证采集的样品是同种植物不同植株以及不同部位的混合样品，植株数量不少于 10 株（于贵瑞等，2013）。对于高大乔木，科研人员需要通过高枝剪或高塔或人工爬树的方式进行植物样品采集；对于灌木以及草本植物的样品采集均可以在平地进行，采集完成后装入已经命名的植物样品袋。样品通常包括新鲜植物样品、固定植物样品和干燥植物样品，根据测试需求增加或减少植物样品保存方式。新鲜植物样品需冷藏或冷冻保存，固定植物样品需用 FAA 固定液进行封装保存，干燥植物样品是通过植物新鲜样品用烘干法获得的，烘干后的植物样本保存在纸质信封中，防止潮湿。所用工具见附表 3.17，根据实际情况进行选择或调整。

调查时间依据调查对象的不同来确定。对植物营养性状进行调查时，主要是对植物叶、枝、干、根等的调查及取样工作，通常在植物生长季高峰期进行，即每年 7～8 月；这个阶段植物生长进入高峰期，并且携带比较完整的植物信息，少数区域可延长至 6～9 月进行（吴冬秀等，2012）。对植物繁殖体功能性状的调查，主要是对植物花、果实、种子等的调查及取样工作；根据调查区域实际情况而定，需要提前获取相关时间信息。同时，在操作过程中，具体调查时间需要对调查区域以及人员等方面进行多项协调，及时调整调查方案，确定最佳实施方案。

土壤样品可分为新鲜样品和风干样品。对土壤风干样品而言，通常在取样后于避光通风处进行自然风干，待水分蒸散后，放入自封袋内常温保存（鲍士旦，1999；劳家柽，1988），土壤标签按照 3.3.1 中的命名规则配套书写。风干土壤样品常用于测定土壤本底数据，如 pH 值、电导率、元素含量等，根据数据需求选择不同深度的土壤样品进行测定。土壤冷藏样品用量通常较小，主要用于土壤微生物或小型动物的测量，留取 300 g 左右新鲜土壤，分装入自封袋后进行冷藏或冷冻保存。

3.2.2 草地生态系统

1. 野外调查样地设置与基本信息调查

典型草地主要分布在大陆内部气候干燥、降水较少的地区，以耐旱物种为优势的复合植物群落是草地的一个主要特征。在草地植物功能性状研究中，野外调查样地应选择草地生态系统的典型地段；原则上建议选择天然草地，并满足无干扰或低干扰、非人工种植草地；此外，应选择在无或少自然灾害的年份，因为过度干旱、过牧、刈割、虫害、鼠害等都会对草地产生极大的损害，造成非常大的区域误差（董鸣等，1996；吴冬秀等，2007）。野外调查样地的设置通常分为样方型样地和非样方样地，样方样地主要用于植物群落结构调查，非样方样地主要用于植物功能性状样品采集。第一步是设置样方样地，进行草地植物群落结构调查；在每个草地生态系统的典型地段中，设置 4～8 个草本样方（大小为 1.0 m×1.0 m 或 0.5 m×0.5 m）（Ren et al.，2021；Wang et al.，2021；Zhang et al.，2021）。第二步是设置非样方样地，非样方样地通常位于样方样地的周围；非样方样地一般设置为以样方样地为中心向四周辐射扩散，原则上辐射距离不得小于 1 km（图 3.10）。相关调查所用工具和调查表格如附表 3.17 所示，根据实际情况进行选择或调整。

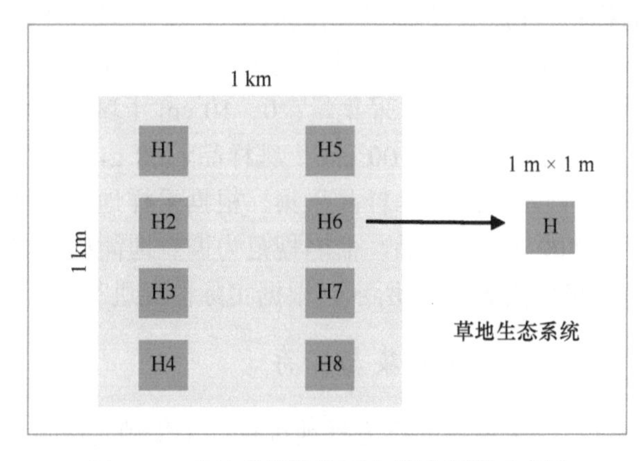

图 3.10　草地群落野外调查样地设置示意图

野外调查样地的基本信息，对后期数据的处理和分析具有重要的参考价值；除位置信息（纬度、经度、海拔）和地形特征（坡度、坡向、坡位等），还应包括该调查区域的气温（年均温、月均温、最高温、最低温等）、降水量（年均降水量、月均降水量、年最高降水量、年最低降水量等）、辐射（总辐射、紫外辐射、光合有效辐射等）、风速、气候类型、气候带类型、草地类型、土壤类型、优势种等信息。此外，还应获得当地草地管理办法、放牧强度、草原主要啮齿类动物、自然灾害、草地病虫害发生频率等信息。相关调查表格如附表 3.5 和附表 3.6 所示。

2. 群落结构及其辅助数据

群落结构调查在样方样地进行，为了规范统计而采用统一的命名规则。样方内调查编号规则建议如下：采样地简称（通常为首字母，如黄土高原可简写为 HT）+样方编号（如 1，2 等，根据所调查样方顺序而定）+样方内植物编号（可按照调查顺序进行顺序编号，如 1，2，3，…）+样方内植物中文学名，如 HT-1-1-羊草。

草本样方分物种调查其高度（分营养高度和生殖高度）、盖度、密度和生物量，生物量通过按物种齐地面剪下的方式收集，采用烘干法测定每个物种的生物量（65℃）。调查完成后，在草本样方内收集地表凋落物，并采用烘干法测定凋落物量（图 3.10）。

群落结构调查的辅助数据通常包括调查地图像数据、种子样品、凋落物样品、土壤样品以及雨水样品。草地群落结构图像采集由数码相机完成，主要包括群落整体景观图像 3 张，自上而下或自下而上的垂直结构 3 张，水平结构 3 张，以及调查地周边环境图像 3 张，群落优势种照片 3 张。图像要求能够体现调查地群落结构特征，群落结构层次清晰，植株完整，优势种图像应尽可能包含根、茎、叶、花、果实、种子等多个器官。建议照片保存为高清晰度且未经专业软件处理过的原始图像。命名规范为调查地简称+群落整体景观+重复数、调查地简称+群落垂直结构/水平结构+重复数、调查地简称+周边景观+重复数、调查地简称+优势种名称+重复数，以此类推。

种子样品采集由于季节性较强，通常会进行单独采集，要求尽量采集成熟的、完整的种子；命名规范为调查地简称+物种名称+采集时间。草地凋落物使用草耙进行收集，命名规范为调查地简称+采样点编号+凋落物或用字母 D 代替。土壤样品采集通常在草地调查区域内设置不少于 4 个采样点，用土钻进行 0～10 cm、10～30 cm、30～50 cm 和 50～100 cm 四个层次的土壤取样；采集量：0～10 cm 土壤样品>1000 g，10～30 cm 土壤样品>500 g，30～50 cm 和 50～100 cm 土壤样品>300 g，命名规范为调查地简称+采样点编号+土壤层次。雨水或地表水样品采集，根据采样地实际情况选择是否采集，通常用采样瓶取不少于 500 ml 水样品，命名规范为调查地简称+水源类型+收集日期。相关调查工具和调查表格如附表 3.17 所示，根据实际情况进行选择或调整。

3. 植物功能性状测试样品采集与保存

植物功能性状测试样品主要在非样方样地进行，采集锁定区域内所有可见植物种，采集植物叶、茎、根，此外还包括灌木、藤本、蕨类、苔藓等非典型植物。植物样本采集编号：采样地简称（通常为首字母，如黄土高原可简写为 HT）+植物编号（没有固定顺序，可按照调查顺序进行顺序编号，如 1，2，3，…）+植物名称（中文学名），如 HT-1-羊草。

植物功能性状测试样品原则是采集向阳的、健康的、成熟的且尽量完整的样品，并保证采集的样品是同种植物不同植株以及不同部位的混合样品，植株数量不少于 10 株（吴冬秀等，2012）。采集完成后装入已经命名的植物样品袋。样品通常包括新鲜植物样品、固定植物样品和干燥植物样品，可根据测试需求增加或减少植物样品保存的方式。新鲜植物样品需冷冻或冷藏保存，固定植物样品需用 FAA 固定液进行封装保存，干燥植物样品是通过植物新鲜样品用烘干法获得的，烘干后的植物样本保存在纸质信封中，防止潮湿。所用工具或表格如附表 3.17 所示，根据实际情况进行选择或调整。

3.2.3 荒漠生态系统

1. 野外调查样地设置与基本信息调查

人们通常将荒漠定义为由旱生、强旱生低矮木本植物，包括半乔木、灌木、半灌木和小半灌木为主的稀疏且不郁闭的群落或生态系统（董鸣等，1996；吴冬秀等，2007）。

在开展植物功能性状调查时，应选择荒漠生态系统的典型地段，避免强烈的人工或自然干扰，如沙漠公路和沙漠绿洲。荒漠环境由于风力作用、重力作用等自然外力导致地形复杂多变，除戈壁和沙漠外，还存在较为特殊的山地荒漠以及比较罕见的沙漠绿洲；因此，在选择调查样地时避免一个调查样地内包含多种形式的荒漠，造成数据混乱与误差。野外调查样地的设置也通常分为样方样地和非样方样地；样方样地主要用于植物群落结构调查，非样方样地主要用于植物功能性状样品采集。第一步是设置样方样地，进行植物群落结构调查；在每个荒漠生态系统的典型地段中，设置 4 个灌木样方（推荐大小为 10 m×10 m），在每个灌木样方内设置两个草本样方（推荐大小为 1.0 m×1.0 m）（Wang et al.，2021；Zhang et al.，2021））。第二步是设置非样方样地，非样方样地的位置取决于样方样地，调查范围一般设置为以样方样地为中心向四周辐射扩散，原则上辐射距离<1 km（图 3.11）。所用工具和调查表格详见附表 3-17，根据实际情况进行选择或调整。

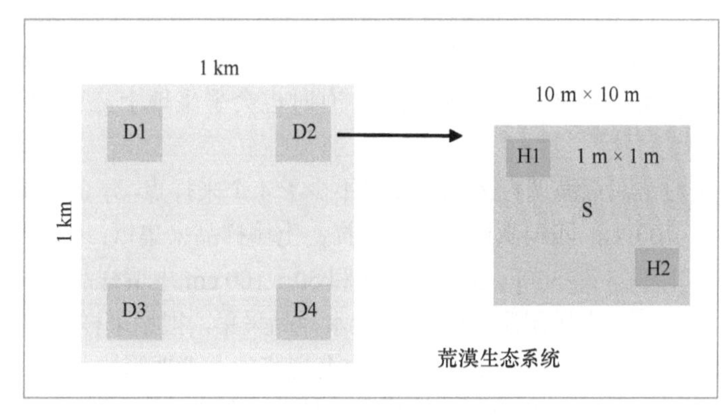

图 3.11　荒漠调查样地设置示意图
D 代表荒漠植被调查样方，S 代表灌木样方，H 代表草本样方

调查样地的基本信息，除位置信息（纬度、经度、海拔）和地形特征信息（坡度、坡向、坡位等），还应该包括该调查区域的气温（年均温、月均温、最高温、最低温等）、降水量（年均降水量、月均降水量、年最高降水量、年最低降水量等）、辐射（总辐射、紫外辐射、光合有效辐射等）、风速、气候类型、土壤类型、优势种等信息，此外，还可获得当地防风固沙措施、绿化植物种类等。相关调查表格如附表 3.7、附表 3.8 和附表 3.9 所示。

2. 群落结构及其辅助数据

植物群落结构调查在样方样地进行，为了规范建立采用统一的命名规则。样方内调查编号规则如下：采样地简称（通常为首字母，如阿克苏，简写为 AKS）+样方编号（如 1，2 等，根据所调查样方顺序而定）+样方类型（灌木样方，Shrub，简写 S；草本样方，Herb，简写 H）+样方内植物编号（可按照调查顺序进行顺序编号，如 1，2，3，…）+样方内植物样本名称（中文学名），如 AKS-1-H-1-柽柳。

灌木样方分物种调查每株灌木基径、高度、冠幅；草本样方分物种调查其高度（营养高度和生殖高度)、盖度、密度和生物量，生物量通过按物种齐地剪下的方式收集，采用烘干法测定每个物种的生物量。调查完成后，在草本样方内收集地表凋落物，并采用烘干法测定凋落物量；当荒漠样地植物稀缺，可能会出现没有凋落物的情况，可收集地表的立枯物以作参考。

群落结构调查的辅助数据通常包括调查地图像数据、种子样品、土壤样品以及雨水或地下水样品。群落结构图像采集由数码相机完成，主要包括群落整体景观图像 3 张，垂直结构 3 张，水平结构 3 张，以及调查地周边环境图像 3 张，群落优势种照片 3 张。图像要求能够体现调查地群落结构特征，群落结构层次清晰，植株完整；优势种图像应尽量包含根、茎、叶、花、果实、种子等多个器官。照片均需要高清晰且未经专业软件处理过的原始图像。命名规范为调查地简称+群落整体景观+重复数、调查地简称+群落垂直结构/水平结构+重复数、调查地简称+周边景观+重复数、调查地简称+优势种名称+重复数，以此类推。种子样品采集由于季节性较强，通常会进行单独采集，要求尽量采集成熟的、完整的种子，命名规范为调查地简称+物种名称+采集时间。荒漠凋落物使用草耙进行收集，命名规范为调查地简称+采样点编号+凋落物或用字母 D 代替，由于荒漠植被稀疏，导致凋落物也比较稀少，有时也会采集地上立枯物的样品，命名时标注即可。

土壤样品采集通常在荒漠调查区域内设置不少于 4 个采样点，分 0～10 cm、10～30 cm、30～50 cm 和 50～100 cm 四层次进行土壤取样；土壤样品采集量：0～10 cm 土壤样品>1000g，10～30 cm 土壤样品>500g，30～50 cm 和 50～100 cm 土壤样品>300 g，命名规范为调查地简称+采样点编号+土壤层次。雨水/地表水样品采集，根据采样地实际情况选择是否采集，通常用采样瓶取不少于 500 ml 水样品，命名规范为调查地简称+水源类型+收集日期。所用工具和调查表格如附表 3.17 所示，根据实际情况进行选择或调整。

3. 植物功能性状测试样品采集与保存

植物功能性状测试样品通常在非样方样地进行，采集锁定区域内所有可见植物种，采集植物叶、茎、根，此外还包括灌木、藤本、蕨类、苔藓等非典型植物。植物样本采集编号规则如下：采样地简称（通常为首字母，如阿克苏，简写为 AKS）+植物编号（没有固定顺序，可按照调查顺序进行顺序编号，如 1，2，3，…）+植物中文名称，如 AKS-1-柽柳。

植物功能性状测试样品原则是采集向阳的、健康的、成熟的且尽量完整的样品，并保证采集样品是同种植物不同植株以及不同部位的混合样品，植株数量不少于 10 株（吴冬秀等，2012）。采集完成后装入已命名的植物样品袋。样品通常包括新鲜植物样品、用于固定植物样品和用于干燥植物样品，可根据测试需求增加或减少植物样品保存的方式。新鲜植物样品需冷冻/冷藏保存，固定植物样品需用 FAA 固定液进行封装保存；干燥植物样品是通过植物新鲜样品用烘干法获得的，烘干后的植物样本保存在纸质信封中，防止潮湿。荒漠植物往往具有独特的结构形态和生理特征，多表现为带刺、带毛和多肉，在采集和保管过程中应该避免样品间的相互干扰和挤压，避免造成实验误差。所用工具见附表 3.17，根据实际情况进行选择或调整。

3.2.4　湿地生态系统

1. 野外调查样地设置与基本信息调查

湿地通常是泛指为暂时或长期覆盖水深不超过 2 m 的低地、土壤充水较多的草甸以及低潮时水深不超过 6 m 的沿海地区。湿地生境相较其他生态系统复杂，在选择湿地生态系统的典型地段时，应根据所在区域的实际状态确定调查样地以及调查内容，原则上依然要满足无干扰或少干扰、非人工湿地（董鸣等，1996；吴冬秀等，2007)）。存在水域地带的样地还应设置与水生生态系统相关的调查。野外样地的设置通常分为样方样地和非样方样地，样方样地主要用于生态系统群落结构调查，非样方样地主要用于植物功能样品采集。第一步是设置样方样地，进行湿地植物的群落结构调查，在各个湿地生态系统典型地段中设置 4 个大小为 10 m×10 m 木本样方，在每个木本样方内设置两个大小为 1.0 m×1.0 m 草本样方；如调查样地没有木本植物，则设置 4～8 个大小为 1.0 m×1.0 m 草本样方。由于湿地草本层物种组成非常复杂，野外调查较为耗时耗力，可适当调整草地调查样方大小，如 0.5 m×0.5 m 或 0.5 m×1.0 m。第二步是在样方样地周围设置非样方样地，一般为以样方样地为中心向四周辐射扩散，原则上辐射距离<1 km（图 3.12）。所用工具和调查表如附表 3.17 所示，根据实际情况进行选择或调整。

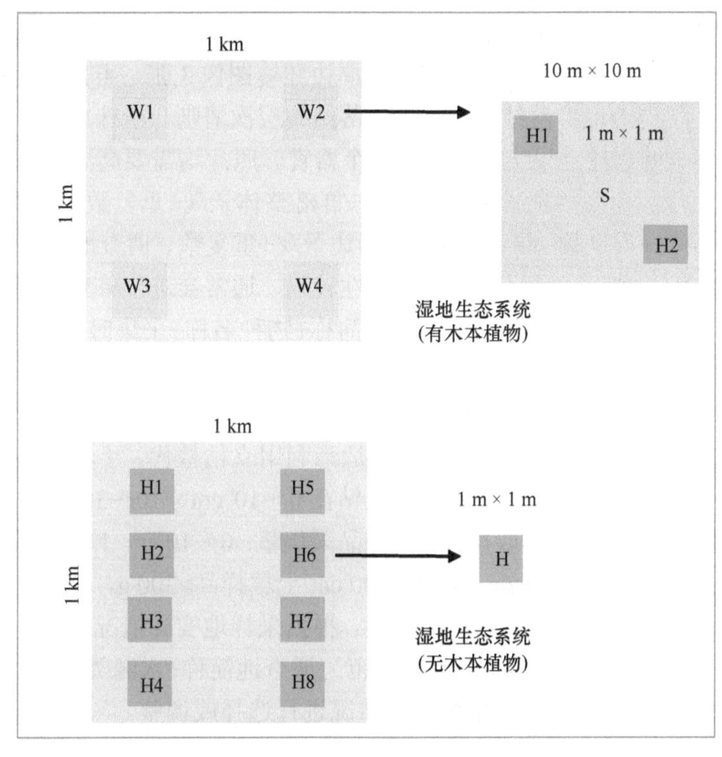

图 3.12　湿地调查样地设置示意图

W 代表湿地植被调查样方，S 代表灌木样方，H 代表草本样方

野外调查样地的基本信息，除位置信息（纬度、经度、海拔）和地形特征（坡度、坡向、坡位等），还应该包括该调查区域的气温（年均温、月均温、最高温、最低温等）、降水量（年均降水量、月均降水量、年最高降水量、年最低降水量等）、辐射（总辐射、紫外辐射、光合有效辐射等）、风速、气候类型、土壤类型、优势种以及调查样地每年水淹情况等信息，此外，还应获得当地河流湖泊、洪涝灾害、湿地动物种类等信息（附表 3.10 至附表 3.12）。

2. 群落结构及其辅助数据

湿地群落结构调查在样方样地进行，为了规范统计应采用统一的命名规则。样方内调查编号规则如下：采样地简称（通常为首字母，如红原，简写为 HY）+样方编号（如 1，2 等，根据所调查样方顺序而定）+样方类型（木本样方，Shrub，简写 S；草本样方，Herb，简写 H）+样方内植物编号（可按照调查顺序进行顺序编号，如 1，2，3，…）+样方内植物样本名称（中文学名），如 HY-1-S-1-芦苇。

灌木调查样方分物种调查每株灌木基径、高度、冠幅；草本样方分物种调查其高度（分为营养高度和生殖高度）、盖度、密度和生物量，生物量按物种齐地面剪下的方式收集，采用烘干法测定每个物种的生物量。调查完成后，在草本样方内收集地表凋落物，并采用烘干法测定凋落物量。

群落结构调查的辅助数据通常包括调查地图像数据、种子样品、凋落物样品、土壤样品以及水样品。群落结构图像采集由数码相机完成，主要包括群落整体景观图像 3 张，垂直结构 3 张，水平结构 3 张，以及调查地周边环境图像 3 张，群落优势种照片 3 张。图像要求能够体现调查地群落结构特征，群落结构层次清晰，植株完整；优势种图像应尽量包含根、茎、叶、花、果实、种子等多个器官。照片均需要高清晰且未经专业软件处理过的原始图像。命名规范为调查地简称+群落整体景观+重复数、调查地简称+群落垂直结构/水平结构+重复数、调查地简称+周边景观+重复数、调查地简称+优势种名称+重复数，以此类推。种子样品采集由于季节性较强，通常会进行单独采集，要求尽量采集成熟的、完整的种子，命名规范为调查地简称+物种名称+采集时间。

湿地凋落物使用草耙进行收集，命名规范为调查地简称+采样点编号+凋落物或用字母 D 代替，但实际采样进行中，湿地凋落物不容易采集且季节性较强，一旦植被水淹没或者部分淹没，都无法完成凋落物采集，可适当利用立枯替代。土壤样品采集通常在湿地调查样地内设置不少于 4 个采样点，用土钻在 0～10 cm、10～30 cm、30～50 cm 和 50～100 cm 四个土层进行土壤取样；土壤样品采集量：0～10 cm 土壤样品>1000g，10～30 cm 土壤样品>500g，30～50 cm 和 50～100 cm 土壤样品>300 g，命名规范为调查地简称+采样点编号+土壤层次。地表水样品采集，根据采样地实际情况选择是否采集，通常用采样瓶取不少于 500 ml 水样品，命名规范为调查地简称+水源类型+收集日期。所用工具和调查表如附表 3.17 所示，根据实际情况进行选择或调整。

3. 植物功能性状测试样品采集与保存

植物功能性状测试样品在非样方样地进行，尽量采集区域内所有可见植物种，采集植物叶、茎、根，此外还包括灌木、藤本、蕨类、苔藓等非典型植物。植物样本采集编号：采样地简称（通常为首字母，如红原可简写为 HY）+植物编号（可按照调查顺序进行顺序编号，如 1，2，3，…）+植物中文名称，如 HY-1-芦苇。

植物功能性状测试样品原则上是采集向阳的、健康的、成熟的且尽量完整的样品，并保证采集的样品是同种植物不同植株以及不同部位的混合样品，植株数量不少于 10 株（吴冬秀等，2012）。采集完成后装入已经命名的植物样品袋。样品通常包括新鲜植物样品、固定植物样品和干燥植物样品，可根据测试需求增加或减少植物样品保存的方式。新鲜植物样品需冷冻/冷藏保存，固定植物样品需用 FAA 固定液进行封装保存；干燥植物样品是通过植物新鲜样品用烘干法获得的（65℃），烘干后的植物样本保存在纸质信封中，防止潮湿。调查所用工具和表格如附表 3.17 所示，根据实际情况进行选择和调整。

3.2.5　农田生态系统

1. 野外调查样地设置与基本信息调查

在典型农田中，设置 8 个 1.0 m×1.0 m 调查样方，如是玉米等高大作物调查则需设置 5.0 m×5.0 m。野外调查时间建议在农作物生长高峰期进行，可考虑抽穗期或蕾期；具体需要根据当地农作物实际情况进行确定，并尽可能降低对样地植被的破坏（于贵瑞等，2013）。

调查样地的基本信息除位置信息（纬度、经度、海拔）和地形特征（坡度、坡向、坡位等），还应该包括该调查区域的气温（年均温、月均温、最高温、最低温等）、降水量（年均降水量、月均降水量、年最高降水量、年最低降水量等）、辐射（总辐射、紫外辐射、光合有效辐射等）、风速、气候类型、土壤类型、优势种等信息。此外，还应获得当地主要农作物品种、作物产量、化肥种类和施用量、极端天气频率、当地经济状况、农业管理措施等信息。所用工具和调查表格如附表 3.17 所示，根据实际情况进行选择和调整。

2. 群落结构、测试样品的采集和保存及其辅助数据

群落结构调查在样方样地进行，为了规范统计而采用统一的命名规则。样方内调查编号规则如下：采样地简称（通常为首字母，如禹城可简写为 YC）+样方编号（如 1，2 等，根据所调查样方顺序而定）+样方内植物编号（可按照调查顺序进行顺序编号，如 1，2，3，…）+样方内植物样本名称（中文学名），如 YC-1-1-玉米。

在样方内调查作物密度、单株总茎数（小麦或水稻）、高度（营养高度和生殖高度）、比叶面积、叶面积指数和生物量。生物量或比叶面积测定样品采样时为了减少对样地的破坏，可以采用标准植株调查采样法，即选取一定的代表株进行测定，进而得到作物群体特征值。不同作物每采样点取样株数为：小麦 20 株、水稻 3～5 穴、玉米 3～5 株、棉花 3～5 株、大豆 6～10 株。在具体取样时，把各选定标准株的地上部分齐地剪割，同时将标准株叶片与其他器官分开保存，在实验室烘干后，分别进行测定标准株叶片和其他部分的生物量。

采集植物叶、茎、根，植物样本采集编号：采样地简称（通常为首字母，如禹城可

简写为 YC）+植物编号（可按照调查顺序进行顺序编号，如 1，2，3，…）+植物样本名称（中文学名），如 YC-1-玉米。

植物功能性状测试样品原则是采集向阳的、健康的、成熟的且尽量完整的样品，并保证采集的样品是同种植物不同植株以及不同部位的混合样品，植株数量不少于 5～10 株（吴冬秀等，2012）。采集完成后装入已经命名的植物样品袋。样品通常包括新鲜植物样品、固定植物样品和干燥植物样品，可根据测试需求增加或减少植物样品保存的方式。新鲜植物样品需冷冻/冷藏保存，固定植物样品需用 FAA 固定液进行封装保存；干燥植物样品是通过植物新鲜样品用烘干法获得的（65℃），烘干后的植物样本保存在纸质信封中，防止潮湿。所用工具和调查表格如附表 3.17 所示，根据实际情况进行选择和调整。

群落结构调查的辅助数据包括调查地图像数据、种子样品、土壤样品以及地表水样品。群落结构图像采集由数码相机完成，主要包括群落整体景观图像 3 张，垂直结构 3 张，水平结构 3 张，以及调查地周边环境图像 3 张。图像要求能够体现调查地群落结构特征，群落结构层次清晰，植株完整，优势种图像应尽量包含根、茎、叶、花、果实、种子等多个器官，照片均需要高清晰且未经专业软件处理过的原始图像。命名规范为调查地简称+群落整体景观+重复数、调查地简称+群落垂直结构+重复数、调查地简称+周边景观+重复数、调查地简称+优势种名称+重复数，以此类推。种子样品采集由于季节性较强，通常会进行单独采集，要求尽量采集成熟的、完整的种子，命名规范为调查地简称+物种名称+采集时间。

土壤样品采集通常在农田调查区域内设置不少于 4 个采样点，用土钻进行 0～10 cm、10～30 cm、30～50 cm 和 50～100 cm 四个层次的土壤取样（Zhang et al.，2011）；土壤采样量：0～10 cm 土壤样品>1000g，10～30 cm 土壤样品>500 g，30～50 cm 和 50～100 cm 土壤样品>300 g，命名规范为调查地简称+采样点编号+土壤层次。地表水样品采集，通常用采样瓶取不少于 500 ml 水样品，命名规范为调查地简称+水源类型+收集日期。所用工具或调查表格如附表 3.17 所示，根据实际情况进行选择或修改。

3. 农田田间管理与耕作制度调查

考虑农田生态系统属于人工生态系统，其结构、功能和状态几乎完全受制于人为管理措施。一方面，调查区域应该尽可能保持各项管理措施的相对稳定，另一方面，对实施的任何干预（包括采样）都必须做详细记录，并及时整理、存档。农田田间管理和耕作制度调查的内容包括作物种类、播种、收获时间、生育期记录、种植制度、耕作方式、有机化学品投入、灌溉、病虫害发生等。相关调查或统计表格如附表 3.13 至附表 3.16 所示。

3.3 中国生态系统植物功能性状数据库（China_Traits）及其特色

如前所述，TRY 数据库是当前全球性状研究的最重要数据库之一（TRY plant trait database；https://www.try-db.org/TryWeb/Home.php）。目前，TRY 数据库通过整合全球公开发表数据，共收录 27.9 万物种和 1185 万条性状数据，被广泛地应用于各个领域或尺度（Bjorkman et al.，2018；Bruelheide et al.，2018）。TRY 数据库真的很完美吗？通过数据申请和深入分析，我们发现受数据库建设思路和数据源的限制，TRY 数据库主要收集了植物易于测定的性状数据，如叶片大小、厚度、比叶面积、碳含量、氮含量、个体大小，而非常缺乏叶–枝–根–干配套的性状数据和群落结构数据。因此，TRY 数据库能较好地用于探讨单一器官水平性状从点至全球的变化规律及其影响因素；但由于缺乏转化参数，使得大部分性状参数的分析只能局限于器官水平。此外，考虑到天然群落结构的复杂性，基于 TRY 数据的许多结论（物种简单平均等同群落）是否适用于天然植物群落还有待证实？

参考 TRY 数据库的构建经验，同时充分考虑自然群落复杂性的特点，研究人员提出“系统性理念+符合自然原则”的性状数据库建设新思路，并结合配套实测数据构建了新型中国生态系统功能性状数据库（China_Traits）。在新思路支撑下，中国科学院地理科学与资源研究所于贵瑞和何念鹏团队，于 2012～2021 年间对中国 100 多个典型生态系统开展了系统性的调查和测定工作。在实际操作过程中，不仅详细调查了植物群落结构、土壤和土壤微生物属性等，也收集了每个样地所有物种叶–枝–干–根样品，测定了所有样品 C、N、P、K 等 16 种元素、叶片常规形态性状–气孔性状–解剖结构性状–叶绿素含量–非结构性碳水化合物含量–元素含量、根形态指标–元素含量–同位素特征等，构建了由 112 种配套参数组成的中国生态系统功能性状数据库（图 3.13）。其中，植物群落结构数据是其中的核心数据，尤其是在多种功能性状联动、叶枝干根配套、从器官到物种、从物种到群落功能性状的拓展过程中更是不可或缺的重要参数（何念鹏等，2018）。此外，在草地生态系统功能性状调查中增加了蝗虫、土壤线虫、甲虫、跳虫、蚯蚓等小型土壤动物的调查和功能性状的测定，但种子、花等繁殖体功能性状参数仍需专门调查才能很好的匹配。

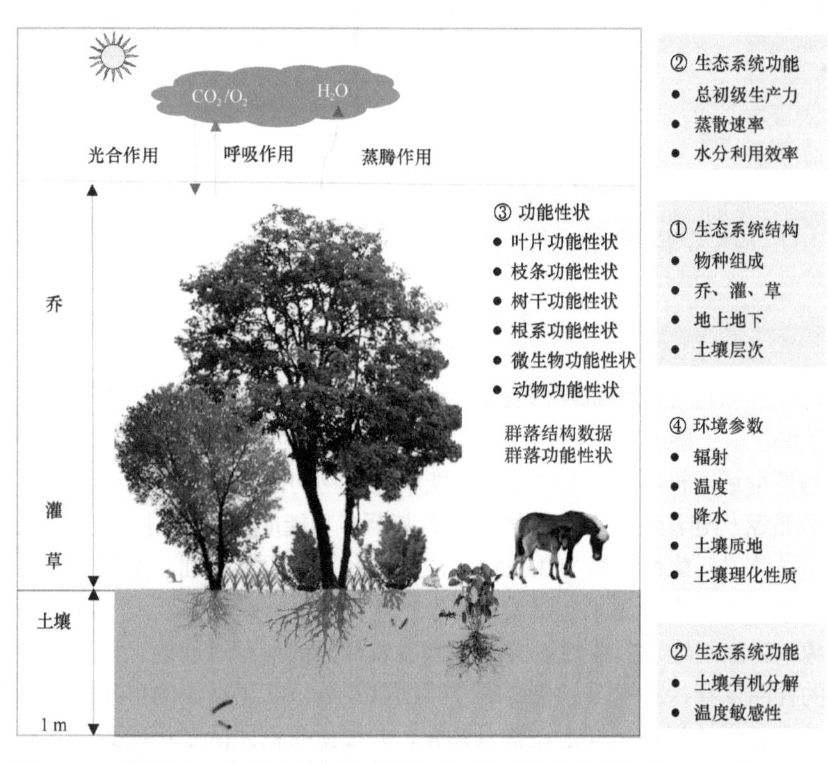

图 3.13　系统性和配套性为特色的中国生态系统功能性状数据库（以森林为例）

除了 China-Traits 数据库的系统性和配套性等功能性状数据，其特色是匹配了系统的群落结构数据、土壤微生物数据、土壤理化性质数据等，可帮助科研人员实行从传统器官水平测定的功能性状尺度上推至物种、群落和生态系统，开拓了“器官–物种–群落–生态系统”和“单一功能性状–多种功能性状–功能性状网络”的功能性状研究新领域，进一步促进相关研究成果的创新性和引领性。通过数据库间的对比分析，我们不难看出 China_traits 数据库克服了传统的以收集数据为主的数据库的一大缺陷，即缺乏配套性状数据和群落结构数据，使人们不再局限于器官水平功能性状分析，能够在物种、功能群和群落开展全新视角的多维度性状研究，进而更真实地揭示大自然（图 3.14）。随着类似于 China_Traits 数据库的发展和完善，这种创新性的“系统性和配套性”数据库构建理念必将被更多科学家认可，进而切实有力地推动功能性状研究走向复杂的自然生态系统、服务于区域生态环境问题的解决、助力于生态系统结构和功能对全球变化响应适应领域的研究。

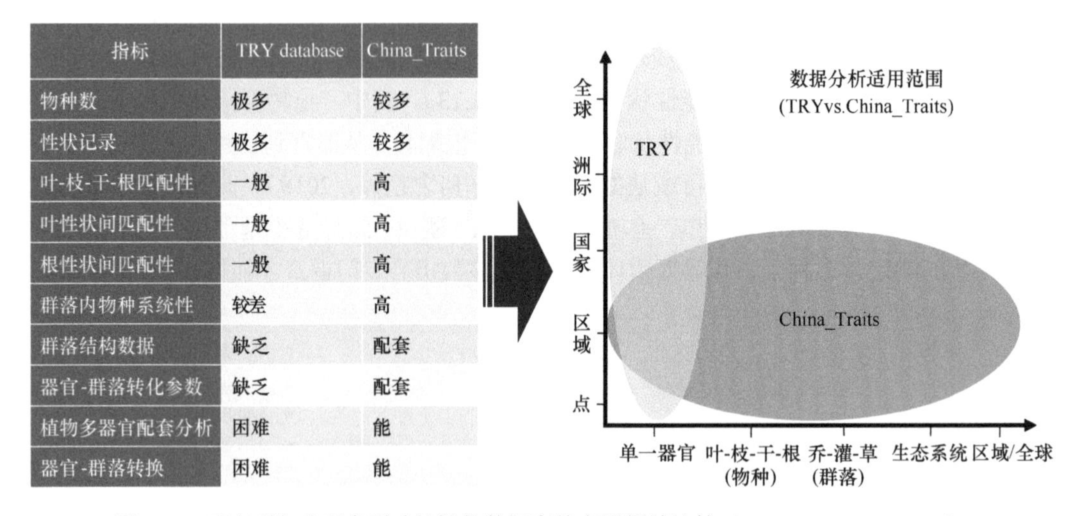

指标	TRY database	China_Traits
物种数	极多	较多
性状记录	极多	较多
叶-枝-干-根匹配性	一般	高
叶性状间匹配性	一般	高
根性状间匹配性	一般	高
群落内物种系统性	较差	高
群落结构数据	缺乏	配套
器官-群落转化参数	缺乏	配套
植物多器官配套分析	困难	能
器官-群落转换	困难	能

图 3.14 配套型与非配套型功能性状数据库的应用领域比较（TRY vs. China_Traits）

3.4 小 结

植物功能性状已经成为贯穿器官–物种–群落–生态系统–区域–全球等尺度生态研究的重要抓手和工具。随着对植物功能性状研究的深入，除了传统揭示器官水平特定功能性状变异与环境适应机制外，人们还期望能应用植物功能性状解释多种功能性状的协同/权衡、植物群落构建法则、生态系统生产力甚至多功能的优化机制。因此，规范的群落结构数据，是获得匹配性、系统性植物功能性状数据的重要基础，尤其在未来群落或生态系统尺度研究中会变得越来越重要。本章内容以森林、草地、荒漠、湿地和农田为主要研究对象，详细阐述了其样地设置的规则以及样品的保存等问题。只有统一的调查方法，合理的样品保存，才能保证获得研究数据以及分析结果结论的可靠性。本章将植物功能性状的野外样地调查和样地设置具体化，并根据我们团队多年的野外实践经验，归纳总结了不同植被群落植物功能性状的数据获取方法。在具体的野外调查中，科研人员应具体问题具体分析，做到因地制宜地制定相关的野外调查方案，合理调整野外调查方法和步骤。例如，中国南方森林分布广泛，但通常被生态廊道分隔，调查样地的面积可能小于规范中要求的面积；因此，需要操作者根据实际调查样地的情况进行调整，或按比例或按面积放大或缩小。本章内容通过制定植物功能性状研究配套的群落结构调查规范，希望能进一步推动系统性和配套性植物功能性状数据库的建设，进而推动该领域从单器官到多器官、从单性状到多性状、从单物种到多物种群落、从植物群落到包含多种有机体类型的生态系统的转型，帮助研究人员更科学、更全面、更系统地揭示自然生态系统对环境变化的响应与适应机制，并提高人类对自然生态系统的预测能力。

参 考 文 献

鲍士旦. 1999. 土壤农化分析(第三版). 北京: 中国农业出版社.

陈雄文, 张新时, 周广胜, 等. 2000. 中国东北样带(NECT)森林区域中主要树种空间分布特征. 林业科学, 36(6): 35-38.

董鸣, 王义凤, 孔繁志, 等. 1996. 陆地生物群落调查观测与分析. 北京: 中国标准出版社.

傅伯杰, 刘国华, 陈利顶, 等. 2001. 中国生态区划方案. 生态学报, 21: 1-6.

何念鹏, 刘聪聪, 张佳慧, 等. 2018. 植物性状研究的机遇与挑战: 从器官到群落. 生态学报, 38: 6787- 6796.

侯学煜. 2001. 1∶1 000 000 中国植被图集. 北京: 科学出版社.

劳家柽. 1988. 土壤农化分析手册. 北京: 中国农业出版社.

王晓濛, 侯继华, 何念鹏. 2023. 中国植物群落生产力由东向西分布格局及其驱动因素. 生态学报, (6): 2488-2500.

吴冬秀, 韦文珊, 宋创业, 等. 2012. 陆地生态系统生物观测数据质量保证与控制. 北京: 中国环境科学出版社.

吴冬秀, 韦文珊, 张淑敏. 2007. 陆地生态系统生物观测规范. 北京: 中国环境科学出版社.

于贵瑞, 何念鹏, 王秋凤. 2013. 中国生态系统碳收支及碳汇功能——理论基础与综合评估. 北京: 科学出版社.

张新时. 2007. 中国植被及其地理格局: 中华人民共和国植被图(1∶1 000 000)说明书. 北京: 地质出版社.

张新时, 高琼, 杨奠安, 等. 1997. 中国东北样带的梯度分析及其预测. 植物学报, 39: 785-799.

Bjorkman A D, Myers-Smith I H, Elmendorf S C, et al. 2018. Plant functional trait change across a warming tundra biome. Nature, 562: 57-59.

Bruelheide H, Dengler J, Purschke O, et al. 2018. Global trait-environment relationships of plant communities. Nature Ecology and Evolution, 2: 1906-1917.

Diaz S, Hodgson J G, Thompson K, et al. 2004. The plant traits that drive ecosystems: Evidence from three continents. Journal of Vegetation Science, 15: 295-304.

He N P, Liu C C, Piao S L, et al. 2019. Ecosystem traits linking functional traits to macroecology. Trends in Ecology and Evolution, 34: 200-210.

He N P, Liu C C, Tian M, et al. 2017. Variation in leaf anatomical traits from tropical to cold-temperate forests and linkage to ecosystem functions. Functional Ecology, 32: 10-19.

Kattge J, Bonisch G, Diaz S, et al. 2020. TRY plant trait database - enhanced coverage and open access. Global Change Biology, 26: 119-188.

Kattge J, Diaz S, Lavorel S, et al. 2011. TRY- a global database of plant traits. Global Change Biology, 17: 2905-2935.

Koch G W, Scholes R J, Steffen W L, et al. 1995. The IGBP terrestrial transects: Science plan. Global Change Report. GI.

Li Q, Hou J H, He N P, et al. 2021a. Changes in leaf stomatal traits of different aged temperate forest stands.

Journal of Forestry Research, 32: 927-936.
Li X, Li M X, Xu L, et al. 2022. Allometry and distribution of nitrogen in natural plant communities of the Tibetan Plateau. Frontiers in Plant Science, 13: 845813.
Li Y, Li Q, Xu L, et al. 2021b. Plant community traits can explain variation in productivity of selective logging forests after different restoration times. Ecological Indicators, 131: 108181.
Li Y, Liu C C, Sack L, et al. 2022. Leaf trait network architecture shifts with species-richness and climate across forests at continental scale. Ecology Letters, 25: 1442-1457.
Li Y, Liu C C, Zhang J, et al. 2018. Variation in leaf chlorophyll concentration from tropical to cold-temperate forests: Association with gross primary productivity. Ecological Indicators, 85: 383-389.
Liu C C, He N P, Zhang J H, et al. 2017. Variation of stomatal traits from cold - temperate to tropical forests and association with water use efficiency. Functional Ecology, 32: 20-28.
Moles A T, Warton D I, Warman L, et al. 2008. Global patterns in plant height. Journal of Ecology, 97: 923-932.
Ren T, He N P, Liu Z G, et al. 2021. Environmental filtering rather than phylogeny determines plant leaf size in three floristically distinctive plateaus. Ecological Indicators, 130: 108049.
Wang R L, Wang Q F, Zhao N, et al. 2018. Different phylogenetic and environmental controls of first-order root morphological and nutrient traits: Evidence of multidimensional root traits. Functional Ecology, 32: 29-39.
Wang R L, Yu G R, He N P, et al. 2014. Elevation-related variation in leaf stomatal traits as a function of plant functional type: Evidence from Changbai mountain, China. Plos One, 9: e115395.
Wang R M, He N P, Li S G, et al. 2021. Variation and adaptation of leaf water content among species, communities, and biomes. Environmental Research Letters, 16: 124038.
Wang R M, Li M X, Xu L, et al. 2022. Scaling-up methods influence on the spatial variation in plant community traits: Evidence based on leaf nitrogen content. Journal of Geophysical Research: Biogeosciences, 127: e2021JG006653.
Wright I J, Reich P B, Westoby M, et al. 2004. The worldwide leaf economics spectrum. Nature, 428: 821-827.
Xu L, He N, Yu G R. 2020. Nitrogen storage in China's terrestrial ecosystems. Science of The Total Environment, 709: 136201.
Xu L, Wen D, Zhu J X, et al. 2017. Regional variation in carbon sequestration potential of forest ecosystems in China. Chinese Geographical Science, 27: 337-350.
Yan P, Xiao C W, Xu L, et al. 2020. Biomass energy in China's terrestrial ecosystems: Insights into the nation's sustainable energy supply. Renewable and Sustainable Energy Reviews, 127: 109857.
Zhang J H, Hedin L O, et al. 2022. Leaf N ∶ P ratio does not predict productivity trends across natural terrestrial ecosystems. Ecology, e3789.
Zhang J H, He N P, Liu C C, et al. 2020. Variation and evolution of C ∶ N ratio among different organs enable plants to adapt to N-limited environments. Global Change Biology, 26: 2534-2543.
Zhang J H, Ren T T, Yang J J, et al. 2021. Leaf multi-element network reveals the change of species dominance under nitrogen deposition. Frontiers in Plant Science, 12: 580340.
Zhang J, Hu F, Li H, et al. 2011. Effects of earthworm activity on humus composition and humic acid characteristics of soil in a maize residue amended rice-wheat rotation agroecosystem. Applied Soil Ecology, 51: 1-8.
Zhang J H, Zhao N, Liu C C, et al. 2017. C:N:P stoichiometry in China's forests: From organs to ecosystems. Functional Ecology, 32: 50-60.
Zhang J, Li M, Xu L, et al. 2021. C:N:P stoichiometry in terrestrial ecosystems in China. Science of The Total Environment, 795: 148849.
Zhao N, Yu G R, He N P, et al. 2016. Invariant allometric scaling of nitrogen and phosphorus in leaves, stems, and fine roots of woody plants along an altitudinal gradient. Journal of Plant Research, 129: 647-657.

附表 3.1　森林植物群落调查总表

<table>
<tr><td colspan="4">调查样地名称：</td><td colspan="3">调查日期：</td></tr>
<tr><td colspan="4">样地编号：</td><td colspan="3">样地面积：</td></tr>
<tr><td colspan="4">生态系统类型：</td><td>群落名称：</td><td colspan="2"></td></tr>
<tr><td>地理位置：</td><td>N</td><td>E</td><td>地形：</td><td>海拔：</td><td>坡向：</td><td>坡度：</td></tr>
<tr><td colspan="2">群落盖度：</td><td>乔木层：</td><td>灌木层：</td><td colspan="2">草本层：</td><td>凋落物：</td></tr>
<tr><td colspan="7">区域气候类型：　　　　生境类型：　　　　土壤类型：</td></tr>
<tr><td colspan="7">人为干扰情况：</td></tr>
<tr><td colspan="7">河流湖泊情况：季节性　　常年性　　长/m　　宽/m　　形状　　深度/m</td></tr>
</table>

附表 3.2　森林植物群落调查–乔木群落调查表

<table>
<tr><td colspan="6">调查者：　　　　样地号：
调查面积：m× m　　　　日期：</td><td colspan="2">郁闭度：</td></tr>
<tr><td>序号</td><td>植物名称</td><td>高度/m</td><td>胸径/cm</td><td>冠幅/（m×m）</td><td>物候相</td><td>生活型</td><td>备注</td></tr>
<tr><td>1</td><td></td><td></td><td></td><td></td><td></td><td></td><td></td></tr>
<tr><td>2</td><td></td><td></td><td></td><td></td><td></td><td></td><td></td></tr>
<tr><td>3</td><td></td><td></td><td></td><td></td><td></td><td></td><td></td></tr>
<tr><td>4</td><td></td><td></td><td></td><td></td><td></td><td></td><td></td></tr>
<tr><td>5</td><td></td><td></td><td></td><td></td><td></td><td></td><td></td></tr>
<tr><td>⋮</td><td></td><td></td><td></td><td></td><td></td><td></td><td></td></tr>
<tr><td colspan="8">标注：生活型：乔木、小乔木</td></tr>
<tr><td colspan="8">物候相：萌芽期、展叶期、初花期、盛花期、果熟期、叶变色期、落叶期</td></tr>
</table>

附表 3.3　森林植物群落调查–灌木群落调查表

<table>
<tr><td colspan="5">调查者：　　　　样地号：
调查面积：m× m　　　　日期：</td><td colspan="3">总盖度：</td></tr>
<tr><td>序号</td><td>植物名称</td><td>小样方号</td><td>高度/m</td><td>基径/cm</td><td>冠幅/（m×m）</td><td>盖度</td><td>物候相</td></tr>
<tr><td>1</td><td></td><td></td><td></td><td></td><td></td><td></td><td></td></tr>
<tr><td>2</td><td></td><td></td><td></td><td></td><td></td><td></td><td></td></tr>
<tr><td>3</td><td></td><td></td><td></td><td></td><td></td><td></td><td></td></tr>
<tr><td>4</td><td></td><td></td><td></td><td></td><td></td><td></td><td></td></tr>
<tr><td>5</td><td></td><td></td><td></td><td></td><td></td><td></td><td></td></tr>
<tr><td>⋮</td><td></td><td></td><td></td><td></td><td></td><td></td><td></td></tr>
<tr><td colspan="8">物候相：萌芽期、展叶期、初花期、盛花期、果熟期、叶变色期、落叶期</td></tr>
</table>

附表 3.4　森林植物群落调查–草本群落调查表

<table>
<tr><td colspan="8">调查者：　　　　样地号：　　　　总盖度：
调查面积：m× m　　　　日期：</td></tr>
<tr><td rowspan="2">植物名称</td><td rowspan="2">分种盖度/%</td><td rowspan="2">株（丛）数</td><td colspan="3">高度/cm</td><td rowspan="2">平均高度</td><td rowspan="2">小样方号</td></tr>
<tr><td>重复 1</td><td>重复 2</td><td>重复 3</td></tr>
<tr><td></td><td></td><td></td><td></td><td></td><td></td><td></td><td></td></tr>
<tr><td></td><td></td><td></td><td></td><td></td><td></td><td></td><td></td></tr>
<tr><td></td><td></td><td></td><td></td><td></td><td></td><td></td><td></td></tr>
<tr><td></td><td></td><td></td><td></td><td></td><td></td><td></td><td></td></tr>
<tr><td></td><td></td><td></td><td></td><td></td><td></td><td></td><td></td></tr>
</table>

附表 3.5　草地植物群落调查总表

<table>
<tr><td colspan="4">调查样地名称：</td><td colspan="3">调查日期：</td></tr>
<tr><td colspan="4">样地编号：</td><td colspan="3">样地面积：</td></tr>
<tr><td colspan="4">生态系统类型：</td><td>群落名称：</td><td colspan="2"></td></tr>
<tr><td>地理位置：</td><td>N</td><td>E</td><td>地形：</td><td>海拔：</td><td>坡向：</td><td>坡度：</td></tr>
<tr><td colspan="6">群落盖度：</td><td>凋落物：</td></tr>
<tr><td colspan="7">区域气候类型：　　生境类型：　　土壤类型：</td></tr>
<tr><td colspan="7">人为干扰情况：</td></tr>
<tr><td colspan="7">河流湖泊情况：季节性　常年性　长/m　宽/m　形状　深度/m</td></tr>
</table>

附表 3.6　草地植物群落调查–草本群落调查表

<table>
<tr><td colspan="8">调查者：　　样地号：　　总盖度：
调查面积：m× m　　日期：</td></tr>
<tr><td rowspan="2">植物名称</td><td rowspan="2">分种盖度/%</td><td rowspan="2">株（丛）数</td><td colspan="3">高度/cm</td><td rowspan="2">平均高度</td><td rowspan="2">小样方号</td></tr>
<tr><td>重复 1</td><td>重复 2</td><td>重复 3</td></tr>
<tr><td></td><td></td><td></td><td></td><td></td><td></td><td></td><td></td></tr>
<tr><td></td><td></td><td></td><td></td><td></td><td></td><td></td><td></td></tr>
<tr><td></td><td></td><td></td><td></td><td></td><td></td><td></td><td></td></tr>
<tr><td></td><td></td><td></td><td></td><td></td><td></td><td></td><td></td></tr>
<tr><td></td><td></td><td></td><td></td><td></td><td></td><td></td><td></td></tr>
</table>

附表 3.7　荒漠植物群落调查总表

<table>
<tr><td colspan="4">调查样地名称：</td><td colspan="3">调查日期：</td></tr>
<tr><td colspan="4">样地编号：</td><td colspan="3">样地面积：</td></tr>
<tr><td colspan="4">生态系统类型：</td><td>群落名称：</td><td colspan="2"></td></tr>
<tr><td>地理位置：</td><td>N</td><td>E</td><td>地形：</td><td>海拔：</td><td>坡向：</td><td>坡度：</td></tr>
<tr><td colspan="3">群落盖度：</td><td>灌木层：</td><td colspan="2">草本层：</td><td>凋落物：</td></tr>
<tr><td colspan="7">区域气候类型：　　生境类型：　　土壤类型：</td></tr>
<tr><td colspan="7">人为干扰情况：</td></tr>
<tr><td colspan="7">河流湖泊情况：季节性　常年性　长/m　宽/m　形状　深度/m</td></tr>
</table>

附表 3.8　荒漠植物群落调查–灌木群落调查表

<table>
<tr><td colspan="5">调查者：　　样地号：
调查面积：m× m　　日期：</td><td colspan="3">总盖度：</td></tr>
<tr><td>序号</td><td>植物名称</td><td>小样方号</td><td>高度/m</td><td>基径/cm</td><td>冠幅/（m×m）</td><td>盖度</td><td>物候相</td></tr>
<tr><td>1</td><td></td><td></td><td></td><td></td><td></td><td></td><td></td></tr>
<tr><td>2</td><td></td><td></td><td></td><td></td><td></td><td></td><td></td></tr>
<tr><td>3</td><td></td><td></td><td></td><td></td><td></td><td></td><td></td></tr>
<tr><td>4</td><td></td><td></td><td></td><td></td><td></td><td></td><td></td></tr>
<tr><td>5</td><td></td><td></td><td></td><td></td><td></td><td></td><td></td></tr>
<tr><td>⋮</td><td></td><td></td><td></td><td></td><td></td><td></td><td></td></tr>
<tr><td colspan="8">物候相：萌芽期、展叶期、初花期、盛花期、果熟期、叶变色期、落叶期</td></tr>
</table>

附表 3.9　荒漠植物群落调查–草本群落调查表

<table>
<tr><td colspan="8">调查者：　　样地号：　　总盖度：
调查面积：m× m　　日期：</td></tr>
<tr><td rowspan="2">植物名称</td><td rowspan="2">分种盖度/%</td><td rowspan="2">株（丛）数</td><td colspan="3">高度/cm</td><td rowspan="2">平均高度</td><td rowspan="2">小样方号</td></tr>
<tr><td>重复 1</td><td>重复 2</td><td>重复 3</td></tr>
<tr><td></td><td></td><td></td><td></td><td></td><td></td><td></td><td></td></tr>
<tr><td></td><td></td><td></td><td></td><td></td><td></td><td></td><td></td></tr>
<tr><td></td><td></td><td></td><td></td><td></td><td></td><td></td><td></td></tr>
<tr><td></td><td></td><td></td><td></td><td></td><td></td><td></td><td></td></tr>
<tr><td></td><td></td><td></td><td></td><td></td><td></td><td></td><td></td></tr>
</table>

附表 3.10　湿地植物群落调查总表

<table>
<tr><td colspan="4">调查台站：</td><td colspan="4">调查日期：</td></tr>
<tr><td colspan="4">样地编号：</td><td colspan="4">样地面积：</td></tr>
<tr><td colspan="4">生态系统类型：</td><td>群落名称：</td><td colspan="3"></td></tr>
<tr><td>地理位置：</td><td>N</td><td>E</td><td>地形：</td><td>海拔：</td><td colspan="2">坡向：</td><td>坡度：</td></tr>
<tr><td colspan="3">群落盖度：</td><td>木本层：</td><td colspan="3">草本层：</td><td>凋落物：</td></tr>
<tr><td colspan="8">区域气候类型：　　生境类型：　　土壤类型：</td></tr>
<tr><td colspan="8">人为干扰情况：</td></tr>
<tr><td colspan="8">河流湖泊情况：季节性　常年性　长/m　宽/m　形状　深度/m</td></tr>
</table>

附表 3.11　湿地植物群落调查–木本群落调查表

<table>
<tr><td colspan="5">调查者：　　样地号：
调查面积：m× m　　日期：</td><td colspan="3">总盖度：</td></tr>
<tr><td>序号</td><td>植物名称</td><td>小样方号</td><td>高度/m</td><td>基径/cm</td><td>冠幅/（m×m）</td><td>盖度</td><td>物候相</td></tr>
<tr><td>1</td><td></td><td></td><td></td><td></td><td></td><td></td><td></td></tr>
<tr><td>2</td><td></td><td></td><td></td><td></td><td></td><td></td><td></td></tr>
<tr><td>3</td><td></td><td></td><td></td><td></td><td></td><td></td><td></td></tr>
<tr><td>4</td><td></td><td></td><td></td><td></td><td></td><td></td><td></td></tr>
<tr><td>5</td><td></td><td></td><td></td><td></td><td></td><td></td><td></td></tr>
<tr><td>⋮</td><td></td><td></td><td></td><td></td><td></td><td></td><td></td></tr>
<tr><td colspan="8">物候相：萌芽期、展叶期、初花期、盛花期、果熟期、叶变色期、落叶期</td></tr>
</table>

附表 3.12　湿地植物群落调查–草本群落调查表

<table>
<tr><td colspan="8">调查者：　　样地号：　　总盖度：
调查面积：m× m　　日期：</td></tr>
<tr><td rowspan="2">植物名称</td><td rowspan="2">分种盖度/%</td><td rowspan="2">株（丛）数</td><td colspan="3">高度/cm</td><td rowspan="2">平均高度</td><td rowspan="2">小样方号</td></tr>
<tr><td>重复 1</td><td>重复 2</td><td>重复 3</td></tr>
<tr><td></td><td></td><td></td><td></td><td></td><td></td><td></td><td></td></tr>
<tr><td></td><td></td><td></td><td></td><td></td><td></td><td></td><td></td></tr>
<tr><td></td><td></td><td></td><td></td><td></td><td></td><td></td><td></td></tr>
<tr><td></td><td></td><td></td><td></td><td></td><td></td><td></td><td></td></tr>
<tr><td></td><td></td><td></td><td></td><td></td><td></td><td></td><td></td></tr>
</table>

附表 3.13　农田植物群落调查总表

<table>
<tr><td colspan="4">调查台站:</td><td colspan="3">调查日期:</td></tr>
<tr><td colspan="4">样地编号:</td><td colspan="3">样地面积:</td></tr>
<tr><td colspan="4">生态系统类型:</td><td colspan="3">作物名称:</td></tr>
<tr><td>地理位置:</td><td>N</td><td>E</td><td>地形:</td><td>海拔:</td><td>坡向:</td><td>坡度:</td></tr>
<tr><td colspan="2">群落盖度:</td><td>轮作类型</td><td colspan="3"></td><td>凋落物:</td></tr>
<tr><td colspan="7">区域气候类型:　　生境类型:　　土壤类型:</td></tr>
<tr><td colspan="7">人为干扰情况:</td></tr>
<tr><td colspan="7">河流湖泊情况：季节性　常年性　长/m　宽/m　形状　深度/m</td></tr>
</table>

附表 3.14　农田植物群落调查–作物群落调查表

<table>
<tr><td colspan="8">调查者:　　样地号:　　总盖度:
调查面积：m× m　　日期:</td></tr>
<tr><td rowspan="2">作物名称</td><td rowspan="2">株（丛）数</td><td rowspan="2">茎数（水稻和小麦）</td><td colspan="3">高度/cm</td><td rowspan="2">平均高度</td><td rowspan="2">小样方号</td></tr>
<tr><td>重复 1</td><td>重复 2</td><td>重复 3</td></tr>
<tr><td></td><td></td><td></td><td></td><td></td><td></td><td></td><td></td></tr>
<tr><td></td><td></td><td></td><td></td><td></td><td></td><td></td><td></td></tr>
<tr><td></td><td></td><td></td><td></td><td></td><td></td><td></td><td></td></tr>
<tr><td></td><td></td><td></td><td></td><td></td><td></td><td></td><td></td></tr>
<tr><td></td><td></td><td></td><td></td><td></td><td></td><td></td><td></td></tr>
</table>

附表 3.15　农田植物群落调查–农业气象灾害、作物病/虫害记录表

<table>
<tr><td colspan="2">项目</td><td>内容</td></tr>
<tr><td colspan="2">记录员</td><td></td></tr>
<tr><td colspan="2">记录日期</td><td>年：___月：___日：__</td></tr>
<tr><td colspan="2">种植制度</td><td>一年___熟　　轮作系统：__ - _______</td></tr>
<tr><td rowspan="4">气象灾害</td><td>灾害类型</td><td></td></tr>
<tr><td>受灾作物</td><td></td></tr>
<tr><td>受灾程度</td><td></td></tr>
<tr><td>受灾范围</td><td></td></tr>
<tr><td rowspan="3">作物病害</td><td>病害种类</td><td></td></tr>
<tr><td>病害程度</td><td></td></tr>
<tr><td>发病生育期</td><td></td></tr>
<tr><td rowspan="5">作物虫害</td><td>虫害种类</td><td></td></tr>
<tr><td>危害程度</td><td></td></tr>
<tr><td>发生生育期</td><td></td></tr>
<tr><td>繁殖代数</td><td></td></tr>
<tr><td>虫卵越冬死亡率</td><td></td></tr>
<tr><td colspan="2">备注</td><td></td></tr>
</table>

附表 3.16　农田植物群落调查–农田管理措施和种植制度记录表

项目		内容
记录员		
记录日期		年：____月：____日：__
种植制度		一年____熟　　轮作系统：__ - ________
田间管理	施肥	日期：　肥料类型：　施肥方式：肥料用量：
	灌溉	日期：　灌溉方式：　灌水量：
	农药/除草剂	日期：　施用方式：　用量：
	地膜覆盖	日期：　覆膜方式：
	耕作制度	种植方式：间作、套作、单作、混作 土壤耕作：耕耙、中耕、除草等时间
	作物品种	作物名称：品种：
	播种、收获	播种日期：　播种量：　栽插日期：播种方式： 收货日期：　产量：
	生育期（记录各生育期时间）	
备注		

附表 3.17　野外调查工具

	工具名称	用途	备注
样地设置	样方框（尺寸自定义）	确定野外调查范围	通常草本样方框为 1m×1m（通常用内径为 2～3mm 的 PVC 管简易制作），灌木样方框为 5m×5m，乔木样方框为 30m×40m
	皮卷尺	确定野外调查范围	由于乔木和灌木样方面积较大，通常采用卷尺作为调查边界，常用于森林生态系统和荒漠生态系统
	钢卷尺	确定野外调查范围	由于乔木样方和灌木样方面积较大，通常采用卷尺作为调查边界
	相机	记录调查植被属性及所处环境	根据采样需要确定存储卡的内存和数量，以及备用电池的数量
	GPS	确定样地位置	
	PVC 管/木桩	确定野外调查范围	通常用于边界标记物
	尼龙绳	确定野外调查范围	通常用于边界标记物
样地调查	皮卷尺	距离、高度测量	根据需要选择卷尺尺寸
	钢卷尺	距离、高度测量	根据需要选择卷尺尺寸
	生长锥	取树芯	容易损坏，需单独保管
	胸径尺	测量胸径、基径	
	高枝剪	获取高处植物样本	常用语森林生态系统
	样方记录表/数据记录表	记录调查植被属性	通常用铅笔记录
	文件板夹	配合记录表使用	
	铅笔	记录调查植被属性	推荐使用 HB，更适合野外
	记号笔	标记	注意选择防水记号笔
	枝剪	获取植物样本	用于乔木、灌木植物样本
	羊毛剪刀	获取植物样本	常用于草本地上生物量获取
	普通剪刀	获取植物样本	
	自封袋	收集植物、土壤样本	土壤自封袋厚度常采用 14 丝及以上，植物采用 10～12 丝，根据自身需要选择
	塑料标签	标记植物、土壤样品	主要用于土壤样品的信息标记
	铁锹	获取植物、土壤样本	尺寸选择根据实际情况而定

续表

	工具名称	用途	备注
样地调查	土钻	获取土壤样本	
	根钻	获取根样本	
	铡刀	辅助获取植物样本	尺寸选择根据实际情况而定
	植物志	确认植物样本	调查区域匹配或者相近区域植物志
	相机	记录调查植被属性及所处环境	根据需要确定存储卡内存和数量
	直尺	样方调查	一般用于草本样方调查
	尖镐	获取植物根部样本	尺寸选择根据实际情况而定
	标本夹	收集待确认种的植物样本	
	园艺草耙	收取或去除地上凋落物	尺寸选择根据实际情况而定
	游标卡尺	植物性状的测量	
	分析天平	称重	精确到0.001，根据需要选择
	电子天平	称重	精确到0.01，根据需要选择
	烘箱	烘干样品	通常用于室内，根据需要选择
	研磨仪	粉碎样品	通常用于室内，根据需要选择
	笔记本电脑	记录数据及有关材料	通常用于室内，根据需要选择
	硬盘/U盘/其他存储设备	实验数据的备份	
	纸袋或纸质信封	用于烘干样品	规格型号根据需要选择
	螺丝刀/锥	辅助获取植物、土壤样本	通常选择螺杆长度较大一字螺丝刀
	牛皮纸	阴干土壤样品	通常室内使用
	土筛	初筛土壤样品	一般选择2mm孔隙土筛
	扫描仪	用于植物样本扫描	
样品保存	记号笔	标注样品信息	通常使用防水记号笔
	自封袋	承装样品	土壤自封袋厚度14丝及以上，植物采用10～12丝，大小规格型号根据需要选择
	雾化喷壶	保鲜样品	确保鲜样不被风干
	塑料标签	标注植物信息	用铅笔进行双面标注
	帆布袋	承装样品	通常用于样品整合
	冰盒（含冰袋）	承装样品	一般用于需要留取鲜样的样本
	离心管	保存植物/土壤鲜样	通常配合FAA固定液使用
	冰柜	保存植物/土壤鲜样	根据实际情况选用
	环刀	用于测定土壤样品容重	
其他	防蚊帽	个人防护	
	线手套	个人防护	
	防滑劳保手套	个人防护	
	一次性手套	个人防护/防止样品人为污染	
	背包/腰包	野外调查中存放相关工具	根据实际情况确定是否需要使用
	胶带	用于野外突发状况	
	急救包	用于野外突发状况	
	对讲机	用于野外通信	根据实际情况确定是否需要使用
	雨具（雨衣、雨鞋等）	调查人员个人防护	根据实际情况确定是否需要使用

第二篇

植物功能性状测定技术规范

2

第4章　植物叶片功能性状测定方法与技术

摘要：叶片是植物进行光合作用、气体交换和水分蒸腾的重要器官。因此，叶片功能性状是植物重要的功能性状之一，可以直接反映植物对环境的适应能力并用于探索碳水收支相关功能的优化机制。鉴于叶片功能性状的重要性，如何科学且规范化地测定叶片功能性状就变成该领域研究的重要基石。整体而言，叶片功能性状不仅自身种类繁多，且目前许多重要的叶片功能性状的测量方法也多种多样，不利于进行大尺度的整合分析和对比分析，一定程度上限制了人们对叶片功能性状的大尺度空间变异规律、影响因素和适应机制的解译，也阻碍了人们探究植物生产力和水分利用效率等核心功能及其形成机制。本章在前人工作的基础上，围绕几类常见的叶片功能性状，包括叶片形态性状、功能元素、光合性状、气孔性状、解剖结构性状及叶片碳水化合物和能量性状、水力学性状、叶柄性状和叶片寿命等九大类，重点介绍了这些功能性状的定义、测量方法以及实际操作中的注意事项等，以期提高未来性状测定的规范性及不同研究间的可比性，促进叶片功能性状的蓬勃发展；真正推动植物叶片功能性状研究逐渐从单个叶片、单个功能性状进入复杂的自然群落，更好地服务于从器官、物种、种群、群落、生态系统乃至区域和全球生态环境问题的解决。

在复杂的自然群落中，植物通过多种器官、多种功能性状的协同与权衡实现其生长、繁殖以及对环境的适应等多个功能。其中，叶片作为植物重要的光合器官，通过光合作用固定CO_2，既满足其自身的生长，也为整个生态系统提供了最重要的物质和能量基础；同时，叶片的蒸腾作用，不仅帮助植物从根系向上运输水分和养分，还具有重要的热量平衡作用。因此，叶片功能性状整体上能较好地反映植物光合能力、资源获取和利用策略以及对环境的适应策略（Vendramini et al.，2002；Onoda et al.，2011；Garnier and Navas，2012），是所有植物功能性状中最重要的定量指标之一。换言之，人们可以通过分析叶片功能性状及其相互关系的变化，来揭示植物对环境的高度适应能力及其在复杂生境下的自我调控能力。大量研究表明，为了适应所在生态系统的外部环境及其变化，植物叶片功能性状会随着气温、降水和光照等多种气候因子的变化而变化（Onoda et al.，2011；Zhao et al.，2016；Wright et al.，2017；Zhang et al.，2018b）。在真实的自然群落中，植物会通过多种功能性状的协同变异，来应对环境波动，甚至是极端高温、极端低温、干旱、病虫害等严重干扰事件的胁迫效应，使植物能够在复杂多变的环境中得以长期生存与繁衍（图4.1）。因此，自20世纪90年代以来，叶片功能性状如何响应和适应气候变化（或全球变化）成为了植物适应性研究的重点和前沿，也是揭示植物演化、预测植物在未来气候变化情景下的响应与反馈的重要途径之一（Weng et al.，2017；Midolo et al.，2019）。

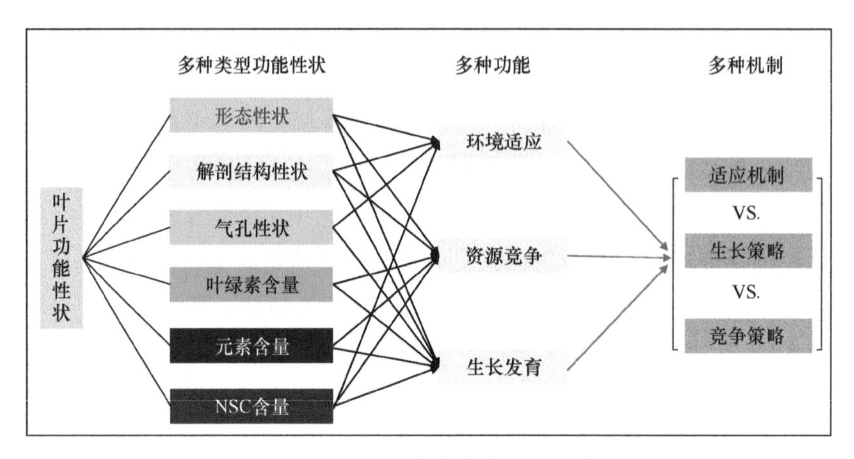

图 4.1　植物叶片功能性状的种类及其多种适应机制

鉴于植物叶片功能性状的重要性，如何科学地测量叶片功能性状就成为了推动植物功能性状研究的前提和重要内容。因此，亟需加强植物功能性状测试方法的科学性和规范性，提高未来不同研究间测试数据的可比性和可整合性，推动植物叶片功能性状研究逐渐从单个叶片、单个功能性状进入复杂的自然群落，拓展植物功能性状研究领域并服务于当前区域乃至全球生态环境问题的解决。叶片功能性状种类繁多，依据不同的分类方法可以将叶片性状分为不同的类别。在实际操作中，依据叶片的功能，初步将其分为叶片形态性状、光合性状、气孔性状、解剖结构性状、水力学性状、叶柄性状、功能元素、叶片碳水化合物及能量性状、叶片寿命等常见的九大类别。本章从样品的采集、主要叶片功能性状的分类出发，重点介绍了这些重要叶片功能性状的常用测定方法和技术，期望能提升后续相关科研在测试方法上的科学性、规范性和可比性。

4.1　野外叶片样品采集

对于叶片功能性状的测定来说，科学而规范的野外样品采集是非常重要的基础。植物生长发育阶段、叶片生长期的长度、冠幅位置、植物自身所处的坡度、坡向等，均会对所测定功能性状产生重要影响，需要研究人员高度重视。理论上讲，每位科研人员在特定研究中制定的野外样品采集规范，均具有其特定的科学性和意义，如动态采样、不同植株大小采样、不同冠幅位置采样、不同坡度或坡向采样等。因此，制定相对统一的叶片野外采样基本规范的想法，常常饱受诟病，褒贬不一；这也是造成从事植物功能性状研究的不同学者间相互指责/批判的重要原因，在实际操作过程中，当忽略叶片功能性状的种内变异或当研究尺度在区域尺度及更大尺度时，植物叶片功能性状的相关研究还是有章可循的、是可以制定一个相对科学的野外叶片采用规范，这样既可促进不同研究结果间的可比性和数据的可整合性，又可推动植物功能性状在生态系统、区域乃至全球尺度的理论和应用研究。

基于上述考虑，我们制定和推荐如下的野外叶片样品采集基本方法。在具体操作过程中，森林、灌丛、草地、荒漠和湿地基本遵循相似的原则，但样地设置、采样方法和采样工具差异较大（详见第 3 章）。以森林生态系统植物叶片采样为例，样地尽量选择设置在能够代表当地植被类型且尽可能回避人为活动或自然干扰的地段，一般需设置 3～4 个具有代表性的 30 m×40 m 的样地，也可按国内林业标准设置系列 20 m×20 m 野外调查样地；根据科学问题和研究论文设计，采集优势种、特定目标物种、或所有物种的健康叶片，最好是能采集向阳且完全展开的健康植物叶片。采样时应充分利用各种有利条件选择合适的采样方式，如利用高塔采样、人工爬树采样、高枝剪采样等一种或多种技术手段相结合的方式完成采样工作。在采样时间选择上，除部分对月际动态采样有特殊要求的研究外，建议在当地植物生长高峰期进行采样；虽然这种采样时间选择无法顾及部分早期生长或晚期生长的物种，但可以较好地反映当地植物群落的整体状况。

具体取样时，每个树种选择 3～4 株健康成熟且长势均匀的树木，再根据不同层次和方位、采集树冠中上部小枝 3～4 个，获取叶片混合样品；树叶样品装入自封袋中，带回实验室进行简单处理后，随机进行叶片样品的挑选，以备后续实验测定使用（何念鹏等，2018a；2018b）。

4.2 叶片功能性状的主要参数与分类

植物叶片功能性状的具体参数繁多，测定方法也各有不同。为了将叶片功能性状的测定和使用方法规范化，本章将植物叶片功能性状分为九大类进行详细介绍，分别为：叶片形态性状、叶片功能元素、叶片光合性状、叶片气孔性状、叶片解剖结构性状、叶片碳水化合物和能量性状、叶片水力学性状、叶柄性状及叶片寿命。表 4.1 中详细给出了这些叶片功能性状的中文名称、英文名称、常用单位和缩写，供读者参考。在此必须指出，本章所列举的植物功能性状是生态研究中比较常用的参数，同时也为了与本书其他章节内容相呼应；许多其他叶片功能性状并未被本书收录，必要时读者可同时参考其他相关文献或著作。

表 4.1 常用叶片功能性状及其分类

分类	功能性状	功能性状英文	单位	简写
形态性状	叶片面积	leaf area	cm^2	LA
	叶片干重	leaf dry weight	g	LDW
	叶片含水量	leaf water content	%	LWC
	比叶面积	specific leaf area	mm^2/mg	SLA
	叶片厚度	leaf thickness	mm	LT
功能元素	叶片碳含量	leaf carbon concentration	%	C
	叶片氮含量	leaf nitrogen concentration	%	N
	叶片碳氮比	the ratio of C to N	—	C∶N
	叶片铁含量	leaf iron concentration	mg/g	Fe

续表

分类	功能性状	功能性状英文	单位	简写
功能元素	叶片钾含量	leaf potassium concentration	mg/g	K
	叶片镁含量	leaf magnesium concentration	mg/g	Mg
	叶片磷含量	leaf phosphorus concentration	mg/g	P
	叶片氮磷比	the ratio of N to P	—	N∶P
光合性状	单位叶片质量最大光合速率	photosynthetic assimilation rates on leaf mass	mmol/（g·s）	A_{mass}
	单位叶片面积最大光合速率	photosynthetic assimilation rates on leaf area	mmol/（m^2·s）	A_{area}
	叶绿素 a 含量	leaf chlorophyll a concentration	mg/g	CHLa
	叶绿素 b 含量	leaf chlorophyll b concentration	mg/g	CHL b
	总叶绿素含量	total chlorophyll concentration	mg/g	CHL
	叶绿素 a/b	the ratio of chlorophyll a to b	—	CHL a/b
气孔性状	气孔长	stomatal pore length	μm	PL
	气孔器宽	stomatal width	μm	SW
	气孔器长	stomatal length	μm	SL
	气孔面积	stomatal area	$μm^2$	SA
	气孔密度	stomatal density	Pores/mm^2	SD
	气孔面积指数	stomatal area fraction	%	SAF
解剖结构性状	上表皮细胞厚	upper epidermal cells thickness	μm	UE
	栅栏组织厚度	palisade tissue thickness	μm	PT
	海绵组织厚度	sponge tissue thickness	μm	ST
	栅栏组织/海绵组织	the ratio of PT to ST	—	PT/ST
	下表皮细胞厚	lower epidermal cells thickness	μm	LE
	导管宽	vessel width	μm	VW
	叶脉直径	vein diameter	mm	VD
	叶脉密度	vein density；Vein length per leaf area	mm/mm^2	VLA
能量性状	可溶性糖含量	soluble sugar concentration	mg/g	SSC
	淀粉含量	starch concentration	mg/g	SC
	非结构性碳水化合物	non-scarbohydrate concentration	mg/g	NSC
	淀粉/可溶性糖含量	the ratio of SSC to SC	—	SC/SSC
	叶片热值	leaf caloric value	kJ/cm^2	LCV
	叶片构建成本	leaf construction cost	g glucose/g	LCC
水力性状	叶片水力导度	leaf hydraulic conductivity	mmol/（m^2·s）	K_{leaf}
	叶片木质部水力导度	leaf hydrodynamic conductivity of xylem	mmol/（m^2·s）	K_{xylem}
	叶片木质部外水力导度	leaf hydrodynamic conductivity outside xylem	mmol/（m^2·s）	$K_{out\text{-}xylem}$
	叶片水力阻力	leaf hydraulic resistance	mmol/（m^2·s）	R_{leaf}
	叶片木质部阻力	leaf e xylem resistance	mmol/（m^2·s）	R_{xylem}
	叶片木质部外阻力	leaf outer resistance of the xylem	mmol/（m^2·s）	$R_{out\text{-}xylem}$
	叶片细脉阻力	leaf fine vein resistance	mmol/（m^2·s）	$R_{minorvein}$
	叶片主脉阻力	leaf main vein resistance	mmol/（m^2·s）	$R_{majorvein}$
叶柄性状	叶柄长度	petiole length	cm	PL
	叶柄直径	petiole diameter	mm	PD
	比叶柄长	specific petiole length	cm/g	SPL
	叶柄干物质含量	petiole dry matter content	g/g	PDMC
叶片寿命	叶片寿命	leaf lifespan	d，month，a	LL

4.3　叶片功能性状的测定方法

叶片功能性状种类繁多，本节重点介绍上文提到的几类较为重要的叶片功能性状的测定方法和注意事项。需要特别指出：许多叶片功能性状的测定方法不止一种，受篇幅限制，我们重点介绍这些重要叶片功能性状较为常用的测定方法，而未对不同测定方法进行比较性论述。

4.3.1　叶片形态性状的测定方法

1. 叶片面积（leaf area，LA）

首先，在所采集的植物叶片样品中，每个物种从混合样品中随机选取5～10个叶片，将平整的叶片放入扫描仪获得叶片样品的平面图；在操作过程中，尤其注意要保证每个叶片都完全伸展开来，这一步是决定测量数据准确性的关键所在。野外大量测定推荐扫描仪主要是考虑其成本低、普适性强、测试精度高等优点。随后，使用专业软件Image来统计图像中每个叶片所占的像素数，进而计算出叶片的实际面积（LA，cm^2）；具体操作步骤详见肖强等（2005）。值得注意的是，上述方法主要适用于阔叶物种叶片面积的测定。对于针叶物种，可通过测定叶片长度、叶片宽度以及叶片厚度计算弧面面积和总表面积。

2. 叶片干重（leaf dry weight，LDW）

叶片干重通常用烘干法获得。实际操作过程中，为了后续比叶面积的计算，通常可以直接将扫描完成的植物叶片放到信封里，60℃在烘箱内烘干48 h至恒重；注意烘干时间要足够，同时保证通风，以确保测试精度。随后，用万分之一天平称取样品干重，即可得到叶片干重数据，单位为g（Li et al.，2022）。

3. 比叶面积（specific leaf area，SLA）

比叶面积是根据叶片面积与叶片干重的比值计算得出，单位为mm^2/mg（Liu et al.，2020）。具体计算公式如下：

$$SLA = \frac{LA}{LDW} \tag{4.1}$$

4. 叶片含水量（leaf water content，LWC）

对于叶片含水量的测定，叶片样品应在2 h内送回实验室迅速进行叶片含水量测定，或者阴暗处冷藏，尽量降低测定误差（Wang et al.，2021）。

首先，使用分析天平称取混合植物叶片鲜重（leaf fresh weight，LFW），然后将叶片转移至烘箱，60℃持续48 h烘干至恒重，再次称重（LDW，%）；叶片含水量的计算公式如下：

$$LWC = \frac{LFW - LDW}{LFW} \tag{4.2}$$

5. 叶片厚度（leaf thickness，LT）

叶片厚度通常采用游标卡尺测得，每个物种测量 3～5 次重复，单位为 mm。测量时尽量由同一人员完成该参数的测量，并且应严格遵守游标卡尺使用规范，测量时要用力均匀，切忌由于过度用力或用力不足产生较大误差（Li et al.，2022）。

4.3.2 叶片功能元素含量的测定

叶片功能元素含量的测定首先需要将叶片粉碎备用。通常可以将烘干称重后的叶片样品使用球磨仪（MM400 ball mill，Retsch，Germany）和玛瑙研钵进行研磨。研磨时需注意保证样品粉碎的粒度达标，且样品混合均匀，以确保后续测定数据的可靠性。特别说明，如果后续研究需要测定微量金属元素，在预处理和样品粉碎时需避免接触金属过滤网和金属粉碎钵，以避免样品污染。

1. 植物叶片碳含量、氮含量的测定

叶片碳、氮元素含量的测定最常用的方法是通过元素分析仪进行测定（图 4.2）。首先，称取待测样品 0.3～0.5 mg 加入载样坩埚中，然后使用元素分析仪测定叶片碳含量和氮含量（Zhao et al.，2016；Zhang et al.，2018a）。

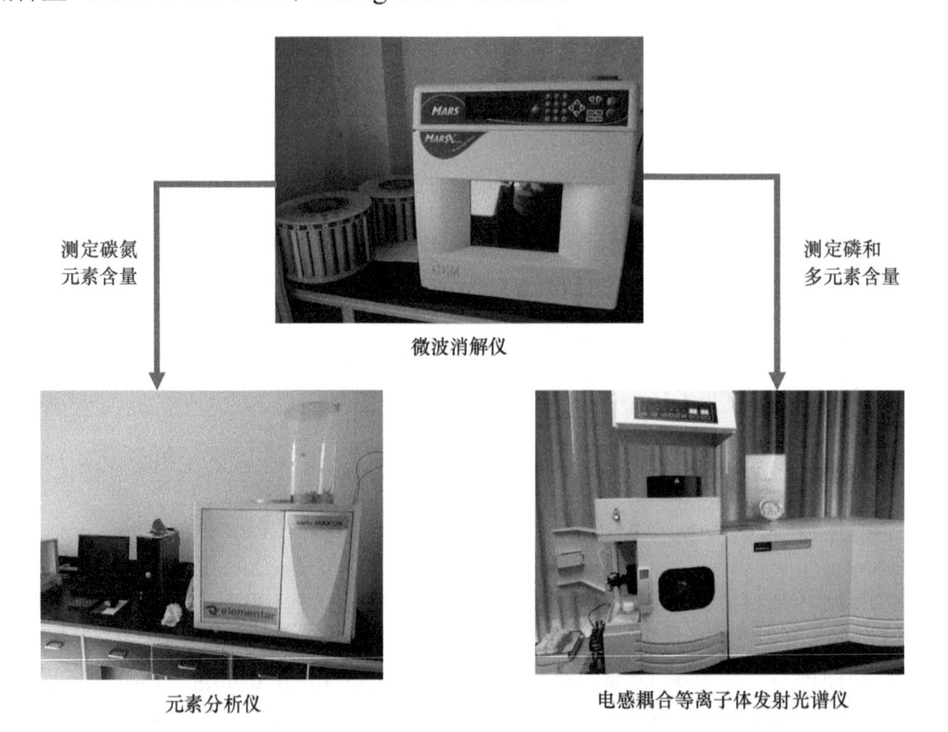

图 4.2 叶片功能元素含量的测量方法

2. 植物叶片磷含量和多种功能元素含量的测定

叶片磷和多种功能元素的测定方法有很多，常用的是微波消解后使用电感耦合等离子体发射光谱仪（ICP-OES）进行测定（图 4.2）。首先使用 HNO_3 浸泡过夜，通过微波消解仪消解，然后进行赶酸；这一操作过程非常重要，赶酸完全与否直接影响测试的准确性。赶酸后将剩余消煮液冷却并定容至 10 mL，用电感耦合等离子体发射光谱仪测试多元素含量（Zhang et al.，2018a；2018b）。

4.3.3　叶片光合性状的测定

1. 叶片光合速率的测定

一般而言，光饱和条件下的光合速率有时被称为光合能力，可表示为单位叶片质量的光合能力（A_{mass}）和单位叶片面积的光合能力（A_{area}），或通常以 mmol/（g·s）或 mmol/（m^2·s）表示；测量该指标时，应该注意要选取健康的、完全展开的叶片，且这些叶片应该来自暴露在阳光下的部分。测量时不要在严重缺水、异常高温/低温情况下进行，且必须确保足够强的光线。

光合速率可通过传统的光合仪进行测定，如 Li-6400 或 Li-6800 便携式光合仪。具体测量方法如下：在适宜环境下，温度控制在 20～25℃，空气流速为 500 mL/s，通过仪器自带的红蓝光源设置光照强度依次为 1800 μmol/（m^2·s）、1500 μmol/（m^2·s）、1000 μmol/（m^2·s）、800 μmol/（m^2·s）、500 μmol/（m^2·s）、200 μmol/（m^2·s）、150 μmol/（m^2·s）、100 μmol/（m^2·s）、50 μmol/（m^2·s）、20 μmol/（m^2·s）、0 μmol/（m^2·s），依次测量不同光强下的叶片净光合速率（Pn）。根据所测得的 Pn 和对应的光强制作出光响应曲线，拟合得到叶片最大净光合速率（P_{max}）。模型的拟合通常参照“叶子飘模型”，它是被广为接受的方法（Ye，2007）。光合测定完成后，立即采集所测定的叶片，装入封口袋并置于冷藏箱；带回实验室后，先用扫描仪和图像处理软件测定叶面积，之后将叶片样品置于 60℃烘箱中烘干至恒重并称重，获得其干重。随后，将光合速率分别标准化为单位叶面积和单位叶片质量，获得基于叶片面积和叶片质量的最大光合速率（A_{area} 和 A_{mass}）。

2. 叶片叶绿素含量的测定

叶绿素含量测定方法一般有分光光度法、活体叶绿素仪法和光谱法，其中以分光光度法应用最为广泛。在分光光度法测定叶绿素含量时，首先需要对叶片叶绿素进行萃取，然后采用比较经典的分光光度法测定叶片叶绿素含量（图 4.3）（Li et al.，2018；Zhang et al.，2020）。早在 1941 年，Mackinney 就提出了叶绿素的丙酮萃取法，被改进后得到了广泛应用（Mackinney，1941）。然而，由于丙酮有毒，而且利用丙酮对叶绿素萃取时易受光氧化破坏，后来逐步被乙醇法所替代。无水乙醇法于 1981 年提出，后经过对比试验，发现乙醇法萃取效果更好，因而目前被广泛应用（冯双华，1997）。

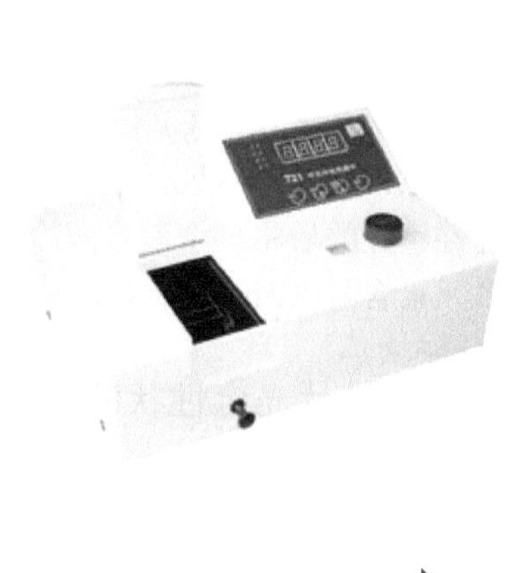

图 4.3 叶绿素含量测量方法

乙醇法具体操作步骤如下：首先，称取 0.1 g 新鲜叶片，将其剪碎放在研钵中，然后加入 10 mL 95%乙醇，将其研磨成匀浆，再加入 5 mL 95%乙醇，使用滤纸过滤，最后将滤液用 95%乙醇定容至 50 mL。上述操作过程必须在无光或非常弱光环境下进行，防止所提取的叶绿素样品发生光解。随后，取一光径为 1 cm 的比色杯，注入上述的叶绿素乙醇溶液，另将乙醇注入另一同样规格的比色杯中作为对照。由于叶绿素 a（CHLa）、叶绿素 b（CHLb）最大吸收峰分别位于 665 nm 和 649 nm，所以在分光光度计下分别以 665 nm 和 649 nm 波长测出该叶绿素溶液的光密度（冯双华，1997；Zhang et al.，2020）。

根据 Lambert Beer 定律，列出浓度 C 与光密度 D 之间的关系式：

$$D_{665} = 83.31C_a + 18.60C_b \tag{4.3}$$

$$D_{649} = 24.54C_a + 44.24C_b \tag{4.4}$$

$$G = C_a + C_b \tag{4.5}$$

式中，D_{665} 和 D_{649} 为叶绿素溶液在波长 665 nm 和 649 nm 时的光密度；C_a、C_b、G 分别为 CHLa、CHLb 以及总叶绿素的浓度，单位为 g/L；83.31 和 18.60 为 CHLa、CHLb 在波长 665nm 时的比吸收系数；24.54、44.24 为 CHLa、CHLb 在波长 649 nm 时的比吸收系数。

根据叶绿素的浓度计算 CHLa、CHLb 及总叶绿素的含量，单位为（mg/g）。具体计算公式如下：

$$\text{CHLa concentration(mg / g)} = C_a \times 50 / (1000 \times 0.1) \tag{4.6}$$

$$\text{CHLb concentration(mg / g)} = C_b \times 50 / (1000 \times 0.1) \tag{4.7}$$

$$\text{CHL concentration(mg / g)} = G \times 50 / (1000 \times 0.1) \tag{4.8}$$

$$\text{CHLa/b} = \text{CHLa / CHLb} \tag{4.9}$$

4.3.4　气孔性状的测定

气孔是植物进行水汽和 CO_2 交换的主要通道，可直接反映植物水气交换的能力。气孔形态性状的测定方法有多种，本章推荐电镜扫描法。在该方法中，测量气孔所需的叶片样品在野外采样后就保存在 FAA 固定液中（50%乙醇∶福尔马林∶冰醋酸∶甘油=90∶5∶5∶5），其中气孔叶片样品为 8～10 片干净的叶片沿主脉切成碎块（1.0 cm×0.5 cm）。在室内测试时，首先需要把样品从 FAA 固定液中取出，经过风干并用刀片轻轻刮掉叶片表面的绒毛；随后，可使用扫描电镜（Hitachi SN-3400，Tokyo，Japan）来观察叶片的气孔性状（图 4.4）。

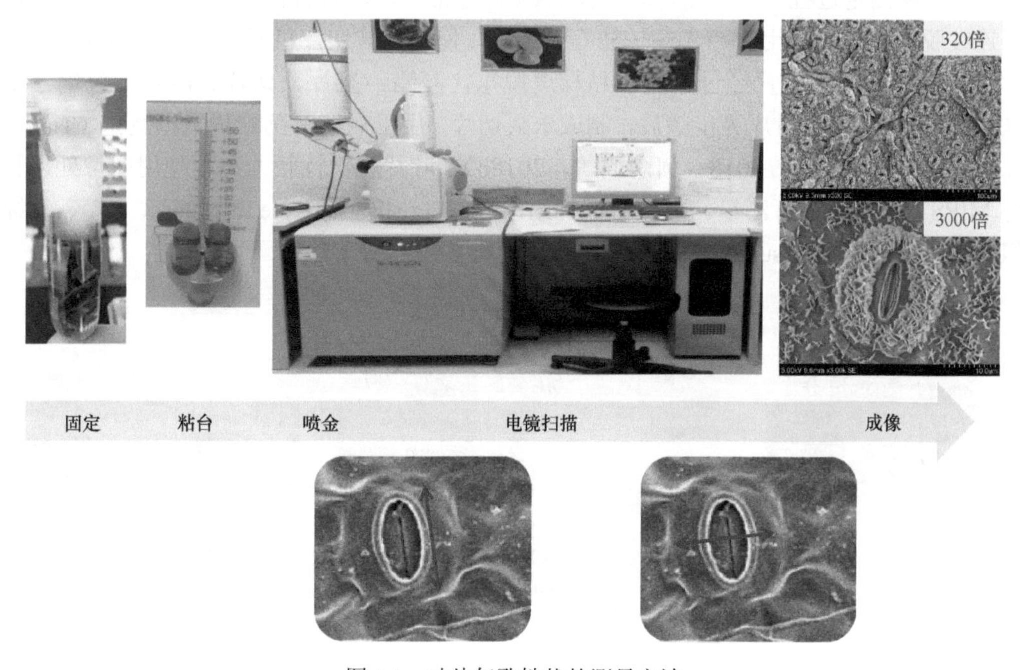

图 4.4　叶片气孔性状的测量方法

在具体操作过程中，在固定样品中随机选取 3 个碎块，在每个碎块上挑选两个视野进行拍照。在每个照片上，通过人工计数的方式记录下每个视野中的气孔个数（N），气孔密度（SD）定义为单位叶片面积上的气孔个数（Liu et al.，2018；Liu et al.，2022），其计算公式如下：

$$\mathrm{SD}=\frac{N}{\text{视野面积}} \tag{4.10}$$

通过使用图像处理软件 MIPS software（Optical Instrument Co.，Ltd.，Chongqing，China），可在每个视野中选取 5 个典型气孔，测量与气孔大小有关性状，如气孔长（PL），气孔器长（SL）和气孔器宽（SW）等，选取 30 个测量值的平均值作为该物种的测量性状。除此之外，也可把气孔当作以长轴为气孔器长，短轴为气孔器宽的椭圆形，计算气孔面积（SA），计算方式如下：

$$SA = \frac{\pi}{4} \times SL \times SW \tag{4.11}$$

还可计算气孔总面积占叶片面积的比例，即气孔面积指数（SAF）；其计算方式如下：

$$SAF = SD \times SA \tag{4.12}$$

4.3.5 解剖结构性状的测定

1. 解剖结构性状

同气孔性状测定所需样品一样，解剖结构性状的测定样品也可通过 FAA 固定液保存。在具体测定过程中，首先将固定在 FAA 固定液中的叶片样品在乙醇（50%～100%）中连续脱水，然后使用石蜡（56～58℃）渗透，使用旋转切片机对样品进行切片。其过程也可概况如下：叶片经过系列酒精梯度脱水，浸蜡，摊片、切片、冷却、包埋，番红–固绿对染、树胶封片等步骤后，制成永久切片，用于后续解剖结构数据测定（Tian et al.，2016；He et al.，2018；何念鹏等，2018b）。叶片解剖性状的测量使用图像处理软件 MIPS software 进行测量，可测量栅栏组织厚度（palisade tissue thickness，PT）、海绵组织厚度（sponge tissue thickness，ST）等性状参数（图 4.5）。

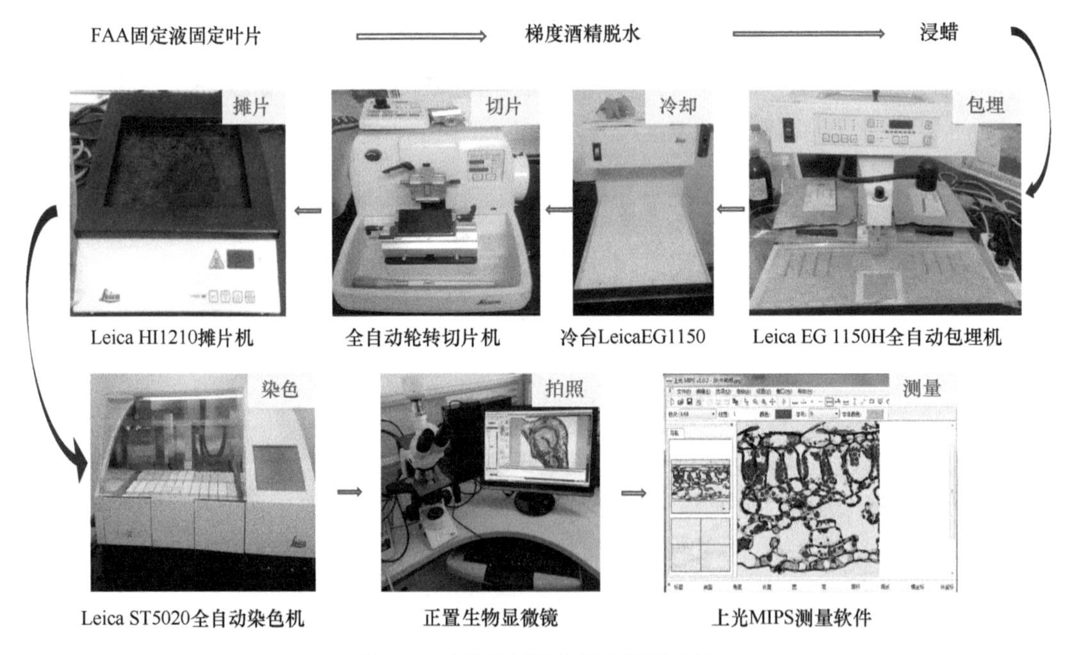

图 4.5 叶片解剖结构性状测量方法

一般而言，每个物种建议测试 4 个重复，叶片各部分结构需测量 5 个重复。测量指标主要包括：上表皮长轴、短轴、栅栏细胞长轴、短轴；海绵组织厚度；下表皮细胞长轴、短轴；导管短轴等性状（图 4.6）。各指标换算公式如下：

$$栅海比=栅栏长轴/海绵厚度 \tag{4.13}$$

$$导管直径=（导管长轴+短轴）/2 \tag{4.14}$$

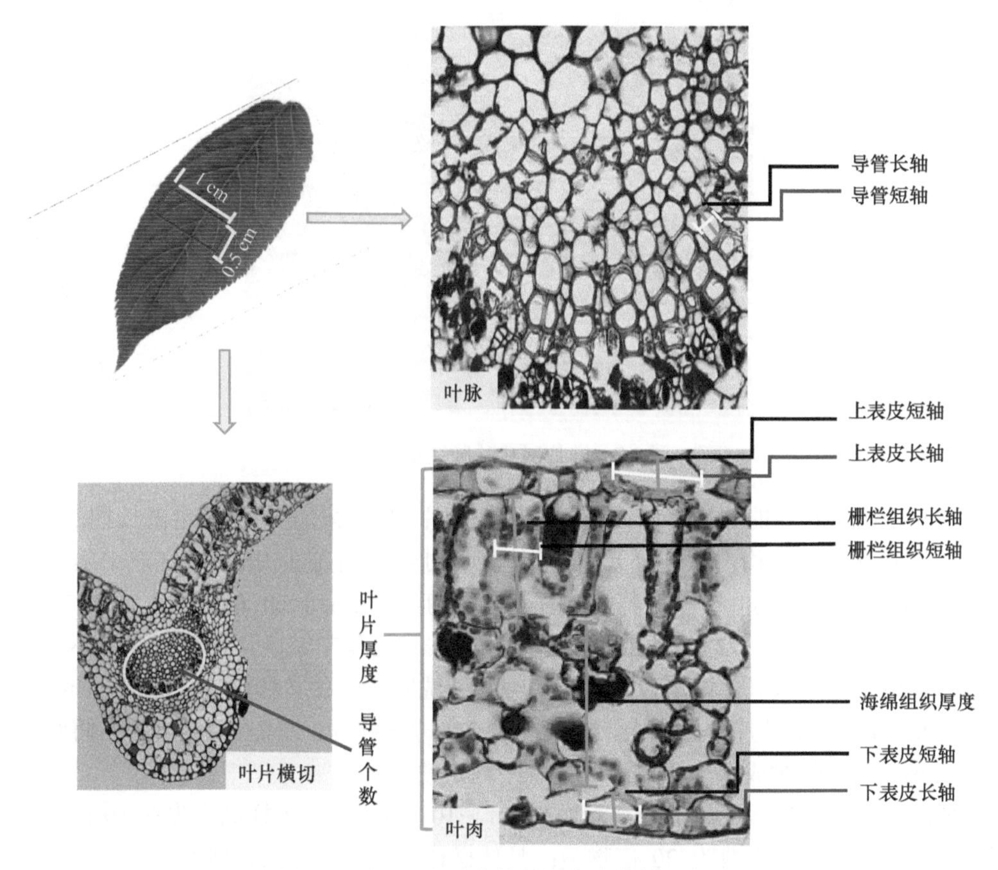

图 4.6 叶片解剖结构性状测定参数的示意图

2. 叶片叶脉及其相关性状

叶片中的叶脉（vein）与光合和蒸腾两大生理过程有着密切联系。同时，叶脉在植物的机械支撑、水分及养分运输、信号传导等方面也有着极其重要的作用（Sack and Scoffoni，2013；李乐等，2013）。因此，叶脉性状的测量对于探究植物生理及生态系统功能均具有重要意义。叶脉网络结构（或叶片脉序，leaf venation）是叶脉系统（leaf vein system）重要的形态结构，它表征了叶脉系统在叶片里的分布和排列样式。不同植物类型具有不同类型的叶脉网络结构，叶脉网络结构主要包括单叶脉、分叉网络脉、网状脉以及平行脉。

由于叶脉系统的复杂性，研究者提出了一系列性状指标来表征叶脉系统的功能（图 4.7）；具体包括叶脉直径（vein diameter，VD）、叶脉之间的距离（distance between veins）、叶脉密度（单位面积上叶脉的长度，vein length per area，VLA）以及叶脉闭合度（单位面积上闭合环状区域的个数，loopiness of veins）等（李乐等，2013；潘莹萍和陈亚鹏，2014）。

此外，叶脉密度（mm/mm^2）影响叶片的水分运输、碳同化速率及产量。根据所选择的物种，叶脉密度可能与叶片其他性状（如气孔密度）相关。此性状在环境中具有可塑性，并且在物种间具有较大的差异，显示出了广泛的系统发育趋势与对资源梯度的潜在适应。

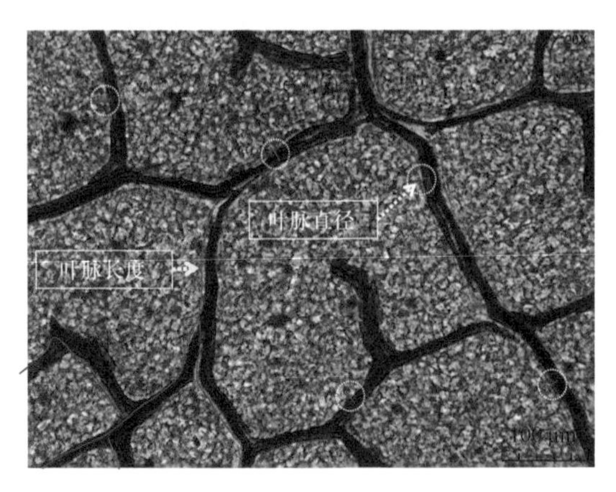

图 4.7　叶片网状叶脉性状的特征

叶脉密度与直径的测量可以使用新鲜或干叶片，也可采用 FAA 固定液长期保存（详见气孔性状和解剖结构性状部分）。在具体测试时，我们先在 FAA 固定液中随机挑选 3 个叶片，面积较小的叶子使用整个叶片，大叶剪至 1 cm×1 cm 的叶片，放入 7% w/v NaOH 溶液中浸泡 24～72 h，直到叶片透明。若浸泡过程中氢氧化钠溶液变为不透明的棕色，应更换新的氢氧化钠溶液。然后用纯水冲洗叶片，并转移至 5% w/v NaClO 溶液中 5～30 min，直至叶片变白为止。随后，用纯水冲洗叶片。在 1%番红溶液中将叶片染色 15 min；制作临时或永久切片，以备后续测定使用。

使用光学显微镜保证足够的观测面积（1～10 mm^2）。放上样品，先在 10 倍物镜下观察，调整好焦距，再改为 20 倍物镜；具体操作时，可根据具体情况选择合适的物镜倍数（图 4.8）。

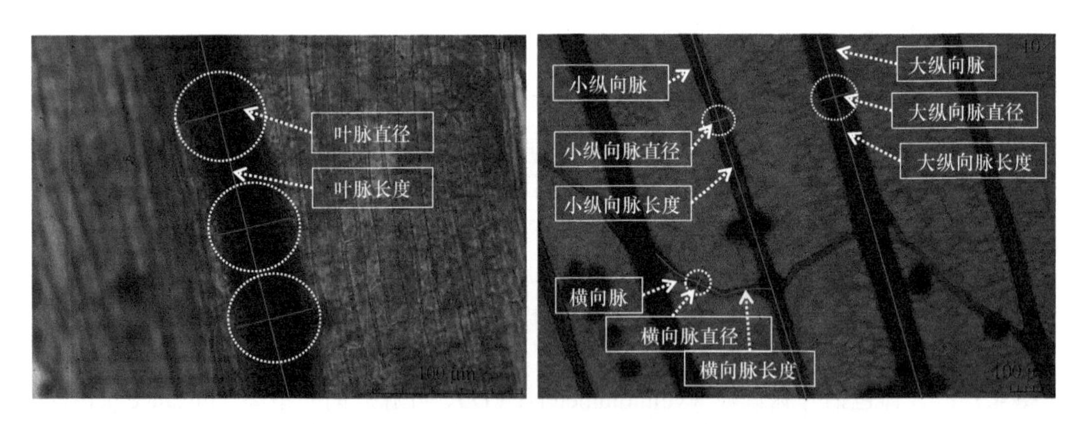

图 4.8　叶脉性状的测定方法（平行脉和单叶脉）

最后，叶脉密度（vein density，vein length per leaf area，VLA）：使用显微镜自带的测量软件 Motic Images Plus 将视野中的所有叶脉用自由线画出，导出数据表，将所有叶脉长度求和，再除以视野的面积。

$$\mathrm{VLA} = L/A \tag{4.15}$$

式中，L 为视野中叶脉总长度；A 为目镜 10 倍或 20 倍时视野面积（0.3283018 mm^2）。

值得注意的是，在比较不同物种或群落的 VLA 时，需要尽可能使用相同的放大倍数，避免测量误差并确保不同物种间的可比性（Price et al.，2013）。

叶脉直径也使用上述软件，在每张照片中选取大小适中的五个直径，用直线画出，导出数据表后取平均值计算得出。

4.3.6　叶片碳水化合物和能量性状的测定

1. 非结构性碳水化合物含量（non-scarbohydrate concentration，NSC）

非结构性碳水化合物是指可溶性糖和淀粉的总和（潘庆民等，2002）。本章节主要介绍典型的蒽酮比色法对可溶性糖和淀粉含量进行测定（李娜妮等，2015）。首先，配置蒽酮试剂、可溶性糖和淀粉标准液，绘制标准曲线（Li et al.，2016）（图 4.9）。

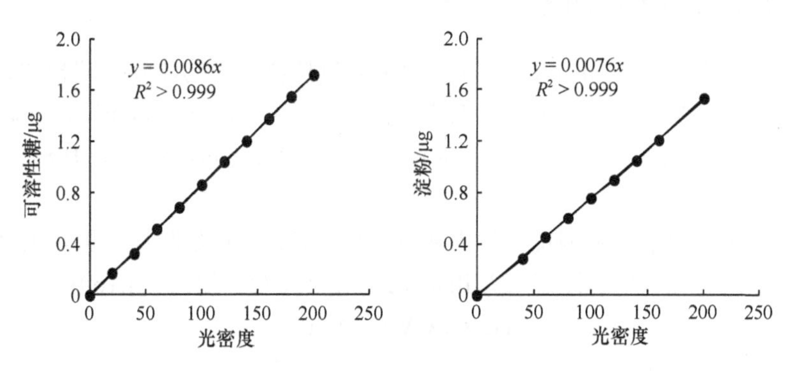

图 4.9　非结构性碳水化合物含量测定的标准曲线方程

可溶性糖（soluble sugar concentration，SSC）提取：首先，将冷冻的新鲜植物叶片剪碎混匀，每个物种称取 0.2 g 为一份，共四份作为 4 个重复。然后分别置于 20 mL 刻度试管中，加入 10 mL 蒸馏水，并用塑料薄膜封口，置于沸水中提取 30 min，取出后再加入 5 mL 蒸馏水再次进行提取。最后，将提取液过滤至 25 mL 容量瓶中，冲洗试管定容至刻度线，摇匀后用于后续可溶性糖含量的测定。

淀粉（starch concentration，SC）的提取：将上述可溶性糖提取后的残渣，用 20 mL 温蒸馏水移入 50 mL 容量瓶中，置于沸水浴中煮沸 15min，然后，再加入 9.2 mol/L 高氯酸 2 mL 提取 15 min，冷却后混匀过滤，并用蒸馏水定容至 25 mL 后即获得测定淀粉含量的样品。

可溶性糖和淀粉含量的测定：吸取上述样品提取液 0.5 mL 于 20 mL 刻度试管中，加蒸馏水 0.5 mL，然后加入 0.5 mL 蒽酮乙酸乙酯试剂和 5 mL 浓硫酸，充分震荡，立即将试管放入沸水浴中保温 1 min，取出后自然冷却至室温，以空白作参比。采用紫外可见分光光度计，在 630 nm 处测得吸光值，再根据标准曲线计算出可溶性糖和淀粉的含量。计算公式为

$$\text{可溶性糖含量} = C \times V \times n \times (10^3 a \times W)^{-1} \tag{4.16}$$

式中，C 为标准曲线方程求得的糖量，mg；a 为吸取样品液体积，mL；V 为提取液量，mL；n 指稀释倍数；W 为组织重量，g。

$$\text{淀粉含量} = C \times V \times (10^3 a \times W)^{-1} \times 0.9 \tag{4.17}$$

式中，C 为标准曲线方程求得的淀粉含量，mg；a 为吸取样品液体积，mL；V 为提取液量，mL；W 为组织重量，g。

2. 叶片热值（leaf caloric value，LCV）的测定

植物干重热值是衡量植物生命活动及组成成分的重要指标之一，反映了植物光合作用中固定太阳能的能力（鲍雅静等，2006；田苗等，2015）。同叶片元素含量测定一样，叶片热值在测定前需先将烘干称重后的叶片样品进行粉碎。随后使用 Parr6300 氧弹量热仪（parr Instrument Company，USA）测定叶片样品的热值（KJ/g）。由于单位面积能更好地反映出叶片对太阳能的转换和固定效率，因此可将干重热值与物种比叶面积相结合，计算得出叶片面积热值（KJ/cm^2）（song et al.，2016a，2016b）。

3. 叶片构建成本的测定

叶片构建成本（leaf construction cost，CC）包括植物为构建叶片碳骨架、氧化还原消耗的葡萄糖量以及生物合成所需的腺嘌呤核苷三磷酸（adenosine triphosphate，ATP），它表征了植物对叶片形成及发挥功能的能量投资（Williams et al.，1987；Villar and Merino，2001）。

测定叶片构建成本需要测定叶片去灰分热值（Hc），它是叶片干重热值（LCV）与叶片单位质量去灰分含量的比值（Williams et al.，1987），如式（4.16）：

$$Hc = LCV/(1-Ash) \qquad (4.18)$$

式中，Ash 为灰分含量。

在测试过程中，首先取 0.5 g 叶片粉末压片后置入全自动氧弹热量仪，完全燃烧后记录读数。同样取 0.5 g 叶片粉末置入马弗炉中，550℃下灼烧 4 h，称量残渣质量。灰分含量为残渣质量与样品质量比值的百分数，即灰分=残渣质量/样品质量×100%。根据 Williams 等提出的叶片构建成本（g glucose/g）公式：

$$CC_{mass} = [(0.06968Hc-0.065)(1-Ash)+7.5(k\text{Nmass}/14.0067)]/0.87 \qquad (4.19)$$

式中，k 为氮氧化还原形态的化合价（若是 NH_4^+则 k 为–3；若是 NO_3^-则 k 为+5）。

需要指出的是，上述的计算方法是以单位质量叶片表征的构建成本；可以类推地发展以叶片单位面积的构建成本，即单位质量成本与比叶面积的比值（$CC_{area} = CC_{mass}/SLA$）。

4.3.7 叶片水力性状的测定

叶片水力性状表征了叶片为适应外在环境而形成的水分传输方面的生存策略，可用一系列指标来表示（表 4.1），其中叶片水力导度是最直观的叶片水力性状指标，是对叶片内部复杂传输过程的概括，反映了叶片水分传输阻力的大小和叶脉结构的有效性（潘莹萍和陈亚鹏，2014）。

叶片水力导度（K_{leaf}）的准确测定是研究叶片水力性状的前提，目前国内外 K_{leaf} 的测定方法主要是基于物理学中的欧姆定律和单电阻电容充电原理。其中，基于欧姆定律的测定方法主要有蒸腾流通量法（evaporative flux method，EFM）、高压流速仪法（high pressure flowmeter method，HPFM）、真空泵法（vacuum pump method，VPM）和田间测定法，其理论计算公式如下：

$$K_{leaf} = F / \Delta P \quad (4.20)$$

式中，F 为水流速率；ΔP 为压力梯度。

①蒸腾流通量法（EFM）主要是通过蒸散装置观测叶片蒸腾，待蒸腾流稳定时记录蒸腾速率和叶片水势，叶片水势即为压力梯度（Sack et al.，2002）。EFM 测量精度取决于水势的测定，然而蒸腾位置的不确定性导致了水势测定的偏差（Sack and Holbrook，2006）。②高压流速仪法（HPFM）主要通过两个压力传感器测定一段已知阻力的管子两端的压力，进而得出水流速率（Sack et al.，2002；Tyree et al.，2005）。HPFM 测量过程中可能会产生新的水分传输路径，因而可能会造成测量结果的偏差（Sack et al.，2002）。③真空泵法（VPM）是将叶片置于部分真空的容器中，由于压力差，水分从外界进入叶片，通过记录水的质量差异换算出流速。④田间测定法中水流速率为未离体叶片蒸腾速率，压力梯度为叶片与土壤之间的水势差或者用同一枝上蒸腾叶片与未蒸腾叶片水势差，因此其测定的是某一时刻的瞬时值（Sack and Tyree，2005）。研究表明 EFM、HPFM 和 VPM 三种方法的测定结果可能相差 10%，原因是产生压力梯度的方法不同（Sack et al.，2002）。叶片薄壁组织细胞中存有大量水分，因此，可将叶片复水过程简化成单电阻电容充电过程，该方法即为复水水化动力学法（rehydration kinetics method，RKM）；其中，叶片水力导度可由如下公式计算：

$$K_{leaf} = [C_{leaf} \ln(\Psi_0 / \Psi_F)] / T \quad (4.21)$$

式中，C_{leaf} 为叶水容；Ψ_0 为初始时刻叶片水势；Ψ_F 为复水后叶片水势；T 为复水时间（Brodribb and Holbrook，2003）。

测试的具体步骤如下：清晨在不同植物冠层顶部光照充足的部位采集带叶的当年生枝条，可用黑色塑料袋包裹以减少水分散失，并且将枝条末端浸入水中，迅速带回实验室进行测量。每个物种选取 3～4 个植株，每个植株采集 3～4 个枝条。

枝条带回实验室后，将枝条末端浸入蒸馏水中复水 1 h，使相邻叶片的水势相近。然后使枝条在避光条件下失水不同时间，使叶片获得不同的水势梯度。将相邻的三片叶子用塑料薄膜包裹，首先测量其中两片叶子的水势，如果两者的水势差小于 0.3 MPa，则两者的平均值为 Ψ_0。将第三片叶子在水中剪下，迅速将叶柄插入蒸馏水中复水 30～90 s，然后测定水势，即为 Ψ_F。经过压力室增压处理后，叶片的复水能力会受到影响，因此 Ψ_0 和 Ψ_F 的测定不能为同一个叶片。P50 根据脆弱性曲线拟合获得。脆弱性曲线为 Ψ_0 与 K_{leaf} 的关系曲线，通常通过 3 个参数的 S 型函数拟合（Woodruff et al.，2007）。叶片导水率为最大导水率的 50%时的叶水势即为 P50。其中，最大导水率为所有 $\Psi_0 \geq -0.5$ MPa 导水率的平均值。上述方法得出的是单位面积导水率（$K_{leaf\text{-}area}$），而单位质量导水率（$K_{leaf\text{-}mass}$）可通过 $K_{leaf\text{-}area}$ 乘以比叶面积计算得出。

4.3.8　叶柄性状的测量

一个完整的植物叶子通常包括叶片和叶柄两部分。其中，叶片是光合作用的主要场所、同时也通过水热交换维持着叶片自身的水热平衡，而叶柄能够调节叶片位置并提供机械支持和水力传导功能（Weijschedé et al.，2006）。叶柄是连接植物叶片和茎干的通道，水分从茎干传输到叶片必须经过叶柄导管，因此，叶柄导管直径和密度一定程度上影响着叶片水分供应状况。

叶柄大小性状一般包括叶柄长度（petiole length，PL，cm）和叶柄直径（petiole diameter，PD，mm）（Gebauer et al.，2016）。它们通常是将野外采集叶片样品，带回实验室后测定。基本操作步骤如下，首先用格尺（0.01 mm）测量叶柄长度，用游标卡尺（0.01 mm）测定叶柄直径（图 4.10）。测量时应注意将叶柄伸展开，减小测量误差。

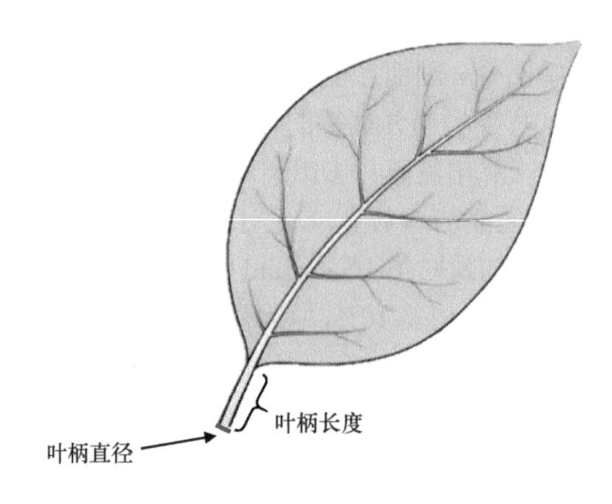

图 4.10　叶柄功能性状的测量示意图

叶柄的经济学性状一般包括比叶柄长（specific petiole length，SPL，cm/g）和叶柄干物质含量（petiole dry matter content，PDMC，g/g），前者是叶柄长度和叶柄干重间的比值，后者是叶柄干重与鲜重间的比值。在具体操作中，叶柄重量的测定一般要求用万分之一的分析天平称得鲜重，然后在烘箱中烘干至恒重并称重，得到叶柄干重。然后，采用先前描述的叶片功能性状测定和计算方法，获得叶片的相关参数，再通过公式计算得到叶柄的经济学性状（李露等，2022）。

4.3.9　叶片寿命的测量

叶片寿命（leaf lifespan，LL）通常被定义为单个叶片或单子叶植物叶片的一部分存活且具有生理活性的持续时间，通常以天、月或年表示。叶片寿命与植物的养分利用策略有关，为植物的潜在生长速率、养分利用效率和凋落物可分解性等重要性状提供了一个间接指标。较长的叶片寿命通常被认为是植物在环境压力或低资源供应的栖息地保存营养物质和/或降低呼吸成本的一种内在机制。叶片寿命较长的物种往往在叶片保护方面投入大量资源，比叶片寿命较短的物种生长得更慢，保存内部营养的时间也更长（Reich et al.，1991；Wright et al.，2004）。

叶片寿命由叶片发生时间和凋落时间共同决定，是叶片在时间尺度上的重要性状。叶片寿命的测量一般从生长季初期开始测定，选取 3～5 株健康成熟植株的 30～50 片新叶并标记。注意需要每天或每周记录叶片的生长和死亡情况、直到第二年年底。以叶片出现到凋落时间之差的平均值为叶片寿命（Zhu et al.，2016）。

4.4 小　　结

叶片功能性状是植物最重要的一类功能性状，他们既能反映植物的光合能力，又能反映植物对资源的获取和利用策略以及对环境变化的适应性。本章针对植物主要的叶片功能性状测定方法与技术进行了阐述，按类别详细介绍了常见的九大类叶片功能性状，如叶片形态性状、功能元素、光合性状、气孔性状、解剖结构性状、叶片碳水化合物和能量性状、水力性状、叶柄性状和叶片寿命等，给出了主要功能性状的具体测试方法和操作过程中的注意事项。需要特别指出的是，植物叶片功能性状多种多样，且每种功能性状的测定方法并不唯一，各具特色或优缺点。随着科技的快速进步，各种先进测量仪器研发，我们相信叶片功能性状的种类和测试方法会不断更新和拓展，需要在未来研究中及时把握和应用。正是鉴于不同测定方法各具优缺点的客观事实，本章仅针对常见的叶片功能性状介绍了较为常用的测定方法，希望能推动后续叶片功能性状测试的科学性、规范性和可比性，促进植物功能性状在宏观生态研究中的应用。

参考文献

鲍雅静, 李政海, 韩兴国, 等. 2006. 植物热值及其生物生态学属性. 生态学杂志, 25(9): 1095-1103.

冯双华. 1997. 水稻叶绿素含量的简易测定. 福建农业科技, 28(1): 9-10.

何念鹏, 刘聪聪, 张佳慧, 等. 2018a. 植物性状研究的机遇与挑战: 从器官到群落. 生态学报, 38(19): 6787-6796.

何念鹏, 张佳慧, 刘聪聪, 等. 2018b. 森林生态系统性状的空间格局与影响因素研究进展: 基于中国东部样带的整合分析. 生态学报, 38(18): 6359-6382.

李乐, 曾辉, 郭大立. 2013. 叶脉网络功能性状及其生态学意义. 植物生态学报, 37(6): 691-698.

李露, 金光泽, 刘志理. 2022. 阔叶红松林 3 种阔叶树种柄叶性状变异与相关性. 植物生态学报, 46(6): 687-699.

李娜妮, 何念鹏, 于贵瑞. 2015. 中国 4 种典型森林中常见乔木叶片的非结构性碳水化合物研究. 西北植物学报, 35(9): 1846-1854.

潘庆民, 韩兴国, 白永飞, 等. 2002. 植物非结构性储藏碳水化合物的生理生态学研究进展. 植物学通报, 19(1): 30-38.

潘莹萍, 陈亚鹏. 2014. 叶片水力性状研究进展. 生态学杂志, 33(10): 2834-2841.

田苗, 宋广艳, 赵宁, 等. 2015. 亚热带常绿阔叶林和暖温带落叶阔叶林叶片热值比较研究. 生态学报, 35(23): 7709-7717.

肖强, 叶文景, 朱珠, 等. 2005. 利用数码相机和 Photoshop 软件非破坏性测定叶面积的简便方法. 生态学杂志 24(6): 711-714.

Brodribb T J, Holbrook N M. 2003. Stomatal closure during leaf dehydration, correlation with other leaf physiological traits. Plant Physiology, 132: 2166-2173.

Garnier E, Navas M L. 2012. A trait-based approach to comparative functional plant ecology: Concepts, methods and applications for agroecology: A review. Agronomy for Sustainable Development, 32: 365-399.

Gebauer R, Vanbeveren S P P, Volařík D, et al. 2016. Petiole and leaf traits of poplar in relation to parentage and biomass yield. Forest Ecology and Management, 362: 1-9.

He N P, Liu C C, Tian M, et al. 2018. Variation in leaf anatomical traits from tropical to cold-temperate forests and linkage to ecosystem functions. Functional Ecology, 32: 10-19.

Li N L, He N P, Yu G R, et al. 2016. Leaf non-structural carbohydrates regulated by plant functional groups and climate: Evidences from a tropical to cold-temperate forest transect. Ecological Indicators, 62: 22-31.

Li Y, Liu C C, Sack L, et al. 2022. Leaf trait network architecture shifts with species-richness and climate across forests at continental scale. Ecology Letters, 25: 1442-1457.

Li Y, Liu C C, Zhang J H, et al. 2018. Variation in leaf chlorophyll concentration from tropical to cold-temperate forests: Association with gross primary productivity. Ecological Indicators, 85: 383-389.

Liu C C, He N P, Zhang J H, et al. 2018. Variation of stomatal traits from cold temperate to tropical forests and association with water use efficiency. Functional Ecology, 32: 20-28.

Liu C C, Sack L, Li Y, et al. 2022. Contrasting adaptation and optimization of stomatal traits across communities at continental scale. Journal of Experimental Botany, 73: 6405-6416.

Liu C, Li Y, Zhang J H, et al. 2020. Optimal community assembly related to leaf economic-hydraulic-anatomical traits. Frontiers in Plant Science, 11: 341.

Mackinney G. 1941. Absorption of light by chlorophyll solutions. Journal of Biological Chemistry, 140: 315-322.

Midolo G, De Frenne P, Hölzel N, et al. 2019. Global patterns of intraspecific leaf trait responses to elevation. Global Change Biology, 25: 2485-2498.

Onoda Y, Westoby M, Adler P B, et al. 2011. Global patterns of leaf mechanical properties. Ecology Letters, 14: 301-312.

Price C A, Munro P R, Weitz J S. 2013. Estimates of leaf vein density are scale dependent. Plant Physiology, 164: 173-180.

Reich P B, Uhl C, Walters M B, et al. 1991. Leaf lifespan as a determinant of leaf structure and function among 23 amazonian tree species. Oecologia, 86: 16-24.

Sack L, Holbrook N M. 2006. Leaf hydraulics. Annual Review of Plant Biology, 57: 361-381.

Sack L, Melcher P J, Zwieniecki M A, et al. 2002. The hydraulic conductance of the angiosperm leaf lamina: A comparison of three measurement methods. Journal of Experimental Botany, 53: 2177-2184.

Sack L, Scoffoni C. 2013. Leaf venation: Structure, function, development, evolution, ecology and applications in the past, present and future. New Phytologist, 198: 983-1000.

Sack L, Tyree M T. 2005. Leaf Hydraulics and Its Implications in Plant Structure and Function. In: Holbrook N M, Zwieniecki M A. Vascular Transport in Plants. Academic Press, Burlington.

Song G Y, Hou J H, Li Y, et al. 2016a. Leaf caloric value from tropical to cold-temperate forests: Latitudinal patterns and linkage to productivity. Plos One, 11: e0157935.

Song G Y, Li Y, Zhang J H, et al. 2016b. Significant phylogenetic signal and climate-related trends in leaf caloric value from tropical to cold-temperate forests. Scientific Reports, 6: 36674.

Tian M, Yu G R, He N P, et al. 2016. Leaf morphological and anatomical traits from tropical to temperate coniferous forests: Mechanisms and influencing factors. Scientific Reports, 6: 19703.

Tyree M T, Nardini A, Salleo S, et al. 2005. The dependence of leaf hydraulic conductance on irradiance during HPFM measurements: any role for stomatal response? Journal of Experimental Botany, 56: 737-744.

Vendramini F, Díaz S, Gurvich D E, et al. 2002. Leaf traits as indicators of resource-use strategy in floras with succulent species. New Phytologist, 154: 147-157.

Villar R, Merino J. 2001. Comparison of leaf construction costs in woody species with differing leaf life-spans in contrasting ecosystems. New Phytologist, 151: 213-226.

Wang R L, He N P, Li S G, et al. 2021. Variation and adaptation of leaf water content among species, communities, and biomes. Environmental Research Letters, 16: 124038.

Weijschedé J, Martínková J, De Kroon H, et al. 2006. Shade avoidance in Trifolium repens: Costs and

benefits of plasticity in petiole length and leaf size. New Phytologist, 172: 655-666.
Weng E, Farrior C E, Dybzinski R, et al. 2017. Predicting vegetation type through physiological and environmental interactions with leaf traits: Evergreen and deciduous forests in an earth system modeling framework. Global Change Biology, 23: 2482-2498.
Williams K, Percival F, Merino J, et al. 1987. Estimation of tissue construction cost from heat of combustion and organic nitrogen content. Plant, Cell and Environment, 10: 725-734.
Woodruff D R, Mcculloh K A, Warren J M, et al. 2007. Impacts of tree height on leaf hydraulic architecture and stomatal control in Douglas-fir. Plant, Cell and Environment, 30: 559-569.
Wright I J, Dong N, Maire V, et al. 2017. Global climatic drivers of leaf size. Science, 357: 917-921.
Wright I J, Reich P B, Westoby M, et al. 2004. The worldwide leaf economics spectrum. Nature, 428: 821-827.
Ye Z P. 2007. A new model for relationship between irradiance and the rate of photosynthesis in *Oryza sativa*. Photosynthetica, 45: 637-640.
Zhang J H, He N P, Liu C C, et al. 2018a. Allocation strategies for nitrogen and phosphorus in forest plants. Oikos, 127: 1506-1514.
Zhang J H, Zhao N, Liu C C, et al. 2018b. C:N:P stoichiometry in China's forests: From organs to ecosystems. Functional Ecology, 32: 50-60.
Zhang Y, Li Y, Wang R L, et al. 2020. Spatial variation of leaf chlorophyll in northern hemisphere grasslands. Frontiers in Plant Science, 11: 1244.
Zhao N, Yu G R, He NP, et al. 2016. Coordinated pattern of multi-element variability in leaves and roots across Chinese forest biomes. Global Ecology and Biogeography, 25: 359-367.
Zhu S D, Li R H, Song J, et al. 2016. Different leaf cost-benefit strategies of ferns distributed in contrasting light habitats of sub-tropical forests. Annals of Botany, 117: 497-506.

第5章　植物茎干功能性状测定方法与技术

摘要： 茎是植物重要的支撑器官和营养器官，在描述木本植物时也常称为枝和干（以下统称为茎干）。它是植物长期进化过程中由水生环境向陆生环境扩张的重要标志，其在陆生植物的演化中主要扮演着支撑、运输与储藏的角色，因此植物茎干功能性状的变异能够在一定程度上反映植物对环境的响应与适应。尤其是在探讨植物功能元素（如氮、磷、钾）在不同器官间的分配策略时，茎干起着的快速储存和快速供应的缓冲器效应，具有重要的生理生态意义。然而，目前大多数研究都局限于叶片或根系的功能性状探讨，关于茎干功能性状研究较为缺乏，限制了对植物整体响应与适应机制更深层次的认识。因此，本章单独就植物茎干功能性状的主要测定方法和技术进行集中描述，希望能推动科研人员对植物茎干功能性状的重视和规范化测定。本章主要从植物茎干的形态性状（树皮厚度、木质密度、导管直径、导管长度）、化学性状（干物质含量、木质素含量、非结构性碳水化合物、多元素含量）、生理性状（木质部导水率、木质部栓塞脆弱性）三方面着手，详细介绍不同茎干功能性状的生态学意义及测试方法，以期建立统一的、规范化的测试标准与技术，促进植物茎干功能性状的相关研究。我们相信：在考虑植物茎干功能性状之后，植物功能性状的相关研究将能更好地反映植物的防御特性、对环境胁迫的抵抗、资源的获取及水分运输方面的能力，为系统揭示植物整体对环境的适应奠定良好的基础。

茎是植物重要的支撑器官和营养器官，在木本植物描述中也常称为枝或干。在植物约四亿年的进化过程中，茎是次于叶先于根而发展起来的重要营养器官，是植物由水生环境向陆生环境过渡及生态适应的重要标志之一。总的来说，植物茎沿着从草质向木质发展并呈现多样性共存的趋势。由于木本植物的枝和干均属于茎的某一部分，为了简化后续测定方法和技术的描述，本章将茎、枝、干统称为茎干。

植物茎干最初并非一个独立的组织，仅仅是分不清结构层次、无组织分化的“假茎”，随着自然选择与进化，才在苔藓植物、蕨类植物中相继出现，并承担了重要的运输功能，使植物能够更好地适应陆地环境（金银根，2010）。植物向木质茎进化主要发生在泥盆纪，具有形成层、木质部、韧皮部和周皮的茎的进化是植物进入陆生干燥栖息地的基础。次生生长发育，使木本植物形成了实质性的树干和枝条，能够为冠层提供足够的水分（Evert and Eichhorn，2013）；而且茎干的进化凸显了其支撑作用，使得芽和叶具有更大的生长空间，可以充分进行光合作用以供给植物其他器官有机物质和能量。茎干中的维管组织（导管和筛管）可以保证来自叶片的光合产物和来自根部的水和有机养分进行有效的长距离运输，促进植物整体的生长发育，孕育植物的繁殖器官。植物茎干在不同的植物中可能表现为不同的形态，特化成变态器官，从而具有攀援、繁殖等功能，甚至在一些叶退化的植物，如仙人掌等，绿色扁平的茎器官负责了植物的光合作用。

茎干作为植物重要的营养器官和支撑器官，主要的功能是运输、支持和储藏。由于外界环境的影响，植物茎干逐渐演化出各种各样的形态、化学、生理性状来适应所生长的环境，因此植物茎干功能性状的变异能够在一定程度上反映植物对环境的响应与适应。以植物功能元素在不同器官间的分配策略为例，如氮（N）、磷（P）和钾（K）等；虽然茎干元素含量（%）低于活跃器官叶或根（Zhang et al.，2018，2020），但其巨大的生物量使茎干储存了较多的功能元素绝对量（Xu et al.，2020）；因此，当植物处于胁迫环境时，植物茎干可以实现养分的快速供应，形成缓冲器效应，对于植物适应环境具有重要的生理生态意义。然而，当前大多数相关研究都局限于叶片或根系来单独地探讨植物的养分吸收和利用策略，其研究结论存在较大的不确定性，极大限制了我们将植物作为一个整体来认知其响应与适应机制。实际上，植物茎干在应对恶劣环境时也会通过特定功能性状的改变提高自身的生存概率，如一些沙生灌木，在每年木质部生长的末期，茎会产生木质部间木栓环，可以帮助植物减少水分丧失。因此，对于植物茎干功能性状需要给予更多的重视。本章着重介绍茎干的主要形态性状、化学性状及生理性状的含义与主要测定方法（表 5.1）。

表 5.1　植物茎干主要形态性状、化学性状、生理性状的表示方式及生态学意义

	性状	表示方式	生态学意义
形态性状	树皮厚度	茎木质部以外部分的厚度	防御能力
	木质密度	茎干重体积/茎鲜重体积	防御、生长
	导管直径	木质部导管直径宽度	水分运输能力
	导管长度	木质部导管长度	水分运输能力
化学性状	干物质含量	茎干重/茎鲜重	资源获取、抗旱
	木质素含量	木质素	硬度、抗胁迫
	非结构性碳水化合物	可溶性糖+淀粉	碳汇能力
	多种功能元素含量	单位茎干重元素含量	生长、防御能力
生理性状	木质部导水率	茎水通量/压力梯度	水分运输效率
	木质部栓塞脆弱性	脆弱性曲线、P_{50}	抗旱能力

注：P_{50} 表示引起 50% 导水率损失时的压力值，具体查看 5.3.2。

5.1　茎干形态性状

茎干的形态性状是指能够反映植物茎干结构与功能的形态特征。对于大多数植物而言，茎干的主要功能体现在水分和养分的输送和支撑方面。因此，本章内容主要介绍了树皮厚度、茎干的干物质含量、木质密度、导管直径、导管长度的生态学意义及测定方法，其他特定物种茎干的特殊功能，如光合、攀援等本章不作深入讨论。

5.1.1 树皮厚度

1. 生态学意义

树皮厚度（bark thickness，mm）指木本植物茎干木质部以外部分的厚度。树皮由外向内包括外表皮、周皮和韧皮部（图 5.1）。其中，外表皮是由角质化的细胞组成的死组织，位于木本植物茎的最外部；周皮由木栓、形成层和栓内层组成，能隔绝水分和气体，对植物具有保护作用；韧皮部位于木质部和周皮之间，帮助完成植物内部的养分输送。较厚的树皮可以在一定程度上保护植物分生组织和芽原基免受林火带来的致命高温，保证植物继续生长的潜力（Vines，1968；Pausas，2015）。一般来说，生长在火灾易发环境中的木本植物，其树皮厚度显著高于火灾较少环境中的植物。另外，更厚的树皮还可以保护植物内部各种比较重要的组织免受病原体侵染，并防止昆虫及大型食草动物啃食，避免霜冻或干旱的攻击（Niklas，1999；Ferrenberg and Mitton，2014；Romero，2014）。此外，除了结构上的作用，树皮中的生物化学成分，如软木脂、木质素、单宁及其他一些酚类、树胶、树脂等，也在植物防御体系中发挥了重要作用（Pérez-Harguindeguy et al.，2013）。因此，树皮厚度的测定在一定程度上可以反映植物对于胁迫环境的响应与适应程度。

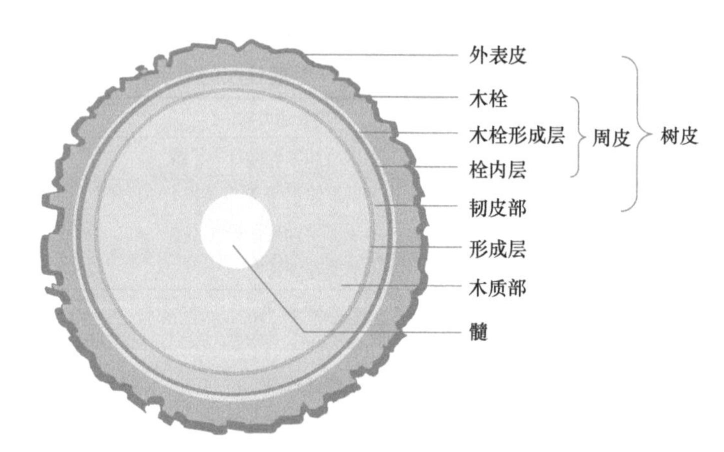

图 5.1　木本植物茎（枝干）结构示意图

2. 采样与测定

每个物种选取至少 5 棵健康的成年植株进行树皮厚度测定。在具体操作过程中，功能性剥落的树皮通常被认为是凋落物而不予考虑，因此首先手动去除。对于胸径小于 5 cm 的灌木或小乔木，在树干向阳面距离地面 10 cm 处用小刀凿取树皮样品；对于胸径大于 5 cm 的大灌木或乔木，在距离地面约 1.3m 的胸径处取样。如果测定点出现具有树节等异常情况，则在该异常位置上移 5 cm 取样，如果依旧不符合要求，则在异常位置下移

5 cm 取样。对于具备板根的木本植物，在板根结束位置上移 50 cm 取样。关于采样高度，也有部分研究建议在靠近基部 10～40 cm 高度的主茎上采集（Pérez-Harguindeguy et al., 2013），以更好反映树木的防火特性，但树木底部通常会变形而影响树皮厚度。因此，研究人员应根据自身特定的研究目的选择适当的采样方式。

获取样品后，采用游标卡尺（0.01 mm）测定至少 3 个点的厚度并记录，同一物种所有测定结果取均值即为该物种的树皮厚度。测量完成后将树皮镶嵌回原位，并用塑料薄膜包好，降低对植物的伤害。

5.1.2 木质密度

1. 生态学意义

木质密度（stem-specific density，g/cm^3）用茎干的干重与鲜重时体积的比值来表示。由于木质密度在植物稳定性、防御、结构、水力、碳获取和生长潜力等方面具有重要意义，因此正逐渐成为植物学研究的核心功能性状之一（Pérez-Harguindeguy et al., 2013）。通常，低木质密度植物由于体积建造成本低和水分运输与储存能力强而表现为茎直径和体积的快速生长（Enquist et al., 1999；King et al., 2005）；而高木质密度植物通常具有较高的茎干机械强度以及对病原体的抵抗能力（Loehle，1988；Givnish，1995），可以帮助提高植物存活率（Pérez-Harguindeguy et al., 2013）。因此，木质密度一定程度可以反映植物生长速率与环境适应间的权衡（Cornelissen et al., 2003）。另外，在水力学方面，高木质密度的植物可以更好地抵抗木质部的气穴现象（当导管中水柱张力增大时，导管水溶液中的气体逸出形成气泡），但由于单个导管的平均大小相对较小或者导管横截面积所占总茎横截面积的比例更小，会导致其边材的输导能力和茎的水分储存能力通常弱于低木质密度的植物（Ackerly，2004；Hacke et al., 2005）。除此之外，高木质密度的植物通常具有更强的抵抗导管栓塞的能力（Hacke et al., 2005）。

2. 采样与测定

每个物种选取至少 5 棵健康的成年植株采集样品。对于木本植物，采用生长锥获取树芯样品，取样位置同 5.1.1 节，样品长度为 3～5 cm，将样品利用软管固定装入密封塑料袋。注意取样结束后将取样孔密封以保护植株。对于草本植物，采用枝剪剪取主茎部分装入密封塑料袋。所有样品保持冷藏，带回实验室。

利用排水法测定样品体积（图 5.2）。这种方法可以方便地测量不规则形状样品的体积。在具体操作过程中，首先选取一个烧杯，装入蒸馏水，但不完全填满，以保证样品放入时蒸馏水不会溢出。然后将该烧杯置于天平上，用小体积的针或镊子小心地将去皮的样品完全浸入水中，注意不要碰到烧杯的边缘或底部，以免导致天平记录的重量发生变化。当样品被完全淹没时，水位增加会导致重量增加，可通过天平读取数值，即为样品体积（cm^3，假设测定时水的密度是 1 g/cm^3）。注意每次测量都要重新去皮。将测完体积的样品置于 80℃烘箱中烘干至少 72 h 至恒重，记录其干重。利用干重与体积的比值计算每个样品的木质密度，同一物种所有样品测定结果的均值即为该物种的木质密度。此外，利用电子天平密度组件直接测定木质密度也是可行的，研究者可根据实际中的实验条件合理选择即可。

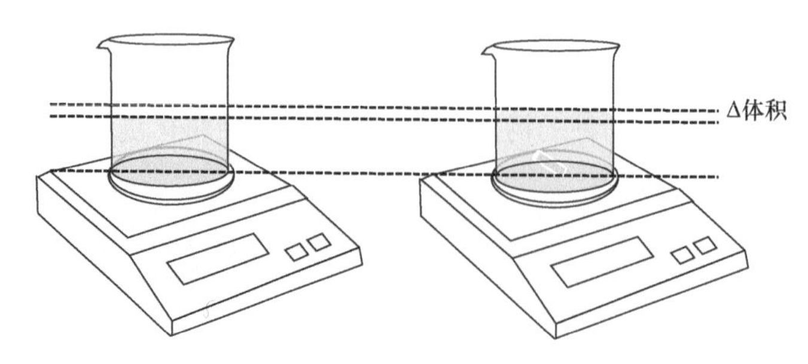

图 5.2　排水法测定样品体积示意图

5.1.3　木质部导管直径

1. 生态学意义

导管直径（vessel diameter，μm）反映木质部导管的粗细程度。一般来说，导管直径与木质部栓塞脆弱性显著相关，且同一物种木质部中粗导管比细导管更容易栓塞（Hargrave et al.，1994；Wheeler et al.，2005），这是因为直径较大的导管具有更少的单位长度导管末端，纹孔数量相对于直径小的导管更少，栓塞抗性明显降低。从导管直径的角度，植物应对栓塞的一个重要方式是构建直径更小的导管或管胞（Hacke et al.，2017；Gleason et al.，2018）。另外，导管直径与木质部水分含量正相关，而木质部水分含量也是影响植物抗栓塞能力的因素之一，通常木质部水分含量越低，栓塞程度越低。因此，导管直径在一定程度上反映了植物水分运输能力和抗栓塞能力。

2. 采样与测定

每个物种选取至少 5 棵健康的成年植株采集枝条样品。清晨在选定植株上用枝剪剪下基部直径约为 5～8 mm 当年生枝条 50～60 cm，装入事先装有湿纸或湿毛巾的黑色塑料袋中保存，尽量防止空气进入管胞和水分散失，采样结束立即带回验室，浸入水中。

用 LeicaRM2235 切片机在每个枝条样品上切取厚度为 20 μm 的薄片，切片时注意保持横切面的完整性，每个样品做 5 个切片重复。如果与木质部栓塞脆弱性一起测定时，直接使用测定 P_{50} 值的样本剩余枝段以保持一致性（5.3.2 节）。切片制作完成后，用番红染料对切片进行染色，然后放入清水中漂洗浮色，分别用 30%、50%、75%和 90%浓度的酒精对切片进行脱水处理。切片放在载玻片之前，先在载玻片上滴 1 滴甘油，然后将处理好的切片放上，并盖上盖玻片。用 Leica DM4000B 正置荧光显微镜在放大 200 倍或放大 400 倍的条件下拍照并存档。用 Image-J 软件测量导管的面积，测量时在每个切片横截面上选取均匀分布的 3 个扇面，每个扇面沿射线细胞方向由木质部外侧向内侧髓心方向测量，每个切片样品至少测量 400～600 个导管（张海昕等，2013）。根据如下公式计算每个横切面积所对应的导管直径：

$$D=\sqrt{4A/\pi} \tag{5.1}$$

式中，A 为所测量的每个导管的横切面积。同一物种的所有导管直径均值即代表该物种的导管直径平均值。

5.1.4　木质部导管长度

1. 生态学意义

木质部导管长度（vessel length，cm）是决定植物水力结构和功能的关键因素之一，可以在一定程度上反映植物的水分运输能力。长且弯曲的导管可以增大导管之间的连接度，形成更加复杂的导管网络，为水分运输提供多个通道，有利于水分的横向运输（Loepfe et al.，2007；Espino and Schenk，2009）。维管植物的木质部导管或筛管中的水分传输阻力主要来自于管腔阻力和末端壁阻力的共同作用，其中末端壁阻力即为导管长度的函数。当导管的内径相同时，导管长度越短，水流动阻力越小，导水率越大，水分运输能力越强。除此之外，当导管长度增加时，单个导管中的导管分子数量将增加，将减少水分在运输过程中流经导管端壁的阻力，有利于提高水分运输效率（Comstock and Sperry，2000）。

2. 采样与测定

导管长度可以采用硅胶注射法进行测定（Wheeler et al.，2005；Hacke et al.，2007）。每个物种选取至少 5 棵健康的成年植株采集枝条样品，在每棵选定植株上用枝剪截取长度 30～50 cm 的 1 年生枝条，保留枝梢部分，装入事先放有湿纸的塑料袋中，保持湿润度防止样品缩水，取样结束尽快带回实验室进行测定。

利用硅胶树脂和固化剂以 10∶1 比例混合，同时加入荧光增白剂 Uvitex（可以使硅胶在紫外光下可见），Uvitex 需溶入氯仿（1% w/w）后取 10 滴与硅胶混合，硅胶试剂配好后备用。枝条样品在实验室 0.1 MPa 压力下用 100 mmol/L KCl 溶液冲洗 30～40 min，目的是除去枝条导管内自然状态下的栓塞。冲洗结束后，在同等压力条件下，在枝条剪开端注射硅胶持续 24 h，期间注意注射端截面的平整。处理样品在 22℃室温条件下放置 3 天，待干燥后制成切片。切片时，在距离注射硅胶端的 0.1 cm、0.2 cm、0.5 cm、1.0 cm、1.5 cm、2.0 cm、3.0 cm、5.0 cm 处分别切片；需要特别注意的是切片的距离取决于导管长度（图 5.3），切片厚度为 20 μm，并拍照存档（张海昕等，2013）。选取切片中均匀分布的 3 个扇面用 Win-CELL 2007 软件测定扇面面积及被硅胶填充的导管数量，根据导管数量与扇面面积的比值计算得出单位枝条横截面上的导管数量（N）。截面到注射端的距离 x 与 N 的关系如下（Cohen et al.，2003）：

$$N=N_0\exp\left(\lambda_v x\right) \tag{5.2}$$

$$\ln N=\lambda_v x+\ln N_0 \tag{5.3}$$

式中，N_0 为距离注射端距离为 0.1 cm 处单位横截面上的导管数量；λ_v 是拟合系数，也为 ln 转化后的直线斜率，由于 x 与 N 的关系为指数衰减，因此 λ_v 通常为负值。

由上述公式可得出导管在长度为 x 区间内概率（P_x）的概率分布函数：

$$P_x = x\lambda_v^2 \exp(\lambda_v x)\mathrm{d}x \tag{5.4}$$

式中，x 和λ_v的含义均同上个公式。由于 P_x 概率分布函数是一个性状因子为 2、最高频率为$-1/\lambda$的 gamma 概率分布函数（Cohen et al.，2003），因此平均导管长度可以表示为$-2/\lambda_v$（Cai et al.，2010）。同一物种的所有样品的均值即该物种的导管长度。

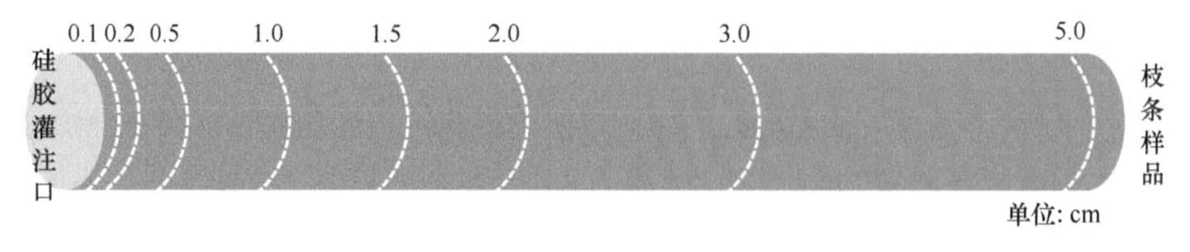

图 5.3　切片位置示意图

5.2　茎干化学性状

茎干化学性状可以反映植物茎干的生物化学特性对环境的响应与适应。本章就常用的干物质含量、木质素含量、非结构性碳水化合物与多种元素含量介绍茎干化学性状的生态学意义与测试方法。

5.2.1　茎干的干物质含量

1. 生态学意义

茎干的干物质含量（stem dry matter content，g/g）常用其干重与鲜重的比值来表示，是评估植物可燃性及着火之后扩散潜力的一个关键指标（Pérez-Harguindeguy et al.，2013）。在火灾易发地区，干物质含量高的植物在旱季会干得更快而更容易着火。另外干物质含量作为植物获取资源的预测指标，可以反映植物对干旱气候的适应程度。

2. 采样与测定

每个物种选取至少 5 棵健康的成年植株采集样品，取样及保存方法同 5.1.2 节。在实验室内，尽快称量采集样品鲜重，测完之后将样品置于 80℃烘箱中至少 72 h 至恒重，并记录其干重。利用干重与鲜重的比值计算每个样品干物质含量，同一物种所有样品计算结果的均值代表该物种在特定采样地点的茎干物质含量。

5.2.2　木质素含量

1. 生态学意义

木质素（lignin content，%）是一种复杂的酚类聚合物（Grima and Goffner，1999），包围于管胞、导管及木纤维等纤维束细胞及厚壁细胞外，在植物的生长发育和应对胁迫环境方面具有重要的生理生态功能。木质素是细胞壁的主要组成成分之一。在细胞壁木质化过程中，渗入其中以加大其硬度，增强细胞抗压强度和机械支撑力，因此其含量可以在一定程度上反映木质硬度，同时对于支持植物体具有重要意义。除此之外，木质素增加细胞壁的疏水性，有利于提高植物抗病虫的能力。

2. 采样与测定

每个物种选取至少 5 棵健康的成年植株采集树芯样品，取样及保存方法同 5.1.2 节。截取 0.5 g 树芯样品，采用 95%乙醇充分研磨匀浆，离心机 3000 g 离心 10 min，将沉淀物用 95%乙醇洗涤两次，再次离心 10 min，沉淀物用乙醇和己烷的混合液（1∶2，*v/v*）洗涤两次，再次离心 10 min，将沉淀物低温烘干。然后将干燥的沉淀物溶于 25%溴乙酰冰醋酸中，70℃水浴 30 min，用冰水快速冷却至室温，加入 2 mol/L 的 NaOH 0.9 mL 终止反应。加入 7.5 mol/L 盐酸羟胺 0.1 mL，然后加入冰乙酸 5 mL 稀释，离心 10 min，取上清液在 OD280 下测定吸光度（Toda et al.，2015），反算木质素含量。同一物种所有样品测定结果的均值可代表该物种在特定采样地点的茎干木质素含量。

5.2.3 非结构性碳水化合物

1. 生态学意义

非结构性碳水化合物（non-structural carbohydrates，mg/g）主要包括可溶性糖和淀粉，在一定程度上反映了植物的碳汇能力（Martínez - Vilalta et al.，2016）。可溶性糖（如蔗糖）是植物体内碳水化合物运输的主要形式，支持植物新的生长和呼吸防御需求，还具有作为中间代谢物、渗透剂和运输底物的作用，而淀粉多是植物的能量长期储存物质。在胁迫环境下，植物非结构性碳水化合物含量会发生相应的改变。一般来说，植物可溶性碳水化合物含量在低温、水分胁迫等环境中会显著升高（Li et al.，2016）。一方面是由于植物的可溶性碳水化合物可以调节细胞渗透作用，利于植物应对环境胁迫；另一方面，它们可能是植物适应环境的一种信号物质——“糖信号”（Gibson，2000）。因此，开展植物非结构性碳水化合物研究不仅可以揭示植物对环境的响应与适应机制，还能够在一定程度上衡量植物在碳循环中的作用（Schulze et al.，1967）。

以往研究探讨了叶片非结构碳水化合物的空间格局及影响因素（李娜妮等，2016），尤其在沿海拔梯度，研究者们进行了大量的研究，因为林线的形成和植物非结构性碳水化合物含量的变化密切相关。关于林线的形成，研究者们提出了碳限制假说和生长限制假说。前者认为低温降低了碳供应能力，非结构性碳水化合物含量降低（Schulze et al.，1967）；后者则认为低温抑制结构性组织的生长，碳需求减少，从而有利于非结构性碳水化合物的积累（Korner，1998）。近期研究正逐步将非结构碳水化合物含量的研究与野外控制实验相结合，深入揭示植物调控非结构碳水化合物对环境变化和扰动的响应与适应机制（Xie et al.，2022）。植物茎干作为重要的营养器官之一，其非结构性碳水化合物的含量与变异在探索植物整体碳分配方面扮演着重要作用而不可或缺；然而，目前这方面研究还鲜有报道，未来应更加重视。

2. 采样与测定

每个物种选取至少 5 棵健康的成年植株采集树芯样品，取样及保存方法同 5.1.2 节。非结构性碳水化合物在本书中简单视为可溶性糖和淀粉的总和。可溶性糖和淀粉含量的测定采用典型的蒽酮比色法，具体参照 4.5 节。同一物种的所有样品的结果均值即代表该物种的可溶性糖和淀粉含量。

5.2.4 茎干多种功能元素含量

1. 生态学意义

矿质元素（mineral element，%）是构成植物体的最基本要素，反映植物对环境响应与适应机制，在本书中也称为功能元素。在自然生态系统中，植物对各种功能元素的吸收、利用和流失是生态系统物质循环的关键过程（Chapin et al.，2011）。具体来说，一些功能元素是植物有机结构的重要组成成分，如蛋白质和遗传物质核酸离不开氮、磷、硫。钙是构成植物细胞壁的主要组成元素，不仅可以影响植物氮和碳水化合物的代谢，而且能够促进植物对钾的吸收，调节土壤 pH（Reich，2005），提高植物抵抗环境胁迫的能力（White and Broadley，2003）。镁（Mg）作为酶的主要成分，主要参与植物体内的各种催化反应；钾通常作为电荷载体调节渗透压，维持细胞内的电化学平衡，调控酶活性，在水分经济学中发挥重要作用（Sardans et al.，2012；Sardans and Penuelas，2015）。除此之外，植物体也会被动吸收一些微量重金属元素，如铝和钡等，对这些元素的研究可以探讨重金属对植物的伤害效应和机理。多种元素共同构成了植物的各个组织器官，同时由于植物可以有选择性地吸收养分，因此，植物特定器官单元素、多种元素及功能元素网络的变化，可从不同角度反映植物对环境的多维度响应与适应机制（Elser et al.，2000，2007；He et al.，2020；Zhang et al.，2021）。植物通过根部吸收养分或被动摄入一些重金属微量元素，并通过导管向上运输至茎干、叶等不同器官，因此植物不同器官多种元素含量可以反映植物对多元素的分配策略。茎干作为支撑、运输和储存的主要器官，其多元素含量的研究是揭示植物分配与适应的重要一环；然而，在区域尺度真正考虑了茎干多种功能元素变化的研究还非常有限。

2. 采样与测定

根据研究目的的不同，每个物种选取至少 5 棵健康的成年植株采集树芯或枝条样品，取样及保存方法同 5.1.2。

样品置于 80℃烘箱中烘干至少 72 h 至恒重，采用玛瑙研钵（RM200，Retsch，Haan，Germany）和球磨仪（RM200；Retsch）将所有样品研磨成粉末状，用于元素测定。其中碳和氮含量采用元素分析仪（Vario MAX CN Elemental Analyzer，Elementar，Germany）测定。对于磷及其他多种功能元素含量，如钾、钙、镁、硫、铁、锰、锌等，采用电感耦合等离子体发射光谱仪（ICP-OES，Optima 5300 DV，Perkin Elmer，Waltham，MA，USA）测定 （Zhao et al.，2020；Zhang et al.，2021）。磷及其他多元素上机测定前需消煮处理，具体处理方法同 4.6 节。同一物种多个样品的平均值即可代表该物种该元素的含量。

针对不同的研究目的，样品的处理和采用的仪器可能不尽相同。例如，研究仅关注于碳、氮、磷等非金属元素，可以采用简单的粉碎机研磨样品，而不必在意其是否会影响金属元素含量。除了上述提到的植物多元素测定方法，目前广泛使用的还有利用碳氮分析仪测定样品碳氮含量，利用流动分析仪测定氮磷含量等。需要注意的是，在大尺度上，为了保证数据的可比性，建议使用同一种元素测定方法和仪器。类似地，在进行数据集成分析时，对文献中数据的提取整合需要充分考虑测试方法的统一性，以避免不同仪器或测试方法带来的误差和不确定性。

5.3　茎干生理性状

茎干生理性状可以直接反映植物茎干的生理特性对环境的响应与适应机制。就植物茎干而言，其主要的生理学特征体现在木质部导管的水及养分运输方面，目前生态学研究中常采用木质部导水率与栓塞脆弱性表征其水分运输效率。

5.3.1　木质部导水率

1. 生态学意义

木质部导水率［Xylem conductivity，kg/（m·s·MPa）］表示为植物茎的水通量与引起该水通量的压力梯度的比值，是反映木质部水分运输效率的重要指标。水分从土壤到叶片的运输是陆地植物生存发育的关键过程，这个过程不仅补充了植物蒸腾作用散失的水分，而且有效阻止了叶片水势的负面发展，保障光合作用顺利进行。木质部导水率可以有效量化水分运输的效率，两者呈显著正相关关系，导水率越高，水分运输效率越高（Pérez-Harguindeguy et al.，2013）。植物地上部分超过 60%的水分运输阻力发生在木质部（Nardini and Salleo，2000），且当植物遭受环境胁迫时，如干旱、冻害和重金属污染等，植物导水能力显著下降（Hacke and Sperry，2001）。

2. 采样与测定

样品采集与保存方法同 5.1.4 节。

每个样品截取 2 cm 长的枝条，用低压液流计测定木质部导水率（K_h）；具体参照如下公式：

$$K_h = \frac{F}{dP / dx} \tag{5.5}$$

式中，F 为茎水通量；dP/dx 表示单位木质部导管长度上压力的下降值。同一物种所有样品计算结果取均值即为该物种的木质部导水率。

5.3.2 木质部栓塞脆弱性

1. 生态学意义

木质部栓塞脆弱性（vulnerability to embolism）通常用脆弱性曲线表示，它描述了当木质部水势降低时，水分运输损失或木质部栓塞增加的百分比（图 5.4）。脆弱性曲线可以反映植物对木质部栓塞的易受性，为特定植物的干旱反应提供有价值的信息；它表征了干旱期间水分运输损失的风险，常被用来量化植物的抗旱性和生态适应性强弱（Tyree and Ewers，1991）。根据内聚力张力学说（cohesion tension theory），植物的长距离水分运输长期处于负压力状态（Dixon and Joly，1894），这使得植物能够通过蒸腾拉力完成水分从土壤到树冠的运输（Tyree and Zimmermann，2013）；据估计，这种拉力在某些情况下可能会达到大气压力的 100 倍。但是这个负压导致植物木质部中的连续水柱处于亚稳定状态，容易发生空穴现象，即在液相中出现气相。这种情况在导管中的水突然从液体变成气体或气泡通过边界凹坑被拉入管道时就会发生。当木质部导管充满气体，阻碍长距离水分运输时，即发生了栓塞（Tyree and Zimmermann，2013）。栓塞引起的木质部功能障碍被认为是在严重干旱条件下发生的主要过程之一，栓塞情况越多，木质部导水率越低，进而可能导致一系列问题并最终导致植物死亡（McDowell et al.，2008；Choat et al.，2018）。由于不同物种的抗栓塞能力差异很大，因此栓塞脆弱性已成为判别植物抗旱性的一个重要指标。

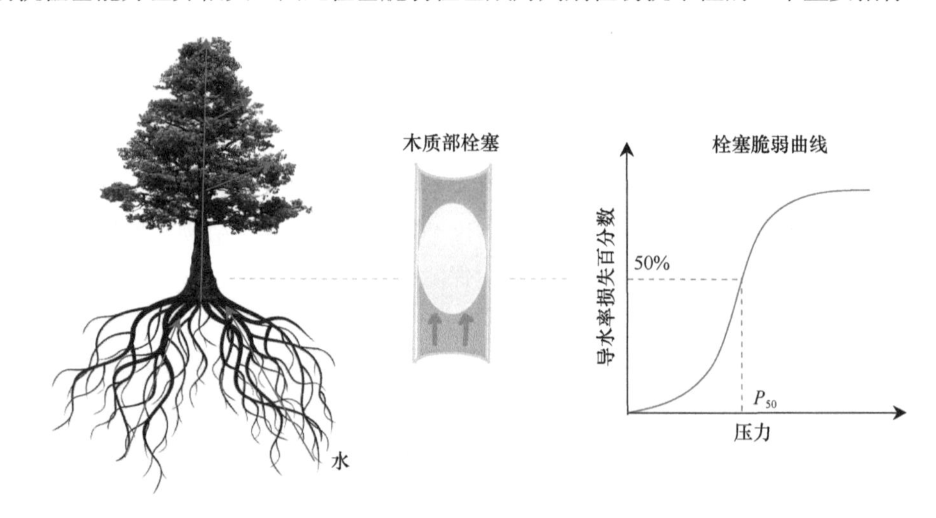

图 5.4 木质部栓塞及栓塞脆弱曲线示意图

2. 采样与测定

样品采集与保存方法同 5.1.4 节。

每个样品选取 1 根平均直径 6 mm，长度 27.4 cm 的枝条放入 Cochard cavitron 离心机中（Cochard et al.，2005；张海昕等，2013）。通过控制离心机转速形成从低到高的压力梯度（T，MPa），记录不同压力下枝条木质部的导水率值（K_h）。导水率损失百分数

（PLC）可以用以下公式计算：

$$\mathrm{PLC}=100\times\frac{K_{\max}-K_h}{K_{\max}}=100\times\left(1-\frac{K_h}{K_{\max}}\right) \tag{5.6}$$

式中，$K_{\max}$ 为压力最小时的导水率，即最大导水率。根据不同压力及不同压力下导水率损失百分数，建立栓塞脆弱曲线。

通常枝条中导水率的比值 $K_h/K_{\max}$ 可以用 Weibull 累计分布函数 $f(T)$较好地拟合（Cai and Tyree，2010）：

$$f(T)=\exp\left(-\left(\frac{T}{b}\right)^c\right) \tag{5.7}$$

式中，b 和 c 为常量。结合上述公式，则 PLC 可以表示为

$$\frac{\mathrm{PLC}}{100}=1-\exp\left(-\left(\frac{T}{b}\right)^c\right) \tag{5.8}$$

栓塞脆弱性一般用引起 50%导水率损失时的压力值（P_{50}）来表示：

$$P_{50}=b(\ln 2)^{1/c} \tag{5.9}$$

每个物种的不同样品 P_{50} 均值即可反映该物种的木质部栓塞脆弱性。

5.4 小　结

茎干是植物的重要营养器官之一，其形态性状、化学性状及生理性状可以在很大程度上揭示植物对环境的响应与适应机制。本章着重介绍了几个相对易测且被广泛应用于反映植物茎干的传导与运输的功能性状、生态意义及其测定方法，以期促进植物茎干相关的研究。长期以来，研究者大多聚焦于叶片功能性状和根系功能性状，而茎干作为“上传下达”的枢纽器官，其功能性状特征反映出的植物功能的变化及其对环境的响应对于揭示植物作为一个完整有机体如何适应环境具有重要的生态学意义。但由于测试方法局限性和重视程度不够等因素，目前这方面的研究还较为浅薄，未来需要更多研究者的不懈努力。

参考文献

金银根. 2010. 植物学(第二版). 北京: 科学出版社.

李娜妮, 何念鹏, 于贵瑞. 2016. 中国东北典型森林生态系统植物叶片的非结构性碳水化合物研究. 生态学报, 36(2): 430-438.

张海昕, 李姗, 张硕新, 等. 2013. 4 个杨树无性系木质部导管结构与栓塞脆弱性的关系. 林业科学, 49(1): 54-61.

Ackerly D. 2004. Functional strategies of chaparral shrubs in relation to seasonal water deficit and disturbance. Ecological Monographs, 74: 25-44.

Cai J, Tyree M T. 2010. The impact of vessel size on vulnerability curves: data and models for within-species variability in saplings of aspen, Populus tremuloides Michx. Plant, Cell and Environment, 33: 1059-1069.

Cai J, Zhang S, Tyree M T. 2010. A computational algorithm addressing how vessel length might depend on

vessel diameter. Plant, Cell and Environment, 33: 1234-1238.
Chapin Ⅲ F S, Matson P A, Vitousek P. 2011. Principles of terrestrial ecosystem ecology. New York: Springer Science and Business Media.
Choat B, Brodribb T J, Brodersen C R, et al. 2018. Triggers of tree mortality under drought. Nature, 558: 531-539.
Cochard H, Damour G, Bodet C, et al. 2005. Evaluation of a new centrifuge technique for rapid generation of xylem vulnerability curves. Physiologia Plantarum, 124: 410-418.
Cohen S, Bennink J, Tyree M. 2003. Air method measurements of apple vessel length distributions with improved apparatus and theory. Journal of Experimental Botany, 54: 1889-1897.
Comstock J, Sperry J. 2000. Theoretical considerations of optimal conduit length for water transport in vascular plants. New Phytologist, 148: 195-218.
Cornelissen J, Lavorel S, Garnier E, et al. 2003. A handbook of protocols for standardised and easy measurement of plant functional traits worldwide. Australian Journal of Botany, 51: 335-380.
Dixon H H, Joly J. 1894. On the ascent of sap. Proceedings of the Royal Society of London, 57: 3-5.
Elser J J, Bracken M E S, Cleland E E, et al. 2007. Global analysis of nitrogen and phosphorus limitation of primary producers in freshwater, marine and terrestrial ecosystems. Ecology Letters, 10: 1135-1142.
Elser J J, Sterner R W, Gorokhova E, et al. 2000. Biological stoichiometry from genes to ecosystems. Ecology Letters, 3: 540-550.
Enquist B J, West G B, Charnov E L, et al. 1999. Allometric scaling of production and life-history variation in vascular plants. Nature, 401: 907-911.
Espino S, Schenk H J. 2009. Hydraulically integrated or modular? Comparing whole-plant - level hydraulic systems between two desert shrub species with different growth forms. New Phytologist, 183: 142-152.
Evert R F, Eichhorn S E. 2013. Raven Biology of Plants. New York: W H Freeman and Company.
Ferrenberg S, Mitton J B. 2014. Smooth bark surfaces can defend trees against insect attack: Resurrecting a 'slippery'hypothesis. Functional Ecology, 28: 837-845.
Gibson S I. 2000. Plant sugar-response pathways. Part of a complex regulatory web. Plant Physiology, 124: 1532-1539.
Givnish T J. 1995. Plant stems: biomechanical adaptation for energy capture and influence on species distributions. In: Gartner B L. Plant stems. Branch: Elsevier.
Gleason S M, Blackman C J, Gleason S T, et al. 2018. Vessel scaling in evergreen angiosperm leaves conforms with Murray's law and area-filling assumptions: Implications for plant size, leaf size and cold tolerance. New Phytologist, 218: 1360-1370.
Grima P J, Goffner D. 1999. Lignin genetic engineering revisited. Plant Science, 145: 51-65.
Hacke U G, Sperry J S J. 2001. Functional and ecological xylem anatomy. Perspectives in Plant Ecology, Evolution and Systematics, 4: 97-115.
Hacke U G, Sperry J S, Feild T, et al. 2007. Water transport in vesselless angiosperms: conducting efficiency and cavitation safety. International Journal of Plant Sciences, 168: 1113-1126.
Hacke U G, Sperry J S, Pittermann J. 2005. Efficiency versus safety tradeoffs for water conduction in angiosperm vessels versus gymnosperm tracheids. In: Vascular Transport in Plants. Branch: Elsevier.
Hacke U G, Spicer R, Schreiber S G. 2017. An ecophysiological and developmental perspective on variation in vessel diameter. Plant, Cell and Environment, 40: 831-845.
Hargrave K, Kolb K, Ewers F, et al. 1994. Conduit diameter and drought-induced embolism in Salvia mellifera Greene (Labiatae). New Phytologist, 126: 695-705.
He N P, Li Y, Liu C C, et al. 2020. Plant trait networks: Improved resolution of the dimensionality of adaptation. Trends in Ecology and Evolution, 35: 908-918.
King D, Davies S, Supardi M N, et al. 2005. Tree growth is related to light interception and wood density in two mixed dipterocarp forests of Malaysia. Functional ecology, 19: 445-453.
Korner C. 1998. A re-assessment of high elevation treeline positions and their explanation. Oecologia, 115: 445-459.
Li N L, He N P, Yu G R, et al. 2016. Leaf non-structural carbohydrates regulated by plant functional groups and

climate: Evidences from a tropical to cold-temperate forest transect. Ecological Indicators, 62: 22-31.
Loehle C. 1988. Tree life history strategies: the role of defenses. Canadian Journal of Forest Research, 18: 209-222.
Loepfe L, Martinez-Vilalta J, Piñol J, et al. 2007. The relevance of xylem network structure for plant hydraulic efficiency and safety. Journal of Theoretical Biology, 247: 788-803.
Martínez-Vilalta J, Sala A, Asensio D, et al. 2016. Dynamics of non - structural carbohydrates in terrestrial plants: A global synthesis. Ecological Monographs, 86: 495-516.
McDowell N, Pockman W T, Allen C D, et al. 2008. Mechanisms of plant survival and mortality during drought: Why do some plants survive while others succumb to drought? New phytologist, 178: 719-739.
Nardini A, Salleo S. 2000. Limitation of stomatal conductance by hydraulic traits: Sensing or preventing xylem cavitation? Trees, 15: 14-24.
Niklas K J. 1999. The mechanical role of bark. American Journal of Botany, 86: 465-469.
Pausas J G. 2015. Bark thickness and fire regime. Functional Ecology, 29: 315-327.
Pérez-Harguindeguy N, Diaz S, Gamier E, et al. 2013. New handbook for standardised measurement of plant functional traits worldwide. Australian Journal of Botany, 61: 167-234.
Reich P B. 2005. Global biogeography of plant chemistry: Filling in the blanks. New Phytologist, 168: 263-266.
Romero C. 2014. Bark: structure and functional ecology. Advances in Economic Botany, 17: 5-25.
Sardans J, Penuelas J, Coll M, et al. 2012. Stoichiometry of potassium is largely determined by water availability and growth in C atalonian forests. Functional Ecology, 26: 1077-1089.
Sardans J, Penuelas J. 2015. Potassium: A neglected nutrient in global change. Global Ecology and Biogeography, 24: 261-275.
Schulze E D, Mooney H A, Dunn E L. 1967. Wintertime photosynthesis of Bristlecone pine (*Pinus Aristata*) in white mountains of California. Ecology, 48: 1044-1047.
Toda M, Akiyama T, Yokoyama T, et al. 2015. Quantitative examination of pre-extraction treatment on the determination of lignin content in leaves. Bioresources, 10: 2328-2337.
Tyree M T, Ewers F W. 1991. The hydraulic architecture of trees and other woody plants. New Phytologist, 119: 345-360.
Tyree M T, Zimmermann M H. 2013. Xylem structure and the ascent of sap. New York: Springer Science and Business Media.
Vines R. 1968. Heat transfer through bark, and the resistance of trees to fire. Australian Journal of Botany, 16: 499-514.
Wheeler J K, Sperry J S, Hacke U G, et al. 2005. Inter-vessel pitting and cavitation in woody Rosaceae and other vesselled plants: A basis for a safety versus efficiency trade-off in xylem transport. Plant, Cell and Environment, 28: 800-812.
White P J, Broadley M R. 2003. Calcium in plants. Annals of Botany, 92: 487-511.
Xie T, Shan L, Zhang W. 2022. N addition alters growth, non-structural carbohydrates, and C:N:P stoichiometry of Reaumuriasoongorica seedlings in Northwest China. Scientific Reports, 13; 12: 15390.
Xu L, He N P, Yu G R. 2020. Nitrogen storage in China's terrestrial ecosystems. Science of the Total Environment, 709: 136201.
Zhang J H, He N P, Liu C C, et al. 2020. Variation and evolution of C：N ratio among different organs enable plants to adapt to N-limited environments. Global Change Biology, 26: 2534-2543.
Zhang J H, Ren T T, Yang J J, et al. 2021. Leaf multi-element network reveals the change of species dominance under nitrogen deposition. Frontiers in Plant Science, 12: 580340.
Zhang J H, Zhao N, Liu C C, et al. 2018. C:N:P stoichiometry in China's forests: From organs to ecosystems. Functional Ecology, 32: 50-60.
Zhao N, Yu G R, Wang Q F, et al. 2020. Conservative allocation strategy of multiple nutrients among major plant organs: From species to community. Journal of Ecology, 108: 267-278.

第6章 植物根系功能性状测定方法与技术

摘要：根系是植物从土壤中获取水分和养分的重要器官，在维持植物生长和生态系统养分循环等方面都发挥着重要作用。随着环境条件的变化，植物根系可以通过调节自身的形态结构和生理功能，从而进化出多种多样的策略来适应异质性的环境。因此，探究植物根系性状变异及其与环境的关系，有助于人们更好理解全球变化背景下植物的适应策略及地下过程，为全球植被分布模型的构建提供理论支撑。尽管根系功能性状的研究受到越来越多的关注，但以往研究主要集中于简单易测的指标，如形态和化学性状，对解剖和生理等性状的研究还远远不足。为了加强相关研究，制定科学的、规范的、有效的测定方法体系是最重要的基础之一。基于此，本章将从植物根系的野外采集、功能性状及测定方法展开详细的讨论，为未来根系功能性状的研究提供科学支撑依据。

根系作为植物主要的营养器官，不仅对植物生长和生存发挥着关键作用，也是许多生态系统过程和功能的调节者，包括净初级生产、养分循环和土壤形成等（Freschet et al.，2021）。根系对生态过程的影响很大程度上是通过调节其功能性状来实现的，如根系形态、化学、解剖、生理等性状（Bardgett et al.，2014）。

根系功能性状的变异是各种生物和非生物因素共同作用的结果（Comas et al.，2014）。例如，根系的形态性状中，直径和比根长差异可反映植物不同的吸收策略；根系构型性状决定了根系在土壤中的分布位置，是表征植物资源吸收策略的重要指标；根系生理性状，如根系呼吸、分解以及根系分泌物的排放可反映植物的代谢活性和对资源的吸收能力；根系其他性状，包括真菌和根瘤菌，涉及根系与土壤生物直接相互作用的能力，在获取养分方面起着重要作用（表6.1）。这些根系性状不仅在物种和基因型之间存在相当大的差异，而且还具有高度的可塑性，使植物能够应对不断变化的环境条件，尤其是土壤养分和水分可利用性的变化（Bardgett et al.，2014；Wang et al.，2018）。因此，对根系功能性状的系统测定，有助于了解植物对环境变化的可塑性和适应性，进而理解全球变化背景下植物群落物种组成的变化及其对生物地球化学循环的影响（Wang et al.，2021）。

相比于地上植物器官，地下生态学发展相对迟缓，其部分原因是根系生长在土壤和其他介质中，对根系的观察和取样难度高于植物地上部分，缺乏简单、有效的测定方法。此外，由于根系具有复杂的分支系统，对根系的取样和划分标准各不相同，加大了对植物根系研究的难度（McCormack et al.，2015；Wang et al.，2018）。近年来，根系功能性状的研究得到了飞速发展，已形成了相对完整的方法体系。本章将主要对植物根系野外采集、功能性状及测定方法与分析技术展开讨论。

表 6.1 常用的吸收根功能性状及其测定方法

类型	指标	缩写（单位）	生态学意义	测定方法
形态性状	根直径	RD（mm）	衡量资源投入与效益	图像分析法
	比根长	SRL（m/g）	资源获取及代谢功能	图像分析法
	根组织密度	RTD（kg/m^3）	资源获取与防御	图像分析法
功能元素	根碳含量	RC（mg/g）	资源获取及代谢速率	元素分析仪法
	根氮含量	RN（mg/g）	资源获取及代谢速率	元素分析仪法
	根磷含量	RP（mg/kg）	资源获取及代谢速率	钼锑抗比色法
	非结构性化合物	NSC（mg/g）	生长代谢及抗胁迫能力	苯酚–浓硫酸法、酶解法
	可溶性糖	SS（%）	生长代谢及抗胁迫能力	苯酚–浓硫酸法
	淀粉	Starch（%）	生长代谢及抗胁迫能力	酶解法
生理性状	根寿命	RL（d）	衡量资源投入与效益	根窗法、微根管法和放射性碳同位素法
	根的呼吸速率	RR rate（nmol CO_2/（g·s））	生长代谢	气象氧电极法和根去除法
解剖性状	皮层厚度	CT（mm）	资源获取	石蜡切片法
	中柱直径	SD（mm）	资源运输	石蜡切片法
	维根比	SDTD（mm）	资源获取与运输间权衡	石蜡切片法
	导管直径	VD（mm）	资源运输	石蜡切片法
菌根侵染	菌根侵染率	MC（%）	养分吸收策略	台盼蓝染色法
	菌根类型		养分吸收策略	文献查阅或观测法
构型性状	分支比	BR	养分吸收策略	人工计数法
	分支强度	BI	养分吸收策略	人工计数法

6.1 植物根系类型及功能

根系是植物在地下生长所有根的总称，也是植物吸收、运输和储藏营养物质的重要器官，在维持植物生长、陆地生态系统能量流动和物质循环中发挥着重要的作用（Vogt et al., 1986）。早期生长在陆地上的维管植物结构非常简单，它们通常由地下部分和暴露在空气中的地上部分组成，器官分化程度很低。为了更好地吸收水和养分，植物进化出了复杂多样的根系形态特征或发育机制（Lynch，1995；Mommer and Weemstra，2012），以克服在土壤中遇到的物理、生化和生物等方面的胁迫。根系的发育过程比较复杂，因植物的种类和环境条件而异，进而形成了不同的根系类型、形态结构、生理功能及生长特性。

植物的根系按照形态的不同可分为直根系（tap root system）和须根系（fibrous root system）。此外，还有一些特殊的根系类型，如气生根（板根、膝根）、储藏根、寄生根、支持根、攀援根等。

大多数双子叶植物和裸子植物是直根系，主要包括主根（main root）和侧根（lateral root），如花生、棉花、大豆、油松等。其中，主根是由种子的胚根发育而来的明显纵深生长的主干根，粗度依次减弱的是侧根。侧根由上面可以进一步分化出二级侧根、三级侧根等，构成全部根系（Lynch，1995；Vogt et al.，1986）。直根系植物具有粗大的主根，而且有强烈的向地性，可纵深 3～5 m，甚至 10 m 以上，深扎的根有利于吸收深层土壤的水分。侧根则相对较短、较细，围绕着主根呈一定角度生长，这有利于吸收土壤表层及周围的养分（Kraehmer and Baur，2013）。总的来说，直根系植物形成了一个主根向下垂直生长、侧根沿一定的角度向四周生长的根系骨架。

一般来说，单子叶植物和蕨类植物是须根系，主根不明显，或无主次根之分，如水稻、小麦、玉米等禾本科植物。这主要是由不同胚轴和茎上长出的不定根组成的根系（Lupini et al.，2018），其主干根形成后从基轴基部发生几条根，各条根的粗细近似，丛生呈须状，分布在较浅的土层（图 6.1），这有利于吸收土壤表层的养分而不利于吸收深层的水分。在一定情况下，根系的深浅受到环境的调节（Lupini et al.，2018）。

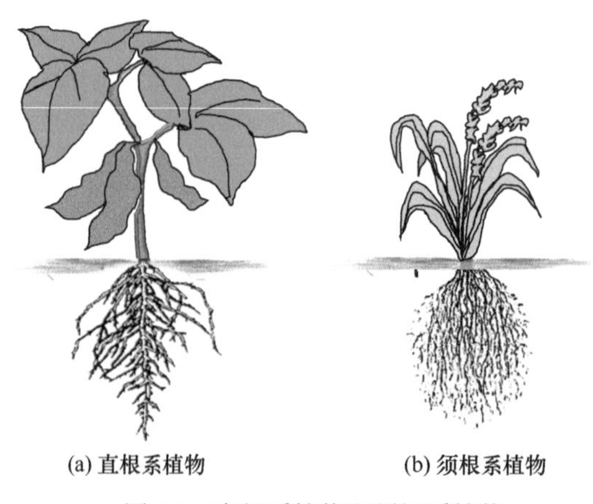

图 6.1　直根系植物和须根系植物

植物根系是植物与土壤环境接触的重要媒介，在大气–植物–土壤连续体中占据着重要位置，具有许多重要的功能，包括吸收和运输功能、固定和支持功能、合成和储藏功能（Dunbabin et al.，2004），在自然环境中还有保护坡地、堤岸和涵养水源、防止水土流失的作用。其中，根系最主要的功能是吸收和运输功能，是为植物地上部分提供水分并进行光合作用和各种代谢活动的重要地下器官（Bardgett et al.，2014），对维持碳和养分循环以及土壤的形成和结构稳定性等生态系统过程至关重要。因此，人们可以通过探索全球变化导致的根系功能性状变化、进而得出对生态系统过程的影响（de Deyn et al.，2008；Díaz et al.，2007）。

根系的吸收和运输功能主要通过细根来实现，人们通常将直径≤2 mm 根定义为细根。细根是生态系统中最活跃的组分之一，是植物吸收水分和养分的重要器官，其死亡和分解是陆地生态系统养分归还的主要途径以及构成生物地球化学循环的重要环节（Guo et al.，2008a）。据估算，细根如果每年周转 1 次，就要消耗全球陆地生态系统净初级生产力的 33%左右，其中某些生态系统消耗的初级生产力更是超过 50%（Vogt et al.，1986）。因此，利用细根功能性状来研究根系如何影响群落的生产力、元素循环及生态系统的格局与过程是近年来生态学研究的热点之一（He et al.，2004；Wang et al.，2021）。

6.2 细根的定义

细根是植物从土壤中吸收养分和水分的重要器官（Bardgett et al.，2014）。有关细根功能性状的研究对于了解植物地下生态学过程、生态系统水平的物质循环格局以及更好预测植被变化导致的生态系统功能变化具有重要的意义（Bardgett et al.，2014；McCormack et al.，2015）。然而，如何定义和划分细根一直是科学家们争论的焦点。以往多采用“直径法”来定义细根（直径≤2 mm），但越来越多的研究者认为这种方法忽略了细根系统内部结构和功能的异质性（McCormack et al.，2015；Pregitzer et al.，2002）。Pregitzer 等（2002）首先提出用“根序法（root order）”划分细根，即位于根系最末端没有分支的为 1 级根，两个 1 级根相交形成 2 级根，两个 2 级根相交形成 3 级根，以此类推[图 6.2（c）]。与“直径法”相比，这种根据细根生长顺序和生长位置（根序）划分细根的方法，能更好地解释植物细根结构与功能关系的差异（Guo et al.，2008b）。许多研究已证实木本植物根系末端的不同根序，从低级根（如 1、2 级根）到高级根（如 4、5 级根），在形态、化学组成和解剖结构等特征上表现出显著的递变趋势（Pregitzer et al.，2002；Guo et al.，2008b）。在已研究过的所有树种中，1 级根直径小、氮含量高、呼吸速率高且寿命短，而高级根（如 4～5 级）则相反。在解剖结构上，1 级根具有完整的皮层、高菌丝侵染率，没有次生生长，而高级根无通道细胞和皮层细胞，也无菌丝侵染（Guo et al.，2008b）。因此，相比较直径分级来说，采用分支等级来研究细根更为合理。事实上，细根吸收功能的发挥依赖于根枝末端的 1～3 级根，常被称为吸收根。这是因为 1～3 级根完全或部分是初始发育阶段，能够强烈被真菌侵染，是真正执行吸收功能的部位；而 4 级及以上的高级根主要是次生结构组成，没有或很少被真菌侵染，主要起运输功能（Guo et al.，2008b；McCormack et al.，2015）。

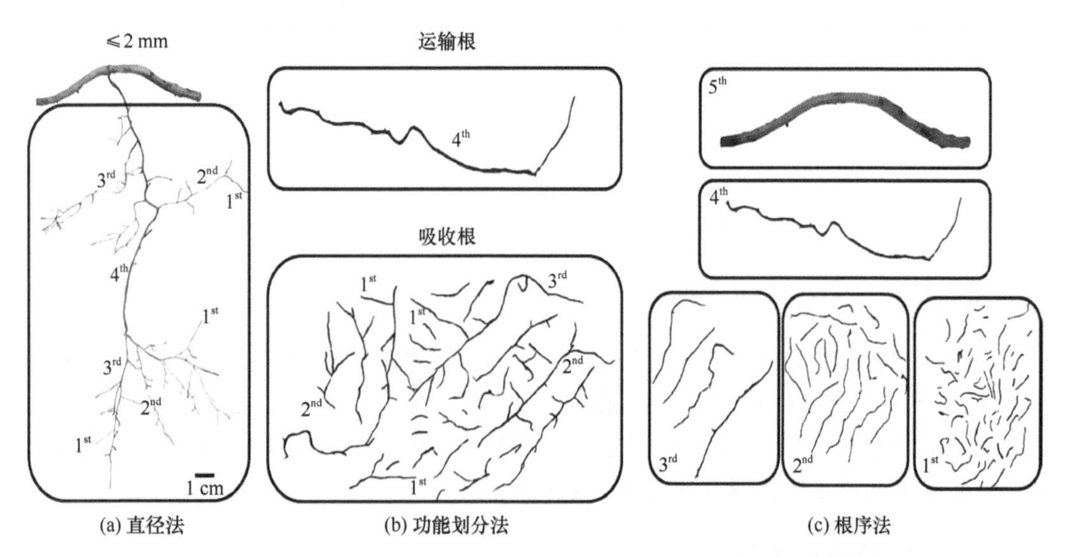

图 6.2 以北美鹅掌楸为例展示 3 种不同细根的划分方法（改自 McCormack et al.，2015）

（a）直径法（≤2 mm）；（b）功能划分法将细根划分为吸收根和运输根；（c）根序法将细根分为 1～5 级根

“根序法”为准确刻画吸收根和运输根的功能提供了有效的方法，能够用来比较不同物种之间细根的解剖、形态和化学属性，因此被广泛应用。然而，在具体操作过程中将细根分为单个根序的方法是费时费力的，极大地增加了工作量。基于不同根序之间的结构和功能存在明显差异，McCormack 等（2015）提出“功能划分法”，即将直径≤2 mm 的根分为吸收根（1～3 级根，根枝末端具有初生结构、执行水分和养分吸收功能的根级）模块和运输根（4～5 级根，主要行使运输功能的根级）模块[图 6.2（b）]。“功能划分法”为区分不同功能模块的细根提供了有效的方法，从不同角度快速推动了根系功能性状的研究。

不同生长型的植物细根划分方法存在差异（表 6.2）。例如，木本植物的根系多为分支明显的直根系，“根序法”和“功能划分法”能够在木本植物中得到很好地应用。已有研究证明，木本植物中只有最末端的前 2 级或 3 级根是短命的，但具有初级非木质化的解剖结构和高的氮含量。这些短命的吸收根几乎是同时出生和死亡，具有较快的周转速率（Liu et al.，2016；McCormack et al.，2015）。相反，木质化的结构根（高级根和粗根）是长寿的，主要用来运输水分和养分、支撑地上茎和储存养分和碳水化合物。然而，在草本植物中，由于整个根系统缺乏次生木质生长，因此不能用木质化和非木质化的根来划分草本根的周转速率。目前对于草本植物吸收根的划分仍存在争议，存在多种划分方法，建议研究人员根据自身需求选择合适的研究分类体系。

表 6.2 细根不同分类方法的比较

分类方法	分类标准	优点	缺点
直径法	通常将直径≤2 mm 定义为细根	节省时间和人力	忽略根系结构和功能的异质性
根序法	根系最末端且不再分支的根为 1 级根，两个 1 级根交叉的位置为 2 级根，依次类推	易于比较不同物种的根系功能性状	耗费大量人力和时间
功能划分法	吸收根（1～3 级根）；运输根（4～5 级根）	综合考虑了直径法和根序法的优缺点，有利于比较功能相似的根	体系复杂、测试难度大

6.3 根系的采集与处理

6.3.1 野外调查样方设置

1. 森林群落调查样方设置

在每个采样点内，选择具有典型代表的森林群落地段随机设置 3～4 个 30 m×40 m 的乔木调查样方，记录每个样方的海拔、地理位置、坡度和坡向等。在乔木样方内的对角线位置，设置两个 5 m×5 m 的灌木植物调查样方；在乔木样方的 4 个角及中心处设置 4 个 1 m×1 m 的草本植物调查样方（详见第 3 章）。

2. 草地群落调查样方设置

选择具有典型代表的草地群落地段，利用样线法或随机法设置样方。按照一定的方向布设 100 m 的样线（或两条 50 m 样线），设置 6～8 个 1 m×1 m 草本调查样方，样方间隔大于 10 m；记录每个采样点的海拔、地理位置、坡度和坡向等（详见第 3 章）。

6.3.2　根系采集

1. 木本植物根系采集

工具：十字镐、螺丝刀、枝剪、9 号自封袋、记号笔、胶手套。

步骤：在每个样方内，每个目标物种至少选取 3～5 棵健康的植株进行根系采集。确定目标后用十字镐在树干基部 1～1.5 m 范围内找到与主根相连的侧根，然后利用螺丝刀将前 5 级根慢慢取出并依据气味和颜色等判断其是否为目标树种的根系，小心清理其表面的土壤后放在标记好的 9 号自封袋中，带回室内进行处理。

2. 草本植物根系采集

工具：铁锹、9 号自封袋、记号笔、胶手套。

步骤：在每个样方内，每个目标物种至少选取 5～15 株健康的物种，用铁锹将整株植物挖出，清理根系表面的土壤后，放入标好的 9 号自封袋中，带回室内进行处理。

3. 根系群落性状采集

根系群落性状的野外取样方法主要有：挖掘法、土柱法、根钻法等。

挖掘法通常是在土壤剖面上挖取一个 20 cm×20 cm×20 cm 的土块来获取其中的根系。土柱法一般采用尼龙网袋或窗纱制作土柱容器，将其埋于土壤中，待生长一定时间后直接获得容器中根系。根钻法则是利用一定直径的根钻采集一定体积的根土混合样，随后在室内将根系挑出。与其他根系采集方法相比，根钻法以其省时省力且相对精确的优势被广泛使用。

以根钻法为例介绍根系群落性状的取样。根钻装置由手柄、钻杆、钻头 3 个部分组成，钻头上有便于观察取样情况和取土时所设置的长条形开口。手柄、钻杆、钻头彼此之间由螺丝连接固定，方便拆卸和组装。钻杆长度依据具体取样深度而定，过长或过短都不利于操作，以 1 m 为宜；钻头直径不宜过大或过小，过大会造成取样困难，过小则影响数据的精确性，一般钻头直径在几厘米到十几厘米不等，根钻法多用于垂直方向上的根系样品采集。

工具：剪刀、枝剪、根钻（直径 6～10 cm）、螺丝刀、土壤吊牌、9 号自封袋、记号笔、铅笔、胶手套。

步骤：

（1）根钻取样选点应选择具有代表性的点，避免植被状况特殊的点；

（2）用剪刀或枝剪将拟取样点附近植物地上部分剪去，并将凋落物及石头等杂物清除使土壤表层裸露；

（3）根据研究目的对不同土壤深度的根系进行分层取样。以 100 cm 为例，钻按土层深度为 0～10 cm、10～30 cm、30～50 cm、50～70 cm、70～100 cm 的顺序进行取样。取样时双手握住根钻手柄，顺时针旋转，使根钻下沉到所需土壤深度，入土深度以钻杆上刻度为准，若土壤质地较硬，可借助体重往下施加压力；注意根钻要垂直打下，并避免周围的植物和土壤等掉入；

（4）每取出一层用螺丝刀或剪刀沿钻头开口处将其中的根土混合样取出，将取出的根土混合样品装入标记好的 9 号自封袋中，并放入相应的土壤吊牌带回室内处理。

6.3.3 根系样品前期处理

根系样品从土壤中采集后应立刻用水冲洗，以避免根呼吸和土壤微生物活动对根系造成的影响（Freschet et al.，2021）。然而，许多大尺度野外采样并不具备立刻冲洗的条件，在保证根系质量的同时，当天的样品应尽量当天处理。

1. 单个物种或植物个体的根系样品前期处理

工具：塑料盆、吸水纸、手术剪、标签、铅笔、30 mL 树脂瓶、自封袋、冰箱、FAA 固定液（70%酒精∶乙酸∶乙醇∶丙三醇= 90∶5∶5∶5）、胶头滴管、一次性手套、口罩。

步骤：将取回的根系样品用水轻轻冲洗，待表面的土壤清洗干净后，用吸水纸将其擦干。在实验室内，选择 3～5 个具有完整 5 级根的根系放入 5 号自封袋中，置于 4℃的冰箱中冷藏，用于测量根系构型性状。随后，挑选完整的根系，按照 Pregitzer 等（2002）提出的“根序法”进行分级。其中，位于根系末端且不分支的根为 1 级根，两个 1 级根的交点为 2 级根，以此类推（图 6.3）。将分好的根系样品分为两部分。挑出 100～150 个 1 级根保存在 FAA 固定液中，用于根系解剖和菌根侵染实验；将剩余的 1～3 级吸收根放入 5 号自封袋中并在 4℃的冰箱中冷藏保存，用于测量根系形态性状和根系化学性状。

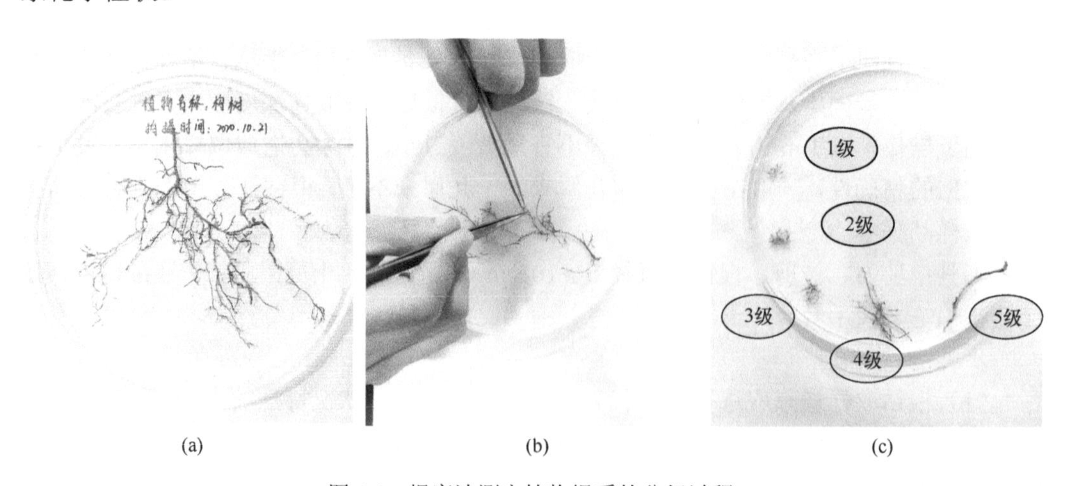

(a) (b) (c)

图 6.3 根序法测定植物根系的分级过程

2. 根系群落性状的前期处理

工具：尼龙袋（40 目）、塑料盆、镊子、土壤筛（40 目）、5 号自封袋、信封、冰箱。

步骤：

（1）将每个自封袋的根土混合样及土壤吊牌放入 40 目（孔径为 0.45 mm）的尼龙袋中，用水冲洗干净，使尼龙网袋内仅存石砾、根系和杂物（可先将其浸泡一段时间再进行清洗，视土壤质地而定）；

（2）将洗净的根放入接有干净水的容器中，用镊子将其中漂浮的杂物挑出；

（3）将较大的根挑出，然后用 40 目的土壤筛将细小的根过滤出来，直至盆中根挑完即可，石砾留在盆中；

（4）用吸水纸将根系擦干，一部分置于 65℃烘箱中烘干称重（24 h），磨碎后进行化学元素测定；一部分放入 5 号自封袋，放入 4℃冰箱内冷藏保存，带回实验室做根系形态扫描。

6.4 根系形态性状

根系形态性状（root morphological trait）是指单个根的表面特征，一般用来表征植物的吸收策略。根系的形态性状对环境变化敏感，且方便易测，有助于我们更好地理解根系对环境的适应策略（Freschet and Roumet，2017；Valverde et al.，2017）。通常包括根直径、比根长、根组织密度和根的干物质含量，各指标的生态学意义如下：

（1）根直径（root diameter，RD）是植物根系形态性状的重要的指标，其粗细不仅反映了其吸收能力的大小，而且与寿命的长短有关。根直径越粗，其吸收能力越低，寿命越长。同时，不同物种间根直径的变异较大，一般，物种越古老（如木兰科），其直径就越粗（Eissenstat and Yanai，1997；Pregitzer et al.，2002）。

（2）比根长（specific root length，SRL）是根系经济型谱中的一个关键指标，可以反映植物根系对资源的吸收效率，一般比根长越大，单位质量的根长就越长，对养分和水分的吸收率就越高（Reich，2014）。

（3）根组织密度（root tissue density，RTD）可以揭示植物根系对资源的利用策略。随着根组织密度增加，根系的吸收能力降低，寿命延长，反映了植物根系的保守策略（Reich，2014）。

（4）根干物质含量（root dry matter content，RDMC）是植物根系干重与鲜重的比值，一定程度上反映了根系的构建成本及抗干扰能力。在高强度干扰条件下，根系通过投资更多的成本、或更大的 RDMC 来抵抗恶劣的环境条件。

6.4.1 测量所需工具

镊子、培养皿、去离子水、矩形托盘（19 cm×25 cm×2 cm）、数字化扫描仪 WinRHIZO Pro 2007d 根系分析软件。

6.4.2 测量步骤

（1）冷藏的根系样品取出，放入装有去离子水的培养皿，根据分级方法进行分级（注意要将死根挑出），将前 3 级根分出（详见 6.3.3 节）。

（2）扫描：打开扫描软件，设置参数。扫描时先往矩形托盘中加入适量蒸馏水，用镊子将根系放入托盘中使之散开且不互相重叠缠绕，即可开始进行扫描并获取扫描图片（图 6.4）。

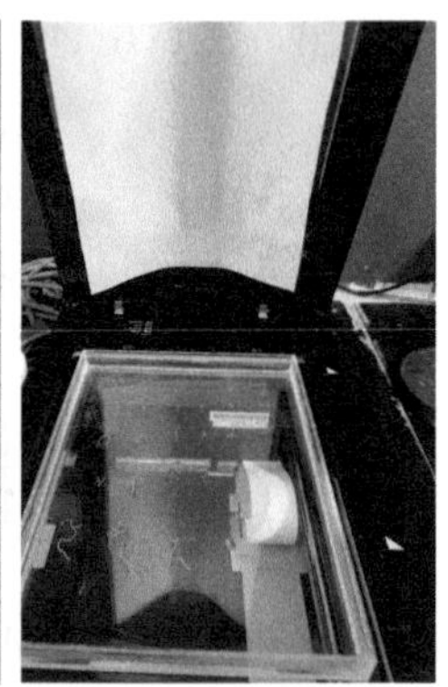

图 6.4 根系形态扫描过程

（3）烘干：扫描后将托盘中的根系放入标记好的信封，在 65℃的烘箱中烘至恒重并测量其干重。

（4）分析：将保存图片用 WinRHIZO Pro 2007d 根系图像分析软件分析得到样品的根长、平均直径、根表面积和根体积，具体使用方法如下：

打开 WinRHIZO Pro 2007d 根分析系统，扫描界面参数设置。单击软件界面左上方扫描仪形状按键，选取所要分析的根系图片，待图片加载出来后，可单机界面左下方“z”“Z”调整图片缩放比例，此时鼠标会由原来的尖头状变为十字状，拖动鼠标划定所要分析的图片范围，随后软件将自动得出分析结果。软件界面左侧会直接得出当前所选定范围内所有根系的长度、平均直径、表面积、数量等。

（5）根据以下公式计算得到各指标的值：

比根长（SRL，m/g） = 总长度（m）/生物量（g） （6.1）

根组织密度（RTD，g/cm^3） = 生物量（g）/根体积（cm^3） （6.2）

根的干物质含量（RDMC，mg/g）=干重（g）/鲜重（g） （6.3）

6.5 根系功能元素

6.5.1 功能元素含量

根系功能元素（或养分含量）是根系结构组成和生理活动中所必需的营养元素，

如碳（C）、氮（N）、磷（P）、硫（S）、钾（K）、钠（Na）、钙（Ca）、镁（Na）、铁（Fe）、铜（Cu）、锌（Zn）等。养分含量一般用单位干重中所含的元素质量来表示，单位为 mg/g，也有研究者根据研究需要将其换算为百分比表示（Zhao et al.，2018，2016）。

1. 样品获取与前期处理

根系样品分级后，先在 60～70℃烘箱内烘干至恒重，然后利用粉碎机或球磨仪将样品粉碎，过 120 目筛网。根系在粉碎后，纤维可能呈细长状，因此尽量多粉碎几次，并过>120 目的筛网，以提高测试准确度。量少、粉碎困难的根样品难以用粉碎机彻底粉碎，需用球磨机进行研磨。

烘干之后的根段样品和粉碎之后的根粉末样品，用自封袋装好、标记、分类，放于纸箱中密封，妥善保存。长时间储存后，为确保样品干燥，取出测定前可再次在 60～70℃下烘 12～24 h。

2. 消煮

样品可采用硝酸–高氯酸消煮法、硫酸–过氧化氢消煮法等方法对样品进行消煮，得到澄清透明溶液并定容。另须空白对照组，加入与样品重量相近的石英砂作为空白对照，每消煮一组样品，计算元素含量时须减去空白对照组结果。

以硫酸–过氧化氢法为例，步骤如下：

用万分之一天平称取植物干样 2～4 mg 左右（测量磷含量时需称取 50～100 mg），用硫酸纸送入消煮管底部，勿沾管壁，加入浓 H_2SO_4 5 mL，使植物样品全部被 H_2SO_4 浸润（可放置过夜）。在电炉上加热，至冒白烟（通风橱中加热，约 15～20 min），稍冷却后，用胶头滴管加 H_2O_2 10 滴（边摇边滴），再置于电炉上加热，至冒白烟（2～5 min）。再取下开氏瓶，稍冷却，加 H_2O_2 6～8 滴，摇动，置电炉上加热，如此进行几次，每次随消化溶液颜色变浅而渐渐少加 H_2O_2，直至消化液无色透明后，再微沸 5 min，去尽 CO_2，冷却后定容，澄清或过滤后供氮、磷、钾等元素测定用。

3. 指标测定

将溶液定容后，可利用元素分析仪（碳、氮等大量元素）、电感耦合等离子体发射光谱仪（ICP-OES）（磷、钾等含量较少的元素，金属微量元素）等对溶液浓度进行测定。

另外，也可用重铬酸钾外加热法测定有机碳含量；凯氏定氮法测定全氮含量；钼锑抗比色法测定全磷含量；邻啡啰琳比色法或原子吸收分光光度法测定铁元素含量；铝试剂比色法测定铝元素含量；EDTA 络合滴定法和原子吸收分光光度法测定钙、镁元素含量；火焰光度法测定钾、钠元素含量；硫酸钡比浊法测定硫元素含量；甲醛污比色法和原子吸收分光光度法测定锰元素含量；原子吸收分光光度法测定铜、锌元素含量。

对需要消煮的样品，须以最难消化的样品为基准，需进行预实验，对消煮中试剂的具体用量、电炉温度、加热时间等进行调整，务必使样品消化完全。

6.5.2 非结构性碳水化合物

植物的非结构性碳水化合物主要为淀粉和可溶性糖，能够提高细胞渗透压，降低细胞液冰点，以达到抗旱和抗寒的作用。单位一般为 mg/g，表示组织单位干重量中所含可溶性糖/淀粉的含量。亦可采用活组织，表示根组织单位鲜重量中所含可溶性糖/淀粉的含量，但样品必须含水量相近，用于个体差异可忽略的控制实验中（Li et al.，2016）。

1. 样品获取及前期处理

为了防止根系代谢活动对非结构性碳水化合物的影响，根样品应置于 0～4℃的冷藏箱中保存。带回实验室后将样品在 105℃烘箱中杀青 90 s，并在 65～70℃条件下烘至恒重，粉碎处理后，过 100 目筛用于后续分析和测定。

2. 可溶性糖和淀粉的提取

可溶性糖提取液：称取 0.1 g 样品置于 80%乙醇溶液中离心萃取，萃取 24 h 后用 4000 r/min 离心 10 min，然后将离心后的上清液导入容量瓶中，并在沉淀物中加入 80%乙醇溶液再萃取 1～2 次，得到的上清液定容后即可测定可溶性糖浓度。

淀粉提取液：将上述提取后的残余物烘干后加入 10 mL 蒸馏水，混匀后沸水浴糊化 15 min；冷却后加入 0.5%的淀粉酶溶液 1 mL，置于 60℃恒温水浴锅保温 1 h 后，加热至沸腾，使酶失活，然后 2000 r/min 离心 5 min，压滤、定容后得到的上清液用于测定淀粉的浓度。

3. 指标测定

利用改进的苯酚浓硫酸法测定（Buysse and Merckx，1993）。取含 20～80 μg 糖溶液 1 mL，转移到玻璃管中，加入 1 mL（溶于 80%乙醇的）28%苯酚溶液，然后立即将 5 mL 浓硫酸加入液面，摇晃玻璃管 1 min，静置 15 min，采用紫外可见分光光度计，在 490 nm 处测吸光值，再根据蔗糖的标准曲线计算出可溶性糖和淀粉的浓度。

6.5.3 次生代谢物

根系的次生代谢物是根系在次生生长中的代谢产物（如酚类、黄酮类、酸溶性物质、酸不溶性物质、纤维素、木质素和半纤维素等），参与根系的生长、生理等活动，有助于植物抵御生物因素和非生物因素胁迫（Dai and Mumper，2010；Tharayil et al.，2011）。

1. 样品获取

为了防止酚类、黄酮类在运输过程中挥发，需采用保温冷藏箱，内置冰块/冰袋，将根样品运回实验室。在实验室内，用清水轻轻冲洗根系表面的土壤，置于–80℃的超低温冰箱中保存备用。

2. 指标测定

酚类测定：先取新鲜的根系样品装入滤纸筒中，上面用一层脱脂棉覆盖，以 40 mL 无水甲醇为浸提剂，于 75℃的索氏提取器中提取 8 h，加热回流 2 h，移液至 50 mL 容量瓶中，洗涤残渣 3 次，最后用甲醇定容，以芦丁绘制标线，总黄酮的测定采用 $Al(NO_3)_3$-$NaNO_2$ 比色法。根系总酚含量的测定以没食子酸作标线，样品用含 1% HCl 的甲醇溶液提取，280 nm 处测定光密度。此外，也可将清洗干净的根系在 40℃的烘箱中烘至恒重，粉碎后，用福林酚比色法测定总酚含量（Kontogianni and Gerothanassis，2012）。

化学物质组成（可萃取物、酸溶性物质、酸不溶性物质）可利用磨碎干样进行分析，用有机质近似碳组分分析法测定。根系纤维素、木质素和半纤维素，根据范氏洗涤纤维分析原理测定（Soest，1967）。

6.6　根系生理功能性状

6.6.1　根系分泌物

根系分泌物指土壤根系向土壤中所分泌出的化学物质，部分根系分泌物具有自毒作用、化感作用（Bais et al.，2006）。

1. 根系分泌物的原位收集

首先确定好目标植株，挖取 15～20 cm 长的根系，取根的挖掘面积小于以植株为中心圆面积的 1/4，注意不要损伤根系，根系不离开植株体。将根系冲吸干净，放入分泌物收集室，加入培养液培养根系，用锡箔纸包好培养装置，斜 45°放回原位，回填土壤，做好标记培养 2～3 天后抽取培养液弃掉（图 6.5）。加入新培养液培养 H 小时得到体积 V，

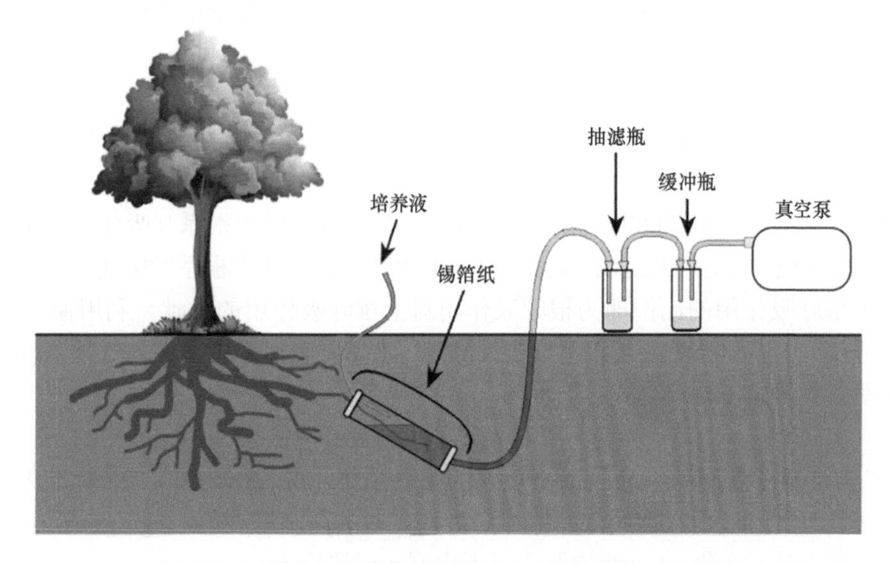

图 6.5　根系分泌物收集装置图（改自郭婉玑等，2019）

在4℃冰箱内保存，并尽快完成相关的室内成分分离和鉴定工作（郭婉玑等，2019；孙庚等，2016）。在整个的操作过程中，应当避免对整套装置中溶液的污染，进而减少微生物的侵染。如某些根系分泌物量较少难以检出，则可增加培养时间，将 *H* 小时改为 *D* 天。

2. 根系分泌物的测定

将收集好的根系分泌物经吸滤瓶和循环水真空泵进行抽滤，去除杂物，将得到的澄清溶液用乙酸乙酯按体积比 2∶1 的比例萃取 3 次后，得到乙酸乙酯相为中性成分，将水相用 1 mo1/L HCl 调节 pH 为 3 后，再用同体积乙酸乙酯萃取，得到乙酸乙酯相为酸性组分；将水相再用 1 mo1/L NaOH 调节 pH 为 8，用同体积乙酸乙酯萃取得到乙酸乙酯相为碱性组分，将酸性、碱性和中性（原液）乙酸乙酯萃取液减压浓缩至 5 mL（35℃），2 mL 用于进行 GC/MS 分析，剩余的 3 mL 进行根系分泌物的生物测定。

以 Agilent 6890N 和 Agilent 5975 组成的 GC-MS 为例，分析系统气相色谱条件：毛细管柱：HP-5（Crosslinked 5% pH ME Siloxanle，30 m×0.25 mm×0.25 μm）；进样口温度 250℃；程序升温：柱温 80℃（1 min），以 8℃/min 程序升温至 200℃，再以 4℃/min 升温至 250℃（10 min）；载气：He；流速：1.0 mL/min。质谱条件：EI 电子轰击源；轰击电压 70 eV；扫描范围 *m*/*z*：30～600 amu；扫描速度 0.2 s 扫全程；离子源温度：230℃；检测器电压 576 V；电流 350 μm；四极杆温度：150℃；溶剂延迟时间 3 min；进样量：1μL；不分流进样。

6.6.2 呼吸速率

根系的呼吸速率（root respiration），常用单位时间内二氧化碳排放量表示，可以影响根系对土壤资源的吸收效率（Clement et al.，1978；Han and Zhu，2021）。其测定方法如下：

对于根系呼吸速率的测定，针对物种/个体和针对样地/群落的方法是不相同的。在针对物种/个体的实验中，须挖掘选定样株完整的根系鲜样（Makita et al.，2013），并称取固定质量 0.1 g 左右，将其切成 2 mm 左右根段放入反应杯中加盖，所有实验操作须迅速。可利用液相 Oxy-Lab 氧电极测定呼吸速率，反应杯中液体温度用恒温浴控制在 25℃。

对于针对样地/群落的实验，采用根去除法计算土壤呼吸中根系呼吸作用对土壤呼吸的贡献，即用根区土壤呼吸速率减去非根区土壤呼吸速率视为根系呼吸速率，根系呼吸作用占土壤呼吸作用的比例即为根呼吸作用对土壤呼吸作用的贡献。利用便携式 CO_2 气体分析仪、土壤呼吸仪或气相色谱进行测定。土壤呼吸速率由气腔内气体浓度随时间的变化率计算得出，计算公式：

$$F = K(X_1 - X_2)\,H/\Delta t \tag{6.4}$$

式中，*F* 为土壤呼吸速率，mg/（m^2·h）；*K* 为换算系数，取 1.8（25℃，1 个标准大气压）；X_1、X_2 分别为测定时 CO_2 初始浓度值和 CO_2 测定时的即时浓度值，mg/kg；*H* 为容器高，m；Δt 为测定时间变化，h，每次测定每天内同一时段完成。

6.6.3 分解速率

细根的分解速率指细根死亡后的分解速度快慢，通常利用根系分解速率常数（*k* 值）来表示（Olson，1963）。其测定方法如下：

分解袋法是细根分解研究中应用最为普遍的方法。将根系样品分级后，烘干称重装入网孔大小约为 1 mm 的分解袋中，然后埋入样地土壤中进行培养，分解袋均按与垂直方向成约 30°角埋设于 0～10 cm 土层内。根据实验需求，定时收取分解袋，然后再次取出袋中样品进行烘干称重。分解残留率为收取分解袋时根样品干重与起初根样品干重之比。

根系分解速率常数（*k* 值）计算方法：

$$M_t = M_0 e^{-kt} \tag{6.5}$$

式中，M_0 为初始分解底物干重；M_t 为 t 时刻分解袋中剩余样品的干重；k 为凋落物分解常数；t 为分解时间。

另外，根系分解试验中，还可以计算养分保持率：以残余根系重量与养分含量乘积占初始重量与养分含量之积的比例来表示养分保持率。

6.6.4 根寿命

根寿命（root lifespan）是指新根从产生到死亡的时间长度。实际测定时，对 n 个同龄群内根系的出生、死亡动态过程进行动态追踪，一般以根系死亡一半的时间作为根系的中值寿命，同时可采用中值寿命的倒数对基于长度的根系周转时间进行校正。测量根寿命常用的方法包括根窗法、微根管法和放射性同位素法。

1. 根窗法

首先，在取样点土壤中挖出一个合适大小的垂直平面，用玻璃紧贴平面封住固定，然后将土壤回填，防止光照影响（图 6.6）。每次取样时移走玻璃平面旁的土壤，将用透明玻璃箱封住的扫描仪紧贴玻璃平面，对根窗中的根系进行扫描。通过对不同时间的根系扫描图片进行分析得到数据。

2. 微根管法

微根管为透明的塑料管（polymethyl methacrylate），可以对同一根段的生产、衰老、死亡等过程进行原位动态观测（图 6.7）。微根管可以垂直、水平或以一定的倾斜角度（如 30°、45°、60°）安置。微根管在安装时对土壤界面的微环境产生扰动，可能会引起管壁周围根系增生。因此，为确保微根管周围土壤恢复到稳定状态，从微根管安装到首次监测通常会有一个间隔期。数据仍为对根系扫描图片进行分析所得，而且可对土壤分层进行扫描。

图 6.6 根窗的实际安装过程（中国科学院沈阳应用生态研究所林贵刚博士供图）

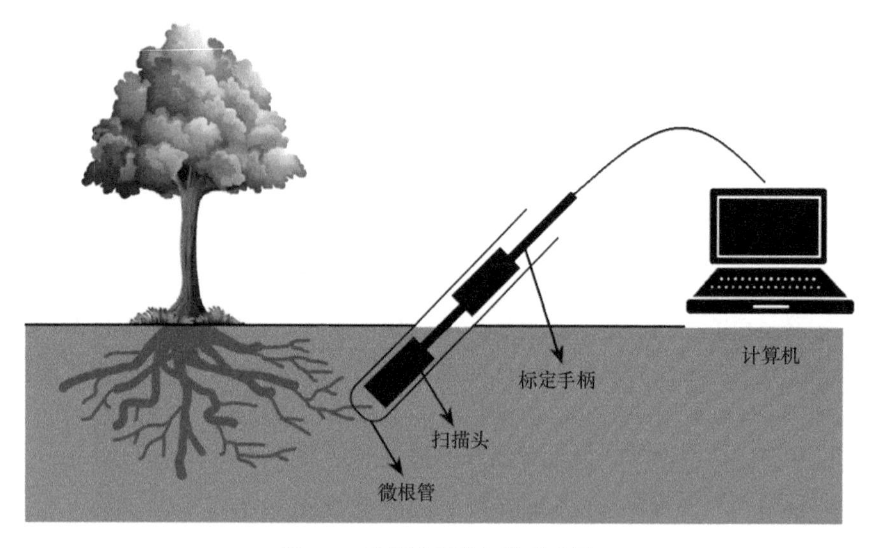

图 6.7 微根管系统扫描示意图

3. 放射性碳同位素法

由于 20 世纪 60 年代的核武器试验，60 年代是大气中 ^{14}C 含量变化的一个时间节点，在此之前大气中 ^{14}C 含量基本稳定，在此之后大气中 ^{14}C 含量急剧攀升并达到峰值。随着核武器试验的禁止，半个世纪以来大气中的 CO_2 通过与海洋、陆地生物圈进行碳交换以及化石燃料燃烧等，大气中 ^{14}C 含量逐年下降。因此，通过对比根系组织与空气中 ^{14}C 的浓度，即可间接确定根系的年龄，从而简化了对根系寿命的估计。该方法测定细根寿命误差约为 2 年，是根系寿命研究中常用方法之一（Gaudinski et al.，2001）。

6.6.5 根周转

根系周转是指新根的产生和生长及老根的死亡和分解过程，根周转率（root turnover rate）是指单位时间内产生新根的长度（或生物量）或老根死亡消失的长度（或生物量）

与该段时间内平均地下生物量之比。根周转的测定方法可以分为破坏性方法和非破坏性方法，具体操作如下：

1. 破坏性方法

1）根钻法

为测定单位时间内细根周转率，须每隔固定一段时间进行取样。

细根周转率（a^{-1}）= 地下净初级生产力（BNPP）/细根生物量平均值（B_{mean}）（6.6）

其中，

$$\text{BNPP} = 细根生物量最大值 - 细根生物量最小值 \tag{6.7}$$

2）内生长土环法

在植物生长结束期后或土壤结冻前，选取实验点，用土钻与土壤水平面呈 90°垂直打孔，将孔径 2 mm 的纱网衬到 PVC 塑料管上，将纱网贴在土环壁上并将 PVC 管放在中央，然后将过筛去根的土壤回填到纱网和 PVC 管中间，便可形成可供根系生长的土环（图 6.8）。在回填过程中为了使土环中土壤容重与实际情况基本相符，应测定试验点的土壤容重，根据容重计算填充土壤的重量。

(a) 土钻垂直90°打孔

(b) 纱网和PVC管的准备

(c) 筛原位土壤

(d) 原位土壤回填

图 6.8 根系内生长土环的实际安装过程（东北师范大学高英志教授供图）

填充过程中，不断用木棒压实。内生长土环制作完之后第二年便可以开始取样测定BNPP。每年大概取三次。取样时首先把中间的PVC管取出，然后用刀紧贴着土壤环壁把所有的根系都割掉，并取出土环中的土壤装入大塑料袋中，带回实验室，用镊子进行根系分离，然后测定根系的重量。

2. 非破坏性方法

1）氮平衡法

氮平衡法需要测定生态系统中氮输入、植物体内氮含量以及土壤氮矿化速率，来对细根生产进行估计。该方法通常基于四个假设，即根系间无氮的转运、植物吸收全部矿化氮、植物生物量生长受氮限制、稳态条件影响（Aber et al.，1985；Vogt et al.，1998）。因此，该方法仅适用于以上4种假设成立、氮是植物生长第一限制因子以及细根生产对氮响应已非常清楚的生态系统。

2）根窗法、微根管法

同6.6.4节。细根周转率通过图片测量所得新根的长度与平均根系长度之比表示。

6.6.6 根物候

根物候指根系长期适应光照、降水、气温等条件的周期性变化，形成与季节变化相适应的生长发育节律。

直接观察与记录：可利用根窗法、微根管法等连续性好、可直接观测的方法，记录新根初生和老根死亡的时间，方法同6.6.4节和6.6.5节。

时间格局：根据6.6.5节的方法，对不同时间根系生产量进行记录，形成全年的根系生产量格局，对根系生产随季节变化的节律性进行总结。

6.7 根系解剖性状

根系的解剖性状（root anatomical trait）是从解剖学的角度观察根系的内部结构，可以反映根系的生理功能。根据根系解剖结构的不同，将直径≤2 mm细根进一步分为吸收根和运输根。其中，吸收根具有完整的皮层，具有吸收水分和养分的重要功能；然而，运输根的皮层逐渐消失，吸收功能降低，运输功能增加（McCormack et al.，2015）。由此可见，通过研究根系解剖结构的差异，有助于我们了解其所发挥的功能，从而进一步探究根系对环境的适应策略。常用的根系解剖性状如下（Guo et al.，2008b；Pregitzer et al.，2002）：

（1）中柱直径（stele diameter）：是根系内的主要输导组织，可以反映其运输水分和养分的能力。

（2）维根比（stele∶root diameter ratio）：是维管柱直径（也叫中柱直径）和根直径的比值，是理解植物根系对吸收和运输功能调控的关键指标（Guo et al.，2008b）。

（3）皮层厚度（cortex thickness）：植物吸收的水分和养分需经过皮层进入输导组织中，其厚度大小表示吸收效率的大小。随着皮层厚度的减小，其吸收能力下降。同时，皮层为内生菌根侵染提供了一定的场所，是影响内生菌根侵染的一个重要因素（Comas et al.，2014）。一般而言，皮层越厚越有利于内生菌根的侵染（Comas et al.，2014；Kong et al.，2016）。

（4）皮层层数（cortex layer）：是构成根系皮层的数量，也可以揭示吸收效率的大小。

（5）导管数量（vessel number）：是指维管束中导管的数目，与运输能力密切相关，一般导管数目越多，运输能力强。

（6）导管直径（vessel diameter）：导管是重要的输水组织，导管直径反映导管的大小，也可以反映其运输能力大小。

6.7.1　所需工具及试剂

镊子、培养皿、玻璃瓶、滴管、各浓度的酒精（用无水乙醇和蒸馏水配）、吸水纸、二甲苯、石蜡、恒温箱、烘箱、纸盒、刀片、莱卡切片机、毛笔、载玻片、铅笔、烤片机、染色缸、番红染液、固绿染液、加拿大树胶、显微镜。

1. 番红染液配制（木质化细胞壁染成红色）

甲液：番红 5 g、95%酒精 50 mL；乙液：蒸馏水 450 mL、苯胺 20 mL；甲液与乙液充分混合后过滤使用。

2. 固绿染液配置（纤维素细胞壁染成绿色）

固绿：1 g、95%酒精：20 mL、苯胺：10 mL、染色时加入 30 mL 95%酒精稀释。

6.7.2　测量方法

1. 挑根

将保存在 FAA 固定液中的 1 级根取出，用剪刀将其修剪为 1 cm 长的根段（每个物种至少取 10～15 个根段），然后将其放入贴好标签的小玻璃瓶中。

2. 石蜡切片制作

（1）脱水：用滴管分别向小玻璃瓶中加入 85%、95%、100%、100%酒精使根系脱水，所加溶液占小玻璃瓶体积的 2/3 即可，并盖紧瓶塞。具体步骤如下：85%乙醇（2 h）—95%乙醇（2 h）—无水乙醇（2 h）—无水乙醇（2 h）（注意在 95%乙醇换到无水乙醇时，可以先用吸水纸将根系样品、玻璃瓶及瓶盖擦干后再换，以防脱水不完全）。

（2）透明：1/2 无水乙醇+1/2 二甲苯（1 h）—纯二甲苯（2 h）—纯二甲苯（2 h）（使用二甲苯时应在通风橱中进行）。

（3）浸蜡：1/2 纯二甲苯（下层）：1/2 石蜡碎屑（上层）（37℃恒温箱中过夜）—纯

石蜡（60℃烘箱中 5 h）—纯石蜡（60℃烘箱中 5 h）—纯石蜡（60℃烘箱中 5 h）（注意石蜡碎屑和石蜡要提前准备，后两次的纯蜡可以回收利用，放在恒温箱中使二甲苯充分挥发即可用于包埋）。

（4）包埋：将融化状态石蜡溶液及根系迅速倒进纸盒中，用镊子将根扶正，等间距将根系摆在纸盒中，待其表面冷凝后放入冷水中使其均匀冷凝（速度要快，否则石蜡容易凝固）。

（5）修块：用刀片将包埋好的蜡块进行修整，修整至适合尺寸，以便可以放入切片机。

（6）切片：用切片机切片，厚度为 8 μm，具体步骤为：修块（使其表面与刀片垂直）—切片（待出现完整蜡带且带有根样后用毛笔和镊子将其取下）—展片（放在温水中使蜡带完全展开）—附于载玻片上、展片（45℃烤片机上）。

（7）脱蜡与染色（染色缸中进行）：二甲苯（40 min）—二甲苯（40 min）—1/2 二甲苯+1/2 无水乙醇（5 min）—无水乙醇（5 min）—95%乙醇（5 min）—85%乙醇（5 min）—番红染色（隔夜放置）—蒸馏水（5 s）—蒸馏水（5 s）—85%乙醇（10 min）—95%乙醇（10 min）—固绿溶液（10 s）—95%乙醇（10 min）—无水乙醇（10 min）—1/2 二甲苯+1/2 无水乙醇（10 min）—二甲苯（3 min）—二甲苯（30 min）。

（8）封片：用加拿大树胶进行封片，在 60℃烘箱中烘干 72 h。

（9）拍照：显微镜下拍照并保存图片。

3. 测量数据

打开 Motic Image Plus 3.0 软件，设置各参数，进行测量。由于每个物种根的大小不同，拍照时选用的物镜倍数不同，应及时调整测量时的物镜倍数。同时，为了保证测量数据的准确性，可以将放大镜打开进行测量。最终得到根直径、皮层厚度、维管柱直径、导管直径（可测 10 个导管的直径取平均值获得）、导管数量、皮层层数。并根据以下公式计算维根比：

$$维根比 = 维管柱直径/根直径 \tag{6.8}$$

6.8 根系菌根性状

菌根是土壤真菌与植物根系之间高度进化的互惠共生体。在菌根共生体中，宿主植物为共生真菌提供碳源，而菌根真菌通过吸收土壤水分和营养元素促进宿主植物对土壤资源的获取（Brundrett，2002；Smith and Read，2008），并帮助宿主植物抵御环境胁迫和病虫害侵扰（Smith and Read，2008）。菌根真菌与植物相互作用、协同进化，在植物生态系统的演替和生物多样性的维持中发挥重要的作用。

6.8.1 菌根类型

菌根是真菌菌丝与高等植物营养根系形成的一种联合体。由于参与共生的真菌、植物种类及它们形成共生体的不同，可分为 7 种类型，分别是丛枝菌根（arbuscular mycorrhizas，AM）、外生菌根（ectomycorrhizas，ECM）、内外生菌根（ectendomycorrhizas，EEM）、欧石南类菌根（Ericoid mycorrhizas，ERM）、兰科菌根（Orchid mycorrhizas，OM）、浆果鹃类菌根（Arbutoid mycorrhizas，ARM）和水晶兰类菌根（Monotropoid mycorrhizas，MM）。由于丛枝菌根（AM）和外生菌根（ECM）是分布最为广泛、研究比较多的两种菌根类型，本节将重点介绍这两种菌根类型的特点及测定方法，其他类型菌根的内容可以参考 MYCORRHIZAL ASSOCIATIONS 网站（http://mycorrhizas.info/ecm.html#hosts/）。

大约 70%以上的被子植物都形成 AM 类型的菌根，而 ECM 普遍出现在松科、壳斗科、桦木科、龙脑香科等树种中（Smith and Read，2008；Wang and Qiu，2006）。通常可通过菌根共生体的宿主植物类型或真菌形态特征判断菌根真菌类型，如丛枝菌根菌丝在根系皮层细胞内可形成丛枝、泡囊或胞内菌丝结构（Brundrett，2002）；外生菌根菌丝在根系外围形成菌套，在根系皮层细胞间形成哈氏网，其菌丝体不进入细胞内（图 6.9）。

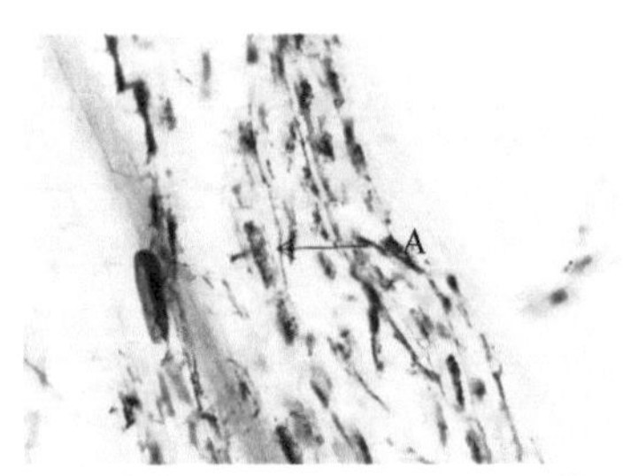

(a) 宿主梣 (*Fraxinus stylosa*) 的丛枝结构 (箭头A)

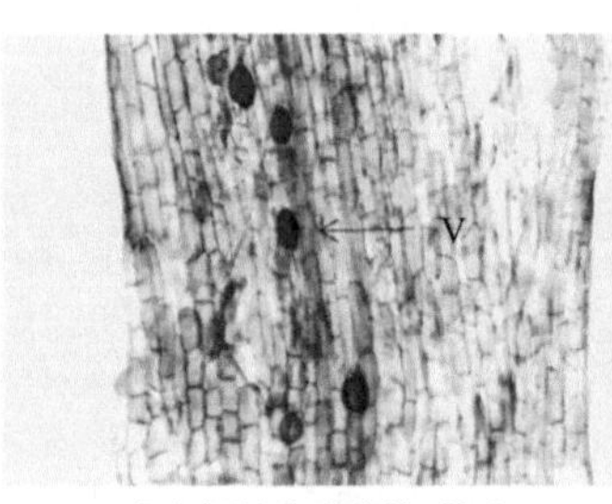

(b) 宿主栎的泡囊结构 (箭头V)

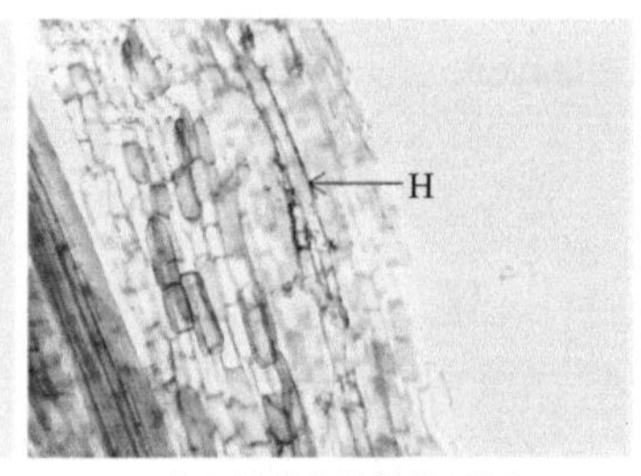

(c) 宿主栎的菌丝结构 (箭头H)

(d) 秦岭红杉 (*Larix potaninii*) 短根

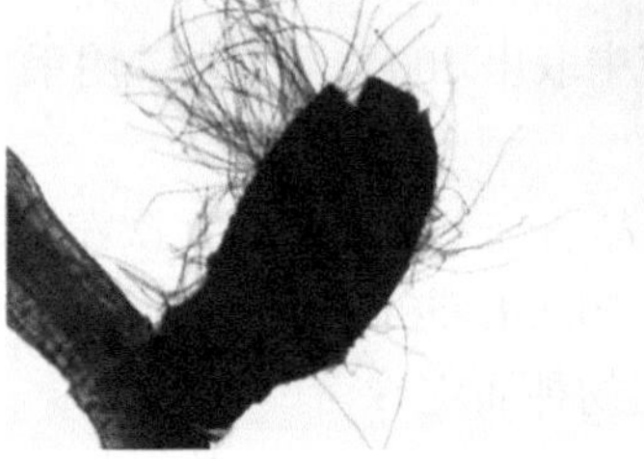

(e) 香椿 (*Toona sinensis*) 菌套及菌丝

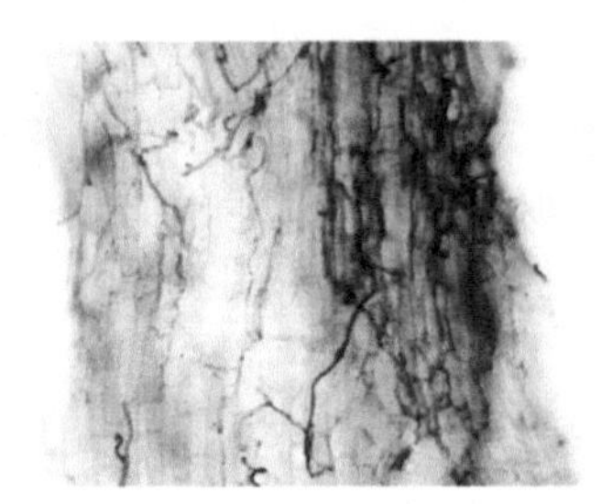

(f) 栓皮栎 (*Quercus variabilis*) 菌丝

图 6.9　丛枝菌根（a）～（c）和外生菌根（d）～（f）

6.8.2　菌根侵染率

菌根侵染率是较为客观的菌根研究指标，能够反映某一时段特定植物群落的菌根侵染状况。土壤理化性质（如氮、磷元素形态）、降水、气温以及植物种类都直接影响真菌孢子的萌发、菌丝长度和菌丝分支，通过测定菌根真菌的侵染率，可以观测菌根真菌与环境条件的影响与适应特征。由于丛枝菌根与外生菌根侵染方式不同，两者的测定方法也不相同。

1. 丛枝菌根（AM）侵染率测定

采用 Phillips 和 Hayman（1970）方法对细根染色，用解剖刀将末级根切下，每份样品取 100 个根段，压片。用光学显微镜在 400 倍下进行镜检，根尖有泡囊、胞内或胞间有丛枝或菌丝者为丛枝菌根。丛枝菌根的侵染率染色步骤如下（图 6.10）：

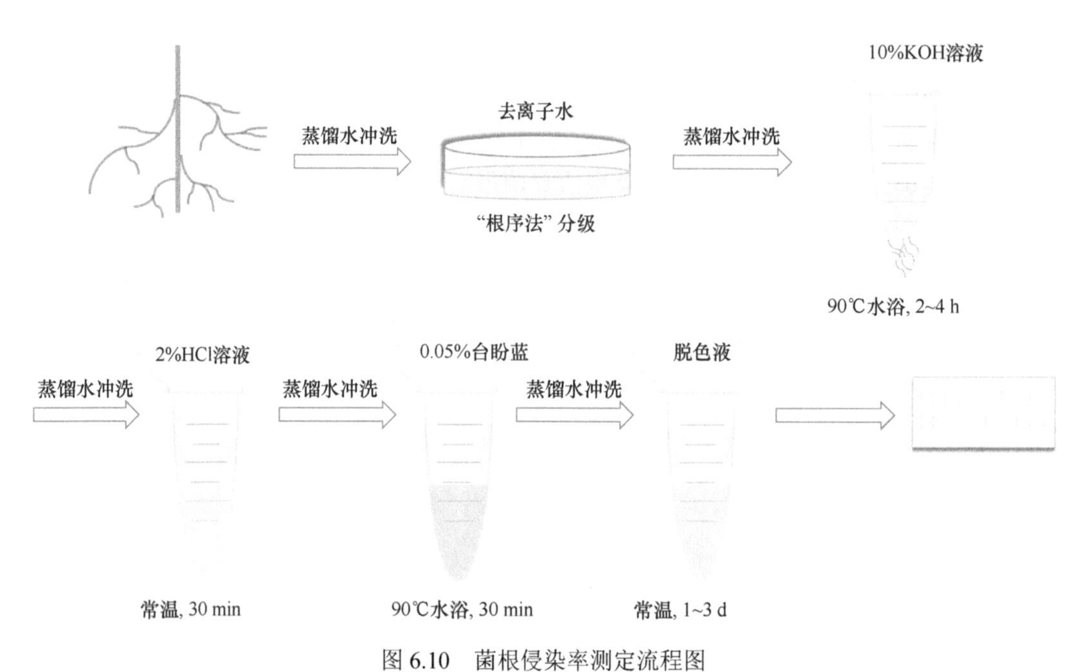

图 6.10　菌根侵染率测定流程图

（1）挑根：从 FAA 固定液中取出 100 个 1 级根，用手术剪修剪为 1 cm 左右的小段，并放在 50 mL 的离心管；

（2）冲洗：用蒸馏水将样品清洗干净，冲洗 3 次左右即可；

（3）透明：离心管中倒入 30 mL 的 10% KOH 溶液，放入 90℃恒温水浴锅中，加热 2～4 h（具体加热时间依据物种而定）；

（4）软化：将透明后的根段用蒸馏水清洗 3 次，加入 35 mL 10%碱性过氧化氢，室温下放置 30 min；

（5）酸化：将碱性过氧化氢液体倒出，并用蒸馏水清洗 3 次，向离心管中倒入 35 mL 2%的盐酸，室温放置 30 min；

（6）染色：离心管中加入 0.05%（质量体积比）台盼蓝的乳酸甘油溶液，放入 90℃的水浴锅中加热 30 min 后，在 60℃下放置 1 h 使根系充分着色；

（7）脱色：将染色剂倒出，加入适量的脱色液（乳酸∶甘油∶水=1∶1∶1），一般脱色时间为 1～3 d；

（8）制片：载玻片上涂抹适量的意大利树脂胶，每个载玻片上放置 20 个根段，每个物种重复 5 张片子，室温条件下晾干，观察并记录；

（9）丛枝菌根侵染率测定：菌根侵染率测定需在解剖镜或显微镜下进行，可采用多种方法测定侵染率，本书主要介绍两种常用的方法：根段频率标准法（Biermannr and Linderman，1981）和放大交叉法（Mcgonigle et al.，1990）。

根段频率标准法是相对简便而精确的侵染率测定方法，具体操作为根据每段根系丛枝、泡囊、菌丝结构以及 3 种结构总体的多少按 0%、10%、20%、30%、…、100%的侵染数量分别给出每条根段的侵染率，0%、10%、20%、30%、…、100%为根段被侵染程度。

$$\text{侵染率}(\%)=\frac{\sum(0\%\times\text{根段数}+10\%\times\text{根段数}+20\%\times\text{根段数}+\mathrm{L}\ +100\%\times\text{根段数})}{\text{观察总根段数}} \tag{6.9}$$

放大交叉法（magnified intersections method）指在一定高倍放大的范围内观察测定 AM 真菌侵染率。该法将染色根系平行于载玻片的横轴放置，200 倍下镜检，每次根据显微镜坐标尺移动 0.1 mm（Giovannetti and Mosse，2010），观察目镜十字准线与根系交叉情况并分别对有丛枝、泡囊或菌丝侵染的结构进行计数并记录在同一个交叉点下（图 6.11）。该法克服了传统研究方法的不足，并且高倍下观察更加清晰、准确。侵染率计算公式为

泡囊侵染率=（泡囊侵染的交叉点数和/总交叉数）×100%　　（6.10）

菌丝侵染率=（菌丝侵染的交叉点数和/总交叉数）×100%　　（6.11）

总侵染率=（总交叉点–无侵染点数）/总交叉点×100%　　（6.12）

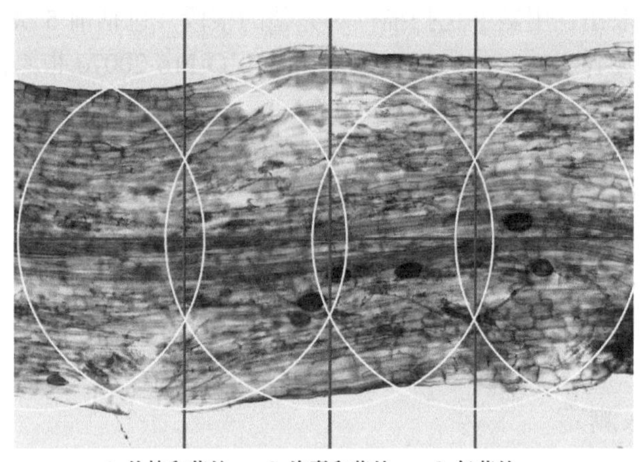

1. 丛枝和菌丝　2. 泡囊和菌丝　3. 仅菌丝

图 6.11　丛枝菌根真菌侵染放大交叉法

2. 外生菌根（ECM）侵染率测定

因外生菌根（ECM）在根系外表上与无菌根的根系有着很大差异，存在明显可鉴定的菌丝鞘和根外菌丝，故外生菌根的菌根侵染率测定较为方便，只需将根系放在体视显微镜下观察即可看出是否存在菌根结构，根尖有菌套或根外皮层细胞间隙有哈蒂氏网者为外生菌根。外生菌根侵染率由 ECM 侵染根段数占镜检根段总数的比例表示：

菌根侵染率（%）=（ECM 侵染根段数/镜检总根段数）×100%　　（6.13）

6.9 根系构型性状

根系构型性状（root architecture trait）是指根系中不同类型根系在生长介质中的空间分布和构型，反映植物根系在土壤中的分布位置及其对资源吸收所采取的策略（Kong et al.，2014；Lynch，1995）。

（1）分支比（root branching ratio，RBR）：是低级根的数量与高级根的数量的比值，指示分支数的多少。

（2）分支密度（root branching intensity，RBI）：是低级根的数量与高级根的比值，反映单位长度分支数量的多少，可表征根系在异质性环境中的适应策略（Forde and Lorenzo，2001；Hodge，2004，2009）。

6.9.1 测量所需工具

去离子水、培养皿、镊子、矩形托盘（19 cm×25 cm×2 cm）、数字化扫描仪、WinRHIZO Pro 2007d 根系分析软件。

6.9.2 测量方法

将冷藏的样品取出，用数字化扫描仪对完整的根段（包括前 5 级根）进行扫描并拍照。然后，人工统计各级根序的数量，用 WinRHIZO Pro 2007d 根系图像分析软件分析得到各级根序的根长（具体步骤详见 6.4.2 节）。

以前两级根为例，根据以下公式计算分支比和分支密度：

$$\text{分支比}=1\text{ 级根的数量}/2\text{ 级根的数量} \tag{6.14}$$

$$\text{分支密度}=1\text{ 级根的数量}/2\text{ 级根的长度} \tag{6.15}$$

6.10 根系垂直分布

6.10.1 最大根深测定

观察最大根深一般采用挖掘法、剖面法或取土芯法（Jackson et al.，1996；Ma et al.，2013）。

（1）挖掘法是直接将整株植物挖掘出来以确定根系深度的方法，一般适用于草本植物或浅根系植物。

（2）用剖面法观察最大根深是在距植物某一距离处挖取土壤剖面，直至看到根系末端，再测定根系分布深度。

（3）取土芯法是在距离植物基部一定范围内按照某一距离间隔设置重复数并分层取土芯，以每层土芯有无根系来确定根系最大分布深度。同一深度的土芯全部无根系认为属于无根系分布，有一个土芯存在根系就认为该深度有根系分布，连续 3 个深度的土芯中没有根系出现就认为更深层土壤无根系存在，此时以最后出现根系的土壤深度作为最大根深。

6.10.2　根系垂直分布测定

以根钻法分层取样为例，将土壤按照不同深度划分后，如 0～10 cm、10～20 cm、20～30 cm、30～40 cm、40～50 cm，利用一定直径的根钻对土壤进行取样，根据每一层的根系生物量来量化该土壤深度根系分布，从而得出根系垂直分布特征。具体测定过程详见 6.3 节。

利用 Gale 和 Grigal（1987）提出的根系垂直分布模型来描述根系分布，具体计算公式如下：

$$Y = 1-\beta^{d} \tag{6.16}$$

式中，Y 为从土壤表面至某土层深度 d（cm）的根系生物量的累积百分比；β 为根系消弱系数。其中，β 值越大（越接近 1），表明植物根系在较深土壤层次中分布的比例越多；反之，则表示植物根系在浅层土壤中分布的比例越多。

6.11　根系群落性状

根系群落性状（root community traits，RCTs）是利用根钻法采集不同土层中的根系（不分物种），从而获得不同土层中根系的性状值，通常包括根系生物量、根系长度、根系表面积 3 个指标，其生态学意义如下（Wang et al.，2021）：

（1）根系质量密度（root biomass density per land area，RMA）：单位土地面积的总根系质量，反映了不同土层中根系生物量的分配、地下根系群落的养分获取及碳分配能力。

（2）根系长度密度（root length density per land area，RLA）：单位土地面积的总根系长度，表征植物根系群落对水分和养分的吸收能力的大小。

（3）根系表面积（root area density per land area，RAA）：单位土地面积的总根系质量，反映植物根系群落与土壤的接触面积，一般根系表面积越大，对资源的吸收能力就越高。

（4）根系功能元素密度（root element density per land area，REA）：单位土地面积的功能元素总量，反映根系群落的养分吸收和储存能力。

以草地生态系统的根系群落功能性状调查为例，依据研究目标，选择典型的草地群落为研究对象。在每个群落内，分别设置 4～8 个 1 m×1 m 草本样方。将样方中心位置植物地上部齐地面刈割，根钻按照 0～10 cm、10～20 cm、20～30 cm、30～50 cm、50～70 cm、70～100 cm 土层进行取样（图 6.12）。在实验室内，用水冲洗干净，将根挑出，利用数字化扫描仪和 WinRHIZO Pro 根系分析系统对每一层根系进行扫描，测定根系面积、长度，计算得到每一层单位土地面积的根系质量、根系长度、根系面积。同时将烘干后的根系样品，测定每一层根系样品的功能元素含量（详见 6.4 节和 6.5 节）。

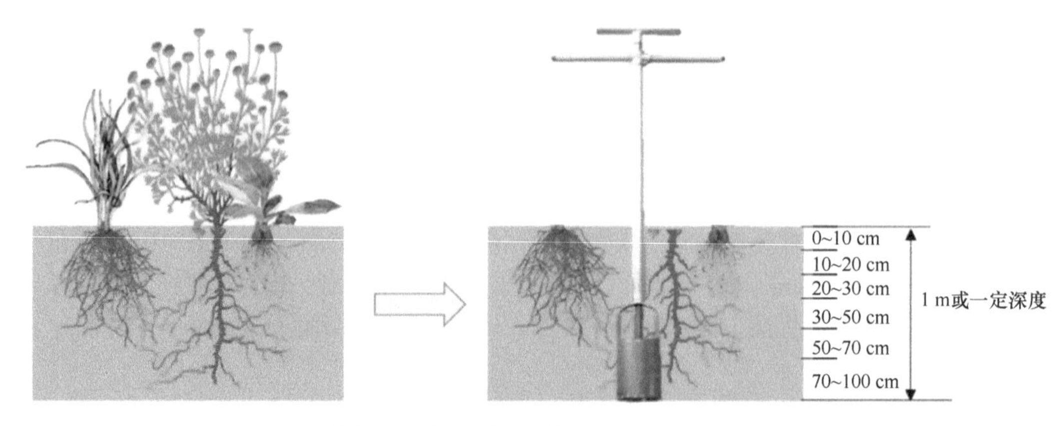

图 6.12　根系群落性状野外取样示意图

随后，计算得到根系群落的质量、长度、面积和功能元素密度，公式如下：

$$\text{RMA}(\text{g/m}^2) = \sum \text{RM}_i / \text{Area} \tag{6.17}$$

$$\text{RLA}(\text{km/m}^2) = \sum \text{RL}_i / \text{Area} \tag{6.18}$$

$$\text{RAA}(\text{m}^2/\text{m}^2) = \sum \text{RA}_i / \text{Area} \tag{6.19}$$

$$\text{REA}(\text{kg/m}^2) = \sum \text{RM}_i \times \text{RE}_i / \text{Area} \tag{6.20}$$

式中，RMA、RLA、RAA、REA 分别为单位土地面积的根系质量、长度、面积、功能元素密度；RM_i、RL_i、RA_i、RE_i 分别为群落内每一土层的根系质量、长度、面积、功能元素含量。

6.12　小　　结

根系是植物主要的营养器官，尤其在植物养分和水分吸收方面具有不可替代的作用；直接或间接调控了生态系统的多个重要过程，如初级生产力、养分循环和土壤形成等等。与叶片不同，根系生长在更复杂多变的土壤中，为了适应其特定生境的气候条件、土壤质地、养分供给、动物和微生物干扰等，植物根系从形态特征、化学元素含量、生理生化特征、分型结构、空间分布特征乃至菌根侵染等角度演化和形成了多种多样的适应策略。本章从植物根系的野外采集、具体根系功能性状生态意义及测定方法开展了较为详细的介绍，希望能为相关研究提供重要的支撑。不可否认的是，目前人们对根系的研究还在快速发展阶段，后续必将会不断涌现新的根系功能性状参数、新的测定方法，不断完善现有的根系功能性状参数体系和测定方法。

参考文献

郭婉玑, 张子良, 刘庆, 等. 2019. 根系分泌物收集技术研究进展, 应用生态学报, 30(11): 3951-3962.

孙庚, 张楠楠, 类延宝, 等. 2016. 草地草本植物根系分泌物原位收集方法, CN, 106053135 A.

Aber J D, Melillo J M, Nadelhoffer K J, et al. 1985. Fine root turnover in forest ecosystems in relation to quantity and form of nitrogen availability: A comparison of two methods. Oecologia, 66: 317-321.

Bais H P, Weir T L, Perry L G, et al. 2006. The role of root exudates in rhizosphere interactions with plants and other organisms. Annual Review of Plant Biology, 57: 233-266.

Bardgett R D, Mommer L, Vries F T D. 2014. Going underground: Root traits as drivers of ecosystem processes. Trends in Ecology & Evolution, 29: 692-699.

Biermannr B, Linderman R G. 1981. Quantifying Vesicular-Arbuscular Mycorrhizae: A Proposed Method Towards Standardization. New Phytologist, 87: 63-67.

Brundrett M C. 2002. Coevolution of roots and mycorrhizas of land plants. New Phytologist, 154: 275-304.

Buysse J, Merckx R. 1993. An improved colorimetric method to quantify sugar content of plant tissue. Journal of Experimental Botany, 44: 1627-1629.

Clement C R, Hopper M J, Jones L H, et al. 1978. The uptake of nitrate by Lolium perenne from flowing nutrient solution: II. Effect of light, defoliation, and relationship to CO_2 flux. Journal of Experimental Botany, 29: 1173-1183.

Comas L H, Callahan H S, Midford P E. 2014. Patterns in root traits of woody species hosting arbuscular and ectomycorrhizas: Implications for the evolution of belowground strategies. Ecology and Evolution, 4: 2979-2990.

Dai J, Mumper R J. 2010. Plant phenolics: extraction, analysis and their antioxidant and anticancer properties. Molecules, 15: 7313-7352.

de Deyn G B, Cornelissen J H, Bardgett R D. 2008. Plant functional traits and soil carbon sequestration in contrasting biomes. Ecology Letters, 11: 516-531.

Díaz S, Lavorel S, de Bello F, et al. 2007. Incorporating plant functional diversity effects in ecosystem service assessments. Proceedings of the National Academy of Sciences, 104: 20684-20689.

Dunbabin V, Rengel Z, Diggle A J. 2004. Simulating form and function of root systems: Efficiency of nitrate uptake is dependent on root system architecture and the spatial and temporal variability of nitrate supply. Functional Ecology, 18: 204-211.

Eissenstat D M, Yanai R D. 1997. The Ecology of Root Lifespan. Advances in Ecological Research, 27: 1-60.

Forde B, Lorenzo H. 2001. The nutritional control of root development. Plant and Soil, 232: 51-68.

Freschet G T, Pagès L, Iversen C M, et al. 2021. A starting guide to root ecology: Strengthening ecological concepts and standardizing root classification, sampling, processing and trait measurements. New Phytologist, 232: 973-1122.

Freschet G T, Roumet C. 2017. Sampling roots to capture plant and soil functions. Functional Ecology, 31: 1506-1518.

Gale M R, Grigal D F. 1987. Vertical root distribution of northern tree species in relation to sucessional status. Canadian Journal of Forest Research, 17: 829-834.

Gaudinski J B, Trumbore S E, Davidson E A, et al. 2001. The age of fine-root carbon in three forests of the eastern United States measured by radiocarbon. Oecologia, 129: 420-429.

Giovannetti M, Mosse B. 2010. An evaluation of techniques for measuring vesicular arbuscular mycorrhizal infection in roots. New Phytologist, 84: 489-500.

Givnish T J. 1995. Plants stems: Biomechanical adaptation for energy capture and influence on species distribution// Gartner B L. Plant Stems: Physiology and Functional Morphology. San Diego, C A, Academic Press, 3-49.

Guo D, Li H, Mitchell R J, et al. 2008a. Fine root heterogeneity by branch order: Exploring the discrepancy in root turnover estimates between minirhizotron and carbon isotopic methods. New Phytologist, 177: 443-456.

Guo D, Xia M, Wei X, et al. 2008b. Anatomical traits associated with absorption and mycorrhizal colonization are linked to root branch order in twenty-three Chinese temperate tree species. New Phytologist, 180: 673-683.

Han M, Zhu B. 2021. Linking root respiration to chemistry and morphology across species. Global Change Biology, 27: 190-201.

He J S, Wang Z H, Fang J Y. 2004. Issues and prospects of belowground ecology with special reference to global climate change. Chinese Science Bulletin, 49: 1891-1899.

Hodge A. 2004. The plastic plant: Root responses to heterogeneous supplies of nutrients. New Phytologist, 162: 9-24.

Hodge A. 2009. Root decisions. Plant, Cell and Environment, 32: 628-640.

Jackson J C, Ehleringer J R, Sala H A, et al. 1996. Maximum rooting depth of vegetation types at the global scale. Oecologia, 108: 583-595.

Kong D L, Ma C, Zhang Q, et al. 2014. Leading dimensions in absorptive root trait variation across 96 subtropical forest species. New Phytologist, 203: 863-872.

Kong D L, Wang J, Zeng H, et al. 2016. The nutrient absorption-transportation hypothesis: Optimizing structural traits in absorptive roots. New Phytologist, 213: 1569.

Kontogianni V G, Gerothanassis I P. 2012. Phenolic compounds and antioxidant activity of olive leaf extracts. Natural Product Research, 26: 186-189.

Kraehmer H, Baur P. 2013. Weed Anatomy. West Sussex: John Wiley and Sons.

Li N L, He N P, Yu G R, et al. 2016. Leaf non-structural carbohydrates regulated by plant functional groups and climate: Evidences from a tropical to cold-temperate forest transect. Ecological Indicators, 62: 22-31.

Liu B, He J, Zeng F, et al. 2016. Life span and structure of ephemeral root modules of different functional groups from a desert system. New Phytologist, 211: 103-112.

Lupini A, Araniti F, Mauceri A, et al. 2018. Root morphology. In: Sánche-Moreiras A, Reigosa M. Advances in Plant Ecophysiology Techniques. Cham: Springer: 15-28.

Lynch J. 1995. Root architecture and plant productivity. Plant Physiology, 109: 7-13.

Makita N, Yaku R, Ohashi M, et al. 2013. Effects of excising and washing treatments on the root respiration rates of Japanese cedar (*Cryptomeria japonica*) seedlings. Journal of Forest Research, 18: 379-383.

Ma L H, Liu X L, Wang Y K, et al. 2013. Effects of drip irrigation on deep root distribution, rooting depth, and soil water profile of jujube in a semiarid region. Plant and Soil, 373: 995-1006.

McCormack M L, Dickie I A, Eissenstat D M, et al. 2015. Redefining fine roots improves understanding of below-ground contributions to terrestrial biosphere processes. New Phytologist, 207: 505-518.

Mcgonigle T P, Miller M, Evans D G, et al. 1990. A new method which gives an objective measure of colonization of roots by vesicular-arbuscular mycorrhizal fungi. New Phytologist, 115: 495-501.

Mommer L, Weemstra M. 2012. The role of roots in the resource economics spectrum. New Phytologist, 195: 725-727.

Olson J S. 1963. Energy storage and the balance of producers and decomposers in ecological systems. Ecology, 44: 322-331.

Phillips J M, Hayman D S. 1970. Improved procedures for clearing roots and staining parasitic and vesicular-arbuscular mycorrhizal fungi for rapid assessment of infection. Transactions of the British Mycological Society, 55: 158-161.

Pregitzer K S, DeForest J L, Burton A J, et al. 2002. Fine root architecture of nine North American trees. Ecological Monographs, 72: 293-309.

Reich P B. 2014. The world-wide 'fast-slow' plant economics spectrum: A traits manifesto. Journal of Ecology, 102: 275-301.

Smith S E, Read D J. 2008. Mycorrhizal Symbiosis. Oxford: Elsevier LTD.

Soest P J V. 1967. Developmentofacomprehensivesystemoffeedanalysesandits application to forages. Journal of Animal Science, 26: 119-128.

Tennant D. 1975. A test of a modified line intersect method of estimating root length. Ecology, 63: 995-1001.

Tharayil N, Suseela V, Triebwasser D J, et al. 2011. Changes in the structural composition and reactivity of Acer rubrum leaf litter tannins exposed to warming and altered precipitation: Climatic stress-induced tannins are more reactive. New Phytologist, 191: 132-145.

Valverde B O J, Freschet G T, Roumet C, et al. 2017. A worldview of root traits: The influence of ancestry, growth form, climate and mycorrhizal association on the functional trait variation of fine-root tissues in seed plants. New Phytologist, 215: 1562-1573.

Vogt K A, Grier C C, Vogt, D J. 1986. Production, production, turnover and nutritional dynamics of abovegroundand belowground detritus of world forest. Advances in Ecological Research, 13: 303-377.

Vogt K A, Vogt D J, Bloomfield J. 1998. Analysis of some direct and indirect methods for estimating root biomass and production of forests at an ecosystem level. Plant and Soil, 200: 71-89.

Wang B, Qiu Y L. 2006. Phylogenetic distribution and evolution of mycorrhizas in land plants. Mycorrhiza, 16: 299-363.

Wang R L, Wang QF, Zhao N, et al. 2018. Different phylogenetic and environmental controls of first-order root morphological and nutrient traits: Evidence of multidimensional root traits. Functional Ecology, 32: 29-39.

Wang R L, Yu G R, He N P. 2021. Root community traits: Scaling-up and incorporating roots into ecosystem functional Analyses. Frontiers in Plant Science, 12: 690235.

Zhao N, Liu H, Wang Q F, et al. 2018. Root elemental composition in Chinese forests: Implications for biogeochemical niche differentiation. Functional Ecology, 32: 40-49.

Zhao N, Yu G R, He N P, et al. 2016. Invariant allometric scaling of nitrogen and phosphorus in leaves, stems, and fine roots of woody plants along an altitudinal gradient. Journal of Plant Research, 129: 647-657.

第 7 章　植物繁殖体功能性状测定方法与技术

摘要：基于植物功能性状理解植物功能和群落构建的研究思路近年来备受关注，特别是叶性状和根性状的研究。近年来，繁殖性状和种子性状成为该领域相对较新的焦点。繁殖性状与种群拓殖和更新密切相关，包括有性繁殖性状如繁殖物候和种子性状，以及无性繁殖性状如芽库数量和芽库大小。种子性状包括种子重量等形态特征、传播特征、休眠与萌发特征等。繁殖性状直接影响植物的种群更新和分布特征，以及群落组成和生态系统功能，且对气候变化和人类活动的干扰比较敏感。不同繁殖性状具有不同的测定方法和数据获取难度。本章系统梳理了主要繁殖性状的定义、测定方法以及相关经典假说，以期为植物功能性状研究和功能生态学提供有益补充，为繁殖性状相关研究者提供方法依据和参考。

植物功能性状为解释生物多样性维持和群落构建提供新的研究途径。我们对叶片功能性状（Wright et al.，2004）和根系功能性状（Mommer and Weemstra，2012）及它们随环境梯度的变化已经有了较深入的理解。而对于植物繁殖性状的研究相对较少。繁殖相关性状包括有性繁殖性状和无性繁殖性状。有性繁殖性状中又可分为繁殖物候、繁殖力和繁殖体性状、果实性状、种子性状、传播性状、幼苗出土和更新性状等方面。与植物叶片和根系功能性状相比，植物繁殖性状与种群拓殖和更新密切相关，更能反映植物群落组成和分布的生态过程及对环境的响应（Dirks et al.，2017）。因此，近年来关于植物繁殖性状的研究也呈现快速发展的趋势。Cornelissen 等（2003）发表的全球植物功能性状测量手册中列举了 28 种重要的功能性状；其中与繁殖相关的性状只有 3 个，分别是传播方式、传播体大小和种子重量。2011 年，在 Plant Trait Database（TRY）数据库中收录的 52 个性状中，有 8 个与繁殖相关：生育年龄、植物物候、授粉方式、传播方式、种子发芽刺激、种子大小、种子寿命、种子形态（Kattge et al.，2011）。而在 2019 年更新的 TRY 数据库中，收录繁殖相关性状 119 个。

植物有性繁殖器官为种子。自英国诺丁汉大学首次召开种子生态学会议和随后 Heydecker 编辑出版的 *Seed Ecology* 论文集之后，种子生态学成为一门分支学科（Heydecker，1972；黄振英等，2012）。种子生态学属于交叉学科，除了对生态学、繁殖生物学和进化生物学具有科学贡献外，也对作物种子生产、农业育种、杂草防除、生态恢复和生物多样性保护等方面具有实践意义（张红香和周道玮，2016）。在国内外专业学术组织和专业学术会议的推动下，近年来种子生态学发展较快，科学家们也在积极推进种子功能性状和种子生态谱的研究（Saatkamp et al.，2019）。

从自身经历的生命历程看，种子经历发育和生产、传播和被捕食、休眠和萌发或形成土壤种子库等不同阶段。种子具有一定的寿命，不同储藏条件能够改变活力并影响寿命。种子的性状具有不同的功能，与这些生命历程息息相关，同一性状可能对应着多个功能，如种子重量即是种子形态性状，又极大影响着传播和幼苗出土（图 7.1），因此可以根据不同目的进行不同的分组（Liu et al.，2022）。本章基于植物生活史发育阶段和繁殖生态学及种子生态学研究领域，将有性繁殖性状分为植物繁殖物候和有性繁殖体性状，果实和种子形态性状，种子传播、捕食与防御性状，种子休眠与萌发性状；种子库内容并入种子传播一节，种子活力和寿命内容并入种子萌发一节；将无性繁殖性状分为克隆生长和繁殖特征及芽库特征。本章陈述了主要繁殖性状的定义和术语、测定方法和技术（表 7.1），并以框格形式介绍一些与之相关的经典假说。

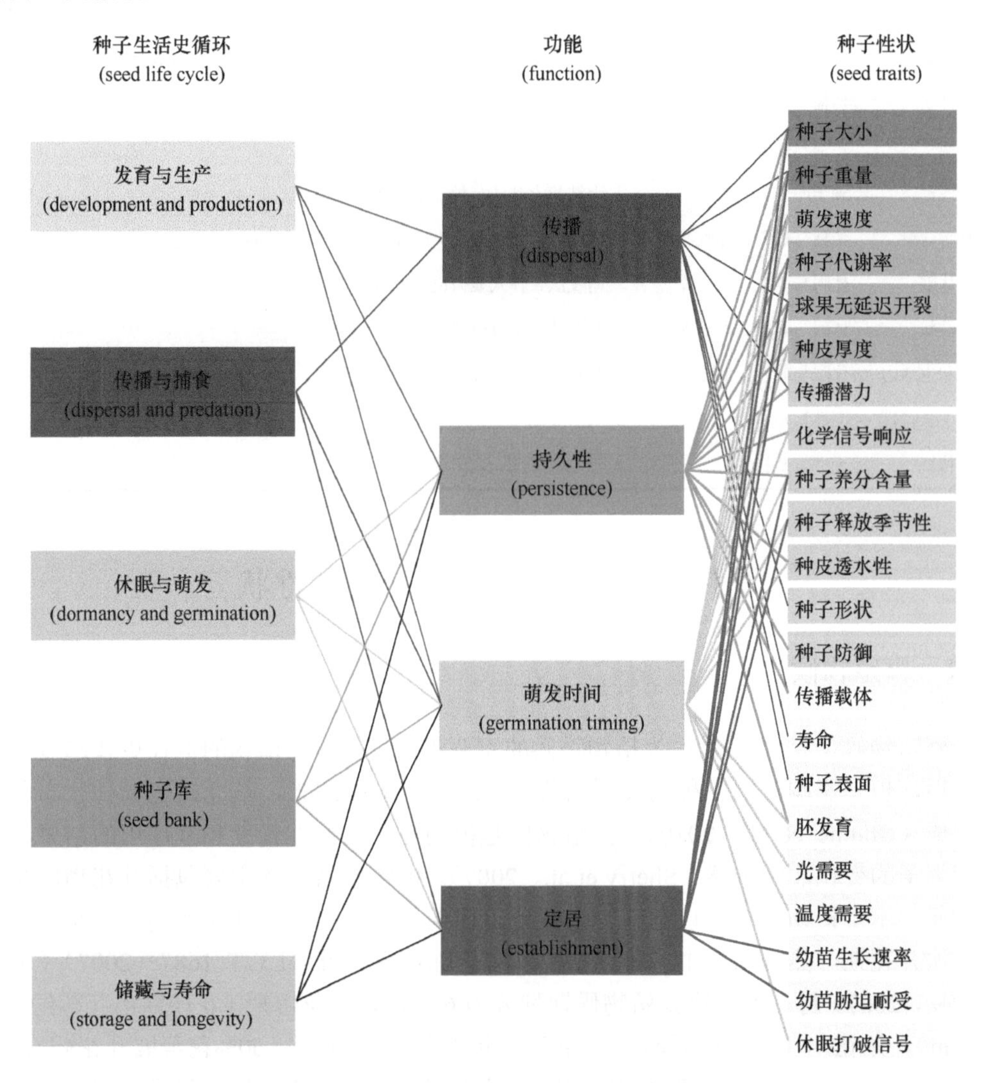

图 7.1　种子性状与功能及生命周期的关系示意图

表 7.1 主要植物繁殖性状分类及其测定方法

繁殖性状	生命周期	测定方法	难度
繁殖物候	发育和生产	地面观测（望远镜、物候相机）、近地面遥感和卫星遥感	难
繁殖体数量	发育和生产	人工观测	中
繁殖体形态	发育和生产	人工观测	中
繁殖分配	发育和生产	繁殖生物量占比，计算所得	易
繁育力	发育和生产	标记并跟踪观察、显微镜测定及计算	难
花粉性状	发育和生产	标记、溶液染色、显微镜观测	难
果实形态	发育和生产	游标卡尺、体视显微镜、天平	易
种子形态	发育和生产	游标卡尺、体视显微镜、天平	易
传播性状	传播与捕食	扫描仪、显微系统、摄像机、风洞、模型	中
捕食性状	传播与捕食	人工观察、X 光检测法、同位素标记法、荧光染料法、遗传技术	中
防御性状	传播与捕食	扫描电镜、分光光度计、元素分析仪等	中
种子雨	传播与捕食、种子库	种子雨收集器	中
种子库	种子库	土钻和土芯法、种子萌发法、镜检法	难
储藏物含量	传播与捕食、休眠与萌发	流动分析仪、分光光度计、元素分析仪等	难
种子休眠	休眠与萌发、种子库	萌发法、体式显微镜、埋藏实验、模型	中
萌发性状	休眠与萌发、种子库	萌发法、萌发模型	易
活力和生活力	休眠与萌发、储藏与寿命	TTC 染色法、镜检法、分子手段	中
克隆生长特性	无性繁殖特性	人工观测	中
芽库特征	无性繁殖特性	样方取样法、人工观测	难

7.1 繁殖物候与有性繁殖体性状

7.1.1 繁殖物候

繁殖物候（专栏 7.1）作为植物物候的重要组成部分，对植物的世代更替起着关键的作用，也是影响种内、种间及不同营养级之间竞争的因素，从而改变物种分布和群落组成（Chuine et al.，2010）。繁殖物候是植物与气候条件长期相互作用的结果，对环境因子的变化非常敏感（Sherry et al.，2007）。植物繁殖物候主要包括开花物候和结实物候。木本植物开花期包括花序或花蕾出现期、开花初期、开花盛期、开花末期、第二次开花期。热带森林生态系统定位观测指标体系标准（LY/T 1687—2007）（国家林业局，2007）将木本植物繁殖物候期划分为 6 个阶段：花蕾期（花序露出花苞约 2～10 mm）、始花期（一朵或同时几朵花瓣完全开放）、盛花期（50%花蕾展开花瓣）、凋谢期（花瓣凋谢脱落，只剩 5%开花数）、幼果期（种子性状明显）和成熟期（种子形状饱满，颜色由绿变褐）（吕冰等，2015）。草本植物开花物候可分为现蕾期、初花期和盛花期。木本植物果熟期包括果实成熟期、果实脱落开始期、果实脱落末期。草本植物结实物候期包括果实始熟期、果实全熟期、果实脱落期、种子散布期。繁殖物候主要关注植物的开花和结实时间及动态。

专栏 7.1　繁殖物候

物候（phenology）最早的英文解释是“phenology is the observation of the first flowering and fruiting of plants, the foliation and defoliation of trees, the arrival, nesting, and departure of birds，and such like”（*Oxford English Dictionary*，2008），即观察和研究植物首次开花、结果、树木展叶和落叶，鸟儿到达、筑巢和离开诸如此类现象。Fenner（1998）将物候学定义为一门研究生物生活史事件（如植物萌发、成长、开花、结果等阶段）发生时间及其与环境相关关系的科学。繁殖物候是物候学研究的核心内容。

观测手段包括地面观测、近地面遥感和卫星遥感监测。地面观测又包括人工地面观测法和野外种子雨收集器法和物候相机。此方法更能准确捕捉繁殖物候的关键时期和详细信息。卫星遥感监测法和近地面遥感监测法研究物候空间连续性好，时间序列完整且较长，覆盖范围比较广，在分析植物物候与气候变化、植物生物量估计和生长季节划分等方面有广泛应用（陈效逑和王林海，2009），卫星数据促进了全球变化宏观生物学的出现和发展。

木本植物繁殖物候观测的人工地面观测法多采用种群整体观测与单株树木定位观测相结合的方法（吕冰等，2015）。一般用双筒望远镜观测 5 cm 以上胸径的植物是否存在花芽、花、不成熟果实和成熟果实四个繁殖结构，前两个结构为开花期，后两个结构为结实期（Bentos et al.，2008）。开花和结实计算为每个物种繁殖个体的百分数。也可采用 0～4 分级法，如 0 未开花，1 占总冠幅 1%～25%的花瓣开放，2 占总冠幅 26%～75% 的花瓣开放，4 占总冠幅 76%～100%的花瓣开放；或者直接记录花瓣开放百分数及日期。分析时将具体物候日期转换为儒略日（Julian day），即以该年 1 月 1 日为第一天，将繁殖物候记录日期转化具体天数（Bock et al.，2014）。每种植物至少观测 3～10 株，观测频率为每周到每月，观测期从 2 年到多年不等。

种子雨收集器法是在树木下离地面 0.8 m 放置 0.5 m^2 的 PVC 架，上面铺设 1.6 mm 尼龙网，称为种子雨收集器（Wright and Calderón，1995；Chang et al.，2013）。收集器数量和间隔视样方大小和实验目的而定，以结果能够代表整个样方开花和结实时间及动态为宜。能够每周鉴定和统计收集器中的植物繁殖体（花、成熟的果实和种子）物种和数量。种子雨收集器中有花记为 1，无花记为 0。花至少在 5%的种子收集器中被收集到的物种才可进行分析，花期是指有花记录大于总数的 1%或 2%的月份的数量。一般采用循环统计（circular statistics）的方法（Chang et al.，2013）。

草本植物的人工地面繁殖物候观测通常在生长季期间5～9月进行观测，频次为3～7天1次。个体水平的研究有的采用物候评分法（朱军涛，2016），如对于杂草类和禾草，分别采用6分制和4分制对物候状态进行打分。杂草类繁殖物候可分为未开花、花芽出现、开花、花衰老、果实开始发育、果实开始散布、果实全部脱落7个阶段，分别记为0～6分。禾草类繁殖物候可分为小穗尚在苞叶内、小穗已伸出于苞叶外、花粉囊或花柱已伸出、种子正在发育、种子脱落5个阶段，分别记为0～4分（Sherry et al.，2007）。每种植物至少观测6株，如同一植株同时存在几个物候状态，对各物候状态分值进行平均，平均值记为该植株物候。3～5天的观测间隔很难准确获得物种的开花和结实时间。因此研究者们通常采用线性回归模型、贝叶斯统计模型（Bjorkman et al.，2015）和Richards生长方程等对物候分值进行模拟。如果以单一物种为研究对象，个体水平的观测还可以更细致。从植株中第1个花序开花开始，跟踪记录各植株的花序性别、开花时间和开花数量，以第一个花序在个体上的开花时间为始花期，个体开花数大于50%为开花高峰期，无花序开放为终花期（专栏7.2）（苏晓磊等，2010）。

专栏7.2　传粉者与开花时间的两个假说

“便利假说（the facilitation hypothesis）”认为植物同步开花和结实有利于昆虫传粉和种子传播，所以在自然选择过程中，植物倾向于在某一时间段集中开花和结实，以提高其传粉率、结实率和种子传播率（Janzen，1967；Rathcke，1983）。“竞争假说（the competition hypothesis）”认为拥有相同传粉者和种子传播者的植物更倾向于错开繁殖时间，以减少对传粉者和种子传播者的竞争，从而提高传粉率和种子传播率（Snow，1965；Morellato et al.，2000）。

当研究对象为一两种草本植物，观测样方较小时（如25 cm×25 cm），也可将草本植物繁殖物候简化为花芽期、开花期、凋谢期和种子成熟期4个阶段，每个阶段又分为开始、峰值和结束3个状态。观测期间记录植物处于各物候阶段繁殖单位的数量，每个阶段的开始日期为首次记录到该阶段的日期，峰值日期为该物候阶段记录数量最大值的日期，结束日期为该物候阶段的最后记录日期。各物候阶段从开始到结束的持续天数为该阶段持续时间，相邻两阶段峰值之间相差天数为阶段间过渡时间。群体水平的物候研究还有一种常用划分方法，以25%的个体开花为始花期，50%的个体开花为群体开花高峰期，95%的植株开花结束为群体终花期（苏晓磊等，2010）。草本植物花苞期开始（种群花苞数量10%）与结实期结束（种群结实数量90%）之间的差值，作为每个物种的繁殖期长度。根据不同物种花苞期与果实期开始和结束时间计算物种间的繁殖重叠度（非禾本科植物）。也有将繁殖物候时间转化生长季积温，即从观测当年1月1日起每天平均气温加和，以5℃为基温，18℃为阈值气温（Segrestin et al.，2020）。

7.1.2 繁殖体数量和形态

繁殖体数量特征大多不需要仪器和技术进行测量，多为肉眼观察计数（图7.2）。如开花动态，测定总状花序的垂直高度与底部直径、平均单花总数和花开放顺序、管状花和舌状花的数量等（张海亮等，2015）。其他性状还包括单花数、单花重、单株花序数、花序密度（花序数除以总体积，按圆锥体计算体积）、花序长、花序直径、生殖枝数、穗轴节数、穗长、穗重、小穗数、每个花序或单穗小花数、果实数、单穗（或单株）结实种子数、每个花序的种子数或种子重量、每穗（或单株）种子产量、每个传播单元或每个果实的种子数等。

图7.2　不同形态和颜色的花（王小亮拍摄）

繁殖产量也可称繁殖重或繁殖器官生物量，为某一时期繁殖构件的数量或生物量，如花的数量或花生物量、总花序重，反应植物适合度的大小。禾本科植物抽穗率、结实率和种子（或果实）产量被用来表征繁殖产量。抽穗率为抽穗数（生殖枝数量）占单位面积总分蘖密度的比例。结实率为单穗结实种子数占单穗小花数的百分比。种子（或果实）产量为单位面积抽穗数、每穗结实（种子或果实）粒数和千粒重之积。

花的颜色较鲜明，不同物种间差别较大，一般也为肉眼识别确定。如中国科学院植物研究所植物园内木本植物花颜色包括绿色、紫色、黄色、白色和红色。根据LY/T2812—2017 分类标准，花序类型可分为圆锥花序、总状花序、穗状花序、隐头花序、伞形花序。花序位置为顶生、腋生和与叶对生。花性包括两性、杂性和单性。

7.1.3 繁殖分配

繁殖分配相关的指标和术语较多，包括以下指标：

繁殖分配（reproductive allometry），即繁殖重百分数（reproductive weight fraction）文献资料中有多种计算方法。一种算法为花序生物量占全株生物量的比例（苏晓磊等，2010）。

繁殖投资（或繁殖投入，reproductive effort），计算为花的生物量占总生物量的比例。

繁殖效率指数（reproductive efficiency index），单位总生物量所产生的花数，反应植物潜在的繁殖能力。

繁殖指数（reproductive index），繁殖结构生物量与非繁殖结构生物量之比。

繁殖比率（reproductive ratio），单位繁殖构件所产生的花数，反应繁殖资源库再分配格局。

7.1.4 花粉和繁育力性状

繁育力性状包括自交亲和性/不亲和性、杂交指数等。自交亲和性（self-compatibility）的测定方法为，在盛花期分别挑选一定数量（至少 10 株）的尚未开花植株进行标记，一半数量在开花前 1 天用牛皮纸袋罩住整个花序，另外一半植株待花序枯萎且脱落种子前做相同处理，待种子完全成熟后将纸袋带回实验室，统计各花序上种子的饱满度和数量。如套袋处理与自然处理相比结实率显著下降，则为自交不亲和，说明植株为异花授粉（张海亮等，2015）。杂交指数（outcrossing index）的测定，随机从不同植株上选择50 朵已开放的单花，用体视显微镜测定开花直径，并观测雌雄蕊的开放时间和空间高度差，估算杂交指数。具体方法为：①花朵直径<1 mm 记为 0，1～2 mm 记为 1，2～6 mm 记为 2，>6 mm 记为 3；②花药开裂时间与柱头可受期同时或雌蕊先熟记为 0，雄蕊先熟记为 1；③柱头与花药的空间位置同一高度记为 0，空间分离记为 1。三者之和为杂交指数值（万海霞等，2018）。

花粉性状可分为每胚珠的花粉数、花粉直径、花粉异型性、花粉活力、花粉胚珠比、花药等。花粉活力（pollen viability）可以用醋酸杨红染色法测定，随机选择 10 株植物，每株植物花序上标记 10 朵即将开放的花，于开花后的两周内，每天相同时间随机选择 6 朵花，用醋酸杨红染液制成花粉的染色玻片，在体视显微镜下观察并统计玻片中被染成红色的花粉占总花粉数的比例，即为花粉活力。每朵花需制作 5 张玻片，花粉总数需超过 100（张海亮等，2015）。花粉胚珠比（pollen ovule ratio）的测定方法为：随机在不同植株上采集花，在 FAA 固定液中带回实验室，取全部花药捣碎于 1.5 mL 离心管中，用含有 0.5%亚甲蓝染液的溶液定容至 1 mL，在旋涡混匀器中震荡。然后吸取 20 μL 花粉液于载玻片上，在显微镜下统计玻片上的花粉数量，并在体视显微镜下观察花的胚珠总量，每朵花至少重复三次。花粉胚珠比为每朵花花粉总量与胚珠数量的比值，可以判断该植物的繁育系统类型。花粉胚珠比值高，则远交程度高；花粉胚珠比值降低，则近交程度高（Cruden，1977；万海霞等，2018）。花药数量用血球计数板法（hemocytometer slide）测定。

7.2　果实和种子形态性状

植物的传播体（diaspore），可能是种子（seed），也可能是果实（fruit）。在研究中这三个术语往往混淆使用，统一称为种子。如禾本科植物的种子，往往指的是颖果，带着外稃（lemmas）和芒（awns），也是禾本科植物的传播体。种子性状包括种子的尺寸、形状、表面及其附属物、颜色、种皮厚度、储藏物质等，不仅表达了一定量较为稳定的遗传信息，而且与种子的生产、脱落、传播、储备、萌发与定植等过程密切相关。这些特征反映植物所处的环境条件和适应能力，决定植物幼苗定居、种群动态，乃至群落组成和生态系统功能。

7.2.1　果实类型和种子异型性

果实类型可分为肉质果（fleshy fruit）和干果（dry fruit）。肉质果包括核果（drupe）、浆果（berry）、聚花果（sycarp）；干果包括蒴果（capsule）、荚果（pod）、蓇葖果（follicle）、翅果（samara）、坚果（nut）、瘦果（achene）、角果（silique）、颖果（caryopsis）、胞果（utricle）等（图 7.3）（杨小飞等，2010；张红香，2021）。

图 7.3　植物不同果实类型

A. 蒴果；B. 荚果；C. 长角果；D. 胞果；E. 蓇葖果；F. 瘦果；G. 核果；H. 颖果（张红香拍摄）

果实和种子异型性指同一植株产生不同形状、结构、颜色、大小的果实或种子的现象，它们具有不同的传播、休眠、萌发和幼苗出土等行为（王雷等，2010）。一些荒漠植物或盐生植物通常具有两型性种子。如荒漠一年生植物异果芥（*Diptychocarpus strictus*），产生一种在植株上部裂开的长角果，果皮薄、种子翼大、黏液层厚、扩散距离远、萌发率高；另一种下层不开裂果实，果皮厚、种子无翼、黏液层薄、扩散距离近、萌发率低（Lu et al.，2010）。一年生盐生植物海蓬子柳（*Salicornia ramosissima*）也具有异型性种子，花序中部产生大种子，花序侧面产生小种子。盐地碱蓬（*Suaeda salsa*）具有棕色种子和黑色种子两种异型性种子，棕色种子在盐胁迫条件下的萌发率高于黑色种子（Ameixa et al.，2016）。

7.2.2　果实或种子重量、形状、体积

种子功能性状中对种子重量这一特征参数的研究最多。种子重量大多采用天平称重法测定，在 80℃烘箱中烘干 48 h，用百分之一或万分之一天平称重，计算种子干重或换算为百粒重、千粒重。重复数量一般 3～10 次，每个重复种子数量 10 粒、20 粒、25 粒、50 粒或 100 粒不等，视种子大小、种源量、工作量等而定。

种子尺寸（seed dimension）由种子长度、宽度或体积衡量。用游标卡尺或目镜测微尺测定种子长度（L）、宽度（W）和厚度（T），以果实或种子三维中最长者为长，与长向垂直的两面中长者为宽，短者为厚。种子的体积（V）用公式 $V=\pi LWT/6$ 计算（Casco and Dias，2008）。

果实类型和种子类型大多为依据植物志和传统形状描述，加主观识别确定（图 7.4）。果实形状可分为圆锥形、圆柱形、椭圆形、四棱柱形、线形、圆形。种子形状可分为楔形、圆柱形、斜四方形、椭圆形、棱形、肾形、圆形、带翅（袁会诊，2018）。也可以将种子形状量化为传播体形状指数（diaspore shape index），表现为传播体形状偏离球体的程度，用传播体长、宽、厚变异表示，计算公式为

$$V_s = \Sigma(X_n - \mathrm{mean}(X))^2/n \tag{7.1}$$

式中，$n=3$，X_1=长/长，X_2=宽/长，X_3=厚/长。最小值为 0，为球形传播体，最大值约为 0.3，针状或圆盘状传播体。通常，同一物种的不同种子变异很小（Thompson et al.，1993；Zhu et al.，2016）。

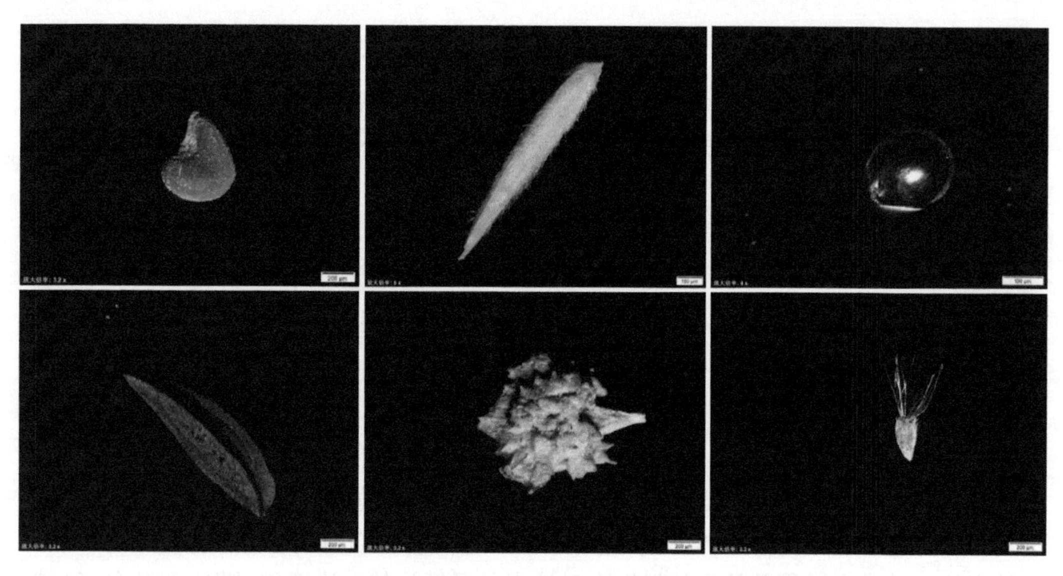

图 7.4　不同形状种子的显微照片（张红香，2021）

7.2.3　果实和种子颜色

果实颜色（专栏 7.3）在植物传播中起重要作用（Sinnott et al.，2021）。果实颜色主要由三类色素类胡萝卜素、黄酮类化合物和甜菜碱决定的（Willson and Whelan，1990），同一区域植物果实和种子颜色差别较大。果实颜色多为肉眼识别确定。如西双版纳热带季节雨林树种果实颜色可分为黄色（包括橙黄色）、黑色（包括紫黑色）、褐色、红色（包括紫红色）、绿色、紫色、蓝色和白色（杨小飞等，2010）。西双版纳热带雨林树种种子颜色可分为黑色、棕色、绿色、灰色、紫色、红色、白色和黄色。Lu 等（2019）将肉果的颜色分为白色、红色和紫罗兰色（violet），紫罗兰色包括紫色、蓝色和蓝紫色。

种子颜色一般用 Munsell 符号的色相（hue）、值（value）和色度（chroma）来定量化，色相表示它与红色、黄色、绿色、蓝色和紫色的关系，值符号表示其光亮，色度符号表示其强度（Munsell，1994）。种皮颜色测定一般由同一个人在相同的光条件下完成，要求标准统一（Saracino et al.，2004）。

专栏 7.3　果实颜色进化假说

假说一：果实颜色进化是对食果鸟类偏好的适应。这个假说认为食果及传播种子的鸟类偏好红色和黑色，不喜欢黄色、橙色，特别是绿色和褐色，白色和蓝色的偏好等级不清楚，很可能接近黄色和橙色（Willson et al.，1990）。

假说二：果实颜色是植物的一种长距离广告形式。也就是说，果实颜色选择是对食果动物的有意识吸引（Ridley，1930）。

假说三：果实颜色表示果实成熟度（Poston and Middendorf，1988）。通过仅在成熟果实上显示特定信号，植物可以防止过早摘除果实。

假说四：果实颜色有助于快速识别适当的食物源（食果动物）（Grant，1966）。这个假说意味着一个区域的花和果实颜色是由鸟类选择决定的，以区别于另一个区域。

假说五：含有很少或没有营养回报的果实颜色模拟那些对传播者含有相对高营养回报的果实颜色（McKey，1975）。

7.3 种子传播、捕食和防御性状

7.3.1 种子传播

种子传播（seed dispersal）（专栏 7.4）是指种子传播体从母株脱离通过风力、水、动物等媒介散布到不同位点的过程，包括种子或果实依靠自身的重力或外界风力等散布到地表的初始散布过程及外界传播媒介对地表种子搬运的二次迁移过程，又称种子扩散或种子散布（朱金雷和刘志民，2012）。种子传播体主要指种子或包含种子的果实、复合果为主的扩散单元（dispersal unit）。根据传播体形态和种子的附属物特征，种子传播类型主要可分为四类：①动物传播（zoochory），传播体具有芒、毛刺，倒刺等附属物可黏附在动物皮毛或鸟类羽毛上，或者具肉果或假种皮被动物采食，通过排泄物排出体外进行传播。②风力传播（anemochory），传播体有膜状翅、苞片、冠毛、羽毛、娟毛、刚毛，充满空气的囊（气球传播体）或者种子重量较小如灰尘（<0.01 mg）进行传播（Trakhtenbrot et al.，2014）。③水力传播（hydrochory），传播体具有黏液或可漂浮，通过水进行传播的现象，包括雨水或洪水的短距离传播，也包括通过河流或海洋的长距离传播（Nilsson et al.，2010）。④自体传播（autochory），一般包括弹力传播和重力传播，前者通过果实爆裂开口，将传播体从母体弹射出去进行传播；后者被定义为缺乏明显的传播机制或重量较大（van Rheede et al.，1999）。

专栏 7.4　种子传播假说

（1）拓殖假说或移居假说（colonization hypothesis or immigration hypothesis）：母体倾向于产生大量的传播体并广泛随机传播，使得至少部分传播体能遇到适合定植的条件（Janzen, 1969; Howe and Smallwood, 1982）。

（2）逃避假说（escape hypothesis）：传播体散布在母体周围，会因传播体太密集而导致较高的死亡率。传播体倾向于离开母体一段距离，以降低病虫害、资源竞争和动物捕食的压力（JanzenHowe and Smallwood, 1982）。

（3）定向传播假说（directed dispersal hypothesis）：传播体因鸟类携带或取食、蚂蚁搬运等被带到合适的地点定植生长，从而导致传播体沿特定方向传播的现象（Wenny, 2001）。

在所有传播类型中，关于风力传播的研究最多。研究植物风力传播特性及模型分析需要测定很多传播体性状，如果实形状、重量、投影面积、模拟风洞传播距离、传播核、翼负荷（wing loading）、沉降速度（rate of descent）等，每个物种随机选择50粒结构完整的传播体进行测量。狭长度为带有种翅种子的总长度与总宽度的比值，能够大致反映种翅的形状。种翅面积可利用扫描仪对种子进行扫描，采用软件对种翅面积进行测量计算（潘燕等，2014）。目前最先进的测定传播体尺寸的仪器为三维显微系统，如VHX-5000超景深三维显微系统。传播体投影面积为传播体随机自然放置时的水平投影面积，翼负荷为传播体质量/投影面积（Matlack，1987）。传播体在静止空气中的沉降速度的测定方法是，使传播体从27 m高的静止空气中降落，用秒表或高速数字摄像机记录所用时间（Augspurger et al.，2016）。也可测定模拟不同风速下的传播体沉降速度，如在模拟风洞（Liang et al.，2019）实验中，可以设置不同风速，从离风洞底部距离30 cm和50 cm的释放高度，每个处理500粒种子，可以模拟单粒种子的扩散行为（诸葛晓龙等，2011）。基于这些数据，可通过现象模型或机理模型对种子扩散距离进行模拟，前者揭示与环境因子交互作用下风的运动与种子传播格局的关系，后者揭示影响种子传播的每种动力及其机制（Levin et al.，2003）。也有研究将地形因素加入机理模型（Trakhtenbrot et al.，2014），以及将种子短、中、长距离传播归于统一的模型进行分析（陈玲玲等，2010）。

7.3.2　种子捕食

动物对种子的传播起重要作用，除了开拓新位点及扩大种群外，传播种子的动物和被传播植物之间还存在协同进化关系。一般从定性（种子处理、传播、扩散后定居）和定量（动物探访率、采食量）两方面研究动物传播种子的效应（Schupp，2010）。常规方法是在野外不同地点放置一定数量的种子（种子投放实验），每天或每隔一段时间记录剩余种子数，计算采食量。并采用种子标签法，跟踪每一粒种子的命运，测定种子扩散距离（张天澍等，2006）。还有其他动物传播种子的跟踪技术，如荧光染料法、同位素标记法和遗传技术等（肖治术和张知彬，2003）。

捕食是动物主动传播种子的行为，种子的动物传播大部分是捕食后的结果（张红香和周道玮，2006）。种子捕食分为传播前捕食和传播后捕食。传播后捕食往往和种子的动物传播一起研究，上一段中已简单介绍。种子传播前捕食会影响种子装配对策，即大小数量权衡。传播前捕食率的测定方法是将每个植株上的种子（或传播体）剥离，测定损伤程度。如果种子有明显破损、种皮上有虫洞、种子里有虫子或虫卵或粪便，即记为被捕食（Chen et al.，2017）。单株种子被捕食率即为单株被捕食种子数/单株种子总数。对于每个果实产生两个以上种子的物种，每个果实的种子捕食率即为每个果实内被捕食种子数/每个果实的种子总数。有些植物的种子非常小，被捕食与否难以肉眼识别，因此可以用X光样品成像系统（Faxitron X-ray）分析种子捕食率（图7.5），根据种子大小确定每次测定粒数，3～5次重复即可。

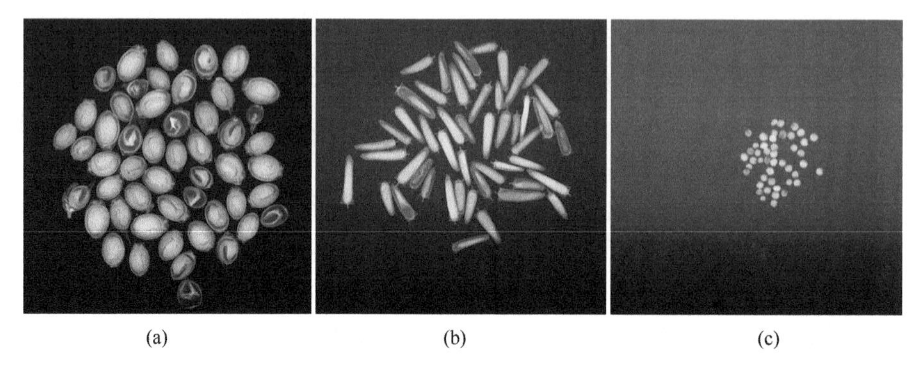

图 7.5 X-ray 检测种子捕食率图

7.3.3 种子防御

种子防御（seed defence）是种子抵御捕食的一种机制，包括物理防御和化学防御。物理防御特征主要包括传播体保护组织重量比例、种子硬度、种子密度、种皮厚度、种皮纤维含量（种皮木质化）等。种子化学防御特征包括脂质或氮含量、灰分、单宁、氰苷、酚类化合物含量等。种子物理防御和化学防御特征之间通常被认为具有权衡关系，因为防御投资的资源有限，然而并没有定论。研究人员对北方草原 229 种草地植物种子的研究发现，种皮厚度与总氮含量存在显著的权衡关系（Zhang et al.，2015）。

传播体保护组织重量比为保护组织重量/传播体总重，保护组织为种子传播后围绕胚和胚乳的所有结构，包括传播过程中不掉的果实组织、种皮和荚。可以用萌发法将果皮或种皮与胚和胚乳分离。种子密度为种子重量/种子体积（Fricke and Wright，2016）。种皮厚度测量方法为，用解剖刀沿垂直种子长度方向的中心部位横切后（所有种子在同一部位横切），将种子固定在 3%的戊二醛中，各级酒精脱水，自然干燥，用导电胶带贴在样品台上，镀膜后在 EFI quanta 200 扫描电镜下测量种皮厚度并拍照（Schutte et al.，2014）。种子脂质浓度用索氏提取法，由脂肪测定仪测定（Zhao et al.，2018）。种子总酚含量用 Folin-Denis 法和分光光度计测定（Wang et al.，2018）。种子总氮含量用元素分析仪测定。

7.3.4 种子雨与种子库

在特定时间和特定空间从母株上散落的一定数量的种子称为种子雨（seed rain）（Harper，1977）。通常用种子雨密度这一指标体现，分为种群种子雨和群落种子雨。一般采用样线法，沿“十”字形或“米”字形布设样线，每条样线上每隔 5 m 设置一个种子雨收集器（张希彪等，2009），收集器的放置可随机散布。收集器一般为尼龙网，也可用细铁丝。收集器的面积和网孔大小可根据实验具体情况来定。收集器的高度因群落而异，树木种子雨收集器高度一般在 0.5～2 m，草本种子雨收集器高度一般接近地面。如黄土高原子午岭油松林的种子雨调查，收集器面积为 50 cm×50 cm，网孔面积 2 mm×2 mm，收集器离地面 50 cm 高。收集时间为种子雨下落开始，到种子下落结束时结束，每隔一段时间收集一次，如每隔 1 周，每隔 15 天（Holl，1999）。种子初始扩散的轨迹分布叫作种子影（seed shadow）（Augspurger et al.，2016）。种子雨和种子影的关系相当于量与面积的关系，国内极少使用种子影这一指标，而在国际上使用较多（Sekar et al.，2015）。

种子库通常指人工种子保存库以外的自然种子库，包括植冠种子库（canopy seed bank）和土壤种子库（soil seed bank）。植冠种子库指植物繁殖体成熟后停留在母体上形成的种子库，种子可以在植冠上存留 1～30 年或更长时间，是火灾易发区和干旱荒漠区植物的主要特征。土壤种子库指存在于土壤上、土壤中或土壤上枯落物中的活种子总和（Simpson et al.，1989）。土壤种子库通常分为两种类型，瞬时土壤种子库（transient soil seed bank）和持久土壤种子库（permanent soil seed bank）。土壤种子库对于植物种群的长期延续，群落物种多样性和动态具有关键作用，在全球气候变化影响越来越大的当前，成为重要研究热点（Ma et al.，2018；Yang et al.，2021）。

在以往研究中，土壤种子库的取样大小和数量、取样时间、鉴别方法各有不同。取样样方大小有 1 m×1 m、100 cm×50 cm、50 cm×50 cm、25 cm×25 cm、20 cm×20 cm、10 cm×10 cm，还有土芯法取样，土芯直径 1.9～8.0 cm。样方和土芯取样数量在 5～60 个不等。通常遵循大数量小样方、小数量大样方或大样方内再取小样方的方法。有研究发现，对于森林土壤种子库最低取样面积为 4 m^2，且小数量大样方比大数量小样方更有效（Shen et al.，2014）。由于种子雨和种子萌发有季节动态，取样时间不同，种子库的密度和物种丰富度不同。很多种子库研究是一年一次或两次取样的结果，在当年种子雨散布后或种子开始萌发前取样。一年多次取样和多年长期取样应成为未来方向，因为土壤种子库季节动态对于揭示种群更新和群落动态具有重要意义。

土壤种子库的鉴别方法最常用的是种子萌发法（图 7.6），国内外研究中 90%以上采用萌发法鉴别种子库（Thompson et al.，1997），双层培养盘萌发鉴定法被证明比较有效（赵明等，2020）。然而，不同物种的休眠类型和萌发条件不同，得出的种子种类和数量较实际低，种子库物种鉴定应考虑采用物理分离加镜检法、四唑氟化物染色、化学试剂萃取等方法加以辅助鉴别（Ishikawa-Goto and Tsuyuzaki，2004），以便更真实反映实际的种子库组成和密度。

图 7.6　种子库萌发实验

7.4 种子休眠与萌发

7.4.1 种子内含物含量

种子含水量：随机选择50粒种子，5次重复，万分之一天平称重后，放入105℃烘箱烘干24 h，冷却后重新称重，计算种子含水量。饱满的种子被置于带有两层滤纸的培养皿中。每皿25粒，四次重复。每个物种种子吸水速率的测定标准：根据预实验确定种子萌发的开始时间，当种子开始萌发（种子胚根长度为2 mm）时实验结束。在吸胀阶段，每个培养皿的种子重量测量5～6次，每次测量之间具有相同时间间隔。测量时，用吸水纸吸干种子表面水分进行称重，称重结束后继续放在原培养皿中进行培养。吸水百分比（RW）的计算公式为

$$RW = (W_2 - W_1) / W_1 \times 100\% \tag{7.2}$$

式中，W_1和W_2分别代表种子的干重和吸胀阶段每次测量的种子重量。

种子内源激素含量：由1100高效液相色谱仪测定。GA3、IAA和ABA提取的色谱条件为：Agilent C18 ZORBAX 反相色谱柱（150 mm×4.6 mm′5 μm），柱温为35℃，流动相为甲醇和含1%乙酸的水溶液（v/v′4∶6），流速为1.0 mL/min，进样量为20 μL，采用切换波长法，以外标法进行定量测定。也可用质谱仪测定种子激素含量。种子碳、氮元素含量用C/N元素分析仪测定，磷元素含量采用H_2O_2-H_2SO_4开氏消煮法对粉碎样品进行消解，使用钼蓝比色法测量并计算磷含量。也可用连续流动分析仪测定全磷含量。

种子淀粉、蛋白、脂肪和可溶糖含量：将待测定的样品从培养皿中取出，擦干其表面水分，在50℃烘箱中烘干24 h，待样品自然降温后，将样品研磨至粉末状，称取约100 mg的干样，加10 mL蒸馏水，80℃恒温水浴1小时取出，用3000 r/min离心机离心15 min，上清液为可溶性糖的提取液。将离心管中剩余的沉淀物加入6 mL 80%乙醇溶液摇匀，放置5 min，2500 r/min离心10 min，倒出上清液。用6 mL 80%乙醇溶液再提取1次，最后在沉淀物中加入1 mL水和6 mL 52%高氯酸溶液，搅拌10 min，2500 r/min离心10 min，将上清液倒入试管中，残留物再用7 mL 52%高氯酸溶液提取，用滤纸过滤，将两次提取液混匀，为淀粉待测样本。可溶性糖和淀粉含量的测定采用蒽酮硫酸比色法进行测定（刘家尧和刘新，2010）。可溶性蛋白采用考马斯亮蓝法进行测定，蛋白采用凯氏定氮法进行测定。将待测定的样品从培养皿中取出，擦干其表面水分，在50℃烘箱中烘干24 h，待样品自然降温后，研磨样品至粉末状，用滤纸称取约500 mg干样，包好后记录滤纸和样品总重mL，用铅笔做好标记后放入105℃烘箱中12 h，待其在干燥器内自然降温，称取样品和滤纸干重，将包装好的样品放入索氏提取器的抽提筒中，放入石油醚使之高度高于样品，浸泡一夜，取出样品为脂肪提取的预处理样品。脂肪采用索氏提取法进行测定。

7.4.2 种子休眠

在一定的时间内，具有生活力的完整种子在水分、温度、光照和氧气等适宜的环

境条件下不能萌发的现象叫休眠（dormancy）（Baskin and Baskin，2004）。对于一粒种子，休眠和萌发是一种非此即彼的关系，或称全或无的事件（Finch and Leubner，2006）。对于一批种子或特定种子群而言，则体现为萌发率和休眠率。种子休眠能够确保物种在恶劣的环境中存活，减少同一物种个体之间的竞争，以及防止种子在不适宜幼苗生长和定居的时间和地点萌发，是植物的一种重要的生活史对策（付婷婷等，2009）。一般将种子的休眠分为生理休眠（physiological dormancy）、物理休眠（physical dormancy）、形态休眠（morphological dormancy）、形态生理休眠（morphophysiological dormancy）和复合休眠（physical plus physiological dormancy）5 种类型（baskin and Baksin，2004）。其中各种休眠类型还被细分为不同的亚类和休眠深度水平，这是目前广泛认可的种子休眠分类。未萌发的种子通过电镜观察胚形态，低温层积等方法鉴定休眠类型。对于农业生产，种子收获后休眠是需要解决的一大障碍。休眠破除方法一般包括机械处理、热水浸种处理、层积处理、激素处理、浓硫酸等化学药剂处理。

Baskin 和 Baskin（2014）对全球已发表的 13634 种植物的整合分析发现，休眠物种占 70.1%，不休眠物种占 29.9%。热带雨林区不休眠比例最高，随着气温和降水量的降低，休眠物种比例增加。寒冷荒漠区只有 5%的物种不休眠。从休眠类型看，生理休眠最普遍，且属于进化的中心。种子随着外界环境的季节性变化，调整休眠状态，以选择在有利于幼苗存活的最适宜时间窗口萌发，表现为休眠的循环，这种对策也维持了持久土壤种子库（Cao et al.，2014）。研究种子休眠释放可以通过埋藏实验，将种子装入尼龙袋中埋藏于地表、5 cm 或 10 cm 表层土壤，定期取回室内，测定田间萌发种子数、室内萌发种子数和休眠种子数等，揭示不同物种休眠释放特性（王彦荣等，2012）。一些模型也被用作模拟和预测种子休眠释放和萌发出土的过程，如遗传演算法（Blanco et al.，2014）。在不同环境因子如何通过激素调节休眠的释放和种子萌发及其分子机制方面也开展了很多研究（Finch and Leubner，2006；Footitt et al.，2011）。

7.4.3　种子萌发

种子生理学家和生态学家通常定义种子萌发为从种子吸水开始，到胚根伸出种皮的整个过程（Bewley，1997），而萌发完成时幼苗才开始生长。我国和国际种子检验规程规定，当种子发育成具备正常主要构造的幼苗才称为发芽（ISTA，2004；张春庆和王建华，2006）。原因是人们更关注种子发育成健康幼苗的能力。种子萌发是植物生活史的关键一环，因此种子萌发研究受到最多关注。大部分研究是关于不同环境因素如温度、光照、盐碱条件、重金属等，以及植物性状或种子自身特征对种子萌发的影响（Zhang et al.，2007，2015；Zhao et al.，2021）。

常规萌发实验通常将种子置于铺有两层滤纸的培养皿中，每皿 20～100 粒，每个处理 3～5 次重复。萌发实验期视物种和实验目标而定，整个实验期保持滤纸湿润。胚根伸出种皮（或胚根 2 mm 长）视为萌发，每日记录一次萌发种子数。萌发种子数除以种子总数为萌发百分数或萌发率（germination percentage）。种子萌发快慢是另一个重要指标，很多公式被用来衡量种子的萌发速度。其中修正 Timson 指数是萌发研究文献中使用最多的指标（Gulzar and Khan，2001），公式为 $\Sigma G/t$。G 是种子每天的累积萌发百分数，t 是总的萌发期。值越大代表一个种群的种子萌发越快。修正 Timson 指数适用于任何长度的实验期，还有 50%种子萌发所用时间（T_{50}）。

温度和水分是影响种子萌发的最重要环境因素，只有在适宜的温度和水分条件下，种子才能萌发。因此，为了研究种子的萌发温度需要，科学家们提出了种子萌发的积温模型（Garcia et al.，1982），公式如下：

$$1/t = (T - T_b) / \theta_1 \qquad T<T_0 \tag{7.3}$$

$$1/t = (T_c - T) / \theta_2 \qquad T>T_0 \tag{7.4}$$

式中，θ_1 和 θ_2 分别是低于和高于最适温度下的积温（thermal time），T_b、T_0 和 T_c 分别是发芽的最低、最适和最高温度。想确定不同物种或不同环境条件下植物种子萌发的积温参数，需设置不同温度梯度，利用模型计算参数。C_3 植物的积温显著高于 C_4 植物（Zhang et al.，2015）。张红香等提出修正积温模型，能够更准确地模拟一些物种的萌发积温的需要（图 7.7）（Zhang et al.，2013）。公式如下：

$$GR_g = 1/t_g =(T - T_b(g))/ \theta_1(g) \quad T<T_{ol}(g) \tag{7.5}$$

$$GR_g = 1/t_g = K \qquad T_{ol}(g)\leqslant T \leqslant T_{ou}(g) \tag{7.6}$$

$$GR_g = 1/t_g =(T_c(g)- T)/ \theta_2(g) \qquad T>T_{ou}(g) \tag{7.7}$$

式中，T_{ol} 为最适温度范围的最低值；T_{ou} 为最适温度范围的最高值；K 为每个种子亚群最适温度范围的平均值。

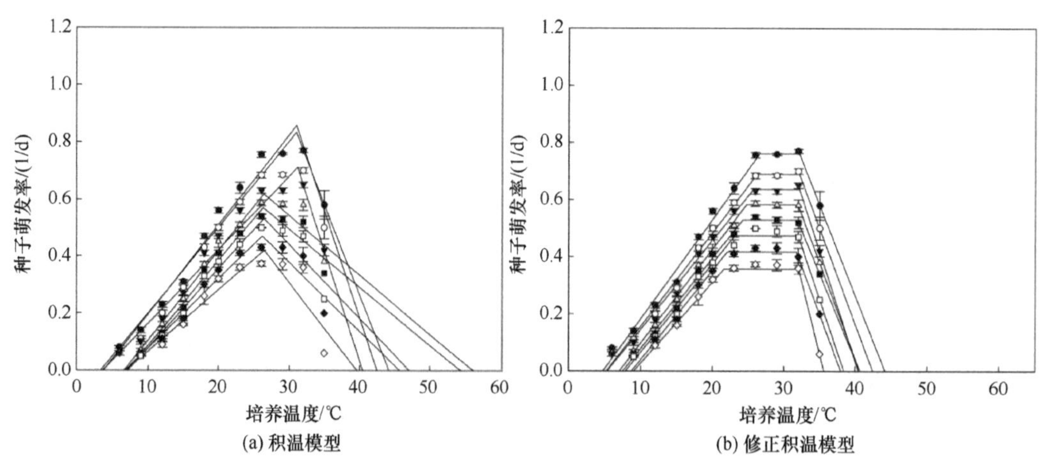

图 7.7 用积温模型和修正积温模型拟合黑麦草种子萌发数据图

研究者在积温模型之后又提出水势模型（Hydrotime model）（Gummerson，1986），公式如下：

$$\theta_H = (\Psi - \Psi_b)\ t_g \tag{7.8}$$

式中，θ_H 为水势常数；Ψ 为环境水势；Ψ_b 为萌发最低水势，低于最低水势则种子不能萌发；t_g 为萌发时间。水势模型除了可以研究和比较植物的耐旱性（田雨等，2020），也可以用来区分盐对种子萌发影响的渗透效应和离子效应（Zhang et al.，2012）。积温模型和水势模型又被组合成水热模型（Hydrothermal time model）来刻画种子对温度、水势及其交互作用的萌发响应（Hu et al.，2015）。全球 243 个物种的萌发数据整合分析发现，模型参数与物种的地理气候起源有关，物种萌发速度与温度阈值和水势阈值负相关（Dürr et al.，2015）。

与种子萌发关系密切的两个指标是种子生活力（seed viability）和种子活力（seed vigor）。前者指种子是否还活着，后者指决定种子在萌发和出苗期潜在活性水平和性能的特性总和（Finch and Bassel，2016）。萌发实验前或实验后通常需要检验种子生活力，最常用的是三苯基氯化四氮唑（TTC）染色法和镜检法。种子活力形成于种子发育的脱水阶段，主要由胚的生长潜力决定（李振华和王建华，2015）。种子活力的保持与储藏期间的代谢有关，因此在种子储藏与种子寿命（seed longevity），特别是顽拗种子（recalcitrant seed，不耐失水的种子）的适宜储藏条件方面开展了很多工作（文彬，2008；de Vitis et al.，2020）。种子抗老化能力及活力丧失的分子机制研究也受到大量关注（Bailly，2004）。

7.5　植物无性繁殖性状

7.5.1　克隆生长和繁殖特性

无性繁殖在自然界非常普遍，无性繁殖最常见的形式是克隆生长（Barrett，2015）。克隆生长允许机体把全部基因遗传给后代，避免了有性繁殖的双倍成本及遗传重组，无性繁殖后代具有更高的存活率，且克隆生长特性能够使得母株和子株之间实现资源共享和风险均摊（董鸣，2011）。这些特性使克隆植物在一些环境中占据优势。欧洲中部有 53%的植物有克隆繁殖能力（Klimešová et al.，2017），我国森林和草本群落中约 40%的植物能够克隆生长（Ye et al.，2014）。纬度越高，克隆植物比例越高（Ye et al.，2014；Zhang et al.，2018）。植物主要克隆生长器官类型包括匍匐茎、根状茎、块茎和球茎、产生芽的根等（图 7.8）。

植物无性繁殖特征表现在地上部分，主要是各类子株的数量和生物量，如分蘖子株和根茎子株。克隆植物最重要的两个特征是横向扩展（lateral spread）和克隆整合（clonal integration），因此在这两方面的研究最多。横向扩展指母株和其后代每年能够到达地点之间的距离（Klimešová and de Bello，2009）。横向扩展有关的性状包括根茎长、根茎节数、间隔子（spacer）长度、间隔子角度等（Cornelissen et al.，2014）。新技术手段也被用来研究植物克隆横向扩展能力，如通过 GPS 地图数据计算外来克隆植物横向扩展率，以预测其入侵模式（Kollmann et al.，2009）。克隆整合能力研究往往成对种植两个连接在一起的分株和它们被切断处理在异质环境下，揭示克隆整合对克隆植物竞争能力的作用（Wang et al.，2017）。

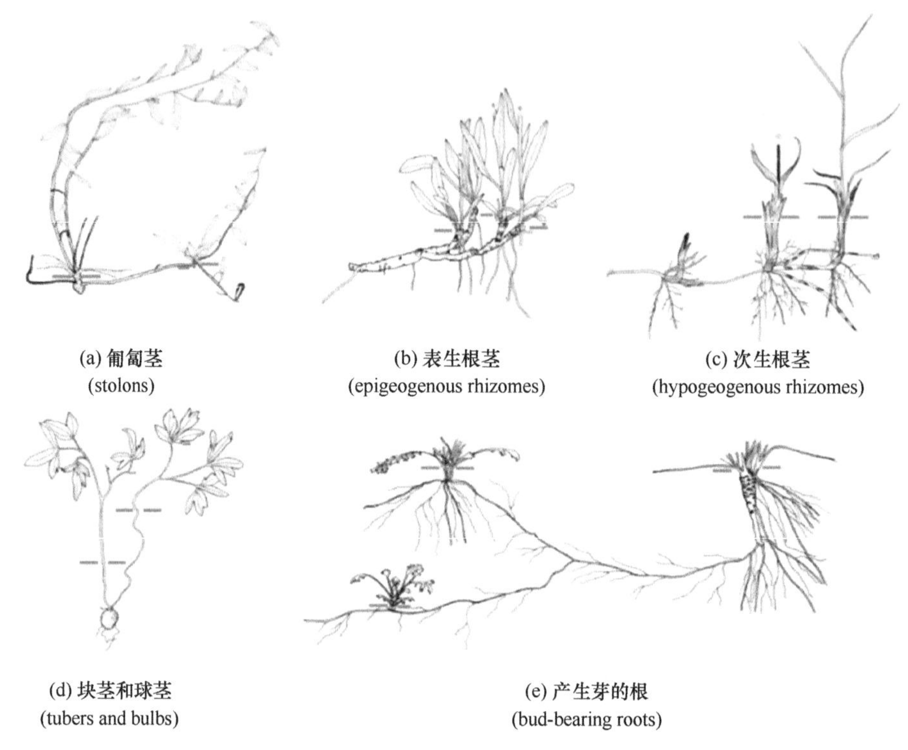

图 7.8　植物克隆生长器官的主要类型示意图（改自 Herben and Klimešová，2020）

7.5.2　芽库特征

与植物有性繁殖体储存库–种子库相似，植物无性繁殖体储存库为芽库。芽库对于植物种群更新、群落动态和生态系统对环境及干扰的功能响应具有重要作用（Qian et al.，2022）。芽库的概念最早是由 Harper（1977）提出，他认为芽库是植物的地下器官如球茎、块茎、鳞茎、根状茎及鳞芽所组成的休眠分生组织的集合。而后 Klimešová 和 Klimeš（2007）对芽库的概念进行了补充和完善，将芽库定义为所有潜在的用于营养繁殖芽的集合，不仅包括上述芽库种类，也包括植物的地上芽、更新芽、可移动残体上的芽及不定芽。种群水平上芽库特征主要包括芽数、根茎节数、根茎长度、根茎生物量，子株密度，群落水平上的芽库特征包括芽库的分布格局、密度、动态及物种组成。

种群芽库调查一般取 0.25 m×0.25 m 样方，小心抖落植物根部土块，调查不同地点或不同处理下分蘖芽、根茎节间芽、根茎顶芽和总芽的密度，进而计算芽的组成和比例。半个月取样一次，分析各类芽及子株的动态变化。克隆繁殖体密度为总芽和总子株密度之和。无性繁殖构件生物量为总芽生物量、总子株生物量及根茎生物量之和。群落芽库调查往往在不同样方或沿着样带取 0.25 m×0.25 m 样方，根据生境地和植物特征一般取 0.2～0.6 m 深土层，与地上植株部分连接在一起，以便于物种识别。一般将芽类型分为：分蘖芽（芽主要形成于禾本科植物的分蘖基部及丛生和根茎禾草芽基部的腋芽）、生根芽（不定芽主要内生于杂草或灌木的根部）、根茎芽（芽主要在次生根茎上形成的腋芽和顶芽）、球茎芽（包裹在球茎叶基部或鳞片叶中的分生组织）、双子叶植物芽（双子叶草本植物地下部分的芽）和根颈芽（芽外生于沙埋后的茎或芽颈部）（Klimešová and Klimeš，2007）。根茎和根上的芽可直接计数，而茎基必须解剖分为分蘖芽和根颈芽再进行计数（Ma et al.，2019）。

7.6 小　结

植物繁殖体功能性状直接或间接影响着植物的种群更新、传播和空间分布特征，进而影响到群落组成和生态系统功能；同时，植物繁殖体功能性状对气候变化、环境扰动和人类干扰等都非常敏感，是植物应对外界环境变化的重要环节。因此，植物繁殖体功能性状的相关研究，也是过去 30 年全球环境变化背景下生态学研究的热点。通过本章的介绍，大家可以清楚看出植物繁殖体功能性状的分类繁多、每种功能性状适应环境变化和扰动的策略也多种多样。因此，与其他器官的功能性状相比，目前在区域乃至全球尺度开展的植物繁殖体时空变异规律的研究比较罕见、绝大多数植物繁殖体功能性状变异规律或适应机制的研究都是在局域尺度或小区域尺度开展；这一定程度限制了我们对植物适应机制的整体认知、也阻碍了我们关于生态系统对全球变化响应机理的深入揭示。植物繁殖体功能性状与多个关键生态过程密切相关，必将是未来相关研究的热点和新增长点。随着相关研究的深入推进，植物繁殖体功能性状参数将进一步发展、完善和规范化，并反过来推动植物繁殖体功能性状实体研究，尤其是从宏观尺度时空变异规律及其如何影响区域群落构建和生态系统功能等角度。

参 考 文 献

陈玲玲, 林振山, 何亮. 2010. 风传草本植物种子空间传播新模型. 生态学报, 30(17): 4643-4651.

董鸣. 2011. 克隆植物生态学. 北京: 科学出版社.

付婷婷, 程红焱, 宋松泉. 2009. 种子休眠的研究进展. 植物生态学报, 44(5): 629-641.

国家林业局. 2007. LY/T 1687-2007 热带森林生态系统定位观测指标体系. 北京: 中国标准出版社.

黄振英, 曹敏, 刘志民. 2012. 种子生态学: 种子在群落中的作用. 植物生态学报, 36(8): 705-707.

李振华, 王建华. 2015. 种子活力与萌发的生理与分子机制研究进展. 中国农业科学, 48(4): 646-660.

刘家尧, 刘新. 2010. 植物生理学实验教程. 北京: 高等教育出版社.

吕冰, 王娜, 刘淑菊, 等. 2015. 海南海岸青皮树繁殖物候特征. 生态学报, 35(2): 416-423.

苏晓磊, 曾波, 乔普, 等. 2010. 冬季水淹对秋华柳的开花物候及繁殖分配的影响. 生态学报, 30(10): 2585-2592.

田雨, 赵晓晨, 张红香. 2020. 渗透引发对紫花苜蓿种子抗旱性的影响——基于水势模型分析. 生态学杂志, 39(2): 684-689.

万海霞, 邓洪平, 何平, 等. 2018. 濒危植物丰都车前的繁育系统与传粉生物学研究. 生态学报, 38(11): 4018-4026.

王雷, 董鸣, 黄振英. 2010. 种子异型性及其生态意义的研究进展. 植物生态学报, 34(5): 578-590.

王彦荣, 杨磊, 胡小文. 2012. 埋藏条件下 3 种干旱荒漠植物的种子休眠释放和土壤种子库. 植物生态学报, 36(8): 774-780.

文彬. 2008. 试论种子顽拗性的复合数量性状特征. 云南植物研究, 30(1): 76-88.

肖治术, 张知彬. 2003. 食果动物传播种子的跟踪技术. 生物多样性, 3: 248-255.

杨小飞, 唐勇, 曹敏. 2010. 西双版纳热带季节雨林 145 个树种繁殖体特征. 云南植物研究, 32(4): 367-377.
杨允菲, 郑慧莹, 李建东. 不同生态条件下羊草无性系种群分蘖植株年龄结构的比较研究. 生态学报, 18(3), 302-308.
张海亮, 朱敏, 李干金. 2015. 加拿大一枝黄花繁殖性状对其入侵性的影响. 中国计量学院学报, 26(3): 324-330.
张红香. 2021. 北方草地植物种子与幼苗图谱. 长春: 吉林大学出版社.
张红香, 周道玮. 2016. 种子生态学研究现状. 草业科学, 33(11): 2221-2236.
张天澍, 李恺, 蔡永立, 等. 2006. 浙江天童国家森林公园鼠类对石栎种子的捕食和传播. 应用生态学报, 17(3): 457-461.
张希彪, 王瑞娟, 上官周平. 2009. 黄土高原子午岭油松林的种子雨和土壤种子库动态. 生态学报, 29(4): 1877-1884.
赵明, 韩兴国, 刘召刚, 等. 2020. 一种土壤种子库鉴定用双层培养盘. ZL201920794736.9.
赵明, 张红香, 颜宏, 等. 2018. 光照强度对六种草地植物种子萌发和幼苗生长的影响. 生态科学, 37(2): 25-34.
朱军涛. 2016. 实验增温对藏北高寒草甸植物繁殖物候的影响. 植物生态学报, 40 (10): 1028-1036.
诸葛晓龙, 朱敏, 郭强. 2011. 线性及机理模型的种子风传扩散距离预测. 中国计量学院学报, 22(2): 181-184.
Ameixa O M, Marques B, Fernandes V S, et al. 2016. Dimorphic seeds of *Salicornia ramosissima* display contrasting germination responses under different salinities. Ecological Engineering, 87: 120-123.
Augspurger C K, Franson S E, Cushman K C, et al. 2016. Intraspecific variation in seed dispersal of a Neotropical tree and its relationship to fruit and tree traits. Ecology and Evolution, 6: 1128-1142.
Bailly C. 2004. Active oxygen species and antioxidants in seed biology. Seed Science Research, 14: 93-107.
Barrett S C H. 2015. Influences of clonality on plant sexual reproduction. Proceedings of the National Academy of Sciences of the United States of America, 112: 8859-8866.
Baskin C C, Baskin J M. 2014. Seeds: Ecology, Biogeography, and Evolution of Dormancy and Germination. San Diego: Academic Press.
Baskin J M, Baskin C C. 2004. A classification system for seed dormancy. Seed Science Research, 14: 1-16.
Bentos T V, Mesquita R C G, Williamson G B. 2008. Reproductive phenology of Central Amazon pioneer trees. Tropical Conservation Science, 1: 186-203.
Bewley J D. 1997. Seed germination and dormancy. The Plant Cell, 9: 1055-1066.
Blanco A M, Chantre G R, Lodovichi M V, et al. 2014. Modeling seed dormancy release and germination for predicting *Avena fatua* L. field emergence: A genetic algorithm approach. Ecological Modelling, 272: 293-300.
Bock A, Sparks T H, Estrella N, et al. 2014. Changes in first flowering dates and flowering duration of 232 plant species on the island of Guernsey. Global Change Biology, 20: 3508-3519.
Cao D, Baskin C C, Baskin J M, et al. 2014. Dormancy cycling and persistence of seeds in soil of a cold desert halophyte shrub. Annals of Botany, 113: 171-179.
Casco H, Dias L S. 2008. Estimating seed mass and volume from linear dimensions of seeds. Seed Science and Technology, 36: 230-236.
Chang Y C H, Lu C L, Sun I F, et al. 2013. Flowering and fruiting patterns in a subtropical rain forest, Taiwan. Biotropica, 45: 165-174.
Chelli S, Ottaviani G, Simonetti E et al. 2019. Climate is the main driver of clonal and bud bank traits in Italian forest understories. Perspectives in Plant Ecology, Evolution and Systematics, 40: 125478.
Chen S C, Hemmings F A, Chen F, et al. 2017. Plants do not suffer greater losses to seed predation towards the tropics. Global Ecology and Biogeography, 26: 1283-1291.
Chuine I, Morin X, Bugmann H. 2010. Warming, photoperiods, and tree phenology. Science, 329: 277-278.
Cornelissen J H C, Lavorel S, Garnier E, et al. 2003. A handbook of protocols for standardised and easy measurement of plant functional traits worldwide. Australian Journal of Botany, 51: 335-380.

Cornelissen J H C, Song Y B, Yu F H, et al. 2014. Plant traits and ecosystem effects of clonality: A new research agenda. Annals of Botany, 114: 369-376.

Cruden R W. 1977. Pollen-Ovule Ratios: A conservative indicator of breeding systems in flowering plants. Evolution, 31: 32-46.

de Vitis M, Hay F R, Dickie J B, et al. 2020. Seed storage: Maintaining seed viability and vigor for restoration use. Restoration Ecology, 28 (S3): 249-255.

Dirks I, Dumbur R, Lienin P, et al. 2017. Size and reproductive traits rather than leaf economic traits explain plant-community composition in species-rich annual vegetation along a gradient of land use intensity. Frontiers in Plant Science, 8: 891.

Dürr C, Dickie J B, Yang X Y, et al. 2015. Ranges of critical temperature and water potential values for the germination of species worldwide: Contribution to a seed trait database. Agricultural and Forest Meteorology, 200: 222-232.

Finch S W E, Bassel G W. 2016. Seed vigor and crop establishment: Extending performance beyond adaptation. Journal of Experimental Botany, 67: 567-591.

Finch S W E, Leubner M G. 2006. Seed dormancy and the control of germination. New Phytologist, 171: 501-523.

Footitt S, Douterelo S I, Clay H, et al. 2011. Dormancy cycling in *Arabidopsis* seeds is controlled by seasonally distinct hormone-signaling pathways. Proceedings of the National Academy of Sciences of the United States of America, 108: 20236-20241.

Fricke E C, Wright S J. 2016. The mechanical defense advantage of small seeds. Ecology Letters, 19: 987-991.

Garcia H J, Monteith J L, Squire G R. 1982. Time, temperature and germination of pearl millet. 1. Constant temperature. Journal of Experimental Botany, 33: 288-296.

Gulzar S, Khan M A. 2001. Seed germination of a halophytic grass *Aeluropus lagopoides*. Annals of Botany, 87: 319-324.

Gummerson R J. 1986. The effect of constant temperatures and osmotic potential on the germination sugar beet. Journal of Experimental Botany, 41: 1431-1439.

Harper J L. 1977. Population Biology of Plants. London: Academic Press.

Herben T, Klimešová J. 2020. Evolution of clonal growth forms in angiosperms. New Phytologist, 225: 999-1010.

Heydecker W. 1972. Seed ecology: Proceedings of the Nineteenth Easter School in Agricultural Science. London: University of Nottingham, Butterworths.

Holl K D. 1999. Factors limiting tropical rain forest regeneration in abandoned pasture: Seed rain, seed germination, microclimate, and soil. Biotropica, 31: 229-242.

Howe H F, Smallwood J. 1982. Ecology of seed dispersal. Annual Review of Ecology and Systematics, 13: 201-228.

Hu X W, Fan Y, Baskin C C, et al. 2015. Comparison of the effects of temperature and water potential on seed germination of Fabaceae species from desert and subalpine grassland. American Journal of Botany, 102: 649-660.

Ishikawa-Goto M, Tsuyuzaki S. 2004. Methods of estimating seed banks with reference to long-term seed burial. Journal of Plant Research, 117: 245-248.

ISTA (International Seed Testing Association). 2004. International Rules for Seed Testing. Seed Science and Technology.

Kattge J, Díaz S, Lavorel S, et al. 2011. TRY - a global database of plant traits. Global Change Biology, 17: 2905-2935.

Klimešová J, Danihelka J, Chrtek J, et al. 2017. CLO-PlA: A database of clonal and bud-bank traits of the Central European flora. Ecology, 98: 1179.

Klimešová J, de Bello F. 2009. CLO-PLA: The database of clonal and bud bank traits of Central European flora. Journal of Vegetation Science, 20: 511-516.

Klimešová J, Klimeš L. 2007. Bud banks and their role in vegetative regeneration-A literature review and proposal for simple classification and assessment. Perspectives in Plant Ecology, Evolution and Systematics, 8: 115-129.

Klimešová J, Klimeš L. 2008. Clonal growth diversity and bud banks of plants in the Czech fora: An evaluation using the CLO-PLA3 database. Preslia, 80: 255-275.

Kollmann J, Jørgensen RH, Roelsgaard J, et al. 2009. Establishment and clonal spread of the alien shrub Rosa rugosa in coastal dunes-A method for reconstructing and predicting invasion patterns. Landscape and Urban Planning, 93: 194-200.

Levin SA, Muller G, Landau H C, et al. 2003. The ecology and evolution of seed dispersal: A theoretical perspective. Annual Review of Ecology, Evolution and Systematics, 34: 575-604.

Liu Z, Zhao M, Lu Z, et al. 2022. Seed traits research is on the rise: A bibliometric analysis from 1991-2020. Plants, 11: 2006.

Lu J, Tan D, Baskin J M, et al. 2010. Fruit and seed heteromorphism in the cold desert annual ephemeral *Diptychocarpus strictus* (Brassicaceae) and possible adaptive significance. Annals of Botany, 105: 999-1014.

Lu L, Fritsch P W, Matzke N J, et al. 2019. Why is fruit colour so variable? Phylogenetic analyses reveal relations between fruit-colour evolution, biogeography and diversification. Global Ecology and Biogeography, 28: 891-903.

Ma H, Li J, Yang F, et al. 2018. Regenerative role of soil seed banks of different successional stages in a saline-alkaline grassland in Northeast China. Chinese Geographical Science, 28: 694-706.

Ma Q, Qian J, Tian L, et al. 2019. Responses of belowground bud bank to disturbance and stress in the sand dune ecosystem. Ecological Indicators, 106: 105521.

Mommer L, Weemstra M. 2012. The role of roots in the resource economics spectrum. New Phytologist, 195: 725-727.

Munsell C. 1994. Munsell Soil Color Charts (Revised Edition). Baltimore: Munsell Color.

Nilsson C, Brown R L, Jansson R, et al. 2010. The role of hydrochory in structuring riparian and wetland vegetation. Biological Reviews, 85: 837-858.

Qian J, Guo Z, Muraina T O, et al. 2022. Legacy effects of a multi-year extreme drought on belowground bud banks in rhizomatous vs bunchgrass-dominated grasslands. Oecologia, 198: 763-771.

Ritz C, Pipper C B, Streibig J C. 2013. Analysis of germination data from agricultural experiments. European Journal of Agronomy, 45: 1-6.

Saatkamp A, Cochrane A, Commander L et al. 2019. A research agenda for seed-trait functional ecology. New Phytologist, 221: 1764-1775.

Saracino A, D'Alessandro C M, Borghetti M. 2004. Seed colour and post-fire bird predation in a Mediterranean pine forest. Acta Oecologica, 26: 191-196.

Schupp E. 2010. Seed dispersal effectiveness revisited: A conceptual review. New Phytologist, 188: 333-353.

Schutte B J, Davis A S, Peinado S A, Ashigh J. 2014. Seed-coat thickness data clarify seed size-seed-bank persistence trade-offs in *Abutilon theophrasti* (Malvaceae). Seed Science Research, 24: 119-131.

Segrestin J, Navas M L, Garnier E. 2020. Reproductive phenology as a dimension of the phenotypic space in 139 plant species from the Mediterranean. New Phytologist, 225: 740-753.

Sekar N, Lee C L, Sukumar R. 2015. In the elephant's seed shadow: The prospects of domestic bovids as replacement dispersers of three tropical Asian trees. Ecology, 96 (8): 2093-2105.

Shen Y X, Liu WL, Li Y H, et al. 2014. Large sample area and size are needed for forest soil seed bank studies to ensure low discrepancy with standing vegetation. Plos One, 9: e105235.

Sherry R A, Zhou X, Gu S, et al. 2007. Divergence of reproductive phenology under climate warming. PNAS, 104: 198-202.

Simpson R L, Lerck M A, Parker V T. 1989. Seed Banks: General Concepts and Methodological Issues. Ecology of Soil Seed Banks. NewYork: Academic Press.

Sinnott A M A, Donoghue M J, Jetz W. 2021. Dispersers and environment drive global variation in fruit color syndromes. Ecology Letters, 24: 1387-1399.

Thompson K, Bakker J P, Bekker R M. 1997. The soil banks of North West Europe. Methodology, Density and Longevity. London: Cambridge University Press.

Thompson K, Band S R, Hodgson J G. 1993. Seed size and shape predict persistence in soil. Functional Ecology, 7: 236-241.

Thompson P A. 1970. Characterization of the germination response to temperature of species and ecotypes. Nature, 225: 827-831.

Trakhtenbrot A, Katul G G, Nathan R. 2014. Mechanistic modeling of seed dispersal by wind over hilly terrain. Ecological Modelling, 274: 29-40.

Van Rheede van Oudtshoorn K, Van Rooyen M W. 1999. Dispersal Biology of Desert Plants. Berlin: Springer-Verlag.

Wang B, Phillips J S and Tomlinson K W. 2018. Tradeoff between physical and chemical defense in plant seeds is mediated by seed mass. Oikos, 127: 440-447.

Wang Y J, Müller-Schärer H, van Kleunen M, et al. 2017. Invasive alien plants benefit more from clonal integration in heterogeneous environments than natives. New Phytologist, 216: 1072-1078.

Wenny D G. 2001. Advantages of seed dispersal: A re-evaluation of directed dispersal. Evolutionary Ecology Research, 3: 51-74.

Willson M F, Whelan C J. 1990. The evolution of fruit color in fleshy-fruited plants. The American Naturalist, 136: 790-809.

Wright I J, Reich P B, Westoby M, et al. 2004. The worldwide leaf economics spectrum. Nature, 428: 821-827.

Wright S J, Calderón O. 1995. Phylogenetic patterns among tropical flowering phenologies. Journal of Ecology, 83: 937-948.

Yang X, Baskin C C, Baskin J M, et al. 2021. Global patterns of potential future plant diversity hidden in soil seed banks. Nature Communications, 12: 7023.

Ye D, Hu Y, Song M, et al. 2014. Clonality-climate relationships along latitudinal gradient across China: Adaptation of clonality to environments. Plos One, 9: e94009.

Zhang H, Irving L, Tian Y, et al. 2012. Influence of salinity and temperature on seed germination rate and the hydrotime model parameters for the halophyte, *Chloris virgata*, and the glycophyte, *Digitaria sanguinalis*. South African Journal of Botany, 78: 203-210.

Zhang H, McGill C, Irving L, et al. 2013. A modified thermal time model to predict germination rate of ryegrass and tall fescue at constant temperatures. Crop Science, 53: 240-249.

Zhang H, Tian Y, Zhou D. 2015. A modified thermal time model quantifying germination response to temperature for C_3 and C_4 species in temperate grassland. Agriculture, 5: 412-426.

Zhang H, Zhang G, Lü X, et al. 2015. Salt tolerance during seed germination and early seedling stages of 12 halophytes. Plant and Soil, 388: 229-241.

Zhang H, Zhou D, Wang P, et al. 2007. Germination responses of four wild species to diurnal increase or decrease in temperature. Seed Science and Technology, 35: 291-302.

Zhang H X, Bonser S P, Chen S C, et al. 2018. Is the proportion of clonal species higher at higher latitudes in Australia? Austral Ecology, 43: 69-75.

Zhao L P, Wu G L, Cheng J M. 2011. Seed mass and shape are related to persistence in a sandy soil in northern China. Seed Science Research, 21: 47-53.

Zhao M, Liu Z, Zhang H, et al. 2021. Germination characteristics is more associated with phylogeny-related traits of species in a salinized grassland of northeastern China. Frontiers in Ecology and Evolution, 9: 748038.

Zhao M, Zhang H, Yan H, et al. 2018. Mobilization and role of starch, protein, and fat reserves during seed germination of six wild grassland species. Frontiers in Plant Science, 9: 234.

Zhu J, Liu M, Xin Z, et al. 2016. Which factors have stronger explanatory power for primary wind dispersal distance of winged diaspores: The case of *Zygophyllum xanthoxylon* (Zygophyllaceae)? Journal of Plant Ecology, 9: 346-356.

第8章　植物整体功能性状测定方法与技术

摘要：植物功能性状除了各种基于叶、枝、干、根等器官划分外，其整体功能性状在植物存活、繁殖和生长发育等过程中也扮演着重要的角色。植物的整体功能性状包括分类型性状与数量型性状。其中，分类型性状包括生活史、生活型和生长型等，这类性状较为稳定，一般不会随着环境的变化而轻易改变，因此其观测技术或获取途径也较为简单；在实际操作过程中，可以通过实地观测、查阅实物照片甚至从公开发表的数据库或专著中获得。数量型性状包括植物最大寿命、最大高度、胡伯尔值、分枝结构、根质量分数和相对生长速率等，可通过简单称重和长度测量完成测定，相比于器官水平上的功能性状参数，这类功能性状简单易测，通常不需要精密的仪器。鉴于植物整体功能性状能够反映植物功能但常被研究者所忽略，且国内对其测定尚无统一规范，本章在前人工作基础上，详细阐述了9个常见的植物整体功能性状的定义、测定方法以及实际操作中的注意事项等，期望能进一步规范国内植物整体功能性状的测定，加速国内植物功能性状的整合研究，促进其飞速发展。

植物整体功能性状是指在植物全株水平上与植物定植、存活、生长和死亡紧密相关的一系列核心植物特征。相比于叶片和根系等器官水平上的功能性状，人们更能直观地认识到植物整体功能性状。例如，根据植物的整体形态特征，可以将植物简单分为木本植物、草本植物和藤本植物等；根据植物叶片的寿命特征，可以将植物分为常绿植物和落叶植物；根据叶片形态特征，可以将乔木分为针叶树和阔叶树。整体而言，这些植物整体功能性状都具有比较直观和简单易测的特点。理论上，植物整体功能性状并不独立于各种器官水平上的植物功能性状，而是与器官水平的植物功能性状息息相关。一般而言，相对于常绿植物，落叶植物叶片的比叶面积、氮磷含量、光合速率和呼吸速率更高，叶片寿命也更短（Wright et al.，2004）。

植物整体功能性状可划分为分类型功能性状和数量型功能性状。分类型功能性状主要包括植物的生活史、生活型和生长型等（图8.1）。在全球植被模型中，无论是静态植被模型还是动态植被模型，植物均通过分类型功能性状被划分为特定的植物功能群；也就是说，植物功能群代表了一系列特定的植物整体功能性状。例如，动态植被模型以植物功能群作为植被分类单元，通过给不同植物功能群分别赋以典型参数值，在模型中反映不同功能群之间的结构和功能差异（杨延征等，2018）。科学家常通过植物功能群对模型进行简化，具有科学性和可操作性，同时也具有一定的缺陷。例如，设定固定的功能性状值并不能很好反映功能性状随环境因子变化的规律，进而影响了对生态系统结构和功能变化的准确预测。除此之外，不同植物功能群之间的差异可能并不明显，这种简单的方法常常掩盖了植物功能性状在群落内部和群落间的差异；因此，从植物功能性状及其空间变异规律出发，将能够显著降低动态植被模型中植物功能群带来的预测不确定性（Yang et al.，2015）。与叶、枝、干、根等器官水平的植物功能性状一样，数量型植物整体功能性状可为新一代动态植被模型预测生态系统碳、氮和水循环过程提供重要的模型输入参数，如最大寿命、最大高度、胡伯尔值、分枝结构、根质量分数和相对生长速率等（图 8.1）。

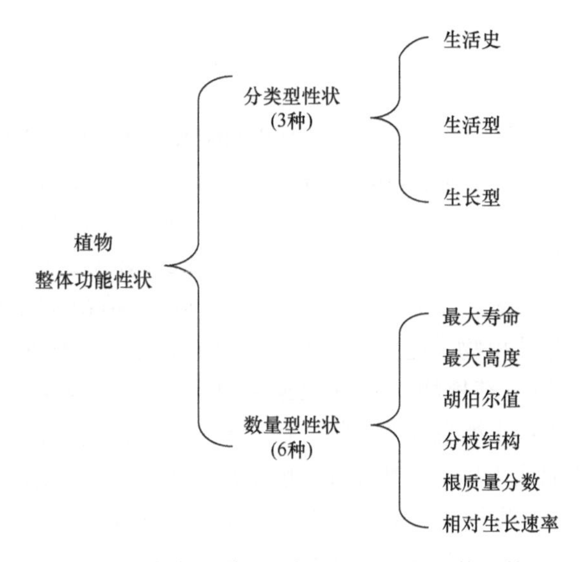

图 8.1　植物整体功能性状的分类与具体参数

分类型植物整体功能性状与数量型植物整体功能性状间存在着密切的关系。例如，通过最大寿命可基本判断植物属于一年生、二年生或多年生植物，通过最大高度可以基本判断植物是乔木还是草本。在总结前人工作的基础上，本章重点介绍了上述几个常见的植物整体功能性状的定义、测定方法以及实际操作中的注意事项等，以期共同推进人们对植物整体功能性状的重视程度和未来的规范化测定与分析。

8.1　分类型植物整体功能性状

8.1.1　生活史

植物生活史（life history）的划分为简单地评估植物个体生存所需要的时间提供了科学方法。通常，植物生活史的类型包括一年生（annual）、二年生（biennial）和多年生（perennial）。其中，一年生植物是指在第一个生长季就完成从种子萌发到植物衰老和死亡全过程的植物；二年生植物是指在第一个生长季进行萌发、营养生长，而在第二个生长季进行繁殖、并衰老和死亡的植物；多年生植物是指植物个体存活大于等于三个生长季的植物，多年生植物可继续划分为单次结果型和多次结果型多年生植物（Pérez-Harguindeguy et al.，2013）。

具有除种子以外的任何多年生器官的植株都属于二年生或多年生植物（Tamm，1972）。如果是二年生植物，植株则应具有存储根。一种植物如果缺乏专门的多年生器官仍然可能是多年生植物，因为植物根冠上也可能会重新萌发枝条。多年生植物如果通过根冠繁殖，根冠上通常会有芽痕，而一年生植物根冠通常是相对柔软而光滑的。此外，多年生植物一般在第一个生长季并不会开花，在其他方面多年生植物与一年生植物可能表现出相似的特征。

8.1.2 生活型

植物生活型（life form）的分类可追溯到 Raunkiaer（1934）。Pérez-Harguindeguy 等（2013）等根据以往研究，尤其是 Cain（1950）的研究结果，将植物生活型分为 7 个类型（图 8.2）。包括：①高位芽植物（phanerophytes）：通常高于 0.5 m 的植株，其枝条在 0.5 m 以上不会周期性地死亡。②地上芽植物（chamaephytes）：成熟的枝干系统不高于 0.5 m，或者高于 0.5 m 的枝条会周期性地死亡。③地面芽植物（hemicryptophytes）：又称浅地下芽植物或半隐芽植物，更新芽位于近地面土层内，冬季地上部分全枯死，即为多年生草本植物。④地下芽植物（geophytes）：更新芽位于较深土层中。⑤水生植物（hydrophytes）：生长在水生栖息地的植物，在严酷的季节，其更新芽要么留在水中，要么留在水体底部的淤泥或土壤中，其叶片一般全部在水面以下或部分浮在水面。⑥沼生植物（helophytes）：与水生植物类似，但在生长季，其叶片会远高于水面。⑦一年生植物（therophytes）：在种子产生后，整个植株、茎和根系统均会死亡的植物，他们通过种子越冬并进行繁殖。

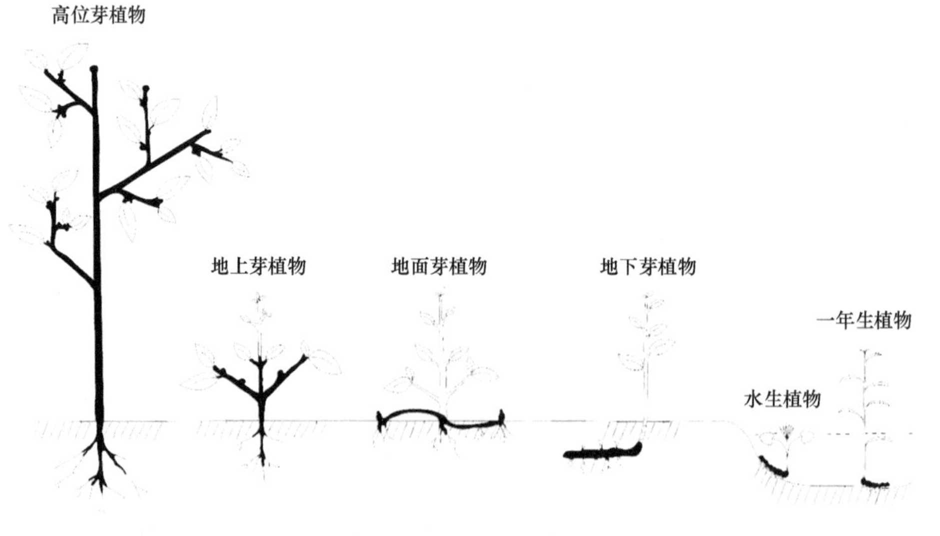

图 8.2 植物生活型的分类（改自 Pérez-Harguindeguy et al.，2013）
加粗的部位表示更新芽的位置

8.1.3 生长型

植物生长型（growth form）主要针对植物生长的方向和程度，以及分枝的状态来描述植物冠层结构，包括树高以及叶片的垂直分布和水平分布特征。植物生长型可以分为两种类型：①机械和营养上可自我支撑和供给的陆生植物，又可进一步划分为草本植物（herbaceous plants）、半木本植物（semi-woody plants）和木本植物（woody plants）三大类；②在结构、营养或支撑上由其他植物帮助完成的植物，又可进一步划分为附生植物（epiphyte）、岩生植物（lithophyte）、攀爬植物（climber）、水生植物（submersed）和寄生植物（parasite）五大类。

此外，分类型植物整体功能性状还有很多。例如，可根据光合类型将植物划分为 C_3 植物和 C_4 植物（Belea et al.，1998），还可根据菌根侵染类型划分为内生菌根和外生菌根等（Genre et al.，2020）。总而言之，分类型植物整体功能性状可根据上述类型的描述和定义进行观测，同时可以通过现有的数据库或文献进行查阅获取，如《中国植物志》、维基百科或已公开发表的文献。

8.2 数量型性状

8.2.1 最大寿命

植物寿命（plant lifespan）是指植物从萌发、建成到个体完全死亡所持续的时间，通常以年为单位。植物最大寿命（maximum plant lifespan）是种群持久性的一个指标，一个物种或种群的最大寿命为所有样本中年轮的最大数目，但值得注意的是，所有个体的平均寿命也可能提供了有效信息。植物最大寿命与土地利用和气候变化密切相关（Gatsuk et al.，1980）。在非克隆植物中，寿命是有限的，而在克隆植物中，寿命几乎是无限的。最大寿命与环境胁迫机制密切相关，如极端低温和营养不足会影响最大寿命。虽然长寿命的无性系植物也能忍受频繁的干扰，但最大寿命与干扰频率的关系大多为负相关（de Witte and Stocklin，2010）。最大寿命与种子在时空上的扩散能力存在一种权衡关系；一般而言，长寿命的植物通常产生短寿命的种子库，且种子具有较低的传播潜力。

在木本植物中，植物最大寿命可以通过年轮的数量来估计。然而，年轮的形成可能与栖息地条件密切相关。年轮通常会出现在具有明显季节性的地区，如极地、温带甚至地中海型地区。在某些情况下，年轮甚至可以出现在热带物种中，特别是在有明显旱季和雨季的地区。通常，种群内最大寿命的研究对象是最大和（或）最粗的个体。在木本植物中，如乔木、灌木和矮灌木，年轮可通过切割整个横截面或主茎（树干）的饼状切片或者用生长锥获取树芯进行测定（Larson，2001）。为观测清晰，研究者需要获得非常光滑的横截面表面、并在解剖显微镜下进行年轮测定（Cherubini et al.，2003）。对于草本植物，年轮通常存在于茎的底部、根颈处或者根状茎处；用显微镜观察横切面之前，必须先用次氯酸盐消毒药水去除细胞质，然后通过番红固绿染色剂使年轮清晰可见。在大多数情况下，偏振光可有效增加年轮的清晰度。

根颈处的年轮最能精确地体现植物的最大年龄，因此，取样时应尽量取到根颈样本。除此之外，物种最大寿命的测量样本量要大，至少超过 10 个个体，最好在 20 个个体及以上。

8.2.2 最大高度

植物高度（plant height）指植物主要光合组织的上边界与地面之间的最短距离，通常不包括花序，单位一般为厘米或米（Westoby，1998）。植物最大高度（H），是一个物种的成熟个体在特定环境下所达到的最大高度。植物最大高度与生活型、物种在植被垂直光梯度上的位置、竞争力、繁殖力和潜在寿命等密切相关（Moles et al.，2009）。在测试过程中，应筛选充分暴露在阳光下的健康植物个体。因为植物高度的变异非常大，有三种方式可用来估计植物最大高度；在具体操作过程中，其测定方式的选择与植株大小、数量和人力物力有关。具体方法如下：①对于个体矮小的物种，至少进行 25 个成熟个体的高度测量；②对于高大的乔木，树高测量是费时费力的，可选择 5～8 个最高的个体进行测量；③对于一般乔木，在时间允许的情况下，可以测量至少 25 个个体的树高和胸径，方便后续用渐近线回归建立胸径和树高的关系（Thomas，1996），从而推导出植物最大高度。

植物高度测量是以该物种叶片高度为准，不是花序、种子或果实的高度，也不是主茎的高度。草本植物高度的测定，最好是在生长季中后期进行。记录的高度应与植物的树冠的顶部相对应，而不应该考虑异常的枝条、叶片和花序等器官（图 8.3）。对于较为高大的乔木物种，可以使用带有刻度的伸缩杆进行测量，但该方法比较适用于高度低于 25 m 的植株；而对于更为高大的乔木，可以使用三角函数法测定（Korning and Thomsen，1994）。目前，勃鲁莱测高器、超声波测高器等可快速实现树高的测量，另外，近期快速发展的无人机技术，为高大乔木的测定提供了新的途径。

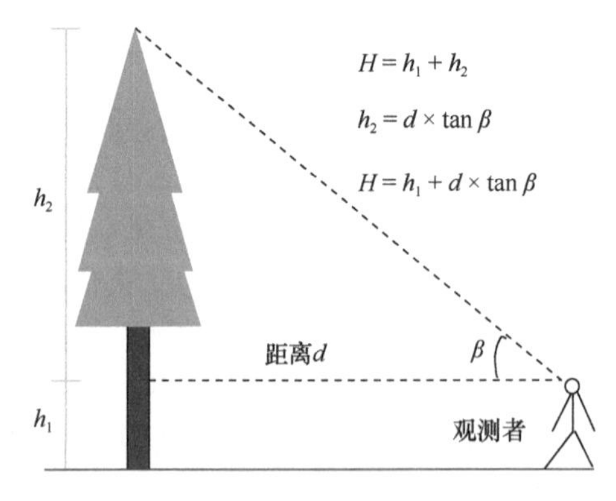

图 8.3 平坦地面测量树高的原理示意图

值得注意的是，对于莲座植物，植株高度以叶片高度为准。对于部分草本植物，可能并不会有垂直于地面或花序较高的光合作用部分，此时测量植物的生殖高度可能比测量营养高度更为可靠。对于附生植物和半附生植物的高度，通常定义为叶片上边界与附着点的距离。

8.2.3　分枝结构

分枝结构（branching architecture）是用来刻画植物分枝密集程度的指标，通常是指单位茎长的分枝数量。理论上，分枝程度较高的植物可以通过降低捕食者进食效率，阻止食草动物获取植物器官来更好地抵御食草动物（Strauss and Agrawal，1999）；不仅如此，如果植物的生长点被破坏，分枝程度较高的植物可以更快速地恢复生长。与之相反，在容易发生火灾的草原或火灾后的森林次生演替中，分枝较少的植物能快速生长并占据优势。分枝结构在森林生态系统中也具有适应性，在特定的高度、能利用弱光的物种的分枝强度明显强于只利用强光的物种（Pickett and Kempf，1980）。分枝结构是一种可塑性比较强的功能性状，它会受到火灾、光照和水分胁迫等环境的影响（Cooper et al.，2003）；不仅如此，植物年龄和生活史也会影响分枝结构（Staver et al.，2011）。

为了确保测量的树枝最能代表植物的分枝结构，应选择接近树冠的带有树叶的枝条，从该枝条的末端向后计算，直到到达第一个枝上无叶，但次级分枝有叶的位置（图 8.4）。测量开始点到枝条末端的距离，并对分枝点进行计数，但不应把次级分枝死亡的分枝点计算在内。此外，科研人员还常用顶端优势指数来量化分枝结构，它通常是指在单位长度枝条上的分枝点数量与开始点到枝条末端距离的比值（Fisher，1986）。

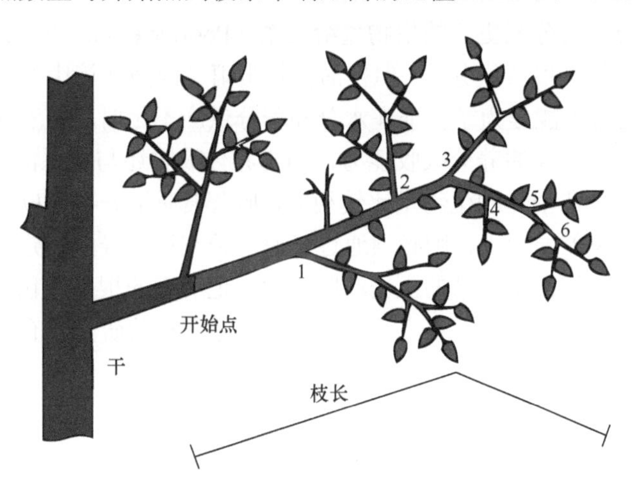

图 8.4　植物分枝结构的测量方法

图中数字代表分枝点，共有 6 个分枝点，其中枯枝不能计算在内

8.2.4　胡伯尔值

胡伯尔值（huber value）是边材面积与叶片面积的比值，它对植物的水分运输和机械支撑具有重要意义，并与植物物候密切相关（Eamus and Prior，2001；McDowell et al.，2002）。胡伯尔值在同一个体的不同季节、部位以及发育阶段都具有较大的变异（Maherali and DeLucia，2001；Makela and Vanninen，2001）。通常，胡伯尔值从老枝条到嫩枝条逐渐减小，可能是由于边材的功能会随着年龄增长而下降。为加强测量的可比较性，应从冠层位置截取能被阳光照射的枝条，最大限度地提高分枝中所有边材有效性（Preston and Ackerly，2003；Addington et al.，2006；Buckley and Roberts，2006）。除此之外，建议在植被的生长高峰期进行取样，这样植物叶片面积会最大且相对稳定。取样时，应注意选择健康的枝条，其叶片并没有因外力、动物采食等原因造成损伤。可以在不同尺度上测量胡伯尔值，如整株植物或枝条水平。总叶片面积的测量可以参考叶片面积章节的具体测量方法，使用显微照片可对边材面积进行精确的测量；在操作过程中，应注意将树皮、韧皮部、心材等排除在外。对于草本植物，边材可能不如乔木等树种容易辨别，可使用染料等辅助使边材更加清晰。

8.2.5 根质量分数

植物在根系生物量分配的比重可用根质量分数表示（root-mass fraction），计算方法为根系生物量与整个植株生物量的比值。根质量分数也可以用根冠比来替代（root：shoot ratio），但根系质量分数的分布范围是 0～1，更加便于解译和应用。值得注意的是，根系分配比例在光、养分和水供应方面具有高度可塑性。在资源匮乏时，植物通常会分配更多的生物量给根系以更好地获取可利用养分和水分等资源；在资源充足时，植物也可能会分配更多的生物量给根系，以提高自身的竞争优势。在控制实验中，根质量分数随着氮素添加强度的增加而呈现逐步减小的趋势；然而，在野外调查发现快速生长的物种在养分充足的环境中会分配更多的生物量给根系（Poorter et al.，2012）。类似地，幼苗在弱光环境中会降低其根质量分数，但生活在热带雨林荫蔽环境中的植物通常会有较高的根质量分数，这很可能是为了保证在水分和养分供应不足时具有竞争能力。较高的根质量分数并不意味着较高的养分吸收能力，因为养分吸收还与根系的比根长相关。

如果测量的物种或个体的生物量比较相似，那么根质量分数可以直接进行物种间或个体间的比较；如果差异较大，则必须通过异速生长方程推导到特定的植株大小上。在采样过程中，必须要把根系携带的土壤清除干净，把所有的根系（包括细根）进行完整的收集；这在实际研究过程中很难完美实现，也是导致相关研究具有较大不确定性的重要原因。

8.2.6 相对生长速率

相对生长速率（relative growth rate，RGR）是表征与环境胁迫和干扰机制有关的维持植物生产力策略的重要指标。相对生长速率通常是指在一定的时间段内，相对于现有植株大小的（指数级）增长量；因此，相对生长速率可以在不同大小的个体或物种间进行比较（Grime and Hunt，1975；Yu et al.，2012）。通过单独测量叶、茎和根的质量以及叶片面积，可以用一种相对简单的方法很好地了解植物各个器官的生长变化。理想情况下，相对生长速率是在整个植物包括根系的干物质基础上测量的。无论是在控制实验下还是在自然状况下，相对生长速率的计算都需要对两组或多组的植物个体进行破坏性的收获（Yu et al.，2012）。植物个体的生长一定要适应当前的环境条件，为了得到可靠的估计，实际收获的植物数量应随着种群变异性的增加而增加。为减小植株异质性的影响，研究中可先种植大量植物，剔除较大或者较小的植株，从而保留相似大小的植株个体。对于快速生长的草本植物，采收间隔可少于 1 周，对于生长缓慢的木本植物，采收间隔可超过两个月或更长。一般来说，采收间隔时间不应该超过该植株生物量翻倍的时间。

在样品采集时，应注意对整个植株的根系进行完整的收集，随后轻轻清洗掉根系上携带的土壤。植物可以分为三个部分，包括具有光合作用的叶片，具有支撑和运输的茎干，用于水分养分以及存储的根系。对于叶柄，既可以包括在茎的部分，也可在叶的部分，也可以对叶柄进行单独测量。破坏性的样本采集会使数据更加准确，但它是一个费时费力的工作；在实际操作中，它也会对研究样本造成一定的损伤。样本采集既可以采用非破坏性的方式，也可在两个或多个时间段上测量植株大小的某个特定方面，对同一个个体的多次重复测量来精确估算相对生长速率。对于木本植物，可以测量植株的茎干体积，对于草本植物，可以测量植物的总叶片面积。总叶片面积的测量，可以通过叶片数量和单叶叶片面积估算，而单叶叶片面积的估算可以通过叶片的长度和宽度来近似地计算（Schrader et al.，2021）。

对于在 T_1 和 T_2 时间测量的植株生物量或个体大小，可以通过如下公式计算相对生长速率（Poorter and Lewis，1986）：

$$\mathrm{RGR}=\frac{\ln\left(M_2\right)-\ln\left(M_1\right)}{T_2-T_1} \tag{8.1}$$

在良好的实验设计下，建议每一个植株都测量了两次，可以用以上公式计算每一个植株的相对生长速率，进而对每个植株相对生长速率进行平均。在多次测量生物量的情况下，可以通过对数转化后的生物量与时间线性回归的斜率来推算相对生长速率。

8.3 小　　结

植物整体功能性状有很多，本章重点介绍了 3 个分类型和 7 个数量型植物整体功能性状的测定方法。像植物叶片功能性状和根系功能性状一样，植物整体功能性状的数量也会随着人们的认知不断拓展，越来越多新的植物整体功能性状会涌现出来。不仅如此，随着各种高新技术的快速发展，植物整体功能性状的测定会更加简单化。值得注意的是，相比于数量型功能性状，分类型整体功能性状可能较为稳定，因此分类型数据可以从现有的植物功能性状数据库获得，但分类型性状也可能会因地点而异；因此，在条件允许的条件下，建议对分类型功能性状进行实地评估。在此，我们呼吁国内学者严格按照相关规范完成植物整体功能性状的测量，提高相关研究的科学性和可比性，推动植物功能性状的整合研究乃至基于功能性状生态学的发展。

参 考 文 献

杨延征, 王焓, 朱求安, 等. 2018. 植物功能性状对动态全球植被模型改进研究进展. 科学通报, 63(25): 2599-2611.

Addington R N, Donovan L A, Mitchell R J, et al. 2006. Adjustments in hydraulic architecture of Pinus palustris maintain similar stomatal conductance in xeric and mesic habitats. Plant Cell and Environment,

29: 535-545.
Belea A, Kiss A S, Galbacs Z. 1998. New methods for determination of C_3, C_4 and CAM-type plants. Cereal Research Communications, 26: 413-418.
Buckley T N, Roberts D W. 2006. How should leaf area, sapwood area and stomatal conductance vary with tree height to maximize growth? Tree Physiology, 26: 145-157.
Cain S A. 1950. Life-forms and phytoclimate. Botanical Review, 16: 1-32.
Cherubini P, Gartner B L, Tognetti R, et al. 2003. Identification, measurement and interpretation of tree rings in woody species from mediterranean climates. Botanical Review, 78: 119-148.
Cooper D J, D'Amico D R, Scott M L. 2003. Physiological and morphological response patterns of Populus deltoides to alluvial groundwater pumping. Environment Management, 31: 215-226.
de Witte L C, Stocklin J. 2010. Longevity of clonal plants: Why it matters and how to measure it. Annals of Botany, 106: 859-870.
Eamus D, Prior L. 2001. Ecophysiology of trees of seasonally dry tropics: Comparisons among phenologies. In: Advances in Ecological Research. Academic Press.
Fisher J B. 1986. Branching patterns and angles in trees. In: Givnish T J. On the Economy of Plant form and Function. Cambridge: Cambridge University Press.
Gatsuk L E, Smirnova O V, Vorontzova L I, et al. 1980. Age states of plants of various growth forms - a review. Journal of Ecology, 68: 675-696.
Genre A, Lanfranco L, Perotto S, et al. 2020. Unique and common traits in mycorrhizal symbioses. Nature Reviews Microbiology, 18: 649-660.
Grime J P, Hunt R. 1975. Relative growth-rate - its range and adaptive significance in a local flora. Journal of Ecology, 63: 393-422.
Korning J, Thomsen K. 1994. A new method for measuring tree height in tropical rain forest. Journal of Vegetation Science, 5: 139-140.
Larson D W. 2001. The paradox of great longevity in a short-lived tree species. Experimental Gerontology, 36: 651-673.
Liu H, Gleason S M, Hao G. 2019. Hydraulic traits are coordinated with maximum plant height at the global scale. Science Advances, 5: eaav1332.
Maherali H, DeLucia E H. 2001. Influence of climate-driven shifts in biomass allocation on water transport and storage in ponderosa pine. Oecologia, 129: 481-491.
Makela A, Vanninen P. 2001. Vertical structure of Scots pine crowns in different age and size classes. Trees-Structure Function, 15: 385-392.
McDowell N, Barnard H, Bond B J, et al. 2002. The relationship between tree height and leaf area: Sapwood area ratio. Oecologia, 132: 12-20.
Moles A T, Warton D I, Warman L, et al. 2009. Global patterns in plant height. Journal of Ecology, 97: 923-932.
Pérez-Harguindeguy N, Díaz S, Garnier E, et al. 2013. New handbook for standardised measurement of plant functional traits worldwide. Australian Journal of Botany, 61: 167-234.
Pickett S T A, Kempf J S. 1980. Branching patterns in forest shrubs and understory trees in relation to habitat. New Phytologist, 86: 219-228.
Poorter H, Lewis C. 1986. Testing differences in relative growth rate - a method avoiding curve fitting and pairing. Physiologia Plantarum, 67: 223-226.
Poorter H, Niklas K J, Reich P B, et al. 2012. Biomass allocation to leaves, stems and roots: Meta-analyses of interspecific variation and environmental control. New Phytologist, 193: 30-50.
Preston K A, Ackerly D D. 2003. Hydraulic architecture and the evolution of shoot allometry in contrasting climates. American Journal of Botany, 90: 1502-1512.
Raunkiaer C. 1934. Life forms of Plants and Statistical Plant Geography. Oxford: The Clarendon Press.
Schrader J, Shi P, Royer D L, et al. 2021. Leaf size estimation based on leaf length, width and shape. Annals of Botany, 128: 395-406.
Shi S, Li Z, Wang H, et al. 2016. Roots of forbs sense climate fluctuations in the semi-arid Loess Plateau:

Herb-chronology based analysis. Scientific Reports, 6: 28435.

Staver A C, Bond W J, February E C. 2011. History matters: Tree establishment variability and species turnover in an African savanna. Ecosphere, 2: art49.

Strauss S Y, Agrawal A A. 1999. The ecology and evolution of plant tolerance to herbivory. Trends Ecology and Evolution, 14: 179-185.

Tamm C O. 1972. Survival and flowering of some perennial herbs. II. the behaviour of some orchids on permanent plots. Oikos, 23: 23-28.

Thomas S C. 1996. Asymptotic height as a predictor of growth and allometric characteristics in Malaysian rain forest trees. American Journal of Botany, 83: 1570.

Westoby M. 1998. A leaf-height-seed (LHS) plant ecology strategy scheme. Plant and Soil, 199: 213-227.

Wright I J, Reich P B, Westoby M, et al. 2004. The worldwide leaf economics spectrum. Nature, 428: 821-827.

Yang Y Z, Zhu Q A, Peng C H, et al. 2015. From plant functional types to plant functional traits: A new paradigm in modelling global vegetation dynamics. Progress in Physical Geography: Earth and Environment, 39: 514-535.

Yu Q, Wu H H, He N P, et al. 2012. Testing the growth rate hypothesis in vascular plants with above-and below-ground biomass. PLoS One, 7(3): e32162.

第三篇

植物功能性状研究：从器官到生态系统

第 9 章　植物功能性状在器官水平的变异、适应与优化机制

摘要： 植物功能性状是连接植物形态、结构与功能的重要桥梁，因此研究其变异、适应与功能优化机制是生物学和生态学长期关注的热点问题。近年来，植物功能性状的研究已经逐步从小尺度、单器官、单个功能性状扩展到大尺度、多器官、多种功能性状协同的演变趋势，有力地推动了基于植物功能性状的生物地理学、生态系统生态学和全球变化生态学的相关研究。本章重点从器官水平回顾植物功能性状的主要研究进展，以期能与后面几个章节内容相呼应，构成从器官到生态系统的研究连续体。首先，叶片作为植物能源获取的主要器官、是进行光合作用的主战场；因此，其功能性状能够较好地反映植物光合能力、资源利用策略及植物对环境的适应性，具有重要的生态学和生物进化意义。前人已经对叶片功能性状进行了大量研究，研究内容主要集中在叶片形态性状、功能元素、叶片解剖性状、叶脉、气孔等的时空变异规律及其影响因素等方面。气候因子、土壤条件和物种差异是影响叶片功能性状时空变异的最重要的因素。此外，国内外学者对叶片功能元素的地理格局进行了大量报道，探讨了植物化学元素计量特征的变化规律及其对全球变化的响应，并提出了相关的理论假说，如限制元素稳定性假说、温度–植物生理假说、生物地化假说和土壤基质年龄假说。与叶片相比，根系功能性状的相关研究相对滞后。目前人们关于根系功能性状的研究主要集中在根系形态结构、功能元素、菌根性状对环境的适应策略、性状间关系维度及其对生态系统过程和功能的影响等方面。尽管植物功能性状的研究已经延伸到了生态学领域的各个方面，促进了植物生态学的快速发展。然而，仍然有很多值得关注和着重研究的方向。未来仍需要在多器官和多种功能性状协同、种内变异和系统发育影响、极端环境条件下植物功能性状的适应机制等方向进行深入研究。此外，器官水平的功能性状研究还应与各种控制实验相结合，更深入地揭示植物对环境变化的响应及适应机制；同时要注重构建系统性的群落功能性状数据，将植物功能性状数据应用于群落构建机制、生态系统功能预测等重要领域。

植物作为陆地生态系统的重要组成部分，可以通过外在的形态性状变化、内在的生理生化过程调整以及生活史策略的改变来适应环境，被认为是对气候变化响应模拟研究

的理想载体（Cornelissen et al.，2003；Reichstein et al.，2014）。以“气候变化”为标志的全球变化对区域乃至全球植物的生长和分布以及生态系统结构和功能均产生了深远影响，并通过生物学的不同层次反馈于全球气候变化（IPCC，2021）。植物如何适应气候变化及这一适应结果对生态系统过程和功能的影响是当前研究的热点和难点问题。

植物功能性状作为连接植物和外界环境的桥梁，已成为现代生态学研究的热点领域。Violle 等（2007）将其定义为对植物生长、繁殖和存活能力具有显著影响的一系列植物性状，这些性状能够单独或联合指示生态系统对环境变化的响应，并对生态系统过程产生强烈影响。He 等（2019）为植物功能性状增加了“可遗传的、相对稳定的、可测量的”新内涵，进一步提升了植物功能性状研究的科学性和可比性。植物功能性状研究已经有相当长的发展历史，最早可以追溯到 20 世纪 30 年代 Raunkiaer 的生活型分类系统。近 20 多年来，植物功能性状的发展使得生态学家从新的视角重新审视生态学各个过程，功能性状已被证明是探索各类生态学前沿问题的重要手段。随着指标体系和研究方法的逐步完善，植物功能性状的研究已从分散调查逐步发展到大尺度分布格局及其内在机理研究（Wright et al.，2004；Moles et al.，2014），并尝试采用模型模拟的方法来分析植物群落或生态系统对全球变化的响应和反馈（van Bodegom et al.，2014；Li et al.，2020）。

其中，叶片和细根作为植物的营养器官，其功能性状的变异规律与植物的生长对策及利用资源能力紧密相关，使植物功能性状领域得到广泛关注（图 9.1 和表 9.1）。因此，本章聚焦于近年来叶片和细根形态性状、解剖性状和功能元素沿环境梯度的变异规律、影响因素及内在关联，探讨了当前器官水平植物功能性状研究中存在的问题，展望了未来需要重点关注的研究方向。

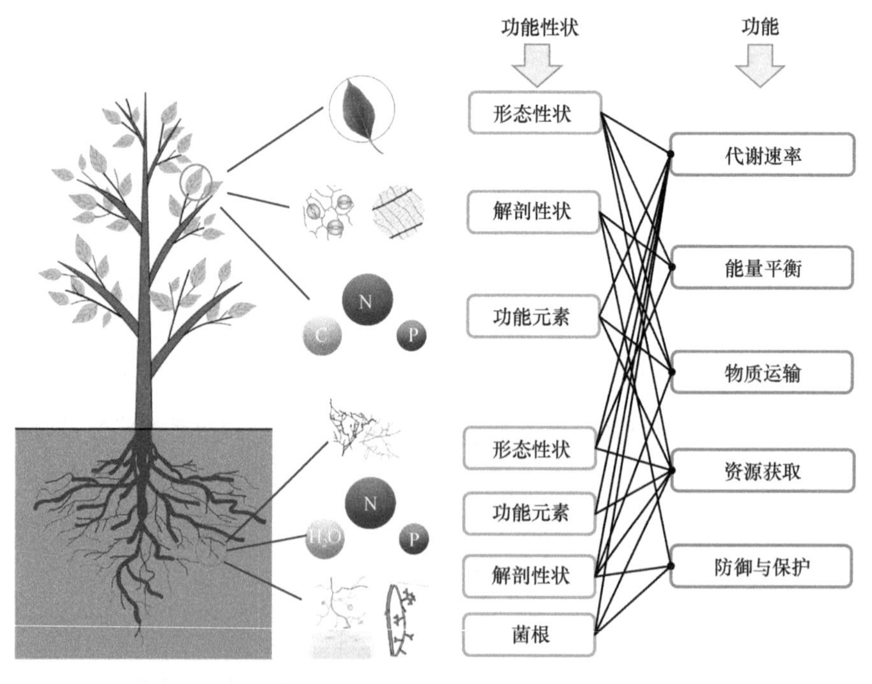

图 9.1　植物叶片和细根功能性状及其相关功能

表9.1　叶片和细根常用功能性状的定义及其生态意义

器官	功能性状	缩写	单位	定义	生态意义
叶片	叶片干物质含量	leaf dry matter content (LDMC)	mg/g	叶干重与饱和鲜重的比值	植物对环境资源的利用能力
	比叶面积	specific leaf area (SLA)	m^2/kg	叶面积与叶干重的比值	反映植物碳获取策略，与植物生长和生存对策有关
	叶片大小	leaf area (LA)	mm^2	单个叶片投影表面积	影响植物对光截取和碳获取能力及叶的能量平衡
	叶片厚度	leaf thickness (LT)	mm	—	资源获取与防御
	叶片组织密度	leaf tissue density (LTD)	g/cm^3	叶片干重与体积的比值	资源获取与防御
	气孔密度	stomatal density (SD)	no/mm^2	单位视野面积的气孔个数	控制植物的光合和蒸腾速率、能量交换
	气孔长度	stomatal length (SL)	μm	保卫细胞长度	控制植物的光合和蒸腾速率、能量交换
	叶脉密度	leaf vein length per unit area (VLA)	mm/mm^2	单位视野面积的叶脉长度	物质运输与防御
	元素含量	element content	mg/g	单位叶片干重中（某种）元素含量	反映植物的养分状况，影响叶片代谢速率
	表皮厚度	epidermal thickness (ET)	μm	叶片（上/下）表皮细胞的平均厚度	叶片的防御与保护
	栅栏组织厚度	palisade tissue thickness (PT)	μm	栅栏细胞的总厚度	叶绿体分布的主要场所
	海绵组织厚度	spongy tissue thickness (ST)	μm	海绵组织的总厚度	叶绿体分布的主要场所，较栅栏组织叶绿体含量少
	栅海比	palisade/Spongy thickness (PST)	μm	栅栏组织厚度与海绵组织厚度的比值	厚的栅栏组织有利于光吸收
细根	比根长	specific root length (SRL)	m/g	根长与干重的比值	反映根系水分和养分吸收能力，衡量根系分配效益
	根直径	root diameter (RD)	mm	—	影响根资源获取、生理功能
	根组织密度	root tissue density (RTD)	g/cm^3	根干重与体积的比值	资源获取与防御
	元素含量	element content	μg/g	单位根干重中（某种）元素含量	影响根系资源获取及代谢速率
	菌根侵染率	mycorrhizal colonization rate (MCR)	%	被菌根真菌侵染根数与总根数的比值	影响根系对土壤资源的吸收获取

9.1　叶片形态性状沿环境梯度的变异规律

与其他功能性状相比，叶片形态性状，如比叶面积（SLA）、叶片干物质含量（LDMC）、叶片厚度（LT）、叶片面积（LA），易于获取和测量，且在特定环境下保持相对稳定，在性状–环境关系、群落构建和模型模拟中被广泛应用（Violle et al.，2014；Bjorkman et al.，2018；Li et al.，2020）。这些叶片性状中，比叶面积或比叶重（比叶面积的倒数）与生长速率紧密相关，常常被用来表征植物不同功能策略（Reich，2014）。在叶片经济型谱中，两个相反的功能策略能够被区分，即保守资源利用策略和资源获取策略（Wright et al.，2004；Reich，2014），不同的物种分居叶片经济型谱的两端。一端是具有保守资源利用策略的物种，往往具有较高的单位面积叶片质量，高的组织密度，低氮含量和高叶寿命，使他们能够在干旱或养分贫瘠的环境中增加竞争力。具有优势资源获取策略的物种则具有相反的特征，往往与快速的资源获取有关，具有高的相对生长速率，使他们能够在潮湿和养分丰富的地区占优势。叶片干物质含量定义了叶片的构建成本，与组织密度紧密相关，被认为是保守策略。高的干物质含量往往意味着植物对叶片高的构建成本和胁迫耐受性，具有低的植物代谢速率和生长速率（Cornelissen et al.，2003）。叶片厚度在植物生长方面扮演着重要角色，它与植物获取资源利用资源的策略极其相关。通常，厚叶具有单位面积较高的光合酶，因此具有更高的 CO_2 需求和较高的单位面积 N 含量，并且其物理抵抗力也更强（Schemske et al.，2009）。叶面积能够影响叶边界的热导度，干旱地区较小的叶片大小使其具有较低的边界层效应，帮助叶片在额外炎热和无风条件下降温。

9.1.1 叶片形态性状的地理格局

环境因子的空间格局显著影响了植物叶片形态性状的地理分布。从热带到高山苔原带的全球 6 个不同生物群区中，叶片寿命、光合能力、暗呼吸速率、比叶面积和叶氮含量存在明显差异（Reich et al.，1999）。一般来讲，由于热带地区存在较高的食草动物啃食压力，热带物种的叶片比温带物种具有更强的物理抵抗力，符合长期耐受性假说（long-standing hypothesis）（Schemske et al.，2009）。然而，一些基于全球范围内多种植物叶片性状（比叶重、单位面积叶片质量、叶厚度、叶组织密度和单位密度的叶片硬度）的研究发现，与温带植物相比，热带植物的叶片并没有表现出更强的物理抵抗性（Onoda et al.，2011）。虽然局部范围内叶片厚度与降水存在负相关关系，但在全球尺度上未发现类似关系的存在（Onoda et al.，2011）。叶片形态性状的变异还受到了土壤资源环境的异质性和其他环境胁迫的影响（Ordoñez et al.，2009；Onoda et al.，2011）。此外，Wang 等（2016）通过分析中国东部南北森林样带 9 个生态系统中 847 个物种的叶片性状数据，发现随着纬度增加，比叶面积增加，叶片干物质含量降低，而叶片大小和厚度变化不明显；这主要是由于叶片大小和叶片厚度的纬度变异性大多存在于样地内共存物种之间，从而削弱了叶片大小和叶片厚度在大尺度的空间变异性。

与纬度梯度相似，海拔梯度由于包含了温度、湿度、光照、土壤等诸多环境因子的剧烈变化而成为了研究植物对气候变化响应的理想实验场所（Körner，2007）。随海拔升高，植物叶长和叶面积降低，叶片厚度增加，比叶面积降低，而叶氮含量和水分储量增加。这是因为随着海拔上升，植物叶厚度、栅栏组织厚度均随着气温的降低而增大，叶片变小可以减少蒸腾失水。同时，具有较低比叶面积的叶片具有较高的物理抵抗力，能够适应高海拔地区的大风等恶劣天气。

9.1.2 叶片形态性状空间变异的影响因素

1. 物种差异

叶片功能性状的变异性受物种自身差异、气候因子和土壤环境的共同作用（Wang

et al.，2016；He et al.，2010）。在大尺度条件下或全球范围内，一些叶片功能性状沿着环境梯度的变化格局不明显，较大的变异性被证明存在于群落内共存物种之间（Freschet et al.，2011；Moles et al.，2014；Wang et al.，2016）。例如，全球范围内的叶片经济学性状（比叶面积、叶片寿命、光合速率以及叶片氮磷含量）的研究结果发现，叶片经济学性状20%～67%的空间变异性存在于共存物种之间（Wright et al.，2004；Freschet et al.，2011；Moles et al.，2014）。这表明物种的植物功能性状受到了自身遗传保守性的影响，而大尺度下的空间格局主要来源于群落的物种组成及其植物功能型之间的差异（Wang et al.，2015b，2016）。

普遍认为，全球及区域尺度上植物功能型（plant functional type，PFT），包括系统发育类型（被子植物和裸子植物）、生长型（草本、禾草类、灌木和木本植物）、叶候（常绿植物和落叶植物）等，对叶片形态、养分和生理性状空间变异的解释程度大于环境因素（Reich et al.，2007；Wang et al.，2016）。Reich等（2007）通过对全球范围内2021个物种的叶片经济学性状的研究发现，植物功能型解释了比叶面积、光合速率及叶片氮磷含量变异性的33%～67%，而气候因素（年均温、降水、大气压亏缺和太阳辐射）仅仅解释了5%～20%的变异。Wang等（2016）对中国东部9个森林生态系统847种植物叶片性状的分析表明，植物功能型之间的差异解释了叶片形态性状19.4%～41.6%的纬度变异性，而气候和土壤因素对叶片形态性状空间变异性的作用较弱。不同植物功能型之间叶片形态性状的差异，是植物自身遗传因素及其对生境适应的共同结果。在养分贫瘠或动物危害严重的生态系统中，植物优先把碳用于储存和防御器官，产生高的叶片干物质含量和较低的比叶面积，而低比叶面积往往会导致较长的叶片寿命，因此这类植物多为硬叶或常绿植物。随着化石数据的发展与应用，研究人员发现植物系统发育历史对叶片功能性状也具有重要影响。多数叶片功能性状具有系统发育保守性，如叶片厚度、比叶面积等（Li et al.，2015；Wang et al.，2017）。在中国草地生态系统中，171个物种的叶片比叶重、单位面积叶片重量、光合速率和叶氮含量27%的变异是由物种系统发育引起的，而气候和土壤要素共同解释了总变异的11%（He et al.，2010）。

2. 气候条件

温度影响了叶片能量平衡、代谢速率和植物生长速率（Moles et al.，2014）。通常情况下，比叶重随温度的增加而增加，以此减少植物因蒸腾作用引起的水分丧失（Poorter et al.，2009）。

水分条件是植物生长的关键因素，而水分对植物生长的影响主要体现在干旱半干旱地区。生长在干旱地区的植物往往具有较高的水分利用效率（Wright et al.，2003），通过延长叶片寿命和减小比叶面积来降低组织周转（Reich et al.，1999）。随着年降水量的减少，叶片厚度普遍增加，这是由于厚叶的面积–体积比值低，提高了单位水分损失的碳同化速率（Wright et al.，2003；Onoda et al.，2011），因此叶片较厚的植物在干旱环境中具有较高的生长优势。此外，干旱区植物叶片较小，叶片钾和磷的含量较高。

光照对植物叶片的影响非常明显。在低光环境下，植物往往具有较大的叶片和比叶面积（Ackerly et al.，2002；Poorter et al.，2009），以增强光截获能力。对法国圭亚那热带雨林树种的冠层发育的研究表明，随光照辐射强度的降低，冠层生长速率减慢、冠层变宽、叶片层数减少、叶伸展成本降低、比叶面积增大（Sterck and Bongers，2001）。

3. 土壤因素

叶片形态性状及化学性状的变化与土壤资源的可利用性密切相关（Ordoñez et al.，2009；He et al.，2010）。例如，比叶面积、氮含量、磷含量等随着土壤肥力的增加而增加（Ordoñez et al.，2009），生长在资源贫瘠土壤中的植物叶片氮和磷含量往往比肥沃土壤中的叶片养分含量低（Poorter et al.，2014），全球范围内土壤养分对叶片性状的变异性解释程度大于气候，比叶面积与单位面积叶氮含量受气候和土壤养分的共同影响。在区域或全球尺度上，气候因素对叶片性状空间变异的解释程度较低（Moles et al.，2014；Wang et al.，2016），但它们对叶片性状的空间分布仍具有一定程度的直接和间接作用。一方面，环境因子可以直接影响植物叶片的形态构建及与代谢活动相关的碳分配（Moles et al.，2014）。另一方面，气候条件塑造了植被类型的大尺度地理格局，同时也调节了土壤资源的可利用性（Chapin et al.，2002）。

9.2 叶片解剖性状沿环境梯度的变异规律

9.2.1 叶片解剖性状的地理格局

叶片由表皮、气孔、栅栏组织和海绵组织等解剖结构组成。叶片解剖性状会影响到叶片内部的光合作用和气体交换过程；其中，栅栏组织和海绵组织是叶片进行光合作用过程中影响光吸收和气体交换的主要限制因素（Terashima et al.，2011）。叶片解剖性状具有较大的可塑性，在不同的选择压力下会形成不同适应类型，随着环境梯度的变化，植物会调整叶片各个解剖性状之间的比例关系以满足自己的生存需要（Royer et al.，2008；Li and Bao，2014）。He 等（2018）从热带到寒温带森林植物的叶片解剖性状研究中发现，叶片栅栏组织/海绵组织厚度，栅栏组织/叶片厚度随着纬度的升高而升高，而海绵组织/叶片厚度呈现出随纬度升高而降低的趋势。另外，下表皮厚度，叶片厚度，栅栏组织和海绵组织的厚度随纬度的升高呈现先升高后降低的趋势（Terashima et al.，2011）。

此外，随着海拔升高，植物为了适应高海拔区域低温、低湿、低氧等环境特点，会出现叶片解剖性状的适应性变化。在高海拔地区，植物叶片需要通过增加表皮厚度来提高植物的保温能力（Kuster et al.，2016）。同时，低温能明显引起光合相关的酶活性减弱，酶促反应缓慢，从而导致光合速率下降，所以植物通过增加栅栏组织的厚度，进而增加了叶绿体数量（Terashima et al.，2011），增强光吸收，从而在有限的生长时间内提高光合速率，弥补低温造成的影响（Chen et al.，2010）。而海绵组织厚度的增加，增大了叶肉细胞间隙，提供更多气体交换空间，促进 CO_2 的扩散，为光合作用提供更多的原料；这些变化通过增加植物的光吸收和促进 CO_2 传导等光合过程以弥补低温引起的酶促反应下降的危害，维持了高海拔植物在低温环境下的正常生长。

9.2.2 叶片解剖结构性状空间变异的影响因素

1. 气候因子

植物叶片暴露在环境中，温度和水分条件是功能性状最主要的影响因子。温度胁迫会导致植物光合速率下降，叶片通过内部结构的改变应对恶劣环境，维持其正常生理功能（Mathur et al.，2014）。在寒冷地区，植物往往具有窄小且厚的叶片，并增加表皮厚度和角质层厚度，提升防御性能（Jankowski et al.，2017；Liu et al.，2021）。另外，叶片栅栏组织厚度的增加，能提高植物在低温环境下的光能转化过程（He et al.，2018；Liu et al.，2021）。

水分作为植物生长的关键因素，对植物叶片结构性状也具有重要影响。在长期干旱胁迫下，叶片结构会产生一系列适应性变化，其形态结构的改变与植物的耐旱性有着密切的关系（马红英等，2020）。叶片表皮外壁有发达的角质层，角质层是一种类质膜，其主要功能是减少水分向大气散失，提高植物的能量反射与降低蒸腾，从而增强植物的抗旱性；干旱半干旱环境的植物具有发达的栅栏组织，以及大的栅栏组织/海绵组织，可使干旱缺水植物萎蔫时减少机械损伤（Tian et al.，2016；He et al.，2018）。

2. 土壤因子

土壤为植物生长提供养分、水分，为植物提供根系伸展空间和机械支撑，是影响叶片性状的重要环境因子。例如，氮作为植物体形态构建所需大量元素之一，是生态系统中影响植物生长发育的主要限制性元素，参与物种生长发育的多个生理过程（Högberg et al.，2017）。叶片栅栏组织内含有较多的叶绿体，是植物进行光合作用的重要场所；在黄土高原氮相对缺乏的环境下，为维持植物正常生长，栅栏组织厚度和海绵组织厚度呈现增加趋势。另外，植物叶片通过增加叶片厚度、增加栅栏组织厚度和层数或者改变植物叶肉类型来适应土壤干旱、缺水的环境（Chen et al.，2010）。

3. 物种差异

不同植物功能型（plant functional type）间植物叶片的解剖结构性状存在显著差异，如乔木的栅栏组织/海绵组织以及栅栏组织/叶片厚度随着干旱指数的增加而降低（He et al.，2018）。植物叶片解剖性状在不同植被类型间也存在着差异。Liu 等（2021）对太白山不同植被垂直带的叶片解剖性状的研究发现，落叶阔叶树种占优势的植物群落具有薄的叶片和低的解剖性状值，而常绿针叶林具有厚的叶片和高的解剖性状值。与常绿针叶植物相比，落叶针叶植物叶片厚度、栅栏组织厚度和海绵组织厚度较小，这表明落叶针叶植物选择落叶的方式应对冬季寒冷环境，而不是通过调整叶片的解剖结构来保持其生理活动（Gower and Richards，1990；Liu et al.，2021）。另外，研究发现叶片解剖性状普遍具有系统发育保守性，且物种分类的解释度较气候和土壤因素的解释度更高（Liu et al.，2021）。

9.3 叶片叶脉性状沿环境梯度的变异规律

叶脉由木质部和韧皮部组成，其中木质部将水从叶柄输送到整个叶肉层，而韧皮部负责将光产物和信号分子从叶中输送到植物的其余部分（Sack et al.，2012）。根据叶脉在叶片中的分布特征，可分为网状脉、平行脉、叉状脉和单叶脉。其中，双子叶植物多为网状脉，平行脉多存在于单子叶植物，叉状脉在蕨类植物中最常见，而单叶脉类型的结构多存在于针叶树中。在网状脉中，通常将叶片中间的主脉称为一级脉，由一级脉分支出来的称为二级脉，依此类推，三级以上称为次级脉，次级脉在整个叶脉中占到80%以上，在叶片水分运输中发挥着重要作用（Sack and Scoffoni，2013）。叶脉密度（VLA）和叶脉直径（VD）是最常用的两个指标，叶脉密度定义为单位面积的叶脉长度，反映了物质运输的效率，而叶脉直径表明了叶脉的粗细，决定了叶脉间的物质分配，两者间具有相对稳定的负相关关系（Sack et al.，2012），关于这种权衡关系的理论解释主要有投资收益假说和空间限制假说（专栏 9.1）。Sack 等（2012）定义了单位面积叶脉体积，由叶脉密度和叶脉直径计算得到，来表征植物对叶脉的投资大小。

专栏 9.1　叶脉密度和叶脉直径之间权衡关系的理论基础

目前，叶脉密度和叶脉直径权衡关系的理论基础主要有空间限制假说和投资收益假说。空间限制假说认为，次级叶脉之间必须有最小的允许距离，这是受气孔和光合组织之间最小 CO_2 扩散连续性要求的结果（Brodribb et al.，2007）。如果叶脉分布密集且直径很大，那么气孔和光合作用组织之间的垂直连接将被切断，CO_2 无法通过木质部（Blonder et al.，2017）；同时，由于叶脉在叶片中呈一个平面，所以增加叶脉密度而又不使它与相邻叶脉相交的唯一方法就是降低叶脉直径（Feild and Brodribb，2013）。而从投资收益假说来看，高叶脉密度可实现更高的叶片水力传导率、更大的气孔传导率和更高的单位叶面积气体交换率。然而，高叶脉密度也意味着较高的构建成本投入，因为叶脉中富含碳成本更高的木质素（Beerling and Franks，2010）；从投资收益的角度来看，叶脉变细变长是迄今为止最具成本效益的策略，因为对于给定的碳投入，细长的叶脉允许更高的叶片水力传导性和更快的光合作用速率。

9.3.1 叶片叶脉性状的地理格局

由湿润到干旱地区，叶脉密度在全球范围内往往呈现逐步增加的趋势，而叶脉直径则减小（Sack and Scoffoni，2013）；但也存在某些特殊例子，如在一些热带雨林地区植物反而拥有更高的叶脉密度（Sack and Frole，2006）。在水平方向上，随经度增加，植物表现出叶脉密度逐渐减小，而叶脉直径逐渐增加的趋势。然而，张明等（2022）在对黄土高原叶脉性状的研究中发现，沿经度增加，叶脉密度无明显变化，叶脉直径反而减小，其中叶脉性状在不同叶脉类型（包括网状脉、平行脉和单叶脉）植物中变化也不相同。因此，对于叶脉性状沿环境梯度的变化规律仍然存在较大争议，未来仍需要更多研究，并且要考虑到叶脉类型的影响。

目前，叶脉密度沿海拔变化的研究规律仍然没有一致性的结论。Zhao 等（2016）在对热带和亚热带山地林的植物研究中发现，其沿海拔梯度并无明显的变化规律；然而，Blonder 和 Enquist（2014）发现在热带和亚热带森林，双子叶木本植物的平均叶脉密度和海拔呈负相关关系。Wang 等（2020）等则发现太白山不同生长型植物的叶脉性状沿海拔梯度的变化存在差异；随着海拔上升，乔木的叶脉密度增大，叶脉直径减小，灌木则呈现相反的变化趋势。

9.3.2　叶片叶脉性状空间变异的影响因素

1. 物种差异

叶脉结构的进化被认为是被子植物具有高光合气体交换潜力并优于其他植物类群的关键机制之一（Boyce et al.，2009）。在被子植物辐射进化期间，叶脉变得更密集和更薄，而更多的基部被子植物和非被子植物通常具有相对较低的叶脉密度（Feild and Brodribb，2013）。最近研究表明：叶脉性状具有显著的系统发育信号（Zhang et al.，2014）。Wang 等（2020）提出了叶脉性状系统发育的保守性假说，即叶脉性状受到系统发育和长期进化历史的显著影响，其变异性具有一定的保守性，而较少受到环境可塑性的调控。此外，不同生长型物种的差异也会引起叶脉性状的变化。例如，乔木的叶脉密度最大，灌木次之，而草本的叶脉密度最小；落叶植物的叶脉密度通常要高于常绿植物（Sack and Scoffoni，2013）。

2. 气候因素

在影响叶脉性状的所有因子中，水分是非常关键的。Uhl 和 Mosbrugger（1999）发现在有利于增加植物蒸腾作用或降低水分利用率的环境中叶脉密度会更高。干旱地区的植物为了在短暂的降水期快速补充大量水分，通常具有较高的叶脉密度以提高自身的供水能力，维持强烈的光合和蒸腾作用，保证为植物在漫长的干旱期储存足够的水分与养分（Sack et al.，2013）。叶脉密度与年平均降水量或空气湿度呈负相关关系，在不同空间尺度均得到验证（Sack and Scoffoni，2013）。然而，热带雨林地区虽然湿度大，但由于强烈的光照和高温，使得植物蒸腾作用增强，因此这些植物也具有较高的叶脉密度（Beerling and Franks，2010）。

温度会影响植物体内的蒸腾速率，从而促使叶脉性状的适应性改变。当温度升高时，更多的水分从叶片释放，植物会增加对叶脉的投资，主要体现在对叶脉密度与叶脉直径的投资上，以补充植物蒸腾丧失的水分。全球数据和增温实验均表明：温度升高会导致植物次级叶脉密度增加，这是由于植物为了减少高温对自身的伤害，需要提供蒸腾来降温以使自身处于相对适宜的温度（Sack and Scoffoni，2013）。

在长期进化尺度上，大气 CO_2 浓度的变化在驱动叶脉性状的演化中扮演着重要的角色。在白垩纪的早期，较高的大气 CO_2 浓度使得少量的气体交换就能维持较高的光合速率，这就造成了叶片气孔更少，蒸腾速率更低，而光合作用更有效。在这种情况下，在水分运输压力较小的情况下，植物具有较低的叶脉密度，是完全适当的（Franks and Beerling，2009）。在接下来的 1.3 亿年里，大气中 CO_2 浓度长期缓慢下降迫使植物增加叶片气孔导度维持气体交换，从而导致更高的蒸腾水分损失率。植物通过改进维管系统来支持这种额外的水分流失，这实际上是物种间的“水力竞赛”。这种由 CO_2 驱动的叶片选择具有更大的气体交换能力，但同时也必须与更大的水力流量协调，促使叶脉密度逐渐增大（Brodribb et al.，2010）。

3. 土壤养分

通常，在土壤养分越贫瘠的地区，植物叶脉密度越大（Uhl and Mosbrugger，1999）。在土壤养分贫瘠区，植物通过增加次级叶脉密度来获得更大的养分运输能力，从而提高植物对养分的吸收和利用，保障植物能在恶劣环境中的生存。朱燕华（2013）的研究结果表明：东亚地区的栓皮栎（*Quercus variabilis*）叶脉密度与土壤钾和钙含量显著负相关，土壤中缺乏某些养分时植物会提高叶脉密度以获得更大的养分运输能力。张明等（2022）发现黄土高原植物叶脉密度随着土壤养分减少而增加，土壤含水量和土壤有机质含量是影响叶脉性状空间变异的主要因素。

9.4 叶片气孔性状沿环境梯度的变异规律

气孔是植物与外界环境进行气体交换的重要通道，通常由两个保卫细胞构成，它的形态性状和开闭行为与植物的光合作用和蒸腾作用密切相关（Hetherington and Woodward，2003）。气孔、角质层和根系的演化是植物从水生走向陆生的关键过程。因此，气孔性状是最重要的植物叶片功能性状之一，揭示气孔性状的变异与演化规律，有助于人们深入探究植物应对环境变化的适应对策。气孔密度（SD）是最常用的气孔形态指标，定义为单位叶片面积上的气孔个数。气孔器长度（SL）或保卫细胞长度和气孔器宽度（SW）用于形容单个气孔形态性状（图 9.2），气孔密度和气孔器长度是最常见的两个指标，两者之间存在着稳定的负相关关系（Franks et al.，2009），这一权衡关系的

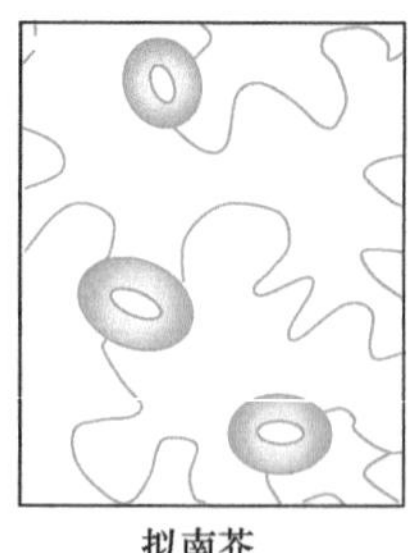
拟南芥

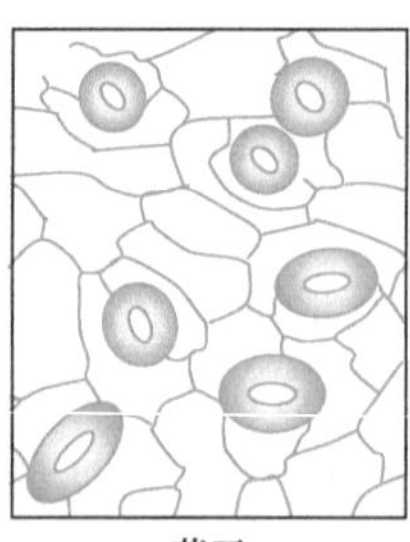
菜豆

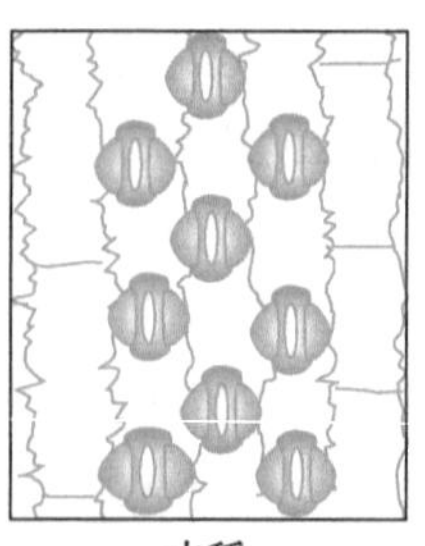
水稻

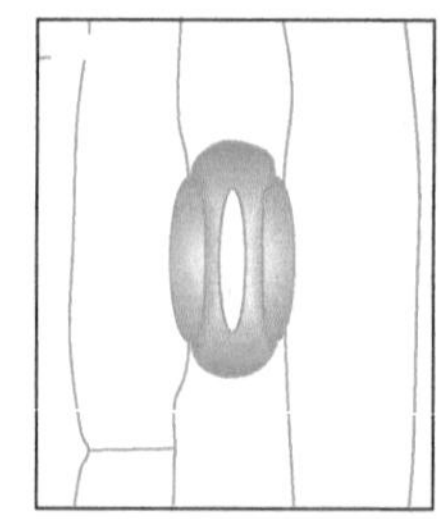
小麦

(a) 气孔形态

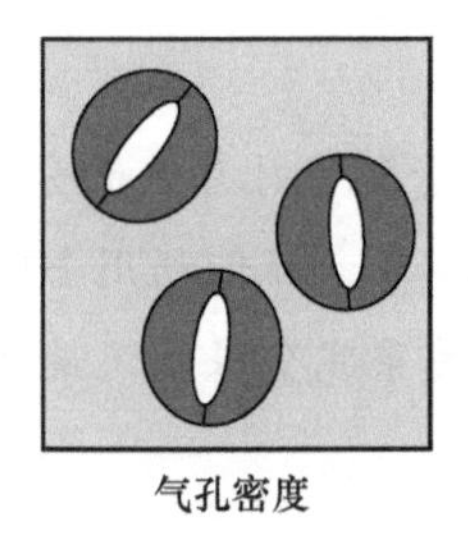

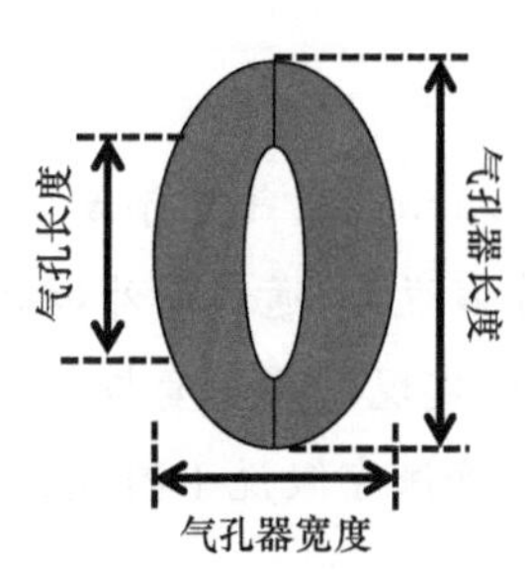

(b) 气孔指标

图 9.2　气孔形态性状的指标测定

理论机制和演化目前仍存在争议（专栏 9.2）。Sack 等（2013）发展了气孔面积比例指数 SPI（stomatal pore area index），定义为气孔器长度平方与气孔密度的乘积。

专栏 9.2　气孔密度和气孔大小之间权衡关系的理论基础

一般认为，气孔密度和气孔大小的权衡关系能够用物理空间限制理论和能量限制理论所解释（Franks et al.，2009）。物理空间限制理论认为植物通过调整气孔大小和数量以达到最佳的气孔导度，但是需要满足一定气孔与非气孔表皮细胞的比例，因为大多数植物气孔的发育遵照“一个细胞间距”原则，因而气孔所占面积受到了叶片表皮面积对气孔分配的限制。与此同时，能量限制理论认为，在保证叶片气体交换能力的前提下，植物会倾向于减少对气孔的碳投资。较高的气孔密度意味着高的气孔导度，可能需要较高投入。因此，对于生长在较低的气孔导度和光合需求条件下的植物，低气孔密度是一种有利的适应策略（Franks et al.，2009）。

气孔密度和气孔大小之间的权衡关系很大程度上减小了最大气孔导度 g_{wmax} 与气孔面积指数的变异（de Boer et al.，2016）。从气孔面积指数和气孔导度角度出发，我们提出了两个完全不同的假说来解释这种权衡关系：面积保守假说（area-preservation hypothesis）和导度保守假说（conductance-preservation hypothesis）。其中，面积保守假说认为气孔面积指数 f 的变化受到气孔密度与气孔大小权衡关系的限制，而导度保守假说认为最大气孔导度 g_{wmax} 的变化受到气孔密度与气孔大小权衡关系的限制。气孔密度与气孔大小的关系并不会受到环境直接筛选，而是对最大气孔导度 g_{wmax} 与气孔面积指数筛选后的结果。面积保守假说认为：异常高的气孔面积指数对植物是非常不利的，因为高的气孔面积指数就意味着叶片表皮需要分配更多的空间给气孔，而气孔的维护和运行则需要更多的能量（de Boer et al.，2016）。因此，若气孔密度与大小的权衡符合面积保守假说，那么，最大气孔导度 g_{wmax} 将会受到气孔面积指数 f 的制约，而最大气孔导度 g_{wmax} 的大小是气孔面积指数 f 适应环境后的结果。导度保守假说认为，异常高的最大气孔导度 g_{wmax} 对植物是非常不利的，因为较高最大气孔导度 g_{wmax} 意味着耗水较多。在导度保守假说下，气孔面积指数 f 的大小是最大气孔导度

g_{wmax} 变异的结果。

传统观点认为植物最大气孔导度 g_{wmax} 的变异受到了叶片表面分配给气孔空间的限制（即面积保守假说）。通过野外调查和文献的搜集，我们利用全球尺度森林 2408 个物种的气孔数据，发现气孔密度与大小之间权衡关系完全限制了最大气孔导度 g_{wmax} 的变异，支持了导度保守假说（图 9.3）。

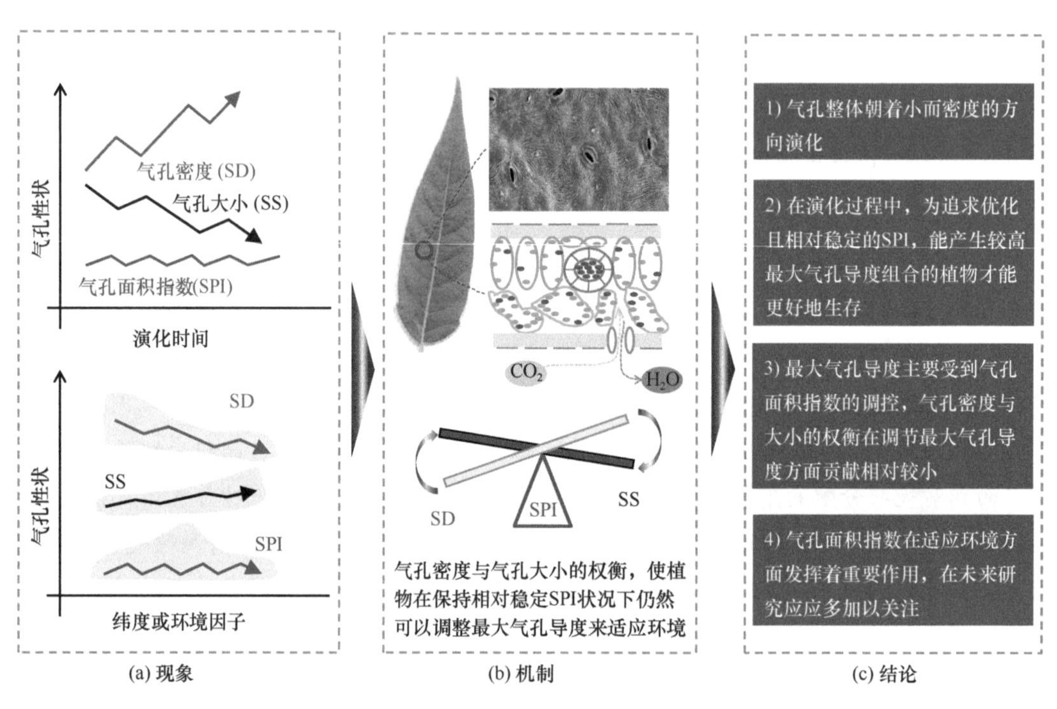

图 9.3　气孔密度和气孔大小的变异机制

9.4.1　叶片气孔形态性状的地理格局

在气孔性状的种内变异方面，内蒙古草原羊草的气孔密度表现出从东往西依次递减的趋势。Tian 等（2016）通过调查中国东部森林 9 个典型森林的优势种，发现温度和降水是驱动气孔性状呈现纬度格局的重要环境驱动因子。Sun 等（2021）通过对黄土高原不同草地类型 181 种植物叶片气孔性状的研究，发现草甸草原植物叶片气孔密度较大，典型草原气孔面积分数较大，荒漠草原气孔大小较大，且随着干旱程度的增加，植物气孔性状呈现数量减少而大小增加的趋势。Wang 等（2015a）通过测量中国东部森林样带 760 个物种的气孔密度和气孔大小，量化了不同功能群之间气孔性状的差异，并指出气孔性状与生产力密切相关。

气孔性状会随海拔的变化产生一定规律性的变化，但不同物种对海拔的响应不尽相同。温婧雯等（2018）测量不同海拔栎属植物的气孔形态性状，结果表明栓皮栎（*Q. variabilis*）和槲栎（*Q. aliena*）的气孔器长度和宽度随海拔升高显著减小，而气孔密度和气孔面积指数增加；锐齿栎（*Q. aliena* var. *acuteserrata*）的气孔器长度随着海拔的升高先降低后升高；辽东栎（*Q. wutaishansea*）沿海拔气孔器长度增大，宽度减小，气孔密度逐渐降低。在海拔梯度上，Bucher 等（2017）以 36 个草本植物为研究对象，发现气孔尺寸大的植物在适应环境时更倾向于改变气孔的尺寸，而气孔密度大的植物在适应环境时更倾向于改变气孔密度。不仅如此，植物的上下表皮气孔尺寸具有相对的一致性，可能与基因组大小的控制有关（Franks et al.，2012）。

9.4.2 叶片气孔形态性状空间变异的影响因素

1. 温度

气孔的形成和生长会受到温度的影响，但不同物种的气孔性状对环境变化的响应不同。温度对叶片面积的拓展具有重要影响，因此温度对气孔密度的影响主要是间接的，而气孔指数部分消除了叶片拓展的影响，对温度的反应具有相对稳定性。也有研究指出：温度对气孔的影响较小，主要原因为叶片是植物温度的感受器，只有在适宜的温度下，叶片才会发育。左闻韵等（2005）通过温度梯度控制实验发现，7 种草本植物和 3 种木本植物叶片气孔指数比气孔密度对温度的变化更具有敏感性，气孔指数与温度的关系表现为正相关、负相关和无显著相关，气孔密度与温度的关系为正相关和不相关，而不同物种保卫细胞的长度对温度梯度的响应也不尽相同。

2. 水分条件

随着降水量减少，气孔密度随之增加，而植株高度、株密度和叶片面积减小（Wang and Gao，2003；Gazanchian et al.，2007）。Xu 和 Zhou（2008）的研究表明：气孔密度随着干旱胁迫的增加呈现出先增加后下降的趋势，气孔发生和叶片生长存在权衡关系。适度干旱条件下，一方面能够直接促进植物的气孔密度增加；另一方面，水分亏缺时，叶片的生长会受限，从而导致气孔密度的增加。重度干旱条件下，不仅直接影响保卫细胞的发生，降低气孔密度；同时，还限制了叶片的生长发育，增加气孔密度，以上两个过程为权衡作用。

3. 大气 CO_2 浓度

气孔密度的降低是植物对大气 CO_2 浓度升高响应的普遍现象。工业革命时期之前大气 CO_2 浓度为 280 μmol/mol，到 1987 年大气 CO_2 浓度骤增到 340 μmol/mol；Rivera 等（2014）发现化石样本中的气孔密度和气孔指数明显高于现在对应的植物，气孔密度与气孔指数的显著降低可能与 CO_2 浓度的降低有关（Joos et al.，2004）。然而，Meta-分析表明 CO_2 升高仅解释了 5%气孔密度的降低（Ainsworth et al.，2010）。Yan 等（2017）通过整合全球 1854 个实验探究气孔密度和气孔指数对全球变化的响应，发现无论是气孔密度还是气孔指数，都随着 CO_2 浓度的升高而降低。此外，气孔密度对全球变化的四个因子的反应不一致，具体表现为随着大气 CO_2 浓度增加而增加、随着全球变暖而降低，随着干旱程度的增加而增加，随着氮沉降的增加而降低。总体而言，气孔密度对未来全球变化的响应仍不清楚。

9.5 叶片功能元素沿环境梯度的变异规律

9.5.1 叶片功能元素的地理格局

目前地球上已知的元素有 92 种，约有 30 种元素参与植物生长，而其中至少 17 种元素是植物生长的必需元素（Marschner，2011）。这些元素是植物正常生长和完成其生活史过程中必不可少的，在植物生长和生理代谢中发挥着重要作用。必需元素按照其生理功能可以分为四大类，第一类包括组成植物体结构物质的基本元素（C、H、O、N、S），第二类包括参与能量转移反应的元素 P 和 B，第三类包括调节植物渗透势、电化学势和活化酶类的元素（K、Na、Ca、Mg、Mn、Cl），第四类包括进行电子传递和组成辅基的元素（Fe、Cu、Zn、Mo）（图 9.4）。植物不同器官中这些功能元素的含量以及变异特征，是植物功能性状的一个重要组成部分；不仅能够在一定程度上反映植物养分吸收和利用策略，还对生态系统功能变化具有重要的指示作用。例如，K 与植物叶片的水分利用密切相关（Li et al., 2021）；Ca 影响了植物对干旱和寒冷的抗性（White and Broadley，2003），同时 Ca 和 Mg 与植物细胞壁构成有关，影响了植物承受的食草动物采食压力（Mládková et al.，2018）。

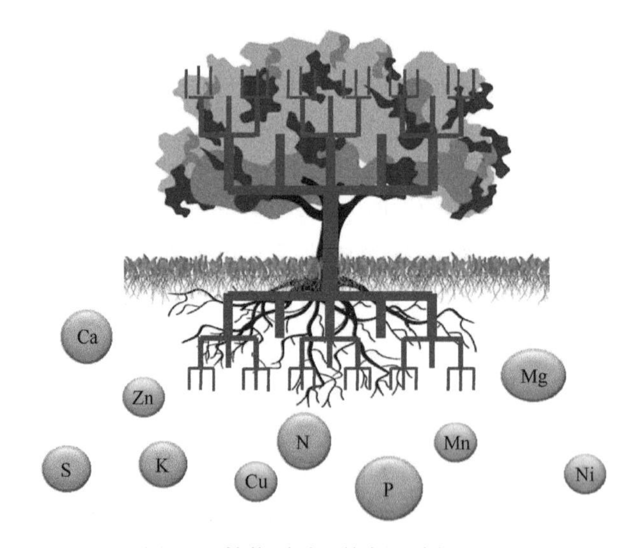

图 9.4　植物所需要的主要功能元素

N 和 P 常被认为是植物生长的主要限制元素，是植物化学性状中最受关注的对象。近年来，叶片 N、P 以及 N∶P 生物地理格局及其影响机制被广泛和深入研究。Reich 和 Oleksyn（2004）对全球 1280 种陆生植物的研究发现，随着纬度降低，叶片的 N 和 P 含量降低，而 N∶P 则升高。我国学者对中国 753 种陆生植物（Han et al.，2005）和中国东部南北样带 654 种植物（任书杰，2007）的研究表明，随着纬度降低，叶片 N 和 P 的含量降低，而 N∶P 没有显著变化。对中国草地 213 种优势植物的研究则发现，植物叶片 N、P 及 N∶P 随温度和降水变化并无明显变化（He et al.，2006，2008）。

近年来，科研人员对于植物化学性状的研究已经从 C、N、P 扩展到了其他大量元素以及微量元素。Han 等（2011）分析了中国 1900 多种植物的 N、P、K 等 11 种化学元素的计量关系、大尺度空间变异规律及其调控因素。在明确了气候、土壤和植物功能群对植物化学性状的相对贡献的基础上，发展了“限制元素稳定性假说（Stability of Limiting Elements Hypothesis）”。该假说认为，由于生理和养分平衡的制约，限制元素在植物体内的含量具有相对稳定性，其对环境变化的响应也较为稳定。

Zhang 等（2012）分析了不同生态系统的 702 种植物叶片的 10 种元素，发现植物多种功能元素生物地理格局受气候、纬度和植物分类关系共同调控。其中，叶片 S 和 SiO_2 主要受到植物分类的调控，而 N、P、K、Fe、Al、Mn、Na 和 Ca 则主要受到纬度所伴随的温度和水分的影响。温度和降水对参与植物蛋白质合成和光合作用的元素有着较强的影响，而对于主要参与细胞结构和作为酶成分或者活化剂的元素影响较小。然而，Hao 等（2014）对 177 种苦苣苔科物种 7 种元素含量的分析，发现土壤和气候对多元素变异的影响在植物不同的系统发育水平存在差异，植物系统发育在亚科水平对叶片元素的调控作用大于土壤和气候的影响。中国 78 个典型生态系统的 2781 种植物叶片 K 含量，在不同植物生活型和气候区之间存在显著差异（图 9.5）；叶片 K 浓度随纬度的增加而增加，主要受气候变量，尤其是温度的影响，植物系统发育的限制效应非常小。低温地区叶片 K 浓度较高，可能与植物的低温适应机制有关（Li et al.，2021）。对叶片 S 的研究发现，干旱地区和草本植物叶片具有较高的 S 含量，此外在干旱、低温和强紫外线辐射条件下，叶片 S 含量也较高。温度、降水、辐射、土壤 S 含量共同调节植物叶片 S 浓度，部分验证了叶片 S 含量变异的适应机制（图 9.6）。上述研究表明：叶片 K 和 S 元素在植物应对极端环境的适应机制中发挥着重要作用（Zhao et al.，2022）。

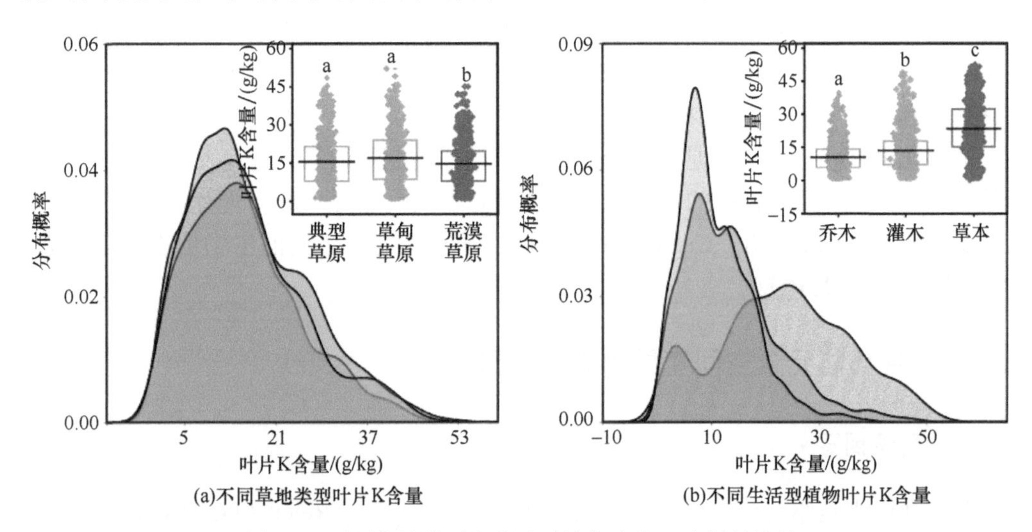

图 9.5　不同草地类型和生活型植物叶片 K 含量的比较

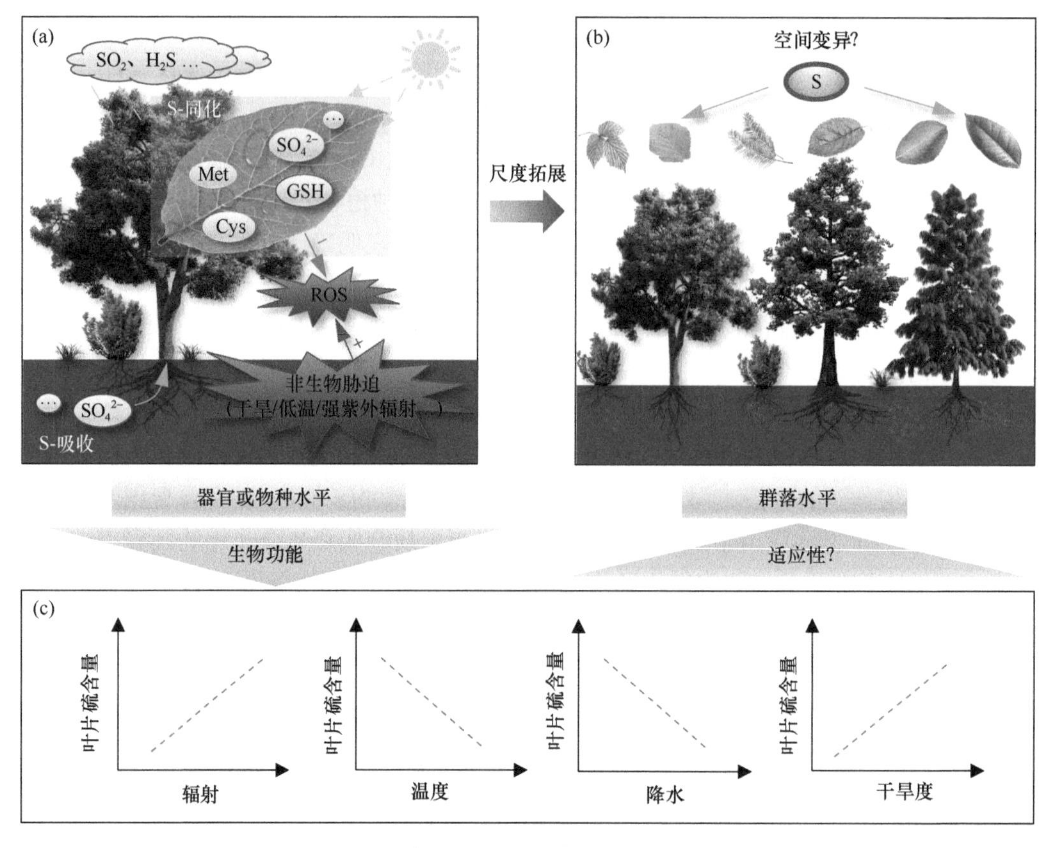

图 9.6　叶片硫含量变异的潜在环境适应机制

随着海拔的变化，温度、降水以及土壤的养分条件发生剧烈的改变，从而引起垂直带上植被类型的显著改变。已有研究关注了植物 C、N、P 含量随海拔的变化（Hultine and Marshall，2000；Köhler et al.，2006）。全球尺度上，非结构性碳随海拔升高而增加，如淀粉、脂类和可溶性糖，这有利于植物调节渗透压以应对低温胁迫，并通过增加储存性物质适应更加严峻的生境（Hoch and Körner，2012）。随着海拔升高，植物通过降低叶片 P 含量和提高 P 利用效率来适应土壤可利用性 P 的减少。

植物化学性状也被认为是物种分布和群落构建的制约因素。研究表明：外来物种通常具有较低的比叶重，较强的光合能力和功能元素获取能力，如大量元素中的 N、P、K 和微量元素中的 Fe、Ni、Cu 和 Zn，占据了和本地物种不同的生物地理化学生态位（Peñuelas et al.，2010）。

9.5.2　叶片功能元素空间变异的影响因素

1. 气候因子

温度和降水是驱动植物化学性状空间变异的重要因子。Reich 和 Oleksyn（2004）认为温度是 N、P 纬度格局形成的重要驱动力，并提出了温度–植物生理假说（temperatureplant physiological hypothesis）。它认为温度通过影响植物的生理代谢速率，进而影响植物叶片 C、N、P 的积累和迁移。当温度较低时，植物通过增加酶（富 N）和 RNA（富 P）来弥补由于低温引起的酶活力下降进而造成的植物代谢活力下降，使得低温地区的植物具有较高的 N 和 P 含量。降水和温度随着纬度变化存在一定的共变性，降水可能通过改变植被类型、物种组成以及植物在不同水分条件下的养分分配，影响植物群落化学性状的地理格局（Reich，2005）。另外，降水造成的淋溶作用，会通过影响土壤中矿质元素的供给，进而间接影响植物化学性状。

2. 土壤条件

除 C 外，植物大多数功能元素都是从土壤中获取。土壤供给能力是影响植物化学性状生物地理格局不可忽略的因素。研究者们先后提出了生物地化假说（temperature-biogeochemistry hypothesis）和土壤基质年龄假说（soil substrate age hypothesis）来阐明土壤养分条件在植物化学性状生物地理格局形成中的作用（Hedin et al.，2003）。土壤养分来自不同的途径，可利用性 N 主要来自凋落物分解，而可利用性 P 则来自岩石风化。温度和降水通过影响凋落物分解和土壤淋溶影响土壤养分格局，低温地区微生物活性受限，降低了有机质矿化进入土壤的速率；降水多的地区淋溶作用加强，使得土壤可利用性 N 和 P 含量降低。同时，土壤基质的年龄也影响土壤养分状况，极其年轻或者年老的土壤养分含量较低，中等年龄土壤养分含量较高。例如，赤道地区土壤被认为形成时间较长，淋溶作用较强，养分含量较低（Vitousek et al.，2010），从而造成了低纬度地区植物具有较高的 C∶N 和 C∶P。另外，土壤酸碱度也是影响植物化学性状生物地理格局的重要因子，植物矿质元素与土壤 pH 具有密切的关系。

由于植物叶片化学性状与土壤养分状况密切相关，因此叶片 N∶P 已经被广泛用来诊断植物生长的 N 或 P 限制格局。在多数生态系统中，可利用性 N 和 P 是限制植物生长的重要因子，土壤 N 和 P 对植物生长的限制性大小可通过植被的 N∶P 大小来反映。当叶片 N∶P 小于 14 时，一般认为植物生长受到 N 限制，而大于 16 时，则植物生长受到 P 限制更为强烈，介于两者中间表明植物生长受到 N 和 P 的共同限制（Koerselman and Meuleman，1996）。Zhang 等（2003）通过草原的施肥试验发现 N∶P 比值是相对稳定的，可以作为判断养分限制的指标；其研究得出了内蒙古草原区草本植物的 N∶P 临界指标，通常认为当 N∶P 小于 21 时，植物生长主要受 N 限制，而当 N∶P 大于 23 时，植物生长主要受 P 限制。

3. 植物类型

植被类型和植物物种组成是决定植物化学性状生物地理格局的另一重要因素。按照生活型及其他特征对植物进行分类，不同植物功能型间植物化学性状存在显著差异。草本植物叶片的 N∶P 通常高于木本植物（He et al.，2006，2008），落叶植物高于常绿植物，阔叶植物高于针叶植物，种子植物高于蕨类植物，被子植物高于裸子植物，双子叶植物高于单子叶植物，C_3 植物高于 C_4 植物（Han et al.，2005）。

植物化学性状在不同植被类型间也存在着差异。McGroddy 等（2004）发现不同的植物群落（温带阔叶林、温带针叶林和热带雨林）C、N、P 含量存在显著差异。阎恩荣等（2010）对浙江天童常绿阔叶林、常绿针叶林与落叶阔叶林的 C:N:P 化学计量关系进行了研究，发现三种森林群落的叶片计量关系存在显著差异。

最近，研究者们逐渐认识到植物分类（taxonomy）和系统发育（phylogeny）对植物化学性状的影响不容忽视。特定科属的植物对某些元素存在一定的富集作用（White et al.，2007）。例如，豆科植物含有较高的 N 含量；双子叶植物比单子叶植物叶片含有更高的 Ca（White and Broadley，2003）。对欧洲森林生态系统 50 种乔木的 N、P、K、Ca、Mg 计量关系的研究表明，物种差异解释了大部分（56.7%）元素含量和计量关系的变异（Sardans and Peñuelas，2014）。同时，同一属中共存的物种比非共存物种具有更多的元素差异，这可能是为了减少对同种资源的竞争而造成的生态位分化的结果。

总之，植物功能元素组成受到气候、土壤和植物类型等的综合影响，这些因子的作用并不是独立的，而是存在复杂的相互作用。气候条件影响了植物群系的地理分布以及土壤养分的地理格局，这些都会影响植物功能元素地理格局的形成，而植物又可通过对光合作用、凋落物分解等生态过程对环境变化做出反馈。因此，对植物功能元素生物地理格局及其驱动机制的认识，将为我们综合研究生态系统物质循环提供理论基础。

9.6 细根形态性状沿环境梯度的变异规律

根系功能性状的研究最初是在农学开始的，目的是获得更高的产量和筛选优质的农作物品种。自 20 世纪 90 年代后期以来，伴随着全球生态学研究的深入，根系功能性状研究作为生物学、生态学、地学和环境科学交叉研究的纽带，逐渐成为研究热点。近年来，根系功能性状研究发展迅猛，取得了令世人瞩目的成绩；根系性状在植物养分利用策略、物种共存机制、生态系统功能中的作用得到人们高度重视（Freschet et al.，2021）。同时，科学家们发现细根或吸收根是地下根系从土壤中吸收养分和水分的主要部位，且具有较快的生长和周转速率（Pregitzer et al.，2002；McCormack et al.，2015）。

细根功能性状主要包括细根形态构建性状，如根深、根长、根密度等，这决定了植物整个根系系统的空间结构。根系形态性状或根的大小等级（如根直径、比根长、根组织密度）、细根的生理性状（如根呼吸、根的养分吸收和根的组织养分含量）、根分泌物、根际微生物等对细根的养分吸收具有重要作用（Bardgett et al.，2014；McCormack et al.，2015）。这些根系性状不仅在物种和基因型之间具有较大的变异，同时也具有较高的可塑性，使植物能够很好地应对变化的环境条件，尤其是土壤养分和水分的改变（Fort and Freschet，2020）。

9.6.1 细根形态性状的地理格局

研究结果表明：在器官水平上植物主要通过细根构型及细根结构性状（如根直径、比根长、根寿命以及菌根侵染率等）来优化细根生理性状，以提供根系养分获取能力。具体地说，细根更粗的植物常通过增加菌根侵染率和菌丝密度实现更好的养分获取，而细根越细的植物主要是通过增加细根分支和增加比根长来实现相似的功能。基于全球范围内 1115 个物种细根功能性状数据，Freschet 等（2017）发现热带地区的根具有相对保守的细根性状，寒冷地区的植物具有较细长的细根；这对于在寒冷地区植物根系的养分吸收率比较低、土壤冻融导致的土壤微生物和养分可利用性异常情况下是有利的。类似地，Ma 等（2018）通过调查分析全球 7 个生物群区内 369 个物种的一级根性状后发现，从热带雨林到荒漠，植物吸收根直径整体在变细，对共生真菌依赖性降低，植物单位碳投资所获取养分的效率得以优化，增强了植物对环境的适应与存活能力。在进化尺度上，在长达 4 亿年的植物进化过程中，地下吸收根朝更加高效、独立的方向进化，这为物种开拓新的栖息地奠定了重要基础。Steidinger 等（2019）利用包含 70 多个国家 2.8 万多种树种的数据库，首次在全球范围内绘制了共生微生物网络地图。从分析结果来看，气候驱动了植物根系和微生物之间主要共生生物的更替，表现为森林微生物共生形式从低纬度的丛枝菌根、固氮菌向高纬度外生菌根生态系统过渡。外生菌根共生体在季节性寒冷和干燥气候抑制分解的森林中占主导地位，丛枝菌根树在季节性温暖的热带森林中占优势，固氮树木在 30°N 或干旱区左右达到丰度高峰。

9.6.2　细根形态性状的空间变异及其影响因素

1. 物种差异

细根的功能性状和分布规律受植物自身系统发育历史及其生存环境条件的共同影响，细根的形态、化学、解剖和构建性状均表现出了显著的系统发育信号（Chen et al.，2013；Comas et al.，2014）；在科水平上，细根具有向更细更长的方向进化的趋势。对现存被子植物的系统发育分析表明，与分化时间较晚的植物科相比，较为古老的被子植物具有相对粗的直径和小的比根长（Comas et al.，2014；Kong et al.，2014）。在距今 120～64 Ma 间，随着进化时间的推进，植物根直径逐渐变细，而后变化不明显（Chen et al.，2013）。

与裸子植物相比，被子植物一般具有根系直径小、比根长大、组织密度低和分枝比高的特征（Pregitzer et al.，2002；Freschet et al.，2017）。Wang 等（2006）发现在前 2 级根序中，水曲柳的分枝比显著大于兴安落叶松；兴安落叶松 1～5 级根系的直径和长度、根组织密度均显著高于水曲柳，而比根长较低。两个物种之间形态和构建的差异反映了其不同的生态策略，水曲柳较高的根长密度能更好促使根的快速生长，同时较低的根组织密度，降低了构建密集根系的碳投入，提高了地下竞争力。

2. 根际微生物

根际微生物由细菌、放线菌、真菌和藻类组成，它们与根系相互作用，影响根系的结构和组成，进而影响植物根系的功能。地球上大多数陆生植物在它们的根部与菌根真菌建立起了共生关系（Wang and Qiu，2006），被子植物中有 90%以上根系被菌根真菌侵染（Brundrett，2009）。真菌与植物根系相结合形成的共生体称为菌根（mycorrhiza）。

菌根真菌通过侵染植物根系，改变根系固有的结构，影响根系功能，部分可以表现在根系外貌形态和寿命的改变方面。与高级根系相比，生长在根系最末端的 1 级根最容易被真菌侵染，这有助于提高根的吸收能力（McCormack et al.，2015）。

丛枝菌根（arbuscular mycorrhizas，AM）和外生菌根（ectomycorrhizas，ECM）是被子植物两种主要吸收根类型。丛枝菌根和外生菌根在养分获取的能力上有显著不同。一般认为在土壤养分低的条件下外生菌根占有主要地位（Lambers et al.，2008）。Comas 和 Eissenstat（2009）通过研究北美温度森林内 25 个不同菌根侵染类型的树种的根系性状变异特征后发现，分枝强度、比根长和磷浓度值在物种之间变异较大。外生菌根侵染的物种比丛枝菌根的物种分枝强度高，这是由于根尖是外生菌根侵染的主要场所，而丛枝菌根主要侵染的部位在皮层内部（Comas et al.，2014）。两种菌根类型不同的侵染部位导致了具有丛枝菌根的植物根系往往具有较厚的皮层，以便被更多菌根侵染，而外生菌根的侵染率不受根直径或皮层厚度的影响，这类植物的根系往往具有较细的根直径和较高的分枝强度（Comas and Eissenstat，2009；Comas et al.，2014）。

3. 土壤环境

细根的主要功能是从土壤中吸收水分和养分，因此能够影响资源有效性的土壤条件都将一定程度上影响细根分布。在复杂的土壤环境中，不同植物根系在结构和功能上进行分化，使植物根系成为一个结构复杂、功能多样的分枝系统（Comas and Eissenstat，2009；Kramer et al.，2016）。土壤养分的异质性，尤其是氮含量的分布格局，能够影响细根的生长、增殖和分枝，进而影响植物根系分布（Fort and Freschet，2020）。Holdaway 等（2011）分析了新西兰地区生长在不同土壤年代序列的植物细根性状的变化，发现成土时间较晚的土壤，往往受到磷限制，生长在这类土壤中的植物具有相对较高的比根长、较细的根直径、较高的根组织密度和分枝水平以及较低的养分含量。

土壤水分也是影响植物细根生长和分布的重要因素，细根形态沿水分梯度的可塑性代表了植物对干旱胁迫的一种适应策略。随着土壤水分限制性的增加，细根直径降低（West et al.，2004），而比根长和根表面积增加（Metcalfe et al.，2008）。此外，土壤容重强烈影响了细根的形态性状；高的土壤容重支持粗、密度高的根系，更粗的根系使植物具有更强的穿透力，有利于在稠密的土壤中生长并获得资源。

在此必须指出，土壤因素如何影响根性状在不同的研究结果中存在较大争议。例如，如果按照叶片经济型谱，贫瘠土壤中根系应该具有保守特征。一些研究证实了具有高根组织密度的粗根在低肥力土壤中有利，具有快速策略的植物多在养分肥沃和土壤容重低的土壤中出现（Reich，2014；Fort and Freschet，2020）。但也有研究发现土壤肥力与比根长负相关，与根直径正相关（Kramer et al.，2016），这可能是由于细根直径与菌根侵染率相关，更厚的根直径可以提高菌根侵染率（Comas et al.，2014）。Fort 和 Freschet（2020）基于全球数据库中 1115 个物种的细根性状数据，发现具有快速资源利用策略的草本植物多生长在适宜土壤环境中（如高的养分和水分可利用性），但木本植物则相反。具有快速利用策略（低根组织密度、细根、高根氮含量）的植物能够在养分肥沃的土壤中占优势；相反的根系性状则能帮助植物在养分贫瘠的土壤中存活。这些结果限制了我们用一个简单的、统一的根系性状–环境关系来解释植物适应机制。

4. 气候条件

气候条件通过改变土壤温度、水分和养分含量等对根系性状产生影响。Meta 分析表明，木本植物的比根长在施肥条件下降低，且与光照、温度和大气 CO_2 浓度负相关（Ostonen et al.，2007）。Ostonen 等（2011）发现纬度和氮沉降解释了挪威松（*Picea abies*）细根性状的大部分变异。外生菌根的根长和根组织密度随着纬度升高呈线性增加，菌根 N 含量随纬度增加而降低。Hertel 等（2013）在欧洲中部研究了山毛榉（*Fagus sylvatica*）细根沿降水梯度（820～540 mm/a）的生长动态，发现生长在不同土壤质地下的植物细根形态对降水的变化反应不一致。在沙质土壤中，山毛榉植物的比根长和比根面积随着降水的减少而增加，平均细根直径降低。Freschet 等（2017）通过分析全球范围内 1115 个物种细根性状的变异规律，发现气候条件与资源快速获取能力密切的根系性状相关，尤其是温度与根系直径正相关，而与比根长负相关。

CO_2 浓度升高对植物根系的生长和功能都有强烈的影响（Iversen et al.，2008；Nie et al.，2013）。然而，有关细根性状对 CO_2 浓度升高的响应的研究未有一致结论；如根长与大气 CO_2 浓度呈现出正相关（Norby et al.，2004）、负相关（Wan et al.，2004）或无显著相关性（Higgins et al.，2002）。相似地，CO_2 浓度升高对根系生长和死亡的影响也有很大的不确定性。Nie 等（2013）整合 110 个实验研究结果，发现 CO_2 浓度升高，根系的形态和功能都发生了很大变化。其中，根长增加了 26.0%，直径增加了 8.4%，根系氮含量降低了 7.1%；同时，根系呼吸增加了 58.9%，根际沉积物增加了 37.9%，菌根侵染率增加了 3.3%。

9.7 细根功能元素沿环境梯度的变异规律

9.7.1 细根功能元素的地理格局

细根是植物吸收水分和土壤中养分元素的主要器官。全球细根氮储量约为 4.8 亿 Mg，占陆地植被氮储量的 1/7。根系分解释放的碳和养分是生态系统中碳通量和养分通量的重要组成部分。在森林中，通过细根产生和分解进入到土壤中的营养物质的数量等于甚至超过地上凋落物分解释放养分的数量。因此，明确细根 N、P 及其他功能元素的地理格局，对揭示生态系统生物地球化学循环具有重要意义。

N 和 P 作为植物生长最重要的限制性元素，其根系含量的地理格局也最早受到关注。通过对 51 个国家 211 项研究根系数据整合分析，科研人员发现细根 N 和 P 含量均低于植物叶片，但 N∶P 与植物绿叶相近。各径级根的 N∶P 随纬度升高呈指数下降，这与之前报道相似（Yuan et al.，2011）。根系 N∶P 的纬度格局受到植被类型、气候、土壤年龄和土壤风化作用等的共同影响。同时，对植物多种功能元素的相关研究也表明，细根中多种元素含量具有显著的纬度格局。细根中 Ca 和 Na 含量随纬度升高显著增加，而 Mg、S、Al、Fe、Cu、Pb、Ni 和 Co 的含量随着纬度升高显著降低，细根中 K、Mn 和 Zn 含量的变化没有呈现出显著的纬度格局（Zhao et al.，2016）。

为了简明阐释植物功能元素生物地理格局的形成机制，科学家提出了多个假说。这些假说大多发展自对植物叶片功能元素的研究，包括基于植物生长功能和环境关联的各类假说。生长速率假说（Growth rate hypothesis）认为随生长速率增加，植物 N∶P 和 C∶P 呈降低趋势，而 P 含量呈增加趋势，该假说有助于理解植物生长速率对功能元素含量的调控机制（Sterner and Elser，2002）。温度–植物生理假说关注了植物生长代谢速率受温度的影响，低温条件下植物需要更高的 N 和 P 含量以补偿生理效率的降低（Reich and Oleksyn，2004）。温度–生物地球化学假说强调了温度通过影响土壤微生物的活性从而影响土壤养分的可利用性，引起植物器官 N、P 含量的变化（Reich and Oleksyn，2004）。土壤基质年龄假说认为土壤发育年龄影响土壤母质的养分供给能力，从而影响植物功能元素含量（Reich and Oleksyn，2004）。限制元素稳定性假说强调了由于植物生理和养分平衡的制约，限制性更大的元素在植物体内的含量具有较高的稳定性，其对环境变化的响应也更为稳定（Han et al.，2011）。上述假说从植物生理、环境因子以及养分需求的不同角度解释了植物功能元素含量纬度格局的调控机制，但是也存在一定的不确定性，未来是否能发展一个更具有概括性的假说值得期待。

9.7.2 细根功能元素空间变异的影响因素

细根功能元素含量变异受到植被类型、根系直径、存活状态以及环境因子的影响。其中，细根 N 含量、P 含量和 N∶P 在不同植被类型中存在显著差异。例如，细根 P 含量按热带森林、热带草原、温带森林、温带草原、北方森林的顺序增加，而 N∶P 则以相同的顺序下降。根系 N、P 含量也受到根系大小和存活状态的影响。随着根系直径的增加，C 含量普遍增加，N 和 P 含量下降。N∶P 在直径大于 5mm 的粗根中较高，而在直径小于 5mm 的根系中不存在显著差异，C∶N 和 C∶P 随根系直径增大而增加。与相同大小活根相比，死根的 C 和 P 含量普遍较低，而 N 含量基本相同，这造成死根比活根有着更高的 N∶P。气温、降水以及土壤 N、P 含量均对细根 C、N、P 含量及其比值有着显著影响。细根 P 含量随年均温和年降水的升高显著下降，而 N 含量并未见显著变化（Yuan et al.，2011）。

9.8 小　　结

近年来，国内外科学家已经在器官水平植物性状研究领域开展了大量的研究工作，并取得了丰硕的成果。然而，多数研究依然以优势种为重点研究对象或是以搜集的各地物种数据为主，这些研究结果虽然能够很好地解析性状–环境在大尺度上的关系，但并未考虑天然植被群落结构与物种组成的复杂性，在探讨群落构建和解析生态系统功能上存在缺陷。未来应该从以下几个方面进行深入研究：

1. 重视多器官和多种功能性状协同或趋异规律的研究

植物对环境的适应是通过不同器官整体来体现的，对植物功能性状的研究不能只关注单一器官对环境变化的响应和适应策略，综合考察不同器官功能性状之间如何协同或解耦有助于我们全面了解植物对环境的适应策略及其功能优化机制。目前全球范围的数据库以易于获得的软性状为主，但一些相对难以测量但与功能紧密相关的硬性状相对较少，如分解速率、根系分泌物等。未来需要测量更多与植物新陈代谢和生理相关的硬性状来弥补目前大尺度数据上的不足。此外，与地上叶片相比，地下根系的研究明显滞后，这主要是由于根系取样的困难性以及测定方法的不统一。如目前的研究多认为吸收根或一级根是植物吸收水分和养分的主要器官，但在野外取样的时候，吸收根或一级根容易遭到破坏或丢失，造成数据结果不准确。未来的研究不仅要从各个性状的种内、种间、区域变异分析，还更应该深入探讨不同器官多种性状的协同规律，综合分析植物对环境的响应和适应机制。最近提出的"植物功能性状网络"，为揭示植物对环境或资源变化响应与适应策略提供了全新的视角（He et al.，2020；Li et al.，2022）。

2. 性状的种内变异和系统发育信息

不同物种间的功能性状差异是生态系统中物种共存的基础，而物种内个体间的性状变异对物种的共存和分布同样具有重要作用。越来越多的证据表明，物种间的性状变异研究具有一定的局限性，只有结合种内和种间性状变异才可能真实反映在群落构建过程中，种内水平上物种对环境变化和资源竞争的响应。然而由于取样、研究尺度等原因，许多植物功能性状研究中对种内个体性状的变异考虑较少。同时，植物功能性状是植物自身遗传因素及其对生境适应的共同结果，因此植物功能性状的变异性与物种系统发育背景紧密相关。许多研究结果也表明，多数植物功能性状具有保守性（Chen et al.，2013；Wang et al.，2017），其变异性主要来自于不同物种之间自身的差异，而非环境因素的调控。因此，今后在揭示功能性状变异性和适应策略的研究中应该重视种内变异和系统发育历史，并将之纳入到相关的模型研究中。

3. 极端环境条件下植物功能性状的适应机制

在极端环境条件下，如青藏高原高寒草地、新疆干旱胁迫和干扰并存的荒漠地区，植物具有自己独特的生存之道。在这些区域，不同植物器官如何适应恶劣环境，其变异规律和适应机制是否与其他地区不同有待于进一步探索。对极端环境中植物功能性状变异规律的研究，有利于我们更好地理解未来全球变化条件下植物对环境变化的适应策略和优化机制。

参考文献

马红英，吕小旭，计雅男，等. 2020. 17 种锦鸡儿属植物叶片解剖结构及抗旱性分析. 水土保持研究，138(1): 346-352.

任书杰. 2007. 中国东部南北样带森林生态系统叶片生态化学计量学特征的空间格局研究. 北京: 中国科学院大学.

温婧雯, 陈昊轩, 滕一平, 等. 2018. 太白山栎属树种气孔特征沿海拔梯度的变化规律. 生态学报, 38(18): 6712-6721.

阎恩荣, 王希华, 郭明等. 2010. 浙江天童常绿阔叶林, 常绿针叶林与落叶阔叶林的 C:N:P 化学计量特征. 植物生态学报, 34(1): 48-57.

张明, 高慧蓉, 莫惟轶等. 2022. 黄土高原草地植物叶脉性状沿环境梯度的变化规律. 生态学报, 42(19): 8082-8093.

朱燕华. 2013. 东亚地区栓皮栎(*Quercus variabilis*)叶片性状的变异格局及其对环境变化的响应. 上海: 上海交通大学.

左闻韵, 贺金生, 韩梅, 等. 2005. 植物气孔对大气 CO_2 浓度和温度升高的反应——基于在 CO_2 浓度和温度梯度中生长的 10 种植物的观测. 生态学报, (3): 565-574.

Ackerly D D, Knight C A, Weiss S B, et al. 2002. Leaf size, specific leaf area and microhabitat distribution of chaparral woody plants: Contrasting patterns in species level and community level analyses. Oecologia, 130: 449-457.

Ainsworth E A, Rogers A J. 2010. The response of photosynthesis and stomatal conductance to rising CO_2: Mechanisms and environmental interactions. Plant, Cell and Environment, 30: 258-270.

Bardgett R D, Mommer L, De Vries F T. 2014. Going underground: Root traits as drivers of ecosystem processes. Trends in Ecology & Evolution, 29: 692-699.

Beerling D J, Franks P J. 2010. The hidden cost of transpiration. Plant Science, 464: 495-496.

Bjorkman A D, Myers-Smith I H, Elmendorf S C, et al. 2018. Plant functional trait change across a warming tundra biome. Nature, 562: 57.

Blonder B, Enquist B J. 2014. Inferring climate from angiosperm leaf venation networks. New Phytologist, 204: 116-126.

Blonder B, Salinas N, Patrick Bentley L, et al. 2017. Predicting trait - environment relationships for venation networks along an Andes - Amazon elevation gradient. Ecology, 98: 1239-1255.

Boyce C K, Brodribb T J, Feild, T. S, et al. 2009. Angiosperm leaf vein evolution was physiologically and environmentally transformative. Proceedings of the Royal Society B: Biological Sciences, 276: 1771-1776.

Brodribb T J, Feild T S, Sack L J. 2010. Viewing leaf structure and evolution from a hydraulic perspective. Functional Plant Biology, 37: 488-498.

Brodribb T J, Field T S, Jordan G J. 2007. Leaf maximum photosynthetic rate and venation are linked by hydraulics. Plant physiology, 144: 1890-1898.

Brundrett M C. 2009. Mycorrhizal associations and other means of nutrition of vascular plants: Understanding the global diversity of host plants by resolving conflicting information and developing reliable means of diagnosis. Plant and Soil, 320: 37-77.

Bucher S F, Auerswald K, Grün-Wenzel C, et al. 2017. Stomatal traits relate to habitat preferences of herbaceous species in a temperate climate. Flora, 229: 107-115.

Chapin F S I, Matson P A, Mooney H A. 2002. Principles of terrestrial ecosystem ecology. New York: Springer.

Chen F S, Zeng D H, Fahey T J, et al. 2010. Response of leaf anatomy of *Chenopodium acuminatum* to soil resource availability in a semi-arid grassland. Plant Ecology, 209: 375-382.

Chen W L, Zeng H, Eissenstat D M, et al. 2013. Variation of first-order root traits across climatic gradients and evolutionary trends in geological time. Global Ecology and Biogeography, 22: 846-856.

Comas L H, Callahan H S, Midford P E. 2014. Patterns in root traits of woody species hosting arbuscular and ectomycorrhizas: implications for the evolution of belowground strategies. Ecology and evolution, 4: 2979-2990.

Comas L H, Eissenstat D M. 2009. Patterns in root trait variation among 25 co-existing North American forest species. New Phytologist, 182: 919-928.

Cornelissen J H C, Lavorel S, Garnier E, et al. 2003. A handbook of protocols for standardised and easy

measurement of plant functional traits worldwide. Australian Journal of Botany, 51: 335-380.
de Boer H J, Price C A, Wagner-Cremer F, et al. 2016. Optimal allocation of leaf epidermal area for gas exchange. New Phytologist, 210: 1219-1228.
Feild T S, Brodribb T J. 2013. Hydraulic tuning of vein cell microstructure in the evolution of angiosperm venation networks. New Phytologist, 199: 720-726.
Fort F, Freschet G T. 2020. Plant ecological indicator values as predictors of fine-root trait variations. Journal of Ecology, 108: 1565-1577.
Franks P J, Beerling D J. 2009. Maximum leaf conductance driven by CO_2 effects on stomatal size and density over geologic time. Proceedings of the National Academy of Sciences, 106: 10343-10347.
Franks P J, Drake P L, Beerling D J. 2009. Plasticity in maximum stomatal conductance constrained by negative correlation between stomatal size and density: An analysis using Eucalyptus globulus. Plant, Cell and Environment, 32: 1737-1748.
Franks P J, Freckleton R P, Beaulieu J M, et al. 2012. Megacycles of atmospheric carbon dioxide concentration correlate with fossil plant genome size. Philosophical Transactions of the Royal Society B: Biological Sciences, 367: 556-564.
Freschet G T, Dias A T C, Ackerly D D, et al. 2011. Global to community scale differences in the prevalence of convergent over divergent leaf trait distributions in plant assemblages. Global Ecology and Biogeography, 20: 755-765.
Freschet G T, Pagès L, Iversen C M, et al. 2021. A starting guide to root ecology: strengthening ecological concepts and standardising root classification, sampling, processing and trait measurements. New Phytologist, 232: 973-1122.
Freschet G T, Valverde - Barrantes O J, Tucker C M, et al. 2017. Climate, soil and plant functional types as drivers of global fine - root trait variation. Journal of Ecology, 105: 1182-1196.
Gazanchian A, Hajheidari M, Sima N K, et al. 2007. Proteome response of Elymus elongatum to severe water stress and recovery. Journal of Experimental Botany 58: 291-300.
Gower S T, Richards J H. 1990. Larches: Deciduous conifers in an evergreen world. BioScience, 40: 818-826.
Han W X, Fang J Y, Guo D L, et al. 2005. Leaf nitrogen and phosphorus stoichiometry across 753 terrestrial plant species in China. New Phytologist, 168: 377-385.
Han W X, Fang J Y, Reich P B, et al. 2011. Biogeography and variability of eleven mineral elements in plant leaves across gradients of climate, soil and plant functional type in China. Ecology Letters, 14: 788-796.
Hao Z, Kuang Y, Kang M. 2014. Untangling the influence of phylogeny, soil and climate on leaf element concentrations in a biodiversity hotspot. Functional Ecology, 29: 165-176.
Hedin L O, Vitousek P M, Matson P A. 2003. Nutrient losses over four million years of tropical forest development. Ecology, 84: 2231-2255.
He J S, Fang J Y, Wang Z H, et al. 2006. Stoichiometry and large-scale patterns of leaf carbon and nitrogen in the grassland biomes of China. Oecologia, 149: 115-122.
He J S, Wang L, Flynn D F B, et al. 2008. Leaf nitrogen: Phosphorus stoichiometry across Chinese grassland biomes. Oecologia, 155: 301-310.
He J S, Wang X P, Schmid B, et al. 2010. Taxonomic identity, phylogeny, climate and soil fertility as drivers of leaf traits across Chinese grassland biomes. Journal of Plant Research, 123: 551-561.
He N P, Li Y, Liu C C, et al. 2020. Plant trait networks: Improved resolution of the dimensionality of adaptation. Trends in Ecology and Evolution, 35: 908-918.
He N P, Liu C, Piao S, et al. 2019. Ecosystem traits linking functional traits to macroecology. Trends in Ecology & Evolution, 34: 200-210.
He N P, Liu C C, Tian M, et al. 2018. Variation in leaf anatomical traits from tropical to cold-temperate forests and linkage to ecosystem functions. Functional Ecology, 32: 10-19.
Hertel D, Strecker T, Muller-Haubold H, et al. 2013. Fine root biomass and dynamics in beech forests across a precipitation gradient - is optimal resource partitioning theory applicable to water-limited mature trees? Journal of Ecology, 101: 1183-1200.
Hetherington A M, Woodward F I. 2003. The role of stomata in sensing and driving environmental change.

Nature, 424: 901-908.
Higgins P A T, Jackson R B, Des Rosiers J M, et al. 2002. Root production and demography in a california annual grassland under elevated atmospheric carbon dioxide. Global Change Biology, 8: 841-850.
Hoch G, Körner C. 2012. Global patterns of mobile carbon stores in trees at the high-elevation tree line. Global Ecology and Biogeography, 21: 861-871.
Högberg P, Nasholm T, Franklin O, et al. 2017. Tamm Review: On the nature of the nitrogen limitation to plant growth in Fennoscandian boreal forests. Forest Ecology and Management, 403: 161-185.
Holdaway R J, Richardson S J, Dickie I A, et al. 2011. Species- and community-level patterns in fine root traits along a 120000-year soil chronosequence in temperate rain forest. Journal of Ecology, 99: 954-963.
Hultine K R, Marshall J D. 2000. Altitude trends in conifer leaf morphology and stable carbon isotope composition. Oecologia, 123: 32-40.
IPCC. 2021. Climate Change 2021: The Physical Science Basis. Contribution of Working Group I to the Sixth Assessment Report of the Intergovernmental Panel on Climate Change. Cambridge: Cambridge Press.
Iversen C M, Ledford J, Norby R J. 2008. CO_2 enrichment increases carbon and nitrogen input from fine roots in a deciduous forest. New Phytologist, 179: 837-847.
Jankowski A, Wyka T P, Zytkowiak R, et al. 2017. Cold adaptation drives variability in needle structure and anatomy in *Pinus sylvestris* L. along a 1900 km temperate-boreal transect. Functional Ecology, 31: 2212-2223.
Joos F, Gerber S, Prentice I, et al. 2004. Transient simulations of Holocene atmospheric carbon dioxide and terrestrial carbon since the Last Glacial Maximum. Global Biogeochemical Cycles, 18: GB2002.
Koerselman W, Meuleman A F. 1996. The vegetation N：P ratio: A new tool to detect the nature of nutrient limitation. Journal of Applied Ecology, 33: 1441-1450.
Köhler L, Gieger T, Leuschner C. 2006. Altitudinal change in soil and foliar nutrient concentrations and in microclimate across the tree line on the subtropical island mountain Mt. Teide (Canary Islands). Flora, 201: 202-214.
Kong D, Ma C, Zhang Q, et al. 2014. Leading dimensions in absorptive root trait variation across 96 subtropical forest species. New Phytologist, 203: 863-872.
Körner C. 2007. The use of 'altitude' in ecological research. Trends in Ecology and Evolution, 22: 569-574.
Kramer-Walter K R, Bellingham P J, Millar T R., et al. 2016. Root traits are multidimensional: Specific root length is independent from root tissue density and the plant economic spectrum. Journal of Ecology, 104: 1299-1310.
Kuster V C, de Castro S A B, Vale F H A. 2016. Photosynthetic and anatomical responses of three plant species at two altitudinal levels in the Neotropical savannah. Australian Journal of Botany, 64: 696-703.
Lambers H, Raven J A, Shaver G R, et al. 2008. Plant nutrient-acquisition strategies change with soil age. Trends in Ecology and Evolution, 23: 95-103.
Li F L, Bao W K. 2014. Elevational trends in leaf size of Campylotropis polyantha in the arid Minjiang River valley, SW China. Journal of Arid Environments, 108: 1-9.
Li L, McCormack M L, Ma C, et al. 2015. Leaf economics and hydraulic traits are decoupled in five species-rich tropical-subtropical forests. Ecology Letters, 18: 899-906.
Li X, He N, Xu L, et al. 2021. Spatial variation in leaf potassium concentrations and its role in plant adaptation strategies. Ecological Indicators, 130: 108063.
Li Y, Liu C C, Sack L, et al. 2022. Leaf trait network architecture shifts with species-richness and climate across forests at continental scale. Ecology Letters, 25: 1442-1457.
Li Y Q, Reich P B, Schmid B, et al. 2020. Leaf size of woody dicots predicts ecosystem primary productivity. Ecology Letters, 23: 1003-1013.
Liu X R, Chen H X, Sun T Y, et al. 2021. Variation in woody leaf anatomical traits along the altitudinal gradient in Taibai Mountain, China. Global Ecology and Conservation, 26: e01523.
Ma Z Q, Guo D L, Xu X L, et al. 2018. Evolutionary history resolves global organization of root functional traits. Nature, 555: 94-97.
Marschner H. 2011. Marschner's Mineral Nutrition of Higher Plants. London: Academic Press.

Mathur S, Agrawal D, Jajoo A. 2014. Photosynthesis: Response to high temperature stress. Journal of Photochemistry and Photobiology B-Biology, 137: 116-126.
McCormack M L, Dickie I A, Eissenstat D M, et al. 2015. Redefining fine roots improves understanding of below-ground contributions to terrestrial biosphere processes. New Phytologist, 207: 505-518.
McGroddy M E, Daufresne T, Hedin L O. 2004. Scaling of C:N:P stoichiometry in forests worldwide: Implications of terrestrial redfield-type ratios. Ecology, 85: 2390-2401.
Metcalfe D B, Meir P, Aragão L E O, et al. 2008. The effects of water availability on root growth and morphology in an Amazon rainforest. Plant and Soil, 311: 189-199.
Mládková P, Mládek J, Hejduk S, et al. 2018. Calcium plus magnesium indicates digestibility: The significance of the second major axis of plant chemical variation for ecological processes. Ecology Letters, 21: 885-895.
Moles A T, Perkins S E, Laffan S W, et al. 2014. Which is a better predictor of plant traits: Temperature or precipitation? Journal of Vegetation Science, 25: 1167-1180.
Nie M, Lu M, Bell J, et al. 2013. Altered root traits due to elevated CO_2: A meta-analysis. Global Ecology and Biogeography, 22: 1095-1105.
Norby R J, Ledford J, Reilly C D, et al. 2004. Fine-root production dominates response of a deciduous forest to atmospheric CO_2 enrichment. Proceedings of the National Academy of Sciences of the United States of America, 101: 9689-9693.
Onoda Y, Westoby M, Adler P B, et al. 2011. Global patterns of leaf mechanical properties. Ecology Letters, 14: 301-312.
Ordoñez J C, van Bodegom P M, Witte J P M, et al. 2009. A global study of relationships between leaf traits, climate and soil measures of nutrient fertility. Global Ecology and Biogeography, 18: 137-149.
Ostonen I, Helmisaari H S, Borken W, et al. 2011. Fine root foraging strategies in Norway spruce forests across a European climate gradient. Global Change Biology, 17: 3620-3632.
Ostonen I, Puttsepp U, Biel C, et al. 2007. Specific root length as an indicator of environmental change. Plant Biosystems, 141: 426-442.
Peñuelas J, Sardans J, Llusia J, et al. 2010. Faster returns on ‘leaf economics’ and different biogeochemical niche in invasive compared with native plant species. Global Change Biology, 16: 2171-2185.
Poorter H, Lambers H, Evans J R. 2014. Trait correlation networks: a whole-plant perspective on the recently criticized leaf economic spectrum. New Phytologist, 201: 378-382.
Poorter H, Niinemets U, Poorter L, et al. 2009. Causes and consequences of variation in leaf mass per area (LMA): A meta-analysis. New Phytologist, 182: 565-588.
Pregitzer K S, DeForest J L, Burton A J, et al. 2002. Fine root architecture of nine North American trees. Ecological Monographs, 72: 293-309.
Reich P B. 2005. Global biogeography of plant chemistry: Filling in the blanks. New Phytologist, 168: 263-266.
Reich P B. 2014. The world-wide ‘fast-slow’ plant economics spectrum: a traits manifesto. Journal of Ecology, 102: 275-301.
Reich P B, Ellsworth D S, Walter M B S, et al. 1999. Generality of leaf trait relationships: A test across six biomes. Ecology, 80: 1955-1969.
Reich P B, Oleksyn J. 2004. Global patterns of plant leaf N and P in relation to temperature and latitude. Proceedings of the National Academy of Sciences of the United States of America, 101: 11001-11006.
Reich P B, Wright I J, Lusk C H. 2007. Predicting leaf physiology from simple plant and climate attributes: A global GLOPNET analysis. Ecological Applications, 17: 1982-1988.
Reichstein M, Bahn M, Mahecha M D, et al. 2014. Linking plant and ecosystem functional biogeography. Proceedings of the National Academy of Sciences of the United States of America, 111: 13697-13702.
Rivera L, Baraza E, Alcover J A, et al. 2014. Stomatal density and stomatal index of fossil Buxus from coprolites of extinct Myotragus balearicus Bate (Artiodactyla, Caprinae) as evidence of increased CO_2 concentration during the late Holocene. The Holocene, 24: 876-880.
Royer D L, McElwain J C, Adams J M, Wilf P. 2008. Sensitivity of leaf size and shape to climate within Acer rubrum and Quercus kelloggii. New Phytologist, 179: 808-817.
Sack L, Frole K J E. 2006. Leaf structural diversity is related to hydraulic capacity in tropical rain forest trees.

Ecology, 87: 483-491.
Sack L, Scoffoni C J. 2013. Leaf venation: Structure, function, development, evolution, ecology and applications in the past, present and future. New Phytologist, 198: 983-1000.
Sack L, Scoffoni C, John G P, et al. 2013. How do leaf veins influence the worldwide leaf economic spectrum? Review and synthesis. Ecology, 4: 4053-4080.
Sack L, Scoffoni C, McKown A D, et al. 2012. Developmentally based scaling of leaf venation architecture explains global ecological patterns. Nature Communications, 3: 1-10.
Sardans J, Peñuelas J. 2014. Climate and taxonomy underlie different elemental concentrations and stoichiometries of forest species: The optimum "biogeochemical niche". Plant Ecology, 215: 441-455.
Schemske D W, Mittelbach G G, Cornell H V, et al. 2009. Is there a latitudinal gradient in the importance of biotic interactions? The Annual Review of Ecology, Evolution, and Systematics 40: 245-269.
Steidinger B S, Crowther T W, Liang J, et al. 2019. Climatic controls of decomposition drive the global biogeography of forest-tree symbioses. Nature, 569: 404.
Sterck F J, Bongers F. 2001. Crown development in tropical rain forest trees: Patterns with tree height and light availability. Journal of Ecology, 89: 1-13.
Sterner R W, Elser J J. 2002. Ecological Stoichiometry: The Biology of Elements from Molecules to the Biosphere. Princeton: Princeton University Press.
Sun J G, Liu C C, Hou J H, et al. 2021. Spatial variation of stomatal morphological traits in grasslandplants of the Loess Plateau. Ecological indicators, 128: 107857.
Terashima I, Hanba Y T, Tholen D, et al. 2011. Leaf functional anatomy in relation to photosynthesis. Plant Physiology, 155: 108-116.
Tian M, Yu G R, He N P, et al. 2016. Leaf morphological and anatomical traits from tropical to temperate coniferous forests: Mechanisms and influencing factors. Scientific Reports, 6: 19703.
Uhl D, Mosbrugger V J P, 1999. Leaf venation density as a climate and environmental proxy: A critical review and new data. Palaeoclimatology Palaeoecology, 149: 15-26.
van Bodegom P M, Douma J C, and Verheijen L M. 2014. A fully traits-based approach to modeling global vegetation distribution. Proceedings of the National Academy of Sciences of USA, 111: 13733-13738.
Violle C, Navas M L, Vile D, et al. 2007. Let the concept of trait be functional! Oikos, 116: 882-892.
Violle C, Reich P B, Pacala S W, et al. 2014. The emergence and promise of functional biogeography. Proceedings of the National Academy of Sciences of USA, 111: 13690-13696.
Vitousek P M, Porder S, Houlton B Z, et al. 2010. Terrestrial phosphorus limitation: Mechanisms, implications, and nitrogen-phosphorus interactions. Ecological applications, 20: 5-15.
Wan S Q, Norby R J, Pregitzer K S, et al. 2004. CO_2 enrichment and warming of the atmosphere enhance both productivity and mortality of maple tree fine roots. New Phytologist, 162: 437-446.
Wang B, Qiu Y L. 2006. Phylogenetic distribution and evolution of mycorrhizas in land plants. Mycorrhiza, 16: 299-363.
Wang R L, Chen H, Liu X, et al. 2020. Plant phylogeny and growth form as drivers of the altitudinal variation in woody leaf vein traits. Frontiers in Plant Science, 10: 1735.
Wang R L, Wang Q F, Zhao N, et al. 2017. Complex trait relationships between leaves and absorptive roots: Coordination in tissue N concentration but divergence in morphology. Ecology and Evolution, 7: 2697-2705.
Wang R L, Yu G, He N P, et al. 2015a. Latitudinal variation of leaf stomatal traits from species to community level in forests: Linkage with ecosystem productivity. Scientific Reports, 5: 1-11.
Wang R L, Yu G R, He N P, et al. 2015b. Latitudinal variation of leaf stomatal traits from species to community level in forests: Linkage with ecosystem productivity. Scientific Reports, 5: 14454.
Wang R L, Yu G R, He N P, et al. 2016. Latitudinal variation of leaf morphological traits from species to communities along a forest transect in eastern China. Journal of Geographical Sciences, 26: 15-26.
Wang R Z, Gao Q. 2003. Climate-driven changes in shoot density and shoot biomass in Leymus chinensis (Poaceae) on the North-east China Transect (NECT). Global Ecology and Biogeography, 12: 249-259.
Wang Z Q, Guo D L, Wang X R, et al. 2006. Fine root architecture, morphology, and biomass of different

branch orders of two Chinese temperate tree species. Plant and Soil, 288: 155-171.

West J B, Espeleta J F, Donovan L A. 2004. Fine root production and turnover across a complex edaphic gradient of a Pinus palustris-Aristida stricta savanna ecosystem. Forest Ecology and Management, 189: 397-406.

White P J, Bowen H C, Marshall B, et al. 2007. Extraordinarily high leaf selenium to sulfur ratios define 'Se-accumulator'plants. Annals of Botany, 100: 111-118.

White P J, Broadley M R. 2003. Calcium in plants. Annals of Botany, 92: 487-511.

Wright I J, Reich P B, Westoby M. 2003. Least-cost input mixtures of water and nitrogen for photosynthesis. American Naturalist, 161: 98-111.

Wright I J, Reich P B, Westoby M, et al. 2004. The worldwide leaf economics spectrum. Nature, 428: 821-827.

Xu Z, Zhou G J. 2008. Responses of leaf stomatal density to water status and its relationship with photosynthesis in a grass. Journal of Experimental Botany, 59: 3317-3325.

Yan W, Zhong Y. 2017. Contrasting responses of leaf stomatal characteristics to climate change: A considerable challenge to predict carbon and water cycles. Global Change Biology, 23: 3781-3793.

Yuan Z Y, Chen H Y, Reich P B. 2011. Global-scale latitudinal patterns of plant fine-root nitrogen and phosphorus. Nature Communications, 2: 1-6.

Zhang L X, Bai Y F, Han X G. 2003. Application of N∶P stoichiometry to ecology studies. Acta Botanica Sinica, 45: 1009-1018.

Zhang S B, Zhang J L, Slik J, et al. 2012. Leaf element concentrations of terrestrial plants across China are influenced by taxonomy and the environment. Global Ecology and Biogeography, 21: 809-818.

Zhang Y, Yang S, Sun M, et al. 2014. Stomatal traits are evolutionarily associated with vein density in basal angiosperms. Plant Science Journal, 32: 320-328.

Zhao N, Yu G, He N, et al. 2016. Coordinated pattern of multi-element variability in leaves and roots across Chinese forest biomes. Global Ecology and Biogeography, 25: 359-367.

Zhao W, Xiao C, Li M, et al. 2022. Variation and adaptation in leaf sulfur content across China. Journal of Plant Ecology, 15: 743-755.

Zhao W L, Chen Y J, Brodribb T J, et al. 2016. Weak co-ordination between vein and stomatal densities in 105 angiosperm tree species along altitudinal gradients in Southwest China. Functional Plant Biology, 43: 1126-1133.

第10章　植物不同器官间的功能性状协同演化与优化机制

摘要： 经过亿万年的进化与发展，植物演化出了多个器官共同支持其生长、发育与繁殖，其中，叶、枝、干和根由于在植物生长中发挥重要功能，其功能性状一直被广泛关注。叶、枝、干和根在结构上物理性相互联系，但在功能上又明显不同，从而使植物能够适应长期复杂多变的自然环境、扰动，以及突发的灾害事件。经过长期不懈努力，科学家针对叶、枝、干和根单个器官已经开展了深入且卓有成效的研究，不仅从单点到区域、全国直至全球尺度深刻揭示了植物不同器官主要功能性状的空间变异规律及其影响因素，还进一步探讨了不同器官功能性状与生态系统结构与功能的定量关系。然而，在较大空间尺度上，植物多种器官如何协调优化以适应多变环境仍不清楚，这在很大程度上制约了人们对植物适应策略以及生态系统功能变化的认知。因此，探明植物多个器官功能性状的协同进化与优化机制是目前亟待加强的研究领域。鉴于此，本章系统地介绍了植物不同器官的演化历史及其所承担的主要功能，进一步总结了植物不同器官功能性状之间的关系；在考虑了不同器官结构上的连接特性与功能多样性的基础上，提出了“协同进化假说”与“趋异进化假说”解释不同器官功能性状之间的变异规律。两个假说共存且在不同角度互补：在不同器官间具有连通性的功能性状，由于器官功能差异在含量上表现为趋异特征，但在变化趋势表现为协同变异；在不同器官间不具有连通性的功能性状，其变异主要取决于不同器官所处微环境及其对特定环境所进化出的不同策略，通常表现为不同器官间的趋异特征，与器官功能活跃度相匹配，以帮助植物更好地适应环境、优化生活史过程、提高植物适合度。本章通过三个具体案例，即植物叶和根多种功能元素变异规律及其影响因素、植物叶-枝-干-根 C∶N 比的变异规律与演化历史以及植物叶片和细根功能性状经济型谱的对比，探讨了不同假说的应用情况，发现多元素含量在叶片和根系间具有显著差异，但变异规律趋同；C∶N 在叶、枝、干、根间比值差异显著，但变化方向一致；叶片和根系不同功能性状型谱反映了植物地上地下器官的功能趋异。鉴于大空间尺度、多物种、多器官间功能性状协同研究的重要性和稀缺性，呼吁未来更多地开展这方面研究，以便更好地揭示植物对环境变化和全球变化的响应与适应机制。

自然界中植物在长期的进化与发展过程中适应环境并逐步改变环境（Morris et al.，2018）。约 38 亿年前，无机物开始合成有机物；约 35 亿年前，能进行光合作用的蓝细菌出现（Pech et al.，2011），经过长期演化逐渐形成了类群丰富的植物界。目前以被子植物占绝对优势的陆地植物群落。这些陆生植物一般都具有非常清晰的器官组织分类，如叶、枝、干、根、花、果实、种子等。植物的进化历史主要分为四个阶段，记录了植物的演化与组织器官发展的主要过程，它们分别是菌藻植物时代、蕨类植物时代、裸子植物时代以及被子植物时代（图 10.1）。在菌藻植物时期，蓝细菌等能进行光合作用的自养生物出现，在吸收二氧化碳的同时释放氧气，为后来植物登陆创造了良好的气生条件。距今约 500～400Ma 前，菌类和藻类成为开拓陆地领域的先锋（Cheng et al.，2019）。他们相互作用并逐步改变微生境，无氧的大气环境变为有氧环境，为裸蕨及苔藓的演化与发展奠定了基础，开启了植物大面积登陆的序幕。早期登陆的植物大多矮小且匍匐于地面，其中一些植物由于顶部上翘，相对于平伏地面的植物能够接受到更充分的阳光和通畅的气体交换而生长较快，植物茎干逐渐向明显且向直立的方向演化，二岐分枝，无叶及真根，最终演化成裸蕨（Kenrick and Crane，1997）。然而，追求快速生长容易遭受顶部供水不足的胁迫，因此，部分植物在权衡之下选择了维持相对较低的生长高度，既兼顾光合优势又降低了长距离水分运输成本，这部分植物最终演化成了苔藓类群。经历约 3000 万年的适应与进化，植物陆续发展了顶端生长、维管组织、表皮结构、真正的根等，出现了以巨型叶为主要特征的蕨类植物，开启了蕨类主导的陆地植物群落时代（Willis and McElwain，2014）。距今约 370Ma，早期裸子植物出现，并演化出了种子器官，进入了种子繁殖时代。距今约 130Ma，被子植物出现，相对应地演化出了花和果实等，植物结构逐渐复杂完善，植物对环境变化的适应能力大幅增加。相对于裸子植物而言，被子植物具有真正的花，子房受精后形成果实包被种子，可以帮助植物更好地抵御不良环境，提高扩散与繁殖的能力，使得目前陆地植物群落组成以被子植物为主导（Evert and Eichhorn，2013）。

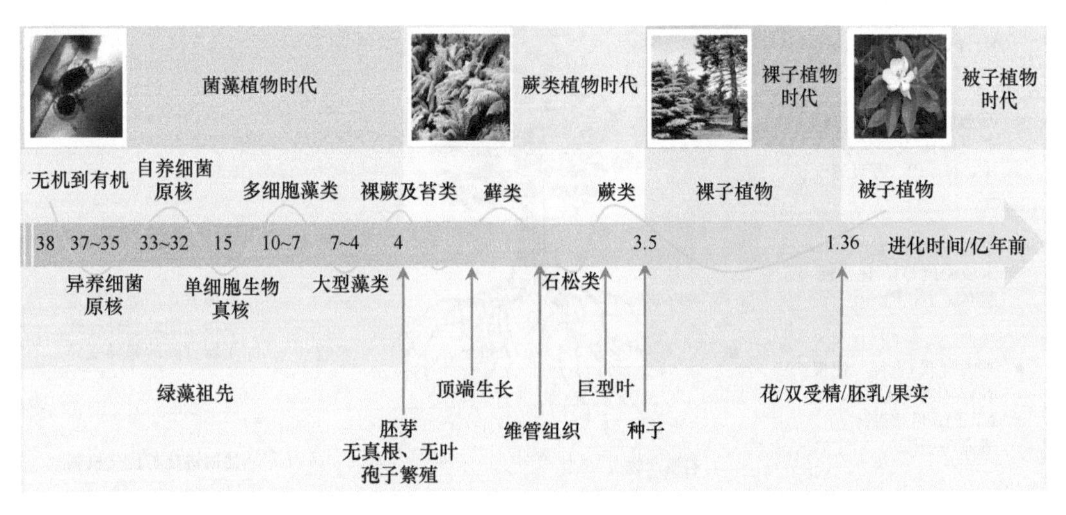

图 10.1　植物演化历史

不同植物器官的演化反映了植物在进化过程中对特定环境的适应与功能的优化，植物不同器官相互联系、相互配合，共同帮助植物应对复杂环境的变化，完成植物生活史中生长、发育、繁殖和死亡等阶段。以植物细根为例，随着进化时间增长，细根直径逐渐变细（Chen et al.，2013），且对菌根的依赖作用逐渐变弱，使植物可以利用更低的碳投资而从土壤中获取更高的水分和养分回报（Ma et al.，2018）。类似地，植物气孔随着进化时间增加而变得更小更密集，使植物能在更干旱的环境中快速调控碳水交换过程，有利于提升植物光合能力，同时更好地维持植物水热平衡（Liu et al.，2022）。近期的相关研究表明，植物叶–枝 C∶N 随进化时间增加而呈一定的降低趋势，表明植物在养分受限较强的发展初期具有较高的养分利用效率，而在养分受限条件有所改善的情况下倾向于快速积累有机物，促进生长且提高竞争力（Zhang J H et al.，2020）。

植物的不同器官承担着不同的功能，相互连接、相互配合，既具有结构上的统一性又具有功能上的多样性。在前期的研究中，科研人员针对植物单个器官开展了大量研究，从单点、区域、全国乃至全球尺度上探讨了功能性状空间变异规律、影响因素及其对环境变化的响应与适应机制（详见本书第 9 章）。近年来，部分研究人员已经开始关注植物多种器官间功能性状的联系及其在植物适应环境中的贡献（Wang et al.，2014；Yan et al.，2016）；然而，目前相关研究大多局限在单点或非常小的空间尺度。这是由于植物多种器官协同研究对于功能性状数据的匹配性要求非常高，需要在取样过程进行严格的质量控制以及大量人力物力的投入，从而造成大尺度、多物种、多器官间协同进化与调控机制的研究非常稀缺。而较大空间尺度由于包含多种环境因子和不同梯度，有助于认识植物不同器官的功能性状通过耦合和解耦的方式，实现植物多种器官间的协同进化与生理生态机制的优化调控，有利于全面揭示植物对环境的响应与适应机制（图 10.2）。

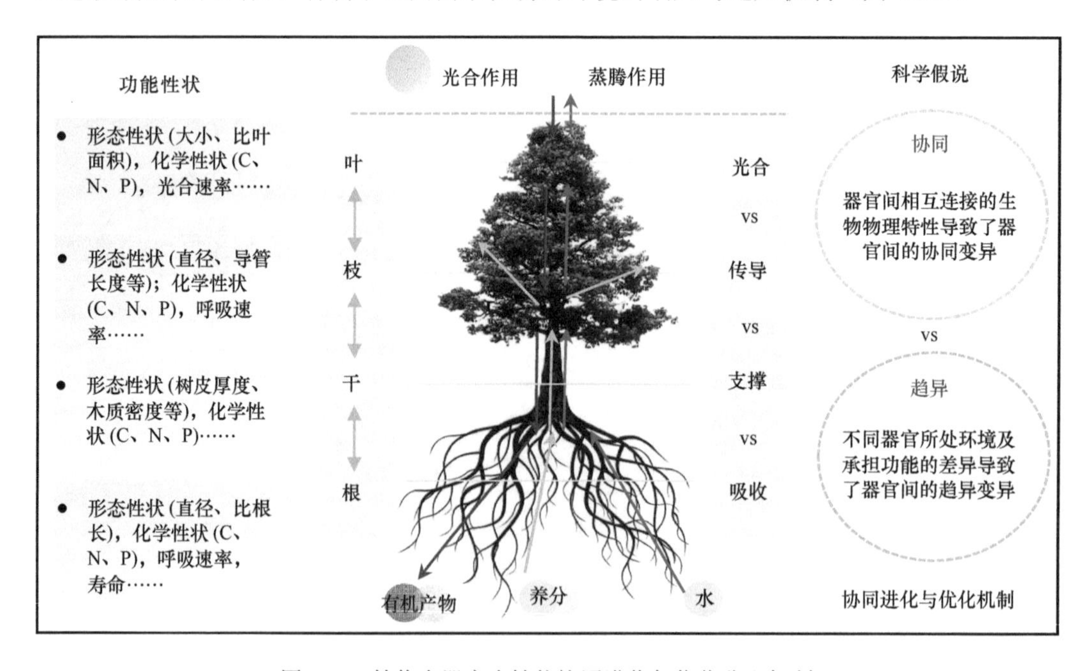

图 10.2　植物多器官多性状协同进化与优化分配机制

10.1　植物不同器官的结构与功能

植物是一个由不同器官相互连接构成的统一体，不同器官各司其职又相互影响，维持和调节着植物的各项功能，共同保障植物的各项生命活动（图 10.2）。植物器官包括叶、枝、干、根等组成的营养器官和花、果实、种子组成的繁殖器官；其中，部分植物可能没有干，如草本植物，或没有花和果实，如裸子植物。植物不仅在其组成器官的种类或数量上存在较大的变化，其每个器官内部同样具有多变的形态和结构，这是植物在适应环境变化过程中逐渐优化的结果。作为植物体重要的组成部分，植物不同器官在功能上各异、互补且不可替代，但在物理结构上彼此连接，具有相同的养分和能量来源，从而构成植物不同器官协同演变的生理基础。由于植物繁殖器官与营养器官的生长发育时间不同，在大尺度功能性状的测定和研究中，两者通常是分开进行的（Zhang et al.，2019），因此，本章着重讨论植物营养器官间结构和功能的联系。

10.1.1　叶片的结构与功能

植物叶片的结构与功能密切联系。叶片是植物制造有机物的营养器官，其主要功能是光合作用、蒸腾作用，还有一定的吸收功能，少数叶片还具有繁殖功能。在叶片执行其功能的过程中，需要相对稳定的物理结构和化学成分以支持其完成复杂的生理生化反应，研究者们试图用叶片功能性状对叶片的这些属性进行描述，使叶片结构和功能的联系更好地被理解。例如，气孔是植物表皮所特有的结构，是叶片二氧化碳和水蒸气交换的通路，气孔的开闭可以调节气体的通过量。研究者可以利用气孔形态性状的变异来分析植物光合作用和蒸腾作用的关系。植物进行光合作用时需要吸收大量的二氧化碳，气孔张开，使二氧化碳进入叶片内部；然而，此时高的气孔导度又容易使植物散失大量的水分，在水分供应不足的生境会不利于植物生存。研究表明，为了在复杂环境中实现叶片的碳水交换平衡，植物通过叶片气孔形态性状的长期演化和短期开闭行为共同实现植物光合和蒸腾的权衡关系（Liu et al.，2018，2020）。植物叶片的结构与功能间的联系及其调控机制，仍然是当前植物学和生态学领域研究的热点和难点问题。

叶片是植物与大气间碳水交换和调节植物热量平衡的主要器官，其结构复杂，形态多变。不同植物具有不同的叶片形态及一些特定的功能，复杂多样的叶片性状是植物长期适应不同环境的产物，其中叶片最重要的功能之一是光合作用（图 10.3）。植物叶片在进行光合作用时，从大气中吸收二氧化碳、释放氧气，同时合成的碳水化合物可提供能量支持植物自身及动物和微生物的各项生命活动。蒸腾作用是植物叶片的另一个重要功能，除了降低叶面温度外，产生的蒸腾拉力可促进植物的水分吸收和养分传输（Marschner，2011），并在复杂多变的气候变化中保持相对稳定的光合效率。研究者们通常使用叶片功能性状反映其生态功能。其中，气孔是叶片调控二氧化碳和水分交换的重要结构，植物进行光合作用需要吸收大量的二氧化碳，气孔张开，使二氧化碳进入叶片内部；然而，高气孔导度又容易使植物散失大量的水分而不利于植物生存。因此，为了在复杂环境中实现叶片的碳水交换平衡，植物通过叶片气孔形态性状的长期演化和短期开闭行为共同实现植物光合和蒸腾的权衡关系（Liu et al.，2018，2020）。植物气孔形态性状演化规律和开闭行为的调控机制，仍然是当前植物学和生态学领域研究的热点和难点。

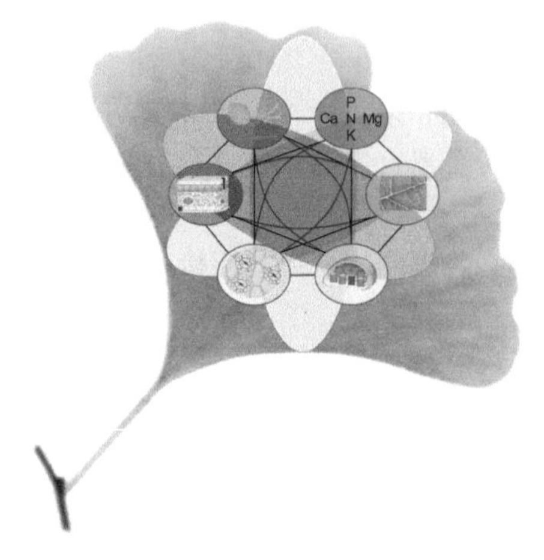

图 10.3　复杂多变的植物叶片结构及其相互关系

另外，植物叶片的栅栏组织和海绵组织对于植物生长发育也具有重要作用（He et al.，2018），前者位于叶片上表面，富含叶绿素，与光合息息相关；后者位于叶片下表面，叶肉细胞排列稀疏，与气孔相配合，一定程度上可反映蒸腾和气体交换过程。多种功能元素，如氮和磷（Zhang et al.，2018a，2018b）、叶绿素（Li et al.，2018；Zhang Y et al.，2020）、非结构性碳水化合物（Li et al.，2016；李娜妮等，2016），都是植物叶片结构组成及光合作用过程中必不可少的参与者。因此，与叶片形态结构与化学组成密切相关的功能性状的变异规律，在一定程度上可以反映植物对环境变化的适应机制与功能优化机制（Sterner and Elser，2002；Wright et al.，2004；Reich，2014）。

10.1.2　茎干的结构与功能

茎干是支撑整个植物地上部分的核心结构。其中，以导管和筛管为主构成的输导组织，向上为叶片提供植物根系从土壤中吸收的水分和养分等多种物质，向下为根系运输光合产物。导管和管胞主要运输水分、无机盐及部分有机物；筛管和筛胞主要运输光合有机产物。茎干还是重要的能量和养分的储存器官（Xu et al.，2020），在植物适应策略具有重要作用，这一点在过去长期研究中常常被忽略。此外，茎干是植物叶、花和果实的着生部位，为其生长发育提供一定的空间；因此茎干的不同形态性状与功能元素含量的变异也可在一定程度上反映植物对环境变化的适应机制。例如，茎刺能帮助保护植物减少动物的蚕食、肉质茎能帮助植物储藏养分和水分。木本植物茎干相对于草本植物含有大量木质素，木质化程度较高，利于支撑其巨大的地上部组织。总的来说，虽然茎干在不同植物间存在形态及化学性状上的差异，但其功能接近或趋同，都是植物对环境长期适应的结果。

10.1.3　根系的结构与功能

根系作为种子植物的营养器官，一般生长在土壤中，其进化对于陆生植物的环境适应性具有里程碑式的意义。其中，粗根（直径>2mm）主要起固着植物和储藏有机物质的作用，细根主要从土壤中吸取植物生长发育所必需的水分和养分，并通过导管向上运输（Bardgett et al.，2014）。在具体研究过程中，细根最初定义为直径≤2 mm 的植物根系，后来为了进一步明晰细根结构与功能的差异，科研人员提出了根序法（Pregitzer et al.，2002），且发现在不同根序中低级根与高级根也在形态结构、元素组成及解剖结构等均具有显著差异，根序法成为当前的主流方法（Guo et al.，2008）。与叶片类似，根系结构与功能同样紧密相连，根系形态性状及化学性状的研究，对于揭示植物地下生态过程、植物与土壤间的相互作用具有重要意义（Wang et al.，2018b），前者包括根长、根直径、比根长等，后者包括功能元素含量、分泌物组成、菌根侵染类型等。

10.2　植物不同器官间功能性状的关系

植物功能性状是能体现植物对环境长期适应且能影响植物生长、发育、适合度等的相对稳定、可测量的特征参数（He et al.，2019；Violle et al.，2007）。植物功能性状在一定程度上可以协助揭示许多的生态学关键问题，如揭示植物的进化过程及对环境的适应机制、反映植物对生态系统生产力的稳定/优化机制等（Liu et al.，2021）。同时，植物功能性状也是一些生态过程模型研究中的不可或缺的重要参数；如在全球碳循环模型中，植物功能性状是模拟生态系统生产力动态的关键参数，也是划分全球陆地表面植物功能类型的重要参考指标（Kucharik et al.，2000；Verburg and Johnson，2001）。植物功能性状具有不同的分类方法（详见本书第 3 章）。以叶片为例，可分为形态性状（叶片大小、叶厚度、比叶面积等）、化学性状（N、P、S 等元素含量及其比例特征、叶绿素含量、非结构性碳水化合物含量等）以及生理性状（光合速率、呼吸速率）等。植物功能性状的变异可以在一定程度上反映群落构建过程及生态系统功能，例如叶片大小可以调节叶温、增强光合速率，同时较大的叶片可以增加群落总叶面积，是预测群落生产力的一个有效指标（Li et al.，2020）。此外，叶绿素是植物进行光合作用的重要场所，其含量与光捕捉能力密切相关，在一定程度上可以反映植物群落的光合能力（Croft et al.，2017）；植物细根与菌根的共生关系在长时间尺度的变化可以解释植物的进化趋势，植物细根朝着相对更细、更独立、更高效的方向进化，有利于植物向更干旱和更恶劣的生境拓展（Ma et al.，2018）。

对于单个器官，如叶片或根，其多种功能性状之间存在权衡关系。Wright 等（2004）发展了著名的叶经济型谱（leaf economics spectrum，LES），指出植物叶片功能性状间存在一个资源轴，不同功能性状分布在资源轴的不同位置，并可将植物分为快速回报的资源获取型与慢速回报的资源保守型。在此基础上，Chave 等（2009）提出了树干经济型谱（wood economics spectrum，WES），将木材密度与植物生长和存活特征相关联；Roumet

等（2016）则相应发展了根经济型谱（root economics spectrum，RES）。总之，植物不同器官的不同功能性状可以从不同角度反映植物的进化趋势与优化机制。但是，目前这些相关的研究还主要从单一器官入手，分析其进化情况，探讨其种内、种间变异甚至是地域间的差异及影响因素，揭示其对环境变化的响应与适应机制。不可否认，这些研究促进了人们对植物进化以及对环境适应策略的认知；但正如前文所说，植物不同器官是相互连接、相互配合的，不同功能性状在不同器官间的联系和权衡关系，将共同决定植物在长期的自然选择和适应中演化出的最优生态策略（He et al.，2020；Zhao et al.，2020）。深入开展不同器官结构和功能性状间的关系，可以更好地帮助人们理解植物功能性状演化规律（Eviner and Chapin，2003），确定多种功能性状间的比例或权衡关系以及控制生产力的内在机制（He et al.，2019；Tjoelker et al.，2005）。同时，通过揭示植物在地上地下器官间不同功能性状的关联关系，人们不仅能够揭示植物内部的物质循环和能量流动关系，还将在很大程度上改进全球生态系统机理模型（Norby and Jackson，2000；Reich et al.，2001）。

10.3　植物不同器官功能性状间相互关系的重要假设

植物不同器官间功能性状的相互关系研究可以追溯到 1949 年的 Corner 法则（Corner，1949），首次展现了植物叶片和枝条之间在结构和数量上的定量关系，发现枝条粗细与其所生长的叶片面积呈显著正相关。然而，在随后的 60 余年时间中，真正联系不同器官间植物功能性状的研究却并不多，植物不同器官间功能性状的变异规律（趋同 vs 趋异、异速分配 vs 等速分配）还存在很大一片盲区。除了其重要性长期被忽略外，开展植物多种器官协同研究需要系统性和配套性的功能性状数据，需要大量人力物力的投入，是限制该研究领域发展的根本原因。直到最近，中国科研人员基于对中国区域近百个地带性生态系统所有物种“叶–枝–干–根”功能性状的配套性测试（详见本书第 1 章和第 3 章），在前人研究基础上逐步发展了植物不同器官间不同功能性状的进化规律与优化机制（图 10.2），形成了两个重要假设，即协同进化假说与趋异进化假说，两者互为补充（Wang et al.，2018a；Zhang Y H et al.，2020）。

10.3.1　协同进化假说

从一维角度看，在植物生理结构上不同器官间具有物理连通性，导管和筛管负责在各个器官间传输水分、矿质养分、光合有机产物等；当这些可传递物质总量增多时，植物分配到各个器官中的量也会增加，但可能不成比例，表现为异速分配，反之亦然。植物的这种生物物理属性使得不同器官看起来是协同变异的，从而支持协同变异假说（图 10.2）。以往的一些研究也间接证明了这个假说，Corner 法则就是其中之一。在物种水平上，更大的叶片必须要更大的枝条来支撑，小枝越大则其上所能生长的叶片也越大（Corner，1949），叶片的大小受到与它们相连的小枝大小的限制（Olson et al.，2009）。从生理上来说，两者之间的关系是植物生化反应和对水分、养分需求的必然结果（Brouat and McKey，2001；Gartner，1991；Niklas，1994）。此外，植物不同器官的某些形态性状，包括叶片厚度、组织密度、根直径甚至种子质量等，也具有一定的相关性（de la Riva et al.，2016），这体现了植物不同器官在结构组成上高度耦合、相互影响和协同变化。另外，植物资源利用策略在不同器官中也是类似的，这体现在植物不同器官间的养分含量、干物质含量、木质素、化学计量特征等显著正相关（Freschet et al.，2010），这在一定程度上也说明了叶–枝–干–根在物质循环和能量流动等方面具有相互耦合的关系。

通过最近对区域尺度上多种植物的系统性分析，整体趋势上植物功能性状在不同器官间的空间格局、变异规律等由于器官的连通性而表现为符合协同进化假说（Zhang et al.，2018b，2021）。其中，碳、氮、磷等功能元素，是植物叶、茎（枝和干）和根的基本组成元素，探讨植物不同器官的功能元素含量及其化学计量特征变异及格局，可帮助人们认识植物的养分循环特征并为生态过程模型提供有效的参数，可作为主要案例来支撑不同器官间功能性状的协同进化假说。

功能元素是地球上所有生物的基本组成成分，参与植物体内各种生理生化反应，支撑植物各项生命活动。研究表明，植物生长发育必需元素共有 16 种，分别是碳（C）、氢（H）、氧（O）、氮（N）、磷（P）、钾（K）、钙（Ca）、镁（Mg）、硫（S）、铁（Fe）、锰（Mn）、锌（Zn）、铜（Cu）、钼（Mo）、硼（B）和氯（Cl）；除此之外，植物体内还包含有一些非生长必需的其他元素。除了碳之外，植物体内的大多数功能元素均是来自土壤；因此，除了有益或必需的功能元素之外，植物也会被动吸收一些不利于生长发育的有害元素，如铝（Al）、铅（Pb）和砷（As）等。多种功能元素从土壤中经由植物根系的导管组织向上运输至茎、叶、花和果等器官，为植物各项生命活动及生理过程提供必要的支持。由于这些生物物理过程的限制，植物不同器官的连通性在一定程度上决定了功能元素在不同器官间应该是协同变化的。

基于本书第二篇（第 2～8 章）植物功能性状测定技术规范，研究人员沿着中国东部南北样带（NSTEC）选取了 9 个典型的森林生态系统，从南到北包括热带季雨林，亚热带常绿阔叶林、亚热带常绿落叶阔叶林、暖温带落叶阔叶林、温带针阔混交林、寒温带暗针叶林；并在每个森林生态系统进行了配套的植物叶、枝、干、根样品采集，并测定了不同植物不同器官多种功能元素含量（C、N、K、Ca、Mg、S、P、Al、Mn、Fe、Na、Zn、Cu、Pb、Ni 以及 Co 等），探讨植物不同器官的多种功能元素的变异规律及其生物地理格局。首先，从多种功能元素变异角度来看，植物叶片和根系的元素相对变异规律是一致的（图 10.4）；其次，元素含量越高，则其元素含量变异性越小，表现为元素变异系数与元素含量呈显著负相关，受到植物自身的调控越强而环境的调控越弱（Zhao et al.，2016），遵循了植物不同器官间功能性状协同变异假说（详见 10.4.1）。另外，从生物地理格局角度，多种功能元素在植物叶片和根系中的纬度格局基本一致，同样反映了不同器官间功能性状协同变异规律（Zhang et al.，2018b；Zhao et al.，2016）。

在上述研究的基础上，科研人员采用同样的采样方式和测试规范，将研究站点扩展至 28 个森林，同时利用植物叶–枝–干–根的配套数据，从功能元素化学计量特征的角度探讨植物不同器官间的变异规律。研究表明不同器官化学计量特征的生物地理格局及影响因素具有高度一致性（Zhang et al.，2018b）；异速生长方程可以定量揭示植物不同器官官间化学计量特征的变化规律，植物叶–枝–干–根之间 C∶N 比例具有显著正相关关系，在变化方向上也完全一致（Zhang J H et al.，2020），遵循植物不同器官间功能性状的协同变异规律（详见 10.4.2 节）。

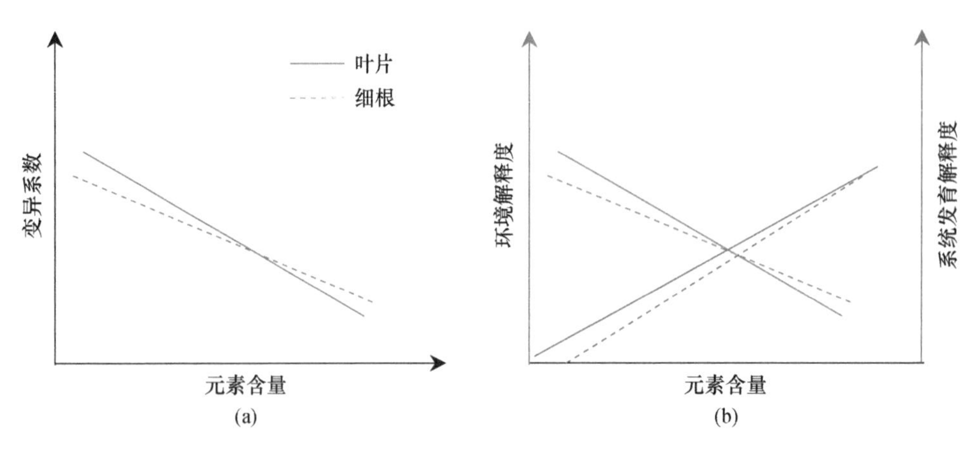

图 10.4　植物叶片和细根多种功能元素变异规律的一致性假设

综上所述，由于植物各器官相互连通的关系，各种功能元素的获取与运输在各器官间是连续的，因此植物不同器官间功能元素含量及其化学计量特征在变化趋势上整体表现为协同关系，遵循“协同进化假说”。

10.3.2　趋异进化假说

从多维视角来看，植物不同器官承担了不同的功能，植物器官的形态结构及化学组成应与其功能密切配合，才能使植物更好地适应多变的外界环境并繁衍生息。在长期的进化历程中，植物必须具备充分调节自身形态及养分分配的能力，才能支持不同器官在植物的生理生态过程中所发挥的不同功能。因此，为了支持活跃器官的多种生理生态功能，植物对于功能相关的化学物质的分配通常会表现为“按需分配”，如氮、磷等重要功能元素，造成不同器官在化学物质分配方面的显著差异。另外，不同器官所处的微环境具有很大差异，尤其是地上叶片和地下根系所面对的环境；地上部分暴露在空气中，直接受到环境温度和降水的调控，这也表现在气候对叶片功能性状的强烈调控与限制作用（Wright et al.，2017）。而地下部分的根系主要面对的是土壤，主要受土壤物理和化学性质的共同调控；此外，根据资源竞争理论，植物根系尤其是细根与根际微生物对养分存在一定的竞争关系，但鉴于根际微生物更多受限于碳和能量供应，它与植物间存在一种“以碳换氮”的交易，一定程度上增加了根系生物学过程的复杂性（Kuzyakov and Xu，2013）。研究还发现：80%以上的陆生植物均与菌根共生，共生菌根可以增强植物根系的养分获取及与微生物的竞争能力（Tedersoo et al.，2020）。因此，根际微生物和菌根这些独特的因素，使得地下部分的根系功能性状及其生物学过程均具有更大的变异性，一定程度上削弱了根系功能性状与土壤理化性质的关系，也可能解耦先前“植物叶–枝–干–根物理贯通性”的生理限制。综上所述，基于植物不同器官的功能活跃程度及其所面临的微生境差异，植物不同器官或许会采取相对独立的或趋异的进化策略，从而支持趋异进化假说（图 10.2）。

本节仍旧以植物功能元素及其化学计量特征为例，展示不同器官在分配关系上的趋异进化规律。不同器官的功能活跃性对于植物整体功能的贡献程度具有很大差异，因此，不同器官对于功能元素的保守性理应受到其器官活跃性的调控（图 10.2）。近期的多项研究表明：越活跃的器官被分配越多的功能元素（Zhang et al.，2018a，2018b），这与植物不同器官的功能活跃度相匹配；同时，与根系相比，植物叶片具有较低含量的痕量元素（Zhao et al.，2016），这反映了植物不同器官对有害元素的过滤效应（详见 10.4.1 节）。以上研究结果，说明功能元素含量遵循不同器官功能主导的趋异进化假说。从元素化学计量特征看，植物不同器官间在元素比值上差异显著，虽然它们彼此之间在变化方向上一致，但变化速率呈异速特征；此外，从植物不同器官演化历史来看，由于植物不同器官的功能差异性，C∶N 在演化方向和速率上均有显著差异（Zhang J H et al.，2020）。除此之外，植物不同器官的功能元素内稳性由于器官的功能及活跃程度的差异也表现趋异。叶片受到更强的环境及生理约束，具有更高的元素内稳性（Zhang et al.，2018b；Zhao et al.，2020）。总的来说，从植物功能元素分配的角度，植物不同器官间遵循趋异进化假说，是植物长期以来提高自身竞争能力及适应能力所采取的优化策略。

另外，在植物不同器官的形态结构方面，地上和地下器官（叶片 vs 细根）的功能性状谱系差异同样在一定程度上支持了趋异进化假说（图 10.5）。在长期的研究过程中，科研人员发现植物功能性状间的相关性可能是植物对环境的适应结果，可以作为植物适应策略的衡量标准，这可以帮助我们从理论上更好地理解植物叶片经济型谱。Wright 等（2014）发现由于自然选择、环境过滤以及生态功能的差异，植物叶片功能性状之间呈现出一种沿资源获取到资源保守轴的生态策略，即叶片资源获取相关功能性状与资源储存/吸纳的功能性状间存在一种权衡关系。叶经济型谱的两个端点分别代表具有高养分含量、高比叶面积、高光合速率、短寿命的快速回报的物种，以及与之表现相反的慢速回报物种。叶经济型谱所反映的功能性状间的相互关系在不同植物或群落中表现出了一定的相似性。正是基于叶经济型谱理论，可以从叶片水平在一定程度上将全球植被划分为不同的生物地理群落，为生物地球化学循环模型与植被地理模型间的耦合提供科学理论基础，便于更好地定量评估植物群落结构和功能对全球变化的响应方向。相应地，根系作为植物从土壤中获取水分和养分的重要功能器官，也是植物的活跃部分之一。根系与叶片相互联系又各自承担着不同的生理生态功能，根系的各种功能性状之间是否具有相同或相似的经济型谱，一直是近期的研究热点且仍无明确结论。弄清植物根系各种功能性状间的经济型谱，不仅可以帮助人们更加深入地认识植物的资源利用策略，还将为生态系统过程模型的优化提供理论支持。一方面，与协同进化假说一致，由于根系和叶片的连通关系，根系功能性状谱系被认为与叶经济谱系类似，具有高养分含量、高比根长、高呼吸速率及短寿命的物种和与之功能性状相反的物种分居资源轴两端；另一方面，与趋异进化假说一致，根系相对于叶片而言处于更加复杂的环境中，具有更高的系统发育保守性，并受到根际微生物和菌根的调控，在资源轴之外还存在别的调控轴，从而表现出与叶经济型谱不同的多维度性（multi-dimensional）。

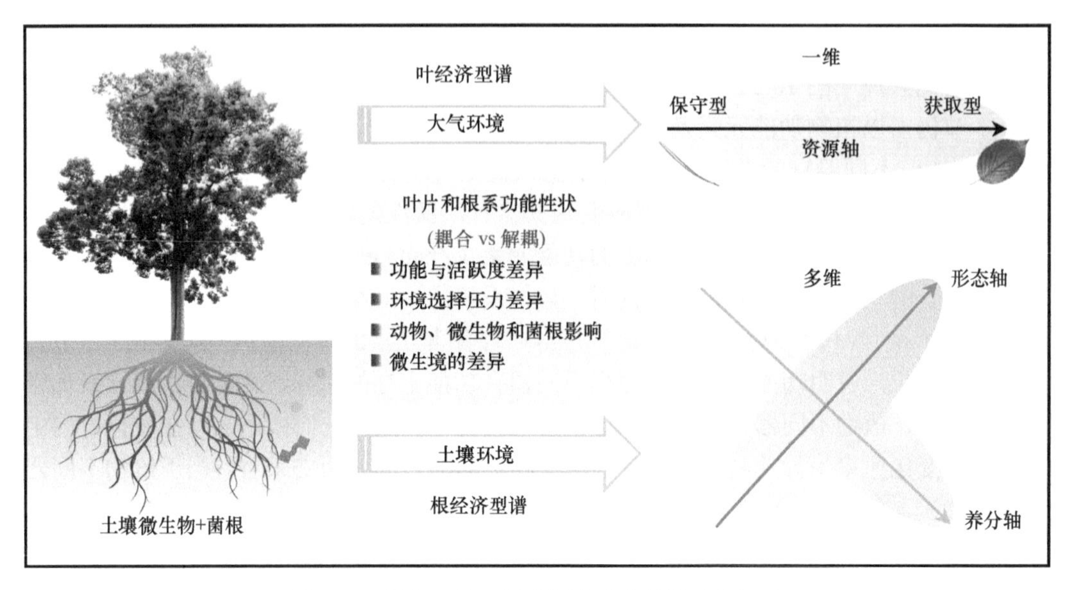

图 10.5　植物叶片和根系经济型谱差异及其机理

基于以上假说，研究人员基于 NSTEC 的 9 个典型森林生态系统植物叶片和根系的系统性采样，配套性测定了植物群落中常见物种叶片和细根的功能性状参数，以探讨根系功能性状型谱与叶经济型谱的关系，趋同还是趋异（详见 10.4.3 节）。实验结果表明：植物根系功能性状存在两个主成分轴，一个轴代表了植物根系的功能元素性状特征，反映植物根系的资源获取与资源保守轴；另一个轴代表了植物根系的形态性状特征（Wang et al.，2018b）。根系的功能元素特征和形态特征的独立性说明了植物根系功能性状并非简单的一维资源轴，也间接证明了植物叶片和根系间经济型谱具有明显的趋异特征。在此基础上，研究人员从根系和叶片化学性状和形态性状相对应的角度展开了深入分析，探讨了植物叶片和根系功能性状间的耦合或解耦关系。其中，化学性状包括叶片和根系的碳含量和氮含量，形态性状包括叶片厚度及与之对应的根系直径、比叶面积及与之对应的比根长、叶组织密度及与之对应的根组织密度。研究结果表明：叶片和根系的功能元素含量间具有显著正相关关系，遵循协同进化假说；然而，叶片与根系的形态功能性状间却并非总是耦合的，遵循趋异进化假说（Wang et al.，2017）。相似地，Isaac 等（2017）对不同地理种群的根系功能性状（平均根系直径、比根长、比根面积、根系氮含量）和相对应的叶片性状（比叶重、叶片密度、最大光合速率及氮含量）的研究也发现，这些根系功能性状与叶片功能性状间并无显著相关关系，随环境改变，植物叶片与根系间功能性状的适应性演化彼此独立。Liese 等（2017）对欧洲中部 13 种温带乔木的研究也发现叶经济型谱并不能很好地反映根系经济型谱。根系的分枝水平与菌根的结合方式息息相关，一定程度上控制着根系的养分获取能力，从而影响根系 C∶N、比根长和根寿命等，可能是造成植物叶片与根系间功能性状谱系的趋异演化的重要原因；当然，该推测需要后续实验证据的进一步证明。

实际上，通过对大量研究的深入分析发现，植物不同器官的功能性状间协同或是趋异，与研究者分析的角度密切相关，植物不同器官的进化与优化机制是通过特定的功能性状协同和功能性状趋异共同形成。简而言之，协同进化假说和趋异进化假说是共存的关系，即由于植物叶、枝、干、根等不同器官由于结构上相互连通，共享养分库且具有相同的能量来源，因此在不同器官间具有连通性的功能性状，如功能元素和碳水化合物等，在含量上由于不同器官间功能差异呈现趋异特征，但在变化趋势呈现协同变异特征；而在不同器官间不具有连通性的功能性状，如形态性状及不同功能性状间的权衡关系，其变异主要取决于不同器官所处微环境及其在特定环境中进化形成的不同策略，通常表现为不同器官间功能性状的趋异特征，与器官功能活跃度相匹配，可以帮助植物更好地适应环境，优化生长、发育及繁殖等过程，提高植物的适合度。

10.4　植物不同器官功能性状间相互关系详细研究案例

在本节中，我们将从植物多种功能元素含量、元素化学计量特征、植物多种功能性状间关系三个方面，以案例形式介绍植物不同器官间功能性状的协同进化与优化分配机制，分别阐述“协同进化假说”与“趋异进化假说”的支持证据（图 10.6）。

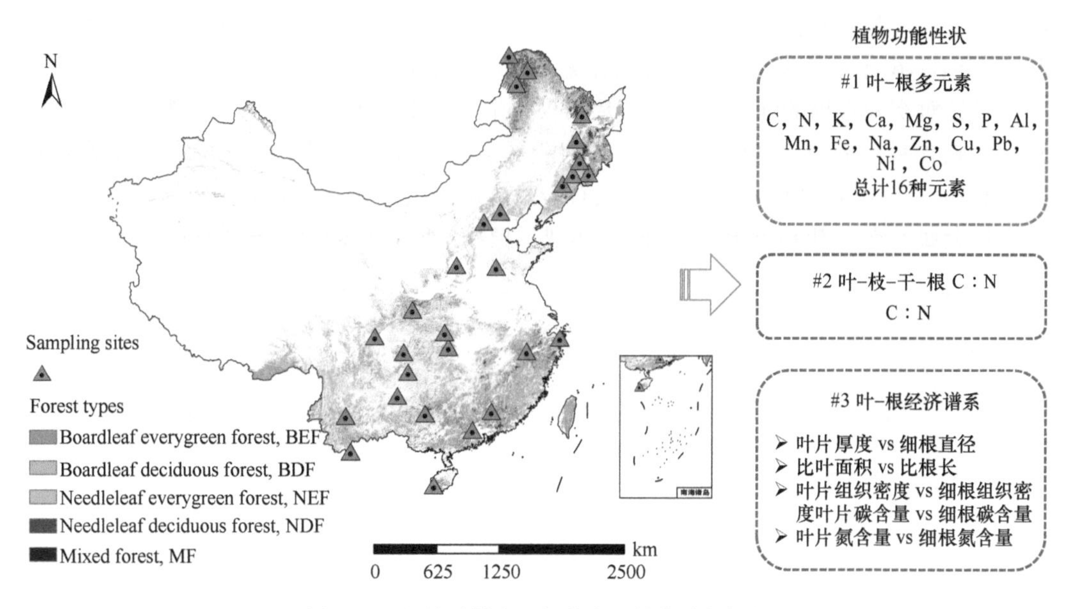

图 10.6　野外采样点及相关应用植物功能性状

10.4.1　植物叶和根系多种功能元素变异规律及其影响因素

元素是生物体的基本组成成分。在器官水平，多种元素参与细胞内和细胞间的各种生理生化反应，支撑生物的各项生命活动；在生态系统水平，元素的生物地球化学循环将不同生命体有机地联系在一起。对于植物而言，其生长发育所必需的功能元素多达 16 种，其中含量比较高的功能元素有碳、氮、磷、硫、钾、钙、镁等。这些元素对植物生长或生理代谢具有重要作用，甚至其相互比例也具有一定的稳定性（Sterner and Elser，2002；Yu et al.，2015）；必需元素难以被其他元素代替，当这些元素严重缺乏时植物甚至难以完成生活史。各个元素功能的差异及植物对其的需求可以体现在各元素的平均含量上，通常大量元素参与了更多也更基础的生理生化过程（Marschner，2011）。对大多数植物来说，为了维持最大生长量所需的元素比例是类似的（Ingestad and Agren，1988），基于最小因子限制理论（Liebig，1840），任何元素的量小于最适平衡比例都可能会限制植物生长，因此植物通常优先加强对其限制性元素的吸收。类似地，如果某种元素含量超过植物需求甚至在植物体内出现积累，植物对其的吸收速率就会变低（Chapin et al.，2011）。除了对必需元素的主动吸收，植物同时也会被动吸收一些非必需元素甚至有害元素，在根系-茎干的传输过程中可能会存在选择性运送或主动隔离机制，以趋利避害。总之，植物不同器官内多种功能元素的含量及其变异规律，可有效地反映植物的调控分配策略以及对环境的适应机制。

为了揭示区域尺度植物不同器官功能性状间相互关系，Zhao 等（2016）基于中国东部南北样带 9 个典型森林生态系统，在植物生长高峰期采集了样地内几乎所有能发现植物物种的叶片和根系样品，总计物种数 465 种；叶片样品选取向阳且完全展开的健康叶片，根系样品选取直径<2 mm 的细根，具体采样方法参照本书第 4 章和第 6 章。样品带回实验室后，测定 C、N、K、Ca、Mg、S、P、Al、Mn、Fe、Na、Zn、Cu、Pb、Ni 和 Co 共计 16 种元素含量，测定方法详见本书第 4 章和第 6 章。

经过对实验数据的深入分析，叶片和根系中 16 种功能元素从最丰富的元素到最少量的元素含量相差 7 个数量级，16 种功能元素在叶片和细根中的含量存在显著差异（图 10.7）。叶片与细根相比，叶片中具有较高含量的大量元素，而细根中具有较高含量的微量金属元素（Zhao et al.，2016），体现了植物不同器官的“趋异进化假说”。

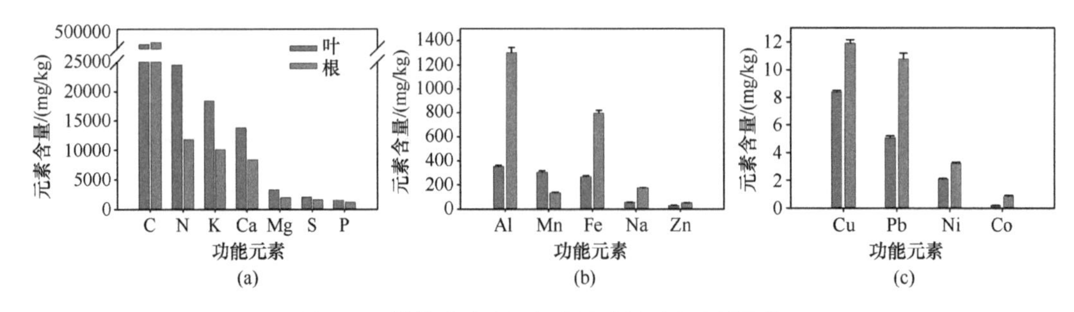

图 10.7　植物叶片和细根多种功能元素含量比较

叶片和细根中 16 种功能元素含量的变异性存在很大差异。叶片中从最稳定的碳元素到变异最大的锰元素，变异系数从 7.7%上升为 112%；与此对应的，在细根中变异系数从碳元素的 7.0%上升为锰元素的 87.4%。变异系数与植物体内元素含量显著负相关，并且在叶片和根系存在相同的趋势（图 10.8）。也就是说，随着元素含量的增加，元素的变异逐渐变小，元素的稳定性则变得更强。除了个别元素，叶片和根系都表现为大量元素的变异小于微量元素（Zhao et al.，2016）。因此，从多种功能元素变化方向上来说，植物不同器官间遵循“协同进化假说”。

此外，研究结果表明：植物分类可以很好解释叶片和细根中功能元素含量的变异（图 10.9）。值得注意的是：植物分类对元素变异的解释率随着元素含量的升高而升高，并且在叶片和细根中存在相同的趋势。植物种、科、目水平的变异与元素含量均呈现正相关关系，叶片和根系具有类似的结果（Zhao et al.，2016）。在这个方面，同样支持了“协同进化假说”。总的来说，多种功能元素在植物叶片和根系中的含量及变异规律分别验证了趋异假设和协同假设，表明不同器官之间是通过不同程度或方向的趋异与协同实现植物的优化生长与适应，不可一概而论。

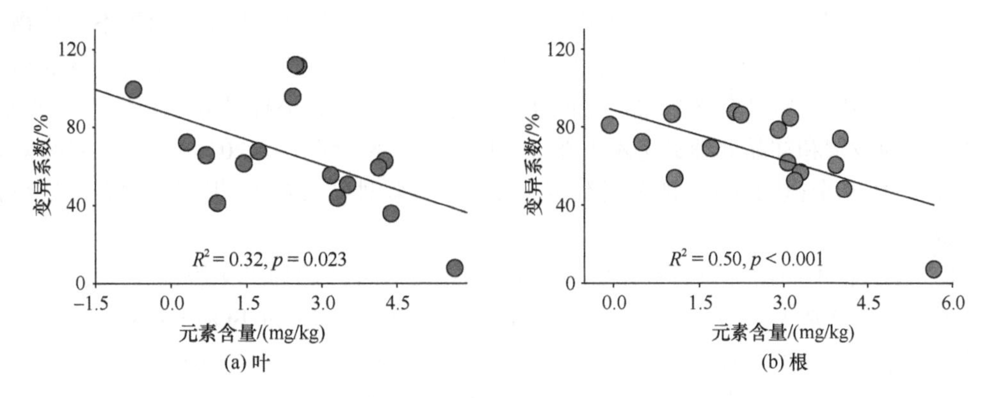

图 10.8 植物叶片和根系多种功能元素含量与变异系数间的关系

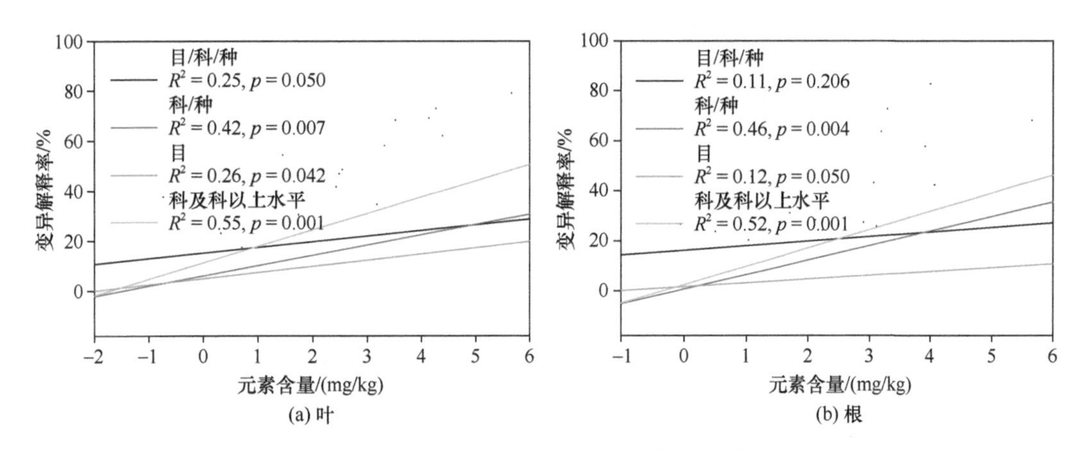

图 10.9 植物分类对叶片和细根元素含量变异的解释率与元素含量的关系

10.4.2 植物叶、枝、干、根 C∶N 比的变异规律与演化历史

碳和氮是植物细胞结构的关键组成元素，参与植物体内多项重要的生理生化反应，支持植物个体生长发育并调控多个生态过程，如物质循环和能量流动。C∶N 比可以在一定程度上反映植物元素平衡与养分利用效率；通常，叶片具有更高 C∶N 比代表了植物具有更强的氮利用效率，处于叶经济型谱中生长较慢的末端位置（Agren，2004；Reich，2014）。除此之外，微生物对低 C∶N 比底物具有分解偏好，低 C∶N 比物质分解较快，为生态系统提供更多可利用性氮（Cornwell et al.，2008）。因此，C∶N 比被常被看成重要的功能性状参数，成为许多生态过程模型的核心参数（Kucharik et al.，2000；Zaehle et al.，2014）。作为重要的植物功能性状之一，C∶N 比在不同器官间的变化速率及演化规律，可以较好地反映植物不同器官的环境适应策略与优化机制。

在本案例中，Zhang J H 等（2020）等基于中国范围内 28 个典型自然森林生态系统开展野外调查与相关样品采集，这些样地多位于自然保护区或人类干扰较小的区域，整个研究区跨越热带森林到寒温带森林，具有很高的区域代表性。野外采样时间为每年的生长季高峰期；对于乔木和灌木，在采样范围内选择健康成熟的对象采集向阳且完全展开的叶片、直径小于 1 cm 的细枝以及直径<2 mm 的细根，并用生长锥钻取树芯，单物种多个体分器官混合之后装入自封袋带回实验室进行后续处理。其中，由于不同植物的根系可能交错在一起，研究人员沿着植物明显的主根系不断移除周围土壤直到获取细根样品。草本植物在野外全株采集，带回实验室分为叶、茎、根样品并做相应后续处理。具体的样地设置和样品处理参考本书第 3、4、6 章（何念鹏等，2018）。该研究所采集样品涉及 2139 个植物种类，所分析数据主要是这些物种叶–枝–干–根配套的碳含量和氮含量数据。

C∶N 比在不同器官间的差异反映了植物不同器官的“趋异进化假说”。叶、枝、干、根的 C∶N 比分别为 21.05±0.14、57.85±0.48、319.04±6.23 和 49.81±0.58，与植物不同器官的功能活跃度相呼应（图 10.10）；即越活跃的器官被分配越多的限制性元素 N，从而具有较低的 C∶N 比（Zhang J H et al.，2020，2021）。

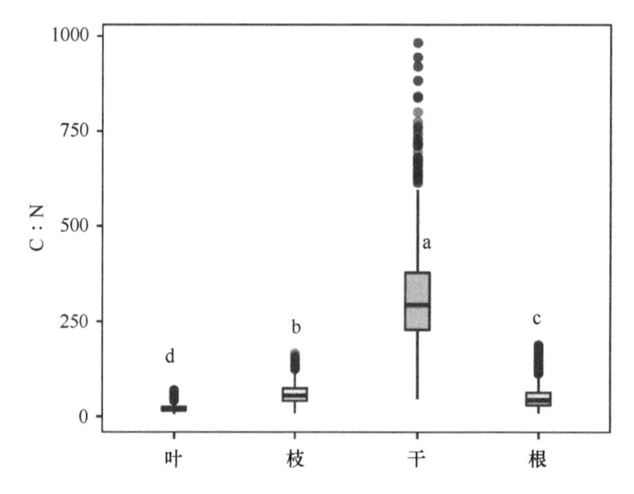

图 10.10　植物不同器官间 C∶N 比的比较

不同小写字母表示不同器官之间 C∶N 在 p=0.05 水平上差异显著

尽管植物不同器官间 C∶N 比大小差异显著，但它们 C∶N 比在变化方向上是一致的，表现为异速生长模型中两两之间的正相关关系（图 10.11），一定程度上反映了植物不同器官在结构上相互连接的“协同进化假说”。然而，植物不同器官的功能和重要性的差异，不可避免地造成了不同器官间 C∶N 比的趋异特征，器官间 C∶N 的异速变化也证实了这一点。叶片因最活跃而具有较高的稳定性，且表现为 C∶N 比值的变化速率最慢（Zhang J H et al.，2020）。

从演化历史来看，植物叶片和枝条向低 C∶N 比方向演化，而干和根系的 C∶N 比未表现出显著的时间依赖性，且植物叶片和枝条的 C∶N 比在演化过程中的变化速率并不一致，反映了植物不同器官间功能元素含量“趋异进化假说”（图 10.12）。

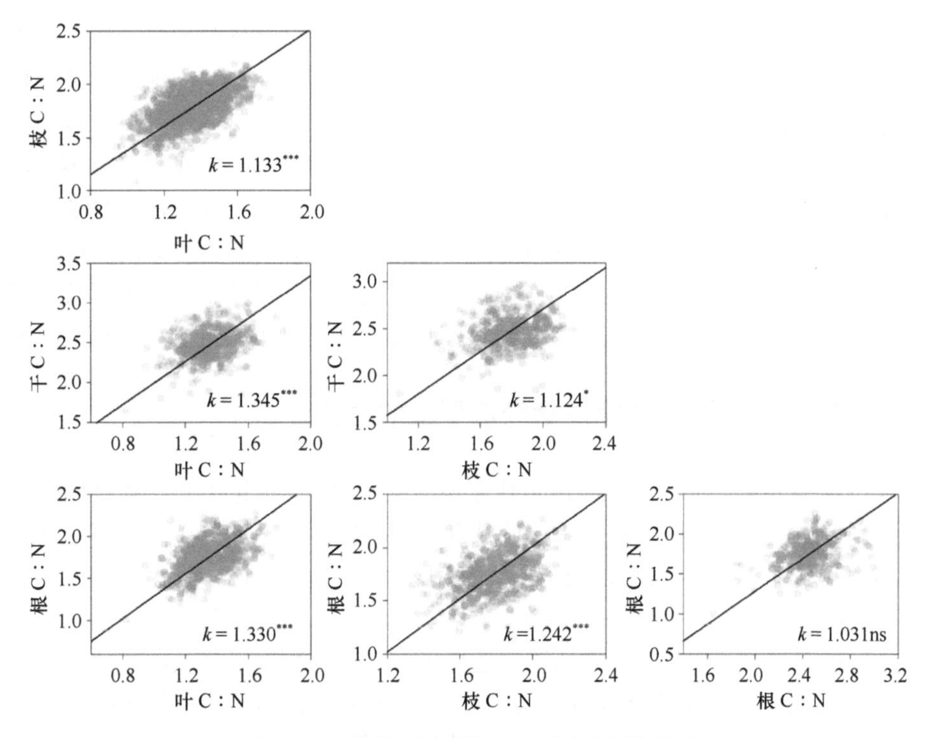

图 10.11　植物不同器官 C∶N 异速变化关系

图中任意两个器官之间 C∶N 均具有显著相关性（$p<0.05$）；k 为异速变化方程斜率；***表示斜率与 1 在 $p=0.001$ 水平差异显著，器官间为异速分配关系；*表示斜率与 1 在 $p=0.05$ 水平差异显著，器官间为异速分配关系；ns 表示斜率与 1 差异不显著，器官间为等速分配关系

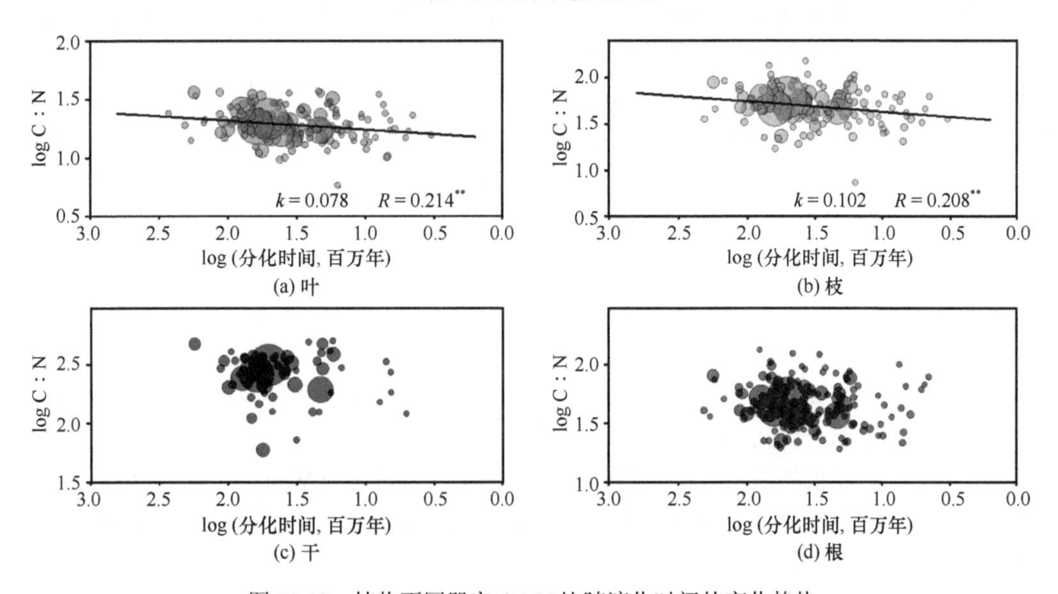

图 10.12　植物不同器官 C∶N 比随演化时间的变化趋势

圆圈大小表示科水平植物不同器官 C∶N，圆圈越大表示该科物种数越多；k 为回归斜率；R 为相关系数；**表示 $p<0.01$

总的来说，基于 C∶N 比在不同器官间的变异特征与演化历史，我们从不同角度分别发现了支持植物不同器官间“协同进化假说”和“趋异进化假说”的证据。叶、枝、

干、根等不同器官，由于结构上的连通性而具有相同的养分和能量来源；因此，当环境变化时，植物根系能够从土壤中获取的养分含量也会发生变化，相应地导致其他植物器官的养分含量或化学计量特征会发生变化；然而，由于不同器官各司其职，承担着不同功能，对养分的需求量或紧迫程度不同，导致植物采取异速分配方式来调整不同器官的功能元素含量并维持其活跃器官的化学计量稳定性，使植物能更好的适应复杂的外界环境变化和各种干扰与突发灾害事件（Zhang J H et al.，2020）。总之，被动的协同进化和主动的趋异进化，共同保证植物活跃器官相对稳定的化学计量特征、并确保其限制性元素最大程度的可持续供给，是植物不同器官间功能元素的重要分配机制与优化途径。

10.4.3 植物叶片和细根功能性状经济型谱的对比分析

叶片与细根分别是植物地上和地下代谢最活跃的器官，理论上其功能性状间应该存在密切联系。因此，人们期望通过揭示叶片和细根功能性状之间的关系，更好地揭示植物资源利用策略并为生态系统过程模型提供优化参数。然而，迄今为止植物地上与地下不同器官功能性状之间的关联关系仍然存在较大争议。一种观点认为，植物不同器官功能性状之间的关系是一维的。外界环境的选择压力和生物物理限制共同导致了植物功能性状聚集在从“快”到“慢”的策略轴上，即资源获取–资源保守策略轴（Freschet et al.，2010；Reich，2014）。另一种观点则认为，植物不同器官由于所受到的环境限制和行使的功能均存在明显差异，因而会独立进化来更好地适应不同的环境条件（Craine et al.，2005）。因此，植物不同器官功能性状之间的关系应该是多维度的，这有利于提高群落内物种共存和生态系统结构与功能的稳定性。上述两种观点分别对应了本书中我们提出的“协同进化假说”与“趋异进化假说”。

类似地，我们同样基于中国东部南北样带 9 个典型森林生态系统，选择了群落内常见的乔木、灌木和草本物种，开展了系统的叶片和细根样品采集，具体采样方法参照本书第 4 章和第 6 章。根据根系和叶片养分获取和形态特征对应角度，研究人员测定了 5 组功能性状来探讨根系–叶片功能性状间的关系；它们分别为：叶片厚度 vs 细根直径、比叶面积 vs 比根长、叶片组织密度 vs 细根组织密度、叶片碳含量 vs 细根碳含量、叶片氮含量 vs 细根氮含量，具体测定方法参照本书的第 4 章和第 6 章。基于主成分分析，研究结果表明包括 C∶N 比在内的 6 个根系功能性状在物种水平主要分布在两个主成分轴上，解释了超过 80%的变异。第一轴解释大约 67%的方差，主要反映了比根长和根直径的特征，表示第一轴为沿着根系直径大小。第二轴主要反映根系功能元素性状（氮含量和 C∶N 比）和根组织密度的特征，表示经济谱系的变异（Wang et al.，2018b）。多维度的根系功能性状型谱与叶经济型谱相比存在较大差异，一定程度支持了植物不同器官间的“趋异进化假说”。

同时，就配对功能性状比较而言，除了碳含量外，在不考虑系统发育时，叶片和根系的形态性状与功能元素性状均呈现显著正相关关系（图 10.13）。叶片氮含量和细根氮含量之间紧密的相关性使得根系养分特征可以作为连接不同植物器官以及植物与环境之间关系的桥梁。叶片和细根之间形态性状的解耦，可能与地上和地下不同的选择压力有关。叶片功能性状受到最大化光合速率且最小化水分损失的驱动，因此叶片功能性状间存在一维的权衡关系。与叶片不同，根系受到了更为复杂的环境因子（土壤养分和物理条件）和生物因素（菌根侵染和其他根系微生物）的共同影响，导致了叶片和细根的形态性状发生了明显不同的演化趋势，从而导致根系和叶片形态性状的解耦现象（Wang et al.，2017）。

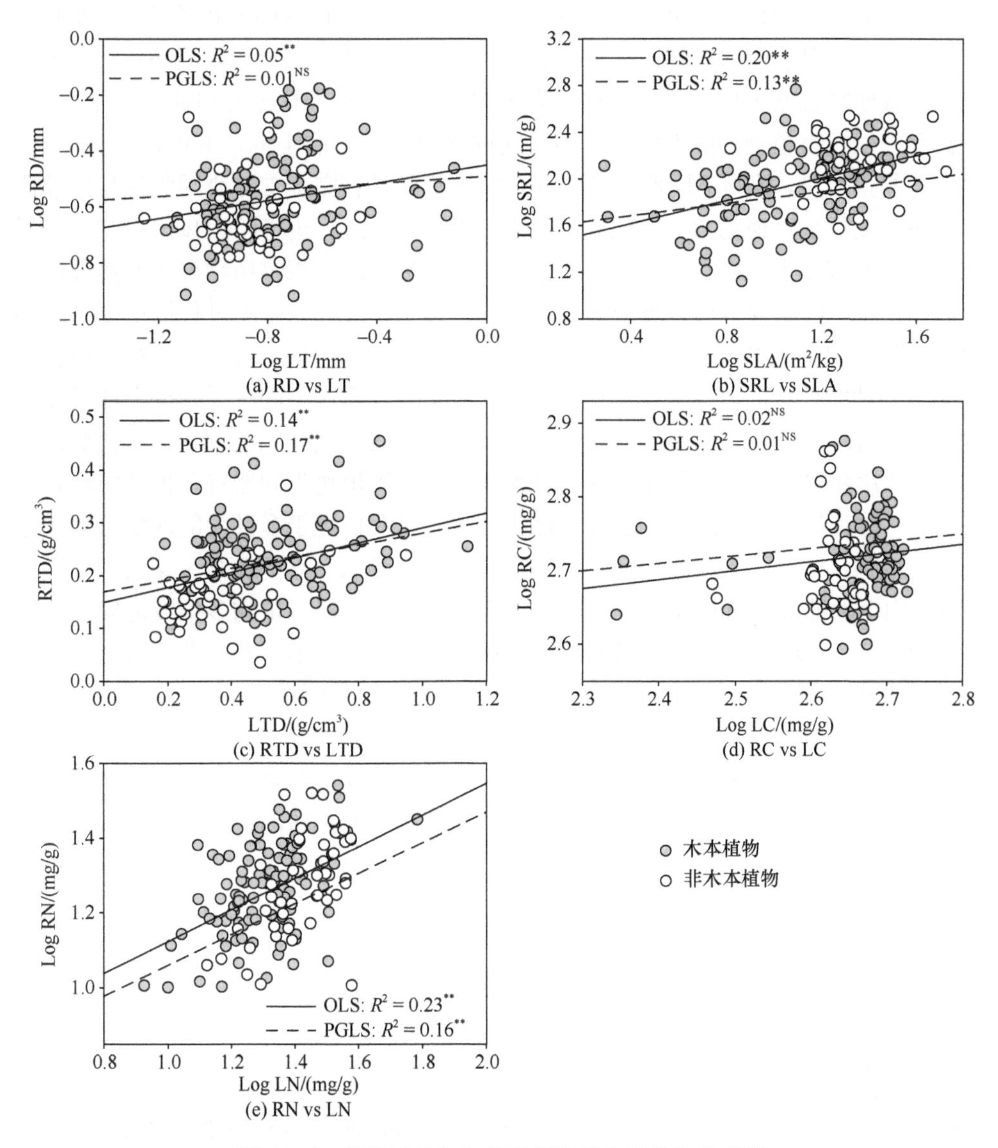

图 10.13　植物叶片和细根功能性状之间的相关关系

OLS 表示最小二乘法线性回归；PGLS 表示去除系统发育线性回归；RD 表示根直径；LT 表示叶厚度；SRL 表示比根长；SLA 表示比叶面积；RTD 表示根组织密度；LTD 表示叶片组织密度；RC 表示根碳含量；LC 表示叶碳含量；RN 表示根氮含量；LN 表示叶氮含量；R^2 表示绝对系数；**表示 $p<0.01$；NS 表示 $p>0.05$

总的来说，从功能元素含量角度来看，由于植物叶片和细根相互连通，两者的功能元素含量呈显著正相关，反映了植物不同器官间遵循“协同进化假说”；而解耦的叶片和根系形态性状以及不同的叶片和根系功能性状型谱，反映了植物不同器官间的功能差异，遵循“趋异进化假说”。

10.5 小　　结

目前研究在一定程度上揭示了植物不同器官部分功能性状间的相关关系，尤其是叶片和根系，但在揭示植物功能性状整体的协同进化与优化机制上的研究还远远不够，尤其是大多数研究忽略了枝和干在植物适应机制和功能元素优化分配机制中的重要作用，我们甚至可以预言植物功能性状整体的协同进化与优化机制上的研究仅仅是一个开始。从更细节的角度讲，植物不同器官的多种功能性状间是否完全支持协同假说与趋异假说共存，还需要更加严谨的数据结果支撑，这将是未来很长一段时间的研究难题。另外，目前相关研究基本上都是在物种水平开展的，这虽然有助于探讨植物个体的养分循环及能量流动特征，但研究结果很难应用到更大的尺度上，难以为生态过程模型提供更加可靠的理论基础和优化参数。通过对相关领域研究的回顾和分析，为了切实推动植物不同器官间多种功能性状的协同关系的研究进展，科学家亟需在不同区域乃至全球尺度建立新型的、系统性的、配套性的植物功能性状数据库，真正突破相关领域的研究瓶颈。整体而言，叶片和根经济型谱的发展在一定程度上促进了植物不同器官多种功能性状间的协同研究，但其基础的分析手法还很大程度上限制了我们对于多种功能性状协同或趋异的认识。植物自身是一个复杂的系统，近期植物功能性状网络的概念、参数和方法的发展，为人们全面捕捉与可视化多种功能性状间的关系以及揭示植物多维度适应机制提供了新的思路（He et al.，2020）；未来其模块化的分析可以在不同器官多性状协同还是趋异的问题上提供强有力的分析工具，有关植物功能性状网络的具体内容请参考本书第12章。此外，植物群落是不同植物在长期环境变化中通过不断适应与演化而形成的，其构成并非随机的而是具有非常高的自组织性；同时，植物群落是讨论生态系统功能及区域生态效应的基本单位，因此群落水平植物不同器官功能性状的协同进化与调控关系将是未来研究中的一个重要机遇与巨大挑战（He et al.，2019）。当然，若要在群落尺度开展相关的研究工作，需要科研人员能突破传统思维的束缚并发展出新的参数和方法。

参 考 文 献

何念鹏, 刘聪聪, 张佳慧, 等. 2018. 植物性状研究的机遇与挑战: 从器官到群落. 生态学报, 38(19): 6787-6796.

李娜妮, 何念鹏, 于贵瑞. 2016. 中国东北典型森林生态系统植物叶片的非结构性碳水化合物研究. 生态学报, 36(2): 430-438.

Agren G I. 2004. The C:N:P stoichiometry of autotrophs-theory and observations. Ecology Letters, 7: 185-191.

Bardgett R D, Mommer L, de Vries F T. 2014. Going underground: root traits as drivers of ecosystem processes. Trends in Ecology and Evolution, 29: 692-699.

Brouat C, McKey D. 2001. Leaf-stem allometry, hollow stems, and the evolution of caulinary domatia in myrmecophytes. New Phytologist, 151: 391-406.

Chapin III FS, Matson P A, Vitousek P. 2011. Principles of Terrestrial Ecosystem Ecology. New York: Springer Science and Business Media.
Chave J, Coomes D, Jansen S, et al. 2009. Towards a worldwide wood economics spectrum. Ecology Letters, 12: 351-366.
Chen W, Zeng H, Eissenstat D M, et al. 2013. Variation of first-order root traits across climatic gradients and evolutionary trends in geological time. Global Ecology and Biogeography, 22: 846-856.
Cheng S, Xian W, Fu Y, et al. 2019. Genomes of subaerial zygnematophyceae provide insights into land plant evolution. Cell, 179: 1057-1067.
Corner E J H. 1949. The durian theory of the origin tree. Annals of Botany, 13: 367-414.
Cornwell W K, Cornelissen J H C, Amatangelo K, et al. 2008. Plant species traits are the predominant control on litter decomposition rates within biomes worldwide. Ecology Letters, 11: 1065-1071.
Craine J M, Lee W G, Bond W J, et al. 2005. Environmental constraints on a global relationship among leaf and root traits of grasses. Ecology, 86: 12-19.
Croft H, Chen J M, Luo X Z, et al. 2017. Leaf chlorophyll content as a proxy for leaf photosynthetic capacity. Global Change Biology, 23: 3513-3524.
de la Riva E G, Tosto A, Perez-Ramos I M, et al. 2016. A plant economics spectrum in Mediterranean forests along environmental gradients: is there coordination among leaf, stem and root traits? Journal of Vegetation Science, 27: 187-199.
Evert R F, Eichhorn S E. 2013. Raven Biology of Plants. New York: W. H. Freeman and Company.
Eviner V T, Chapin F S. 2003. Functional matrix: A conceptual framework for predicting multiple plant effects on ecosystem processes. Annual Review of Ecology Evolution and Systematics, 34: 455-485.
Freschet G T, Cornelissen J H C, van Logtestijn R S P, et al. 2010. Evidence of the 'plant economics spectrum' in a subarctic flora. Journal of Ecology, 98: 362-373.
Gartner B L. 1991. Stem hydraulic-properties of vines vs shrubs of western Poison Oak, Toxicodendron-diversilobum. Oecologia, 87: 180-189.
Guo D, Xia M, Wei X, et al. 2008. Anatomical traits associated with absorption and mycorrhizal colonization are linked to root branch order in twenty-three Chinese temperate tree species. New Phytologist, 180: 673-683.
He N P, Li Y, Liu C C, et al. 2020. Plant trait networks: Improved resolution of the dimensionality of adaptation. Trends in Ecology and Evolution, 35: 908-918.
He N P, Liu C C, Piao S L, et al. 2019. Ecosystem traits linking functional traits to macroecology. Trends in Ecology and Evolution, 34: 200-210.
He N P, Liu C C, Tian M, et al. 2018. Variation in leaf anatomical traits from tropical to cold-temperate forests and linkage to ecosystem functions. Functional Ecology, 32: 10-19.
Ingestad T, Agren G I. 1988. Nutrient-upteke and allocation at strady-state nutrition. Physiologia Plantarum, 72: 450-459.
Isaac M E, Martin A R, Virginio E D, et al. 2017. Intraspecific trait variation and coordination: root and leaf economics spectra in coffee across environmental gradients. Frontiers in Plant Science, 8: 1196.
Kenrick P, Crane P R. 1997. The origin and early evolution of plants on land. Nature, 389: 33-39.
Kucharik C J, Foley J A, Delire C, et al. 2000. Testing the performance of a Dynamic Global Ecosystem Model: Water balance, carbon balance, and vegetation structure. Global Biogeochemical Cycles, 14: 795-825.
Kuzyakov Y, Xu X L. 2013. Competition between roots and microorganisms for nitrogen: mechanisms and ecological relevance. New Phytologist, 198: 656-669.
Li N L, He N P, Yu G R, et al. 2016. Leaf non-structural carbohydrates regulated by plant functional groups and climate: Evidences from a tropical to cold-temperate forest transect. Ecological Indicators, 62: 22-31.
Li Y, Liu C C, Zhang J H, et al. 2018. Variation in leaf chlorophyll concentration from tropical to cold-temperate forests: association with gross primary productivity. Ecological Indicators, 85: 383-389.
Li Y Q, Reich P B, Schmid B, et al. 2020. Leaf size of woody dicots predicts ecosystem primary productivity.

Ecology Letters, 23: 1003-1013.
Liebig J V. 1840. Organic Chemistry in Its Application to Vegetable Physiology and Agriculture. New York: Prentice Hall.
Liese R, Alings K, Meier I C. 2017. Root branching is a leading root trait of the plant economics spectrum in temperate trees. Frontiers in Plant Science, 8: 315.
Liu C C, He N P, Zhang J H, et al. 2018. Variation of stomatal traits from cold-temperate to tropical forests and association with water use efficiency. Functional Ecology, 32: 20-28.
Liu C C, Li Y, Yan P, et al. 2021. How to improve the predictions of plant functional traits on ecosystem functioning? Frontiers in Plant Science, 12: 622260.
Liu C C, Li Y, Zhang J H, et al. 2020. Optimal community assembly related to leaf economic-hydraulic-anatomical traits. Frontiers in Plant Science, 11: 341.
Liu C C, Sack L, Li Y, et al. 2022. Contrasting adaptation and optimization of stomatal traits across communities at continental-scale. Journal of Experimental Botany, 73: 6405-6416.
Ma Z Q, Guo D L, Xu X L, et al. 2018. Evolutionary history resolves global organization of root functional traits. Nature, 555: 94-97.
Marschner H. 2011. Marschner's Mineral Nutrition of Higher Plants. Londres: Academic Press.
Morris J L, Puttick M N, Clark J W, et al. 2018. The timescale of early land plant evolution. Proceedings of the National Academy of Sciences of the United States of America, 115: 2274-2283.
Niklas K J. 1994. The allometry of safety-factors for plant height. American Journal of Botany, 81: 345-351.
Norby R J, Jackson R B. 2000. Root dynamics and global change: seeking an ecosystem perspective. New Phytologist, 147: 3-12.
Olson M E, Aguirre-Hernandez R, Rosell J A. 2009. Universal foliage-stem scaling across environments and species in dicot trees: plasticity, biomechanics and Corner's Rules. Ecology Letters, 12: 210-219.
Pech M, Karim Z, Yamamoto H, et al. 2011. Elongation factor 4 (EF4/LepA) accelerates protein synthesis at increased Mg^{2+}concentrations. Proceedings of the National Academy of Sciences of the United States of America, 108: 3199-3203.
Pregitzer K S, DeForest J L, Burton A J, et al. 2002. Fine root architecture of nine North American trees. Ecological Monographs, 72: 293-309.
Reich P B. 2014. The world-wide 'fast-slow' plant economics spectrum: a traits manifesto. Journal of Ecology, 102: 275-301.
Reich P B, Tilman D, Craine J, et al. 2001. Do species and functional groups differ in acquisition and use of C, N and water under varying atmospheric CO_2 and N availability regimes? A field test with 16 grassland species. New Phytologist, 150: 435-448.
Roumet C, Birouste M, Picon-Cochard C, et al. 2016. Root structure-function relationships in 74 species: evidence of a root economics spectrum related to carbon economy. New Phytologist, 210: 815-826.
Sterner R W, Elser J J. 2002. Ecological Stoichiometry: the Biology of Elements From Molecules to the Biosphere. Princeton: Princeton University Press.
Tedersoo L, Bahram M, Zobel M. 2020. How mycorrhizal associations drive plant population and community biology. Science, 367: 867-871.
Tjoelker M G, Craine J M, Wedin D, et al. 2005. Linking leaf and root trait syndromes among 39 grassland and savannah species. New Phytologist, 167: 493-508.
Verburg P S J, Johnson D W. 2001. A spreadsheet-based biogeochemical model to simulate nutrient cycling processes in forest ecosystems. Ecological Modelling, 141: 185-200.
Violle C, Navas M L, Vile D, et al. 2007. Let the concept of trait be functional! Oikos, 116: 882-892.
Wang N, Gao J, Zhang S Q, et al. 2014. Variations in leaf and root stoichiometry of Nitraria tangutorum along aridity gradients in the Hexi Corridor, northwest China. Contemporary Problems of Ecology, 7: 308-314.
Wang R L, Wang Q F, Liu C C, et al. 2018a. Changes in trait and phylogenetic diversity of leaves and absorptive roots from tropical to boreal forests. Plant and Soil, 432: 389-401.
Wang R L, Wang Q F, Zhao N, et al. 2017. Complex trait relationships between leaves and absorptive roots: Coordination in tissue N concentration but divergence in morphology. Ecology and Evolution, 7: 2697-2705.

Wang R L, Wang Q F, Zhao N, et al. 2018b. Different phylogenetic and environmental controls of first-order root morphological and nutrient traits: evidence of multidimensional root traits. Functional Ecology, 32: 29-39.
Willis K, McElwain J. 2014. The Evolution of Plants. Oxford: Oxford University Press.
Wright I J, Dong N, Maire V, et al. 2017. Global climatic drivers of leaf size. Science, 357: 917-921.
Wright I J, Reich P B, Westoby M, et al. 2004. The worldwide leaf economics spectrum. Nature, 428: 821-827.
Xu L, He N P, Yu G R. 2020. Nitrogen storage in China's terrestrial ecosystems. Science of the Total Environment, 709: 136201.
Yan Z, Li P, Chen Y, et al. 2016. Nutrient allocation strategies of woody plants: an approach from the scaling of nitrogen and phosphorus between twig stems and leaves. Scientific Reports, 6: 20099.
Yu Q, Wilcox K, La Pierre K, et al. 2015. Stoichiometric homeostasis predicts plant species dominance, temporal stability, and responses to global change. Ecology, 96: 2328-2335.
Zaehle S, Medlyn B E, De Kauwe M G, et al. 2014. Evaluation of 11 terrestrial carbon-nitrogen cycle models against observations from two temperate Free-Air CO_2 Enrichment studies. New Phytologist, 202: 803-822.
Zhang H, Xiang Y, Irving L J, et al. 2019. Nitrogen addition can improve seedling establishment of N-sensitive species in degraded saline soils. Land Degradation and Development, 30: 119-127.
Zhang J H, He N P, Liu C C, et al. 2018a. Allocation strategies for nitrogen and phosphorus in forest plants. Oikos, 127: 1506-1514.
Zhang J H, He N P, Liu C C, et al. 2020. Variation and evolution of C：N ratio among different organs enable plants to adapt to N-limited environments. Global Change Biology, 26: 2534-2543.
Zhang J H, Li M X, Xu L, et al. 2021. C:N:P stoichiometry in terrestrial ecosystems in China. Science of the Total Environment, 795: 148849.
Zhang J H, Zhao N, Liu C C, et al. 2018b. C:N:P stoichiometry in China's forests: from organs to ecosystems. Functional Ecology, 32: 50-60.
Zhang Y, Li Y, Wang R M, et al. 2020. Spatial variation of leaf chlorophyll in northern hemisphere grasslands. Frontiers in Plant Science, 11: 1244.
Zhao N, Yu G R, He N P, et al. 2016. Coordinated pattern of multi-element variability in leaves and roots across Chinese forest biomes. Global Ecology and Biogeography, 25: 359-367.
Zhao N, Yu G R, Wang Q F, et al. 2020. Conservative allocation strategy of multiple nutrients among major plant organs: from species to community. Journal of Ecology, 108: 267-278.

第 11 章　植物功能性状多样性及其与植物适应和功能优化间的关系

摘要： 植物具有许多不可或缺的重要功能性状，这些功能性状协同地帮助植物完成对环境变化的响应与适应、功能优化甚至世代繁衍。植物功能性状多样性又称植物功能多样性（plant functional trait diversity），是用于刻画群落中植物功能性状分布范围和聚散程度的综合性指标体系，可反映植物群落功能性状的总体差别、适应机制和功能优化机制。由于它们考虑了群落中冗余种和种间互补作用，因此，以功能性状为基础的功能多样性指数在预测群落构建机制和生态系统功能演变等研究中具有独特的优势。自该概念体系被系统性创建以来，其理论和方法取得了巨大的进步，功能多样性参数的应用也日益增加，并逐步贯穿生态学研究的多个经典研究领域。然而，在具体操作过程中，如何在种类繁杂的功能多样性参数中选择合适的定量参数，已成为困扰研究者的巨大难题。同时，功能多样性参数是否会受到功能性状选择以及功能性状数量的影响，也备受争议。本章从植物功能多样性的定义入手，介绍了植物功能多样性的由来及意义，并从功能丰富度、功能均匀度和功能离散度三方面系统梳理了近年来较为常用的几种植物功能多样性参数和算法，为后续研究的参数选择提供了科学依据。同时，结合团队近期 3 个研究案例，重点展现了区域尺度功能性状数量与功能多样性参数的影响、植物功能性状多样性的变化规律及其与生产力之间的关系。最后，我们对植物功能多样性研究的发展方向进行了展望，旨在为植物功能多样性的科研人员提供参考。

植物功能性状通常是指植物对外界环境长期响应与适应后所呈现出来的具有重要生态意义且相对稳定的、可测量的特征参数（He et al.，2019；Violle et al.，2007；何念鹏等，2018）。具体包括形态性状，如植株高度、种子大小、个体大小、叶片寿命等（Shipley et al.，2006）；生理性状，如叶绿素含量、氮含量、磷含量、含水率等（Li et al.，2018，2022）；生活史性状，如生活型、花期和种子寿命等（Verheyen et al.，2003）。植物功能性状反映了植物对生长环境的响应和适应，是植物实现其功能稳定和环境适应的重要基础（Cornelissen et al.，2003；周道玮，2009）。因此，关于植物功能性状的研究大多是围绕植物如何适应环境变化、资源优化利用或生产力稳定而开展的（雷羚洁等，2016；Xu et al.，2019）；在具体研究过程中，如何使用特定的植物功能性状参数来预测植物个体、群落乃至生态系统的功能已成为近年来的热点科学问题。

在自然界中，任何植物都具有多种功能性状，通过多种机制共同协助植物面对复杂多变的外界环境、并实现功能的相对稳定性（He et al.，2020）。为了科学地表达植物群落内的功能性状多样性、分布和范围，研究人员专门发展了功能性状多样性（functional trait diversity），或简称为功能多样性（functional diversity）（Petchey and Gaston，2006）。近 10 年，关于功能性状多样性的研究论文数量一直稳定增加，功能性状多样性与生态系统功能的关系已逐步成为生态学研究的焦点之一（Schleuter et al.，2010；Villéger et al.，2008）。

随着植物功能性状多样性概念体系的建立，功能性状多样性的方法和参数也随之在不断更新和完善（de Bello et al.，2011；Legras et al.，2018）。目前，功能性状多样性定量评估依赖于多种理论框架，并配套发展了多种计算方法；这些参数可用于划定特定物种或群落所占据的功能性状空间特征，每一种方法都基于特定的数学对象，如基于原始数据、距离矩阵、凸包体积等进行计算。基于功能性状的空间特征，科研人员已经发展出了越来越多的参数用来描述功能多样性（Pavoine and Bonsall，2011；Schleuter et al.，2010）。这些多样化参数一定程度上促进了我们对于自然植物群落环境适应策略的理解，但过多参数导致的选择性难题甚至不当选择是当前相关研究面临的巨大挑战。因此，深入比较不同参数的生态意义，针对特定问题选择合适的功能多样性参数至关重要。

然而，目前大多数相关研究都集中在功能多样性指数构建和验证功能多样性的重要性方面，而关于植物功能性状多样性对生态系统结构维持和功能稳定机制方面的研究相对缺乏。同时，必须指出，功能性状多样性是植物多种功能性状的集成性参数，功能性状的数量和选择是否会影响功能多样性参数及其生态意义等也尚不清楚。

11.1　功能性状多样性的定义

植物功能性状的特征值大小、功能性状的数量多少及其内在的协作机制，是植物适应环境和维持功能相对稳定性的重要基础。在具体研究过程中如何将多种功能性状进行整合，凸显群落中物种的相互作用、并将功能性状和生态系统功能结合起来，对于功能生态学的研究极为重要（雷羚洁等，2016）。因此，植物功能性状多样性一经提出便得到许多生态学家的认可（Tilman，2001）。尽管功能性状多样性的生态学意义使其得到了快速的发展，也受到了许多生态学者的追捧，但是在研究前期却始终没有准确的概念和定义（Hooper et al.，2005；Mason et al.，2005；Mouchet et al.，2010）。因此，在功能性状多样性发展的最初阶段都是以探索和定性描述的形式进行。

目前，关于功能性状多样性的定义多种多样。例如，Tilman（2001）将功能多样性定义为群落中影响生态系统功能的所有物种及其有机物的功能特征值及其变异范围，该定义强调了功能性状的差异性。其他学者对功能多样性给出了不同的定义，如“群落内的功能性状多样化”（Tesfaye et al.，2003）、“生态系统内所具有的功能性状的数量、类型及其分布”（Díaz and Cabido，2001）、“一个生态系统内的生物体功能性状类型和分布情况”等等。随着人们对植物功能性状多样性认识的逐渐加深，其定义得到了进一步发展并被研究人员广泛接受；功能性状多样性（functional trait diversity）或功能多样性（functional diversity）是指群落内多种植物功能性状在空间上的分布特征和范围，可用于描述群落内植物功能性状的总体差异或多样性（Petchey and Gaston，2006）。功能性状多样性作为一个比较抽象的整体性概念提出之后，被认为是生态系统功能研究的重要驱动力。原因在于植物功能性状多样性考虑了植物群落中冗余种和种间互补作用（Díaz and Cabido，2001），理论上可以把植物功能性状和生态系统功能连接起来，并且可以用多个植物功能性状相结合的方式定量揭示生态系统功能甚至多功能（Schleuter et al.，2010；Yan et al.，2023）。然而，实际操作过程中，仍存在很多问题。如功能性状多样性是否会受到性状选择以及性状数量的影响，大尺度自然生态系统中功能多样性与生态系统功能的关系如何，受哪些因素影响尚不清楚。在回答这些问题前，本章首先为大家介绍功能性状多样性的主要研究内容和计算方法，而这些问题的答案会在本章中通过案例的形式一一为大家呈现（Zhang et al.，2021；Li et al.，2022；Yan et al.，2023）。

11.2 功能性状多样性的主要研究内容

在具体研究过程中，在多维度的资源空间量化功能性状多样性有利于增强对群落结构的描述，并进一步与生态系统功能建立联系。随着功能性状多样性的发展，研究人员逐步意识到单一的功能多样性指数难以准确、详尽地将抽象的多种功能性状具体化。因此，种类繁多的功能多样性指数被不断地发展和更新。为便于区分不同参数的生态学意义，科研人员一直在尝试将功能多样性的指标体系进行分类，进而深入探索它们在不同植物生长和发育过程中的作用（Mason et al.，2005；Mouchet et al.，2010；Ricotta，2007；Villéger et al.，2008）。整体而言，目前人们相对普遍接受的分类方法是将功能性状多样性分为三个层次的研究内容；分别是功能丰富度，功能均匀度和功能离散度（Walker et al.，1999；Mason et al.，2005；Pavoine and Bonsall，2011；Schleuter et al.，2010）。在具体研究过程中，功能丰富度、功能均匀度和功能离散度三者间内容互相独立、但又能从不同角度来量化功能性状多样性的不同层面，协同揭示植物群落对外界环境变化的响应机制和生态系统功能稳定性的维持机制（图 11.1）。

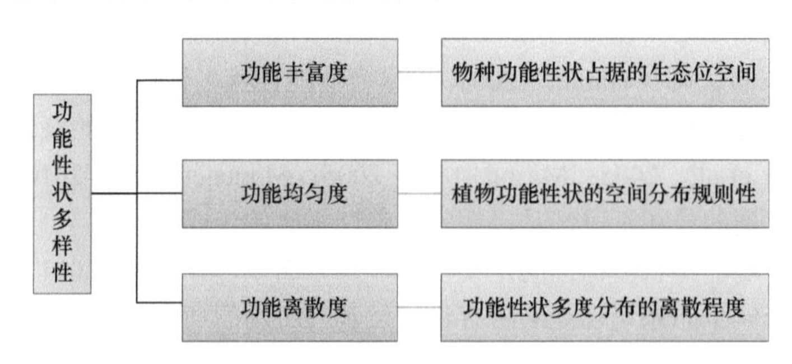

图 11.1　植物功能性状多样性的三个维度及其内涵

功能丰富度描述了群落中物种通过功能性状所占据的生态位空间。功能性状依附在物种个体上，反映物种对所在环境的适应（Ansquer et al.，2009；Reich，2014）。然而，即便是相同的物种对环境的适应也必然存在差异，即种内差异。此外，即使是在两个具有相同物种丰富度的群落中，物种功能性状在环境的影响下必然会表现出不一样的适应程度。因此，功能丰富度与物种丰富度存在着一定的联系，但又有着本质的区别（Kunstler et al.，2016）。较高的功能性状丰富度体现了环境中物种对于资源环境空间的有效利用较大，并相比于较低的功能丰富度群落可能具有更高的生产力（Yuan et al.，2019）。相对而言，较低的功能丰富度意味着群落中资源空间有较多处于未被利用状态，更容易遭到外来种的入侵（Pyles et al.，2020）。总之，这些功能丰富度参数对生产力优化、生产力维持、抗干扰能力等具有重要意义（Correia et al.，2018；Macdougall et al.，2013）。

功能均匀度的相关参数主要用于刻画群落内植物功能性状在资源空间的分布规则性，重点是表征功能性状特征值是否均匀。较高的功能性状均匀度，意味着群落内物种以及其功能性状在生态位空间分布均匀，对资源的利用没有较大偏重。反之，对资源的利用有较大偏好的群落，其中的物种可能存在较为严重的聚集现象（Kearsley et al.，2019）。

功能离散度主要量化的是植物功能性状在空间中的聚集情况，以及与物种的空间位置的差异程度，即物种和功能性状异速变化的差异。物种丰度较高而功能性状较低可能造成功能离散度较大，反之亦然。此外，物种丰度高功能性状同样较高者时，会造成功能离散度差异较小（Mason et al.，2005）。总之，这些功能离散度参数可以较好地衡量群落资源的差异程度和竞争程度等（Tordoni et al.，2019）。

11.3　功能性状多样性的计算方法

为了计算植物功能多样性指数，我们首先需要对群落结构调查、采样和测定，获取群落内每个物种的多个功能性状特征值；进而构建物种和功能性状的矩阵，利用功能性状的不相似性，从功能丰富度、功能均匀度、功能离散度三个方面量化功能多样性（图 11.2）。由于功能性状多样性的参数和计算方法太多，本章仅向读者介绍几类常用的参数计算方法（表 11.1），其他计算方法可进一步延伸阅读相关文献（Laliberté and Legendre，2010；Mouchet et al.，2010；Schleuter et al.，2010；Scheiner et al.，2017）。

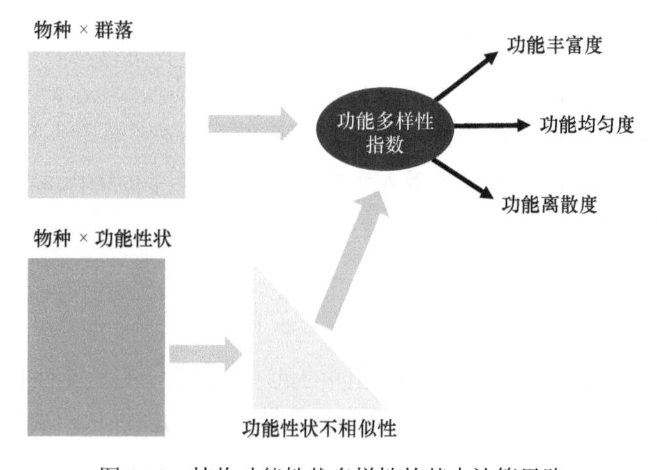

图 11.2　植物功能性状多样性的基本计算思路

表 11.1　植物功能性状多样性参数的计算

分类	参数	英文名称和缩写	特点和意义
功能丰富度	功能丰富度指数	Functional richness index，FRic	一个群落所有物种功能性状空间的总体积，它同时计算多个功能性状
	功能树状距离	Functional attribute diversity，FAD	通过计算物种对在功能性状空间构成的数据阵的距离之和
	功能性状平均距离	Modified FAD，MFAD	把物种丰度考虑进去后，将 FAD 改良计算方式得到的指数
功能均匀度	功能均匀度指数	Functional evenness index，FEve	群落内有机体的功能特征在生态空间上分布的均匀程度
功能离散度	功能离散度指数	Functional divergence index，FDiv	量化了功能性状在资源空间的分布聚集情况
	功能离散度指数	Functional dispersion，FDis	将物种相对多度和均匀度考虑在内，是一种更加直观的功能离散度类的指数
	Rao 二次熵指数	Quadratic entropy，RaoQ	量化系统内的功能性状多样性和可变性

功能多样性指数的计算如图 11.3 所示，主要包括以下三种方法，凸包体积，重心法和最短距离/树（雷羚洁等，2016；宋彦涛等，2011）。

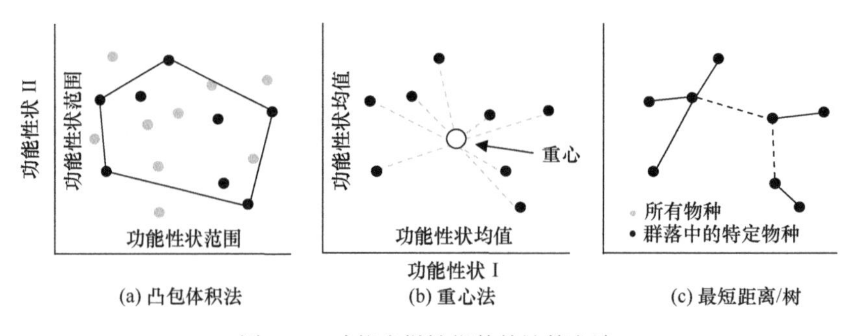

图 11.3　功能多样性指数的计算方法

特别说明，本节中讨论了三种可视化功能多样性的方法：凸包体积法、多元均值差异和均匀性（图 11.3）。其中，功能性状空间中的每个点都是一个具有两个功能性状特征值（功能性状 I 和功能性状 II）的物种（spi）。坐标轴上特定点的位置反映了该物种在二维性状空间中的位置。黑点定义目标群落中的物种，灰点定义了其他群落中的物种。在具体计算过程中，科研人员可以对两个以上的功能性状矩阵进行计算，图中的两个（或更多）功能性状可以被多元轴所代替；例如，可用 PCoA 处理不同的矩阵（Villéger et al.，2008）。

11.3.1　功能丰富度的计算

功能丰富度代表了群落中功能性状空间的量。对于单一的功能性状，功能丰富度就是群落中此功能性状的最大值与最小值之间的差异。单一功能性状的功能丰富度如图 11.4 所示。

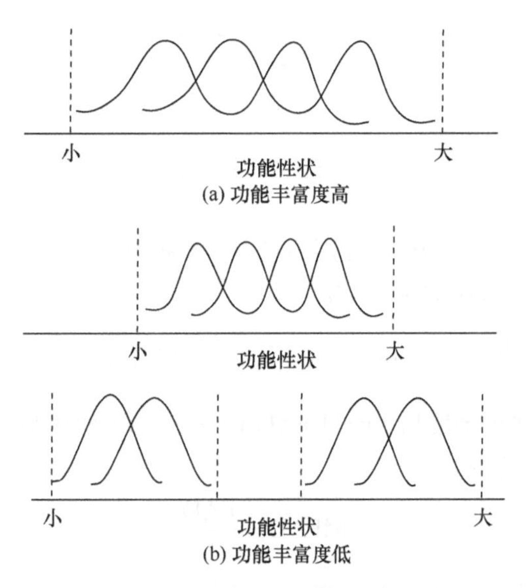

图 11.4　单一功能性状的功能丰富度（Mason et al.，2005）

纵轴表示多度，钟形曲线表示物种在生态位空间的多度，垂直虚线表示群落中物种填充生态位空间的范围

1. 多维功能丰富度（multidimensional functional richness，FR_{lm}）

FR_{lm} 为一个群落中所有物种功能性状空间的总体积，它可同时计算多个功能性状（Schleuter et al.，2010）

$$FR_{lm} = \int_{i}^{max} \left[f_i(x) \right] dx \tag{11.1}$$

$$f_i(x) = \exp\left[-\frac{1}{2}(x-\mu_i)^T \sum_i^{-1} (x-\mu_i) \right] \tag{11.2}$$

式中，x 为功能性状值；i 为物种；μ_i 为物种 i 的平均功能性状值；$\sum_i$ 为每个物种功能性状的方差/协方差矩阵；$f_i(x)$为群落中所有物种功能性状空间的从属函数。

FR_{lm} 考虑了个体功能性状的变化和多维功能性状空间范围的间隙；其缺点是对数据量要求较高，且需要包含功能性状的种内差异的数据。

2. 功能丰富度指数（functional richness index，FRic）

对于涉及多种功能性状的研究而言，功能丰富度指数（FRic）相当于群落中物种的多种功能性状所构成的多维度凸包的体积（Villéger et al.，2008），是一个极为复杂的计算过程，需要借助计算机软件（http://www.Pricklysoft.org/software/ raithull.html）和开源程序 R 语言工具包（http://www.ecolag.univmontp2.fr/index.php?option=com_content & task= view&id=219&Itemid=125）。

3. 功能树状距离（functional attribute diversity，FAD）

FAD 是多维度的功能丰富度指数，利用欧氏距离法则，计算物种对在功能性状空间构成的数据阵的距离之和（Walker et al.，1999）。

$$\mathrm{ED}_{ij}=\sqrt{\sum_{t=1}^{T}\left(x_{tj}-x_{ti}\right)^{2}} \tag{11.3}$$

$$\mathrm{FAD}=\sum_{i=1}^{S}\sum_{j>1}^{S}\mathrm{ED}_{ij} \tag{11.4}$$

式中，T 为功能性状数量；x_{ti} 和 x_{tj} 分别为种群 i 和种群 j 对功能性状 T 的取值；ED_{ij} 为种 i 与种 j 之间的欧氏距离；S 为种数。

4. 功能性状平均距离（modified FAD，MFAD）

MFAD 是在考虑物种丰度后，改良 FAD 计算方式得到的功能丰富度指数（Schmera et al.，2009）。计算公式如下：

$$\mathrm{MFAD}=\frac{\mathrm{FAD}}{S} \tag{11.5}$$

式中，FAD 是多维度的功能丰富度指数；S 为种数。

11.3.2 功能均匀度的计算

Mason 等（2005）提出功能均匀度指数用于揭示物种功能性状在所占据空间的分布规律。其中，高的功能均匀度指数意味着功能性状的分布非常规律，反之，低的功能均匀度指数预示存在物种分布间隙。为便于读者理解，在此我们将一维的功能均匀度以图形呈现（图 11.5），具体计算方法见 Mason 等（2005）所著文章。因为在实际操作过程中，往往需要考虑多个功能性状的功能均匀度，因此本章着重介绍多维的功能均匀度指数（functional evenness index，FEve）的计算方法。

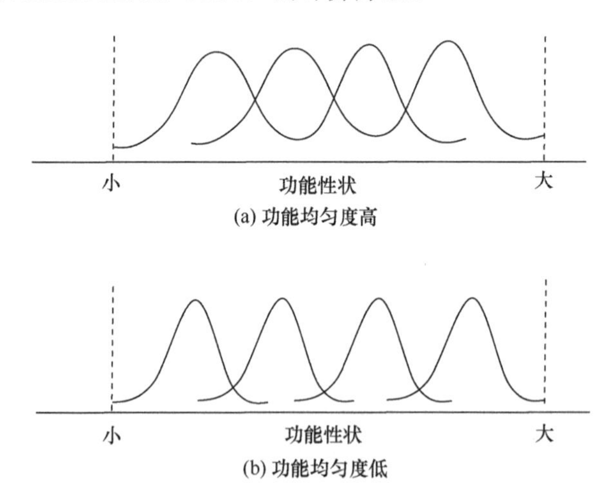

图 11.5 单一功能性状的功能均匀度（Mason et al.，2005）

纵轴表示多度，钟形曲线表示物种在生态位空间的多度，垂直虚线表示群落中物种填充生态位空间的范围

功能均匀度受物种丰度和功能性状共同影响，基于物种对间的树状距离与其分支长度的比值，将所有的物种和功能性状联系起来。以物种和多种功能性状为多维空间构建

最小生成树，计算最小生成树分支长度的均匀程度（Villéger et al.，2008）。具体公式如下：

$$\mathrm{FEve}=\frac{\sum_{b=1}^{s-1}\min\left(\mathrm{PEW}_b\times\frac{1}{S-1}\right)-\frac{1}{S-1}}{1-\frac{1}{S-1}} \tag{11.6}$$

$$\mathrm{PEW}_b=\frac{\mathrm{EW}_b}{\sum_{b=1}^{S-1}\mathrm{EW}_b} \tag{11.7}$$

$$\mathrm{EW}_b=\frac{d_{ij}}{w_i+w_j} \tag{11.8}$$

式中，S 为物种数目；PEW_b 为局部加权平均均匀度；EW_b 为加权平均所获得的均匀度；w_i 为物种 i 的相对多度；d_{ij} 为物种 i 与物种 j 间的欧氏距离。

11.3.3　功能离散度的计算

功能离散度可以用功能离散度指数表示，主要表征群落功能性状的多度分布在性状空间中的最大离散程度（Mason et al.，2005）。其中，功能性状空间中边缘物种的聚集或多度较高会导致功能离散度较高（图 11.6）。考虑到本章节主要介绍多维度的功能性状的离散度的计算，对于单一功能性状离散度的计算公式就不在此赘述。

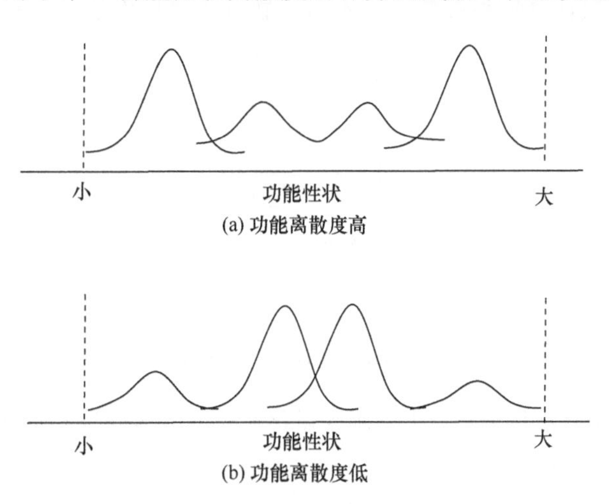

图 11.6　单一性状的功能离散度

纵轴表示多度，钟形曲线表示物种在生态位空间的多度，垂直虚线表示群落中物种填充生态位空间的范围

1. 功能离散度指数（functional divergence index，FDiv）

功能离散度指数（FDiv）是多维度的功能离散度指数，量化了功能性状值在资源空间的分布聚集情况。群落中优势种越靠近重心，则功能离散度越小。与多维功能丰富度指数的计算基础相似，FDiv 以多维空间凸包体积为计算基础，通过计算多维凸包体积

的重心和功能性状间的平均距离（Villéger et al.，2008），再根据多维度权重计算离散度。具体计算公式如下：

$$g_k = \frac{1}{S}\sum_{i=1}^{S} x_{ik} \tag{11.9}$$

$$\mathrm{d}G_i = \sqrt{\sum_{k=1}^{T}\left(x_{ik} - g_k\right)^2} \tag{11.10}$$

$$\overline{\mathrm{d}G} = \frac{1}{S}\sum_{i=1}^{S}\mathrm{d}G_i \tag{11.11}$$

$$\Delta d = \sum_{i=1}^{S} w_{\mathrm{i}} \times \left(\mathrm{d}G_i - \overline{\mathrm{d}G}\right) \tag{11.12}$$

$$\Delta|d| = \sum_{i=1}^{S} w_i \times \left|\mathrm{d}G_i - \overline{\mathrm{d}G}\right| \tag{11.13}$$

$$\mathrm{FDiv} = \frac{\Delta d + \overline{\mathrm{d}G}}{\Delta|d| + \overline{\mathrm{d}G}} \tag{11.14}$$

2. 功能分散度指数（functional dispersion，FDis）

FDis 是对 FDiv 进一步改进后的新指数。FDis 将物种相对多度和均匀度考虑在内，是一种更加直观的功能离散度类的指数。首先计算了加权重心，然后计算物种对之间的距离，最后通过加权计算使得参数本身不再受物种丰富度的影响。计算方式如下所示：

$$c = [c_i] = \frac{\sum a_j x_{ij}}{\sum a_j} \tag{11.15}$$

$$\mathrm{FDis} = \frac{\sum a_j z_j}{\sum a_j} \tag{11.16}$$

式中，a_j 为物种 j 的相对多度；x_{ij} 为物种 j 的 i 功能性状；z_j 为物种 j 加权重心 c 的距离。

3. Rao 二次熵指数（quadratic entropy，RaoQ）

Rao 定义了一个二次熵方程，主要用来量化系统内的多样性和可变性（Pavoine et al.，2005）。具体计算公式如下：

$$d_{ij} = \frac{1}{T}\sum_{1}^{T}\left(x_{tj} - x_{ti}\right)^2 \tag{11.17}$$

$$\mathrm{RaoQ} = \sum_{i=1}^{S-1}\sum_{j=i+1}^{S} d_{ij} p_i p_j \tag{11.18}$$

式中，S 为物种数量；T 为功能性状的数量；x_{tj} 和 x_{ti} 分别为物种 j 和 i 的 t 功能性状；p_i 为物种 i 的相对丰度；d_{ij} 为物种 i 与 j 在功能性状空间中的距离。

11.4　功能性状多样性国内外主要研究进展

11.4.1　功能性状多样性研究进展的整体描述

植物功能性状多样性描绘了群落内多种植物功能性状的多样性、分布范围和分布特征。与物种分类多样性相比，植物功能性状多样性考虑了植物群落中冗余种和种间互补作用，将植物功能性状和生态系统功能有机地连接起来（Schleuter et al.，2010；Díaz and Cabido，2001）。因此，植物功能性状多样性具有准确地预测生态系统功能乃至多功能的潜力（Hulot et al.，2000；Heemsbergen et al.，2004；Li et al.，2022；Yan et al.，2023）。

在 20 世纪 90 年代，生态学者基于植物功能性状围绕功能多样性与生态系统功能关系开展了大量研究，他们认为功能多样性是多样性影响生态系统功能的主要机制之一，因此许多研究也将功能多样性看成是多样性的一种参数（Loreau，2000；Loreau et al.，2001；Tilman，2001）。理论上自然生态系统中生态位的重叠是普遍存在的，而功能性状可以更直接的反映物种对于环境的响应和适应，可以更具体的体现资源空间的分布和多样性。因此，通过开展多样性–生态系统功能研究应更多地考虑功能性状而不是单纯的物种多样性。

在功能性状多样性研究的早期，一些研究表明物种丰富度往往对应着较高的功能丰富度，因此许多研究也使用物种丰富度代表功能丰富度。然而，Díaz 和 Cabido（2001）指出只有在生态位空间随着物种丰富度呈线性关系时，物种多样性才可以替代功能多样性。在自然界中，大多数植物群落中存在着较高的种间生态位重叠和较大的种内变异；因此，在开展多样性–生态系统功能关系研究时不能简单地把物种多样性等同于植物功能性状多样性。同期的相关实验结果也表明：植物群落中物种多样性的变化通常并不与植物功能性状多样性的变化保持一致。尽管如此，由于实践中仍然缺乏统一和便捷的测定植物功能性状多样性的方法；当前仍有许多研究采用物种丰富度这种简便易测的指标而非植物功能性状多样性来探究多样性–生态系统功能的关系，但这种简单替代需要特别的谨慎。

关于植物功能性状多样性测定方法，早期研究通常是把植物群落中的物种根据某一特定功能性状的不同划分成不同功能类群，而功能类群的丰富度即为植物功能性状多样性指标。研究发现，植物功能类群丰富度对生态系统初级生产力等具有重要作用（Hooper et al.，2005）；然而，这种测定方法忽略了物种多度的重要性（Díaz and Cabido，2001）。最近十多年来，研究者们发表了许多关于植物功能性状多样性的评价指数（Schleuter et al.，2010；Villéger et al.，2008），逐步弥补了上述划分方法的不足。首先，Mason 等（2005）依据物种多样性的组成进行类推，把植物功能性状多样性划分为 3 个组成：功能丰富度（functional richness）、功能均匀度（functional evenness）和功能离散度（functional divergence）。功能性状多样性的量化方法以及定量测量的公式方法，主要是国外学者的探索。如何更加准确的量化抽象的概念，对于功能性状多样性发展至关重要。这也是功能性状多样性发展初期学者主要的工作（Petchey and Gaston，2006），科研人员对大量使用的多样性指数参数进行了发展和改良，为后续植物功能性状多样性的发展奠定了基础（Petchey and Gaston，2002；Cornwell et al.，2006）。

随着植物功能性状多样性指数的构建和不断发展，其应用也逐渐广泛。董世魁等（2017）研究发现，物种多样性、功能多样性及两者与初级生产力之间的关系在高寒草甸和高寒草原群落中具有很大差异，且相较于物种多样性，功能多样性对于生态系统生产力的解释更高。另外有研究表明，多样性对地上碳储量的影响是通过功能多样性和功能优势来介导的，这说明生态位互补和选择效应并不是唯一影响碳储量的因素（Mensah et al.，2016）；且功能多样性的影响大于功能优势度的影响，功能优势效应通过最大株高强烈传递，反映了森林垂直分层对多样性–碳汇功能的重要性。Ottaviani 等（2020）通过对功能生态学和岛屿生物地理学的系统研究，同样表明了功能性状多样性在生态系统进化与演替以及生态系统结构和功能方面发挥了重要作用；同时，该研究也一定程度上促进了我们对植物生态学和岛屿生物地理学的认识。

随着功能性状在过去十几年的快速发展，越来越多的科学家开始对其进行研究，并取得了重要进展，特别是在如何利用功能性状多样性来解释生态系统生产力方面（Xu et al.，2018），这是探索功能性状多样性和生态系统功能的有效途径（Mcelroy et al.，2012）。生产力和功能性状多样性之间的关系对于预测生态系统应对不同全球变化情景的方式非常重要（Griffin et al.，2009；Meira et al.，2016）。不幸的是，这些关系大多是在草原或对照实验中报道的（Liu et al.，2015；Pakeman，2014）。一些科学家试图在田间控制的小区中探索多样性对生态系统生产力的影响（Milcu et al.，2016；Niu et al.，2014）。然而，如何建立自然生态系统的功能性状多样性和生产力之间的关系，特别是在大尺度自然生态系统，仍然是一个重大的挑战。因此，本章在最后列举了我们团队在大尺度自然群落的相关研究进展，作为详细案例介绍，旨在增强读者对于植物功能性状多样性与生态系统功能关系的理解（Zhang et al.，2021；Li et al.，2022；Yan et al.，2023）。

11.4.2 植物功能性状多样性空间变异及其与生产力的关系（案例 I）

由于多样性和生产力之间关系的复杂性，一些科学家试图在田间控制的小区中探索多样性对生态系统生产力的影响（Hooper et al.，2005），一些研究尝试建立功能多样性与生态系统功能间的联系（Díaz and Cabido，2001；Rawat et al.，2020；Schumacher and Roscher，2009）。然而，建立自然生态系统的功能性状多样性和生产力之间的关系，特别是在大尺度范围内，仍然是一个重大的挑战（Li et al.，2022）（图 11.7）。

大尺度森林生态系统研究中，林木的生长周期长，物种个体大，林地环境复杂，生物因素影响和非生物因素影响交叉重叠（He et al.，2018；Li et al.，2018）。研究人员意识到大尺度森林群落功能性状多样性对生产力的影响机制尚不清楚。基于此，Li 等（2022）依托我国东部南北森林样带，选取了 9 个自然森林生态系统，调查采集样地内所有物种（图 11.8），共采集 366 个树种叶片样品并测定 10 个与生产力密切相关的植物功能性状。基于性状数据，计算了每个群落的 3 个功能多样性指数（功能丰富度指数，FRic；功能均匀度指数，FEve；功能离散度指数，FDiv），尝试在样带尺度或区域尺度建立森林群落功能多样性与生态系统生产力的关系。

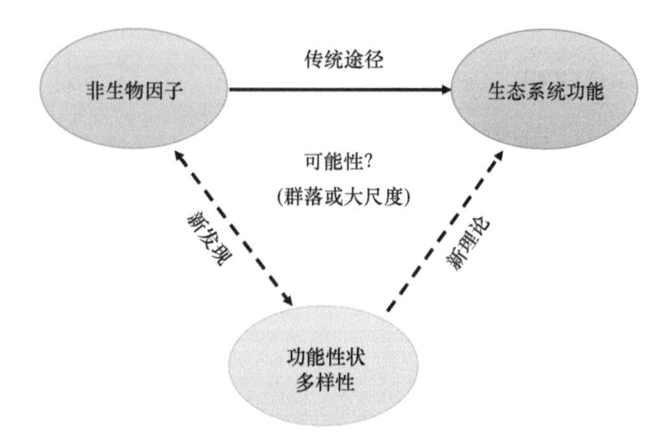

图 11.7　结合功能性状多样性与非生物因素揭示生态系统功能

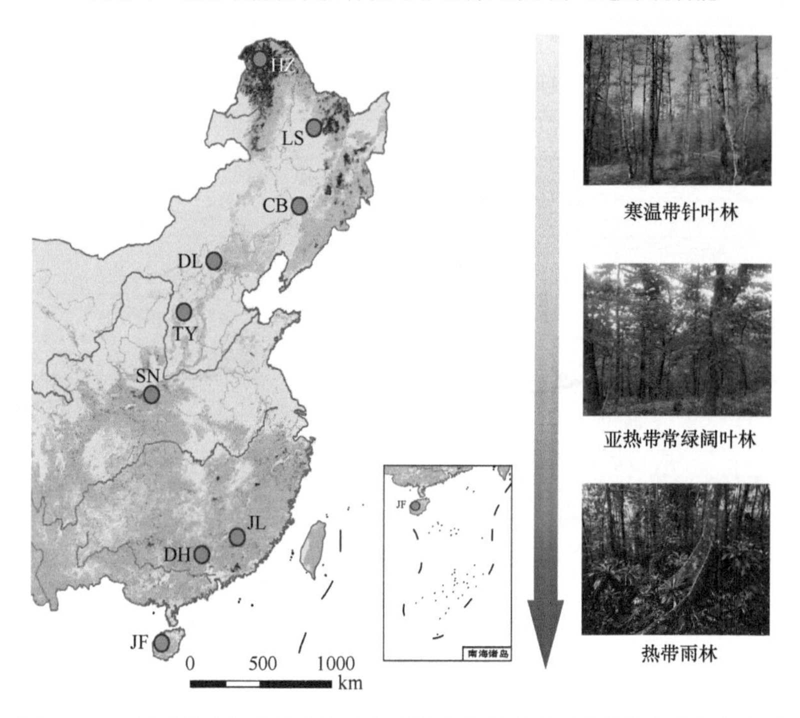

图 11.8　森林群落功能多样性与生态系统生产力关系研究的样点空间分布图

基于何念鹏团队“系统性和配套性”测定的功能性状数据，研究首次在大尺度天然森林中探究了植物功能多样性的空间变异及其与 GPP 的关系。由于气候（主要是温度和降水）的影响，丰富度（FRic）、均匀度（FEve）和离散度（FDiv）的功能多样性指数持续变化，但变化方向不同。其中，FRic 随温度和降水的增加而增加，而 FDiv 则降低（图 11.9）。这种功能性状多样性的变异在一定程度上解释了植物群落的环境适应和功能优化机制。

在功能性状多样性的三个参数中，GPP 随 FRic 的升高而升高，随 FDiv 的升高而下降，FEve 与 GPP 无相关性（图 11.10）。因此，FRic 和 FDiv（而不是 FEve）被确定为大尺度影响 GPP 的重要指标。值得注意的是，功能性状多样性、土壤全氮（STN）、

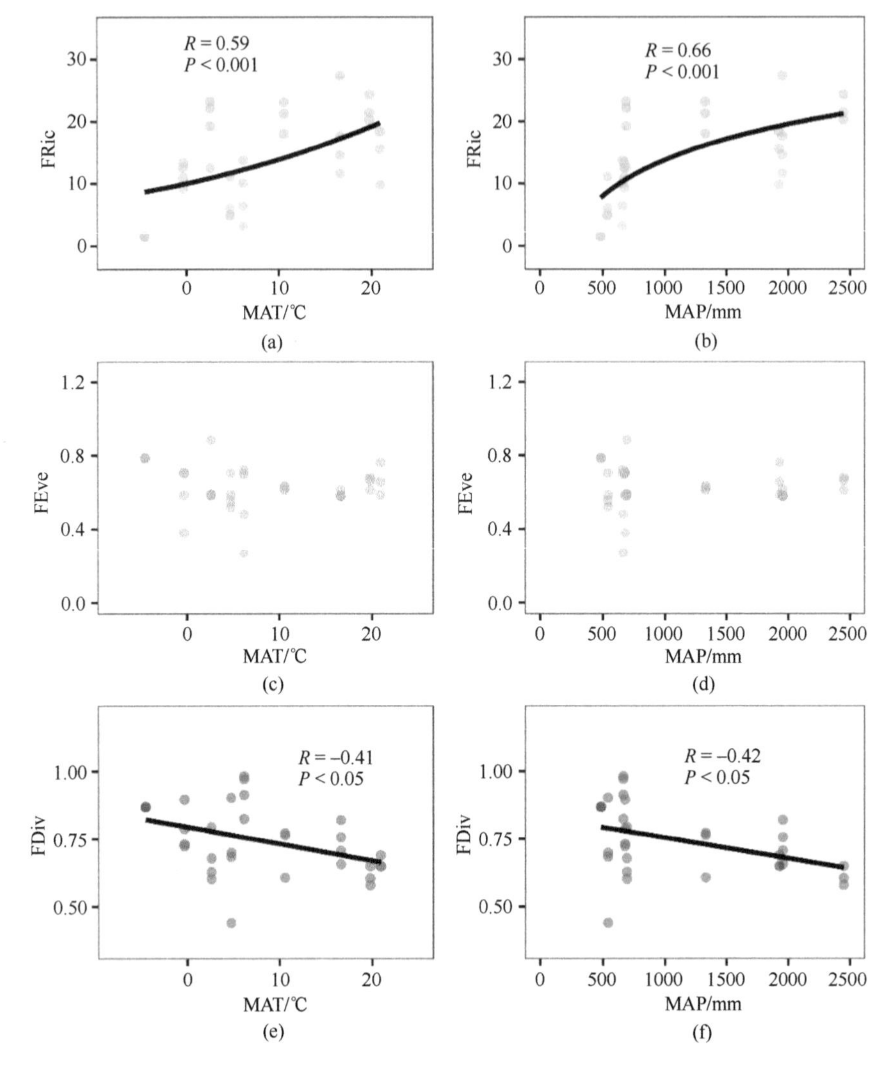

图 11.9　森林群落功能性状多样性与气候因子的关系

FRic 为功能丰富度指数；FEve 为功能均匀度指数；FDiv 为功能离散度指数；MAT 为年均温；MAP 为年降水量

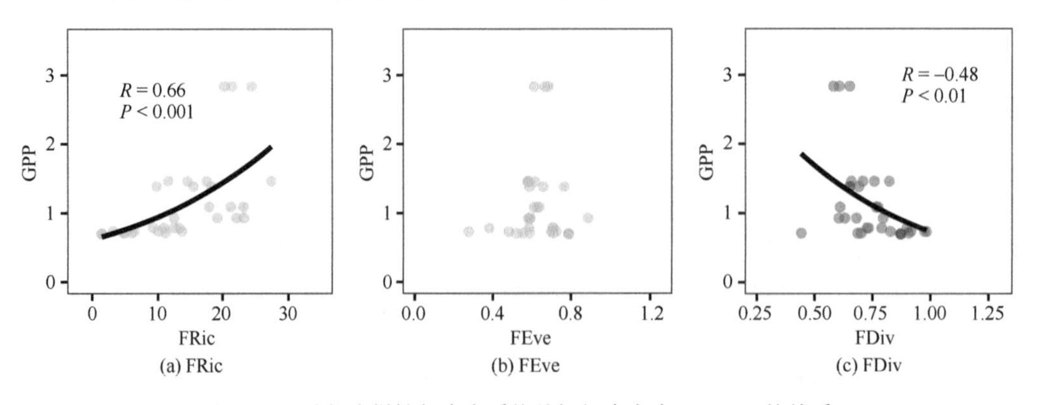

图 11.10　功能多样性与生态系统总初级生产力（GPP）的关系

FRic 为功能丰富度指数；FEve 为功能均匀度指数；FDiv 为功能离散度指数

年降水量（MAP）和年均温度（MAT）共同解释了 GPP 总变异的 90.42%。功能性状多样性与非生物因素相结合，可以更有效地解释 GPP 的空间变异，拓宽了功能性状多样性的潜在应用范围（Li et al.，2022）。该研究结果为评价植物群落的适应机制和 GPP 对全球变化情景的响应提供了新的思路。由此可见，通过融合功能性状多样性的不同组成部分对生态系统功能的响应，可以加强我们目前对功能性状多样性的认识，以及对生态系统生产力优化和稳定性机制的理解。

11.4.3　区域尺度功能性状多样性及其与生产力的关系（案例 II）

陆地生态系统总初级生产力是全球碳循环的重要组成部分，其年际变异（即生态系统生产功能的稳定性）影响陆地生态系统碳平衡（Ballantyne et al.，2012；Fernández-Martínez et al.，2019；Piao et al.，2020）。气候变化和生物多样性损失都对生态系统总初级生产力的年际变异有重要影响，如改变的降水频率或者升高的温度都将导致陆地生态系统总初级生产力的年际波动。尽管有充分的证据表明生物多样性会稳定生态系统的生产功能，降低陆地生态系统总初级生产力的年际变异（Isbell et al.，2015；Oehri et al.，2017；Craven et al.，2018；García-Palacios et al.，2018）；然而与气候的作用相比，各种多样性（包括分类群多样性，功能多样性和系统发育多样性）的角色并没有被充分揭示，尤其是跨越多种生态系统类型的研究，相对较少。

与此同时，土壤养分浓度，如氮素和磷素也被认为会影响陆地生态系统总初级生产力的年际变异（Fernández-Martínez et al.，2019）。当跨越较大环境梯度时，如从草地到森林，养分富集的生态系统会比养分贫乏的生态系统有更大的生态系统生产力。而前人的研究已经表明较大的生态系统生产力往往意味着较小的年际变异（Roy et al.，2001）。另外一方面，随着养分水平的增加，生态系统所能容纳的物种数量会增加，这提高了当地的生物多样性，进而间接地降低了生态系统生产能力的年际变异（Oehri et al.，2017）。但是目前，土壤养分对生态系统总初级生产力年际变异的直接与间接影响尚未被充分揭示。

综合考虑上述的知识缺口，本节的研究是去评估当横跨多种生态系统类型时，气候因子、土壤养分和多面多样性对总初级生产力年际变异作用的相对影响。基于规范化测试的植物功能性状数据（China_Traits）并整合了其他相关数据，包括：①使用标准化调查和采样方案在中国区域调查收集的 454 个群落样方数据；②2500 多种植物功能性状数据和系统发育数据；③配套测定的土壤养分数据。利用这些来自 72 个典型自然生态系统的数据，并借助于多模型平均和结构方程模型的统计方法，研究人员探索了环境因子（温度、降水和土壤养分）和多面多样性（物种丰富度、功能多样性和系统发育多样性）对生态系统生产力年际变异的影响及其途径（包括直接与间接路径）。

研究结果表明土壤养分和功能多样性是对生产力年际变异最重要的两个影响因子。横跨所有生态系统类型，拥有更丰富土壤养分和更高功能多样性的生态系统有更低的总初级生产力年际变异值（图 11.11 和图 11.12）。相关研究结果提供了强有力的证据表明了生物多样性较高的生态系统生产力年际变异较小；并且土壤养分含量丰富的生态系统比土壤养分贫乏的生态系统能够更好地缓冲气候变化的影响，换言之可降低生态系统生产力年际变异。此外，研究结果表明多维度的生物多样性（即不仅仅包括物种丰富度，还包括功能多样性和系统发育多样性）在缓冲气候变化对陆地生态系统生产力的影响方面发挥着至关重要的作用。

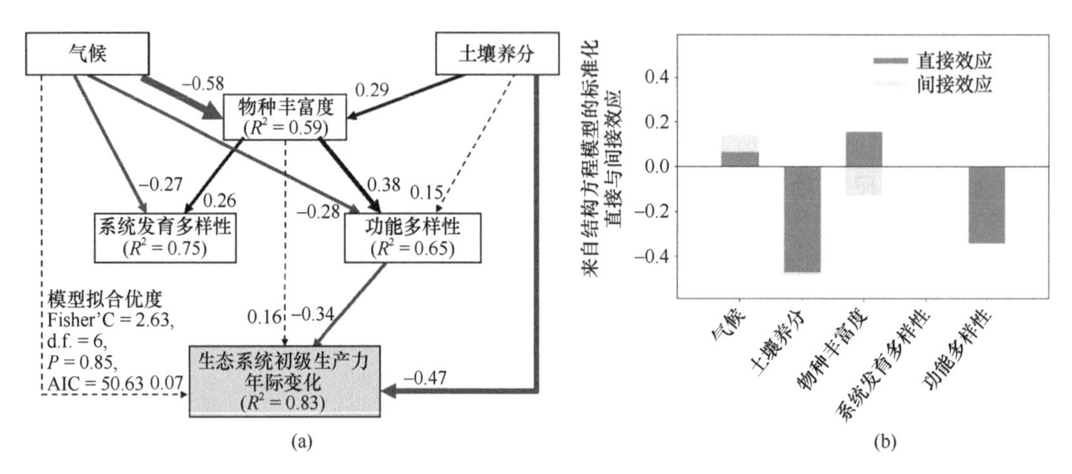

图 11.11　多种非生物和生物因子对生态系统生产力年际变化直接和间接影响

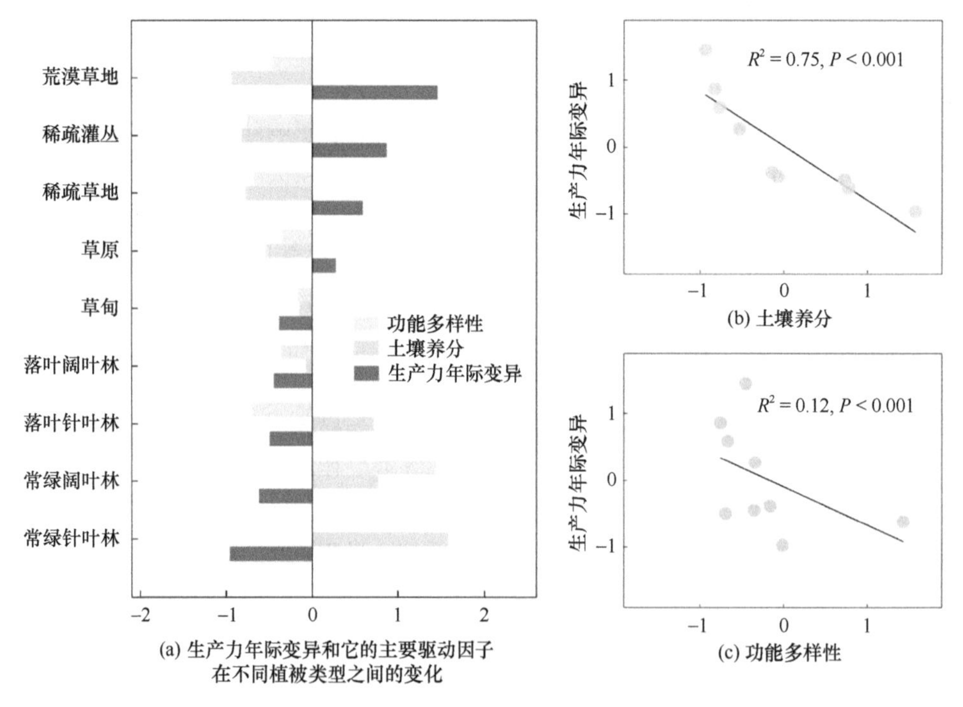

图 11.12　不同植被类型中生态系统生产力年际变异、土壤养分和功能多样性的变化模式，以及生态系统生产力年际变异与土壤养分和功能多样性的二元关系

11.4.4　功能性状的数量对功能性状多样性稳定性的影响（案例 III）

在自然界中，多种功能性状共同协助植物完成了多种功能，因此，理论上功能多样性可以准确地评估和预测生态系统的功能（Petchey and Gaston，2006）。同样，功能均

匀性和功能离散性可以一定程度上揭示群落功能的稳定机制和适应机制（Komac et al.，2015；Wang et al.，2011）。在过去十多年中，功能多样性受到了广泛的关注，关于功能多样性与生态系统功能之间定量关系的研究迅速增加。然而，如本章前面所述，如何科学地计算和使用这些功能性状多样性参数仍存在争议。在具体研究中，研究人员倾向于根据自己的科学目标或数据可获得性来选择目标功能性状指标，数据源的巨大差异容易导致研究结果不一致、或可比性较差（Zhang et al.，2021）。具体来说，这些功能多样性参数在所选择功能性状重要性、功能性状数量、群落物种多样性等变化情景下的稳定性如何？或可预测性如何？这些问题并未有定论，增加了功能性状多样性相关研究结论的不确定性。因此，迫切需要基于大量配套性测试数据进行验证，从而解决这些潜在的、可能致命的隐患（图 11.13）。

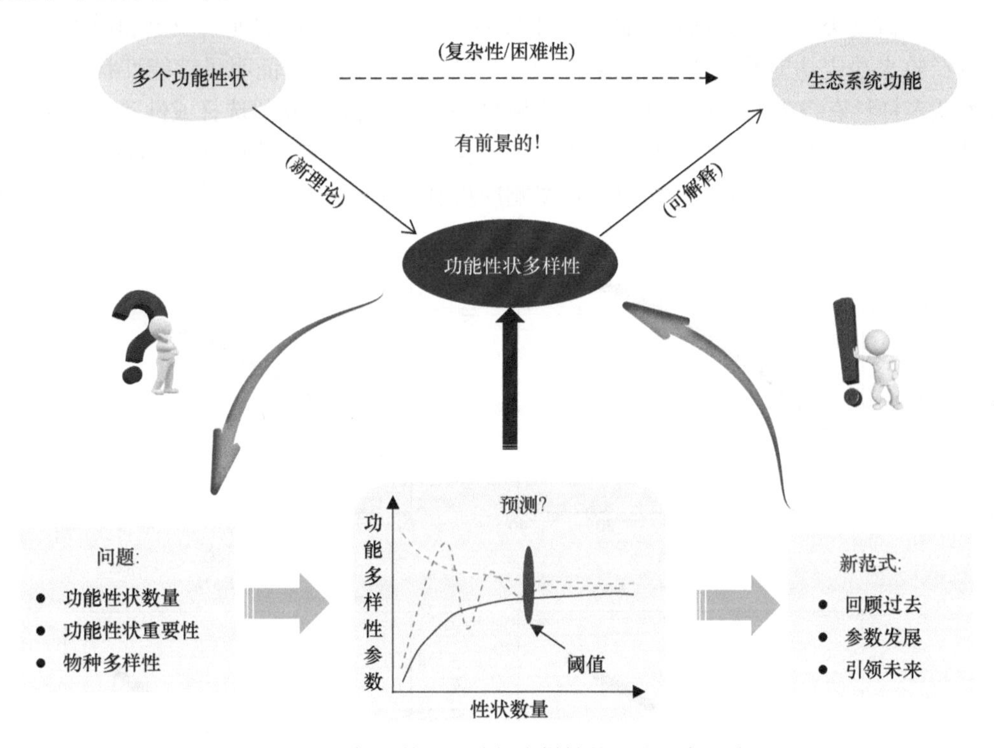

图 11.13　性状数量对功能多样性的影响研究思路

换言之，人们需要科学地揭示“功能性状数量和功能性状的选择”对功能性状多样性的影响？这种影响的空间变异规律如何？是否能通过数学方法标准化？Zhang 等（2021）测量了中国东部南北样带的 9 个典型森林群落的 366 种植物的 34 个叶片功能性状，来探讨其中的部分重要科学问题。此项研究的主要目的：①通过改变所选功能性状的数量证明这些功能多样性指标的可预测性；②探讨如何科学地计算和预测站点到区域范围内的功能多样性，为未来功能多样性的研究提供理论依据。

在功能性状多样性研究的前期，功能多样性指数通常应满足以下标准：①具有同时处理多个功能性状的能力；②物种功能性状和物种丰富度影响着群落的功能多样性；③增加或减少新物种（或功能性状）的数量会影响性状多样性。所有标准都强调了一个无法回避的事实，即功能性状多样性需要考虑物种数量和功能性状数量（de Bello et al.，2009；Spasojevic and Suding，2012；Scheiner et al.，2017）。

在具体研究中，Zhang 等（2021）选择了功能性状丰富度、功能性状均匀度和功能性状离散度为对象，在跨越热带雨林到寒温带针叶林的 3800 km 样带的 9 个森林群落来检验上述 3 种参数对功能性状数量变化的响应。实验结果表明：功能性状丰富度的三个指标和 RaoQ 均随选择性状的数量增加而增加（图 11.14）。RaoQ 包含了功能丰富度和性状离散度的信息，但功能丰富度占主导地位。而一些功能性状多样性的指标是无法预测的，这些指数包括 FEve、FDiv 和 FDis。这些指标随着功能性状数量的改变而不规则地改变，甚至是一个恒定的值，使得很难捕捉它们的变化趋势。FEve、FDiv 和 FDis 通常被总结为量化功能性状范围和分布规则程度的指标。功能性状多样性在范围和分布上比功能丰富度类指标更灵活。因此，未来针对这三个参数指标的使用应更加谨慎，避免依赖经验来决定功能性状选择的情况发生。实验结果首次定量证明了功能性状数量对功能性状多样性有很大的影响，且是很难预测的。换句话说，性状的选择或性状的数量对功能性状丰富度、功能性状均匀度和功能性状离散度都具有非常大的影响；同时，也给利用这些参数来简单揭示群落构建机制、环境响应机制、生产力稳定机制等蒙上了一层阴影。

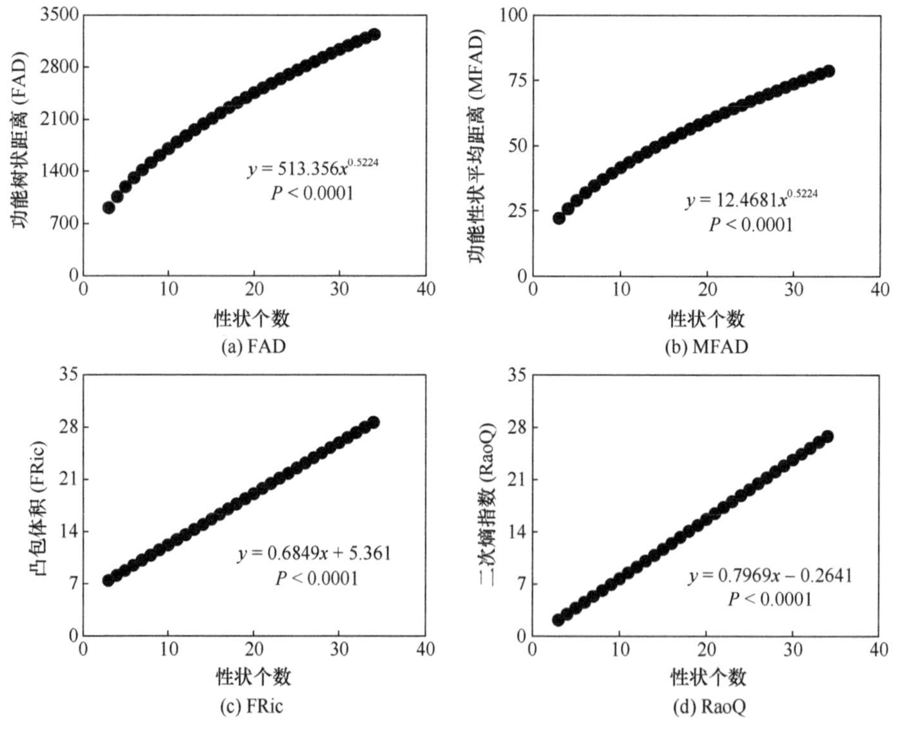

图 11.14　功能多样性与性状数量的关系

总的来说，依托系统测量的植物功能性状数据库，该研究首先探讨了功能性状数量对功能性状丰富度、性状均匀度和性状离散度三个层次的功能性状多样性指数的可预测性。出乎意料的是，只有功能性状丰富度指数、功能性状距离、功能性状平均距离和二次熵四个指标是可预测的（图 11.14）。本研究提供的功能丰富度的三个度量指标（FAD、

MFAD、FRic）与性状数量之间的关系，以及熵与性状数量之间的关系，使得未来有望发展标准协议或转化方法，提高未来不同地点或不同区域间研究结果的可比性。目前还没有关于探究功能性状数量对其他更多功能多样性指数影响的统一标准，也没有关于它们如何实现这一目标的途径。总之，尽管功能性状多样性的概念框架是科学的且具有发展潜力，但在计算功能性状多样性的理论和方法上还亟需进一步的探究和完善。

11.5　植物功能性状多样性的不足与展望

1. 切勿混淆多个功能多样性参数

对于功能性状多样性的评估，目前存在多种多样的计算方法和评价参数（Villéger et al.，2008；Laliberté and Legendre，2010）。因此，在众多计算方法和参数中选择合适的参数就显得尤为重要。在实际操作过程中，建议尽可能选择统一的方法来描述功能性状空间，如函数树状图或多元空间；并使用该方法探究其在丰富度、均匀度和离散度等多个维度上的特性。否则，在同一研究中使用不同的计算方法得到的结果可能会存在问题。类似地，如果在比较来自不同研究的结果时，由于它们基于不同的方法和指标进行计算，因此也应特别谨慎。

2. 应充分认识到计算方法自身所产生的不确定性

在一个理想情况下，通过使用不同的方法计算类似的度量，例如，用树状图或凸包计算的功能丰富度，将得到相同（或收敛）的结果。然而，在实际操作过程中，人们却发现不同方法得到的结果往往存在较大差异（Mammola and Cardoso，2020；Wong and Carmona，2021）。因此，需要充分认识到不同参数计算方法本身的不确定性，并基于实际测量的数据对不同方法、参数进行评估，以获取可靠的研究结果。

3. 重视所选择功能性状和功能性状数量的影响

功能性状多样性的参数值，往往会受到功能性状选择和功能性状数量的影响（Zhang et al.，2021）。换言之，当选择的功能性状或性状数量发生改变时，功能性状多样性参数也会随之改变。这一点在对不同研究进行对比时应格外注意，在实际操作过程中，对于性状选择和数量不同的研究，切勿简单地进行功能多样性的比较。由于它们间并不具备可比性，强行对比的错误结果甚至会产生误导。

4. 理性选择合理参数和计算方法

目前已发展了多种评估功能性状多样性的方法和指标，未来可能还会继续开发出更多的新参数。因此，选择合适的方法和参数，对开展功能性状多样性分析的研究人员来说不仅是一种困惑、更是巨大的风险与挑战（Cianciaruso et al.，2017）。不可避免地，大多数研究人员会倾向于自己常用的或偏爱的方法。

5. 未来应根据科研需求发展更多的指标

现有功能性状多样性指标的广度和深度，都难以完全满足我们探索给定功能性状空间中观察到的分布属性，并利用其回答潜在的无限数量的生态适应与进化问题。一般地，当处理新的范式和系统时，往往需要开发新参数。如无序框架就是一个可能的发展方向（Guillerme et al.，2020），它提供了一个模块化架构来创建和测试针对特定数据集和问题定制的新指标。未来开发的新指标必将有利于我们更加全面和准确地评估功能性状多样性、并利用其预测生态系统结构维持机制和功能稳定性机制。

11.6 小　　结

植物具有许多不可或缺的重要功能性状，这些功能性状又协同地帮助植物实现多种功能。传统通过单一或为数不多的几个功能性状的途径，难以科学地揭示自然环境中的植物响应与适应机制；因此，科研人员逐步发展了功能性状多样性的新概念体系，通过刻画群落中植物功能性状分布范围和聚散程度的综合性指标，来反映植物群落性状的总体差别、适应机制和功能优化机制。本章系统梳理了植物功能多样性的理论体系和构建方法，从功能多样性的定义、评价参数、计算方法和国内外研究进展详细阐释了植物功能多样性的理论基础和评价参数。基于研究团队大量配套性实测数据，以案例形式阐释了植物功能多样性大尺度的空间变异规律及其与生产力的关系，同时针对植物功能多样性参数对性状数量的依赖性进行了评估。通过相关论述，在确定功能性状多样性概念框架科学性的同时，也对其参数和方法学可能存在的不确定性和隐患进行了探讨，希望能为后续相关研究提供应用案例和参考。

参考文献

董世魁, 汤琳, 张相锋, 等. 2017. 高寒草地植物物种多样性与功能多样性的关系. 生态学报, 37(5): 1472-1483.

何念鹏, 刘聪聪, 张佳慧, 等. 2018. 植物性状研究的机遇与挑战: 从器官到群落. 生态学报, 38(17): 6787-6796.

雷羚洁, 孔德良, 李晓明, 等. 2016. 植物功能性状、功能多样性与生态系统功能: 进展与展望. 生物多样性, 24(6): 922-931.

宋彦涛, 王平, 周道玮. 2011. 植物群落功能多样性计算方法. 生态学杂志, 30(9): 2053-2059.

周道玮. 2009. 植物功能生态学研究进展. 生态学报, 29(10): 5644-5655.

Ansquer P, Duru M, Theau J P, et al. 2009. Functional traits as indicators of fodder provision over a short time scale in species-rich grasslands. Annals of Botany, 103: 117-126.

Ballantyne A, Alden C, Miller J, et al. Increase in observed net carbon dioxide uptake by land and oceans during the past 50 years. Nature, 488: 70-72.

Cornelissen J H C, Lavorel S, Garnier E, et al. 2003. A handbook of protocols for standardised and easy measurement of plant functional traits worldwide. Australian Journal of Botany, 51: 335-380.

Cornwell W K, Schwilk D W, Ackerly D D. 2006. A trait-based test for habitat filtering: convex hull volume. Ecology, 87: 1465-1471.

Correia D L P, Raulier F, Bouchard M, et al. 2018. Response diversity, functional redundancy, and post-logging

productivity in northern temperate and boreal forests. Ecological Applications, 28: 1282-1291.
Craven D, Eisenhauer N, Pearse W D, et al. 2018. Multiple facets of biodiversity drive the diversity–stability relationship. Nature Ecology and Evolution, 2: 1579-1587.
de Bello F, Lavorel S, Albert C H, et al. 2011. Quantifying the relevance of intraspecific trait variability for functional diversity. Methods in Ecology and Evolution, 2: 163-174.
de Bello F, Thuiller W, Lepš J, et al. 2009. Partitioning of functional diversity reveals the scale and extent of trait convergence and divergence. Journal of Vegetation Science, 20: 475-486.
Díaz S, Cabido M. 2001. Vive la différence: plant functional diversity matters to ecosystem processes. Trends in Ecology and Evolution, 16: 646-655.
Fernández-Martínez M, Sardans J, Chevallier F, et al. 2019. Global trends in carbon sinks and their relationships with CO_2 and temperature. Nature Climate Change, 9: 73-79.
García-Palacios P, Gross N, Gaitán J, et al. 2018. Climate mediates the biodiversity–ecosystem stability relationship globally. Proceedings of the National Academy of Sciences, 115: 8400-8405.
Griffin J N, Mendez V, Johnson A F, et al. 2009. Functional diversity predicts overyielding effect of species combination on primary productivity. Oikos, 118: 37-44.
Guillerme T, Puttick M N, Marcy A E, et al. 2020. Shifting spaces: Which disparity or dissimilarity measurement best summarize occupancy in multidimensional spaces? Ecology and Evolution, 10: 7261-7275.
He N P, Li Y, Liu C C, et al. 2020. Plant trait networks: Improved resolution of the dimensionality of adaptation. Trends in Ecology and Evolution, 35: 908-918.
He N P, Liu C C, Piao S L, et al. 2019. Ecosystem traits linking functional traits to macroecology. Trends in Ecology and Evolution, 34: 200-210.
He N P, Liu C C, Tian M, et al. 2018. Variation in leaf anatomical traits from tropical to cold-temperate forests and linkage to ecosystem functions. Functional Ecology, 32: 10-19.
Heemsbergen D A, Berg M P, Loreau M, et al. 2004. Biodiversity effects on soil processes explained by interspecific functional dissimilarity. Science, 306: 1019-1020.
Hooper D U, Chapin Ⅲ F S, Ewel J J, et al. 2005. Effects of biodiversity on ecosystem functioning: A consensus of current knowledge. Ecological Monographs, 75: 3-35.
Hulot F D, Lacroix G, Lescher-Moutoué F, et al. 2000. Functional diversity governs ecosystem response to nutrient enrichment. Nature, 405: 340-344.
Isbell F, Craven D, Connolly J, et al. 2015. Biodiversity increases the resistance of ecosystem productivity to climate extremes. Nature, 526: 574-577.
Kearsley E, Hufkens K, Verbeeck H, et al. 2019. Large-sized rare tree species contribute disproportionately to functional diversity in resource acquisition in African tropical forest. Ecology Evolution, 9: 4349-4361.
Komac B, Pladevall C, Domènech M, et al. 2015. Functional diversity and grazing intensity in sub-alpine and alpine grasslands in Andorra. Applied Vegetation Science, 18: 75-85.
Kunstler G, Falster D S, Coomes D A, et al. 2016. Plant functional traits have globally consistent effects on competition. Nature, 529: 204-207.
Laliberté E, Legendre P. 2010. A distance-based framework for measuring functional diversity from multiple traits. Ecology, 91: 299-305.
Legras G, Loiseau N, Gaertner J C. 2018. Functional richness: Overview of indices and underlying concepts. Acta Oecologica, 87: 34-44.
Li Y, He N P, Hou J H, et al. 2018. Factors influencing leaf chlorophyll content in natural forests at the biome scale. Frontiers in Ecology and Evolution, 6: 64.
Li Y, Hou J, Xu L, Li M X, et al. 2022. Variation in functional trait diversity from tropical to cold-temperate forests and linkage to productivity. Ecological Indicators, 138: 108864.
Liu J, Zhang X, Song F, et al. 2015. Explaining maximum variation in productivity requires phylogenetic diversity and single functional traits. Ecology, 96: 176-183.
Loreau, M. 2000. Biodiversity and ecosystem functioning: recent theoretical advances. Oikos, 91: 3-17.
Loreau M, Naeem S, Inchausti P, et al. 2001. Biodiversity and ecosystem functioning: Current knowledge and future challenges. Science, 294: 804-808.

Macdougall A S, Mccann K S, Gellner G, et al. 2013. Diversity loss with persistent human disturbance increases vulnerability to ecosystem collapse. Nature, 494: 86-89.

Mammola S, Cardoso P. 2020. Functional diversity metrics using kernel density n-dimensional hypervolumes. Methods in Ecology and Evolution, 11: 986-995.

Mason N W, Mouillot D, Lee W G, et al. 2005. Functional richness, functional evenness and functional divergence: the primary components of functional diversity. Oikos, 111: 112-118.

Mcelroy M S, Papadopoulos Y A, Adl M S. 2012. Complexity and composition of pasture swards affect plant productivity and soil organisms. Canadian Journal of Plant Science, 92: 687-697.

Meira J M S, Imaña-Encinas J, Pinto J R, et al. 2016. Functional diversity influence in forest wood stock: a study of the brazilian savanna. Bioscience Journal, 32: 1619-1631.

Mensah S, Veldtman R, Assogbadjo A E, et al. 2016. Tree species diversity promotes aboveground carbon storage through functional diversity and functional dominance. Ecology Evolution, 6: 7546-7557.

Milcu A, Eugster W, Bachmann D, et al. 2016. Plant functional diversity increases grassland productivity-related water vapor fluxes: an Ecotron and modeling approach. Ecology, 97: 2044-2054.

Mouchet M A, Villéger S, Mason N W, et al. 2010. Functional diversity measures: an overview of their redundancy and their ability to discriminate community assembly rules. Functional Ecology, 24: 867-876.

Niu K, Choler P, De Bello F, et al. 2014. Fertilization decreases species diversity but increases functional diversity: A three-year experiment in a Tibetan alpine meadow. Agriculture, Ecosystems and Environment, 182: 106-112.

Oehri J, Schmid B, Schaepman S G, et al. 2017. Biodiversity promotes primary productivity and growing season lengthening at the landscape scale. Proceedings of the National Academy of Sciences of the United states, 114: 10160-10165.

Ottaviani G, Keppel G, Gotzenberger L, et al. 2020. Linking plant functional ecology to island biogeography. Trends in Plant Science, 25: 329-339.

Pakeman R J. 2014. Leaf dry matter content predicts herbivore productivity, but its functional diversity is positively related to resilience in grasslands. Plos One, 9(7): e101876.

Pavoine S, Bonsall M B. 2011. Measuring biodiversity to explain community assembly: a unified approach. Biological Reviews, 86: 792-812.

Pavoine S, Ollier S, Pontier D. 2005. Measuring diversity from dissimilarities with Rao's quadratic entropy: Are any dissimilarities suitable? Theoretical Population Biology, 67: 231-239.

Petchey O L, Gaston K J. 2002. Functional diversity (FD), species richness and community composition. Ecology Letters, 5: 402-411.

Petchey O L, Gaston K J. 2006. Functional diversity: back to basics and looking forward. Ecology Letters, 9: 741-758.

Piao S, Wang X, Wang K, et al. 2020. Interannual variation of terrestrial carbon cycle: Issues and perspectives. Global Change Biology, 26: 300-318.

Pyles M V, Magnago L F, Borges E R, et al. 2020. Land use history drives differences in functional composition and losses in functional diversity and stability of Neotropical urban forests. Urban Forestry Urban Greening, 49: 126608.

Rawat M, Arunachalam K, Arunachalam A, et al. 2020. Relative contribution of plant traits and soil properties to the functioning of a temperate forest ecosystem in the Indian Himalayas. Catena, 194: 104671.

Reich P B. 2014. The world-wide ‘fast-slow’ plant economics spectrum: A traits manifesto. Journal of Ecology, 102: 275-301.

Ricotta C. 2007. A semantic taxonomy for diversity measures. Acta Biotheoretica, 55: 23-33.

Roy J, Mooney H A, Saugier B. 2001. Terrestrial Global Productivity. New York: Elsevier.

Scheiner S M, Kosman E, Presley S J, et al. 2017. Decomposing functional diversity. Methods in Ecology and Evolution, 8: 809-820.

Schleuter D, Daufresne M, Massol F, et al. 2010. A user's guide to functional diversity indices. Ecological Monographs, 80: 469-484.

Schmera D, Erős T, Podani J. 2009. A measure for assessing functional diversity in ecological communities. Aquatic Ecology, 43: 157-167.

Schumacher J, Roscher C. 2009. Differential effects of functional traits on aboveground biomass in semi-natural grasslands. Oikos, 118: 1659-1668.

Shipley B, Vile D, Garnier E. 2006. From plant traits to plant communities: A statistical mechanistic approach to biodiversity. Science, 314: 812-814.

Spasojevic M J, Suding K N. 2012. Inferring community assembly mechanisms from functional diversity patterns: the importance of multiple assembly processes. Journal of Ecology, 100: 652-661.

Tesfaye M, Dufault N S, Dornbusch M R, et al. 2003. Influence of enhanced malate dehydrogenase expression by alfalfa on diversity of rhizobacteria and soil nutrient availability. Soil Biology and Biochemistry, 35: 1103-1113.

Tilman D. 2001. Functional Diversity, In: Levin S A. Encyclopedia of Biodiversity. New York: Elsevier.

Tordoni E, Petruzzellis F, Nardini A, et al. 2019. Make it simpler: Alien species decrease functional diversity of coastal plant communities. Journal of Vegetation Science, 30: 498-509.

Verheyen K, Honnay O, Motzkin G, et al. 2003. Response of forest plant species to land-use change: A life-history trait-based approach. Journal of Ecology, 91: 563-577.

Villéger S, Mason N W, Mouillot D. 2008. New multidimensional functional diversity indices for a multifaceted framework in functional ecology. Ecology, 89: 2290-2301.

Violle C, Navas M L, Vile D, et al. 2007. Let the concept of trait be functional! Oikos, 116: 882-892.

Walker B, Kinzig A P, Langridg, J. 1999. Plant attribute diversity, resilience, and ecosystem function: The nature and significance of dominant and minor species. Ecosystems, 2: 95-113.

Wang L, Wang N, You X, et al. 2011. Analysis of chain saw selective felling operations on damage rate of residual trees during winter time in a mixed conifer-broad-leaved forest in China. Forest Products Journal, 61: 283-289.

Wong M K, Carmona C P. 2021. Including intraspecific trait variability to avoid distortion of functional diversity and ecological inference: Lessons from natural assemblages. Methods in Ecology and Evolution, 12: 946-957.

Xu L, Yu G R, He N P. 2019. Increased soil organic carbon storage in Chinese terrestrial ecosystems from the 1980s to the 2010s. Journal of Geographical, 29: 49-66.

Xu Z, Li M, Zimmermann N E, et al. 2018. Plant functional diversity modulates global environmental change effects on grassland productivity. Journal of Ecology, 106: 1941-1951.

Yan P, Zhang J H, He N P, et al. 2023. Functional diversity and soil nutrients regulate the interannual variability in gross primary productivity. Journal of Ecology, 111: 1094-1106.

Yuan Z, Ali A, Wang S, et al. 2019. Temporal stability of aboveground biomass is governed by species asynchrony in temperate forests. Ecological Indicators, 107: 105661.

Zhang Z H, Hou J H, He N P. 2021. Predictability of functional diversity depends on the number of traits. Journal of Resources and Ecology, 12: 332-345.

第12章 植物功能性状网络及其多维度适应机制

摘要：自然界中，任何植物都具有多种多样的功能性状，这些功能性状协同或互补地帮助植物适应外界复杂多变的环境。因此，多种功能性状间的复杂关系变化规律，很大程度上可以体现植物生存、生长和繁殖等方面的适应策略及其对环境的响应机制。目前，大多数研究局限于单一或特定几个性状间的简单关系，多维度思维及其量化方法在植物功能性状研究中还比较罕见，制约了人们对植物多维度适应机制的深入认知。传统的分析方法，如相关分析、主成分分析、通径分析、结构方程模型等，都难以阐明多种功能性状间的复杂关系。针对该科学难题，近期科研人员创新性地引入多维度网络分析理念、发展了“植物功能性状网络”的理论体系（PTNs），拓展了从功能性状网络的角度揭示植物适应策略的新方法。植物功能性状网络被定义为由多种功能性状间相互关系构成的多维度网络，它采用其自身的整体特征或节点特征来表征植物性状之间的复杂关系，以及植物个体、功能群、群落对环境变化或干扰等的响应与适应途径。在此基础上，科研人员发展了 PTNs 的 5 个网络整体参数和 4 个核心节点参数，并定义了其生理生态意义。植物功能性状网络分析具有多维度捕获和可视化植物多性状间关系的潜力，为揭示植物对环境或资源变化响应与适应策略提供了全新的视角。本章在介绍 PTNs 的概念、理论、参数和方法的基础上，结合中国东部南北森林样带数据和全球叶片功能性状数据等，从多个角度阐述了 PTNs 的科学性与适应性。总之，植物功能性状网络理论体系及其核心参数，为探究植物不同尺度的多维度适应机制、及其对全球变化的响应等问题提供了新的解决方案，对人们更好地理解植物对环境的适应策略具有重要意义。

植物功能性状是植物在长期的进化和演化过程中，表现出来可度量的、相对稳定的，且与植物各功能密切相关的特征参数（Lavorel and Garnier，2002；Violle et al.，2007；何念鹏等，2018；He et al.，2019）。在自然界中，任何植物均具有种类繁多的功能性状；例如，叶片大小、叶片厚度、叶片各种功能元素含量、植株高度、根系直径、根系长度、种子大小、种子质量等等（Cornelissen et al.，2003）。这些功能性状既相互独立，又相互关联；协同、权衡、耦合或解耦等，总之，彼此之间的关系非常复杂（Chave et al.，2009；Reich，2014；Diaz et al.，2016；He et al.，2020）。

20 世纪 90 年代以来，植物功能性状研究取得了一系列突破性进展，为其高速发展注入了新的活力，如化学计量理论、叶经济型谱理论、代谢理论等（Enquist et al.，1998；Elser et al.，2000；Wright et al.，2004）。然而，纵观前期的研究，绝大多数还是聚焦于单一功能性状或几个功能性状的变异规律、协同关系及其与环境之间的关系。在复杂的自然界中，理论上任何单一功能性状的改变都不足以实现植物对复杂环境变化的响应与适应。植物为了实现长期生存与繁衍的需求，必须通过多种功能性状相互作用实现其单一功能优化或者多种功能平衡，形成多种适应机制以及生长策略，以应对复杂多变的外界环境。大量研究表明，多性状之间存在紧密的联系，然而以往的分析方法大多仅重视单一或两两性状之间相关性的变化，却忽略了多性状间复杂的关系（Moles et al.，2006；Chave et al.，2009；Moles et al.，2009；Wright et al.，2017）。理论上，只有综合考虑这些复杂的关系，才有望深入揭示阐述植物对环境变化的适应对策（图 12.1）。

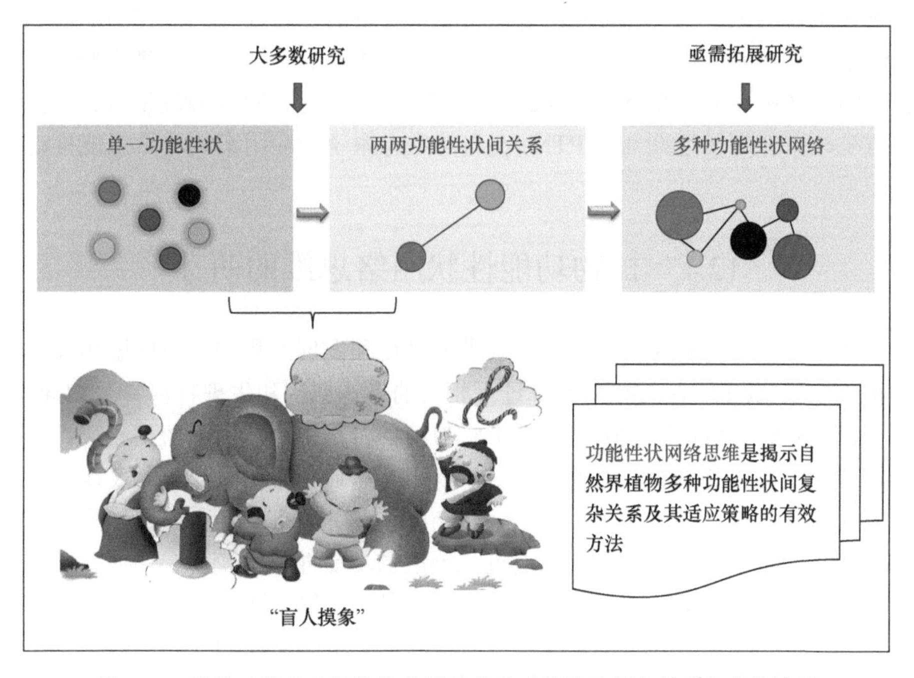

图 12.1　植物功能性状网络将是揭示多种功能性状复杂关系的有效途径

还原论（reductionism）指向事物的微观性质，重在从宏观走向微观；而系统论（system theory）反其道而行，把目光指向事物的宏观性质和复杂性，重在从微观走向宏观。复杂科学（complexity science）以复杂系统为研究对象，尝试采用跨学科的方法来揭示复杂系统背后的统一性规律（Anderson and Philip，1999）。当前，是还原论科学一统天下的时代，科学理论整体重分析而轻综合。相对而言，复杂论还很年轻，甚至还没有一个普遍公认的概念体系和学科框架；然而，其跨学科范式、多尺度视角以及整体论的世界观，为揭示各种复杂的自然系统、各类复杂的社会问题等提供了新的科学范式。1977 年，著名科学家伊利亚·普利高津（Ilya Prigogine）就凭借“耗散结构论”这一复杂科学的开创性理论成果获得诺贝尔化学奖。2021 年，复杂科学再次受到了诺贝尔奖的青睐，由日裔美籍科学家真锅淑郎（Syukuro Manabe）等建立的“地球气候的物理模型、量化其可变性并可靠地预测全球变暖”而获奖。在复杂科学研究中，复杂网络（complex networks）对于科学研究而言是一种相对较新的思想和理念，同时对于研究复杂系统而言又是一种新的技术和方法。

目前，复杂网络已经广泛应用于分子生物学、社会科学、交通运输等各个领域。人们通过对复杂网络的研究，可以对自然界各种复杂关系进行量化和预测。受到复杂科学的启发并结合对植物自身作为一个复杂系统的判断，He 等（2020）等提出，复杂网络可以提供一种有效的方式探究植物多性状的复杂关系，并有助于揭示植物对环境变化的多维度适应策略。尽管目前网络分析已广泛应用于多个领域，但是在植物功能性状研究的应用却比较罕见；除了缺乏完善的植物功能性状网络的概念与方法外，系统性和配套性的植物功能性状数据缺失也是重要原因。

为突破上述两大难题，科研人员近期将复杂网络的理念运用到植物功能性状的研究中，构建了植物功能性状网络（PTNs）的理论体系和方法，为植物功能性状的研究提供了一种新的思路和方法（He et al.，2020）。本章系统梳理了 PTNs 的理论框架、核心参数和计算方法，并介绍了近期几个 PTNs 在自然生态系统的应用案例，希望能推动该领域的快速发展。

12.1　植物功能性状网络思维的萌芽

众所周知，植物功能性状是植物在长期的进化和发展过程中，与环境相互作用而形成的与植物生长、发育、存活和繁殖等过程相关的形态结构和生理特征参数（Lavorel and Garnier，2002；Violle et al.，2007）。由于它与植物自身的遗传信息密切相关，对特定植物功能性状而言首先是具有相对稳定性，并以此为基础应对环境变化时表现出了一定的时空变异性或可塑性（何念鹏等，2018；2020）。植物功能性状这种相对稳定性和应对外界环境变化的可塑性，使人们可以通过观测植物功能性状的变化、并揭示植物在各个层面（从器官、物种、群落到生态系统）适应环境的策略和机制（Reich et al.，1997；He et al.，2019）。这也是植物功能性状当前受到越来越多关注的重要原因之一，人们甚至希望以功能性状为媒介，打通生态学研究不同时空尺度研究间的壁垒，推动整个学科的全面、快速发展。事实上，植物功能性状具有其自身的多功能性（multi-functionality）。一方面，植物任一种功能性状均具有多种功能和作用机制。以气孔为例，气孔通常由两个保卫细胞构成，它是植物与外界环境进行气体交换的重要通道，它的形态和行为与植物的光合作用和蒸腾作用密切相关（Hetherington and Woodward，2003）。气孔常被比喻为 CO_2 和水分进出叶片的闸门，与光能利用效率、水分利用效率和热量平衡等多种功能都密切相关。叶片上的微毛在反射太阳辐射降低辐射对叶片损伤的同时，也有效防止了叶片水分的散失（Sack and Buckley，2020）。另一方面，植物任一功能都并非由单一功能性状、组织或器官完成。例如，光合作用主要是栅栏组织和海绵组织协同优化的结果。大量研究表明植物多种功能性状间关系密切，甚至多种功能性状共同调控同一功能。例如，叶脉性状和气孔性状间存在紧密的相关性，两者共同控制着植物水分利用效率（Ackerly，2004；毛伟等，2012）。由此可见，在植物适应外界环境变化的过程中，单一功能性状的改变不足以实现其环境适应的全部需求，多种功能性状间的协同才能共同实现其多功能的平衡与优化。

目前，植物功能性状的研究对象已经逐渐从单一功能性状转变为多种功能性状（La Riva et al.，2016；Bruelheide et al.，2018；Yin et al.，2018）。最具有代表性的研究成果是 Wright 等（2004，2017）提出的叶经济型谱理论。随后，一些学者逐步发展了植物其他器官的经济型谱，如干经济型谱、根经济型谱、其他生理性状谱系（如水力学特征等）以及植物整体经济型谱（Sack et al.，2003；Chave et al.，2009；Freschet et al.，2010；Sack et al.，2013；Reich，2014；Roumet et al.，2016）。然而，许多研究表明，这些功能性状间的复杂关系会因功能群和环境的不同而发生转变（Wright and Suttongrier，2012），具有明显的多维度特征（He et al.，2020）。

在还原论指导下，即使在多种功能性状“集合（constellation）”备受关注的当下，植物多种功能性状的研究仍然趋向于简单化的趋势，即“降维处理”。在具体操作过程中，如果多功能性状紧密相关，则可将他们共同降为一个简单的维度。诸如主成分分析这类方法，为降维处理提供了理论和分析的支撑。因此，植物叶经济型谱被认为是沿单轴的变化，从快速生长、组织寿命短的一端到缓慢生长、组织寿命长的另一端（Wright et al.，2004）。近年来，国内外学者对植物单一功能性状的时空变异，两两功能性状间的关联以及多种功能性状间的植物功能性状网络进行了大量研究，并取得了卓有成效的成果，其发展过程大致如图 12.2 所示。

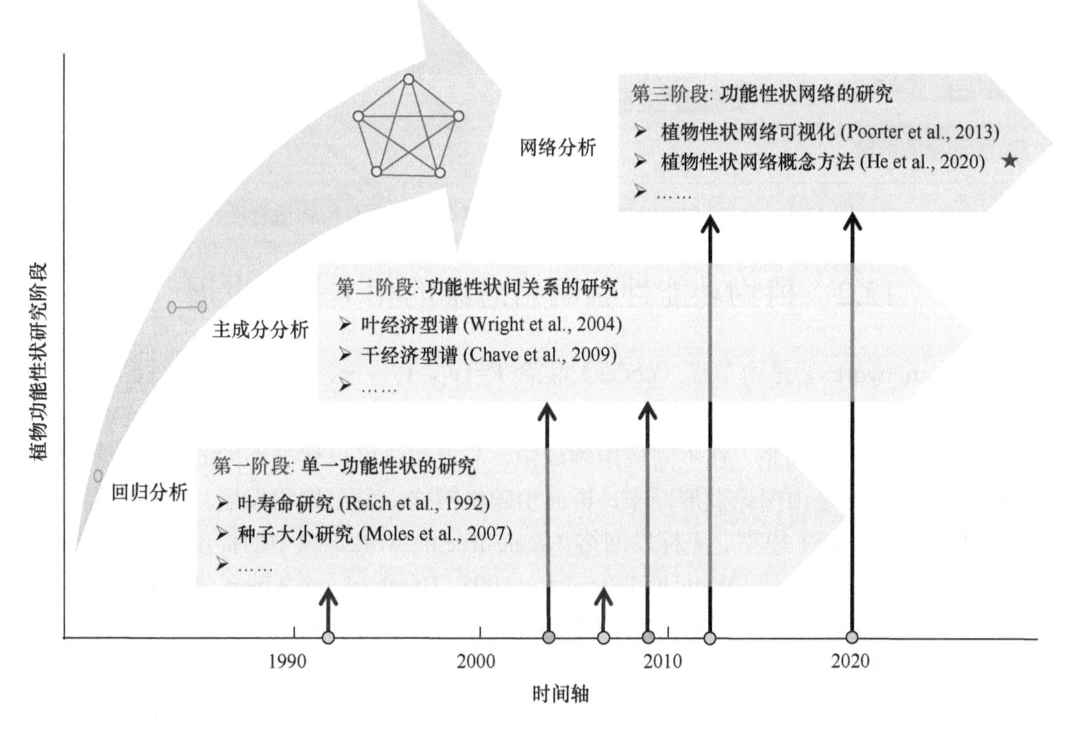

图 12.2 植物功能性状研究进展：从单一功能性状到功能性状网络

单一维度的这种简化方式会掩盖自然界植物的整体适应模式。正如上文所讲，植物功能性状往往不仅与单一功能相关，而是与其他性状共同作用于多个功能从而提高植物的存活能力、抗逆能力和繁殖能力等（Bruelheide et al.，2018；Yin et al.，2018；Sack and Buckley，2020）。只有阐明多种功能性状间的复杂关系，才能从功能性状整合的角度阐释植物整体表型的适应机制（图 12.1 和图 12.3）。然而，如何阐释多种功能性状之间的复杂关系，以及这些功能性状间的关系如何随物种、生境和环境而变化，仍然是一个重大科学挑战。

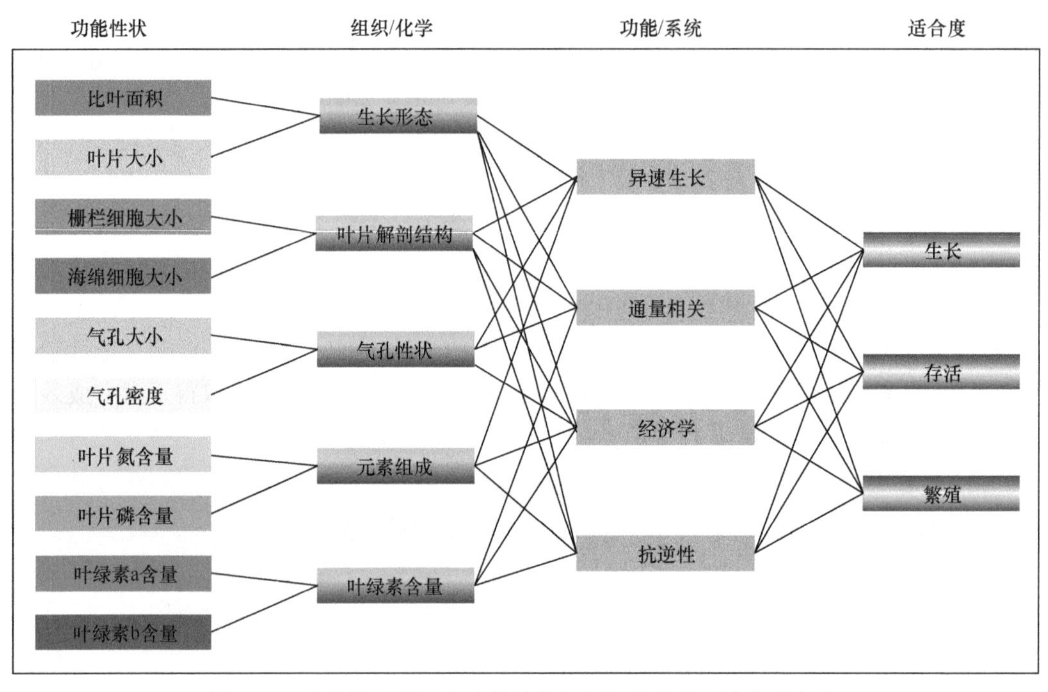

图 12.3　自然界多种植物功能性状间复杂的关系与植物适合度

12.2　植物功能性状网络思维的相关技术发展

网络（networks）是由节点（nodes）集合 $V=\{v_1, v_2, \cdots, v_n, \cdots\}$和边（edges）集合 $E=\{e_1, e_2, \cdots, e_m, \cdots\}$所组成的集合 $N=\{V, E\}$。节点是网络的基本元素，连线（边）表示节点之间的连接关系。在不同应用领域中，节点和边可以代表不同的事物及其相互之间的关系。网络是由图论发展而来，进而由随机网络向复杂网络发展。而小世界网络（small-world network）模型、无标度网络（scale-free network）模型的提出，象征着网络研究进入了一个新的时代（Watts and Strogatz，1998；Barabasi and Albert，1999；Strogatz，2001）。从科学发展来看，自牛顿力学问世以来，还原论的研究方法曾是现代科学众多领域的主宰。该方法将系统分解为大量基本单元，将系统“分析”“分解”，探究系统的细部，揭示了系统的组成元素或部件，却忽视了这些元素是如何组合成系统。因此，还原论方法非常适用于“简单系统”；而当面对复杂系统时具有很大的局限性，复杂网络应运而生，并成为 21 世纪非常重要的一个新兴研究途径。一切复杂系统的结构都是复杂网络，自然界中存在的大量复杂系统都可以通过形形色色的网络加以描述。

理论上，一个网络可以是一个系统中任何可能相互作用的单元的集合，将这些单元表示为一组由边连接的节点。事实上，自然界中复杂的植物功能性状系统也可以被描述为复杂网络。目前，复杂网络的思想和理念已经被逐渐运用到许多领域。在社会科学方面，社会中人与人相互作用所构成的关系网络称为社会网络（Liljeros et al.，2001）。在系统生物学方面，科研人员在 1995 年成功建立了嗜血杆菌流感菌代谢模型，该模型包含 488 个反应以及 343 个代谢物，对应 296 个代谢基因，构成了一个巨大的网络（Fleischmann et al.，1995）。Jeong 等（2000）将各种基质作为节点（如 ATP、ADP 等），以基质参与的某种化学反应为边，构建了新陈代谢的复杂网络，进而探究 43 种生物体组织的新陈代谢过程。除代谢网络外（Guimera and Amaral，2005），目前复杂网络还广泛应用于交通运输网络（Wang and Wang，2011；Wang et al.，2011）、基因网络（Monaco et al.，2018）、微生物网络（Wang et al.，2018；Feng et al.，2022）等多个方面。为便于理解，我们在此列举了几种常见的复杂网络在其他领域的应用，包括节点、边以及相关网络的定义（表 12.1）。

表 12.1　复杂网络在不同领域的应用

序号	网络名称	节点	边	定义	相关文献
1	社会网络	人、社会岗位	亲缘关系、业务往来关系、朋友关系	社会网络是指社会个体成员之间由于互动而形成的相对稳定的关系体系，社会网络关注的是人与人之间的互动和联系，社会互动会影响人们的社会行为	Liljeros et al.，2001
2	交通网络	交通站点	地铁线、飞机航线等	交通网络指各种运输网、邮电网构成的整体交通网，亦称运输网络	Wang and Wang，2011；Wang et al.，2011
3	蛋白质互作网络	蛋白质分子	分子间的相互作用	蛋白质互作网络是指由单独蛋白通过彼此之间的相互作用构成的互作网络，从而参与生物信号传递、基因表达调节、能量和物质代谢及细胞周期调控等环节	Mongiovì and Sharan，2013
4	微生物网络	微生物种类	微生物间相互作用	微生物网络是指可以探究出不同环境中的不同微生物种间作用关系或者物种的共存模式	Feng et al.，2022
5	代谢网络	分子	生化反应	代谢网络是指细胞内所有生化反应所构成的网络，反映了所有参与代谢过程的化合物之间以及所有催化酶之间的相互作用	Fleischmann et al.，1995；Guimera and Amaral，2005
6	信息网络	网站页面、作者论著	网络链接地址、文献引用	信息网络专指电子信息传输的通道，是构成这种通道的线路、设备的总称	El Gamal and Kim，2011
7	植物功能性状网络	功能性状	功能性状之间的协同与权衡关系	根据植物多种功能性状间相互关系构成的多维度网络，其整体特征可反映植物个体和群落对环境的响应与适应机制、植物群落结构维持和生产力优化的机制	He et al.，2020

在传统的生态学研究领域，Proulx 等（2005）率先提出了将复杂网络的理论和方法运用到生态和进化方面的科学设想。该文回顾了网络思想在基因和蛋白质领域的最新应用，并指出这些研究通过应用现有的网络分析技术，对生物系统的组织和功能提供了新的见解。此外，文章还指出，认识到网络思维和理念在进化和生态应用中的共性以创建

生物网络的预测科学是未来的巨大挑战。遗憾的是，他仅仅建议将复杂网络思想应用到生态学研究中，但并未给出具体定义、参数和实施方案。

对于植物功能性状而言，网络分析有助于可视化多个功能性状之间相互依赖的多维度关系，而非与传统方法一样只关注单一或两两性状之间的二维关系。在前人研究的启发下，近期一些研究已经逐渐明晰了植物功能性状网络的雏形（Osnas et al.，2018），也尝试以网络化的形式可视化多个性状之间的相互依赖关系（Niinemets and Sack，2006；Poorter et al.，2013，2014；Sack et al.，2013；Mason and Donovan，2015；Schneider et al.，2017；Kleyer et al.，2018）。科研人员也在逐步开始尝试应用网络参数来量化这种关系（Kleyer et al.，2018；Flores et al.，2019a）。尽管如此，植物功能性状网络目前仍处于萌芽阶段，植物功能性状网络的理论框架尚不清楚，无论是植物功能性状网络的构建方法、具有生态意义的网络参数，还是所需的大量配套的数据，都需要进一步探究和储备。同时，对于自然群落尤其是在大尺度上，不同生活型及功能群植物通过植物功能性状间关系的改变适应环境的策略尚不清楚。

生态学是探究生物与生物、生物与环境之间关系的科学。植物是生态系统（包括人类）赖以生存的物质和能量来源，因此，植物适应环境及群落生产力形成与稳定机制一直是相关学科的核心科学问题之一。如上所述，功能性状是植物对环境适应的表现，功能性状之间存在着紧密的关系，单一功能性状的改变并不能实现植物对环境的响应与适应。尽管对单个或多个功能性状指标自身变化规律的研究具有其特定的科学价值和进步意义，但却难以真实地揭示功能性状整体关系与多维响应机制。如何将复杂网络的研究理念运用到植物功能性状的研究中、进而构建新型的植物功能性状网络，是解决植物多种功能性状间复杂关系及其综合适应途径的一条有效途径。

12.3 植物功能性状网络的定义和内涵

基于前人的研究，何念鹏等将复杂网络的理念运用到功能性状的研究中、并首次提出植物功能性状网络的概念（He et al.，2020）。植物功能性状网络（PTNs）被定义为由多种功能性状间相互关系构成的多维度网络，它自身的整体特征或节点特征可以表征植物性状之间的复杂关系、揭示植物个体、功能群、群落对环境变化或干扰等的响应与适应途径（图 12.4）。在 PTNs 中，节点（nodes）代表性状，边（edges）代表两两功能性状之间的关系。

通过空间拓扑技术，PTNs 具有全面捕获和可视化植物性状之间联系的潜力，从多维度的角度为揭示植物对环境或资源变化响应与适应策略提供新的视角（图 12.4）。在具体操作过程，PTNs 可以进一步细分为更具有可操作性的叶片功能性状网络（leaf trait networks，LTNs）、根系功能性状网络（root trait networks，RTNs）、花功能性状网络（flower trait networks，FTNs）、功能元素网络（multiple element networks，MENs）以及其他性状网络。但无论如何分类，其核心本质均是利用多维度网络的思维、利用网络特征参数来探讨植物对环境适应机制与响应方向；具体的网络整体参数和节点参数，可参考本章后续的相关内容。简言之，植物功能性状网络理论体系的建立，为植物适应环境研究提供了多维度、定量化、可视化的新途径，它可以与生态学的经典途径“进化历史、环境过滤、竞争分化”相结合，去发展、检验相关的机理、假说或探讨植物响应与适应途径（图 12.5）。

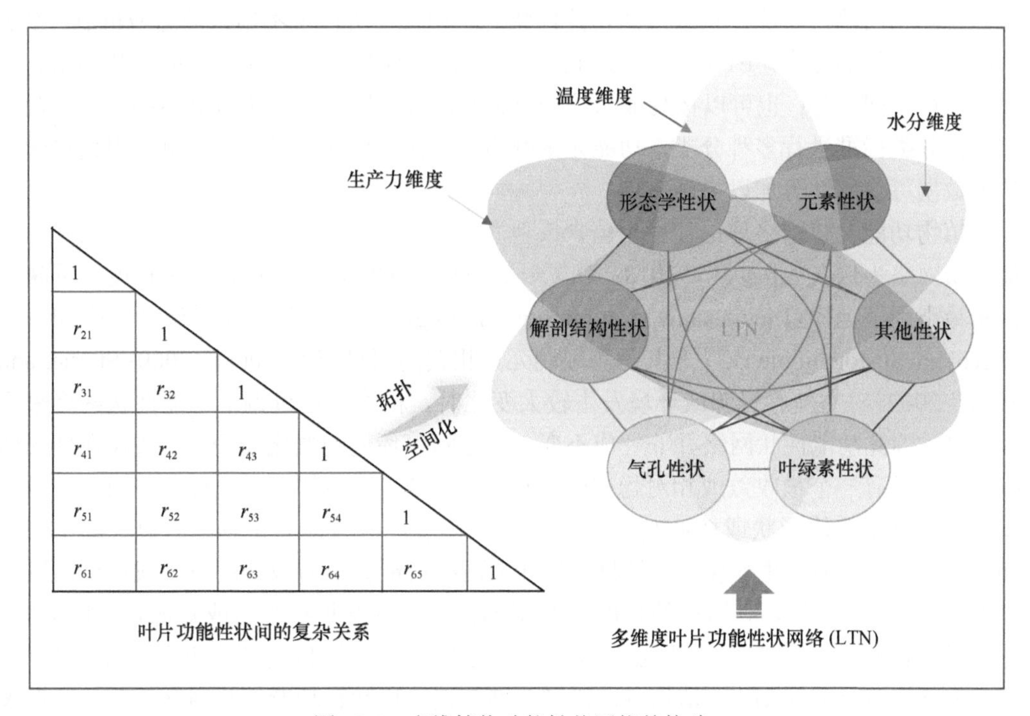

图 12.4　多维植物功能性状网络的构建

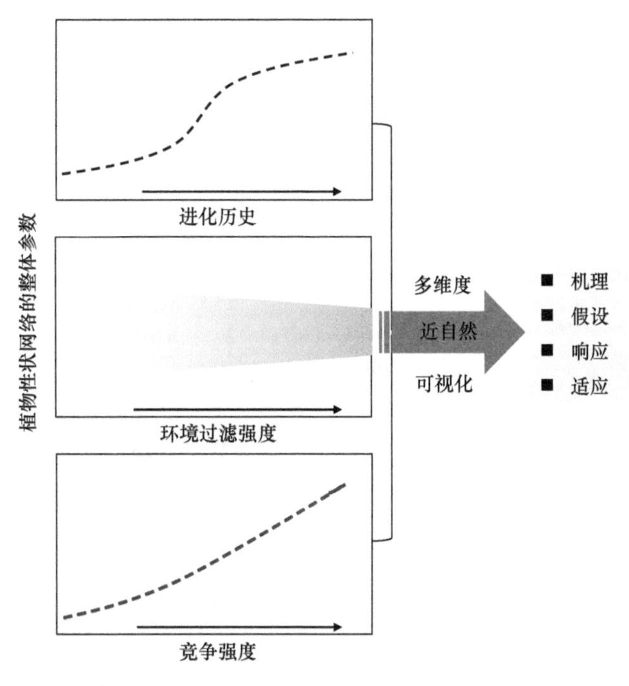

图 12.5　植物功能性状网络理论体系为植物适应环境研究提供了多维度、定量化、可视化的新途径

植物功能性状网络通常应具有如下基本特征：①在特定的环境中，任何一个植物功能性状都有可能成为网络中具有重要意义的中枢性状、具有不可替代或不可或缺性；②功能性状之间的相互作用应具有生态意义；③基于 PTNs 的整体参数和关键节点参数可以观测到由单一功能性状或两两功能性状之间相关性所体现不出来的适应机制。参照植物功能性状的分类，PTNs 可以按植物不同器官进行分类，如叶片功能性状网络、根系功能性状网络等；也可以按功能系统划分为经济性状网络或水力性状网络等；以及根据其他分类标准进行多种分类，功能元素网络等。在具体研究过程中，可以根据科学目的或数据可获取性等加以灵活应用。

植物功能性状网络理论体系也蕴含或包容了许多生态学的经典理论。以植物叶片功能元素网络为例（Yan et al.，2018；Oliveras et al.，2020），它可以在一定程度上反映李比希最小因子定律（Liebig's law of minimum）（Liebig，1840）和生态化学计量理论（theory of ecological stoichiometry），尤其是与限制元素相关的假设（Elser et al.，2000；Sterner and Elser，2002）。当外界资源或环境发生较大变化时，植物会通过调节功能性状网络来适应环境，因此功能性状网络并非一成不变，而是随着环境的变化而变化。假设在理想情况下植物具有一个最收敛或相对稳定的球形元素网络，则植物可以通过调节网络中的复杂关系，改变整体形状或核心功能元素来适应环境，从而提高植物适合度（图 12.6）。当外界资源、环境发生变化时，植物功能元素网络可能会沿着改变的资源或环境而发生变形，凹陷或拉伸等，但偏移的程度是有限的；如果环境非常恶劣或资源极其匮乏时，超出了偏移的阈值，整个功能元素网络会随之瓦解，植物也会死亡并从群落中消失。在一般环境变化或扰动中，植物可以通过关键节点的移动和功能性状网络的整体变形来适应环境，从而实现生存、生长和长期繁衍的多种功能需求。

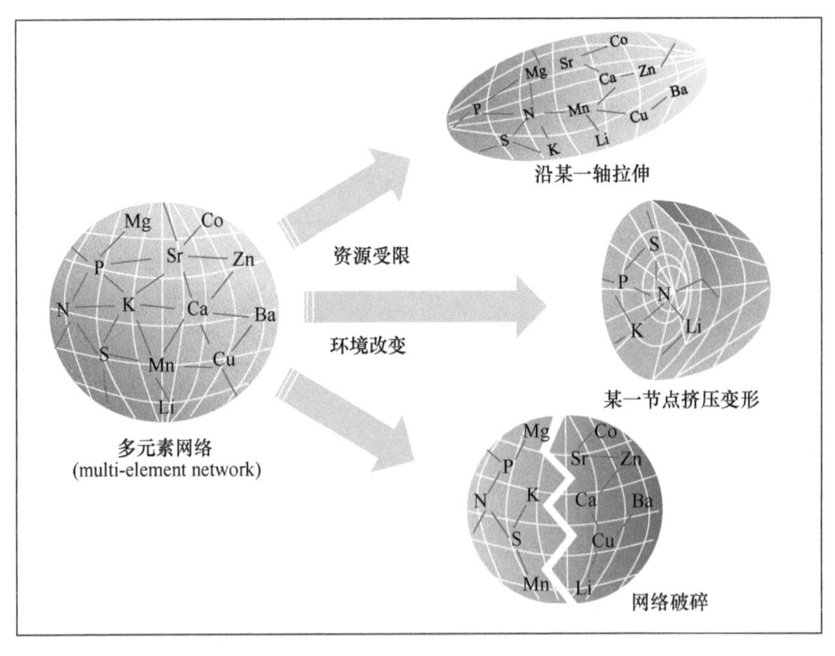

图 12.6　叶片多元素网络对变化的资源和环境的潜在响应途径

PTNs 的应用将提高人们对植物多维适应策略的认知：

（1）可视化多种功能性状之间的复杂关系。网络是从图论发展而来的，PTNs 使用边和节点来描述多种功能性状之间的关系，将多种功能性状间的复杂关系可视化并使其易于理解（Poorter et al.，2013，2014；Osnas et al.，2018；Sack and Buckley，2020）。

（2）阐明多种功能性状所构成的“谱”或“维度”。PTNs 包含了多个功能模块，高度相关的功能性状将被汇总到一个“功能模块”中，而每一个“功能模块”可能对应于一个或多个“功能性状谱”。例如，“叶经济型谱”侧重于关键经济功能性状之间的关系（Wright et al.，2004；Shipley et al.，2006），该轴可能对应于生产力模块（图 12.4）。在温度和降水量相对充沛、或不受严重限制的环境下，有利于资源获取功能性状发展从而提高生产力。在 PTNs 中，“叶经济型谱”显然被组装成单独的模块。而 PTNs 可以突出植物多个维度的适应方式，包括生产力维度、温度维度、水分维度等，未来可以统一或兼容当前多种不同的理论或观点（图 12.4）。

（3）量化多个功能性状之间的整体依赖性。植物功能性状之间关系的起源可能是生物机理上的相关，也可能是数学上的统计相关。然而，大多数情况下，并非所有功能性状都可以直接相连，两个功能性状之间的间接相连可能需要一个甚至多个中间功能性状作为桥梁。因此，具有更高的边密度，更短平均路径长度和更短直径的 PTNs，意味着多个功能性状之间具有更强的协调性（Flores et al.，2019）。

（4）识别关键功能性状。在功能性状网络中，具有较高连接度的功能性状称为“中心性状”（hub traits），具有较高介数的功能性状则是“中介性状”（Kleyer et al.，2018）。例如，多年生草本植物的生物量分配特征和茎比长度（stem specific length）就可被判断为中心功能性状。Li 等（2022）发现在中国东部森林叶片功能性状网络中，与叶片厚度相关的叶经济性状是网络中的中心性状。

（5）探索不同环境中功能性状及其关系的对比变化。功能性状之间的关系会随着环境的变化而发生变化，如经济功能性状和水力功能性状在较湿润的地区解耦、但在比较干燥的地方耦合（Sack et al.，2003；Li et al.，2015；Yin et al.，2018）。Li 等（2022）发现功能性状网络在温水条件较好的森林叶片功能性状网络中关系更加紧密且复杂。

（6）量化植株的表型整合。表型整合的研究主要在于确定单个功能单元内（或功能模块内）的功能性状间是否存在强相关性，以及识别模块之间是否存在相关性（Murren，2002）。PTNs 的模块性可用于衡量功能性状模块之间的连通性，因此，PTNs 可帮助人们阐释表型整合的问题（Murren，2002；He et al.，2020）。不仅如此，PTNs 还有更多的应用等待我们未来进一步探索和拓展。总而言之，PTNs 通过功能性状之间的关系，为我们理解植物多维度适应性提供了一种更有效的方法。

12.4　植物功能性状网络的构建方法及关键参数

12.4.1　植物功能性状网络的构建方法

网络通常是由一系列节点和边所共同构成。因此，研究人员将植物功能性状视为节点，而功能性状—功能性状的关系作为边，从而构建植物功能性状网络（PTNs）。为了构建 PTNs，首先需要计算功能性状—功能性状关系矩阵。对于功能性状之间的双变量关系，可以使用 Pearson 相关系数、Spearman 相关系数、系统发育相关系数，以及其他参数检验方法对其进行量化（Kleyer et al.，2018；Flores et al.，2019）。有一点需要特别指出：植物功能性状之间存在紧密关系，原因主要分为三类（Sack and Scoffoni，2013；Sack et al.，2013）。第一，功能性状之间的关联性是结构优化的结果，如结构与生理之间的关系，结构的数量与大小直接决定了植物的生理速率或生长过程。第二，功能性状之间的关联性是功能平衡的结果，两个独立的功能性状对更高等级的功能可能具有更大的贡献。例如，气孔形态性状和叶脉性状都对水分的传导和优化起到至关重要的作用。第三，功能性状之间的关联性是环境筛选而形成的生态位优化适应选择的结果。例如，在光受限的情况下，主叶脉分支的单子叶植物更容易结出肉质多汁的果实。

为了避免功能性状之间的虚假相关性，研究人员需要设置一个阈值（如$|r|>0.2$，$p<0.05$），以确定功能性状之间是否真的存在相关性（Kleyer et al.，2018）。然后，将超过阈值的关系设为 1，将低于阈值的关系设为 0，从而建立邻接矩阵 $A=[a_{i,j}]$且 $a_{i,j}\in[0，1]$；因此，邻接矩阵 A 仅显示了成对植物功能性状之间是否存在联系。最后，通过编写代码借助于 R 语言软件中的“igraph”软件包，完成 PTNs 可视化并计算 PTNs 的相关参数（图 12.7）。

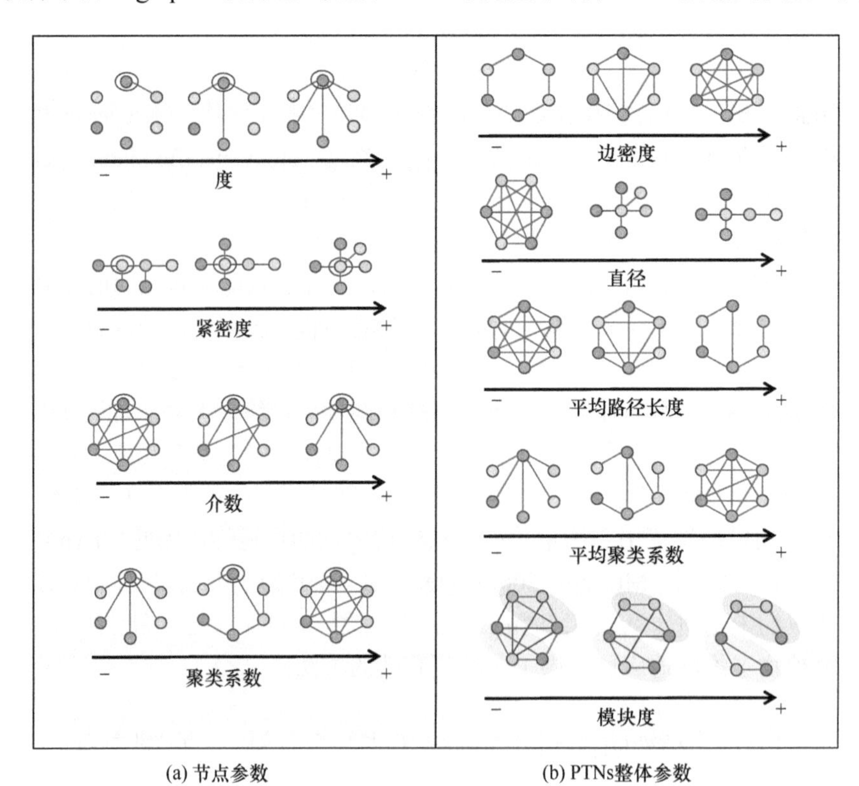

图 12.7　植物功能性状网络的关键参数

PTNs 的节点参数分别为度、紧密度、介数和聚类系数。PTNs 的总体参数分别为边密度、直径、平均路径长度、平均聚类系数和模块度。图中每个圆圈代表特定植物功能性状，边代表功能性状之间的关系。对于每个参数而言，从左到右三个网络代表参数值依次增大

12.4.2　植物功能性状网络的参数

通常，科研人员利用网络的节点参数来进一步识别 PTNs 关键节点，利用网络的整体参数来表征功能性状间的紧密关系（He et al.，2020；Li et al.，2022）。在此，本章重点介绍 PTNs 的 4 种节点参数和 5 种整体参数的定义、计算方法和生态意义（表 12.2）。

表 12.2　植物功能性状网络的常用参数及其生态意义

分类	参数	定义	生态意义
网络整体参数	边密度	性状网络中观测到的边的数量与最大潜在边数量的比值	较高的边密度意味着性状间的协同性较好，此时植物的资源利用效率或生产效率较高
	平均路径长度	性状网络中连接两个性状的路径中，最短一条称为最短路径，所有最短路径平均值即为平均路径长度	较短的平均路径长度意味着性状间的协同性较好，此时植物的资源利用效率或生产效率较高
	直径	性状网络中所有最短路径中最长的一条	较短的直径意味着性状间的协同性较好，此时植物的资源利用效率或生产效率较高
	平均聚类系数	网络所有节点聚类系数的均值	较低的平均聚类系数意味着特定性状间的协同性较好，反之，更倾向于组成功能小团体实现特定功能
	模块度	性状网络可以划分为子网络或模块，模块度用来形容子网络（或模块）间分离的程度	较高的模块度代表功能模块界限清晰，功能模块内部连接紧密，功能模块间的连接很弱，意味着特定的性状所构成的功能模块执行特定的功能
网络节点参数	度	与该节点相连的所有边的数量	网络中与其他性状连接最多的性状度最高，是网络的“中心性状”，可能起着影响整个表型的中心调控作用
	紧密度	该性状与其他性状相连的最短路径的平均值的倒数	性状拥有较高的紧密度意味着该性状与网络中较多性状具有紧密的联系，也是网络中的中心性状
	介数	通过该节点的所有最短路径的数量	性状拥有较高的介数，意味着该性状是连接功能模块的“桥梁”或“中介”，环境对该性状的筛选能够很大程度影响多个功能模块间的协调关系
	聚类系数	与该性状相连的性状为该性状的邻接性状，聚类系数为邻接性状之间相连的概率	性状具有较高的聚类系数，则意味着该性状是网络功能模块的中心性状，在实现某一特定功能时起重要作用

1. PTNs 的节点参数

度（degree）、紧密度（closeness）、介数（betweenness）和聚类系数（clustering coefficient），常被用来识别不同功能性状在 PTNs 的拓扑角色（图 12.7）。

1）度（degree）

度常被用来描述节点衔接的边数目，即节点 v_i 的度值记为 k_i（Deng et al.，2012）。度是描述网络中节点中心性的参数。以叶片功能性状网络为例，网络中度最大的叶片功能性状代表该功能性状与其他功能性状连接最多，就被认定为“中心功能性状”，其可能具有影响整个表型的核心调控作用。

$$k_i = \sum_{j \neq i} a_{ij} \tag{12.1}$$

式中，a_{ij} 表示节点 v_i、v_j 间的关系强度。

2）紧密度（closeness）

紧密度是衡量网络中心功能性状的又一重要指标，节点 v_i 的紧密度 C_i 是指节点 v_i 到其他节点平均距离的倒数。紧密度高的功能性状就是与其他功能性状密切相关的性状。

$$C_i = \frac{n-1}{\sum_{j=1}^{n-1} d_{ij}} (i \neq j) \tag{12.2}$$

式中，C_i 为节点 i 的紧密度；d_{ij} 为节点 v_i 和 v_j 之间的最短距离；n 为网络中节点的总集。

3）介数（betweenness）

介数是表征节点在网络中连接作用的重要参数，某一节点的介数是指通过该节点的所有最短路径的数量。在 PTNs 中，介数大的功能性状是连接功能模块的“桥梁”或“中介”。环境对该功能性状的筛选能够很大程度影响多个功能模块间的协调关系。节点 v_i 的介数 B_i 为

$$B_i = \sum_{jk} \sigma(j,i,k) \tag{12.3}$$

式中，$\sigma(j, i, k)$为节点 v_j 和 v_k 之间最短路径经过节点 v_i 的数目。

4）聚类系数（clustering coefficient）

聚类系数又称簇系数，是用于衡量网络节点集聚情况的参数。与节点 v_i 相连的性状为 v_i 的邻接功能性状。节点 v_i 的聚类系数为其所有邻接功能性状之间实际相连的边数与理论相连边数的最大值之间的比值。具有高聚类系数的功能性状是 PTNs 中某一功能小团体的中心。

$$\mathrm{CC}_i = \frac{2l_i}{t_i(t_i - 1)} \tag{12.4}$$

式中，对于节点 v_i，l_i 为节点 v_i 的邻节点间实际相连的边数；t_i 为节点 v_i 的邻接性状的数目。

某一功能性状的聚类系数越大，则表示与该功能性状直接相连的其他性状（即该功能性状的邻接性状）之间相互联系越紧密。在全网络中，所有节点的聚类系数都等于 1。

2. PTNs 的整体参数

1）边密度（edge density，ED）

边密度是指描述网络中节点之间连接的边的密度。它定义了 PTNs 中所有节点实际连接的边数占理论连接最大边数的比例。较高的边密度意味着功能性状间的协同性更好，此时植物的资源利用效率或生产效率较高。

$$\mathrm{ED} = \frac{2L}{n \cdot (n-1)} \tag{12.5}$$

式中，L 为网络的实际边数；n 为节点数。

2）直径（diameter，D）

直径表示网络中的任意两个连接的节点之间的最大最短距离。平均路径长度（average path length，AL）是网络中所有节点功能性状之间的平均最短路径。具有较高 D 和 AL 的 LTN 表示功能性状之间的总体独立性更高。换言之，更低的 D 和 AL 意味着功能性状间协同性更好，植物具有更高的资源利用效率或生产效率。

$$D = \max\left\{d_{ij}\right\}\left(i \neq j\right) \tag{12.6}$$

$$\mathrm{AL} = \frac{1}{n \cdot \left(n-1\right)} \sum_{i \neq j} d_{ij} \tag{12.7}$$

式中，d_{ij} 为节点 v_i 和 v_j 间的距离；n 为网络中节点的个数。

3）平均聚类系数（average clustering coefficient，AC）

平均聚类系数被定义为 LTN 中所有性状的聚类系数的平均值。它用于测量所有性状的相邻性状被连接的平均概率。网络具有较高的 AC，则意味着网络中特定功能性状而非所有功能性状间的协同性较好，更倾向于组成功能小团体或功能模块以实现特定功能。

$$\mathrm{AC} = \frac{1}{n} \sum_{i=1}^{n} \frac{2l_i}{t_i(t_i - 1)} \tag{12.8}$$

式中，l_i 为节点 v_i 的邻居节点间实际相连的边数；t_i 为节点 v_i 的邻居的数目。

4）模块度（modularity）

功能性状网络可以划分为多个子网络或功能模块，模块度用来形容子网络间（或功能模块间）的分离程度（Armbruster et al.，2014）。在 PTNs 中，模块度用于度量功能性状协变的良好程度，以及不同的聚类模块间的分离程度。网络模块度越高，代表模块内部连接越紧密且外部连接越松散。模块度高的网络意味着功能性状清晰地被划分为不同的功能模块，分别执行不同“维度”的特定功能。

$$Q = \frac{\sum\left[\left(A_{ij} - \frac{k_i \cdot k_j}{2m}\right) \cdot \tau\right]}{2m} \tag{12.9}$$

式中，m 为边的数量；A_{ij} 为第 i 行和第 j 列的 A 邻接矩阵的元素；k_i 是 i 的阶数；k_j 是 j 的阶数；如果 j 和 i 相同，则 τ 是 1，否则为 0（Newman and Girvan，2004）。

12.5　植物功能性状网络研究的应用案例

12.5.1　中国东部森林植物叶片功能性状网络的空间变异及其机制

植物通过多种功能性状的协同/优化来适应环境，这些功能性状间的复杂关系可以表示为以一个相关关系为依托的多维度网络。目前，关于不同气候梯度下群落间功能性状网络结构并未开展任何研究，人们对其空间变异规律、影响因素或调控机制仍然不清楚（He et al.，2020）。基于先前的生态学理论，研究人员提出了几个假设：森林叶片功能性状网络（leaf trait networks，LTNs）的模块化复杂性将随着物种丰富度、气候温暖度和湿度的增加而增加，这反映了该气候条件对表型的限制减少和生态位分化的机会增加。此外，由于叶片厚度及其相关的叶片经济功能性状对植物的多种功能具有不成比例的贡献，这些功能性状可能是 LTNs 的中心性状，它们的变异可能会引起植物表型随之发生明显改变。

为探究以上假设，Li 等（2022）以叶片性状网络为研究对象，利用距离长达 3700 km 的中国东部南北样带（North-South Transect of Eastern China，NSTEC）中九种典型森林 394 个树种的 35 种性状数据，构建每个植物群落的 LTNs，并计算网络的边密度、直径、平均路径长度、平均聚类系数和模块度，揭示叶片功能性状间关系的紧密性和复杂性，结合群落物种丰富度和气候数据，验证上述科学假设（图 12.8）。同时，计算网络中每个节点的度、紧密度、介数和聚类系数识别网络中的关键功能性状。

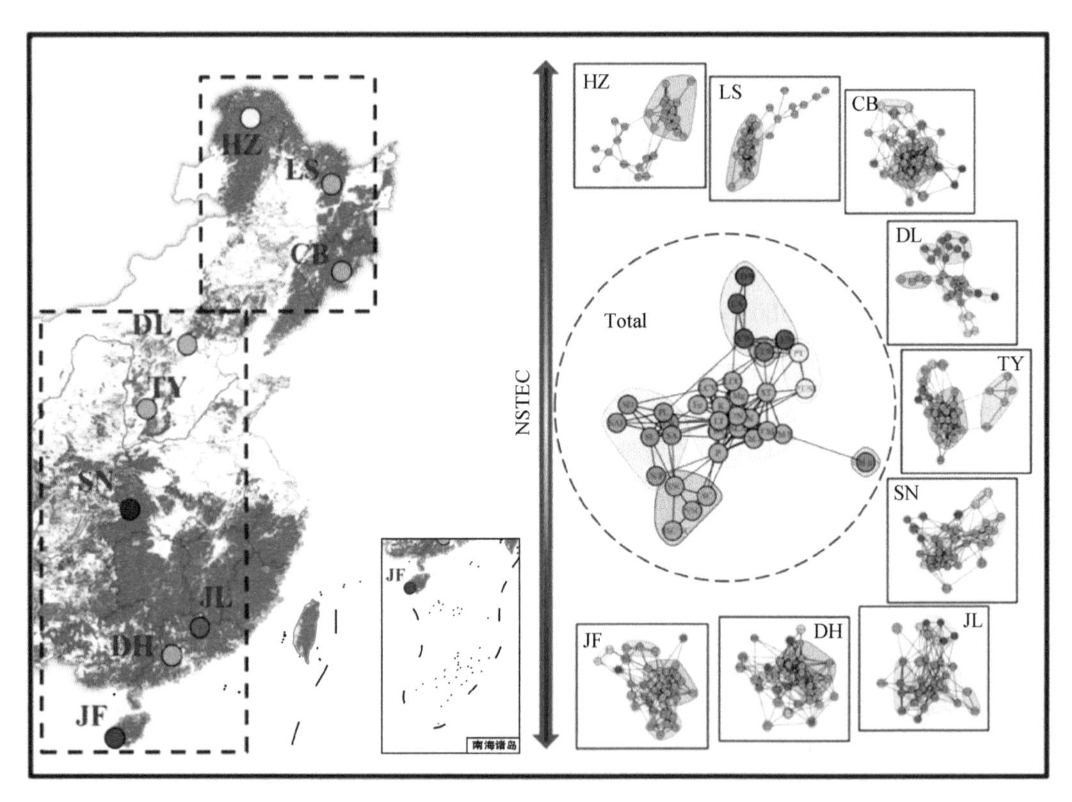

图 12.8　中国东部 9 个森林群落的叶片功能性状网络

HZ 表示呼中；LS 表示凉水；CB 表示长白山；DL 表示东灵山；TY 表示太岳山；SN 表示神农架；JL 表示九连山；DH 表示鼎湖山；JF 表示尖峰岭；NSTEC 表示中国东部南北样带

如图 12.8 所示，不同森林群落的叶片性状网络具有较大差异。具体而言，LTNs 呈现出从高纬度寒温带物种多样性较低的针叶林连通性较低的简单网络、逐步向热带雨林的连通性较高的复杂网络转变趋势（图 12.9）。LTNs 直径和平均路径长度与纬度相关，因此，气候较冷的森林群落具有简单松散的 LTNs，而物种丰富度较高的热带森林具有更紧密和复杂的网络（图 12.9）。总体而言，LTNs 的整体表型结构在资源丰富的气候中表现出更加复杂的趋势，从而反映了更高的物种丰富度和功能多样性。

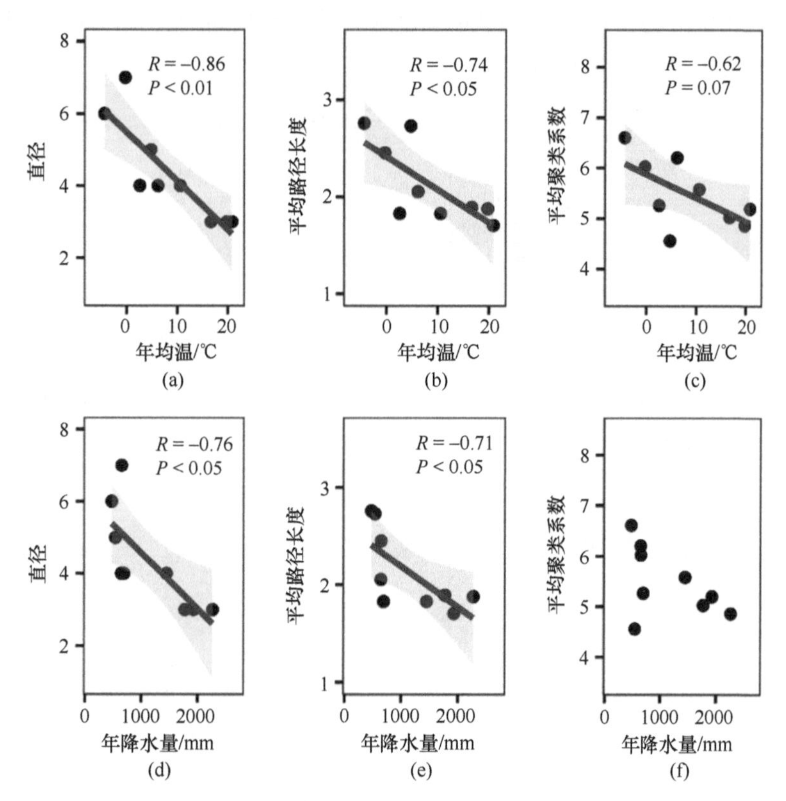

图 12.9　中国东部森林群落叶片功能性状网络整体参数与环境的关系

红线代表线性回归拟合线（$P<0.05$），阴影区域表示 95%置信区间

叶片厚度及其相关的叶经济性状的度和紧密度较高，表明其与其他性状关联最密切（图 12.10）。换言之，在本研究的所有森林中，叶经济性状作为 LTNs 中的枢纽性状，具有最高连通性，这些功能性状的变异会引起其他功能性状发生变化，从而影响植物的整体表型。该项研究通过首次系统分析和阐释植物叶片性状网络的变异及其适应策略，为植物性状网络的研究提供了案例和方法学支撑（Li et al.，2022）。受篇幅的限制，本书仅简单介绍该案例的方法和结果，感兴趣的读者可进一步阅读原文了解详情。

12.5.2　叶片经济性状网络的全球变异及其适应机制

对于自然界的植物而言，它们通过调节多种功能性状的相互关系，协同优化植物多种功能，使其能够产生多种策略来应对变化的环境、更好地实现资源竞争和生长［图 12.11（a）］。因此，揭示多种植物功能性状之间的相互依赖性及其空间变化规律，将有助于更好地探究植物的多维度适应策略、探讨植物对全球变化的响应策略。全球叶片经济学谱系包括叶片化学元素、结构和生理等六个功能性状，分别为叶片寿命、比叶重、叶片氮含量、叶片磷含量、光合速率、暗呼吸速率。根据叶片经济谱系理论，快速生长的物种具有更高的光合速率和氮浓度，慢速生长的物种具有更高的比叶重和更高的叶片寿命（Wright et al.，2004；Shipley et al.，2006）。由于这六个叶片功能性状都与植物的光合作用和生产力密切相关，因此量化这些功能性状间的关系，对揭示植物环境适应和生产功能优化具有重要指示意义。

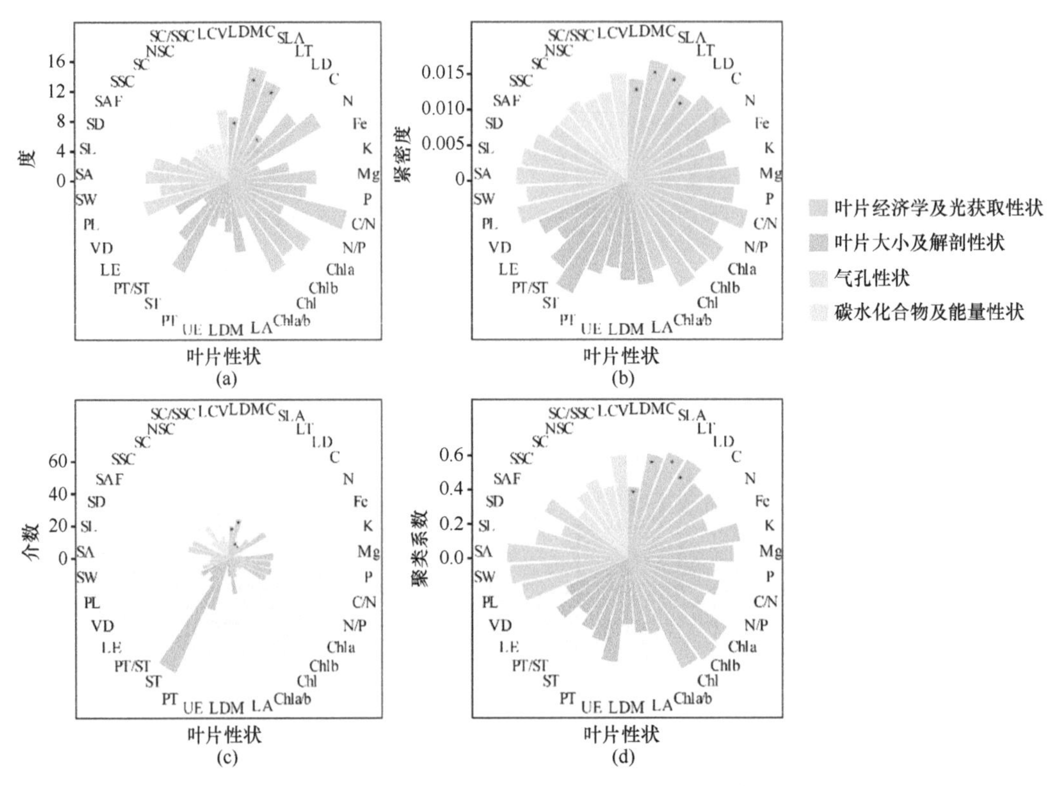

图 12.10　中国东部森林群落叶片功能性状网络节点参数的变异

LDMC 表示叶片干物质含量；SLA 表示比叶面积；LT 表示叶片厚度；LD 表示叶片密度；C 表示叶片碳含量；N 表示叶片氮含量；Fe 表示叶片铁含量；K 表示叶片钾含量；Mg 表示叶片镁含量；P 表示叶片磷含量；C/N 表示叶片碳氮比；N/P 表示叶片氮磷比；Chl a 表示叶绿素 a 含量；Chl b 表示叶绿素 b 含量；Chl 表示总叶绿素含量；Chl a/b 表示叶绿素 a/b；LA 表示叶片面积；LDM 表示叶片干重；UE 表示上表皮细胞宽；PT 表示栅栏组织厚度；ST 表示海绵组织厚度；PT/ST 表示栅栏组织厚度/海绵组织厚度；LE 表示下表皮细胞宽；VD 表示导管直径；PL 表示气孔长；SW 表示气孔器宽；SA 表示气孔面积；SL 表示气孔器长；SD 表示气孔密度；SAF 表示气孔指数；SSC 表示可溶性糖含量；SC 表示淀粉含量；NSC 表示非结构性碳水化合物含量；SC/SSC 表示淀粉/可溶性糖含量；LCV 表示叶片热值

在自然界中，植物通过调节多种叶片功能性状及其相互间的关系，共同优化光合作用从而实现维持成本与获取收益之间的权衡。因此，多种功能性状之间复杂关系，将可能形成一个庞大的关系网络［图 12.11（b）］，并通过功能性状网络的整体参数和核心节点参数来适应环境。在该网络中，全球尺度的叶片功能性状构成节点，而两两功能性状间的关系构成网络的边［图 12.11（b）］；其中，对于该功能性状网络而言，边的宽度和长度也是十分重要的核心参数［图 12.11（c）］。更为重要的是，由于叶片功能性状之间的关系在不同区域中存在明显的不同（方向或强度），因此亟需建立基于功能性状间关系强弱进行加权的新型叶片功能性状网络，以更准确表达和量化各种叶片功能性状间的相互依赖性。

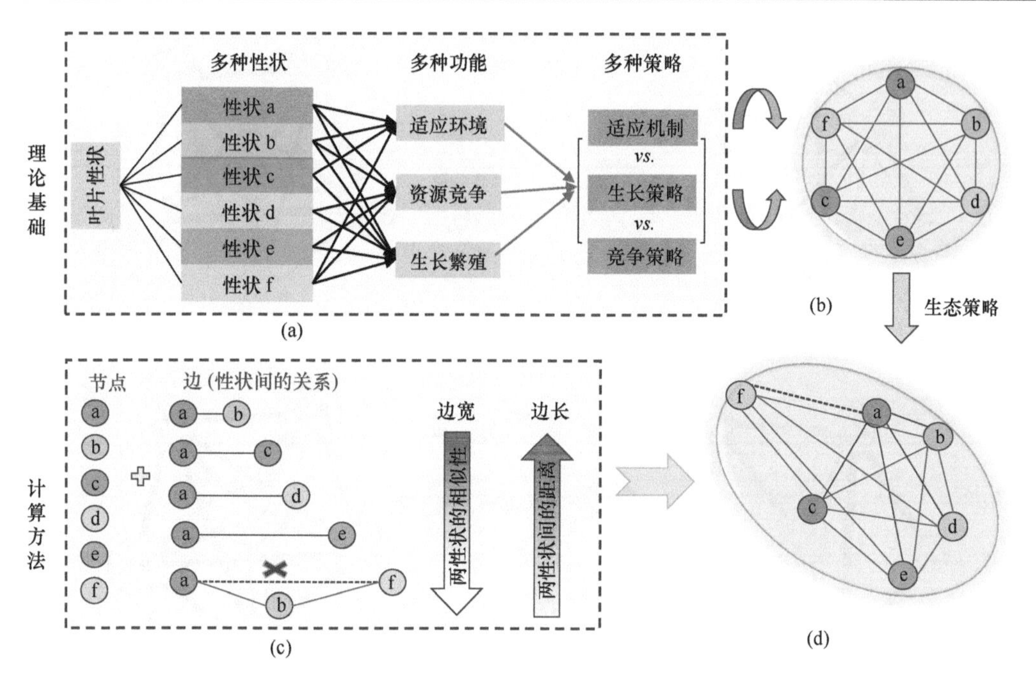

图 12.11　用于计算叶片功能性状网络的理论基础和方法

植物通过叶片相互作用的多性状协调适应环境或优化功能，整合的植物性状网络（LTNs）可以帮助捕获不同性状之间的复杂关系，并探索植物的适应策略。将植物性状间复杂的关系可视化为植物性状网络［图 12.11（a）和图 12.11（b)]。图中 LTN 可以表示为由边（线）连接的一组节点（圆圈）[图 12.11（d)]。图中不同颜色的圆圈代表不同叶片性状。由于性状之间的距离和强度不同，准确量化性状间的关系有助于我们更好地了解植物的适应策略。因此，我们用边（红线）的宽度代表性状间关系的强弱，用边的长度代表性状间的距离，以此对无权重性状网络［图 12.11（b)］进行加权，从而得到加权的性状网络［图 12.11（c)］

基于上述考虑，Li 等（2021）等利用先前建立叶片经济型谱的全球 2000 多种植物叶片功能性状数据，开展了叶片功能性状网络的全球变异规律研究，拓展和验证近期发展的植物功能性状理论体系和方法。主要研究目的如下：①构建全球尺度的叶片经济性状网络、并揭示功能性状间的复杂关系；②探究叶片功能性状间相互依赖关系在不同植物功能群和生活型之间的差异；③识别六个叶片经济性状中的关键性状。

在具体研究过程中，研究人员首先利用先前所描述的方法和参数，构建了基于全球尺度 2000 多种植物六个叶片功能性状的叶片功能性状网络（LTNs)；通过 LTNs 可视化了所有功能性状间的复杂关系，并通过网络参数量化它们之间的差异（Li et al.，2021)。实验结果表明：在全球尺度，不同生活型和生长型的 LTNs 存在显著差异，表明不同类型的植物其生长和生存策略存在明显的差异（图 12.12)。

进一步分析表明：阔叶树种的功能性状关系比针叶树更紧密，这表明阔叶树可能比针叶树在实现吸收和传递物质等功能时更有效率。而灌木的功能性状关系比乔木更紧密，可能是由于灌木需要多种功能性状的有效合作才能使其在有限的资源中实现多种功能（图 12.13)。此外，叶片氮浓度和叶片寿命在 LTNs 中具有最高的中心性。因此，这两个性状的变异可能影响植物的整体表型，未来应给予更多的关注和重视。

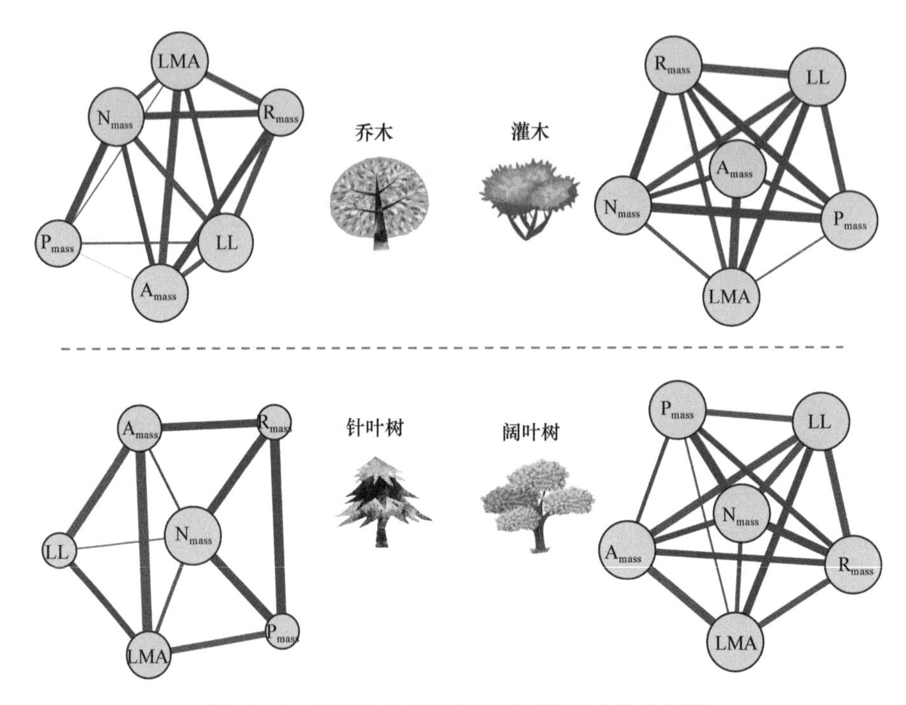

图 12.12　不同生长型和生活型植物叶片性状网络

LL 表示叶片寿命；LMA 表示比叶重；N_{mass} 表示叶片氮含量；P_{mass} 表示叶片磷含量；A_{mass} 表示光合速率；R_{mass} 表示暗呼吸速率

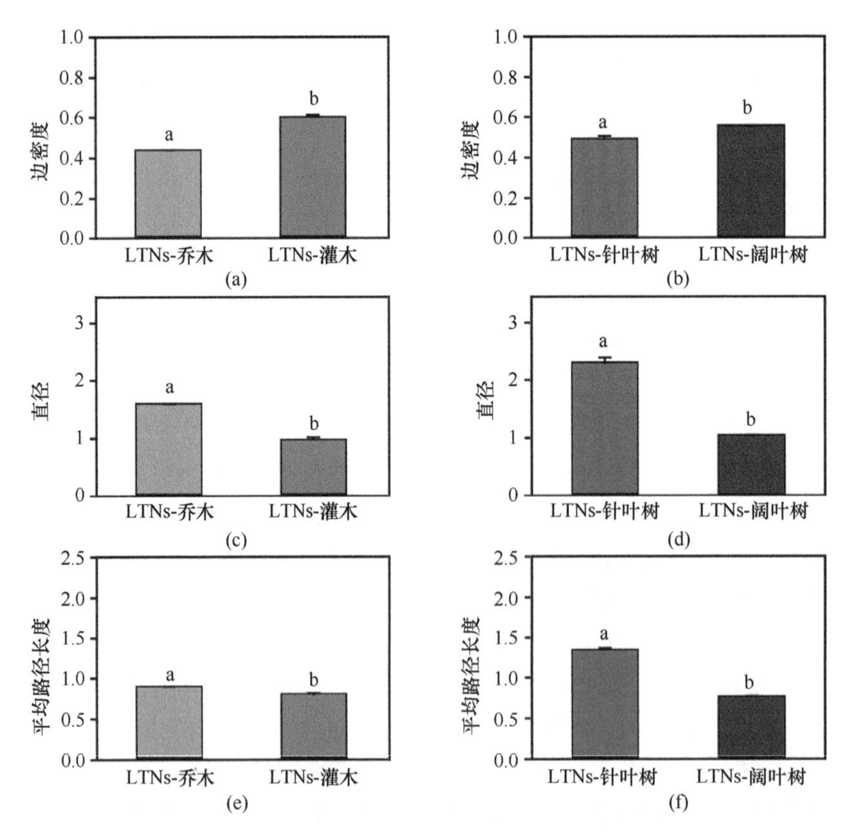

图 12.13　不同生长型和生活型植物叶片性状网络的差异

12.5.3　植物功能性状网络的其他应用

藤本植物和乔木之间的功能差异已经得到了很好的研究，然而，关于藤本植物和乔木的多种功能性状是如何整合在一起的研究却很少。随着功能性状网络的发展，研究人员根据多个功能性状的拓扑关系，利用网络分析来区分它们的差异。在具体操作中，我们使用了公开发表的数据集，其中包括 16 种藤本植物和 16 种乔木的 17 个植物功能性状，含 12 个叶片功能性状、3 个茎干功能性状和两个枝条功能性状（Medina et al.，2021）。研究结果表明：叶柄长度是乔木性状网络中高度连接的性状，而磷是藤本植物性状网络中高度连接的性状。与乔木相比，在两种森林类型中，藤本植物的特征网络都具有更强的模块化，表明环境变化对藤本植物的影响小于乔木。如果将植物功能性状重新划分为经济性状、水力性状和机械性状，则藤本植物的经济性状具有较高的连通性，而乔木的水力性状则具有较高的连通性。因此，当资源条件较差时，增加植物特定关键功能性状的连通性是具有成本效益的（Liu et al.，2022）。功能性状模块的数量和组成随生活型和环境条件的不同而改变，植物通常可以选择不同的性状组合来适应当地的环境。该研究表明植物功能性状网络的变异会提高植物的适应性，也从一个独特的角度为解释全球变化下藤本植物丰富度增加的现象提供了新的见解。

此外，多元素的相互作用支持着植物的各项生化反应和对环境的适应，且不同的矿质元素负责不同维度的功能。虽然生态化学计量学的发展为元素相互作用研究提供了很好的手段和途径，但如何反映各种相互作用的整体变化以及表征这种多维元素结构仍然是巨大的难题和挑战。复杂网络为描述多维系统提供了思路。因此，研究人员提出功能元素网络假设（multi-element network hypothesis，图 12.14）；即多元素网络的高可塑性

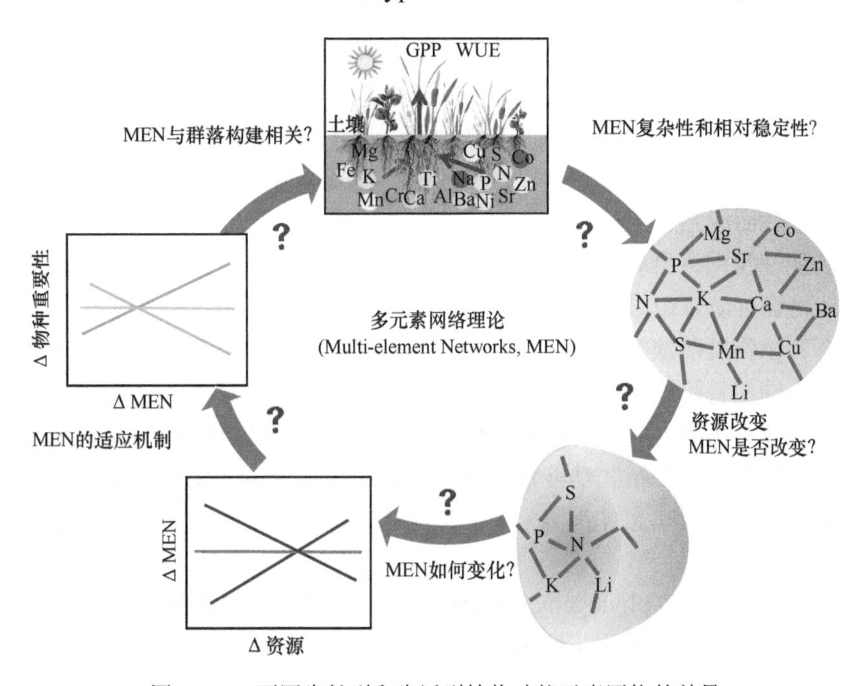

图 12.14　不同生长型和生活型植物功能元素网络的差异

可以使植物快速响应环境变化，从而更具竞争力，使植物在群落中具有较高优势度，表现为更高的相对生物量（Zhang et al.，2021）。具体研究中，研究者基于内蒙古生态站的N沉降模拟实验样地采集的5个物种18种元素及长期的生物量测定数据，采用间隔分析和矩阵对矩阵的方法对多元素网络的特点进行了探究，并验证了功能元素网络假说。实验数据表明：植物功能元素网络具有独特性，不同物种在不同氮添加梯度下均可通过多元素网络被识别。不同物种对模拟氮添加的响应不同，若其多元素网络可以随N添加增加而快速响应（即可塑性较高），其在群落中的相对生物量呈增加趋势或保持不变，相反，若多元素网络可塑性较低，其相对生物量则呈下降趋势（Zhang et al.，2021）。该研究成功地将功能元素网络应用到全球变化梯度控制研究中，可能成为未来全球气候变化下预测群落结构和功能变化的新思路。

12.6　植物功能性状网络的潜在应用领域展望

PTNs为植物功能性状的研究提供了综合视角，实现了单个功能性状到多个功能性状拓展的尝试，开辟了新的方法阐明植物对环境和资源变化的多维度响应和适应机制。基于多方面考虑，植物功能性状网络可能在诸多领域具有巨大的应用潜力（图12.15），具体但不限于如下几个方面：

（1）探究大尺度下自然群落植物功能性状网络的时空变异特征及其影响因素，从功能性状网络的角度揭示植物对不同环境的多维度适应机制（图12.8）？

（2）揭示不同植被类型、功能群、生活型植物功能性状网络有何差异？在区域或全球尺度，植物功能性状网络是否会有可预测的规律性变化？是否可以基于功能性状网络对复杂自然群落或生态系统进行量化和预测［图12.15（a）］？

（3）能否将叶片功能性状网络和根系功能性状网络联动分析？两者之间在结构上有何异同、其功能性状网络是否协同，对环境变化的响应是否存在差异？以上研究将为深入探究植物地上与地下关系提供新的有效途径［图12.15（b）］。

（4）植物由种子萌发到开花结果，不同生长阶段植物需求不同，如幼苗时期的植物快速增大株高，而成熟时期的植物需要快速繁殖［图12.15（c）］。在植物生长的不同阶段，植物功能性状网络会朝着什么方向偏移、网络的关键节点是否会发生变化？

（5）植物群落演替是研究植物群落动态变化的基础和核心内容。能否通过植物功能性状网络探究植物群落演替或群落恢复中植物对环境的适应对策［图12.15（d）］？如能科学解释不同演替阶段植物不同响应策略将对模型改进具有重要意义。

（6）在全球变化的大背景下，能否利用控制实验，从植物功能性状网络的角度探讨植物对气候变化的响应？植物功能性状网络如能与模拟全球变化情景相结合，将能够帮助我们更好地了解当前状态并预测未来变化趋势，也是蕴含重大原创性突破而特别值得期待的领域。

（7）目前表型整合（phylogeny integration）的研究多集中在花器官上，并且很多研究开始使用网络的思路可视化花性状及表型之间的关系。植物功能性状网络的研究方法将为表型整合研究提供明确的量化手段，为表型整合研究甚至“物种、群落、生态系统、区域”整合研究提供有效的手段及指明研究方向。

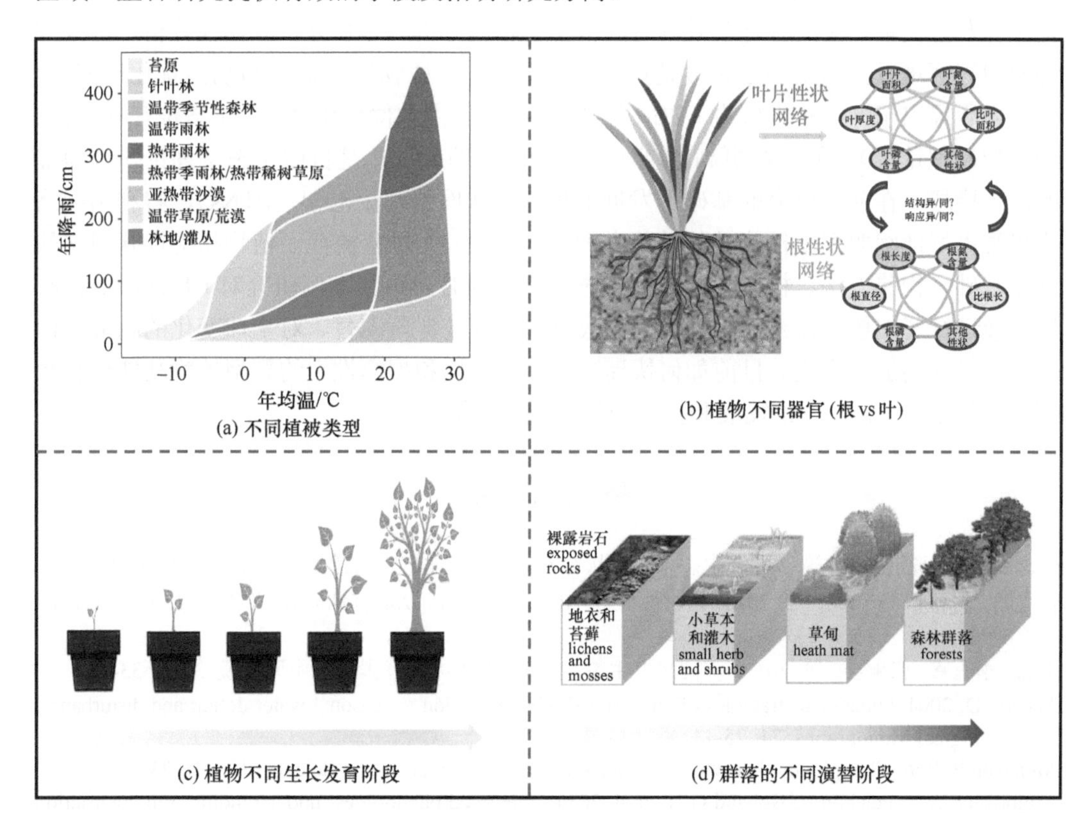

图 12.15 植物功能性状网络的潜在应用领域展望

综上所述，植物功能性状网络是植物性状研究的一个新领域，目前看还是非常超前的。在此，我们大胆预测其方法学上的创新，未来甚至可能会比肩 20 世纪 90 年代的通径分析（path analyses）、21 世纪初的结构方程（structural equation modeling，SEM）。在应用上，未来将不仅局限于上述 7 个领域；其核心思维方式将可能拓展到传统生态系统网络结构的各个领域，如食物链、食物网、植物不同器官间的关系、不同生物类群间的关系等。无论未来进展如何，多维度网络分析所提供的新的理念、技术和参数，将在一定程度上更好地揭示复杂的自然界。在此也必须指出，开展植物功能性状网络的相关研究需要“系统性和配套性”植物功能性状数据，很难通过简单的收集数据来获得；诸如世界著名性状数据库 TRY（https://www.try-db.org），目前都难以完美地操作和运行 PTNs。因此，如何在野外调查和控制实验中获取符合要求的数据、快速拓展数据源，是当前发展和检验植物功能性状网络最大的难题（详见第 2 章有关功能性状数据库的相关部分）。未来，人们可以利用全球广泛分布的长期野外生态站、生物多样性大样地、自然保护区和国家公园等，快速构建系统性数据库，突破该数据障碍。

12.7 小　　结

植物具有多种功能性状，且这些功能性状具有多适应途径、多功能性的特征，彼此之间联系密切，使植物可以维持长期生存、适应进化过程中所面临的多种胁迫、扰动甚至突发性灾害。在面对复杂系统时，传统的相关分析、冗余分析、通径分析、结构方程模型等都难以揭示植物多维度适应机制。此外，在植物环境适应与功能优化研究中，人们先后提出了许多科学假设（如最小限制性法则、生态位分化理论、生态位互补理论、经济型谱理论等），如何在更高维度实现多种理论的统一，是目前生态学理论研究面临的巨大挑战。在前人研究的基础上发展的植物性状网络理论框架（PTNs），将利用网络化思维更好地阐明多个植物功能性状之间的复杂关系。本章梳理了植物功能性状网络的理论基础、构建方法、核心参数及其生态意义；同时，结合案例研究对 PTNs 的潜在应用领域进行了展望，为未来探究植物大尺度的适应、群落演替、对全球变化的响应等问题提供了新的解决方案。目前如何快速建设“系统性和配套性”的新型植物功能性状数据库，是推动 PTNs 理论发展和扩大应用范围的关键。

参 考 文 献

何念鹏, 刘聪聪, 徐丽, 等. 2020. 生态系统性状对宏生态研究的启示与挑战. 生态学报, 40(8): 1-16.

何念鹏, 刘聪聪, 张佳慧, 等. 2018. 植物性状研究的机遇与挑战: 从器官到群落. 生态学报, 38(19): 6787-6796.

毛伟, 李玉霖, 张铜会, 等. 2012. 不同尺度生态学中植物叶性状研究概述. 中国沙漠, 32(1): 33-41.

Ackerly D. 2004. Functional strategies of chaparral shrubs in relation to seasonal water deficit and disturbance. Ecological Monographs, 74: 25-44.

Anderson P. 1999. Complexity theory and organization science. Organization Science, 10: 216-232.

Armbruster W S, Pelabon C, Bolstad G H, et al. 2014. Integrated phenotypes: understanding trait covariation in plants and animals. Philosophical Transactions of the Royal Society B: Biological Sciences, 369: 20130245.

Barabasi A, Albert R. 1999. Emergence of scaling in random networks. Science, 286: 509-512.

Bruelheide H, Dengler J, Purschke O, et al. 2018. Global trait-environment relationships of plant communities. Nature Ecology and Evolution, 2: 1906-1917.

Chave J, Coomes D A., Jansen S, et al. 2009. Towards a worldwide wood economics spectrum. Ecology Letters, 12: 351-366.

Cornelissen J H C., Lavorel S, Garnier E, et al. 2003. A handbook of protocols for standardised and easy measurement of plant functional traits worldwide. Australian Journal of Botany, 51: 335-380.

Deng Y, Jiang Y, Yang Y, et al. 2012. Molecular ecological network analyses. BMC Bioinformatics, 13: 113.

Diaz S, Kattge J, Cornelissen J H C, et al. 2016. The global spectrum of plant form and function. Nature, 529: 167-171.

El Gamal A, Kim Y H. 2011. Network Information Theory. Cambridge: Cambridge University Press.

Elser J J, Fagan W F, Denno R F, et al. 2000. Nutritional constraints in terrestrial and freshwater food webs. Nature, 408: 578-580.

Enquist B J, Brown J H, West G B. 1998. Allometric scaling of plant energetics and population density. Nature, 395: 163-165.

Feng K, Peng X, Zhang Z, et al. 2022. iNAP: An integrated network analysis pipeline for microbiome studies. iMeta, 1: e13.

Fleischmann R D, Adams M D, White O, et al. 1995. Whole-genome random sequencing and assembly of Haemophilus influenzae Rd. Science, 269: 496-512.

Flores-Moreno H, Fazayeli F, Banerjee A, et al. 2019. Robustness of trait connections across environmental gradients and growth forms. Global Ecology and Biogeography, 28: 1806-1826.

Freschet G T, Cornelissen J H C, Logtestijn R S P V, et al. 2010. Evidence of the ‘plant economics spectrum’ in a subarctic flora. Journal of Ecology, 98: 362-373.

Guimera R, Amaral L A N. 2005. Functional cartography of complex metabolic networks. Nature, 433: 895-900.

He N P, Li Y, Liu C C, et al. 2020. Plant trait networks: Improved resolution of the dimensionality of adaptation. Trends in Ecology and Evolution, 35: 908-918.

He N P, Liu C C, Piao S L, et al. 2019. Ecosystem traits linking functional traits to macroecology. Trends in Ecology and Evolution, 34: 200-210.

Hetherington A M, Woodward F I. 2003. The role of stomata in sensing and driving environmental change. Nature, 424: 901.

Jeong H, Tombor B, Albert R, et al. 2000. The large-scale organization of metabolic networks. Nature, 407: 651-654.

Kleyer M, Trinogga J, Cebrianpiqueras M A, et al. 2018. Trait correlation network analysis identifies biomass allocation traits and stem specific length as hub traits in herbaceous perennial plants. Journal of Ecology, 107: 828-842.

La Riva E G D, Olmo M, Poorter H, et al. 2016. Leaf mass per area (LMA) and its relationship with leaf structure and anatomy in 34 mediterranean woody species along a water availability gradient. PLoS One, 11(2): e0148788.

Lavorel S, Garnier E. 2002. Predicting changes in community composition and ecosystem functioning from plant traits: revisiting the Holy Grail. Functional Ecology, 16: 545-556.

Li L, Mccormack M L, Ma C, et al. 2015. Leaf economics and hydraulic traits are decoupled in five species-rich tropical-subtropical forests. Ecology Letters, 18: 899-906.

Li Y, Liu C C, Sack L, et al. 2022. Leaf trait network architecture shifts with species-richness and climate across forests at continental scale. Ecology Letters, 25: 1442-1457.

Li Y, Liu C C, Xu L, et al. 2021. Leaf trait networks based on global data: Representing variation and adaptation in plants. Frontiers in Plant Science, 12: 710530.

Liebig J V. 1840. Organic Chemistry in its Application to Vegetable Physiology and Agriculture. Readings in ecology. New York: Prentice Hall.

Liljeros F, Edling C, Amaral L A N, et al. 2001. The web of human sexual contacts. Nature, 411: 907-908.

Liu C C, Li Y, He N P, et al. 2022. Differential adaptation of lianas and trees in wet and dry forests revealed by trait correlation networks. Ecological Indicators, 135: 108564.

Medina V J A, Bongers F, Poorter L, et al. 2021. Lianas have more acquisitive traits than trees in a dry but not in a wet forest. Journal of Ecology, 109: 2367-2384.

Moles A T, Ackerly D D, Tweddle J C, et al. 2006. Global patterns in seed size. Global Ecology and Biogeography, 16: 109-116.

Moles A T, Warton D I, Warman L, et al. 2009. Global patterns in plant height. Journal of Ecology, 97: 923-932.

Monaco A, Monda A, Amoroso N, et al. 2018. A complex network approach reveals a pivotal substructure of genes linked to schizophrenia. PLoS One, 13: e0190110.

Mongiovì M, Sharan R. 2013. Global alignment of protein-protein interaction networks. Methods in Molecular Biology, 939: 21-34.

Murren C J. 2002. Phenotypic integration in plants. Plant Species Biology, 17: 89-99.

Newman M E J, Girvan M. 2004. Finding and evaluating community structure in networks. Physical Review E, 69: 026113.

Oliveras I, Bentley L, Fyllas N M, et al. 2020. The influence of taxonomy and environment on leaf trait variation along tropical abiotic gradients. Frontiers in Forests and Global Change, 3: 18.

Osnas J L D, Katabuchi M, Kitajima K, et al. 2018. Divergent drivers of leaf trait variation within species, among species, and among functional groups. Proceedings of the National Academy of Sciences of the United States of America, 115: 201803989.

Poorter H, Anten N P R, Marcelis L F M. 2013. Physiological mechanisms in plant growth models: Do we need a supra-cellular systems biology approach? Plant Cell and Environment, 36: 1673-1690.

Poorter H, Lambers H, Evans J R. 2014. Trait correlation networks: A whole-plant perspective on the recently criticized leaf economic spectrum. New Phytologist, 201: 378-382.
Proulx S R, Promislow D E L, Phillips P C. 2005. Network thinking in ecology and evolution. Trends in Ecology and Evolution, 20: 345-353.
Reich P B. 2014. The world-wide 'fast-slow' plant economics spectrum: a traits manifesto. Journal of Ecology, 102: 275-301.
Reich P B, Walters M B, Ellsworth D S. 1997. From tropics to tundra: global convergence in plant functioning. Proceedings of the National Academy of Sciences of the United States of America, 94: 13730-13734.
Roumet C, Birouste M, Piconcochard C, et al. 2016. Root structure-function relationships in 74 species: evidence of a root economics spectrum related to carbon economy. New Phytologist, 210: 815-826.
Sack L, Buckley T N. 2020. Trait multi-functionality in plant stress response. Integrative and Comparative Biology, 60: 98-112.
Sack L, Cowan P D, Jaikumar N, et al. 2003. The hydrology of leaves: Co-ordination of structure and function in temperate woody species. Plant Cell and Environment, 26: 1343-1356.
Sack L, Scoffoni C. 2013. Leaf venation: Structure, function, development, evolution, ecology and applications in the past, present and future. New Phytologist, 198: 983-1000.
Sack L, Scoffoni C, John G P, et al. 2013. How do leaf veins influence the worldwide leaf economic spectrum? Review and synthesis. Journal of Experimental Botany, 64: 4053-4080.
Shipley B, Lechowicz M J, Wright I, et al. 2006. Fundamental trade-offs generating the worldwide leaf economics spectrum. Ecology, 87: 535-541.
Sterner R W, Elser J J. 2002. Ecological Stoichiometry: The Biology of Elements from Molecules to The Biosphere. Princeton: Princeton University Press.
Strogatz S H. 2001. Exploring complex networks. Nature, 410: 268-276.
Violle C, Navas M, Vile D, et al. 2007. Let the concept of trait be functional. Oikos, 116: 882-892.
Wang C, Wang J. 2011. Spatial pattern of the global shipping network and its hub-and-spoke system. Research in Transportation Economics, 32: 54-63.
Wang J, Mo H, Wang F, et al. 2011. Exploring the network structure and nodal centrality of China's air transport network: A complex network approach. Journal of Transport Geography, 19: 712-721.
Wang S, Wang X, Han X, et al. 2018. Higher precipitation strengthens the microbial interactions in semi-arid grassland soils. Global Ecology and Biogeography, 27: 570-580.
Watts D J, Strogatz S H. 1998. Collective dynamics of 'small-world' networks. Nature, 393: 440-442.
Wright I J, Dong N, Maire V, et al. 2017. Global climatic drivers of leaf size. Science, 357: 917-921.
Wright I J, Reich P B, Westoby M, et al. 2004. The worldwide leaf economics spectrum. Nature, 428: 821-827.
Wright J P, Suttongrier A E. 2012. Does the leaf economic spectrum hold within local species pools across varying environmental conditions. Functional Ecology, 26: 1390-1398.
Yan Z, Hou X, Han W, et al. 2018. Effects of nitrogen and phosphorus supply on stoichiometry of six elements in leaves of Arabidopsis thaliana. Annals of Botany, 123: 441-450.
Yin Q, Wang L, Lei M, et al. 2018. The relationships between leaf economics and hydraulic traits of woody plants depend on water availability. Science of the Total Environment, 621: 245-252.
Zhang J H, Ren T T, Yang J J, et al. 2021. Leaf multi-element network reveals the change of species dominance under nitrogen deposition. Frontiers in Plant Science, 12: 580340.

第 13 章　植物群落功能性状频度分布与群落构建机制

摘要：植物功能性状已经成为当前解决种群、群落和生态系统等多个尺度和层次的生态学问题的重要途径之一。然而，如何更好地利用个体水平测量的植物功能性状来解决复杂自然群落或生态系统尺度的生态学问题仍然是巨大的难题甚至瓶颈。在自然群落中，乔木、小乔木、灌木、半灌木、多年生草本、一年生草本等物种具有不同的个体大小、叶片功能元素含量、种子质量等功能性状，这些功能性状在群落中差异显著，并形成多种多样的频度分布特征（frequency），被称为植物群落功能性状频谱。植物群落功能性状频谱特征随着环境梯度、演替阶段、干扰强度、微气候变异等变化而变化，可反映不同植物的适应策略和群落构建机制。性状驱动理论（trait driver theory）认为非生物过滤、生物间相互作用和中性过程等相对作用的变化导致了群落功能性状频度分布特征的变化，从而深刻影响植物群落功能。基于植物群落功能性状频谱的核心参数，如优势度、性状多样性、功能稀有性、功能均匀度等，人们可以深入探究植物群落内在功能结构特征及其对外界环境的响应机制。长期以来，受数据源和测试难度等限制，植物群落功能性状频谱的重要性一直被忽视。本章在前人工作基础上，系统阐述植物群落功能性状频谱的定义、内涵、测度方法、应用方向和前景。同时，呼吁未来更多地开展相关研究，以期提升我们对植物群落构建和生态系统功能维持机制的认知水平。

植物功能性状（plant functional trait）通常是指在个体水平上相对稳定、可量度的、且能影响植物生存和繁衍的形态、解剖、生物化学、生理和物候学任何特征参数（Violle et al.，2007；He et al.，2019）。例如，叶片大小、叶片厚度、比叶面积、根直径、比根长、种子大小、种子形状等等。植物可通过改变其特定功能性状来适应当前和未来环境变化（Zhang et al.，2020；Liu Z G et al.，2022），同时这种改变也将对生态系统结构和功能产生深刻影响（Violle et al.，2007；Albert et al.，2012；Li et al.，2021；He et al.，2023）。过去十几年，国内外研究者已经围绕植物功能性状开展了大量卓有成效的研究，植物功能性状已经成为解决种群、群落和生态系统等尺度上生态学前沿问题的有效途径（Díaz et al.，2007；He et al.，2019，2020；Zhao et al.，2020；Zhang J H et al.，2021；Li et al.，2022），极大地提升了研究人员对植物功能性状在调控生态系统过程与功能中重要性的认识（何念鹏等，2018）。

在自然生态系统中，从热带雨林生态系统，到温带森林生态系统，再到草地荒漠生态系统，乔木、灌木、草本、藤本等具有不同功能性状的物种在区域、景观和局域尺度上共存。因此，植物群落功能性状频谱在自然群落中广泛存在。在研究过程中，人们常常会列出特定生境下某一植物功能性状观测值的频度特征图（Sun et al.，2019；Zhang et al.，2020；Wang et al.，2021a，2021b；Liu Z G et al.，2022），并发现这些观测值的频度特征在不同生境类型间往往存在显著差异（图 13.1）。根据性状驱动理论（trait driver theory），生物、非生物和中性过程的相对作用变化将导致植物群落存在不同的功能性状频谱特征，从而深刻影响生态系统过程和功能（Enquist et al.，2015；Gross et al.，2017）。此外，研究人员还发现植物功能性状频度分布特征，如方差（variance）、偏度（skewness）、峰度（kurtosis）等参数，可以在综合考虑群落优势种、稀有种在内的所有物种功能性状种内与种间变异的基础上，揭示植物群落特征及其对不同环境变化的响应（Le Bagousse-Pinguet et al.，2017；Liu et al.，2020）。总之，基于植物功能性状频度的特征参数，我们可以将功能性状从个体、物种水平拓展到群落或生态系统尺度，从而深入探究植物适应策略、群落构建机制和生态系统功能稳定机制。

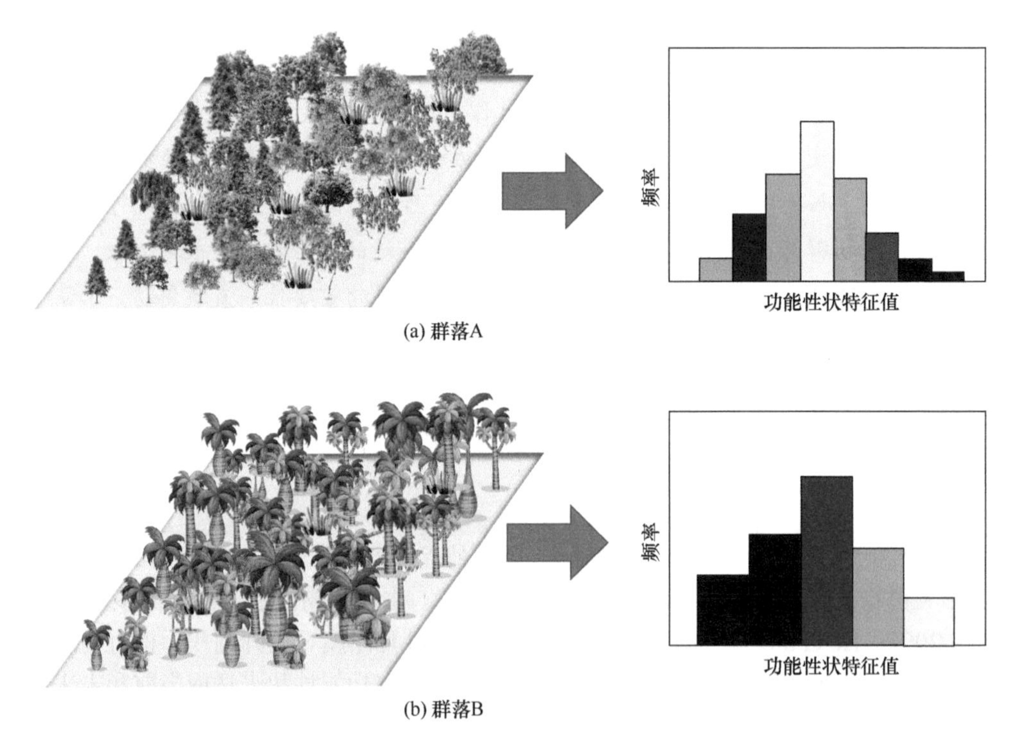

图 13.1　植物群落功能性状频度分布的概念图

13.1　植物功能性状频谱的定义与内涵

在复杂的自然植物群落中，物种多度变化非常大，从而使群落内物种分布格局的形成机制一直是生态学长期关注的核心科学问题。过去几十年来，科研人员就植物群落及其驱动机制开展了大量研究，然而至今没有达成共识(Enquist et al.，2015；Gross et al.，2017)。

近期，越来越多的科研人员认为简单的物种分类的研究方法难以完全反映植物群落结构及其形成机制。根据植物功能性状的核心定义，植物功能性状被广泛地认为可以反映植物种内与种间功能、生长、繁殖等生态特性的差异。植物物种间功能性状的差异与群落所处环境完全决定了植物群落的物种多度分布格局。因此，植物群落结构或物种多度分布格局，可以理解为植物功能性状多度分布格局的直接呈现形式。

2015 年，Enquist 等（2015）正式对其进行了定义，植物群落功能性状频谱是指群落内全部个体水平某个功能性状所呈现出的不同大小值频度特征。在实际研究中，也可以呈现为群落内全部个体或所有物种的频度特征，如植物最大高度、叶片氮含量、气孔大小等功能性状的多度图或生物量加权直方图（图 13.2）。通过测定植物群落内全部个体或所有物种的功能性状值，人们可以得到涵盖功能性状种内与种间差异的群落功能性状频度特征，为揭示植物群落构建机制，以及生态系统功能的稳定机制提供新的研究途径。

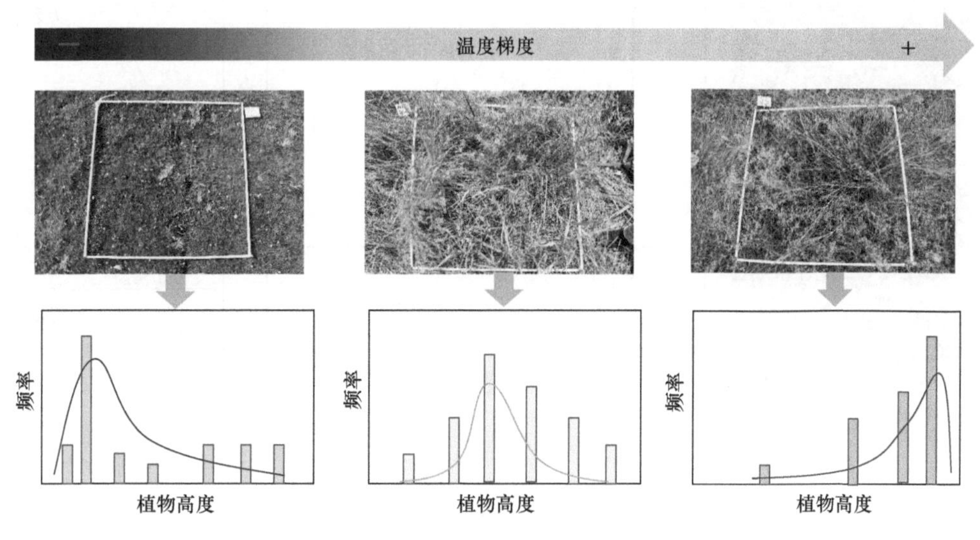

图 13.2　青藏高原、内蒙古高原和黄土高原草地群落植物高度的频度分布图

13.2　植物群落功能性状频谱的测度及其参数内涵

植物群落功能性状频谱可以通过其平均值、方差、偏度、峰度等参数，从不同角度表征植物群落不同维度的功能属性（图 13.3 和表 13.1）。加权平均值为群落功能优势度参数（Le Bagousse-Pinguet et al.，2021），反映了植物群落对环境适应权衡的最优结果（Reich et al.，2003），主要由群落优势种功能性状决定。方差反映了植物群落功能性状分散程度，也就是功能性状多样性，部分代表着植物群落对环境变化的适应能力（Mouillot et al.，2011；García-Palacios et al.，2018）。偏度和峰度分别表征着植物群落功能性状频谱的功能稀有性和功能均匀度。偏度和峰度是群落功能性状频谱分布的两个形态参数（shape parameter），可以反映植物群落的内部结构属性，其中偏度表征着性状频谱的功能稀有性，峰度反映着功能性状频谱的均匀度，可以用于反映生物与非生物过滤、扩散限制等生态过程对植物群落的影响（Enquist et al.，2015）。其中，偏度还可以反映

频度分布的形态不对称程度（Gross et al.，2017），正值表明植物群落性状均值小于众数，优势种具有较小的性状值，形态分布为负偏态分布；负值表明植物群落性状均值大于众数，优势种具有较大的功能性状值，形态分布为正偏态分布。峰度主要表征频度分布的形态陡缓程度和群落中功能性状多度分布的均匀度，高值表明群落优势物种具备着相似的性状，低峰度值则表明群落优势种具备着不同的性状（Gross et al.，2017）。相比传统的加权均值，方差、偏度和峰度这三个高阶参数将更有助于提升研究人员对有关植物群落功能性状结构的认知（Liu et al.，2020）。

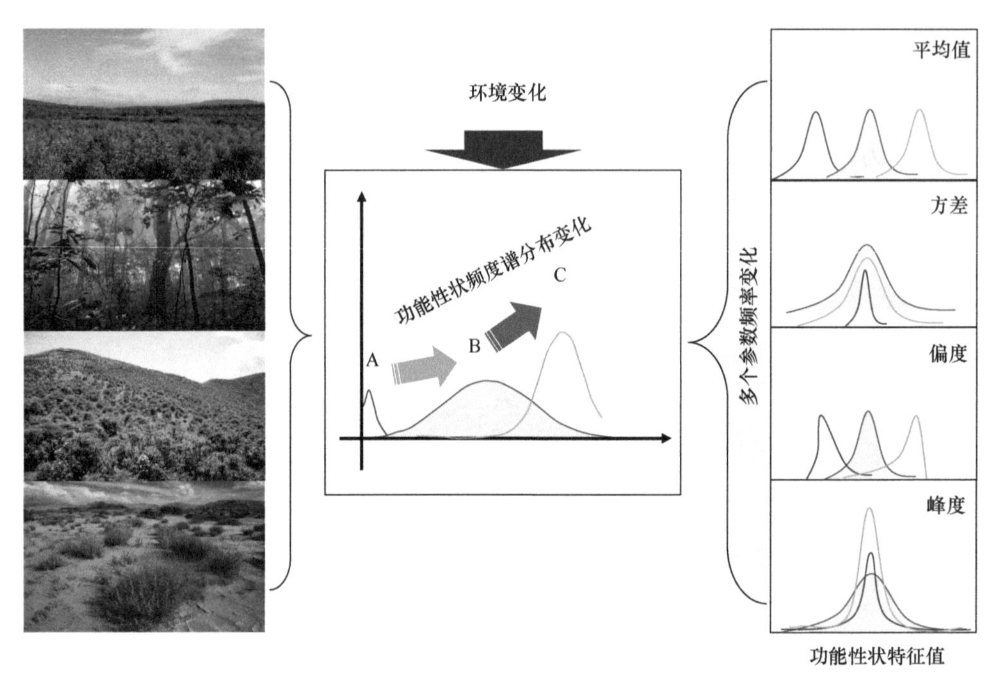

图 13.3　植物功能性状频谱参数对温度梯度的响应

表 13.1　植物群落功能性状频谱核心参数及其生态学意义

	特征参数	生态学意义
1	加权平均值（mean）	量度群落中优势物种功能性状影响，可以更好地反映群落最佳功能性状策略
2	方差（variance）	量度群落物种功能性状分异程度，值越大则群落物种间功能性状分异越大，功能多样性越高
3	偏度（skewness）	标准群落功能性状频谱的不对称性，可反映群落稀有种功能性状的作用（或功能性状稀有性）
4	峰度（kurtosis）	测度群落功能性状频谱的均匀度，峰度越小则群落功能均匀度越高

通过解析植物功能性状频谱的平均值、方差等参数对土壤、气候、人为活动等自然和人为因素的响应，科研人员可以探讨植物群落适应策略和抵抗外界干扰的能力（图 13.3）。而定量分析生物和非生物过滤、中性过程等生态过程对偏度和峰度等形态参数的相对作用机制，我们则可以深入揭示植物群落构建机制，以及评估植物群落对气候变化等动态响应（Grime，2006；Cavender et al.，2009）。例如，Le Bagousse-Pinguet 等（2017）就利用个体大小、比叶面积的频度分布 4 个特征参数，解析了土壤、气候等非生物因素对全球旱地植物群落结构的非生物过滤作用。Chen 等（2022）利用平均值、

方差、偏度和峰度四个参数量化了青藏高原 2013 个植物群落高度的频谱特征，解析了青藏高原植物群落垂直复杂性的区域变异及其驱动机制。Wang J M 等（2022b）利用个体大小、比叶面积、叶片干物质含量的群落频谱四个特征参数，比较了青藏高寒草地和内蒙古温带草地植物群落构建机制以及植被对气候变化响应机制的差异。Liu 等（2020）利用 4 个特征参数量化了气孔性状和水力性状群落频谱特征，从多个性状联动的多维度角度探讨了植物群落构建法则与生产力优化机制。

与之密切相关的科学假说有 3 种，从不同角度为人们利用植物功能性状频度分布的特征参数来揭示群落对外界环境变异的响应提供了科学依据（专栏 13.1）。

专栏 13.1　与性状驱动理论密切相关的基础理论

性状驱动理论是在三个理论假说或框架的基础上凝练的（Enquist et al.，2015）。第一，“生物量比假说”（mass-ratio hypothesis）强调优势物种的功能性状决定了生态系统过程和功能（Grime，1998）。生物量比假说还认为优势物种的功能性状比物种丰富度更为重要。第二，Norberg 等（2001）定义的基于功能性状的生态学框架（trait-based ecology），该体系利用数学框架将表型性状频度分布动态与环境变化、生态系统功能成功关联了起来。第三，代谢比例理论体系（metabolic scaling theory），该理论可以用来预测个体大小或者代谢相关的性状变异如何影响个体生长和资源利用特性，以及这些特性指标如何拓展以影响种群、群落和生态系统（Yvon et al.，2012；Li et al.，2021；Wang et al.，2021b）。

性状驱动理论吸收了“生物量比假说”认为的植物群落优势种的功能性状主导着生态系统过程与功能的动态变化（Grime，1998），以及代谢比例理论提出的有机体的大小，以及与代谢相关功能性状的变异将影响物种生长与资源利用，进而影响生态系统过程和功能（Yvon et al.，2012）的理论体系。最后，基于 Norberg 等（2001）提出的性状生态学理论框架则发展了如何利用数学框架将功能性状频谱动态与环境变化、生态系统功能等关联性。性状驱动理论提出生物与非生物过滤、扩散限制等生态过程相对强度的变化将导致植物群落产生不同的功能性状频谱特征，从而对生态系统过程和功能产生重大影响（Enquist et al.，2015；Gross et al.，2017）。在具体研究中，Gross 等（2017）发现气候主要通过影响植物功能性状频谱的功能性状多样性来调控生态系统稳定性。

13.3　植物群落功能性状频谱应用意义

13.3.1　植物群落功能性状频谱与群落构建机制

物种共存和生物多样性维持机理，或群落构建机制，一直是当代生态学核心议题。绕着植物群落构建过程，科研人员先后提出了数百个假说和理论（Chisholm and Pacala，2010；Vellend，2010；Rosindell et al.，2011；Zhang et al.，2018；Luo et al.，2019；Luo et al.，2021；Mugnai et al.，2022；Wang M Q et al.，2022），这些理论整体上可以划分为生态位理论（niche theory）与中性理论（neutral theory）两个理论。Vellend（2010）在总结了前人研究结论的基础上，认为植物群落构建的相关过程主要可以划分为选择（selection）、扩散（dispersal）、漂变（drift）和物种形成（speciation）4 个过程。具体来说，物种形成过程导致新物种产生，经过扩散进入群落，漂变和选择两个过程则会调节不同物种在群落中的相对优势度。而中性理论强调植物群落内所有个体都是生态等价的，植物群落构建主要受到了物种形成、扩散限制、遗传漂变等随机过程的调控（Chisholm and Pacala，2010）。与之相反，生态位理论认为非生物过滤，生物相互作用等确定性过程调节着植物群落构建（de Bello et al.，2010）。例如，人们发现温度、降水、地形等环境因素对植物与土壤微生物群落组成有着关键性影响（Maestre et al.，2015）。目前，生态学家倾向于将中性理论和生态位理论进行融合，从而更加全面地来解析植物群落构建机制（Cornwell and Ackerly，2009；Chisholm and Pacala，2010）。因此，如何科学地评估确定性过程与随机过程对植物群落构建的相对影响成为了当前生态学研究的焦点。

长期以来，大多数与植物群落构建相关的研究，都是以物种分类学为基础，也就是以物种多样性为核心，取得了巨大进展。然而，近期越来越多的研究发现，传统基于物种分类的研究方法难以完全反映植物群落构建过程的全部关键信息（McGill et al.，2006；Cornwell and Ackerly，2009；Purschke et al.，2013）。例如，两个物种丰富度相同的群落，可能会存在着截然不同的物种生长与资源利用策略。植物功能性状决定着植物的生长、竞争和繁殖能力，在调控群落空间分布格局方面有着重要作用（Violle et al.，2007）。因此，探究植物功能性状与环境因素的关系，不仅有助于生态学家解释植物适应对策和物种共存机制（Wright et al.，2010；Zhang Y et al.，2021；He et al.，2023），也是预测植物群落对全球变化响应和适应的可靠途径（Zhang et al.，2019；Liu Z G et al.，2022）。此外，功能性状的群落配置格局是生物与非生物因素对物种影响差异的结果，可为人们解析群落构建中不同生态过程的相对重要性提供新的线索。

近年来，科研人员以植物功能性状为抓手，对植物群落构建机制进行了卓有成效的研究，从不同角度证明了植物功能性状强烈影响着群落构建和生态系统功能（Cornwell and Ackerly，2009；Valencia et al.，2015；Guittar et al.，2016；Buzzard et al.，2019；Šímová et al.，2019）。虽然目前基于功能性状的群落构建机制研究已经取得了很大进展，然而，多数研究通常都是基于物种水平的平均值来开展的，忽视了功能性状在群落内的种内变异。许多研究表明种内变异对植物群落结构和生物多样性维持也具有重要影响（Laughlin et al.，2012；Siefert et al.，2015）。此外，由于在实际研究中往往难以获取群落内所有物种的功能性状，大多数研究通常只关注优势种的功能性状，难以对群落全部物种信息进行分析，并忽略了稀有种的影响（何念鹏等，2018）。尽管优势种很大程度上决定着群落功能性状，稀有种的影响相对很小；但稀有种对生态系统过程和功能也有着重要影响，尤其是在面对极端环境或干扰时（Mouillot et al.，2013）。此外，研究还发现优势种功能性状往往有着较低的种内变异，而稀有种功能性状则有着很高的种内变异（Umaña et al.，2015）。

通过计算植物群落内全部个体或所有物种功能性状频度的特征参数，研究者可以综合考虑植物功能性状种内与种间变异，以及优势种和稀有种等所有物种的影响。例如，偏度增加可以反映稀有种优势的重要性，以及环境因素对功能性状的过滤作用。方差降低则表明环境过滤作用加强，而峰度值变化则反映非生物过滤、竞争排除等过程的作用。Le Bagousse-Pinguet 等（2017）利用植物高度和比叶面积频谱特征参数，探讨土壤、气候对全球旱地植物群的影响，发现平均值、方差、偏度和峰度对环境过滤作用的响应并不一致，在极端干旱胁迫下，功能性状完全不同的物种仍可以在群落中共存。Enquist 等（2017）研究显示热带森林群落功能性状频谱特征呈现为高峰度值和过度偏态分布，表明环境过滤和竞争排除等对植物群落有着强烈作用。Wieczynski 等（2019）探究了全球尺度植物功能性状均值、方差、偏度和峰度对气候变化的响应，并发现温度是全球性状分布空间变异的主要驱动因子。Lourenço 等（2020）则发现环境过滤在小尺度上对热带植物群落功能性状频谱也有着重大影响。这些研究，从不同角度说明解析植物功能性状频谱特征，将有助于科学地揭示植物适应策略和群落构建机制。

13.3.2　植物群落功能性状频谱与生态系统功能稳定机制

生物多样性时空变异被广泛认为与生态系统功能变异有着密切关联（Hooper et al.，2012；Barry et al.，2021）。近年来，国内外学者围绕生物多样性对生态系统功能的影响开展了海量研究（Jing et al.，2015；Chen et al.，2018；Pennekamp et al.，2018；Wang et al.，2019）；然而，相关结论至今仍难以达成广泛共识。由于传统的物种多样性途径忽视了物种进化历史与功能特性（Cavender et al.，2009；Purschke et al.，2013），难以全面反映群落对环境变化的响应，特别是考虑到植物群落多样性具有多个维度（Craven et al.，2018；Le Bagousse-Pinguet et al.，2019；Zhang et al.，2019；房帅等，2014）。近年来，有关植物功能性状与生态系统功能间关系的研究越来越多，逐步证明了植物功能性状对生态系统功能具有重要且不可替代的作用（Valencia et al.，2015；He et al.，2018；Šímová et al.，2019；Zhang et al.，2019；Zhang Y et al.，2021；Yan et al.，2022）。

目前，涉及到植物功能性状频谱特征的研究大致可划分为两类。第一类，为利用植物功能性状群落加权平均值的研究。国内外学者已经就植物功能性状群落加权平均值展开了系列研究，并证明植物功能性状强烈影响着生态系统功能（Cornwell and Ackerly，2009；Valencia et al.，2015；Guittar et al.，2016；Buzzard et al.，2019；Bongers et al.，2020）。He 等（2018）发现叶片解剖结构的群落加权平均值与森林生态系统生产力和水分利用效率具有紧密的联系。此外，Wang 等（2020）指出植物功能性状在调控荒漠土壤微生物群落方面有着比物种多样性更为重要的作用。而更多的此类研究，只关注优势种和常见种的功能性状，很少对群落全部物种进行测定和分析，忽略了群落稀有种和功能性状种内变异的影响（Díaz et al.，2007；何念鹏等，2018）。更关键的是，这类研究忽视了植物性状频谱特征的偏度和峰度等形态参数，难以准确反映功能性状在调控生态系统功能方面的复杂性（Cadotte，2017；Liu et al.，2020）。

第二类，为 Enquist 等（2015）提出的以“植物群落功能性状频度特征”为核心的性状驱动理论，该理论提供了一个整合功能性状、生物量比假说、代谢理论的研究框架；

它通过同步测度群落内优势种、稀有种等所有物种的功能性状种内与种间变异来探讨植物群落构建法则和生态系统功能调控机制。在此基础上，Bagousse 等（2017）利用全球旱地植物群落结构和 TRY 数据库植物高度和比叶面积数据，解析了土壤、气候等环境因素对全球旱地植物功能性状频谱特征的相对影响。Gross 等（2017）则发现植物功能性状频谱的形态参数-偏度和峰度对旱地生态系统多功能性有着决定性作用。此外，García-Palacios 等（2018）发现植物比叶面积的频度分布的方差对生态系统功能稳定性有着重要影响。这类研究为植物群落构建和生态系统功能维持机制的研究提供了新的理论依据，也有助于人们理解为什么在不同研究中物种多样性与生态系统功能之间的关系会存在差异（Enquist et al.，2015；Le Bagousse-Pinguet et al.，2019）。总之，基于植物功能性状频谱特征的方差、偏度和峰度等参数，可以为解释生态系统功能调控机制提供新的启示。

综上所述，基于植物功能性状频谱特征的研究，对深入揭示植物环境适应、群落构建和生态系统功能维持机制有着重要意义。但仍存在如下几方面的不足：①多数研究缺乏植物群落构和功能性状配套的实测数据，其研究结论科学性和准确性仍需进一步验证。②大多聚焦在群落功能性状平均值，而对偏度和峰度等形态参数关注较少。③植物功能性状种内变异在调控植物群落构建和生态系统功能方面尚待加强（Bolnick et al.，2011；Laughlin et al.，2012；Siefert et al.，2015）。④当前研究大多仅以植物高度、比叶面积等功能性状展开，很少关注叶片功能元素含量、叶绿素含量、气孔密度等；⑤绝大多数研究仅仅关注效率型植物群落功能性状，较少关注数量型植物群落性状频谱的重要性，效率性状与数量性状的联动将是未来重要的发展方向（Zhang Y et al.，2021；Yan et al.，2022）。此外，由于此类研究对功能性状数据的系统性和配套性要求很高，目前急需开展这类新型功能性状数据库的构建（详见本书第 1 和第 3 章）；当然，相关理论体系和方法学需要进一步地完善和发展。

13.4 植物群落功能性状频谱未来发展方向

13.4.1 基于植物群落功能性状频谱，揭示植物群落构建机制

近年来，人们基于植物功能性状开展了植物群落构建方面的研究，并取得了阶段性进展。然而相关研究都还是存在诸多问题，导致有关植物群落构建机制的不同结论充满争议，甚至相互矛盾。其中，不同研究之间功能性状指标选择比较混乱，缺乏统一的筛选标准。理论上，功能性状应该选择能够影响植物个体适合度的形态、生理、物候等重要指标。此外，当前研究方法学与框架是基于物种多样性研究建立起来的，因此当前的研究很难将物种个体间功能性状差异（功能性状种内变异）与物种间功能性状差异（功能性状种间变异）科学融合。例如，群落构建研究常用的平均最近邻体性状距离（abundance-weighted mean nearest neighbor trait distance）、Rao 的二次熵（Rao's quadratic entropy）等指数，以及后续基于零模型计算标准效应值（standardized effect size），绝大多数都是基于物种多度或相对生物量矩阵，以及物种水平功能性状矩阵计算的；并没有

考虑物种功能性状种内变异的影响。即使部分研究考虑功能性状的种内变异，其方法学还是基于上述方法，因此很难真正将一个物种的区域或局域尺度上功能性状种内变异纳入到研究体系中。

植物群功能性状频谱是未来可以综合考虑物种功能性状种内变异与种间差异影响的一个非常有前景的途径。通过测定植物群落内全部个体关键功能性状，以及每个个体的生物量或盖度，进而计算群落水平的功能性状平均值（或者中位数）、方差、偏度和峰度，可很好地将物种个体水平功能性状（功能性状种内变异）与物种水平功能性状差异（功能性状种间差异）结合起来，从而摆脱传统以物种多样性为核心的研究方法的约束。因此，从植物群落功能性状优势性（平均值，Mean）、功能多样性（方差，Variance）、功能稀有性（偏度，Skewness）、功能性状分布均匀度（峰度，Kurtosis）等多个维度，更加准确地揭示复杂自然环境中的植物群落构建过程和驱动机制。

具体计算方法如下：

$$\text{Mean}_j = \sum_i^n P_i T_i \tag{13.1}$$

$$\text{Variance}_j = \sum_i^n P_i (T_i - \text{Mean}_j)^2 \tag{13.2}$$

$$\text{Skewness}_j = \sum_i^n \frac{P_i (T_i - \text{Mean}_j)^3}{\text{Variance}_j^{3/2}} \tag{13.3}$$

$$\text{Kurtosis}_j = \sum_i^n \frac{P_i (T_i - \text{Mean}_j)^4}{\text{Variance}_j^2} \tag{13.4}$$

式中，P_i 为群落 j 内每个个体（或每个物种）i 的多度或生物量；T_i 为该个体（或每个物种）特定性状值；n 为群落 j 内全部个体数量（每个物种多度或生物量），对于每个群落而言，相对多度或相对生物量的总和为 100%。

通过分析植物群落功能性状频谱分布特征沿着环境梯度的变化，科研人员可以更精确地探讨植物群落功能性状组成对环境变化的响应。例如，通过建立零模型，随机置换功能性状树来计算各个群落功能性状频谱特征参数的标准效（SES），可以更精确区分随机过程（扩散限制、生态漂变等）、非生物因素过滤、生物间相互作用（物种竞争、互惠等）的相对重要性。同时，通过建立 SES 与环境梯度的关系，可以解析植物群落构建过程中的驱动因素及其作用机制。总之，植物群落功能性状频谱是未来一个非常重要的发展方向，可实现个体性状-种群性状种内变异-物种功能性状种间变异等多个层次的尺度拓展，从而推动功能性状生态学的发展，为揭示植物群落构建的机制提供全新的研究途径（图 13.4）。

案例 1：青藏高寒草地与内蒙古温带草地植物群落构建差异与驱动因素

我们利用植物叶片干物质含量、比叶面积和植物高度群落频度分布谱，解析了青藏高寒草地和内蒙古温带草地植物群落构建机制及其对环境胁迫响应的差异性（图 13.5）。

在这项研究中，研究人员利用每个物种生物量数据，量化了三个功能性状频谱的优势性、多样性、稀有性和均匀性等四个维度的群落功能属性（Wang J M et al.，2022b）。首先基于零模型计算了四个特征参数的标准效应值分析了不同生态过程在青藏和内蒙古草地群落构建中的相对贡献。

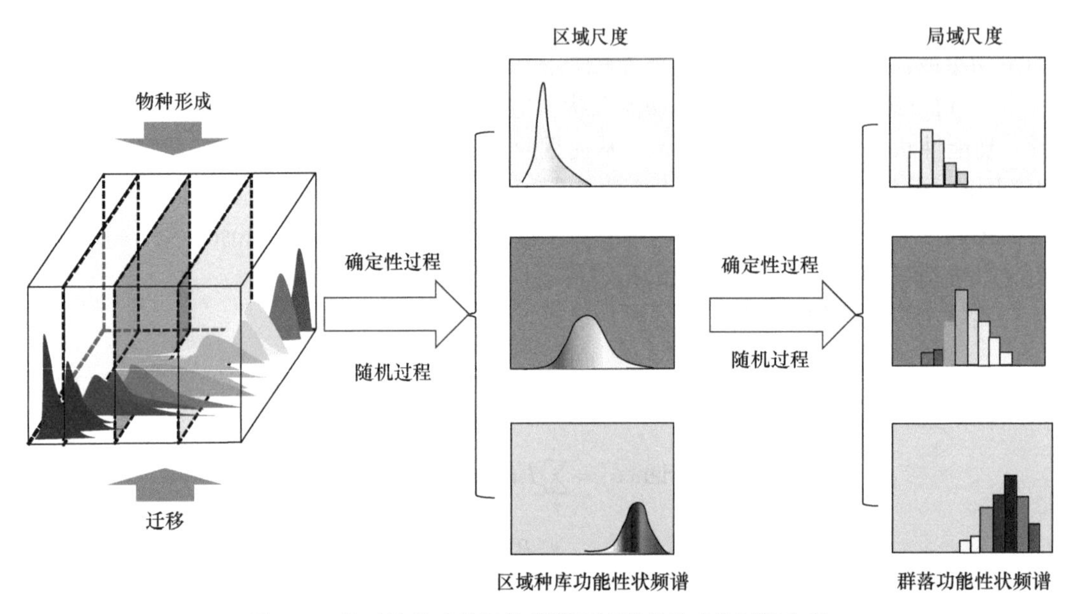

图 13.4　基于植物功能性状频谱探讨群落构建机制概念图

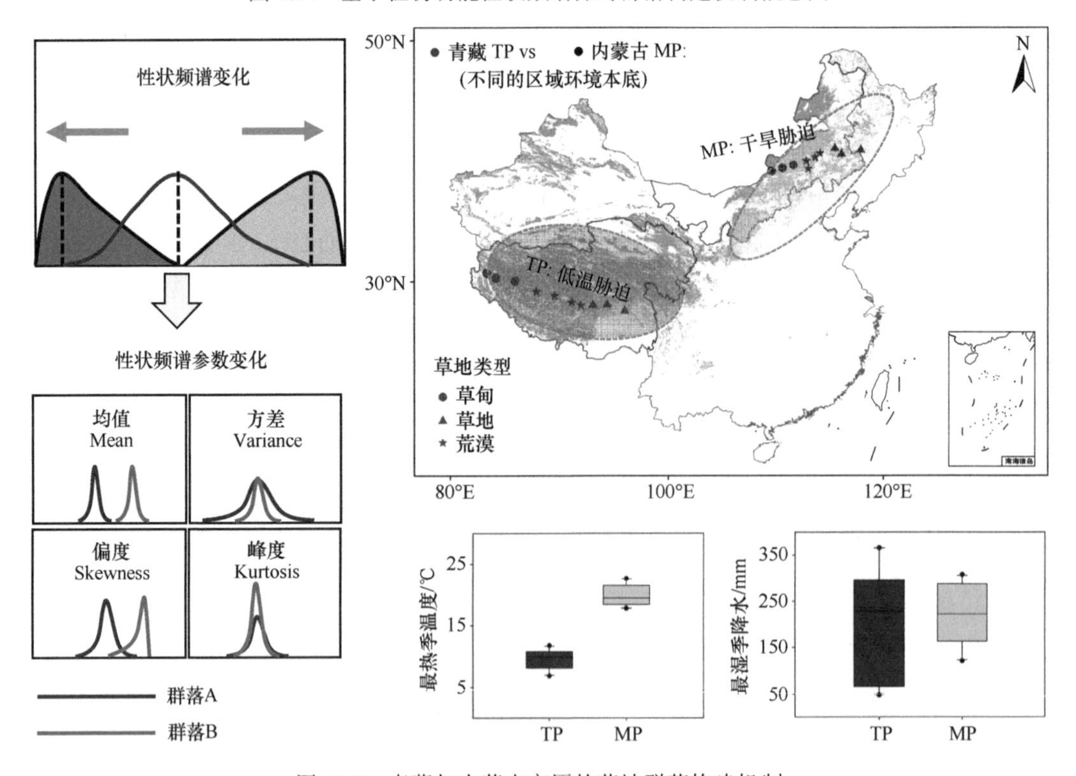

图 13.5　青藏与内蒙古高原的草地群落构建机制

该研究发现青藏和内蒙古草地群落存在普遍的物种功能性状趋同的现象，即群落中长期共存的物种均具备着相似的功能性状。这表明非生物过滤（abiotic filtering）和弱竞争排除（weaker competitive exclusion）主导着青藏高寒草地和内蒙古温带草地的群落构建过程。非生物过滤等生态过程会降低草地植物群落功能多样性，但是会增加性状频谱的均匀性。该研究发现非生物过滤等生态过程会将资源竞争力弱、抗性弱的物种排除出群落，从而降低功能多样性。但随着大量竞争力弱的物种被排除出群落，群落共存物种的均具有相对均衡的竞争和适应能力，从而维持了相对均衡的群落结构、提升了群落均匀度。这些发现说明了高寒草地和干旱草地具有特殊的物种共存策略和群落构建机制。

此外，该研究还发现植物群落功能性状频谱的优势性、功能多样性、稀有性和均匀度对不同环境胁迫的响应在青藏高寒草地和内蒙古温带草地之间存在着显著差异。更为重要的是，该研究还发现低温胁迫调节着青藏高寒草地的群落构建机制，而内蒙古温带草地的群落构建过程则主要由干旱胁迫调控（图 13.6）。

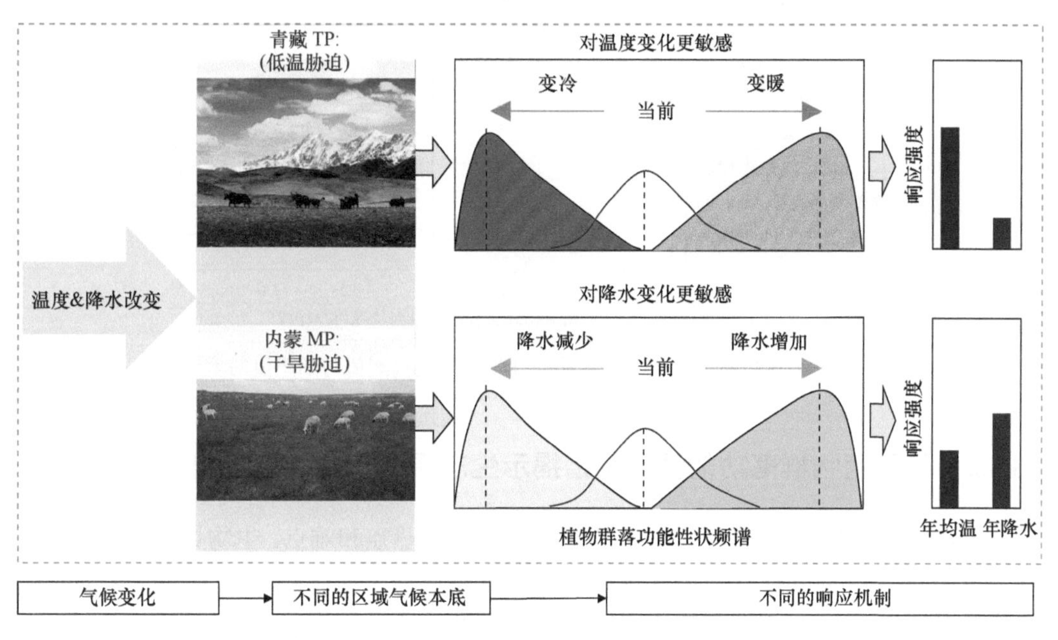

图 13.6　青藏高寒与内蒙古温带草地植物群落构建对气候变化响应的机理图

案例 2：青藏高原戈壁植物群落构建的功能性状特异性

戈壁荒漠是干旱区非常独特的一种生态系统，在中国戈壁荒漠生态系统总面积超过 60 万 km^2。青藏高原戈壁叠加了紫外辐射强烈、低温、极端干旱、土壤养分贫瘠等环境胁迫特征，以及物种多样性贫乏，植物可能有着独特的物种适应策略和群落构建机制。Wang J M 等（2022a）分析了青藏高原戈壁 183 个植物群落叶片氮磷含量、叶面积、比叶面积、细根氮磷含量、比根长、根长 8 个功能性状频谱分别分布特征，从植物群落功能性性状频谱角度探究了青藏高原戈壁植物群落构建机制。

该研究发现戈壁植物群落功能性状和系统发育均表现为非随机频度分布格局。更为重要的是：戈壁植物群落绝大多数功能性状，以及整体呈现出聚集分布，然而植物群落系统发育分布表现为离散分布。此外，8 个功能性状均未表现出系统发育保守性，说明青藏戈壁植物群落的功能性状是趋同进化而来。极端干旱和养分限制等引起的生境过滤作用导致各个群落中物种功能性状整体趋同，因此使植物功能频谱整体上表现为聚集（图 13.7）。由于青藏戈壁植物种库的特殊性，以及植物功能性状的趋同进化导致，植物群落系统发育多样性表现为离散分布。此外，我们还发现戈壁植物群落功能性状频谱沿着环境梯度的变化趋势存在性状特异性。叶片和细根氮磷含量群落频谱特征参数主要受到气候梯度的影响，而叶片和细根形态性状群落频谱参数则主要受到土壤因素的影响。非生物过滤、弱竞争排除等生态位过程主导着青藏戈壁植物群落构建，导致群落中功能相似但亲缘关系远的物种广泛共存。

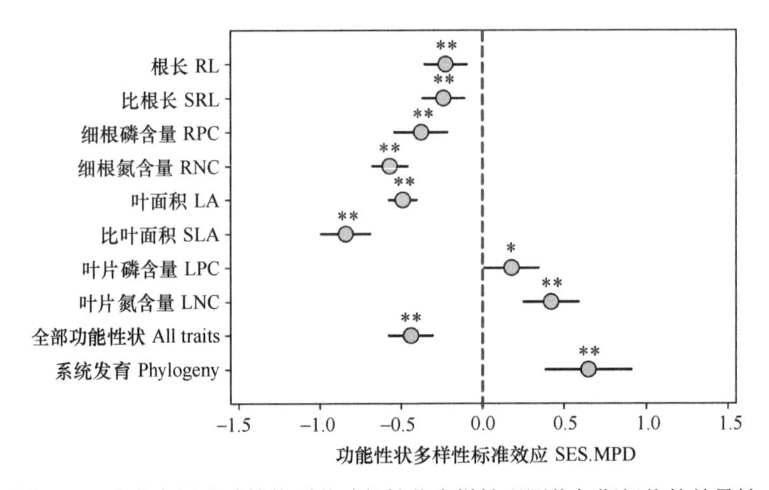

图 13.7　青藏高原戈壁植物群落功能性状多样性观测值与期望值的差异性

*P<0.01；**P<0.05

13.4.2　基于植物群落功能性状频谱揭示生态系统功能稳定机制

生态系统功能稳定机制一直是生态学领域的研究热点和难点。生物量比假说认为是群落中优势物种的功能性状而不是群落物种丰富度决定了生态系统功能及过程。通过测定群落内每个个体的功能性状和生物量，量化植物群落功能性状频谱的平均值、方差、偏度和峰度等参数，可以测度植物群落功能性状频谱的形态特征，从而同步考虑物种功能性状种间和种内变异的影响，深入探究植物群落内部多个维度的深层次结构属性。最终可将个体测量的功能性状拓展至种群、群落乃至生态系统水平，从而将个体生长与资源利用策略、种群动态变化、群落构建过程、生态系统功能等系统联系起来，深入揭示生态系统功能稳定性的生物调控机制。因此，植物群落功能性状频谱在揭示生态系统功能调控机制，以及生态系统功能稳定机制两个方面都有着巨大的发展空间（图 13.8）。

案例 3：植物群落功能性状频谱对生态系统多功能性的调控机制

Le Bagousse-Pinguet 等（2021）利用物种多度和物种水平的叶片比叶面积和叶片木质，来表征了植物群落功能性状频谱的优势性、功能分异、功能稀有性和功能分布均匀性等群落功能属性，进而探讨了植物性状频谱对土壤碳、氮、磷循环等生态系统多功能的影响。该项研究发现尽管植物群落性状优势性对生态系统多功能性有着一定的影响，但是植物群落功能性状频谱的功能多样性、稀有性和均匀度可以解释生态系统多功能性高达 66%的空间变异，它们可以非常好的预测生态系统碳氮磷循环等多个功能。这项研究同时也发现，维持群落功能不相似（functionally dissimilar）的物种频度分布均匀性和稀有种的功能属性共同促进生态系统多功能性。在自然和人类经营的生态系统中，通过量化植物群落功能性状频谱可以最大化生态系统功能并降低病害或天敌的风险。

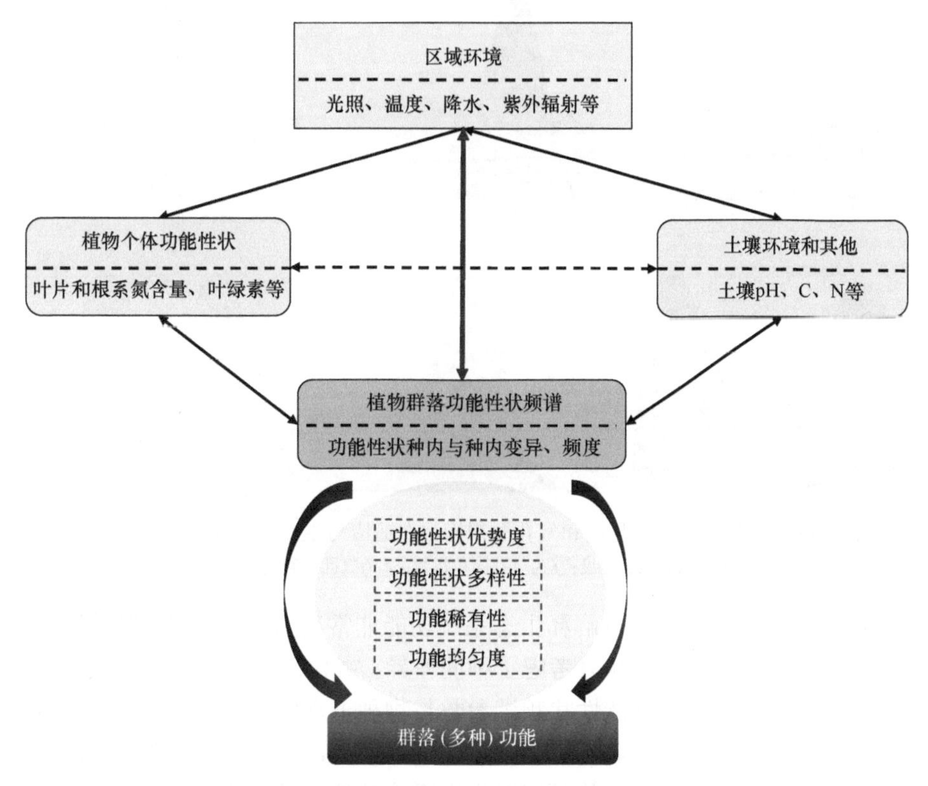

图 13.8　植物群落功能性状频谱对生态系统功能的调控机制

案例 4：植物群落气孔频谱空间变异格局及其与生态系统生产力的关系

气孔是植物叶片进行碳水交换的重要器官，其形态和行为一定程度上影响着植物光合和蒸腾作用；气孔的变异既可体现植物的适应策略，又对生态系统生产力和碳水循环等过程具有重要影响。由于气孔功能的特殊性和重要性，将气孔功能性状纳入全球动态植被模型的呼声日趋高涨。

鉴于此，研究人员测定了采自中国热带、亚热带到寒温带森林 800 个物种的最大气孔导度、气孔面积指数等气孔性状数据，并利用生物量加权平均值、方差、偏度和峰度量化东亚大陆尺度森林群落气孔性状频谱分布格局，并分析了群落气孔性状频谱特征变化对生态系统生产力的影响（Liu C C et al., 2022）。该研究发现，在干旱胁迫的条件下，植物气孔空间利用效率（e）更加收敛于适应当地环境的最优值，而植物分配给气孔空间的比例却相当多样化，导致最大气孔导度（g）的功能生态位分化更为明显。植物群落气孔频度特征参数可以解释生态系统生产力高达68%的空间变异，表明植物群落功能性状频谱对解释生态系统生产力区域形成和维持机制方面具有巨大潜力。同时，最大气孔导度（*g*）和气孔面积指数（*f*）常被认为是生态意义完全相同的性状，虽然两者在环境适应上相似，但在生态系统生产力调控上却发挥着相反的作用（图 13.9）。因此，在未来的研究中将气孔面积指数作为最大气孔导度的替代性指标应该保持谨慎。

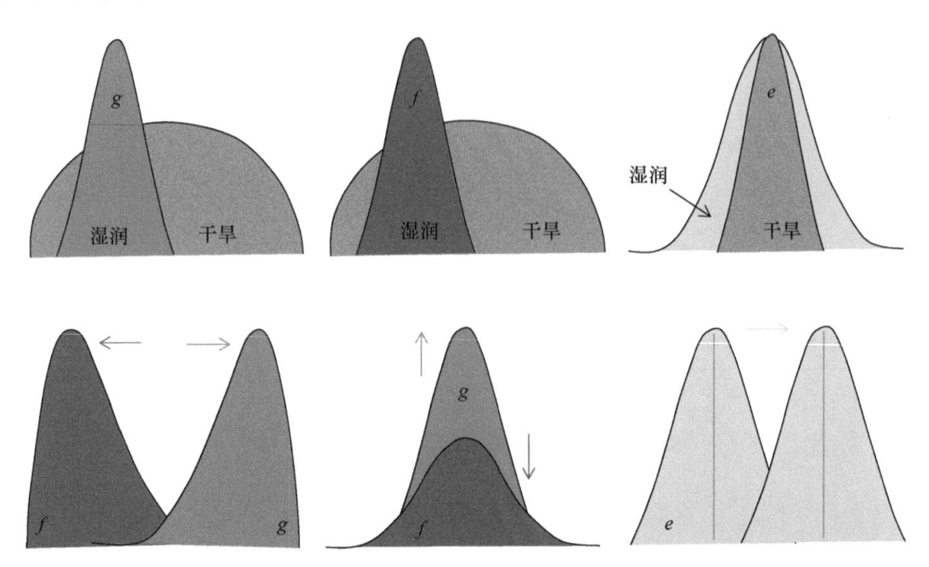

图 13.9 叶片最大气孔导度和气孔面积指数在适应与生产力调控上的歧化效应

g 为最大气孔导度；*f* 为气孔面积指数；*e* 为气孔空间利用效率

植物群落功能性状频谱可以解释生态系统功能非常高的空间变异，但是还存在非常大的提升空间。首先，功能性状只考虑了种间差异，并没有从个体水平开展研究。这就导致两个问题，第一是群落功能性状频谱参数与物种丰富度存在非常大的相关性，导致性状频谱的研究很难真正脱离物种多样性的影响；第二，忽视了功能性状种内变异的影响，可能会导致植物群落功能性状频谱对生态系统功能的预测能力下降。因此，未来有关植物群落功能性状频谱的研究，应该尝试跳出传统物种分类的限制，直接测定群落内每个个体的功能性状和生物量，从而真正意义上来测度植物群落功能性状频谱，实现个体—种群—群落—生态系统等多个层次尺度拓展，从而更好地预测生态系统功能。其次，该研究仅仅考虑了两个功能性状，未来的研究应该针对特定的生态系统功能，使用具有针对性的多种功能性状，尤其是“硬性状”，可能对提升生态系统功能的预测能力具有很大的帮助（图 13.10）。

13.4.3 基于植物功能性状频谱预测种群、群落和生态系统对环境变化的响应

以气候变化和土地利用变化为显著特征的全球环境变化，以及日益加剧的人类活动干扰，被普遍认为会导致生物多样性，乃至生态系统结构和功能发生显著改变。在全球变暖的作用下，植物功能性状发生了显著变化？例如，如随着温度升高，苔原植物的枝条显著变长，且叶片增大（Piao et al.，2006）；气候变暖可能会促进植物叶片氮利用

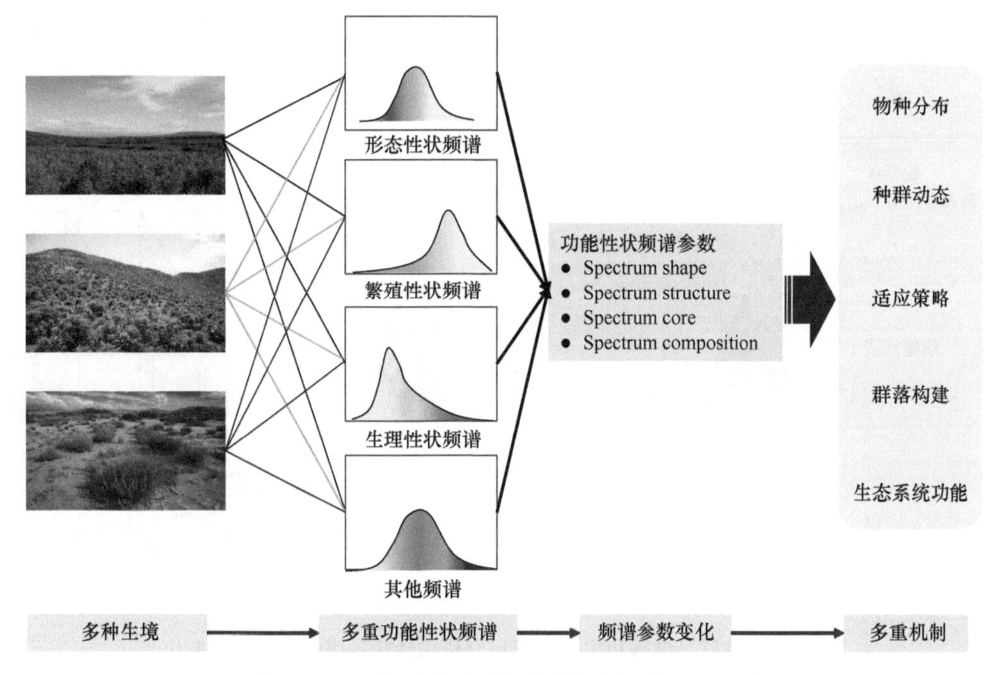

图 13.10　植物群落功能性状频谱应用发展方向图

效率及 C∶N 比的增加（An et al.，2005；Niu et al.，2010）。因此，植物种群、群落乃至生态系统对环境变化的响应成为当前生态学研究前沿和热点。

然而，尽管科研人员从种群、群落和生态系统等多个层次开展相关研究，但植物种群、群落和生态系统对未来环境变化和人类活动干扰的响应机制仍然是一个未解的难题。通过测定一个区域或者更大尺度上单个物种沿着环境梯度或人为干扰强度梯度的关键功能性状值出现的频谱，可很好地指示出哪些具有特定性状的个体具有更强的适应能力、抗性和竞争能力，哪些具体性状的个体更容易死亡或者生长不良，从而可以通过建立植物种群性状频谱与环境因素或人为活动干扰的相关性，来预测植物种群尤其是珍稀濒危物种种群结构对环境变化或人类活动干扰的响应机制（图 13.11）。

此外，通过量化植物群落功能性状频谱，可以通过功能性状分异（方差）、性状稀有性（偏度），以及群落功能性状分布均匀度来预测植物群落对环境变化与人为活动干扰的响应规律。首先，基于功能性状分布稀有性，科研人员可以明确对环境变化和人为干扰比较敏感，容易出现种群结构较大变化的物种。植物群落中的部分物种，尤其是稀有物种对环境变化可能会存在两种响应；在环境变化随着其环境偏好方向变化时，其在群落中的出现频度和重要性将会显著上升，而环境变化向其不利方向变化时，则可能会退出群落，甚至是灭绝。因此，通过建立植物频谱与环境梯度或人为活动强度的关系，可以很好的预测环境变化或人类活动干扰下，植物群落中不同物种或个体将会发生的响应情况，进而预测植物群落结构和构建过程对环境变化和人类活动的响应情况。当对整个区域种库内物种进行种群和群落尺度植物性状频谱进行量化，建立植物性状频谱与环境梯度或环境变化之间的关系时，具有很好地预测未来环境条件下优势植物种群和群落类型变化的潜力。此外稀有种群和群落类型的变化，以及区域内全部种群和群落动态变化也可被很好地预测（图 13.12）。

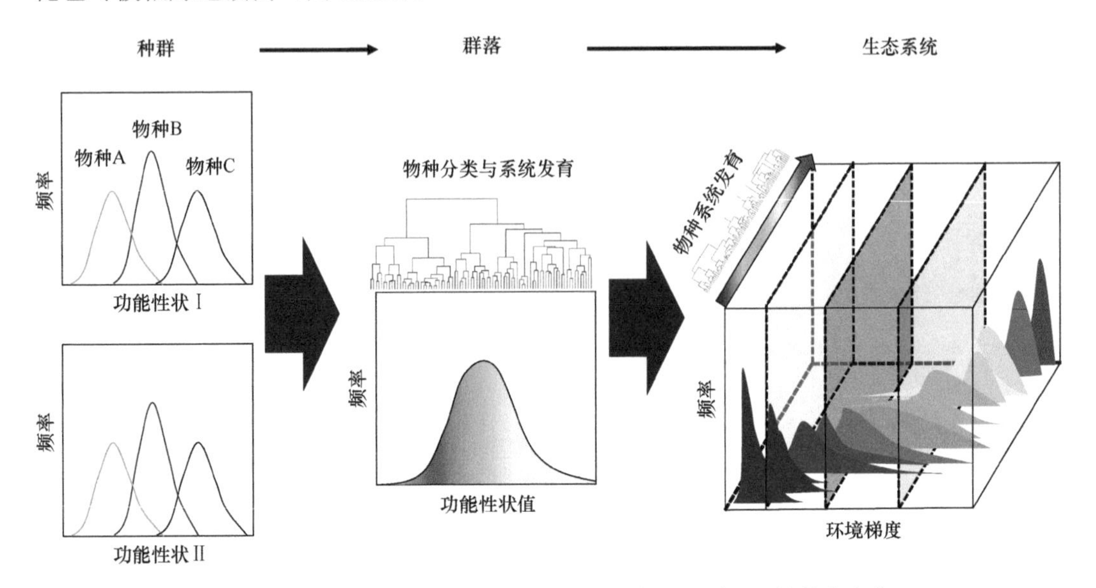

图 13.11　种群、群落和生态系统尺度植物性状频谱沿环境梯度变化

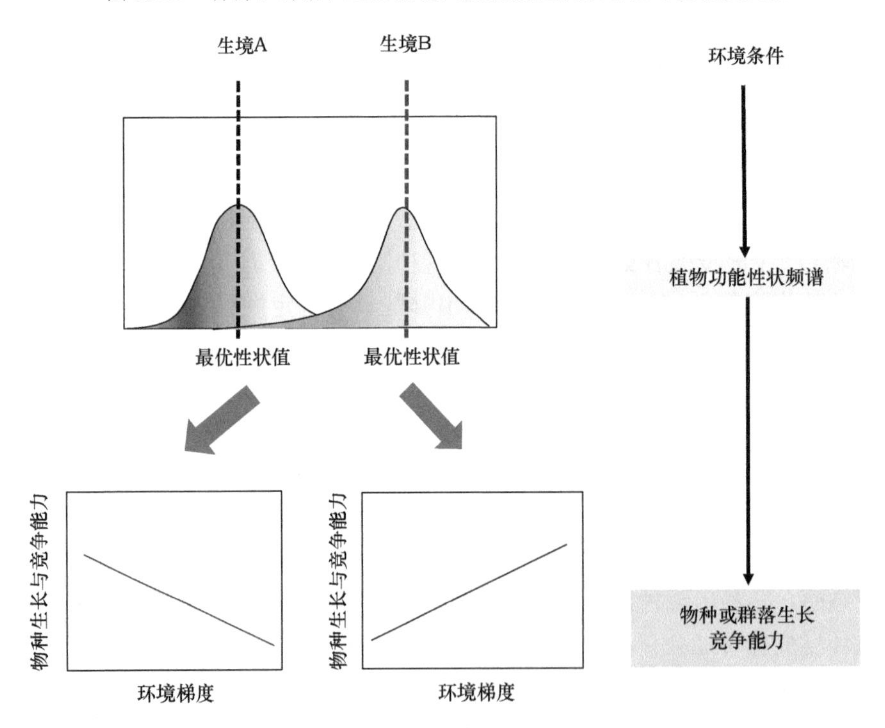

图 13.12　基于植物性状频谱预测植物种群、群落对环境变化的响应

13.5　小　　结

植物群落功能性状频谱在揭示植物适应策略、群落构建和生态系统维持机制，以及预测植物群落对环境变化等诸多方面都有着巨大潜力。然而，如何更加科学地测度植物

群落功能性状频谱是一个瓶颈问题。当前，功能性状驱动理论框架，可以在一定程度上很好地刻画植物群落功能性状频谱的关键特征。然而，当前理论体系依然存在着以下几方面的不足和挑战：①在当前方法体系下，为适应方差、偏度和峰度等参数测度植物群落功能性状频谱特征，要求植物群落物种丰富度>3。这导致该方法体系可能难以解决极端环境下植物群落学的相关科学问题。②如何将器官水平测定的植物功能性状推导到群落，是科研人员面临的一个巨大挑战。此外，相关研究均未对量纲进行转换，如碳、氮、磷含量的单位仍然是 g/kg，比叶面积的单位 mm^2/mg，叶片气孔密度的单位 number/cm^2。然而，在生态系统尺度的参数与功能，几乎都是基于单位土地面积来进行测定和模拟（如通量观测、模型模拟、遥感观测等）。目前在性状驱动理论框架下的研究方法无法解决“量纲不匹配”和“尺度不统一”的问题。因此，基于植物群落功能性状频谱的方法学研究为破解众多生态系统难题提供了巨大的机遇。

参 考 文 献

陈德亮, 徐柏青, 姚檀栋, 等. 2015. 青藏高原环境变化科学评估: 过去、现在与未来. 科学通报, 60(32): 3025-3035.

房帅, 原作强, 蔺菲, 等. 2014. 长白山阔叶红松林木本植物系统发育与功能性状结构. 科学通报, 59(24): 2342-2348.

何念鹏, 刘聪聪, 徐丽, 等. 2022. 生态系统性状对宏生态研究的启示与挑战. 生态学报, 40(8): 1-16.

何念鹏, 刘聪聪, 张佳慧, 等. 2018. 植物性状研究的机遇与挑战: 从器官到群落. 生态学报, 38(19): 6787-6796.

孙鸿烈, 郑度, 姚檀栋, 等. 2012. 青藏高原国家生态安全屏障保护与建设. 地理学报, 67(1): 3-12.

张中华, 周华坤, 赵新全, 等. 2018. 青藏高原高寒草地生物多样性与生态系统功能的关系. 生物多样性, 26(2): 111-129.

Albert C H, de Bello F, Boulangeat I, et al. 2012. On the importance of intraspecific variability for the quantification of functional diversity. Oikos, 121: 116-126.

An Y, Wan S Q, Zhou X H, et al. 2005. Plant nitrogen concentration, use efficiency, and contents in a tallgrass prairie ecosystem under experimental warming. Global Change Biology, 11: 1733-1744.

Barry K E, Pinter G A, Strini J W, et al. 2021. A graphical null model for scaling biodiversity–ecosystem functioning relationships. Journal of Ecology, 109: 1549-1560.

Bolnick D I, Amarasekare P, Araújo M S, et al. 2011. Why intraspecific trait variation matters in community ecology. Trends in Ecology and Evolution, 26: 183-192.

Bongers F J, Schmid B, Sun Z, et al. 2020. Growth–trait relationships in subtropical forest are stronger at higher diversity. Journal of Ecology, 108: 256-266.

Buzzard V, Michaletz S T, Deng Y, et al. 2019. Continental scale structuring of forest and soil diversity via functional traits. Nature Ecology and Evolution, 3: 1298-1308.

Cadotte M W. 2017. Functional traits explain ecosystem function through opposing mechanisms. Ecology Letters, 20: 989-996.

Cavender B J, Kozak K H, Fine P V, et al. 2009. The merging of community ecology and phylogenetic biology. Ecology Letters, 12: 693-715.

Chen S P, Wang W, Xu W T, et al. 2018. Plant diversity enhances productivity and soil carbon storage. Proceedings of the National Academy of Sciences (USA), 115: 4027-4032.

Chisholm R A, Pacala S W. 2010. Niche and neutral models predict asymptotically equivalent species abundance distributions in high-diversity ecological communities. Proceedings of the National Academy of Sciences of USA, 107: 15821-15825.

Cornwell W K, Ackerly D D. 2009. Community assembly and shifts in plant trait distributions across an environmental gradient in coastal California. Ecological Monographs, 79: 109-126.

Craven D, Eisenhauer N, Pearse W D, et al. 2018. Multiple facets of biodiversity drive the diversity-stability relationship. Nature Ecology and Evolution, 2: 1579-1587.

de Bello F, Lavergne S, Meynard C N, et al. 2010. The partitioning of diversity: Showing theseus a way out of the labyrinth. Journal of Vegetation Science, 21: 992-1000.

Díaz S, Lavorel S, de Bello F, et al. 2007. Incorporating plant functional diversity effects in ecosystem service assessments. Proceedings of the National Academy of Sciences (USA), 104: 20684-20689.

Enquist B J, Bentley L P, Shenkin A, et al. 2017. Assessing trait-based scaling theory in tropical forests spanning a broad temperature gradient. Global Ecology and Biogeography, 26: 1357-1373.

Enquist B J, Norberg J, Bonser S P, et al. 2015. Scaling from traits to ecosystems: Developing a general trait driver theory via integrating trait-based and metabolic scaling theories. Advances in Ecological Research. Elsevier.

García-Palacios P, Gross N, Gaitán J, et al. 2018. Climate mediates the biodiversity-ecosystem stability relationship globally. Proceedings of the National Academy of Sciences (USA), 115: 8400-8405.

Grime J. 1998. Benefits of plant diversity to ecosystems: Immediate, filter and founder effects. Journal of Ecology, 86: 902-910.

Grime J P. 2006. Trait convergence and trait divergence in herbaceous plant communities: mechanisms and consequences. Journal of Vegetation Science, 17: 255-260.

Gross N, Bagousse-Pinguet Y L, Liancourt P, et al. 2017. Functional trait diversity maximizes ecosystem multifunctionality. Nature Ecology and Evolution, 1: 1-9.

Guittar J, Goldberg D, Klanderud K, et al. 2016. Can trait patterns along gradients predict plant community responses to climate change? Ecology, 97: 2791-2801.

He N P, Li Y, Liu C C, et al. 2020. Plant trait networks: improved resolution of the dimensionality of adaptation. Trends in Ecology and Evolution, 35: 908-918.

He N P, Liu C C, Piao S L, et al. 2019. Ecosystem traits linking functional traits to macroecology. Trends in Ecology and Evolution, 34: 200-210.

He N P, Liu C C, Tian M, et al. 2018. Variation in leaf anatomical traits from tropical to cold-temperate forests and linkage to ecosystem functions. Functional Ecology, 32: 10-19.

He N P, Yan P, Liu C C, et al. 2023. Predicting ecosystem productivity based on plant community traits. Trends in Plant Science, 28(1): 43-53.

Hooper D U, Adair E C, Cardinale B J, et al. 2012. A global synthesis reveals biodiversity loss as a major driver of ecosystem change. Nature, 486: 105-108.

Jing X, Sanders N J, Shi Y, et al. 2015. The links between ecosystem multifunctionality and above-and belowground biodiversity are mediated by climate. Nature Communications, 6: 1-8.

Laughlin D C, Joshi C, van Bodegom P M, et al. 2012. A predictive model of community assembly that incorporates intraspecific trait variation. Ecology Letters, 15: 1291-1299.

Le Bagousse-Pinguet Y, Gross N, Maestre F T, et al. 2017. Testing the environmental filtering concept in global drylands. Journal of Ecology, 105: 1058-1069.

Le Bagousse-Pinguet Y, Gross N, Saiz H, et al. 2021. Functional rarity and evenness are key facets of biodiversity to boost multifunctionality. Proceedings of the National Academy of Sciences (USA), 118: e2019355118.

Le Bagousse-Pinguet Y, Soliveres S, Gross N, et al. 2019. Phylogenetic, functional, and taxonomic richness have both positive and negative effects on ecosystem multifunctionality. Proceedings of the National Academy of Sciences (USA), 116: 8419-8424.

Li Y, Li Q, Xu L, et al. 2021. Plant community traits can explain variation in productivity of selective logging forests after different restoration times. Ecological Indicators, 131: 108181.

Li Y, Liu C C, Sack L, et al. 2022. Leaf trait network architecture shifts with species-richness and climate across forests at continental scale. Ecology Letters, 25: 1442-1457.

Liu C C, Li Y, Zhang J H, et al. 2020. Optimal community assembly related to leaf economic-hydraulic-anatomical traits. Frontiers in Plant Science, 11: 341.

Liu C C, Sack L, Li Y, et al. 2022. Contrasting adaptation and optimization of stomatal traits across communities at continental scale. Journal of Experimental Botany, 73: 6405-6416.
Liu Z G, Zhao M, Zhang H X, et al. 2022. Divergent response and adaptation of specific leaf area to environmental change at different spatio-temporal scales jointly improve plant survival. Global Change Biology, 29: 1144-1159.
Lourenço J, Newman E A, Milanez C R D, et al. 2020. Assessing trait driver theory along abiotic gradients in tropical plant communities. BioRxiv.
Luo W, Lan R, Chen D, et al. 2021. Limiting similarity shapes the functional and phylogenetic structure of root neighborhoods in a subtropical forest. New Phytologist, 229: 1078-1090.
Luo Y H, Cadotte M W, Burgess K S, et al. 2019. Forest community assembly is driven by different strata-dependent mechanisms along an elevational gradient. Journal of Biogeography, 46: 2174-2187.
Maestre F T, Delgado B M, Jeffries T C, et al. 2015. Increasing aridity reduces soil microbial diversity and abundance in global drylands. Proceedings of the National Academy of Sciences (USA), 112: 15684-15689.
McGill B J, Enquist B J, Weiher E, et al. 2006. Rebuilding community ecology from functional traits. Trends in Ecology and Evolution, 21: 178-185.
Mouillot D, Bellwood D R, Baraloto C, et al. 2013. Rare species support vulnerable functions in high-diversity ecosystems. PLoS Biology, 11: e1001569.
Mouillot D, Villéger S, Scherer-Lorenzen M, et al. 2011. Functional structure of biological communities predicts ecosystem multifunctionality. PloS One, 6: e17476.
Mugnai M, Trindade D P, Thierry M, et al. 2022. Environment and space drive the community assembly of Atlantic European grasslands: Insights from multiple facets. Journal of Biogeography, 49: 699-711.
Niu S L, Sherry R A, Zhou X H, et al. 2010. Nitrogen regulation of the climate-carbon feedback: Evidence from a long-term global change experiment. Ecology, 91: 3261-3273.
Norberg J, Swaney D P, Dushoff J, et al. 2001. Phenotypic diversity and ecosystem functioning in changing environments: A theoretical framework. Proceedings of the National Academy of Sciences (USA), 98: 11376-11381.
Pennekamp F, Pontarp M, Tabi A, et al. 2018. Biodiversity increases and decreases ecosystem stability. Nature, 563: 109-112.
Piao S L, Fang J Y, Zhou L, et al. 2006. Variations in satellite-derived phenology in China's temperate vegetation. Global Change Biology, 12: 672-685.
Purschke O, Schmid B C, Sykes M T, et al. 2013. Contrasting changes in taxonomic, phylogenetic and functional diversity during a long-term succession: insights into assembly processes. Journal of Ecology, 101: 857-866.
Reich P B, Wright I J, Cavender-Bares J, et al. 2003. The evolution of plant functional variation: traits, spectra, and strategies. International Journal of Plant Sciences, 164: S143-S164.
Rosindell J, Hubbell S P, Etienne R S. 2011. The unified neutral theory of biodiversity and biogeography at age ten. Trends in Ecology and Evolution, 26: 340-348.
Siefert A, Violle C, Chalmandrier L, et al. 2015. A global meta-analysis of the relative extent of intraspecific trait variation in plant communities. Ecology Letters, 18: 1406-1419.
Šímová I, Sandel B, Enquist B J, et al. 2019. The relationship of woody plant size and leaf nutrient content to large-scale productivity for forests across the Americas. Journal of Ecology, 107: 2278-2290.
Sun J, Liu B, You Y, et al. 2019. Solar radiation regulates the leaf nitrogen and phosphorus stoichiometry across alpine meadows of the Tibetan Plateau. Agricultural and Forest Meteorology, 271: 92-101.
Umaña M N, Zhang C, Cao M, et al. 2015. Commonness, rarity, and intraspecific variation in traits and performance in tropical tree seedlings. Ecology Letters, 18: 1329-1337.
Valencia E, Maestre F T, Le Bagousse-Pinguet Y, et al. 2015. Functional diversity enhances the resistance of ecosystem multifunctionality to aridity in M editerranean drylands. New Phytologist, 206: 660-671.
Vellend M. 2010. Conceptual synthesis in community ecology. The Quarterly Review of Biology, 85: 183-206.
Violle C, Navas M L, Vile D, et al. 2007. Let the concept of trait be functional! Oikos, 116: 882-892.
Wang J M, Li M X, Xu L, et al. 2022b. Divergent abiotic stressors drive grassland community assembly of

Tibet and Mongolia plateau. Frontiers in Plant Science, 12: 715730.
Wang J M, Wang Y, He N P, et al. 2020. Plant functional traits regulate soil bacterial diversity across temperate deserts. Science of The Total Environment, 715: 136976.
Wang J M, Wang Y, Qu M, et al. 2022a. Testing the functional and phylogenetic assembly of plant communities in Gobi deserts of northern Qinghai-Tibet plateau. Frontiers in Plant Science, 13: 952074.
Wang M Q, Yan C, Luo A, et al. 2022. Phylogenetic relatedness, functional traits, and spatial scale determine herbivore co-occurrence in a subtropical forest. Ecological Monographs, 92: e01492.
Wang R M, He N P, Li S G, et al. 2021a. Spatial variation and mechanisms of leaf water content in grassland plants at the biome scale: evidence from three comparative transects. Scientific Reports, 11: 1-12.
Wang R M, He N P, Li S G, et al. 2021b. Variation and adaptation of leaf water content among species, communities, and biomes. Environmental Research Letters, 16: 124038.
Wang Y, Cadotte M W, Chen Y, et al. 2019. Global evidence of positive biodiversity effects on spatial ecosystem stability in natural grasslands. Nature Communications, 10: 1-9.
Wieczynski D J, Boyle B, Buzzard V, et al. 2019. Climate shapes and shifts functional biodiversity in forests worldwide. Proceedings of the National Academy of Sciences (USA), 116: 587-592.
Wright S J, Kitajima K, Kraft N J, et al. 2010. Functional traits and the growth-mortality trade-off in tropical trees. Ecology, 91: 3664-3674.
Yan P, Li M X, Yu G R, et al. 2022. Plant community traits associated with nitrogen can predict spatial variability in productivity. Ecological Indicators, 140: 109001.
Yvon D G, Caffrey J M, Cescatti A, et al. 2012. Reconciling the temperature dependence of respiration across timescales and ecosystem types. Nature, 487: 472-476.
Zhang D, Peng Y, Li F, et al. 2019. Trait identity and functional diversity co-drive response of ecosystem productivity to nitrogen enrichment. Journal of Ecology, 107: 2402-2414.
Zhang H, Chen H Y, Lian J, et al. 2018. Using functional trait diversity patterns to disentangle the scale-dependent ecological processes in a subtropical forest. Functional Ecology, 32: 1379-1389.
Zhang J H, He N P, Liu C C, et al. 2020. Variation and evolution of C：N ratio among different organs enable plants to adapt to N-limited environments. Global Change Biology, 26: 2534-2543.
Zhang J H, Ren T T, Yang J J, et al. 2021. Leaf multi-element network reveals the change of species dominance under nitrogen deposition. Frontiers in plant science, 12: 580340.
Zhang Y, He N P, Li M X, et al. 2021. Community chlorophyll quantity determines the spatial variation of grassland productivity. Science of The Total Environment, 801: 149567.
Zhao N, Yu G R, Yu Q, et al. 2020. Conservative allocation strategy of multiple nutrients among major plant organs: from species to community. Journal of Ecology, 108: 267-278.

第 14 章　植物群落功能性状及其空间变异和影响因素

摘要：在过去几十年里，研究人员围绕生物体（植物、动物和微生物）的功能性状进行了卓有成效的研究，回答了一系列长期且紧迫的与生态环境相关的问题。例如，生物多样性随着环境梯度如何变化？物种损失对生态系统结构或功能的影响？功能性状被认为是揭示生物多样性变化机制的理想工具，帮助人们预测物种和群落对生态系统功能和服务的影响。由于这个原因，生态学家越来越多地关注功能性状，而不局限于物种，这甚至被称为近年来的"生物多样性革命"。受传统功能性状定义的约束和人们认识的局限性，当前绝大多数有关功能性状研究都聚焦在器官、个体或种群水平，而群落尺度的功能性状研究相对较少。此外，在已开展的群落、生态系统、区域，甚至全球尺度功能性状的研究中，研究人员也都是采用简单平均方法来进行尺度推导，落入了"物种水平简单平均≈群落"的陷阱。自然群落，尤其是森林群落，其结构和组成非常复杂，不同区域森林群落结构和组成存在很大差异，简单算术平均及其相关研究结论的科学性和准确性有待商榷。有鉴于此，本章以植物群落功能性状（plant community traits）为例，系统地介绍了植物群落功能性状的理论基础和概念，并给出了植物群落功能性状的规范推导方法及一系列研究案例。在具体操作过程中，根据植物群落功能性状的定义，我们将单位土地面积的功能性状密度和强度分别拓展为更具生态学意义的内禀性的效率性状（efficiency trait，$\text{Trait}_{\text{efficiency}}$）和数量性状（quantity trait，$\text{Trait}_{\text{quantity}}$），完成了植物群落功能性状二维特征框架的拓展。在此基础上，我们通过具体的研究案例介绍了区域尺度植物功能性状二维特征的空间变异规律及其影响因素。这些案例分别是青藏高原植物群落氮含量的空间变异规律及其影响因素、青藏高原植物群落磷含量及其空间分配特征、中国典型植物群落的硫含量、储量、分配特征及其空间变异的影响因素。植物群落功能性状具有扎实的理论基础，并具有构建传统功能性状与生态系统功能、宏观高新技术间桥梁的潜力。然而，作为一个新生事物，其概念、技术和方法等还均需进一步发展和夯实，也需要通过更多不同时空尺度的案例进行验证与应用。

传统上，植物功能性状（plant functional trait）被定义为在个体水平上影响生长、繁殖和生存的特性，通常用于预测植物物种对变化环境的反应（Violle et al.，2007；

He et al.，2019）。植物功能性状是物种漫长的进化和发展过程中，与环境相互作用，逐渐形成了许多内在生理和外在形态方面的适应对策，以最大程度地减小环境的不利影响的结果，如叶片大小、叶片氮含量、叶片磷含量等，能够客观表达植物对外部环境的适应性。1987 年，英国生态学会创办了 *Functional Ecology*（《功能生态学》），这是基于功能性状的生态学领域旗舰杂志，人们甚至试图在其创刊号上，将功能生态学命名为一个新分支学科（Calow，1987）。值得注意的是，这里的植物功能性状指的是一种研究手段，它不是一个具体的有明显边界的学科，而是采用植物功能性状来研究原有的生态学领域的经典问题，如由物种沿着广阔环境梯度相关的物种-环境关系的研究，转变为植物功能性状–环境关系的研究。近 20 年来，随着国际上全球变化研究的不断深入，人们也将植物功能性状与植物功能型（plant functional types）两个概念相结合，应用到气候变化对生态系统功能影响的定量分析、模拟和评价中。随着植物功能性状相关的新概念和测度方法不断涌现，应用领域不断拓展，与之相关的科学问题已经涉及到了生态学研究的各个层面，其中最为关键的问题是植物功能性状与环境的关系及其与生态系统功能的关系，环境如何影响植物的功能性状，植物功能性状如何反映生态系统的过程和功能，从而达到建立环境与生态系统功能之间密切联系的目的。

对于功能生态学而言（或功能性状生态学），几乎所有的植物功能性状都沿着广阔的环境梯度产生不同程度的变异，而这种变异所产生的性状–环境关系是研究者进行其他研究的基础。不同植物群落间功能性状值的变异，如均值和方差，可以用来预测环境持续变化下生态系统功能的变化，而群落内部的变化可以预测生态系统对干扰的潜在恢复力。沿着环境梯度植物功能性状分布的变异，也可以揭示依赖于环境影响强度的物种聚集和构建规则（Ackerly and Cornwell，2007；Keddy，1992），从而将群落构建理论与生物多样性–生态系统功能模式联系起来（Naeem and Wright，2003）。通过评估多种植物功能性状与环境的关系，人们越来越清晰地描述不同环境条件下功能性状可能产生的均值与方差的变异，对推动基于功能性状的生态学发展具有重大促进作用（Moles et al.，2009；Zanne et al.，2010）。必须指出，尽管该领域的知识迅速扩充，但对不同种类的功能性状–环境关系关注程度不同，关于叶片经济型谱及其与环境的关系研究很多，但是关于根系功能性状沿着环境梯度的变异研究相对较少（Funk et al.，2017）。更为重要的是，受传统功能性状定义的约束和人们认识的局限性，当前绝大多数有关功能性状的研究局限于器官、个体或种群水平（图 4.1），群落尺度的功能性状研究相对较少（何念鹏等，2018a，2018b）。自然群落尤其是天然森林群落，其物种组成和分布均非常复杂，不同区域森林结构和组成存在很大差异，因此简单算术平均可能会对相关研究结论造成很大影响，发展群落尺度的功能性状研究更接近自然、接近真实，也能更好地促使当前高速发展新技术在生态系统生态学研究中的运用（He et al.，2019；何念鹏等，2020）。

14.1 植物功能性状的研究进展

14.1.1 植物功能性状的生物地理格局

性状（trait）的科学定义起源于遗传学或生理学，它通常是指那些可遗传的、稳定的、可测定的，且有一定生理生态意义的特征参数（Cornelissen et al.，2003；Moretti et al.，2017；He et al.，2019）。在大尺度的生态研究中，研究对象的生物地理格局一直是生态学家所关心的。同样，植物功能性状受气候和土壤因子的调控，呈现一定的格局；由于不同种类的功能性状其主控因子不同，因此它们的空间格局具有一定差异。澳大利亚生态学家 Wright 等（2004）搜索了全球 175 个地点共计 219 个科 2548 种植物的 6 种生理生态性状数据，发现这 6 种功能性状之间存在普遍性的规律，发展了著名的叶经济型谱理论（leaf economic spectrum）。这些植物叶片功能性状沿着一条连续变化的功能性状组合谱有序排列，其一端代表着比叶重小、含氮量高、光合速率强、呼吸速率高、叶寿命短的“快速投资–收益型”策略；而另一端代表着寿命长、比叶重大、含氮量低、光合速率和呼吸速率都偏低的“缓慢投资–收益型”策略（Wright et al.，2004）。以此为基础，Díaz 等（2007）利用 4.6 万种成年植物的高度、叶面积、叶片氮素浓度等 6 个指标，从物种水平验证并发展了叶经济型谱理论，并发现树高–种子质量维度与叶经济谱系维度是相互独立的。在叶经济型谱理论提出的同一年，Reich 和 Oleksyn（2004）搜集了全球 1280 种植物叶片氮磷含量数据，发现叶片氮磷含量与温度和纬度梯度之间存在关系，并且指出叶片氮磷含量的全球纬度分布格局，以此为基础提出了温度–植物生理适应性假说（T–Plant physiology hypothesis）。

此外，Moles 等（2007）整合了全球 11481 个物种的种子质量数据，发现从赤道到纬度 60°之间，种子质量有 320 倍的差异，种子质量的变化与纬度不成线性关系，这种空间格局变化可能是由于植物生活型和植被类型的变化引起的。随后，Moles 等（2009）发现全球最大树高沿着纬度梯度有明显变化，在热带边缘存在着 2.4 倍的最大树高骤变，再次证明了植物在热带和温带之间的生活史策略的转变。Chave 等（2009）则又在全球尺度上通过对木质密度、机械强度以及分枝特征等树干性状之间进行关系分析，建立了树干经济型谱（wood economic spectrum）。Kunstler 等（2015）通过分析全球 14 万个样地、300 万株树木个体的最大生长速率、密度、高度和比叶面积数据，发现在区域和全球尺度上功能性状与竞争关系表现出较好的一致性，为预测森林物种间相互关系提供了美好的愿景。Joswig 等（2022）对全球六个典型性状分析发现，植物形态和功能的基本模式被两个主要轴捕获，第一个轴反映的是整株植物和植物器官的大小谱，第二个轴对应的是“叶经济型谱”，是植物平衡叶片的持久性和植物的生长潜力的结果。总之，植物功能性状之间不是互相独立而是存在密切的关联，是植物多维度适应和多功能优化的重要基础（He et al.，2020；Maynard et al.，2022）。

14.1.2 植物功能性状与环境之间的关系

功能性状是植物对环境的响应与适应所表现出来的特征，因此植物的功能性状与环境之间必然存在一定的关系；理论上，对环境的适应会导致植物生理生态性状产生差异，而这种差异在生态系统和生物群落间表现为沿基础资源轴排列。资源轴的一端聚集的是资源快速获取生活策略的物种，另一端则聚集的是资源高度保守生活策略的物种（Wright et al.，2004；Reich，2014）。资源轴本身就代表了各种各样的环境因子，而环境因子的尺度效应在此时就十分明显了。通常，在大尺度上，气候因子对植物功能性状的分布起决定性作用。在中等尺度上，土地利用和干扰起主要作用；而在小尺度或局地范围，地形因子和土壤因子对功能性状的分布起决定性作用（McGill，2010）。通过联网控制，Liu 等（2015）发现：环境气温越高、越干旱、太阳辐射越强时，植物单位面积叶质量和叶氮含量越高，叶寿命更短，光合能力也就越弱。除此之外，Blonder 等（2018）发现古气候通过缓慢的组合动力学影响植物功能性状的组分。这也说明植物功能性状不仅受环境影响，植物自身的系统发育历史也对其空间变异具有重要作用（LeRoy et al.，2020；Miles and Dunham，1992；Song et al.，2016）。

根据 Šímová 等（2018）的研究，在北美，环境压力更大的条件下，并没有限制功能性状的多样性，但在给定的条件下，选择某些功能性状的最优值，环境过滤确实可以作用于群落结构组成。由于自然群落结构和物种组成的复杂性，简单的物种平均难以科学地体现群落尺度功能性状及其时空变异规律（Zhang et al.，2018）。Wang 等（2016）通过群落结构与生物量异速生长方程相结合的生物量加权法，首次系统地在群落尺度探讨了森林植物叶片大小和比叶面积等的纬度格局，发现气候因素和土壤氮含量对叶片大小和比叶面积具有重要影响。2018 年，英国生态学会旗舰期刊 *Functional Ecology*，以 9 篇研究论文连载的专辑形式，系统地介绍了何念鹏和于贵瑞团队基于群落加权“物种–功能群–群落”功能性状从热带森林到寒温带森林的变化规律、影响因素及其与生产力定量关系的研究结果（何念鹏等，2018b；He et al.，2018；Liu et al.，2018；Zhang et al.，2018）。相关研究，引起了科研人员对群落尺度功能性状的宏观变化规律及其与生态系统功能间定量关系的高度关注，也开启了植物群落功能性状研究的序幕。

14.1.3 植物功能性状从器官拓展到群落的迫切需求与理论基础

大量研究的目的均是探讨的群落尺度功能性状格局及其影响因素。然而，受传统植物功能性状定义“聚焦植物器官或个体水平”的限制，使得当前宏观尺度的相关研究“名不正、言不顺”。Violle 等（2007）在 *Oikos* 发表的综述明确指出：在器官–个体–种群–群落水平上，性状都具有其特定的适应或功能优化的意义，并正式发展了功能性状的概念（from trait to functional trait）。该论文在发表 10 多年内，引用已超过 1300 次，可见其新理念深受大家认可。虽然它没有明确给出植物群落功能性状的定义，却启发我们大胆地推测：“作为一个鲜活的有机系统，生态系统是通过不断调节其结构或组成、辅以植物、动物和微生物功能性状的适应与演化，达到生态系统功能的优化并适应特定的环境”（图 14.1）。换言之，在群落尺度，功能性状对生态系统功能优化与环境适应也具有非常重要的作用。这可以部分解释上面提到的“结构不能很好地解释功能”“结构如何解释生态系统对环境适应、抗干扰能力和再生能力”等当前研究的瓶颈。因此，植物群落功能性状是植物群落的基本属性，并持续地发挥着其功能，具体表现为生态系统的环境适应性（He et al.，2019）。

目前，功能性状在器官、个体、种群水平的生态学意义和功能已被大家所熟知和接受（Wang et al.，2016；He et al.，2018，2019）。然而，受传统功能性状定义的约束和人们认识的局限性，当前绝大多数有关功能性状研究都局限于器官、个体或种群水平（图 14.1），群落尺度的功能性状研究相对较少。此外，在已开展的群落、生态系统、区域甚至全球尺度功能性状研究中，科学家们大多数都是采用直接平均方法来进行尺度推导（Wieczynski et al.，2019），常常会落入了“物种水平简单平均≈群落”的陷阱。以植物群落碳氮磷含量为例，不论是在中国还是全球，简单算术平均和群落生物量加权方法的差异都非常明显，甚至会很大程度上影响其生物地理格局和受控因素（Zhang et al.，2018，2021；Zhao et al.，2022b）。在未来相关过程中，我们应尽量避免“物种水平简单平均≈群落”的陷阱，使我们在群落和生态系统尺度的功能性状研究，包括在模型参数的本底化过程，更接近自然、接近真实（Lu et al.，2017）。当然，这迫切需要破除传统概念的束缚，发展新的植物群落功能性状的概念、内涵和科学研究方法等。

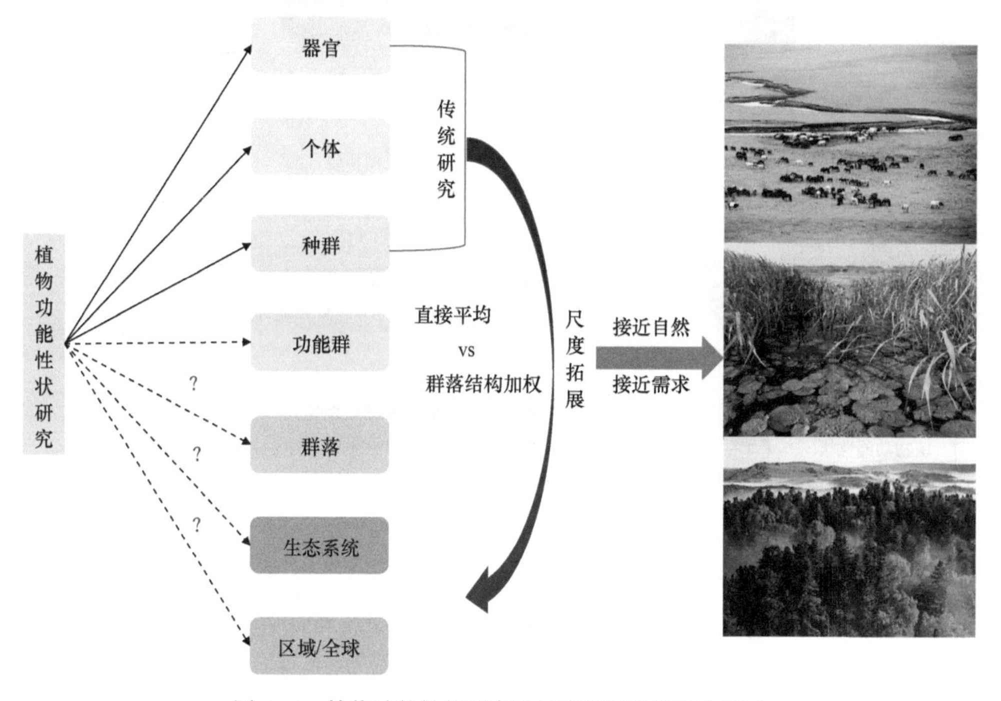

图 14.1　植物功能性状研究的尺度拓展的现状与需求

此外，发展植物群落水平功能性状，能更好地促进当前高速发展新技术（遥感观测、通量观测和模型模拟）在生态系统生态学研究中的运用，并搭建传统功能性状研究与宏观生态学的桥梁。若能借用当前高速发展的新技术，可有力促进植物功能性状研究手段和研究深度的快速发展。在遥感技术高速发展的现实背景下，其观测的部分参数如比叶面积、叶氮含量、光谱特征等，本身就是或非常接近植物群落水平的功能性状，因此这些新技术和新参数可为生态学研究提供大量新数据和新思路。除此之外，植物群落尺度的功能性状还将有助于传统性状研究的成果，真正服务于宏观生态学，实现从器官水平拓展到生态系统水平的美好愿景，拓宽传统性状研究的应用范畴，促进功能性状研究自身的发展。当然，群落水平的功能性状参数能为遥感观测、通量观测和模型模拟提供验证、参数优化和结果比对，通过构建天–空–地立体的观测体系，提高人们对宏观生态研究的精度和深度（图 14.2）。众所周知，当前人类社会所面临的生态环境问题，绝大多数都是需要在生态系统尺度、流域尺度、区域尺度甚至全球尺度来解决。因此，突破传统功能性状研究与宏观生态研究间“量纲不统一、尺度不统一”的科学难题，发展新的群落水平的功能性状概念、方法和技术，是实现功能性状研究、生态系统生态学研究、宏观生态研究、地学研究多赢的必然之路，这不仅是学科发展的迫切需求，更是社会发展的迫切需求。

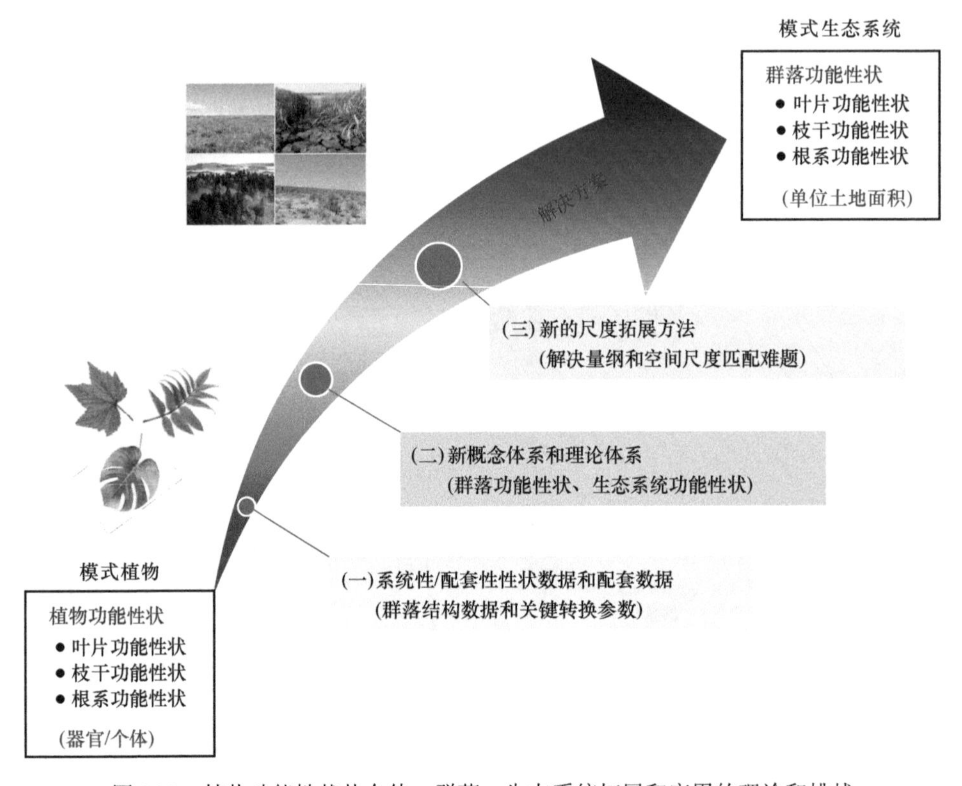

图 14.2 植物功能性状从个体、群落、生态系统拓展和应用的理论和挑战

14.2 植物群落功能性状的定义与内涵

14.2.1 植物群落功能性状的定义推导方法与规范

植物群落功能性状（plant community traits）被定义为在群落尺度能被单位土地面积标准化的、能体现植物对环境适应、繁衍和生产力优化等的任何可量度的功能性状，以单位面积的密度或强调的形式呈现（He et al.，2019，2023；何念鹏等，2018，2022）。该定义可一定程度解决各种功能性状指标转化过程或研究过程中，量纲或空间尺度不匹配的难题。对任何特定群落而言，植物群落功能性状均由一系列不同植物功能性状等共同组成，不同植物群落功能性状具有特定的作用或相互作用，共同完成植物群落的各项功能。换言之，在具体操作过程中，叶片、茎/枝、树和根系群落的形态、生理和功能元素等都是植物群落功能性状研究的核心单元（图 14.3）。

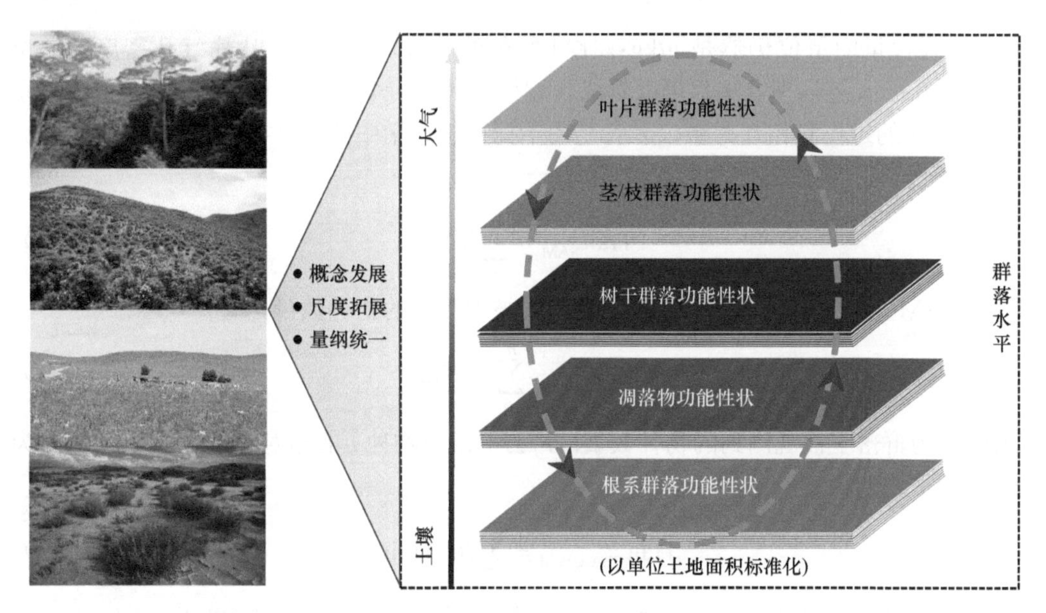

图 14.3　植物群落功能性状的核心组成部分

植物群落功能性状的核心内涵包括：①任何植物群落功能性状均以群落为对象，被转化为单位土地面积为基数的功能性状，如叶片面积经尺度拓展为叶面积指数，叶片干重经尺度拓展为叶生物量，叶片气孔密度经尺度拓展为单位土地面积的气孔个数，叶片碳、氮和磷含量经拓展为碳密度、氮密度和磷密度等；②任何植物群落功能性状均是可测量或可推导的，原则上均是采用严格的群落生物量精细推导的，如结合叶片比叶面积群落加权法、或传统群落加权法（CWM）、或其他各类基于物种水平的加权平均法；③任何植物群落功能性状应能从不同层面反映生物对环境的适应、繁衍或生产力形成，即具有明确的生态学意义（He et al.，2019，2023）。在该理论体系中，植物群落功能性状是由一系列（生物）群落功能性状共同组成，且在群落内相互作用和相互影响，并对外界环境变化或扰动的响应与适应。

14.2.2　植物群落功能性状的推导方法与规范

如何将器官水平测定的性状推导到群落水平，虽然是科研人员面临的一个巨大挑战，但已经取得了巨大进展，尤其是在植物群落功能性状方面。根据拟解决问题的不同，科研人员发展了三种尺度拓展方法：①不考虑植物群落结构的简单算术平均［式（14.1）］（Wright et al.，2017；Ma et al.，2018）。该方法在功能性状研究中被广泛使用，尤其在全国、洲际或全球的大尺度功能性状整合分析中，是当前的主要途径。②考虑群落结构后，将不同物种相对丰富度或相对重要值作为功能性状推导的权重系数［式（14.2）］（Violle et al.，2007）。③考虑群落结构和决定生物量后，在物种和功能性状匹配情景下对群落加权平均值的估算方法［式（14.3）］（Wang et al.，2016；Borgy et al.，2017；He et al.，2019）。

仔细分析，我们不难发现式（14.3）对功能性状拓展到了群落，由于群落都有自身所特定对应的面积，而使其暗含单位土地面积，只是未强行进行单位为土地面积的转换

（如氮、磷含量的单位仍然是 g/kg；比叶面积的单位 mm^2/mg；叶片气孔密度的单位 number/cm）。上述三种方法都可以看成是对物种水平的平均，应用于探讨群落或生态系统更高层次的过程和相互关系，尤其是用于探讨生态学中的个体–种群间相互作用、竞争与共存等。

$$\text{Trait}_{\text{SAM}} = \sum_{i}^{n} N_i / n \tag{14.1}$$

式中，SAM 为物种算术平均；n 表示群落中被观测到的物种数量。

$$\text{Trait}_{\text{CWM}} = \sum_{i}^{n} P_i \cdot \text{Trait}_i \tag{14.2}$$

式中，n 为群落中被观测到的物种数量；P_i 为群落中物种 i 的相对叶片生物量，Trait_i 为第 i 种的平均性状。

$$\text{Trait}_{\text{PLA-CWM}} = \sum_{i}^{n} B_i \cdot \text{Trait}_i \tag{14.3}$$

式中，n 为群落中被观测到的物种数量；B_i 为物种 i 在单位土地面积上（PLA，per land area；通常为 1 m^2）的叶片绝对生物量；Trait_i 为物种 i 的性状。

14.2.3 植物群落功能性状的二维特征

根据植物群落功能性状定义，传统的每一种功能性状在群落水平包含两个维度，分别是单位面积的密度和单位面积的强度（He et al.，2019，2023）。为操作更方便和更好地揭示生产力形成机制，科研人员进一步发展了植物群落功能性状二维特征；在具体操作中，将表征单位土地面积功能性状效率的参数定义为效率性状（efficiency trait，$\text{Trait}_{\text{efficiency}}$），而将表征单位面积上功能性状强度（或密度）的参数定义为数量性状（quantity trait，$\text{Trait}_{\text{quantity}}$）（He et al.，2023；Yan et al.，2022；Zhang et al.，2021）。以叶片为例，植物群落具有更高的叶片氮含量或更大的比叶面积，具有更高效率性状，意味着该群落投入单位氮含量或单位叶面积将获得更高的生产力（图 14.4）。

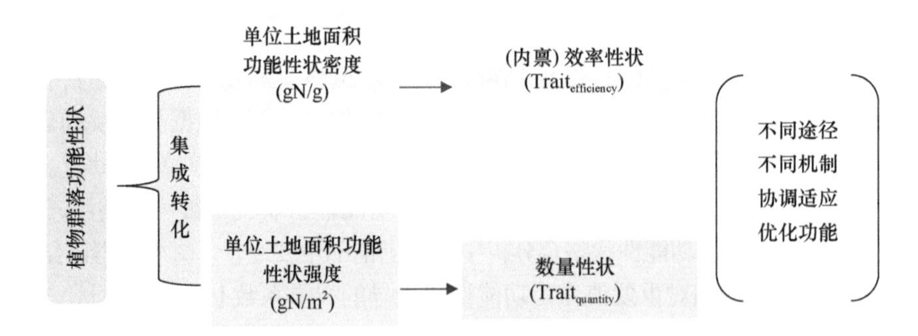

图 14.4　植物群落功能性状的二维特征（效率性状 vs 数量性状）

植物群落功能性状的核心研究对象为群落尺度的功能性状，新概念体系下的群落性状与传统群落水平的性状既有本质区别，也存在内在联系。主要区别：第一，概念上植物群落功能性状是具有二维特征，既可兼顾传统群落水平的功能性状是平均值形式（$Trait_{efficiency}$）、又拓展了其单位面积的累加形式（$Trait_{quantity}$）。因此，植物群落功能性状的新概念及其二维特征（表 14.1），可用于揭示更多、更深层次的生态问题，如预测生态系统生产力时空变异（Zhang et al.，2021；Yan et al.，2022；He et al.，2023）。第二，植物群落功能性状需要更系统的数据，如准确匹配的群落结构–物种组成–功能性状值–生物量方程的绝对量，而传统群落水平的功能性状可以通过丰富度、重要值等相对参数进行拓展。两者的内在联系在于，若传统群落水平的功能性状也能达到精准的数据要求，则植物群落功能性状与传统群落水平的功能性状可以通过叶面积（或器官质量）指数等重要参数进行转换。植物群落功能性状不是局限于单位土地面积上的功能性状，也可以是有两个或多个植物群落功能性状派生出的新功能性状，如 N∶P（单位土地面积上的氮含量和磷含量的比值），比叶面积 SLA（单位土地面积上的叶片面积和叶片生物量的比值），这种派生的植物群落功能性状与传统群落水平的功能性状在数值上相同。此外，先前未进行单位土地面积转化的群落功能性状主要属于后者的效率性状，而后续发展的概念在原来基础上增加了“数量性状”，从而形成群落内“效率性状 vs 数量性状”的新体系，为后续相关研究的拓展奠定了提供了新的视角。

表 14.1　植物群落功能性状二维特征的具体化（以叶片功能性状为例）

	效率性状（$Trait_{i\text{-efficiency}}$）	数量性状（$Trait_{i\text{-quantity}}^{\dagger}$）
1	叶绿素含量（Leaf chlorophyll concentration，Chl，%）	$Chl_{\text{-}C}$（g/m^2）
2	叶片氮含量（Leaf nitrogen concentration，N，%）	$N_{\text{-}C}$（g/m^2）
3	叶片磷含量（Leaf phosphorus concentration，P，%）	$P_{\text{-}C}$（g/m^2）
4	比叶面积（Specific leaf area，SLA，cm^2/g）	叶片数量或叶面积指数（g/m^2 或 cm^2/m^2）
⋮	⋮	⋮

† 效率性状和数量性状是利用群落结构数据转化为单位土地面积密度或强调的对应数值（He et al.，2019；何念鹏等，2020）；方法可以是简单算术平均、几何平均、群落结构加权等，各有利弊，研究人员应根据自身情况合理选择。

14.3　植物群落功能性状的空间格局及其影响因素

根据植物群落功能性状的定义及其推导方法，开展植物群落功能性状对数据的配套性要求非常高。恰如在第 1 章和第 3 章对功能性状数据库的描述，最理想的应该是系统性和配套型的数据库，如中国生态系统植物功能性状数据库（China_traits）；至少需要能将植物功能性状与群落结构相匹配的数据库。然而，在前期大尺度研究中，研究人员还是大量采用收集型数据（如 TRY 数据库）来开展相关的研究工作，虽然一定程度推动了人们对植物功能性状空间变异规律和影响因素的认知，但受方法学和不配套数据的限制，相关研究结果及其科学性尚待进一步证实（Zhang et al.，2018，2021）。

14.3.1　森林植物群落功能性状的空间变化规律及其调控机制

研究人员在 3700 km 中国东部南北样带上选取了 9 个典型森林生态系统，它们覆盖了从南边热带雨林到北边寒温带针叶林的中国主要森林生态系统；基于对这些植物群落结构及其功能性状的配套性状调查数据（China_Traits，详见第 3 章）、完成一系列植物功能性状参数从器官水平到群落水平的推导，获得了相应的植物群落功能性状（何念鹏等，2018b）（图 14.5）。具体参数包括叶片常规形态特征、叶绿素含量、叶片非结构性碳水化合物、叶片气孔特征、叶片解剖结构特征、植物叶–枝–干–根的碳、氮、磷含量等，并从器官–个体–种群–群落–生态系统角度探讨这些功能性状的纬度变异规律和主要影响因素（He et al.，2018；Li et al.，2016；2018；Liu et al.，2018；Wang et al.，2016；Zhang et al.，2018）。除了叶绿素含量、叶片非结构性碳水化合物、叶片气孔特征、叶片解剖结构的大尺度空间变异特征均属全球首次报道外，还系统性地将功能性状研究从传统的器官尺度推导到了群落和生态系统尺度，为植物群落功能性状研究提供了结论可复制的案例与方法学依据，使植物群落功能性状研究进入全新的阶段。必须指出，这些研究所涉及到的植物群落功能性状，绝大多数均属于后续植物群落效率性状的范畴。

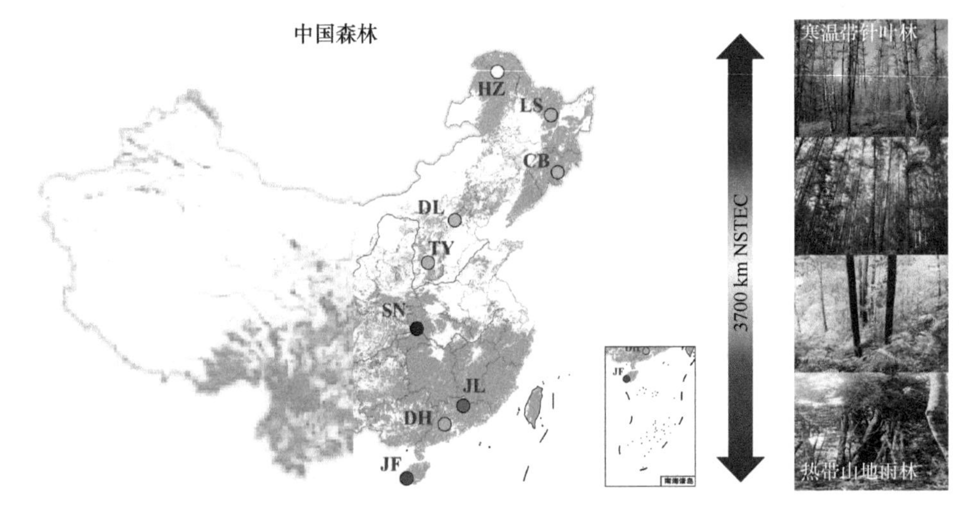

图 14.5　中国东部南北样带 9 个典型森林生态系统空间分布图

HZ 表示呼中；LS 表示凉水；CB 表示长白山；DL 表示东灵山；TY 表示太岳山；SN 表示神农架；JL 表示九连山；DH 表示鼎湖山；JF 表示尖峰岭。NSTEC 表示中国东北南北样带

由于缺乏系统性的功能性状调查数据，传统的“功能性状–功能”研究都局限在植物个体水平，或通过控制实验进行，其结论需要在未来使用更多大尺度的天然森林群落数据来进行验证（Borgy et al.，2017；He et al.，2018）。近期，Liu 等（2018）科研人员基于 China_traits 详细的调查数据和“群落结构+异速生长方程+比面积法”方法，突破了从器官–种群–群落推导的技术难题，并发现植物群落水平的气孔密度能解释水分利用效率 51%的空间变异。类似地，人们也从比叶面积、叶片解剖结构、叶绿素含量角度，分别建立了其与群落 GPP 定量关系（He et al.，2018；Li et al.，2018）。这些研究部分破解了如何建立群落功能性状与生产力的关系这一世界性难题，为后续天然群落植物功能性状与功能定量关系的研究提供了可借鉴范例（Reichstein et al.，2014），这也是中国东部南北样带调查 *Functional Ecology* 专辑的核心内容。必须指出，虽然多个群落功能性状均与生产力具有显著正相关关系，但它们单独的解释度却都不高；这启示我们“植物叶片多个功能性状协同是植物生产力优化的重要机制”，在具体研究过程中不能盲目地

夸大单一功能性状的重要性。

14.3.2 植物群落功能性状之氮在青藏高原的空间变异规律及其影响因素

氮是由氨基酸、核酸、叶绿素组成的基本元素之一，是植物生长和生存所必需的营养物质之一。但自然界中氮含量低，甚至影响植物的生长和固碳效率，是限制大多数陆地生态生产力的重要因素。理论上，植物群落生产力不但受到单位土地面积氮效率的影响（叶片氮含量，mg/g），同样受到单位土地面积叶氮数量的影响（叶片氮强度，g/m^2）。根据植物群落功能性状的二维特征，只有叶氮含量（$Trait_{efficiency}$）和叶氮强度（$Trait_{quantity}$）两者间达到最优的权衡，才能获得最高的群落生产力（Yan et al.，2022；He et al.，2023）。同样，氮在群落不同器官间的变异和分配机制，是了解群落结构稳定和功能优化机制的基础（图 14.6）。

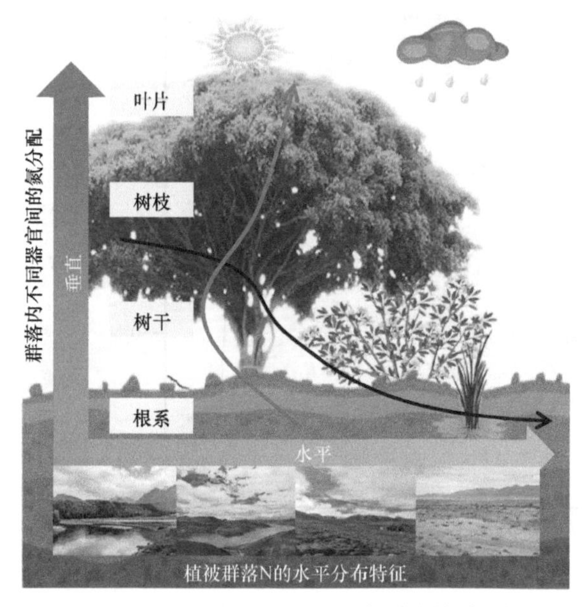

研究内容:
- 垂直: 氮含量及氮密度在不同器官间变化
- 水平: 氮含量及氮密度水平空间分布特征
- 氮含量、氮密度与气候之间的关系

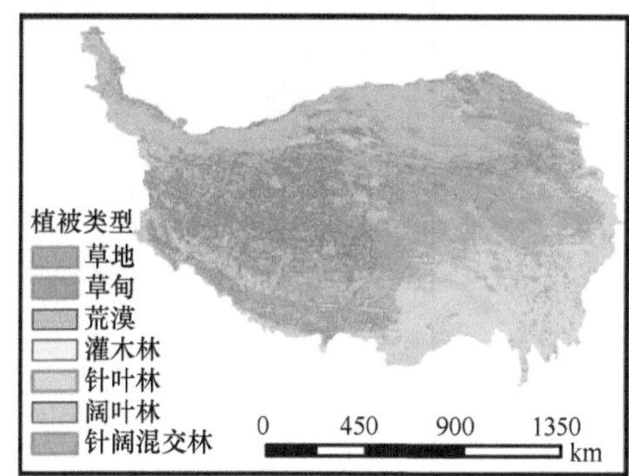

图 14.6 青藏高原植被群落氮分配与空间变异规律的研究框架

在本节中，研究人员基于 2040 个自然植物群落的叶、枝、干和根样品，采用 0.5 度网格化抽样方法，结合优化的尺度拓展方法，评估了青藏高原氮含量、氮密度以及氮储量，并分析了其分配关系和驱动因素。由于青藏高原植被类型过于复杂，难以通过遥感进行反演。因此，我们利用随机森林算法，对青藏高原氮密度空间分布进行了预测，并绘制了青藏高原分辨率为 1 km 的植被氮密度空间分布图（Li et al.，2022）。

从基本统计学特征上分析，由于叶片和根系活性最强，叶片和根系的氮含量和氮密度大于树枝和树干，该结果验证了“群落水平上氮在较活跃的器官中积累较多”的假设。在不同植被类型中（图 14.7），以草本植物为优势种的群落氮含量高于以木本植物为主的群落，根据“生产力–寿命假说”，乔木植物的生活史较长，能够利用相对少量的养分进行较长时间的光合作用，而草本植物需要在短时间内积攒足够养分提高生产力。但氮密度在不同植被类型的分布正好和氮含量相反。根据异速生长模型的结果显示，总体上氮含量和氮密度在不同植物器官间表现为异速分配关系，氮含量受植被类型和环境因子的影响极小，分配关系是保守的。通径分析结果同样验证了植被群落氮含量具有较高内稳性，其受环境因子的影响较小。单独从氮含量的分析结果，验证了“异速生长假说，即养分在各器官间的分配与环境变化无关”。但氮密度受到环境因子影响较大，主要受到辐射因子的驱动。由于氮密度的计算方式是氮含量与生物量的乘积，氮密度的分布受生物量影响较大。其分布的总体趋势是东南森林氮密度高，西北草地氮密度低。基于野外实测数据、栅格化取样和机器算法，随机森林模型可解释青藏高原氮密度空间变异的69%，并以此为基础科研人员绘制了分辨率为 1 km 的植被氮密度空间分布图（图 14.8）。

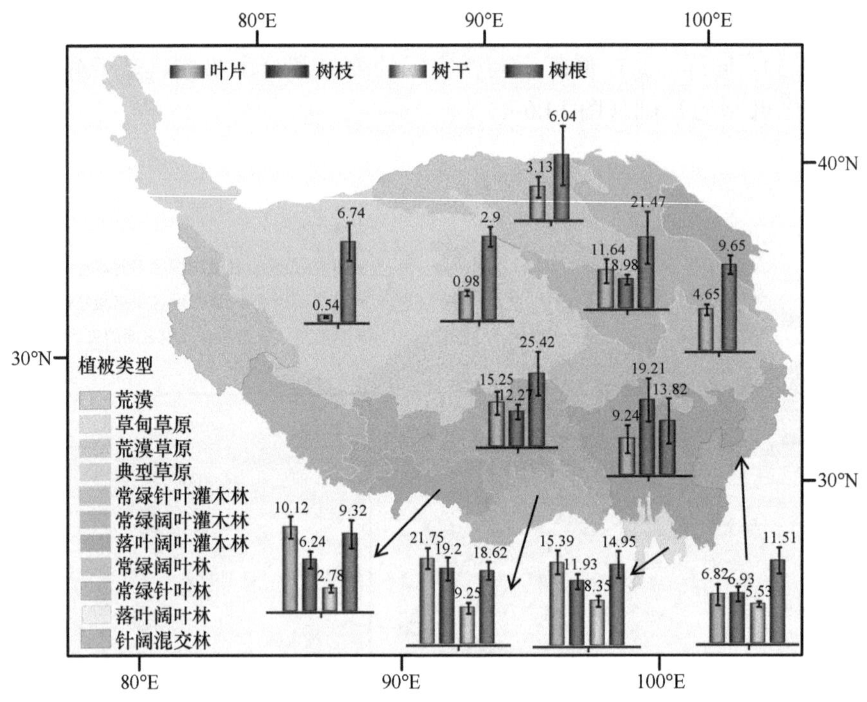

图 14.7　青藏高原不同植被类型氮密度的变异

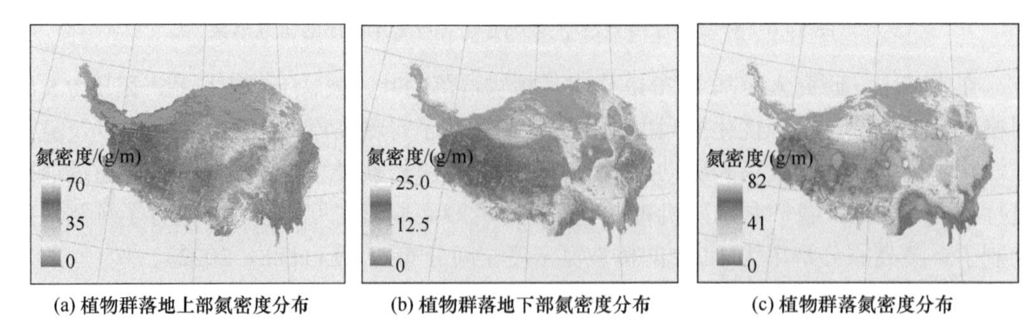

图 14.8　青藏高原植被氮密度 1 km 分辨率的空间分布图

总体来说，青藏高原是一个巨大的植被氮库；其植被的平均氮含量、氮密度和总氮储量分别为 8.48 mg/g、31.97g/m^2 和 50.62 Tg。相关研究对青藏高原氮密度进行了定量预测，目的为遥感和区域氮循环模型的建立提供了基础参数。

14.3.3　植物群落功能性状之磷在青藏高原的空间变异及其影响因素

磷是核酸、蛋白质、酶和 ATP 等物质及细胞膜磷脂层等基本细胞结构的构成元素（Sterner and Elser，2002），也是植物生长的必需元素。磷既可参与淀粉合成、离子吸收和光合作用等重要能量代谢过程（Woodrow and Rowan，1979；Mollier and Pellerin，1999），也参与植物碳水化合物的运输过程，并能通过影响光合产物分配来改变生物量的积累（Adams et al.，1987；Roblin et al.，1998；Ma，2002）。总的来说，磷广泛参与植物有机体的代谢过程，并能影响生态系统生产力。一般来说，植物为了更好地生存和繁衍，会通过形态结构、生理功能等方面产生变异来适应复杂多变的环境（赵宁，2022）。磷在植物体内的含量与储量也会随环境因子的变化而发生改变，其分布及分配特征反映了植物对不同环境条件的适应与响应机制（Mollier and Pellerin，1999）。

为了揭示区域尺度的植物群落磷空间变异规律及影响因素，研究人员考虑了气候与植被的梯度性和地带性分布规律，采用 0.5°标准化空间网格取样法，在青藏高原设置了 2040 个植物群落样地，这些样地多位于人类干扰较小的区域（图 14.6）。样地调查和样品采集时间为 2019~2021 年的植物生长高峰期。测定获得植被叶、枝、干、根、凋落物和 0～10cm 土壤磷元素含量。

通过对数据的统计分析，青藏高原植物不同器官磷含量整体表现为叶（1.71 g/kg）>根（0.77 g/kg）>枝（0.63 g/kg）>干（0.27 g/kg），与器官的功能活跃性相匹配；磷密度整体表现为枝（1.95 g/m^2）>干（1.81 g/m^2）>根（0.91 g/m^2）>叶（0.63 g/m^2），枝、干等活性较弱的器官主要发挥储存磷的作用；植被地上和地下磷储量分配比为森林（2.56）>灌丛（1.94）>荒漠（0.51）>草地（0.59），以木本植物为主的植物群落表现为地上部分磷密度更大。另外，针对不同类型的生态系统和植被类型，磷含量、磷密度及其分配均呈现出不同的分布规律（图 14.9）。

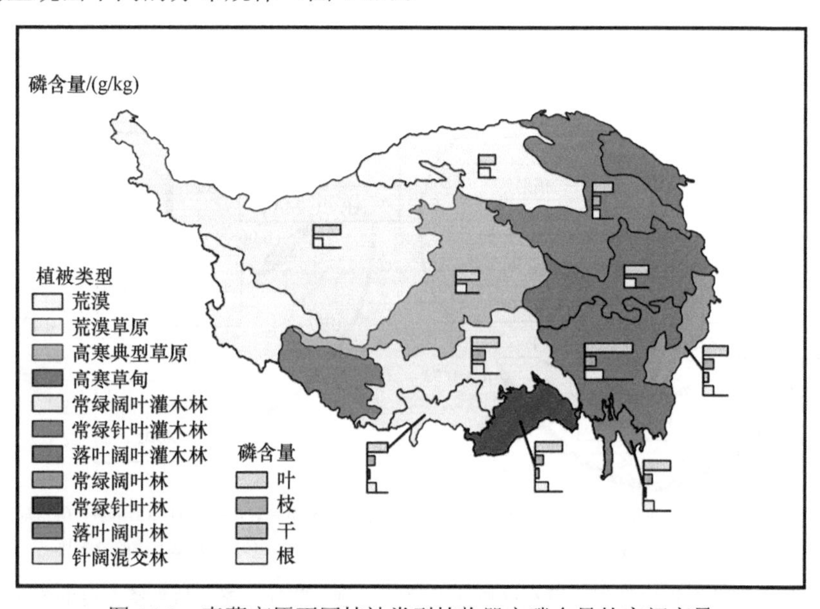

图 14.9　青藏高原不同植被类型植物器官磷含量的空间变异

随后，研究人员利用通径分析探究了影响植物群落磷密度及其分配的影响因素（图 14.10）。发现气候因子（辐射、降水和温度）、土壤属性（SP）和植被类型（NDVI）共同解释了植被地上、地下和整体磷密度 60%、46%和 56%的变异，其中，辐射（TSR_{GS}）、降水（MAP）是影响植被磷密度的主导因子（图 14.10）。气候因子（辐射、温度、水汽压和降水）解释了植物地上和地下磷分配比 25%的变异，其中辐射（TSR_{GS}、SR_{GS}）及温度（TAR、MAT）对磷分配具有主导作用。青藏高原极强的辐射成为了影响该地区植被磷密度及其分配的主要因素。一方面，强辐射作用于植被，不仅会通过抑制光合作用（Strid and Porra，1992；Yao and Liu，2009）、影响枝条直径、长度等形态特征（Han et al.，2009）而对生物量积累产生负效应，也会直接引起植被磷含量降低（Tong et al.，2021）。另一方面，强辐射也会削弱土壤微生物酶活性，导致土壤有机质分解率及土壤磷含量

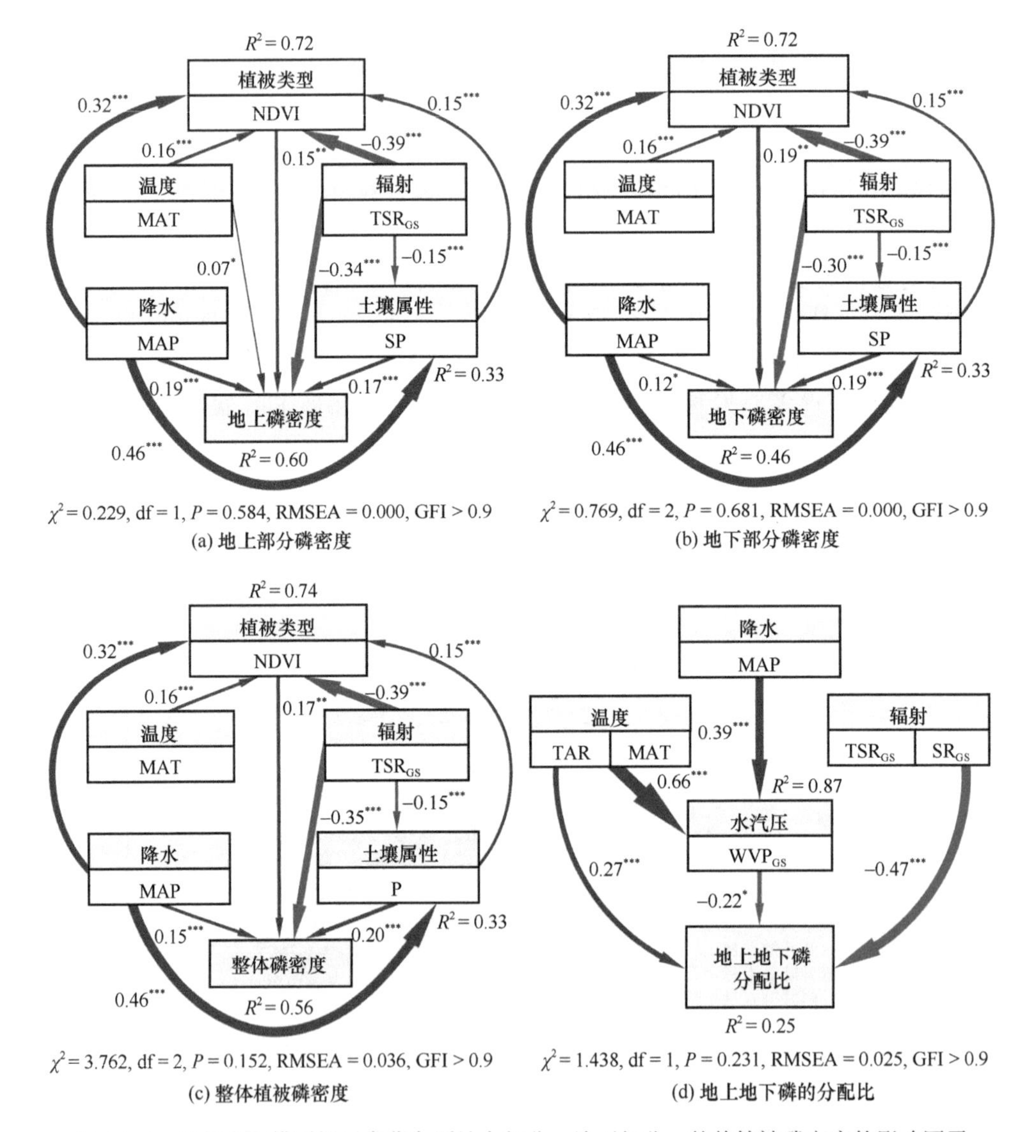

图 14.10　结构方程模型揭示青藏高原地上部分、地下部分、整体植被磷密度的影响因子

降低（Sun et al.，2019；Wang et al.，2017），而土壤养分的缺失也会直接导致植物体无法吸收和储存充足养分，引起生物量积累减少对应营养元素含量的下降（Chapin，1980；Chapin et al.，1986；Reich and Oleksyn，2004）。辐射对植被磷分配比的影响主要由于生物量分配比的改变而得以体现。在过强的辐射影响下，植被地上部分比地下部分受到的损伤更严重，为了应对辐射胁迫，植被也做出了磷储量向根系分配增加的策略调整（褚润等，2018；王海霞和刘文哲，2011）；通过保证根系的生长发育以实现对资源的充分利用，可能是植物重要的生长和物质分配策略（Schmid and Weiner，1993）。

总的来说，植物群落的磷含量、磷密度在青藏高原不同类型植被中表现出明显的空间变异，群落磷密度及其分配表现出与环境因子的密切相关。青藏高原独特的强辐射通过对植被自身和土壤环境的双重作用，成为了影响植被磷密度及其分配的主导因子；而强辐射环境下植被磷密度及地上/地下磷储量分配比例的减少趋势，也体现了植被对环境的适应策略之一。

14.3.4　植物群落功能性状之硫在中国区域的空间变异及其影响因素

硫是自然界中广泛分布的一种重要的大量营养元素，在植物的催化、调节和形态建成等方面具有重要的生物功能，与光合作用、胁迫抗性和次生代谢密切相关（Capaldi et al.，2015）。植物中的硫主要以硫酸盐（SO_4^{2-}）的形式从土壤溶液中通过根系吸收；吸收后，硫被运输到不同的器官，参与植物的生理生化活动。硫的吸收主要由需求驱动，不同器官因功能不同而对硫有不同的需求，这可能导致不同器官间硫的积累量差异显著。同时，在植物中的分布差异反映了器官和植物权衡策略之间的协同作用。植物器官间养分的流动和分配同样也反映了植物不同器官（地上不同器官之间以及地上和地下器官之间）的光合产物投资，是植物适应环境的重要机制（Poorter et al.，2012；Zhang et al.，2020），并最终影响植物的生长和发育。一般来说，代谢更活跃的器官通常被分配更多的营养，以实现其功能最大化，如叶片的光合作用和根系的营养吸收作用（Zhao et al.，2019，2022b）。因此，植物中硫的分配策略之一可能是提供更多的硫给更活跃的器官。此外，植物器官经历形态或结构变化是适应环境并执行不同的生理功能的结果，因此，硫含量的变异可一定程度反映植物对环境因子的差异化响应。

然而，当前大多数大尺度研究都集中在大量元素碳、氮和磷，但是关于硫在主要植物器官中的生物地理格局的相关知识仍然十分有限。为了探明中国陆地生态系统硫含量和储量及其空间格局，我们对中国陆地生态系统典型群落进行了系统性的规范化调查，并整合了中国陆地生态系统 17618 个自然群落，涵盖森林（8296）、灌丛（1388）、草地（7371）、农田（235）和其他（328）等典型植被类型，共获取了 49836 个植物和 1396 个土壤样品。在此基础上，构建了一个匹配的植物不同器官和表层土壤（0～30 cm）硫含量和硫密度数据库。

通过对相关数据的深入分析，中国陆地生态系统植物叶、枝、干和根中硫的平均含量分别为（2.03±0.01）g/kg、（0.67±0.01）g/kg、（0.14±0.00）g/kg 和（1.21±0.01）g/kg；表层土壤（0～30 cm）平均硫含量为（2.81±0.24）g/kg。植物中代谢较活跃的器官，如叶片中的硫含量显著高于其他器官。相比其他生态系统，荒漠生态系统的硫含量更高；这在一定程度上反映了干旱区植物对硫的积累效应更强，有助于提高植物对于其干旱胁迫环境的适应（Zhao et al.，2022a）。植被硫含量空间变异受到地理因子、气候因子、土壤因子和植被因子的影响，但这种综合效应对土壤硫含量而言相对较弱。结果表明，陆地生态系统中硫的分布与分配呈现为一个复杂的过程，该过程受到环境过滤的强烈影响并具有一定的规律性。

中国陆地生态系统平均硫密度为（272.25±14.94）$\times10^{-2}$t/hm^2，植被和土壤平均硫密度分别为（4.32±0.04）$\times10^{-2}$t/hm^2 和（267.93±14.94）$\times10^{-2}$t/hm^2。植被中不同器官硫密度和储量存在较大差异，根系硫密度［（2.18±0.02）$\times10^{-2}$t/hm^2］和硫储量［（12.45±0.31）Tg］显著高于叶［（0.99±0.01）$\times10^{-2}$t/hm^2、（5.28±0.10）Tg］、枝［（1.24±0.02）$\times10^{-2}$t/hm^2、（3.24±0.08）Tg］和干［（1.10±0.01）$\times10^{-2}$t/hm^2、（2.59±0.05）Tg］。植被和土壤是陆地生态系统的主要组成部分，共储存了（2228.77±121.72）Tg 硫。

采用机器学习的随机森林模型，科研人员绘制了 1 km × 1 km 分辨率的中国陆地生态系统植被（包括地上部、地下部和总体）和表层土壤（0～30 cm）硫密度空间分布图（图 14.11）。整体而言，我国陆地生态系统硫密度普遍在中纬度地区较低，高值主要集中在西北和东部地区。我国西北地区主要以荒漠为主，东部则主要是森林。

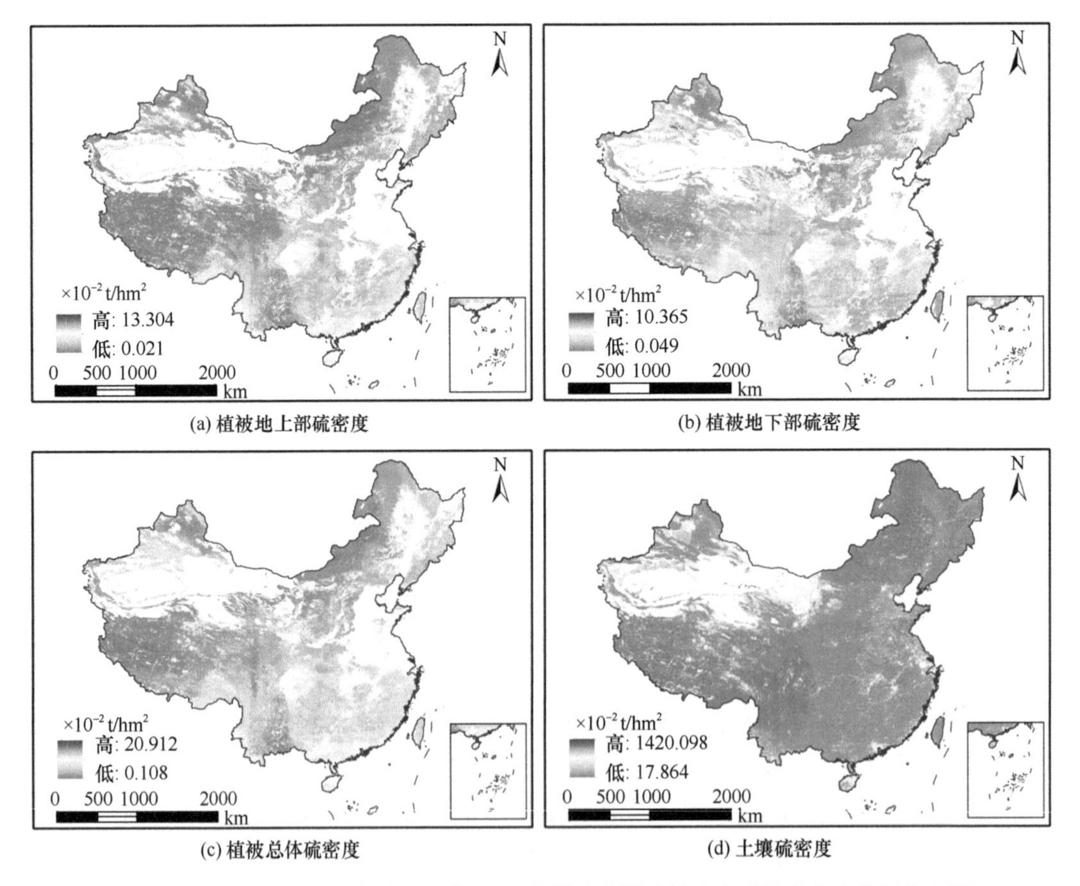

(a) 植被地上部硫密度　(b) 植被地下部硫密度

(c) 植被总体硫密度　(d) 土壤硫密度

图 14.11　基于机器学习方法预测的 1 km 分辨率中国陆地生态系统硫密度空间分布图

该研究从国家尺度上系统揭示了中国陆地生态系统植被和土壤中硫含量和储量的空间变异及其对环境因子的响应，进一步拓宽了我们对硫的生物学功能及其在植物与环境相互作用中的作用的理解。研究结论将有助于我们进一步了解植物的适应机制，以及它们在全球变化背景下的养分利用策略。该研究所构建的不同生态区、不同植被类型、不同器官（叶、枝、干和根）以及表层土壤的硫含量和密度匹配数据库可以进一步修改和完善区域硫循环模型提供可靠参数。

14.4　小　结

植物群落功能性状概念体系及其新研究框架，突破了功能性状研究被局限于器官或物种水平的传统思维定式，启示人们可以在相对统一的空间尺度和量纲上获得植物群落功能性状、动物群落功能性状、土壤微生物群落功能性状、土壤属性和气候要素等数据。同时，它还将有助于人们更好地探讨植物–动物–土壤微生物–土壤和气候等的相互作用关系，并从功能性状角度揭示植物群落、动物群落和土壤微生物群落的构建与维持机制。此外，植物群落功能性状是一系列基于单位土地面积标准化的群落功能性状的组合，很好地解决了长期以来植物功能性状数据与宏观尺度观测技术空间尺度不匹配的问题，能充分利用各种高新技术发展所带来的大量新的数据源和获取数据的便利，推动宏观生态研究自身的发展。随着宏观尺度的高新技术快速发展，将可能会产生更多或可用于解释生态系统结构、功能性状和功能的参数，如叶面积指数、比叶面积、荧光参数、群落结构参数等，更好地服务于各类区域生态环境问题的解决。同时，植物群落功能性状的发展也能为生态模型提供更多和更准确的关键参数，将显著提高其模拟精度（Connolly et al.，2013；Lu et al.，2017）。植物群落功能性状作为一个新生事物，其概念体系和方法仍然有诸多不足；其未来发展不仅需要自身理论与技术的突破，还需要切实地与宏观生态与地学相关研究密切结合，不断拓展其应用的广度和深度。

参 考 文 献

褚润, 陈年来, 韩国君, 等. 2018. UV-B 辐射增强对芦苇生长及生理特性的影响. 环境科学学报, 38(8): 2074-2081.

何念鹏, 刘聪聪, 徐丽, 等. 2018a. 植物性状研究之机遇与挑战：从器官到群落. 生态学报, 38(19): 6787-6796.

何念鹏, 刘聪聪, 徐丽, 等. 2020. 生态系统性状对宏生态研究的启示与挑战. 生态学报, 40(8): 2507-2522.

何念鹏, 张佳慧, 刘聪聪, 等. 2018b. 森林生态系统之性状的空间格局与影响因素：基于中国东部样带整合分析. 生态学报, 38(18): 6359-6382.

王海霞, 刘文哲. 2011. 增强UV-B辐射对喜树幼苗生物量和两种生物碱含量的影响. 植物科学学报, 29, 712-717.

赵宁. 2022. 青藏高原极端环境植物适应性进化分子机制研究进展. 环境生态学, 4(1): 65-70.

Ackerly D D, Cornwell W K. 2007. A trait-based approach to community assembly: partitioning of species trait values into within-and among-community components. Ecology Letters, 10: 135-145.

Adams M B, Campbell R G, Allen H L, et al. 1987. Root and foliar nutrient concentrations in *Loblolly pine*:

effects of season, site, and fertilization. Forest Science, 33: 984-996.

Blonder B, Enquist B J, Graae B J, et al. 2018. Late quaternary climate legacies in contemporary plant functional composition. Global Change Biology, 24: 4827-4840.

Borgy B, Violle C, Choler P, et al. 2017. Sensitivity of community-level trait-environment relationships to data representativeness: A test for functional biogeography. Global Ecology and Biogeography, 26: 729-739.

Calow P. 1987. Towards a definition of functional ecology. Functional Ecology, 1: 57-61.

Capaldi F R, Gratão P L, Reis A R, et al. 2015. Sulfur metabolism and stress defense responses in plants. Tropical Plant Biology, 8: 60-73.

Chapin F S. 1980. The mineral nutrition of wild plants. Annual Review of Ecology and Systematics, 11: 233-260.

Chapin F S, Vitousek P M, van Cleve K. 1986. The nature of nutrient limitation in plant communities. The American Naturalist, 127: 48-58.

Chave J, Coomes D, Jansen S, et al. 2009. Towards a worldwide wood economics spectrum. Ecology Letters, 12: 351-366.

Connolly J, Bell T, Bolger T, et al. 2013. An improved model to predict the effects of changing biodiversity levels on ecosystem function. Journal of Ecology, 101: 344-355.

Cornelissen J H C, Lavorel S, Garnier E, et al. 2003. A handbook of protocols for standardised and easy measurement of plant functional traits worldwide. Australian Journal of Botany, 51: 335-380.

Díaz S, Lavorel S, de Bello F. et al. 2007. Incorporating plant functional diversity effects in ecosystem service assessments. Proceedings of the National Academy of Sciences, 104: 20684.

Funk J L, Larson J E, Ames G M, et al. 2017. Revisiting the Holy Grail: using plant functional traits to understand ecological processes. Biological Reviews, 92: 1156-1173.

Han C, Liu Q, Yang Y. 2009. Short-term effects of experimental warming and enhanced ultraviolet-B radiation on photosynthesis and antioxidant defense of Picea asperata seedlings. Plant Growth Regulation, 58: 153-162.

He N P, Li Y, Liu C C, et al. 2020. Plant trait networks: Improved resolution of the dimensionality of adaptation. Trends in Ecology and Evolution, 35: 908-918.

He N P, Liu C C, Piao S L, et al. 2019. Ecosystem traits linking functional traits to macroecology. Trends in Ecology and Evolution, 34: 200-210.

He N P, Liu C C, Tian M, et al. 2018. Variation in leaf anatomical traits from tropical to cold-temperate forests and linkage to ecosystem functions. Functional Ecology, 32: 10-19.

He N P, Yan P, Liu C C, et al. 2023. Predicting ecosystem productivity based on plant community traits. Trends in Plant Science, 28: 43-53.

Joswig J S, Wirth C, Schuman M C, et al. 2022. Climatic and soil factors explain the two-dimensional spectrum of global plant trait variation. Nature Ecology and Evolution, 6: 36-50.

Keddy P A. 1992. Assembly and response rules: Two goals for predictive community ecology. Journal of Vegetation Science, 3: 157-164.

Kunstler G, Falster D, Coomes D A, et al. 2015. Plant functional traits have globally consistent effects on competition. Nature, 529: 204-207.

LeRoy C J, Hipp A L, Lueders K, et al. 2020. Plant phylogenetic history explains in-stream decomposition at a global scale. Journal of Ecology, 108: 17-35.

Li N N, He N P, Yu G R, et al. 2016. Leaf non-structural carbohydrates regulated by plant functional groups and climate: Evidences from a tropical to cold-temperate forest transect. Ecological Indicators, 62: 22-31.

Li X, Li M X, Xu L, et al. 2022. Allometry and distribution of nitrogen in natural plant communities of the Tibetan Plateau. Frontiers in Plant Science, 13: 845813.

Li Y, Liu C C, Zhang J H, et al. 2018. Variation in leaf chlorophyll concentration from tropical to cold-temperate forests: Association with gross primary productivity. Ecological Indicators, 85: 383-389.

Liu B, Li H, Zhu B, et al. 2015. Complementarity in nutrient foraging strategies of absorptive fine roots and arbuscular mycorrhizal fungi across 14 coexisting subtropical tree species. New Phytologist, 208: 125-136.

Liu C C, He N P, Zhang J H, et al. 2018. Variation of stomatal traits from cold temperate to tropical forests and association with water use efficiency. Functional Ecology, 32: 20-28.

Lu X J, Wang Y P, Wright I J, et al. 2017. Incorporation of plant traits in a land surface model helps explain the global biogeographical distribution of major forest functional types. Global Ecology and Biogeography, 26: 304-317.

Ma Z. 2002. Regulation of root hairs by phosphorus: Mechanism and significance. The Pennsylvania State University, Philadelphia.

Ma Z Q, Guo D L, Xu X L, et al. 2018. Evolutionary history resolves global organization of root functional traits. Nature, 555: 94-97.

Maynard D S, Bialic-Murphy L, Zohner C M, et al. 2022. Global relationships in tree functional traits. Nature Communications, 13: 3185.

McGill B J. 2010. Matters of Scale. Science, 328: 575.

Miles D B, Dunham A E. 1992. Comparative analyses of phylogenetic effects in the life-history patterns of iguanid reptiles. The American Naturalist, 139: 848-869.

Moles A T, Ackerly D D, Tweddle J C, et al. 2007. Global patterns in seed size. Global Ecology and Biogeography, 16: 109-116.

Moles A T, Warton D I, Warman L, et al. 2009. Global patterns in plant height. Journal of Ecology, 97: 923-932.

Mollier A, Pellerin S. 1999. Maize root system growth and development as influenced by phosphorus deficiency. Journal of Experimental Botany, 50: 487-497.

Moretti M, Dias A T C, de Bello F, et al. 2017. Handbook of protocols for standardized measurement of terrestrial invertebrate functional traits. Functional Ecology, 31: 558-567.

Naeem S, Wright J P. 2003. Disentangling biodiversity effects on ecosystem functioning: Deriving solutions to a seemingly insurmountable problem. Ecology Letters, 6: 567-579.

Poorter H, Niklas K J, Reich P B, et al. 2012. Biomass allocation to leaves, stems and roots: meta-analyses of interspecific variation and environmental control. New Phytologist, 193: 30-50.

Reich P B. 2014. The world-wide 'fast-slow' plant economics spectrum: a traits manifesto. Journal of Ecology, 102: 275-301.

Reich P B, Oleksyn J. 2004. Global patterns of plant leaf N and P in relation to temperature and latitude. Proceedings of the National Academy of Sciences, 101: 11001-11006.

Reichstein M, Bahn M, Mahecha M D, et al. 2014. Linking plant and ecosystem functional biogeography. Proceedings of the National Academy of Sciences of the United States of America, 111: 13697-13702.

Roblin G, Sakr S, Bonmort J, et al. 1998. Regulation of a plant plasma membrane sucrose transporter by phosphorylation. FEBS Letters, 424: 165-168.

Schmid B, Weiner J. 1993. Plastic relationships between reproductive and vegetative mass in Solidago Altissima. Evolution, 47: 61-74.

Šímová I, Violle C, Svenning J C, et al. 2018. Spatial patterns and climate relationships of major plant traits in the New World differ between woody and herbaceous species. Journal of Biogeography, 45: 895-916.

Song G, Li Y, Zhang J, Li M, et al. 2016 Significant phylogenetic signal and climate-related trends in leaf caloric value from tropical to cold-temperate forests. Scientific Reports, 6: 1-10.

Sterner R W, Elser J J. 2002. Ecological Stoichiometry: The Biology of Elements From Molecules to The Biosphere. New Jersey: Princeton University Press.

Strid Å, Porra R J. 1992. Alterations in pigment content in leaves of *Pisum sativum* after exposure to supplementary UV-B. Plant and Cell Physiology, 33: 1015-1023.

Sun J, Liu B, You Y, et al. 2019. Solar radiation regulates the leaf nitrogen and phosphorus stoichiometry across alpine meadows of the Tibetan Plateau. Agricultural and Forest Meteorology, 271: 92-101.

Tong R, Cao Y, Zhu Z, et al. 2021. Solar radiation effects on leaf nitrogen and phosphorus stoichiometry of Chinese fir across subtropical China. Forest Ecosystems, 8: 62.

Violle C, Navas M L, Vile D, et al. 2007. Let the concept of trait be functional! Oikos, 116: 882-892.

Wang R, Gibson C D, Berry T D, et al. 2017. Photooxidation of pyrogenic organic matter reduces its reactive, labile C pool and the apparent soil oxidative microbial enzyme response. Geoderma, 293: 10-18.

Wang R, Li M, Xu L, et al. 2022. Scaling-up methods influence on the spatial variation in plant community traits: Evidence based on leaf nitrogen content. Journal of Geophysical Research: Biogeosciences, 127: e2021JG006653.

Wang R L, Yu G R, He N P, et al. 2016. Latitudinal variation of leaf morphological traits from species to communities along a forest transect in eastern China. Journal of Geographical Sciences, 26: 15-26.

Wieczynski D J, Boyle B, Buzzard V, et al. 2019. Climate shapes and shifts functional biodiversity in forests worldwide. Proceedings of the National Academy of Sciences (USA), 116: 587-592.

Woodrow I E, Rowan K S. 1979. Change of flux of orthophosphate between cellular compartments in ripening tomato fruits in relation to climacteric rise in respiration. Functional Plant Biology, 6: 39-46.

Wright I J, Dong N, Maire V, et al. 2017. Global climatic drivers of leaf size. Science, 357: 917-921.

Wright I J, Reich P B, Westoby M, et al. 2004. The worldwide leaf economics spectrum. Nature, 428: 821-827.

Yan P, Li M X, Yu G R, et al. 2022. Plant community traits associated with nitrogen can predict spatial variability in productivity. Ecological Indicators, 140: 109001.

Yao X, Liu Q. 2009. The effects of enhanced ultraviolet-B and nitrogen supply on growth, photosynthesis and nutrient status of Abies faxoniana seedlings. Acta Physiologiae Plantarum, 31: 523-529.

Zanne A E, Westoby M, Falster D S, et al. 2010. Angiosperm wood structure: Global patterns in vessel anatomy and their relation to wood density and potential conductivity. American Journal of Botany, 97: 207-215.

Zhang J H, He N P, Liu C C, et al. 2020. Variation and evolution of C：N ratio among different organs enable plants to adapt to N-limited environments. Global Change Biology, 26: 2534-2543.

Zhang J H, Zhao N, Liu C C, et al. 2018. C:N:P stoichiometry in China's forests: From organs to ecosystems. Functional Ecology, 32: 50-60.

Zhang Y, He N P, Li M X, et al. 2021. Community chlorophyll quantity determines the spatial variation of grassland productivity. Science of the Total Environment, 801: 149567.

Zhao N, Yu G R, Wang Q F, et al. 2019. Conservative allocation strategy of multiple nutrients among major plant organs: From species to community. Journal of Ecology, 108: 267-278.

Zhao W Z, Xiao C W, Li M X, et al. 2022a.Variation and adaptation in leaf sulfur content across China. Journal of Plant Ecology, 15: 743-755.

Zhao W Z, Xiao C W, Li M X, et al. 2022b. Spatial variation and allocation of sulfur among major plant organs in China. Science of the Total Environment, 844: 157155.

第15章　基于植物群落功能性状的生态系统生产力预测的新途径

摘要：植物贡献了生态系统绝大多数生产力，如总初级生产力（GPP）和净初级生产力（NPP），是生态系统物质循环和能量流动的基础。因此，如何提升对生态系统生产力的预测精度，是生态学永恒的核心科学问题和研究热点。长期以来，科研人员主要利用大叶模式（big-leaf model）为核心的生态过程模型预测GPP时空变异；该途径基于叶片组织水平光合和呼吸机理过程，通过统一性原理来模拟GPP，并在环境变量驱动情景下预测宏观尺度GPP时空变异。但受测试–预测间尺度跨越过多、精细测定–区域精确参数难以获取等因素限制，使其GPP时空变异预测存在高不确定性。近年来，植物功能性状如何调节初级生产力已经引起了研究者的广泛关注，并逐步证实自然生态系统生产力与部分叶片功能性状之间存在密切联系。然而，如何更好地将植物功能性状与整个生态系统的功能联系起来仍然是一个悬而未决的问题。虽然人们努力尝试将植物功能性状作为动态植被模型的输入参数，但模型预测精度的提升还远未达到预期。最近，科研人员基于跨越等级与预测目标准确度间关系的推理，为从植物群落功能性状预测生产力提供了逻辑基础，也预防了当前许多科研人员甚至希望通过大量测试基因组等微观参量从而推导GPP的“科学陷阱”。科研人员巧妙地引用了物理学经典的引擎功率输出模式、并结合了植物群落功能性状二维特征，发展了基于植物群落功能性状的生产力形成机制新框架（trait-based productivity，TBP）。本章在详细介绍了TBP框架的理论基础和两种可能实现途径的基础上，通过三个应用案例探讨了新理论框架的应用。它们分别是：①利用群落功能性状之氮来预测中国典型生态系统GPP空间格局及其时间动态；②利用群落功能性状之叶绿素来捕捉中国北方主要草地区域的生产力空间变异规律及其主要影响因素；③利用多种群落功能性状来科学预测中国典型生态系统生产力的空间变异。此外，TBP框架以单位土地面积标准化的植物群落功能性状二维特征为核心，可与当前快速发展的遥感观测、高光谱观测和通量观测等高新技术相融合，从而提升人们对生态系统生产力乃至多功能时空变异的预测能力，并为新一代机理过程模型的开发奠定重要基础。

从植物功能性状来理解和预测生态系统过程和功能被誉为是生态学中的“圣杯”。特别是20世纪90年代以来，当许多生态学家试图利用功能性状来解释或预测植物群落对环境变化的反应，以及植物群落组成变化及其对生态系统过程与功能的影响时，这种基于性状的方式来预测生态系统功能就成为了研究热点（He et al.，2023）。大量研究表明，几乎所有的功能性状都沿着宽广的环境梯度产生变异，而这种功能性状特征值在不同群落间的变化可用于预测环境持续变化下生态系统功能的变化（Violle，2007；何念鹏等，2020）。然而，功能性状一般都是在个体或者物种水平被测定，而生态系统水平的功能，如生态系统生产力，是基于单位土地面积来进行测量或统计的。植物功能性状从器官或物种尺度到生态系统尺度的拓展，往往会遇到复杂性的嬗变问题而极具挑战性。

个体水平的研究发现，叶片净同化率与比叶面积或叶片氮浓度等功能性状密切相关；因此启发人们将复杂的植物群落作为一个简单的大叶模型或多层模型，从器官和叶片水平线性扩展到冠层或群落水平，进而模拟生态系统生产力（Farquhar，1989；Luo et al.，2018）。事实上，这种对叶片生化功能性状的直接拓展，基本没有来自复杂自然群落数据的普遍支持；同时，尺度拓展过程中的不确定性（或嬗变问题），使模型预测精度将会受测试参数到预测参数的空间尺度差异的巨大抑制（图15.1）。例如，叶片光合生理参数的最佳温度，会影响叶片电子传递速率和Rubisco的最大羧化速率，但并不是预测生态系统功能的最佳温度（Huang et al.，2019）；传统的叶片氮素、磷素和氮磷比可以表征单位叶片的光合潜力，但不能很好地刻画自然生态系统生产力的空间变异规律（Zhang et al.，2022）。沿着海拔梯度，叶片水平的光合参数，如二磷酸核酮糖羧化酶

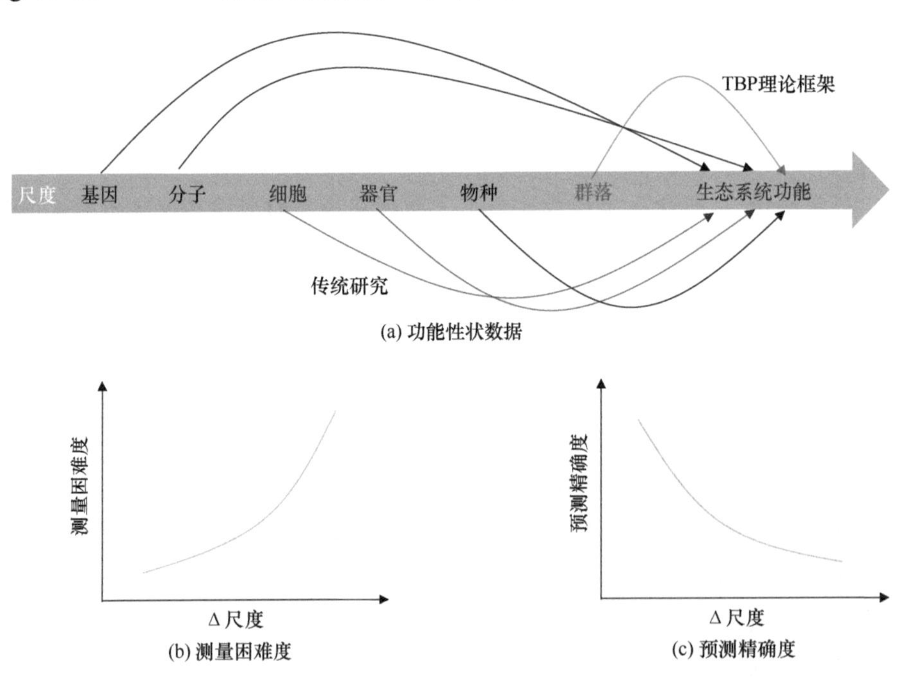

图15.1　不同水平测试的功能性状数据对生态系统生产力预测难度与精度的影响

理论上，测试数据与预测功能的尺度差异越大，则其测试难度越大、而其预测精度会越低。因此，群落尺度功能性状具有准确预测自然生态系统生产力的潜力

最大羧化速率和电子传递速率，并不随着海拔升高而下降，但生态系统生产力则随着海拔的升高而下降（Malhi et al.，2017）。种种迹象表明：从植物功能性状估计生态系统功能时，需要考虑关键功能性状选择和合理的科学预测框架等问题，特别是当研究者已经发现生态系统功能和单个性状之间关系薄弱、或因果关系不清楚时（Liu et al.，2021）。

此外，将传统器官水平功能性状联系到生态系统水平功能，需要充分考虑时空尺度的匹配性。长期以来，基于质量比假设的群落内物种功能性状加权平均，常被用来表示群落水平功能性状。例如，较高的群落加权平均叶片氮浓度，通常表明群落是以快速生长的物种为主导，具有较高的饱和光合速率（Garnier et al.，2016），以及相对较高的单位时间和单位叶片的质量生产效率（Garnier et al.，2004；Reich et al.，1997）。然而，单位叶面积或质量的饱和光合速率所提供的信息是有限，并不能直接反映自然条件下整株植物的碳吸收情况（Yang et al.，2018），更不能反映单位土地面积上自然生态系统的碳捕获能力（何念鹏等，2018a；Zhang et al.，2022）。同时，植被数量假说和基于异速生长的代谢理论都将生物量作为群落规模的代表，这一方法得到了大量实证研究的支持，可部分用于预测生态系统功能。然而，功能性状变异和生态系统自身的复杂性，使它们无法直接使用简单线性尺度拓展的简单还原论方法。总之，目前人们尚不清楚如何从生物量线性拓展、并同时整合多种功能性状和环境变量来科学地预测生态系统生产力甚至多功能。

15.1　生态系统初级生产力的定义与分类

生态系统初级生产力指的是生态系统中植物和其他光合生物体产生有机化合物的速率，它是生态系统物质循环和能量流动的基础。因此，准确预测生态系统生产力成为了生态学永恒的核心科学问题之一。生物生产力的思想可以追溯到公元 300 多年前（Lieth，1975），目前，生态系统初级生产力主要包括了总初级生产力（gross primary productivity，GPP）、净初级生产力（net primary productivity，NPP）、净生态系统生产力（net ecosystem productivity，NEP）（于贵瑞等，2013）。

其中，总初级生产力（GPP），是指单位时间内植物通过光合作用所固定的有机化合物总量，又称总生态系统第一性生产力。GPP 决定了进入陆地生态系统的初始物质数量和能量，是陆地生态系统物质循环和能量流动的关键通量和基础，驱动着呼吸和生长等生态系统核心过程，也是表征陆地生态系统生产力及其碳汇强度的重要指标。净初级生产力（NPP），表示植被所固定的有机碳（GPP）中扣除本身呼吸消耗的部分，该部分用于植被的生长和繁殖，也称净第一性生产力；NPP 反映了特定生态系统植物固定和转化光合产物的净效率，也决定了可供异养生物利用的物质和能量。净生态系统生产力（NEP），指从净初级生产力（NPP）中减去异养生物呼吸消耗光合产物之后的部分。NEP 表示大气 CO_2 进入生态系统的净光合产量，NEP>0 时，表示该生态系统为净碳汇；当 NEP<0 时，则表示为净碳源。

15.2　GPP 和 NPP 的形成机制、过程和经典预测途径

如上所述，GPP 是陆地生态系统物质循环和能量流动的关键通量，驱动着呼吸和生

长等生态系统过程。考虑到 GPP 的季节差异和生态系统差异是解释 NPP 在生态系统间差异的主要因素，因此这里不再对 NPP 展开详细论述与解释。通常，GPP 被量化为生态系统一年内植被通过光合作用固定 CO_2 的总和，据估计全球陆地生态系统 GPP 约为（123±8）Pg C/a（Beer et al.，2010）。当前，GPP 形成机制主要依据以下两种基础理论：①植被群落光能利用效率理论，即将 GPP 定义为植被捕获的年光合有效辐射与光能利用效率的乘积（Monteith，1972；Running et al.，2004）。②群落光合能力理论，即将 GPP 定义为群落生态系统水平所测定的逐日的生态系统总初级生产力在生长季内的积分值（Gu et al.，2009）。其中，生长季长度和最大光合能力是反映植物物候和生理属性的两个重要指标，也是估算 GPP 的重要参数。生态系统生产力，特别是 NPP，在大空间尺度下一般难以采用传统地面调查来直接测量，但可以采用基于群落光合能力的涡度相关技术来测定（Falge et al.，2002；Gu et al.，2009）。无论如何，NPP 的估算都必须基于某些假设，而这些假设是假定这些变量和生产力间存在统计关系或因果关系，这也是几乎所有生态过程模型的基础。

1. 基于气候的生态模型

Rosenzweig（1968）和 Lieth（1975）基于生态系统生产力与气候变量之间的关系，率先独立开发出了两个重要的全球生产力预测模型。Rosenzweig（1968）绘制了 24 个成熟天然林分的 NPP 测量值与年实际蒸散发（AET）的关系，发现 AET 和 NPP 之间经过对数转化后呈现明显的线性相关，所以 AET 可以被用来预测生态系统 NPP。由于这些研究样点大多数都位于美国，其区域性的结论严重限制了这种方法的全球适用性。后来，Lieth（1975）基于全球不同生物群区的五十多个野外观测地点的数据发展了全球 NPP 估算模式。随后，他们将 NPP 值与从样点相匹配的气象站获得的年温度和降水测量值相匹配，通过线性回归得到了第一个全球 NPP 空间分布图，也就是经典的迈阿密模型。迈阿密模型成为后来发展更复杂的气候模式的基础，如高分辨率生物圈模型（Esser and Lautenschlager，1994）。然而，NPP 作为温度和降水的简单递增函数的想法，在热带地区并不成立，热带地区 NPP 变得相对独立于这些变量（Clark et al.，2001；Luyssaert et al.，2007）。事实上，其他环境变量，如养分和水分供给能力，已被证明是热带地区 NPP 变化的决定因素（Aragão et al.，2009；Quesada et al.，2009）。基于气候的模型的简单和可操作性，迄今仍然有大量科研人员用它来估计区域生产力（Brovkin et al.，2002；Wang et al.，2005）。

2. 基于动态过程的生态系统模型

科研人员主要利用大叶模式（big-leaf model）为核心的生态过程模型预测生态系统初级生产力的时空变异（图 15.2）。该途径基于叶片组织水平光合和呼吸机理过程、并通过统一性原理来模拟生态系统初级生产力，并在环境变量驱动下预测生态系统初级生产力变异，但受测试–预测间尺度跨越过多、精细测定模式下区域参数难以获取等因素限制，使其生态系统初级生产力的时空变异预测存在高不确定性。在具体研究中，科学家开发了一系列复杂的生态过程模型，如动态的全球植被模型（dynamic global vegetation models，DGVMs）。这些模型模拟了生态系统结构、过程和功能，如不同时空尺度下的生物地球化学循环过程、GPP 和 NPP 等（Cramer et al.，2001）。受测试-预测间尺度跨越过多、精细测定的区域参数难以获取等因素限制，目前，生态系统过程模型在对 GPP 时空变异预测时仍然存在高不确定性。近期，人们逐步将养分效应和植物功能性状的影响纳入模型，以提高其预测精度；但随着模型复杂性的大幅增加，可能导致模型输出的更大不确定性（Wieder et al.，2015）。虽然上述种种困难或挑战，生态过程模型途径仍然以其对未来的强大预测能力而备受人们青睐。

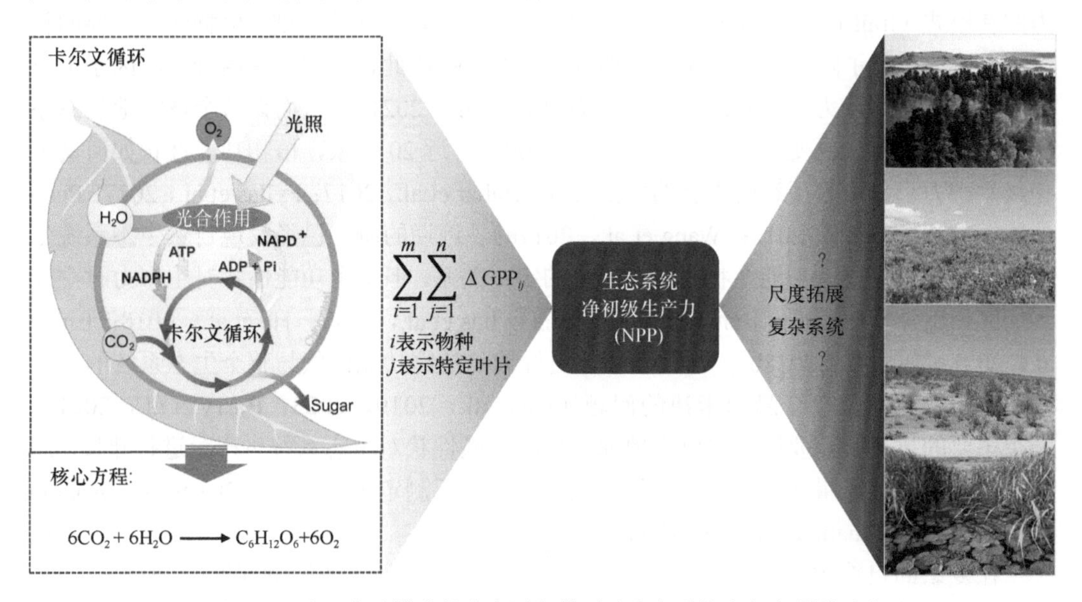

图 15.2　基于大叶模式的生态过程模型对生态系统生产力预测思路

3. 基于辐射和遥感观测的模型

研究人员发现，在灌溉和施肥良好的条件下，一年生作物的生产力随着吸收太阳能量的增加而线性增加（Monteith，1972）。因此，人们可将 NPP 作为净太阳辐射、潜热通量和每年降水量的函数来进行理论，并使用野外实测的相关数据进行训练。Running 等（2004）发现，即使在水分充足的地区，净辐射本身也不是 NPP 唯一决定性因素，生产力还受到生态系统中吸收太阳能的总叶面积等其他因素的限制。随着近年来遥感技术的快速发展，标准化的植被指数（NDVI）被广泛应用于估计叶片吸收的太阳辐射的比例。NDVI 是一种“植被绿度”的测量方法，计算为红色和近红外波长带的光谱反射率测量的差异。经过努力，NDVI 被用作生产力的一个近似替代指标。然而，NDVI 在茂密植被中达到饱和，导致 NPP 不同的森林 NDVI 值可能一样（Lee et al.，2013；Sánchez-Azofeifa et al.，2009）。另一个问题是云层的存在，它会使反射率测量失真，并可能导致低估一些云量密集的热带地区的 NPP（Zhao et al.，2005）。最后，如果没有关于光能利用效率的信息，纯 NDVI 并不能充分衡量叶片吸收的光合活性辐射的比例（Jenkins et al.，2007；Ruimy et al.，1999）。为此，科研人员开发了以光能利用效率为核心的“多层模式”反演模型，将 NDVI 与最大潜在光能利用效率的经验估计以及其他限制光合作用和呼吸的因素，如有效光合辐射、叶面积指数（LAI）、温度、水资源利用率或大气 CO_2 浓度结合起来（Zhao et al.，2005；Zhao and Running，2010）。反演是这类模型的长项，但对未来的预测是其该类模型的重要瓶颈。

15.3 基于植物群落功能性状预测生产力的模式与理论基础

功能性状决定功能这一哲学论断，为开发基于植物群落功能性状预测生态系统生产力的新模式（trait-based productivity，TBP）奠定了重要的理论基础。植物作为主要的初级生产者，贡献了陆地生态系统绝大部分的生产力；因此，效应性状结合环境因子可以影响生态系统生产力（Violle et al.，2007；Liu et al.，2021），从而调节全球陆地生态系统碳循环及其对气候变化的响应（Chapin，2003）。近 20 年来，植物功能性状如何调节初级生产力已经引起了科研人员的广泛关注（Bahar et al.，2017；Fyllas et al.，2017；Peng et al.，2020；Reich，2012；Wang et al.，2017a）。近期的研究已经发现自然生态系统生产力与某些特定群落功能性状间存在一定的定量关系，但单个功能性状对生产力时空变异的解释度却都非常低（Bahar et al.，2017；Fyllas et al.，2017；He et al.，2018；Liu et al.，2021；何念鹏，2018b）。然而，如何更好地将植物功能性状与整个生态系统的功能联系起来，仍然是一个悬而未决的问题（He et al.，2019，2023；Barry et al.，2021）。一个主要的挑战是需要根据单位土地面积植物功能性状对生态系统生产力进行建模，后者通常只能通过通量观测系统在单位土地面积上进行测定（He et al.，2019；Šímová and Storch，2017；Zhang et al.，2021b）。

在复杂的自然生态系统中，尺度拓展过程中的非线性（或嬗变问题），使模型预测精度很大程度上受测试参数到预测参数的空间尺度差异的制约，从而使基于群落功能性状的生产力预测框架（TBP）成为潜在的优先选项（图 15.3）。目前，科研人员主要利用大叶模式为核心的生态过程模型预测生态系统初级生产力的时空变异。该途径基于叶片组织水平光合和呼吸机理过程、并通过统一性原理来模拟生态系统初级生产力，并在环境变量驱动下预测宏观尺度生态系统初级生产力变异，但受测试参数–预测参数间尺度跨越过多（图 15.3）、精细测定区域尺度参数难度非常大等因素的限制，使其生态系统初级生产力的时空变异预测存在高不确定性。尤其是在高分遥感和激光雷达等高技术迅猛发展的当下，将可以充分利用各种高新观测技术和天–空–地一体的多源数据，助力 TBP 框架的发展和应用，实现得高技术者得天下的美好愿望。

受经典物理学“引擎工作模式”的启发、并参考经典的生产生态方程和收获方程（Dermody et al.，2008；Monteith，1977），He 等（2023）建立了以植物群落功能性状二维特征和植物生长期长度为核心的生态系统生产力预测的理论框架（TBP）。根据植物群落功能性状定义，与生产力密切相关的每一种群落功能性状都可以进一步划分为两个维度，分布是在单位土地面积的密度（或内禀性效率性状）和强度（或数量性状）；详细描述参见第 14 章的相关内容。在不考虑燃料利用率和摩擦损耗的情况下，发动机输出能量理论上主要由单位时间燃料消耗量、单位燃料可释放能量和工作时间共同决定。以此类推，特定生态系统 GPP 受单位土地面积植物群落的数量性状、效率性状和生长期长度三大属性共同决定（图 15.3）。换言之，如果我们把整个植物群落的叶片假想成一个类似于叶绿体的引擎，则植物群落所能捕获或固定 CO_2 能力将由该时段其所能投入的单位土地面积数量性状（$Trait_{quantity}$）、效率性状（$Trait_{efficiency}$）和生长时间（L_g）共同控制。基于上述机理假设和类推，人们就可以发展基于植物群落功能性状发展以“数量性状×效率性状×生长期长度”为核心的 GPP 预测新框架。在 TBP 框架中，气候和土壤等因素通过调控植物群落物种组成和种内功能性状变异来影响群落功能性状的二维特征，进而间接影响生态系统生产力。在整合利用地面测试数据和遥感数据的基础上，阐明气候和土壤等因素对植物群落功能性状的影响机制，将是基于 TBP 模型预测气候变化情景下生产力时空变异的理论基础。在具体操作过程中，目前具有两种不同的模式，正从不同角度推进 TBP 理论发展和应用。

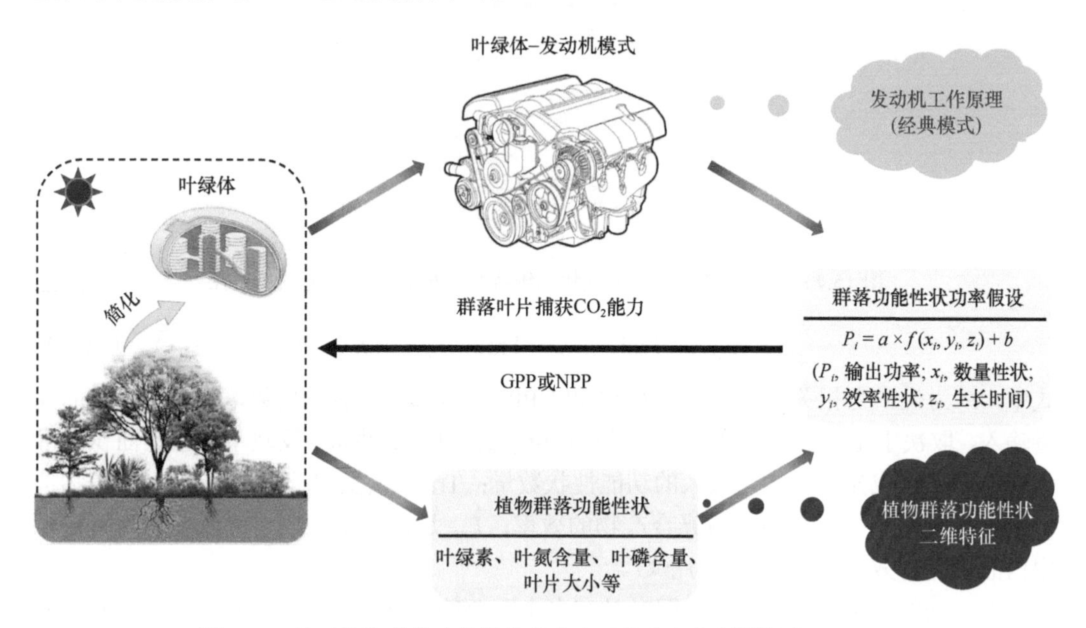

图 15.3　基于植物群落功能性状的生态系统生产力预测模式（TBP）

15.3.1　基于植物群落功能性状二维特征的 TBP 模式

根据经典的物理学理论，发动机输出功率主要由单位时间燃料消耗量、单位燃料可释放能量和实际工作时间等共同决定。借用该核心内涵，科研人员可以类比式地发展基于生态生产方程形式化的 TBP 框架，即生产力=资源供应×捕获速率×捕获资源的单位能效。类似于农业中作为收获方程：$W_h=\varepsilon_c\times\varepsilon_i\times S_t$；其中，植物生物量的能量积累（$W_h$）由截获的辐射转化为生物质能的效率（$\varepsilon_c$）、冠层截获光的效率（$\varepsilon_i$）、总入射太阳辐射（$S_t$）共同决定 （Dermody and Long et al.，2008）。与传统模型不同，在 TBP 理论框架中，光、温度、降水和土壤养分等环境因素直接影响植物群落结构和种内功能性状变异，并通过调节植物群落功能性状二维特征来间接影响生态系统生产力［式（15.1）］；即对生产力起最大直接作用的为植物群落功能性状，呼应了功能性状决定功能的重要哲学论断。同时，新框架中所有参数都是群落尺度的，且被转化为单位土地面积的密度或强度（图 15.4）。

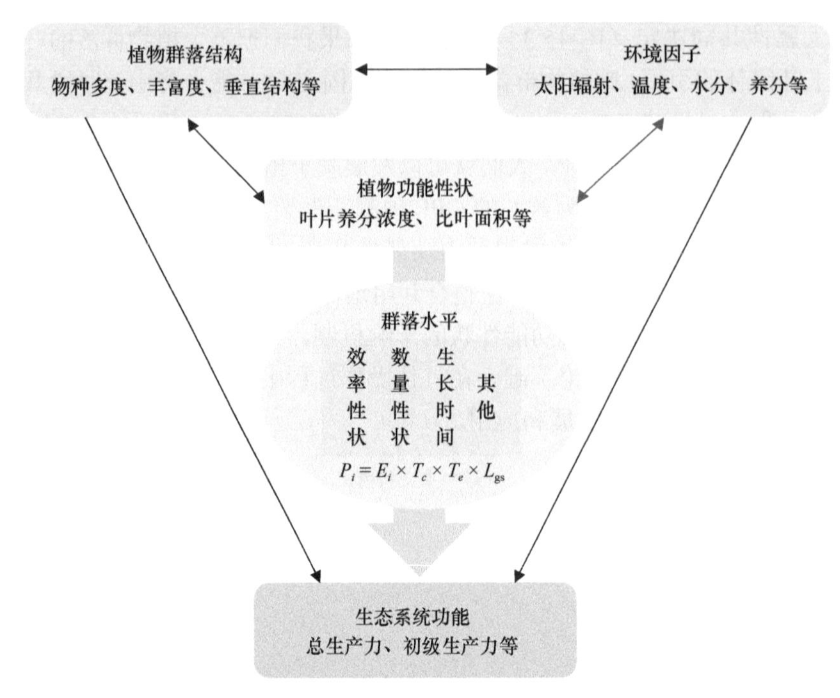

图 15.4　基于植物群落功能性状二维特征为核心的生产力预测途径

$$P_i = E_{\text{index}} \times \text{Trait}_{\text{quantity}} \times \text{Trait}_{\text{efficiency}} \times L_{\text{gs}} + b \tag{15.1}$$

式中，P_i 为生产力相关的功能，如 GPP 和 NPP 等；E_{index} 为能量指数，代表生长季的能量输入，取决于生长季温度和降水量等；$\text{Trait}_{\text{quantity}}$ 为数量性状，反映单位土地面积标准化群落为了合成光合产物而投入的功能性状数量；$\text{Trait}_{\text{efficiency}}$ 为效率性状，表示植物群落单位功能性状投入所能合成光合产物的效率；L_{gs} 是植物生长期，可以理解为特定期限内的植物有效生长时间；b 为常数。

在复杂的自然群落中，叶片同时具有多个重要的功能性状，如叶绿素含量、叶片氮含量、磷含量、叶片大小、比叶面积等，它们共同调节着植物光合速率、进而决定生态系统生产力。根据植物群落功能性二维特征的定义和计算方法，人们都可以将他们转化为对应的数量性状（$\text{Trait}_{\text{quantity}}$）和效率性状（$\text{Trait}_{\text{efficiency}}$），具体如表 15.1 所示。理论上，任意二维群落功能性状在群落水平的组合及其交互作用，均可以很大程度解释生态系统生产力的空间变异；这是因为经历长期适应与进化后，这些群落功能性状数值间具有显著的正相关关系（Zhang et al.，2022）。简言之，科研人员只要使用了“效率性状×数量性状”这一核心组合，就能很好地预测生产力空间变异，而功能性状种类的选择效应就会显得比较弱（He et al.，2023）。然而，科学地厘清群落功能性状二维性状之间的耦合/解耦关系，仍然是 TBP 该模式必然面对的一大挑战，也是提升 TBP 框架预测精度的理论基础。

在实际研究过程中，人们为了适应多种功能性状协同的真实自然群落，需要对式（15.2）进一步改进，才能更好地预测生态系统生产力的时空变化及其响应机制（图 15.4）。以 GPP 为例，自然群落的 GPP 计算公式可调整如下：

表 15.1　植物群落功能性状二维特征的具体化参数（以叶片为例）

序号	效率性状（$\text{Trait}_{\text{efficiency}}$）	数量性状（$\text{Trait}_{\text{quantity}}$†）
1	叶绿素浓度/%	单位土地面积叶绿总量/（g/m^2）
2	叶片氮素浓度/%	单位土地面积叶氮总量/（g/m^2）
3	叶片磷素浓度/%	单位土地面积叶磷总量/（g/m^2）
4	比叶面积/cm^2	叶面积指数/（cm^2/m^2）
⋮	⋮	⋮

† 效率性状和数量性状都是利用群落结构数据转化为单位土地面积密度或强度后的数值（He et al.，2019）；方法可以是简单算术平均、几何平均、群落结构加权平均等，不同尺度拓展方法各有利弊（表 14.1）。

$$\text{GPP} = \sum_{i=1}^{n} \text{GPP}_i = \beta_0 + \beta_1 f(z_i) \prod_{j=1}^{n} \left(E_i x_j y_j \right) \tag{15.2}$$

式中，i 为特定时段；GPP_i 为第 i 时段 GPP 的形成；E_i 为第 i 时段的能量输入；x_j 为特定功能性状 j 在群落的数量；y_j 是单位功能性状 j 的效率；$f(z_i)$ 为第 i 期间内的植物生长时间（L_{gs}）；β_0 为常数，β_1 为系数。

如果这些群落功能性状间存在相互作用（Trait_j，1, 2, 3, ⋯, j），则式（15.2）可修改为

$$\text{GPP}_i = \beta_0' + \beta_1' \times f(E_i) \times f(x_j \times y_j) \times f(z_i) \tag{15.3}$$

一旦我们揭示了这些群落功能性状的时空变异规律、影响以及它们间的相互作用机制，就可以通过量化如下方程来提高模型的预测精度：

$$f(x_j) = \gamma_0 + \gamma_1 f(C,S) \tag{15.4}$$

$$f(y_j) = \gamma_0' + \gamma_1' f'(C,S) \tag{15.5}$$

$$f(z_i) = \gamma_0'' + \gamma_1'' f''(C,S) \tag{15.6}$$

式中，C、S 为温度、降水和土壤因子对 x_j、y_j 和 z_i 的影响；γ_0 为常数，γ_1 为这些参数影响的具体系数。因此，通过大量的野外地面调查和遥感数据，揭示了非生物因子 $f(x_j)$、$f(y_j)$ 和 $f(z_i)$ 之间的关系，就可以准确预测 GPP 在不同尺度上的时空变化。

15.3.2　基于倒数生产方程的 TBP 模式

在上述植物群落功能性状二维特征的 TBP 模式中，公式简单化是其最大优势；但这些简单公式的一个弱点是简单化了“利用效率”，这个术语掩盖了许多相互作用的生理效应。自然群落的生产力，通常受到多种资源可获取性的共同限制，尤其是光、水和土壤养分等；任何特定功能性状，通常对不同资源的获取和保留产生不同的影响，从而影响模型对生产力时空变异的预测精度。

因此，新一代的基于植物群落功能性状的生产力预测框架，除了气候因素和养分输入外，还应能够预测和划分与植物群落性状相关的生态系统生产力。为了阐述这种将生产力视为多种限制函数的方法，科研人员创新性地引入了倒数生产方程（inverse production equation）（图 15.5），形成了 TBP 框架的第二种应用模式［图 15.4 和式（15.7）］。该模式的最大优点是能较好地分离这些限制性函数，但不足是它对群落功能性状数据配

套性的要求非常高。

$$\frac{1}{P}=\frac{1}{P_{\mathrm{w}}\cdot\varepsilon_{\mathrm{w}}}+\frac{1}{P_{\mathrm{n}}\cdot\varepsilon_{\mathrm{n}}}+\frac{1}{P_{\mathrm{i}}\cdot\varepsilon_{\mathrm{i}}} \tag{15.7}$$

式中，P 是与生产相关的功能参数，如 GPP、NPP 或其他与生产相关的变量；P_{w}、P_{n} 和 P_{i} 分别为仅受水、氮和辐照度限制的最大产量，即在没有其他限制因素情况下的潜在最大产量；例如，P_{w} 是在无限供应氮和光时可能的最大产量；ε_{w}、ε_{n} 和 ε_{i} 为资源获取效率（Resource acquisition efficiencies），即植物群落实际获取的每种可用资源的比例。倒数生产函数可以从光合作用和气体交换模型中推导出来，为深入揭示群落功能性状如何调控生产力提供了重要途径（He et al.，2023）。

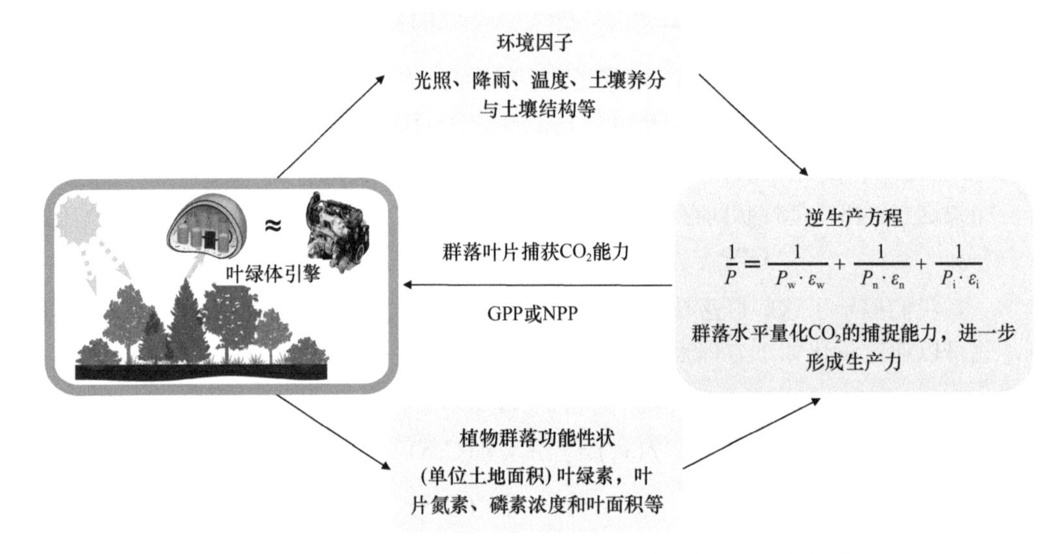

图 15.5 基于植物群落性状预测生态系统生产力的逆生产方程模式

P_{w}、P_{n} 和 P_{i} 分别代表仅受水、氮和辐照度限制的最大产量，即在没有其他限制的情况下的潜在产量。例如，P_{w} 是在无限供应氮和光时可能的最大产量，水的吸收和运输和气孔阻力不限制生产用水的获取和使用。ε_{w}、ε_{n} 和 ε_{i} 代表资源获取效率——植物群落实际获取的每种可利用资源的比例

$$\frac{1}{P}=\frac{1}{c_{\mathrm{a}}-\Gamma}\left(\frac{1.6D}{E_{\mathrm{o}}}\left(\frac{E_{\mathrm{o}}}{K\left(\psi_{\mathrm{soil}}-\psi_{\mathrm{leaf}}\right)}\right)+\left(rc_{\mathrm{a}}+M\right)\left(\frac{1}{\chi N_{\mathrm{o}}}\left(\frac{N_{\mathrm{o}}}{N}\right)+\frac{1}{\phi i_{\mathrm{o}}}\left(\frac{1}{f_{\mathrm{par}}}\right)\right)\right) \tag{15.8}$$

其中，可以用如下方程来描述潜在的环境变量或植物功能性状间的关系：

$$P_{\mathrm{w}}=\frac{E_{\mathrm{o}}\left(c_{\mathrm{a}}-\Gamma\right)}{1.6D},\varepsilon_{\mathrm{w}}=\frac{K\left(\psi_{\mathrm{soil}}-\psi_{\mathrm{leaf}}\right)}{E_{\mathrm{o}}} \tag{15.9}$$

$$P_{\mathrm{n}}=\left(\frac{c_{\mathrm{a}}-\Gamma}{rc_{\mathrm{a}}+M}\right)\chi N_{\mathrm{o}},\varepsilon_{\mathrm{n}}=\frac{N}{N_{\mathrm{o}}} \tag{15.10}$$

$$P_{\mathrm{i}}=\left(\frac{c_{\mathrm{a}}-\Gamma}{rc_{\mathrm{a}}+M}\right)\phi i_{\mathrm{o}},\varepsilon_{\mathrm{i}}=f_{\mathrm{par}} \tag{15.11}$$

式中，c_{a} 为环境 CO_2 摩尔分数；Γ 为光合作用 CO_2 补偿点；D 为叶片与空气水蒸气摩

尔分数差；E_0 为降水；K 为植物水力导度；ψ_{soil} 为土壤水势；ψ_{leaf} 为叶片水势；r 为细胞间 CO_2 浓度与环境 CO_2 浓度的平均比值（C_3 植物约为 0.7，C_4 植物约为 0.4）；M 为 CO_2 对光合速率影响的有效平均米氏常数；N_0 为生态系统总氮；N 为植物总氮，为电子的量子产额；i_0 为冠层上方的辐射；f_{par} 为冠层吸收 i_0 的比例。

该模式展示了如何保留传统生产函数方法的简洁性，同时集成了多个环境和内生因素的单独影响。重要的是，该表述解决了传统方法的主要弱点，即它只关注单一资源（通常是光），并通过“利用效率”将三种主要的光合资源限制因素分离开来，从而导致在“使用效率”中合并了几种不同的限制效应。正如本章所定义一样，获取效率是指植物群落实际捕获的每种资源的比例；例如，ε_W 是实际蒸腾速率 K（ψ_{soil}−ψ_{leaf}）与理论上可能的最大蒸腾速率（E_0）的比值。最重要的是，生产潜力（P_W、P_n 和 P_i）和获取效率可以追溯为一个简单的过程模型，不仅提供了清晰的逻辑假设，还明确了模型整合各种功能性状数据的基本原理。例如，水力性状会影响 ε_W，光拦截性状会影响 ε_i，营养捕获性状会影响 ε_n。获取效率突出了植物结构性状在群落生产力中的重要性。例如，f_{par} 主要由叶面积指数决定，N/N_0 由地下碳投资决定，K 由地下和地上部分水运输投资决定。许多调节光合作用和决定群落生产力的关键叶片功能性状都可以通过考虑它们对方程参数的影响而被整合，如叶绿素含量、叶片氮含量、叶片磷含量、叶片大小和比叶面积等。值得注意的是，这些方程的输入参数在不同时间尺度，如分钟、小时甚至整个生长季，均会有所不同。

近期，在描述树木生长的贝叶斯模型中，科研人员已经考虑到植物功能性状可能会调节生长对环境变量的响应系数（Feng et al.，2018；Fortunel et al.，2018）；理论上，该方法也可以扩展到预测生态系统生产力。因此，未来可以整合越来越多的植物功能性状来解释和预测生态系统生产力以及其他生态系统功能参数，更好地约束优化植被动态模型的空间化参数，更科学地揭示气候变化情景下植被变化与生态系统生产力变化间的相互关系。考虑到光照、温度、降水量、土壤养分等对生产力直接或间接的影响，未来可以使用结构方程模型等统计方法来探究间接效应，并进一步完善 TBP 框架。此外，分类学、系统发育学和功能多样性可能通过优化资源吸收效率来影响生态系统生产力。

15.4　TBP 理论框架的部分研究案例

15.4.1　植物群落功能性状之氮对生态系统生产力空间变异的预测

传统上，气候被认为是初级生产力的主要驱动力。然而，最近多项研究发现生产力在不同气候区域之间显著收敛、生产力受到气候的间接影响更大，并且生产力大小可能直接取决于叶片生物量和生长季节长度（Michaletz，2018；Michaletz et al.，2014）。与此同时，研究者提出了植被数量假说，它认为植被生物量是生态系统过程和功能的主要驱动力（Lohbeck et al.，2015；Prado et al.，2016）。相关研究结论对当前想依靠功能性状来揭示生态系统功能形成机制的研究路径提出了严峻挑战，即是否真的能通过传统的植物功能性状来预测生态系统功能的时空变化（Enquist et al.，2015；Peng et al.，2020）。单位土地面积标准化的植物群落功能性状及其二维特征（数量性状和效率性状），为功能性状和生态系统功能之间架起了一座新的桥梁（He et al.，2019，2023；何念鹏等，2020）。

叶片氮含量是叶经济型谱的重要驱动力，是叶片核糖二磷酸羧化酶（Rubisco）合成的关键成分，与植物叶片光合速率密切相关（Dong et al.，2017；LeBauer and Treseder，2008）。先前的大量研究，在物种层次已经证明叶片氮素含量与叶片光合速率间具有一定的定量关系（Croft et al.，2017；Smith et al.，2019；Zhang et al.，2022）。令人惊讶的是，自然群落中优势物种的叶片氮素含量通常低于稀有种（Han et al.，2011；He et al.，2006；Yuan and Chen，2009；Zhang et al.，2022）。草本植物的叶片氮含量通常高于森林乔木的叶片氮含量（Ghimire et al.，2017）；在资源稀缺的极端干旱地区，叶片氮素含量还一定程度高于资源丰富地区的植物叶片（Moore et al.，2018；Moreno-Martínez et al.，2018）。上述种种证据表明：仅基于叶片氮素含量（%）来探索功能性状–生态系统生产力之间的关系是片面的。启示我们打破传统上实现尺度上推时依靠质量比假设的局限性，不仅仅是计算群落功能性状的氮密度（效率性状，mgN/g），还需要计算单位土地面积上群落叶片氮强度（数量性状，gN/m^2），进而通过效率性状与数量性状的组合，预测生态系统生产力的时空变化特征（He et al.，2019）。

为了验证该想法并为 TBP 框架提供应用案例，科研人员利用来自中国区域 73 个典型自然生态系统“系统性和配套性”测定的叶片氮含量数据及其辅助群落结构数据，构建了植物群落功能性状之氮的效率性状数据（$N_{\text{efficiency}}$）和数量性状数据集（N_{quantity}）。分析结果表明：群落叶片氮素数量和群落叶片氮素含量两者均主要受气候因子调节，但影响方向相反（Yan et al.，2022）。具体而言，气候主成分第一轴对群落叶片氮素数量具有显著正效应，而对群落叶片氮素含量具有显著负效应。在资源条件丰富的地区，群落叶片氮素总量较高，而群落叶片氮素含量较低；而在资源匮乏的情况下则相反。植物群落作为一个具有自组织功能的整体，不仅调节作为群落加权平均值的叶片氮素含量，而且还能调节群落叶片氮素总量，以便在长期的进化和适应过程中实现对资源的最佳利用。此外，结合群落叶片氮素的效率性状、数量性状和植物生长期长度，可以解释生态系统初级生产力 81%空间变异（图 15.6）。

15.4.2 基于植物群落功能性状之叶绿素来预测生态系统生产力的空间变异

叶绿素是植物中最丰富的一种色素，是植物光合的分子基础，是与生产力密切相关的功能性状（Croft et al.，2017）。近年来，研究人员发现叶绿素在大尺度预测方面比叶片氮含量更加精确。因此，以叶绿素作为案例，验证和拓展 TBP 框架的应用，具有重要的理论和应用意义。根据 TBP 的基本框架，当我们把自然植物群落假设为一台发动机，理论上发动机做功输出量主要受到单位时间燃料消耗量、单位燃料热值和发动机工作时长三者共同的影响。如果以群落叶片叶绿素为载体，群落生产力应该有群落叶片叶绿素总量（$CHL_{quantity}$，mg/m^2）、叶绿素含量（$CHL_{efficiency}$，%）和植物生长季长度（L，month）共同决定（Zhang et al.，2021a）；根据经典的植物生理学实验，叶片单位质量的叶绿素含量越高、则其单位叶片饱和光合速率就越大（Croft et al.，2017），因此群落加权的叶绿素含量可以被定义为效率性状。

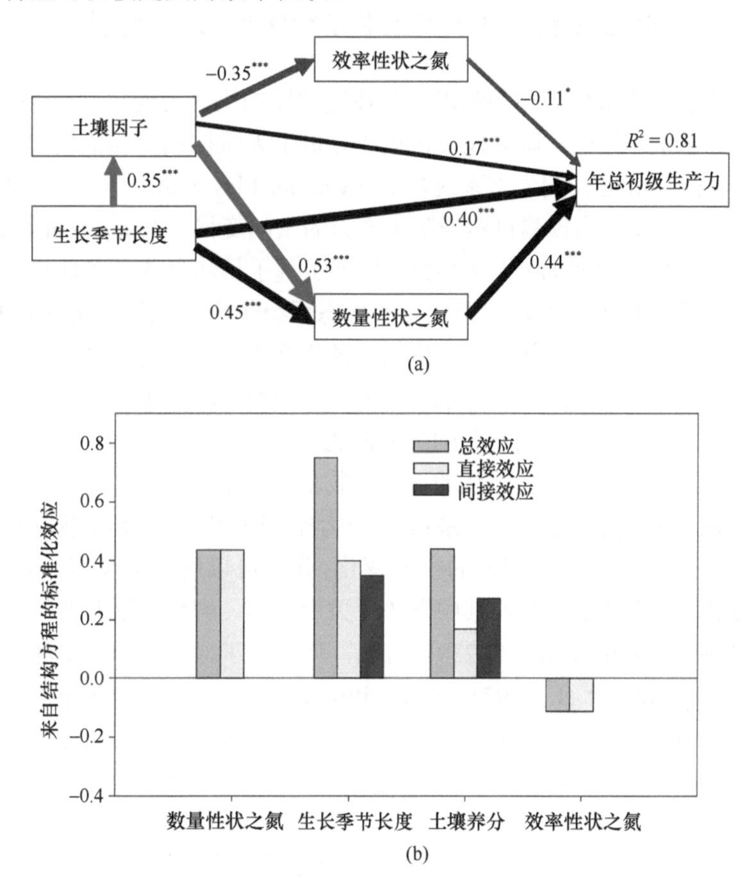

图 15.6 基于植物群落功能性状之氮对生态系统净初级生产力空间变异的预测

效率性状之氮（$N_{efficiency}$）表示群落叶片含氮量加权平均值（mg/g）；
数量性状之氮（$N_{quantity}$）表示单位土地面积内群落叶片氮素总储量（g/m^2）

为了验证上述想法，研究人员在蒙古高原、黄土高原和青藏高原设置了三条对比性草地样带并开展了植物叶片叶绿素含量的系统性调查。当把所有数据归咎到 TBP 的核心框架，即数量性状（$CHL_{quantity}$）、效率性状（$CHL_{efficiency}$）和生长季长度（L），可以发现三者交互效应后与草地生产力空间变化格局具有显著的正相关关系。植物群落功能性状二维特征和生长季长度，可以解释蒙古高原、黄土高原和青藏高原生产力空间变异的 67%，在青藏高原高寒草地其解释度甚至可以高达 83%（Zhang et al.，2021a）。在此必须指出，本研究的数量性状与生物量有关，但又不一样，确切地说“性状总量”应理解为是“生物量假说”内涵的延伸。首先，对于“生物量假说”的检验结果存在不一致。目前围绕生物量假说的研究主要集中在热带森林，并且生物量对群落功能的驱动作用依赖于资源环境状况。在不同的群落演替阶段，由于限制因子不同，生物量可能对群落功能产生或正或负的效应（Prado et al.，2016）。另外，在诸如凋落物等生产过程中，生物量的解释力度很高，但在凋落物降解过程中解释度却非常低（Lohbeck et al.，2015）。

15.4.3 整合多种群落功能性状预测生态系统生产力时空变异

利用植物功能性状来捕捉和预测沿宽阔环境梯度的生产力变化，为科研人员预测生产力提供了美好愿景。然而，研究人员在集成分析了大量控制实验数据的基础上，发现植物功能性状不能很好地预测生态系统功能（van der Plas et al.，2020），甚至是经典的群落叶片 N∶P 也难以准确预测自然群落生产力的空间变异（Zhang et al.，2022）。为了进一步推动相关研究，近期 He 等（2023）发展了基于植物群落功能性状二维特征（数量性状和效率性状）和生长季长度为核心的生态系统生产力预测框架（TBP）。在该框架中，它可以整合多个功能性状来预测生态系统生产力，而不是简单地依赖于所选择的特定功能性状（Liu et al.，2021）。然而，如何科学地将多个功能性状整合进入 TBP 框架，又无法回避多个功能性状间复杂的关系问题（He et al.，2020）。

通过整合中国区域典型生态系统的五种植物群落功能性状，研究人员期望借助 TBP 框架科学地预测年和月尺度的生态系统生产力空间变化。实验结果表明：TBP 可以很好地捕捉到年生产力和月生产力的空间变化，分别可以解释其变异度的 87%和 83%（图 15.7）；其中，植物群落性状在其中发挥了关键作用，解释了这些变量对年生产力空间变异作用的 69%（Yan et al.，2023）。首先，环境因子通过调节能量和资源可获得性来影响植物生长（Hilty et al.，2021；Monteith，1977），并调节植物不同器官间的碳分配（Hilty et al.，2021），从而影响生态系统生产力。其次，数量性状是单位面积上利用叶片生物量标准化的群落功能性状，一定程度上决定了生态系统对资源的利用能力。作为一种“综合性状”，它包含了生态系统分配给碳捕获组织的生物量信息（Enquist et al.，2007；Yang et al.，2018），是预测生产力时空变化的一个关键参数。相关研究结果与碳经济理论相一致，后者预测植物的相对生长速度是由分配给光合组织的生物量所决定的（Garnier，1991；Rubio et al.，2021）。

此外，效率性状反映了植物群落的内禀性资源利用效率（Garnier et al.，2004；Reich et al.，1997）。作为效率性状，“如何选择具体的功能性状的种类组成”是预测生态系统功能的关键（Liu et al.，2021）。最近在全球尺度上的一项研究表明，叶片大小与冠层特征（冠层高度、直径和树高）之间有很强的关系，反映了整个冠层总光合能力（Maynard et al.，2021）。然而，叶片氮浓度或叶片磷浓度作为一种效率性状，反映了单位面积或单位质量叶片的内禀光合速率，但由于缺乏其他群落背景信息，如叶片生物量或总叶面积，这些效率性状难以与生产力建立良好的因果关系（Rubio et al.，2021；Yang et al.，2018；Zhang et al.，2022）。正如研究人员先前所推测一样，只要考虑任一单位面积标准化数量性状，在预测生态系统生产力时“性状种类的选择效应”就不是非常重要，这为 TBP 后续的推广与应用奠定了重要理论基础。

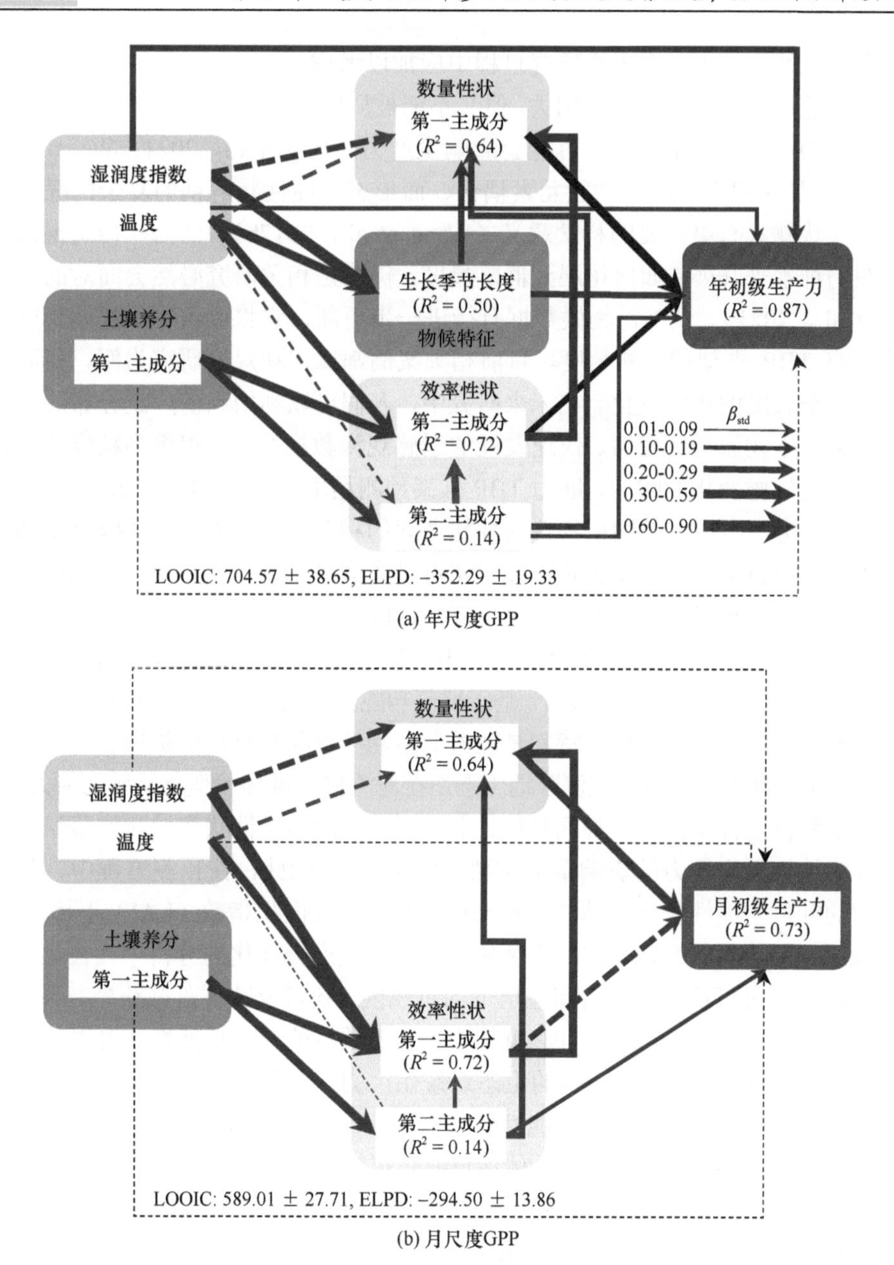

图 15.7　多种植物群落功能性状对生态系统总初级生产力（GPP）年尺度和月尺度变异的影响

15.5　TBP 模式的未来发展及其学科启示

未来需要整合更多的植物功能性状来解释和预测生态系统生产力时空变化特征，更好地约束和优化生态过程模型。值得注意的是，光照、温度、降水量、土壤养分等环境因子不仅直接影响生产力，还可能与其他植物功能性状相互作用而间接影响生产力。因此，科研人员可以使用结构方程模型等统计方法来探究这些间接效应，进一步完善 TBP 理论框架。此外，分类学、系统发育学和功能多样性等，也可能通过优化资源吸收效率来影响生态系统生产力，在未来研究过程中应加以考虑。

植物功能性状与生产力密切相关，但又不能被局限于叶片功能性状。根系功能性状，如细根营养物质或生物量分配，可能会影响生产力（Jing et al.，2021；Weemstra et al.，2016）；特别是在根系和叶片功能元素耦合、而形态功能性状解耦的复杂情况下，考虑根系功能性状就具有更重要的科学意义（Wang et al.，2017b）。然而，传统根系功能性状依然在物种水平开展，如何拓展到群落尺度，仍然是相关研究必然会面对的巨大挑战（Wang et al.，2021）。此外，物候数据有待进一步更新，它将以植物生长期长度这一关键参数影响 TBP 框架的预测精度。目前相关案例都以宏观尺度研究为例，科研人员基本忽略生长季长度的年际变化。在未来研究中，人们可以利用当前广泛分布的生态野外站获取的第一手物候观测资料、快速发展的遥感观测数据等，获得更高精度的植物生长季长度及其对气候变化的响应，助力 TBP 框架预测精度的提升（Oehri et al.，2017）。同时，人们必须进一步揭示不同植物群落性状之间的相互作用，为科学选取重要功能性状来预测生产力提供重要的科学依据。该方法可以集成到生态模型中，以取代植物功能类型。与传统的大叶和多层模型不同，这些模型直接从细胞和单个叶级特征扩大到预测在叶冠层发生的过程（Luo et al.，2018），而 TBP 在将植物群落功能性状与冠层或景观尺度过程相联系方面具有巨大优势。最后，基于群落功能性状的生产力框架可以用于在广泛的环境中预测叶片或冠层的过程，特别是随着群落功能性状数据集的扩展和遥感技术的进步，可能将革命性地提高我们预测陆地生态系统对不同尺度环境变化响应的能力。

鉴于植物群落性状由植物种间功能性状变异、种内功能性状变异和群落结构等共同决定，群落结构对生产力的影响至关重要（图 15.2）。因此，在预测方程中，基于群落加权平均的叶片功能性状乘以林分结构密度，必然与叶面积指数（LAI）正相关（Asner et al.，2003；Watson，1947）。在以往对各生态系统生产力变化的分析中往往集中在 LAI 上，因为 LAI 不仅可反映冠层内和冠层下的小气候，还可反映群落截获光、水和碳能力（Farquhar et al.，1980）。在新的 TBP 框架中，基于质量的叶片功能性状可以乘以叶质量指数（LMI）来预测单位土地面积的生态系统生产力。类似的逻辑，可以推广到其他植物器官的功能性状，如根系群落功能性状（Wang et al.，2021）。此外，种内变异也可以纳入到植物群落性状的推导中，在具体估算时可以考虑给特定物种个体赋予不同的功能性状特征值（Anderegg，2015），在大数据分析和机器学习等方法的协助下实现植物群落功能性状的动态化，可提高对生态系统生产力的预测精度和准度。

TBP 框架创新性地将群落水平的功能性状划分为两个维度，分别是数量性状和效率性状。数量性状与效率性状代表了聚集水平（aggregation level）的植物群落属性，并且前者常常被生态学研究者所忽视。具体而言，数量性状代表了单位土地面积上的绝对积累值；效率性状代表了单位叶面积或单位干物质含量里的相对值。通过数量性状、效率性状与生长季长度可以很好地预测初级生产力的时空变异。为了促进 TBP 理论的发展，研究人员应该采用规范功能性状测定方法并配套群落结构数据，以确保尺度上推的可靠性。与此同时，还应实时地获得数量性状，特别是通过遥感观测来获得相应的物候数据，即生长期长度（Bruelheide et al.，2018；Moreno-Martínez et al.，2018；Šímová et al.，2015）。TBP 框架不同于传统的大叶模型或分层模型使用生理层面的参数来进行模拟，可直接使用空间尺度匹配的群落功能性状参数来进行模拟，如代入模型的不仅有叶片氮含量以及单位土地面积的氮素总量（Amthor，1994；Farquhar et al.，1980；Rogers et al.，2017；Yan et al.，2022）。传统的研究已经将生理层面的生产力和植物个体水平的功能性状很好的建立了联系，非常有价值，值得我们思考和学习。然而，只有在纳入单位面积的群落数量性状后，人们才能更加准确地将尺度上推到生态系统水平模拟碳水通量，以及其他生态系统功能，实现对生态系统多功能（EMF）的科学预测。目前，科研人员可以通过快速评估叶片功能性状的群落加权平均值来获得越来越多的可用功能性状数据（Bruelheide et al.，2018；Moreno-Martínez et al.，2018；Šímová et al.，2015），并在高分遥感和激光雷达等技术助推下快速拓展到区域乃至全球尺度（He et al.，2019）。因此，在大量功能性状数据集的开放获取和遥感技术的迅猛发展的当下，综合关注群落功能性状的 TBP 框架，具有充分利用各种高新技术和各种多源数据的潜力，有望成为未来新一代生态过程模型 GPP 或 NPP 形成的内核，帮助我们更好地预测生态系统功能及其在全球变化和人为扰动情景下的变化规律。

15.6　小　　结

如何准确预测生态系统生产力，是生态学和地学等多个学科既传统而又至关重要的科学问题。在仔细分析传统大叶模式和多层模式优缺点的基础上，科研人员基于复杂系统跨越等级越高则预测精度则越难保证的科学逻辑，巧妙地引用了物理学经典的发动机功率输出模式、并结合了近期发展的植物群落功能性状二维特征，构建了基于植物群落功能性状预测生态系统生产力时空变化的 TBP 框架。TBP 为生态系统生产力预测提供了新的视角，将“生物量假说”背后的内涵进行延伸并运用在群落功能性状上。如本章大量篇幅所述，TBP 框架具有其内在的理论基础、可推广的技术途径，并且已经有多个实验案例的验证。虽然它仍属于一个新鲜事物，尚处于发展的初期阶段；但其对大量地面测试功能性状数据和遥感观测数据的包容性，使其可以充分利用各种高新技术和各种多源数据，实现其自身的进一步优化。总之，TBP 框架经过后续大量优化和改进后，将有可能作为生态系统生产力预测（甚至生态系统多功能预测）的新核心，推动新一代机理过程模型的开发与完善，从而给生态系统生态学、宏观生态、宏观地学、遥感科学等相关学科带来革新性冲击和新发展机遇。

参 考 文 献

何念鹏, 刘聪聪, 徐丽, 等. 2018a. 植物性状研究之机遇与挑战: 从器官到群落. 生态学报, 38(19): 6787-6796.

何念鹏, 刘聪聪, 徐丽, 等. 2020. 生态系统性状对宏生态研究的启示与挑战. 生态学报, 40(8): 2507-2522.

何念鹏, 张佳慧, 刘聪聪, 等. 2018b. 森林生态系统之性状的空间格局与影响因素: 基于中国东部样带整合分析. 生态学报, 38(18): 6359-6382.

于贵瑞, 何念鹏, 王秋凤, 等. 2013. 中国生态系统碳收支及其碳汇功能-理论基础与综合评估. 北京: 科学出版社.

Amthor J S. 1994. Scaling CO_2-photosynthesis relationships from the leaf to the canopy. Photosynthesis Research, 39: 321-350.

Anderegg W R. 2015. Spatial and temporal variation in plant hydraulic traits and their relevance for climate change impacts on vegetation. New Phytologist, 205: 1008-1014.

Aragão L, Malhi Y, Metcalfe D, et al. 2009. Above-and below-ground net primary productivity across ten Amazonian forests on contrasting soils. Biogeosciences, 6: 2759-2778.

Asner G P, Scurlock J M, Hicke J. 2003. Global synthesis of leaf area index observations: Implications for ecological and remote sensing studies. Global Ecology and Biogeography, 12: 191-205.

Bahar N H, Ishida F Y, Weerasinghe L K, et al. 2017. Leaf-level photosynthetic capacity in lowland Amazonian and high-elevation Andean tropical moist forests of Peru. New Phytologist, 214: 1002-1018.

Barry K E, Pinter G A, Strini J W, et al. 2021. A graphical null model for scaling biodiversity–ecosystem functioning relationships. Journal of Ecology, 109: 1549-1560.

Beer C, Reichstein M, Tomelleri E, et al. 2010. Terrestrial gross carbon dioxide uptake: Global distribution and covariation with climate. Science, 329: 834-838.

Brovkin V, Bendtsen J, Claussen M, et al. 2002. Carbon cycle, vegetation, and climate dynamics in the Holocene: Experiments with the CLIMBER-2 model. Global Biogeochemical Cycles, 16: 1139.

Bruelheide H, Dengler J, Purschke O, et al. 2018. Global trait-environment relationships of plant communities. Nature Ecology and Evolution, 2: 1906-1917.

Chapin F S. 2003. Effects of plant traits on ecosystem and regional processes: a conceptual framework for predicting the consequences of global change. Annals of Botany, 91: 455-463.

Clark D A, Brown S, Kicklighter DW, et al. 2001. Net primary production in tropical forests: An evaluation and synthesis of existing field data. Ecological Applications, 11: 371-384.

Cramer W, Bondeau A, Woodward F I, et al. 2001. Global response of terrestrial ecosystem structure and function to CO_2 and climate change: Results from six dynamic global vegetation models. Global Change Biology, 7: 357-373.

Croft H, Chen J M, Luo X, et al. 2017. Leaf chlorophyll content as a proxy for leaf photosynthetic capacity. Global Change Biology, 23: 3513-3524.

Dermody O, Long S P, McConnaughay K, et al. 2008. How do elevated CO_2 and O_3 affect the interception and utilization of radiation by a soybean canopy? Global Change Biology, 14: 556-564.

Dong N, Prentice I C, Evans B J, et al. 2017. Leaf nitrogen from first principles: Field evidence for adaptive variation with climate. Biogeosciences, 14: 481-495.

Enquist B J, Kerkhoff A J, Stark S C, et al. 2007. A general integrative model for scaling plant growth, carbon flux, and functional trait spectra. Nature, 449: 218-222.

Enquist B J, Norberg J, Bonser S P, et al. 2015. Chapter nine-scaling from traits to ecosystems: Developing a general trait driver theory via integrating trait-based and metabolic scaling theories. In: Pawar S, Woodward G, Dell A I. Advances in Ecological Research. New York: Academic Press.

Esser G, Lautenschlager M. 1994. Estimating the change of carbon in the terrestrial biosphere from 18000 BP to present using a carbon cycle model. Environmental Pollution, 83: 45-53.

Falge E, Baldocchi D, Tenhunen J, et al. 2002. Seasonality of ecosystem respiration and gross primary production as derived from FLUXNET measurements. Agricultural and Forest Meteorology, 113: 53-74.

Fang J, Lutz J A, Wang L, et al. 2020. Using climate-driven leaf phenology and growth to improve predictions of gross primary productivity in North American forests. Global Change Biology, 26: 6974-6988.

Farquhar G D. 1989. Models of integrated photosynthesis of cells and leaves. Philosophical Transactions of the Royal Society of Biological Sciences, 323: 357-367.

Farquhar G D, von Caemmerer S, Berry J A. 1980. A biochemical model of photosynthetic CO_2 assimilation in leaves of C_3 species. Planta, 149: 78-90.

Feng X, Uriarte M, González G, et al. 2018. Improving predictions of tropical forest response to climate change through integration of field studies and ecosystem modeling. Global Change Biology, 24: 213-232.

Fortunel C, Lasky J R, Uriarte M, et al. 2018. Topography and neighborhood crowding can interact to shape species growth and distribution in a diverse Amazonian forest. Ecology, 99: 2272-2283.

Fyllas N M, Bentley L P, Shenkin A, et al. 2017. Solar radiation and functional traits explain the decline of forest primary productivity along a tropical elevation gradient. Ecology Letters, 20: 730-740.
Garnier E. 1991. Resource capture, biomass allocation and growth in herbaceous plants. Trends in Ecology and Evolution, 6: 126-131.
Garnier E, Cortez J, Billes G, et al. 2004. Plant functional markers capture ecosystem properties during secondary succession. Ecology, 85: 2630-2637.
Garnier E, Navas M L, Grigulis K. 2016. Plant Functional Diversity: Organism Traits, Community Structure, and Ecosystem Properties. Oxford: Oxford University Press.
Ghimire B, Riley W J, Koven C D, et al. 2017. A global trait-based approach to estimate leaf nitrogen functional allocation from observations. Ecological applications, 27: 1421-1434.
Gu L, Post W M, Baldocchi D D, et al. 2009. Characterizing the Seasonal Dynamics of Plant Community Photosynthesis Across a Range of Vegetation Types, Phenology of Ecosystem Processes. Berlin: Springer.
Han W X, Fang J Y, Reich P B, et al. 2011. Biogeography and variability of eleven mineral elements in plant leaves across gradients of climate, soil and plant functional type in China. Ecology Letters, 14: 788-796.
He J S, Wang Z H, Wang X, et al. 2006. A test of the generality of leaf trait relationships on the Tibetan Plateau. New Phytologist, 170: 835-848.
He N P, Li Y, Liu C C, et al. 2020. Plant trait networks: improved resolution of the dimensionality of adaptation. Trends in Ecology and Evolution, 35: 908-918.
He N P, Liu C C, Piao S L, et al. 2019. Ecosystem traits linking functional traits to macroecology. Trends in Ecology and Evolution, 34: 200-210.
He N P, Liu C C, Tian M, et al. 2018. Variation in leaf anatomical traits from tropical to cold-temperate forests and linkage to ecosystem functions. Functional Ecology, 32: 10-19.
He N P, Yan P, Liu C C, et al. 2023. Predicting ecosystem productivity based on plant community traits. Trends in Plant Science, 28: 43-53.
Hilty J, Muller B, Pantin F, et al. 2021. Plant growth: the What, the How, and the Why. New Phytologist, 232: 25-41.
Huang M, Piao S L, Ciais P, et al. 2019. Air temperature optima of vegetation productivity across global biomes. Nature Ecology and Evolution, 3: 772-779.
Jenkins J, Richardson A D, Braswell B, et al. 2007. Refining light-use efficiency calculations for a deciduous forest canopy using simultaneous tower-based carbon flux and radiometric measurements. Agricultural and Forest Meteorology, 143: 64-79.
Jing X, Muys B, Bruelheide H, et al. 2021. Above-and belowground complementarity rather than selection drives tree diversity-productivity relationships in European forests. Functional Ecology, 35: 1756-1767.
LeBauer D S, Treseder K K. 2008. Nitrogen limitation of net primary productivity in terrestrial ecosystems is globally distributed. Ecology, 89: 371-379.
Lee J E, Frankenberg C, van der Tol C, et al. 2013. Forest productivity and water stress in Amazonia: Observations from GOSAT chlorophyll fluorescence. Proceedings of the Royal Society B: Biological Sciences, 280: 20130171.
Li Y, Reich P B, Schmid B, et al. 2020. Leaf size of woody dicots predicts ecosystem primary productivity. Ecology Letters, 23: 1003-1013.
Lieth H. 1975. Modeling the primary productivity of the world. In: Lieth H, Whittaker R H. Primary Productivity of the Biosphere. New York: Springer.
Liu CC, Li Y, Yan P, et al. 2021. How to improve the predictions of plant functional traits on ecosystem functioning? Frontiers in Plant Science, 12: 622260.
Lohbeck M, Poorter L, Martinez-Ramos M, et al. 2015. Biomass is the main driver of changes in ecosystem process rates during tropical forest succession. Ecology, 96: 1242-1252.
Luo X, Chen J M, Liu J, et al. 2018. Comparison of big-leaf, two-big-leaf, and two-leaf upscaling schemes for evapotranspiration estimation using coupled carbon-water modeling. Journal of Geophysical Research: Biogeosciences, 123: 207-225.
Luyssaert S, Inglima I, Jung M, et al. 2007. CO_2 balance of boreal, temperate, and tropical forests derived

from a global database. Global Change Biology, 13: 2509-2537.
Malhi Y, Girardin C A J, Goldsmith G R, et al. 2017. The variation of productivity and its allocation along a tropical elevation gradient: a whole carbon budget perspective. New Phytologist, 214: 1019-1032.
Maynard D S, Bialic-Murphy L, Zohner C M, et al. 2021. Global trade-offs in tree functional traits. BioRxiv, e458157.
McGill B J. 2019. The what, how and why of doing macroecology. Global Ecology and Biogeography, 28: 6-17.
Michaletz S T. 2018. Evaluating the kinetic basis of plant growth from organs to ecosystems. New Phytologist, 219: 37-44.
Michaletz S T, Cheng D, Kerkhoff A J, et al. 2014. Convergence of terrestrial plant production across global climate gradients. Nature, 512: 39-43.
Migliavacca M, Musavi T, Mahecha M D, et al. 2021. The three major axes of terrestrial ecosystem function. Nature, 598: 468-472.
Monteith J L. 1972. Solar radiation and productivity in tropical ecosystems. Journal of Applied Ecology, 9: 747-766.
Monteith J L. 1977. Climate and the efficiency of crop production in Britain. Philosophical Transactions of the Royal Society B: Biological Sciences, 281: 277-294.
Moore S, Adu-Bredu S, Duah-Gyamfi A, et al. 2018. Forest biomass, productivity and carbon cycling along a rainfall gradient in West Africa. Global Change Biology, 24: 496-510.
Moreno-Martínez Á, Camps-Valls G, Kattge J, et al. 2018. A methodology to derive global maps of leaf traits using remote sensing and climate data. Remote Sensing of Environment, 218: 69-88.
Oehri J, Schmid B, Schaepman-Strub G, et al. 2017. Biodiversity promotes primary productivity and growing season lengthening at the landscape scale. Proceedings of the National Academy of Sciences of USA, 114: 10160-10165.
Peng Y, Bloomfield K J, Prentice I C. 2020. A theory of plant function helps to explain leaf-trait and productivity responses to elevation. New Phytologist, 226: 1274-1284.
Prado J J A, Schiavini I, Vale V S, et al. 2016. Conservative species drive biomass productivity in tropical dry forests. Journal of Ecology, 104: 817-827.
Quesada C, Lloyd J, Schwarz M, et al. 2009. Regional and large-scale patterns in Amazon forest structure and function are mediated by variations in soil physical and chemical properties. Biogeosciences Discussion, 6: 3993-4057.
Reich P B. 2012. Key canopy traits drive forest productivity. Proceedings of the Royal Society B: Biological Sciences, 279: 2128-2134.
Reich P B, Walters M B, Ellsworth D S. 1997. From tropics to tundra: Global convergence in plant functioning. Proceedings of the National Academy of Sciences of USA, 94: 13730-13734.
Rogers A, Medlyn B E, Dukes J S, et al. 2017. A roadmap for improving the representation of photosynthesis in Earth system models. New Phytologist, 213: 22-42.
Rosenzweig M L. 1968. Net primary productivity of terrestrial communities: Prediction from climatological data. The American Naturalist, 102: 67-74.
Rubio V E, Zambrano J, Iida Y, et al. 2021. Improving predictions of tropical tree survival and growth by incorporating measurements of whole leaf allocation. Journal of Ecology, 109: 1331-1343.
Ruimy A, Kergoat L, Bondeau A, et al. 1999. Comparing global models of terrestrial net primary productivity (NPP): Analysis of differences in light absorption and light-use efficiency. Global Change Biology, 5: 56-64.
Running S W, Nemani R R, Heinsch F A, et al. 2004. A continuous satellite-derived measure of global terrestrial primary production. Bioscience, 54: 547-560.
Sánchez-Azofeifa G A, Castro K, Wright S J, et al. 2009. Differences in leaf traits, leaf internal structure, and spectral reflectance between two communities of lianas and trees: Implications for remote sensing in tropical environments. Remote Sensing of Environment, 113: 2076-2088.
Šímová I, Sandel B, Enquist B J, et al. 2019. The relationship of woody plant size and leaf nutrient content to

large-scale productivity for forests across the Americas. Journal of Ecology, 107: 2278-2290.
Šímová I, Storch D. 2017. The enigma of terrestrial primary productivity: Measurements, models, scales and the diversity–productivity relationship. Ecography, 40: 239-252.
Šímová I, Violle C, Kraft N J, et al. 2015. Shifts in trait means and variances in North American tree assemblages: Species richness patterns are loosely related to the functional space. Ecography, 38: 649-658.
Smith N G, Keenan T F, Colin Prentice I, et al. 2019. Global photosynthetic capacity is optimized to the environment. Ecology Letters, 22: 506-517.
Thornthwaite C W. 1948. An approach toward a rational classification of climate. Geographical Review, 38: 55-94.
van der Plas F, Schröder-Georgi T, Weigelt A, et al. 2020. Plant traits alone are poor predictors of ecosystem properties and long-term ecosystem functioning. Nature Ecology and Evolution, 4: 1602-1611.
Violle C, Navas M, Vile D, et al. 2007. Let the concept of trait be functional. Oikos, 116: 882-892.
Violle C, Reich P B, Pacala S W, et al. 2014. The emergence and promise of functional biogeography. Proceedings of the National Academy of Sciences, 111: 13690.
Wang H, Prentice I C, Keenan T F, et al. 2017a. Towards a universal model for carbon dioxide uptake by plants. Nature Plants, 3: 734-741.
Wang R L, Wang Q F, Zhao N, et al. 2017b. Complex trait relationships between leaves and absorptive roots: Coordination in tissue N concentration but divergence in morphology. Ecology and Evolution, 7: 2697-2705.
Wang R L, Yu G R, He N P. 2021. Root community traits: Scaling-up and incorporating roots into ecosystem functional analyses. Frontier in Plant Science, 12: 690235.
Wang Y, Mysak L A, Roulet N T. 2005. Holocene climate and carbon cycle dynamics: Experiments with the “green” McGill Paleoclimate Model. Global Biogeochemical Cycles, 19: GB3022.
Watson D J. 1947. Comparative physiological studies on the growth of field crops: I. Variation in net assimilation rate and leaf area between species and varieties, and within and between years. Annals of Botany, 11: 41-76.
Watson D J. 1952. The physiological basis of variation in yield. Advances in Agronomy, 4: 101-145.
Weemstra M, Mommer L, Visser E J, et al. 2016. Towards a multidimensional root trait framework: A tree root review. New Phytologist, 211: 1159-1169.
Wieder W R, Cleveland C C, Lawrence D M, et al. 2015. Effects of model structural uncertainty on carbon cycle projections: Biological nitrogen fixation as a case study. Environmental Research Letters, 10: 044016.
Yan P, He N P, Yu K L, et al. 2023. Integrating multiple traits to predict ecosystem productivity. Communications Biology, Revised, 6: 239.
Yan P, Li M X, Yu G R, et al. 2022. Plant community traits associated with nitrogen can predict spatial variability in productivity. Ecological Indicators, 140: 109001.
Yang J, Cao M, Swenson N G. 2018. Why functional traits do not predict tree demographic rates. Trends in Ecology and Evolution, 33: 326-336.
Yuan Z Y, Chen H Y H. 2009. Global trends in senesced-leaf nitrogen and phosphorus. Global Ecology and Biogeography, 18: 532-542.
Zhang J H, Hedin L O, Li M X, et al. 2022. Leaf N∶P ratio does not predict productivity trends across natural terrestrial ecosystems. Ecology, 103: e3789.
Zhang Y, He N P, Li M X, et al. 2021a. Community chlorophyll quantity determines the spatial variation of grassland productivity. Science of The Total Environment, 801: 149567.
Zhang Y, Migliavacca M, Penuelas J, et al. 2021b. Advances in hyperspectral remote sensing of vegetation traits and functions. Remote Sensing of Environment, 252: 112121.
Zhao M, Heinsch F A, Nemani R R, et al. 2005. Improvements of the MODIS terrestrial gross and net primary production global data set. Remote Sensing of Environment, 95: 164-176.
Zhao M, Running S W. 2010. Drought-induced reduction in global terrestrial net primary production from 2000 through 2009. Science, 329: 940-943.

第16章　根系群落功能性状空间变异及其对生产力的调控机制

摘要：根系是植物地下部分的重要器官，除了提供物理支撑外，其主要功能是从土壤中吸收植物生长所需要的矿物质资源，尤其是氮、磷和水分等。根系中一系列与形态、结构和生理生化功能相关的性状，不但决定着植物对资源的吸收策略，还影响到植物从个体到生态系统水平上的诸多过程和功能。近年来，根系功能性状的变异规律及其在植物生长、群落构建和生态系统功能中的作用逐渐受到人们重视，并成为研究热点。然而，受传统的植物功能性状概念体系及测定技术和方法的限制，相关研究长期被局限于器官、个体和种群水平。人们常常被一些非常基础的科学问题所困惑，如"这个植物群落到底有多少细根？细根功能性状真的与生态系统水平的功能相关吗？个体水平细根功能性状与植物功能关系能适用于群落水平吗？"虽然很多科学家在功能性状的尺度扩展方面进行了大量的探索，但目前的扩展方法仍然未能很好地解决功能性状与生态系统功能之间量纲不匹配的问题，这导致两者间定量关系缺乏生理生态学理论机制。因此，迫切需要采用更为合理的扩展方法利用器官或个体水平根系群落功能性状来构建群落水平根系功能性状，并探讨其与生态系统功能的关系。最近，研究人员发展了根系群落功能性状的概念体系和测定方法，为构建根系群落功能性状与生态系统功能之间的关联机制提供了新的思路。本章重点介绍了根系群落功能性状产生的历史背景、理论基础和科学需要，在此基础上，详细介绍了根系群落功能性状的定义和内涵、推导方法及指标体系。以内蒙古高原、黄土高原、青藏高原的三条对比型草地样带为例提供了研究案例，揭示了根系功能性状空间变异规律、调控机制及其对区域草地生产力空间变异的预测能力。根系群落功能性状解决了个体根系研究中的尺度无法扩展的问题，为根系群落融入生态系统功能分析中提供了可能的途径。然而，作为一种新生事物，它在方法学和数据源等方面还存在诸多问题与挑战。未来，我们期待发展更先进的技术，能够采用非破坏的方法来丰富根系群落功能性状的指标体系和数据源，并综合考虑植物群落功能性状的二维特征来提高对生态系统功能的预测能力，从而更好地服务于区域生态环境问题的解决。

植物功能性状能够客观反映植物对环境变化的响应及适应策略并直接参与生态系统过程，影响生态系统结构与功能（Lavorel and Garnier，2002；Violle et al.，2007）。因此，定量分析植物功能性状并揭示生态系统结构和功能，进而探讨其对全球变化的响应是生态学近年来的研究热点。利用植物功能性状来预测生态过程和功能被认为是生态学研究中的“圣杯”（the Holy Grail）（Lavorel and Garnier，2002；van der Plas et al.，2020），越来越多的功能性状被用来发展机理过程模型，提升对干扰响应的预测能力，揭示在快速变化的世界中植物群落如何影响生态系统功能和服务。然而，当前大多数研究仍然是以地上叶片功能性状为对象（何念鹏等，2018；Liu et al.，2021a；He et al.，2022），而根系功能性状如何影响或驱动生态系统功能却很少被模型所考虑（Warren et al.，2015；Iversen et al.，2017；McCormack et al.，2017；van der Plas et al.，2020）。

在器官或物种水平上，植物能够通过改变细根构型及细根结构性状来优化细根生理性状，从而调整根系养分获取速率来应对变化的环境，这最终会对群落的物种组成及生态系统的养分循环过程产生重要影响（Bardgett et al.，2014；Freschet et al.，2021）。因此，将根系功能性状纳入到功能性状–生态系统功能框架中对于解释生态系统功能时空变异、提高模型预测能力至关重要。然而，尽管根系功能性状对生态系统功能的重要性日益受到人们重视，但如何将这些器官水平测定的根系功能性状进行尺度扩展，并融入生态系统功能分析和模型预测中，仍是科学家面临的难题。目前，围绕根系功能性状从器官到群落的尺度拓展，参考叶片功能性状科研人员提出了多种方法，如简单平均值法和物种群落加权平均法，但这些方法无一例外无法突破功能性状和功能的量纲不匹配这一缺陷；更为重要的是，如何获取群落内所有物种的根系功能性状参数或总量等关键转换参数，更具挑战性（Wang et al.，2021）。最近的研究表明，综合考虑植物群落功能性状的二维特征，即表征单位面积之植物群落功能性状的效率性状和表征单位面积之植物群落功能性状的数量性状，能够更好地解释生态系统功能的时空变异性（He et al.，2023）。一些叶片的数量性状，如叶片氮、叶绿素和气孔数量，被发现比群落加权平均值（效率性状）对环境变化的响应更强烈，且更能解释生态系统生产力空间变异（Wang et al.，2015；Zhang et al.，2021；Yan et al.，2022）。然而，根系群落的数量性状如何变化及其对生态系统功能的作用仍不得而知。最近，研究人员提出了根系群落功能性状（root community trait）的概念和取样方法（Wang et al.，2021），为量化根系数量性状的变异规律及解释生态系统过程和功能变化提供了新视角。

本章在简单总结植物根系功能性状在器官和个体水平的研究进展的基础上，重点阐述了根系群落功能性状的理论基础、定义和指标体系，并以中国北方青藏高原、黄土高原和蒙古高原草地生态系统为例，揭示了根系群落功能性状空间变异规律及其与生产力的关系，以期推动根系群落功能性状这一概念的发展和应用。

16.1　植物根系功能性状在器官和个体水平的研究进展

根系功能性状的研究历史非常悠久，最初主要是在农业上进行，旨在获得更高的农作物产量并为筛选优质的农作物品种提供科学依据（Lynch，2007）。20 世纪 90 年代以来，伴随着全球生态学研究的兴起，根系功能性状研究作为生物学、地学和环境科学交叉纽带的特征逐渐凸显，成为相关领域的研究热点。尤其是进入 21 世纪后，根系生态学得到了迅猛发展。根系功能性状在植物养分利用策略、物种共存机制、生态系统过程和功能中的作用逐渐被发掘（Eissenstat，1992；Westoby and Wright，2006；Lambers et al.，2008；Freschet et al.，2021）。科学家们发现直径<2 mm 的细根是植物根系从土壤中吸收养分和水分的主要部位，且具有较快的生长速率和周转速率。相对于粗根而言，细根在整个生态系统过程维持和功能优化中具有更重要的意义。随着研究的深入，越来越多研究发现细根中不同的根序间也存在内部结构组成和功能的异质性（Pregitzer et al.，2002；Guo et al.，2008）。随后，“根序法”和“功能划分法”分别被提出，它们将≤2 mm 细根分为两个功能模块：1～2 或 3 级根为吸收根，3 级及以上的高级根为运输根（McCormack et al.，2015）[图 16.1（a）]。细根概念和测定方法的不断完善，为准确刻画不同功能模块的根系系统提供了有效的方法，加快了根系生态学的发展。

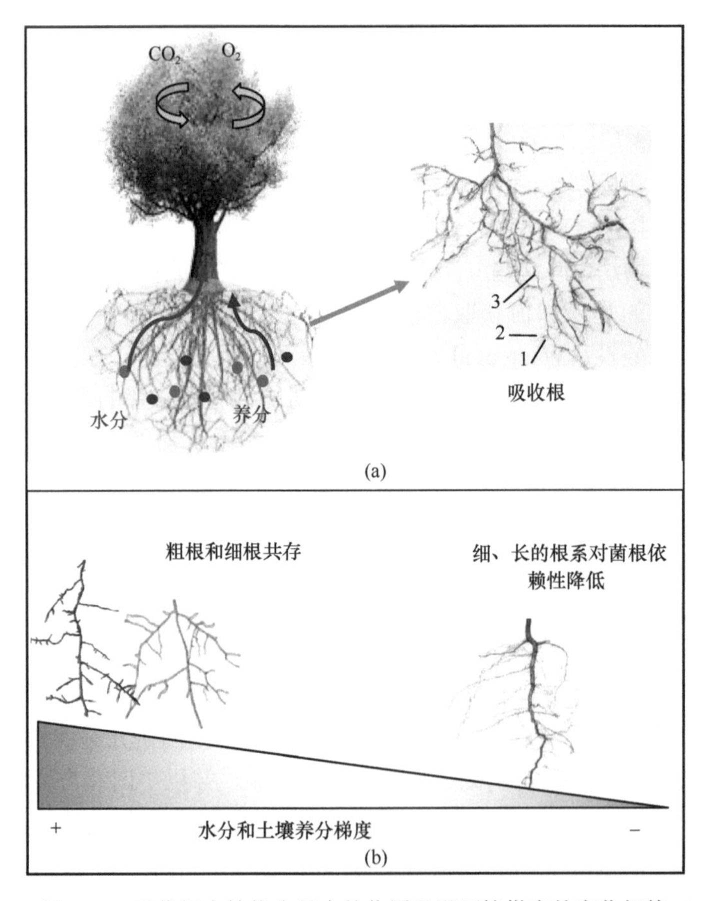

图 16.1　吸收根在植物生长中的作用及沿环境梯度的变化规律

物种水平的研究结果表明，植物主要通过细根构型及细根结构性状的改变，如根直径、比根长、根寿命以及菌根侵染率等，来优化细根养分获取能力（Bardgett et al.，2014；Iversen et al.，2017）。具体来讲，资源丰富地区粗根和细根植物并存，而干旱和贫瘠地区多为细根植物（Chen et al.，2013；Ma et al.，2018）。细根较粗的植物常增加菌根侵染率和菌丝密度，更好地实现水分和养分获取；而细根较细的植物则主要通过增加细根分支和比根长，来优化水分和养分的获取［图 16.1（b）］。Ma 等（2018）通过分析全球一级根系功能性状数据，发现从热带雨林到荒漠植物吸收根直径整体在变细，对共生真菌依赖性降低；植物单位碳投资所获取养分的效率得以优化，增强了植物物种对环境的适应与存活能力。总之，在长达 4 亿年的植物进化过程中，地下吸收根朝更加高效、独立的方向进化，为物种开拓新的栖息地发挥了重要作用。

根系具有支撑、水分获取和养分获取等多种功能（Freschet et al.，2021），这些功能的实现依赖于各种根系功能性状自身演化和多种功能性状协同［图 16.1（a）］。然而，由于野外取样和测定难度较大，目前植物功能性状–功能研究大多聚焦在叶片或地上器官，如叶片氮含量与光合速率的关系、叶片比叶面积与光合速率的关系、叶片叶绿素含量与光合速率的关系（Reich et al.，1999；Wright et al.，2004；Croft et al.，2017）。有关细根功能性状–功能关系的研究仍然存在较多争议。例如，一些研究中发现吸收根系氮含量与植物养分获取、呼吸代谢能力正相关，与根寿命负相关（Reich et al.，2008；Roumet et al.，2016），但这种正相关关系并不如叶片中那么紧密，甚至在一些研究中出现了解耦现象。最近 Weemstra 等（2021）利用美国密歇根州的温带森林长期观测数据，发现描述树木生长的两个最佳模型虽然都包括比叶面积、根直径以及土壤碳或氮含量等因子，但叶片和根系功能性状并未按照植物经济学谱预测的那样协同作用于树木生长。总之，与地上叶片相比，根系功能性状–功能之间的关系要复杂得多，这也增加了将根系功能性状融入生态系统功能研究的难度。

16.2　根系功能性状从器官到群落的迫切需求与理论基础

尽管根系功能性状研究已取得了极大进步，然而受传统的植物功能性状概念及测定技术和方法的限制，相关研究长期被局限于器官、个体和物种水平上，尤其是群落内的优势物种或个别模式物种或农作物（Lynch，2007；Ma et al.，2018；Kong et al.，2019）。当前，高速发展的宏观生态研究中发展最快的新研究技术都定位于生态系统或区域尺度，如遥感观测技术、通量观测技术、模型模拟技术等；因此，如何更高效合理地利用或“拥抱”这些高新技术是一个生态学研究非常棘手但又值得期待的问题（He et al.，2019；何念鹏等，2020）。然而，大多数研究限制在器官或物种水平的研究现状，极大地影响了根系功能性状在生态系统的模型参数化中的应用，使目前模拟全球变化下的植被动态、碳氮循环存在很大的不确定性（Wang et al.，2021）。如何建立植物单个根系水平测定的功能性状与生态系统功能的理论联系，并将根系功能性状参数整合到生态过程模型并与遥感相结合，是科学家们一直试图解决的重要科学问题，也是一个巨大的挑战（McCormack et al.，2017；Freschet et al.，2021）。理论上，只有将不同尺度的功能性状与功能之间的关系量化，人们才能构建模型并进而与宏观生态的测量技术相结合（图 16.2）。

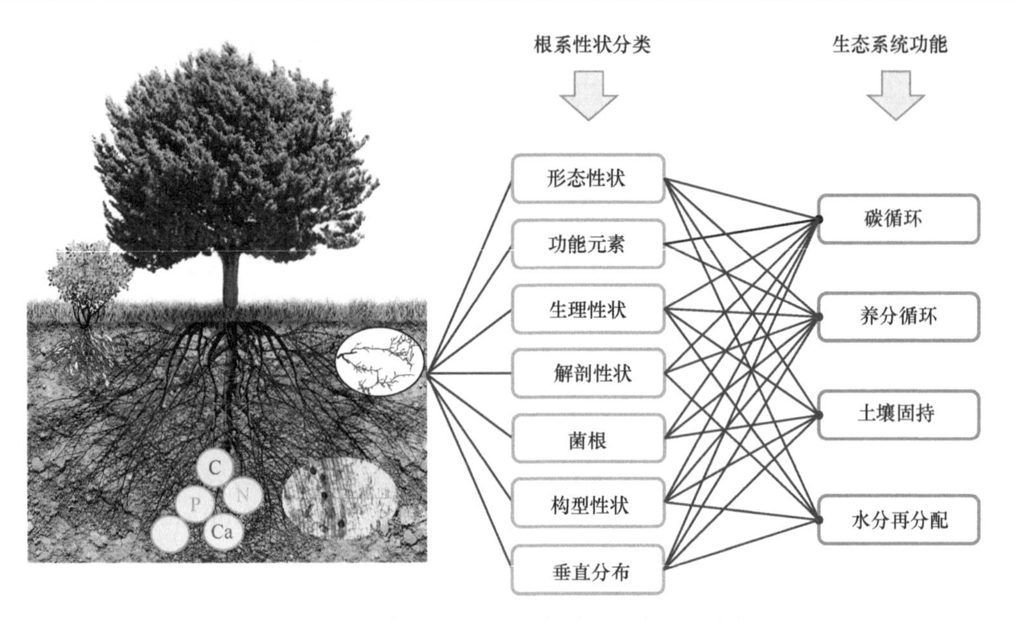

图 16.2　根系功能性状与生态系统多功能的联系

在实际操作过程中，已有科学家从功能性状平均值的尺度扩展方面进行了探索（图 16.3 和表 16.1）。其中，较为常用的方法是平均值法，即用群落内优势物种的功能性状值、群落内所有物种的均值（Simova et al.，2019）或以物种优势度（或多度）为权重进行加权平均来代表植物群落的功能性状值（Garnier and Navas，2012），并试图构建器官或个体水平测量数据与生态系统功能相连。该方法简单、易于操作，便于在大范围收集数据，使得区域或全球尺度的整合分析成为现实（表 16.1），因而被研究人员广泛用来

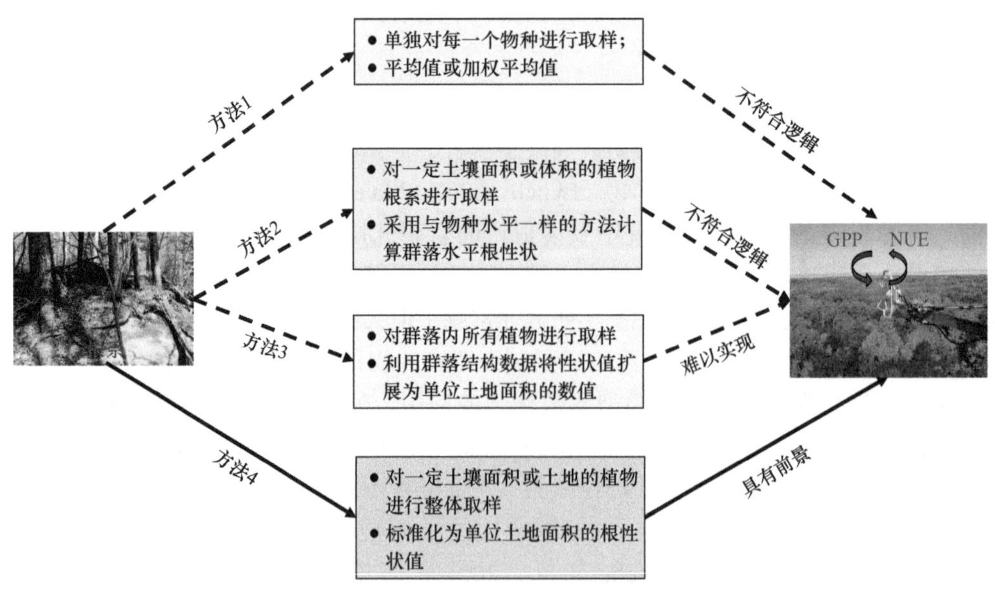

图 16.3　不同方法计算群落水平的根系功能性状

方法 1：平均值法；方法 2：合并物种取样法；方法 3：群落结构数据转化法；方法 4：整体取样测定法

表 16.1　四种不同的估算群落水平根系功能性状的方法对比

名称	尺度扩展方法	优点	缺点
方法 1 物种平均值	用群落内优势种的根系功能性状值、或所有物种的功能性状加权平均值，未进行单位土地面积的转化	■ 简单、易于操作 ■ 易于在全球范围内收集数据 ■ 可以进行大尺度的整合分析	● 忽略了自然群落的复杂性 ● 假设物种对生态系统功能的作用与多度成比例 ● 与生态系统功能的单位或量纲不匹配
方法 2 物种合并法	对特定范围全部植物根系取样，采取与物种水平一致的方法计算群落根系性状，未进行单位土地面积的转化	■ 不需要估算每个物种根系的多度	● 忽略了自然群落的复杂性 ● 与生态系统功能的单位或量纲不匹配
方法 3 群落结构数据转化法	对群落内所有物种的功能性状进行取样，利用群落结构数据将功能性状标准化到单位土地面积上的值	■ 实现了与生态系统功能单位或量纲匹配 ■ 将传统的器官尺度推导到了群落尺度 ■ 能与宏观生态系统技术相匹配	● 需要系统性的配套数据，如群落结构、异速生长方程等 ● 根系功能性状的关键转化参数难以获得 ● 费时费力
方法 4 整体取样测定法	利用大型根钻或挖掘法，对一定面积地下根系进行整体取样，直接获得单位土地面积标准化的根系功能性状参数	■ 直接获得根系群落功能性状参数 ■ 与生态系统功能单位或量纲匹配 ■ 与宏观生态技术相匹配	● 破坏性取样 ● 费时费力

反映植物群落构建或解释部分生态系统功能的变异规律（Suding et al.，2008；Anderegg et al.，2019）。然而，一些研究发现，植物功能性状和生态系统功能之间的关系存在环境背景依赖性，且在不同生态系统中存在差异。例如，van der Plas 等（2020）基于全球 78 个草地 10 年监测数据，利用 41 个植物功能性状的加权平均值和功能多样性指数来预测多个生态系统功能，结果发现这些功能性状只能解释同一年内的生态系统功能变异的 32.6%，对不同年份间生态系统功能变异的解释度更低。这些研究表明，在使用平均值法来代替群落功能性状并与生态系统构建联系时存在不足和缺陷。首先，自然群落的结构和组成非常复杂，平均值法只是将“物种水平简单平均=群落”，未充分考虑天然群落物种组成与群落结构的复杂性。即使经过群落结构加权，主要反映了在一定环境条件下群落内物种的平均（或最优）行为，而不是整个群落或生态系统的状态（Laughlin et al.，2018）。

此外，群落加权平均值是依据“质量比率假说”计算的，假设物种对生态系统功能的作用与多度（或优势度）成比例，但有许多原因导致这一方法可能仅仅解释植物群落或生态系统的部分功能（Freschet et al.，2021），这包括：①多度效应，包括竞争、互补和互利，会增加单个物种对生态系统功能的效应；②一些附属种可能会对生态系统功能产生与其多度不成比例的作用；③多个营养级之间的交互作用能驱动植物群落和生态系统功能；④功能性状的相对重要性随着环境变化；⑤生态系统组成和功能从小尺度到大尺度的异质性能在不同尺度上保持高的生态系统功能；⑥生物和非生物成分之间的反馈，对于生态系统功能和稳定性至关重要，但只考虑生物成分时无法体现。尤为重要的是，在计算群落加权平均值时，需要知道群落每个物种的多度或相对优势度。然而，在野外条件下，确定每个物种根系的多度或生物量是非常困难的，甚至不具有可操作性。在具体研究时人们通常采用地上部分的数据来代替地下部分，假设每个物种地下根系在群落中的多度或优势度与地上部分相同。然而，这一假设具有很大的不确定性；尤其是在草地和荒漠生态系统中，植物会分配更多生物量到地下器官（Ottaviani et al.，2020）。最后，量纲上不匹配使得功能性状均值与生态系统功能缺乏生理生态学的理论机制，进而导致两者的解耦。例如，NPP是单位土地面积上单位时间内植物所积累的有机物质总量［g/（m^2·a）］，但平均值法计算得到的群落水平根系功能性状单位和个体或物种水平测定的功能性状值一样，如比根长的单位仍为m^2/kg，无法直接反映单位土地面积的根系长度。

合并取样法（pooled species approach）是另外一种被用来估算群落水平根系功能性状的方法（Klumpp and Soussana，2009；Prieto et al.，2016）。通过对一定土壤面积或体积内将全部植物的根系进行取样，利用测定数据直接得到群落水平的根系功能性状值（Klumpp and Soussana，2009；Prieto et al.，2016）。与平均值法相比，合并取样法相对省力，避免了根系多度估计过程中出现误差以及根系物种识别的困难。因此，这种方法一定程度上有助于分析群落水平根系功能性状与生态系统功能关系的时空变异性，尤其是在那些具有大量优势物种的生态系统中（Freschet et al.，2021）。然而，与平均值法类似，合并物种取样法仍没解决与生态系统功能量纲不匹配的问题。因此，需要一种全新的、能反映单位土地面积的根系群落功能性状，且能在不同时间和空间尺度上量化根系群落结构。

最近，研究人员发展了以群落功能性状为基础的生态系统功能性状新概念体系，将群落功能性状定义为单位土地面积的能体现生物（如植物、动物、微生物）对环境适应、繁衍和生产力优化的任何可量度的功能性状，以强度或密度形式呈现（He et al.，2019）。利用群落结构数据，以器官质量或面积作为中间变量，可以将在器官或个体上测定的植物功能性状标准化为单位土地面积上的群落性状。基于植物群落功能性状概念，科研人员进一步发展了植物群落功能性状的二维特征新观点。具体来说，表征单位面积之植物群落功能性状的密度参数，它通常对应了内禀性的生长效率，简称效率性状（efficiency trait）；表征单位面积之植物群落功能性状的强度参数，它通常对应了单位面积功能性状的数量，简称数量性状（quantity trait）。在这一理论基础上，研究人员可以将个体或物种水平的植物功能性状与背景信息相结合，形成解释生态系统生产力时空变异性的二维植物群落功能性状，从而构建基于植物群落功能性状预测生态系统功能的新框架（Zhang et al.，2021；He et al.，2023；Yan et al.，2022）。与平均值法相比，以此方法计算得到的叶片数量性状，如单位土地面积的气孔数量、叶绿素含量、叶片氮强度等，对环境变化具有较强的响应能力，且综合考虑效率性状和数量性状可很好地预测生态系统生产力的时空动态（Wang et al.，2015；Zhang et al.，2021；Yan et al.，2022）。但与叶片不同，人们获得总的根系生物量或根系面积这些基本参数的难度非常大且存在较大误差，使得通过累计求和的方法计算群落内的根系数量性状难以实现。因此，如何量化单位土地面积的植物根系数量性状是科学家们亟待解决的难题。

16.3 根系群落功能性状的定义与内涵

基于上述综合考虑，Wang 等（2021）提出利用大根钻法或挖掘法（简称整体取样测定法），它通过对一定土壤深度的地下根系群落进行破坏性的整体取样，从而获得单位土地面积的根系数量性状和根系效率性状，并定义为根系群落功能性状（图 16.3 和表 16.1）。这一测定方法与何念鹏等提出的群落功能性状的推导方法有所差异（He et al.，2019）。根据群落功能性状的定义，需要借助于器官质量或面积将传统的器官水平测定的功能性状科学地推导至基于单位土地面积的群落或者生态系统水平。因此，它对数据源的系统性要求非常高。以叶片功能性状为例，为了实现器官水平测定的叶绿素含量、氮和磷含量的尺度上推，需要详细的群落结构数据、每个物种的比叶面积数据、每个物种的叶绿素、氮和磷含量数据。Wang 等（2021）提出的根系群落功能性状这一概念，不需要以器官质量或面积为中间参数来实现单位土地面积的标准化，而是采用整体取样的方法，利用整体取样测定法对一定土壤深度的地下根系群落进行直接取样和测定(详见第 6 章)。这一方法上的改进既能实现在单位土地面积上对群落水平整体根系功能性状的定量分析，同时也能够满足所测定的指标体系能更接近复杂的自然生态系统，并探讨根系群落数量性状与生产力等功能的定量关系。尽管以往的学者曾经采用根钻或整体挖掘法来测定根系功能性状，但他们大多只关注单个物种或群落的细根生物量（Yang et al.，2010；Liu et al.，2021b；Ma et al.，2021）。与这些研究不同，根系群落功能性状要求从整体的角度来考察地下根系群落结构和功能在时间和空间上的变化以及对环境变化的响应。

16.4　根系群落功能性状的指标体系

在此，我们将根系群落功能性状定义为单位土地面积的根系形态、化学和生理功能性状（表 16.2）。这些功能性状反映了根系群落整体的资源获取能力，单独或联合对植物群落和生态系统功能起作用。例如，利用平均值或群落加权平均法计算得到的比根长属于效率性状，它一定程度上反映了植物对根系的经济投入，并与根呼吸代谢和根寿命紧密相关，高比根长通常代表了单位质量更长具有更高的养分吸收能力和呼吸速率（Reich，2014；Kramer et al.，2016）。在根系群落功能性状中，根系长度属于数量性状，即单位土地面积的总根系长度，能够反映地下总的根系群落的养分吸收能力，因而有望更好地解释生态系统过程和功能的时空变异，尤其是地下碳氮循环过程（Wang et al.，2021）。

表 16.2　不同方法得到的群落水平根系功能性状

类别	功能性状	缩写及单位	定义及生态学意义	测定与推导方法
效率性状	比根长	SRL/（m/g）	单位质量的根系长度，根系养分吸收能力	方法 1 和方法 2
	比根面积	SRA/（m^2/g）	单位质量的根系表面积，根系养分吸收能力	方法 1 和方法 2
	根组织密度	RTD/（g/cm^3）	单位体积的根干重，养分获取-保存权衡，胁迫抵抗能力	方法 1 和方法 2
	根系元素含量	（g/kg）	单位质量的根元素含量，根系养分吸收能力	方法 1 和方法 2
数量性状	根系质量密度	RMA/（g/m^2）	单位土地面积的总根系质量，地下根系群落的养分获取及碳分配	方法 3 和方法 4
	根系长度密度	RLA/（m/m^2）	单位土地面积的总根系长度，根系群落的养分获取能力	方法 3 和方法 4
	根系面积密度	RAA/（m^2/m^2）	单位土地面积的总根系表面积，根系群落的养分获取能力	方法 3 和方法 4
	根系元素密度	（kg/m^2）	单位土地面积的总根系元素含量，根系群落的养分获取能力和储存能力	方法 3 和方法 4

注：1. 图 16.3 方法 1 和方法 2，它们没有进行尺度转化，无法获得单位土地面积的根系功能性状数据；
2. 图 16.3 方法 3，虽然理论上可尺度转化，但根系质量和根系功能性状的转化参数太难获取导致可操作性非常弱。

值得注意的是，除了根系形态、化学和生理功能性状之外，根系功能性状还包括解剖性状、菌根性状、根系构型等，这些根系功能性状在植物生长、群落构建和生态系统功能中发挥着重要作用。由于目前根系群落功能性状的取样方法仍然以破坏性取样为主，对部分功能性状的测定仍然较为困难，所以这些功能性状暂时未纳入到根系群落功能性状体系中，仍以个体或物种水平上测定为主（Wang et al.，2021）。未来，期待有更先进的技术，来协助量化更多的根系群落性状参数。

16.5　根系群落功能性状的空间变异规律及其与生态系统生产力的关系

作为植物重要的营养器官，根系最主要的功能是吸收水分和养分，为叶片光合生产提供原料。根系在形态、结构和生理生化等方面的功能性状特征不但决定了植物对资源的吸收，而且影响到植物从个体到生态系统水平上的诸多功能和过程（Lavorel and Garnier，2002；Bardgett et al.，2014；Freschet et al.，2021）。因此，根系功能性状与生态系统能量流动和养分循环存在紧密的关系，这为我们更好理解生态系统功能的优化机制提供了理论依据。最新研究表明，植物群落功能性状具有二维特征，以叶片为例，相比于效率性状，数量性状对环境变化具有更强烈的响应，且对生态系统生产力的空间变异具有更高的解释（Zhang et al.，2021；Yan et al.，2022）。然而，上述来自叶片的结论是否适用于地下根系？或根系群落性状沿着环境梯度如何变化并如何影响生态系统功能？至今鲜有基于试验数据的验证结果（图 16.4）。

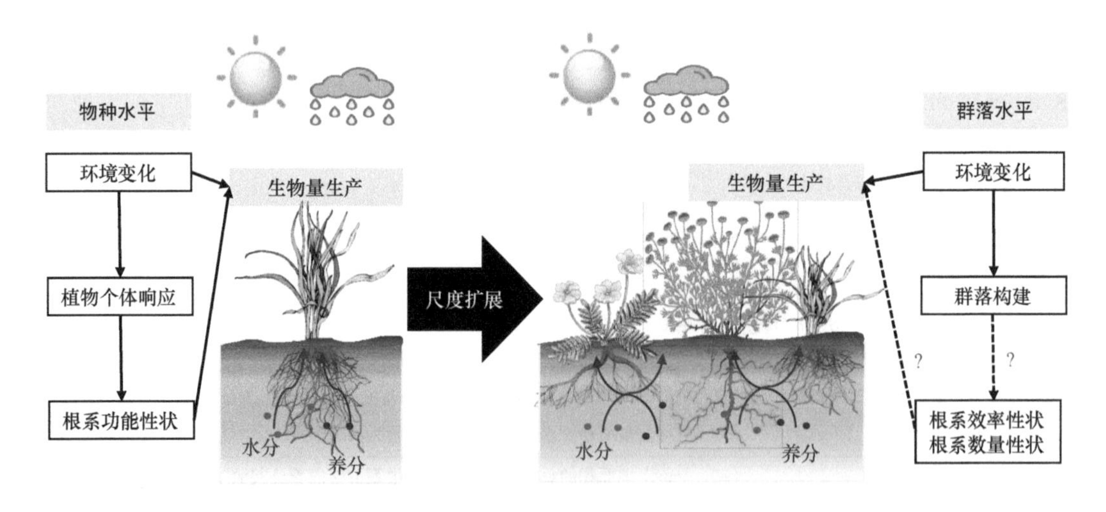

图 16.4　根系功能性状联系生态系统生产力的理论框架

为了回答以上问题，我们以中国北方草地广泛分布地区为对象，即蒙古高原（Mongolian Plateau，MP）、黄土高原（Loess Plateau，LP）和青藏高原（Tibetan Plateau，TP），在每个高原从东到西分别设置了一条草地样带进行根系取样，获得根系群落功能性状参数，包括根质量密度、面积密度和长度密度（图 16.5）。这 3 条草地样带从东到西均具有明显的水分和养分梯度，均包含了草甸草原、典型草原和荒漠草原三个类型，因此构成了研究植物群落应对气候变化的天然实验室。在此，我们假设相对于贫瘠和干旱环境，相对适宜环境中的根系群落将采取资源获取策略，即具有更高的根质量密度、面积密度和长度密度，以支持更高的地上生产力。

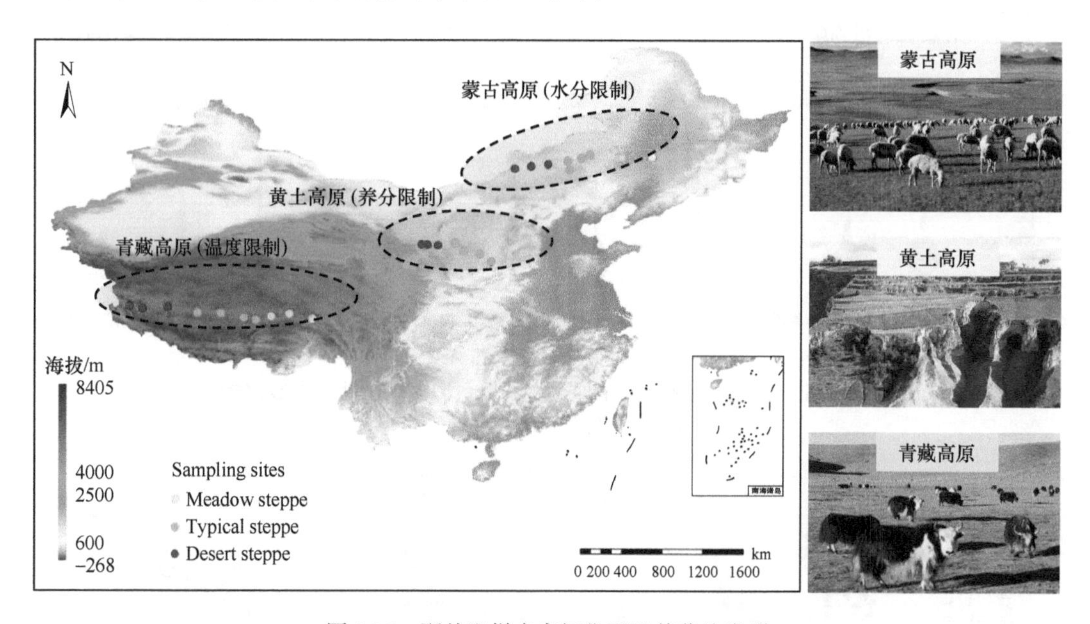

图 16.5　野外取样点空间位置及其草地类型

16.5.1　研究结果

实验结果表明：30 个取样点内草地根系群落功能性状的群落根系质量（RMA）、群落根系长度（RLA）和群落根系面积（RAA）的平均值分别为（622.30±57.20）g/m^2、（23.45±2.11）km/m^2 和（37.11±3.33）m^2/m^2。3 个参数均表现为从黄土高原到蒙古高原和青藏高原逐渐增加的趋势，但差异不显著。然而，3 个参数在不同草地类型之间存在差异，草甸草原值最高，而荒漠草原值最低（图 16.6）。

3 个根系群落性状参数沿着地理和环境梯度具有明显的变化格局（图 16.7）。整体来讲，随着气候变得湿润，根系质量逐渐增加；随着土壤氮含量增加，群落根系长度和群落根系面积均呈现增加趋势。然而，当单独分析不同地区的数据时，发现不同区域的根系群落性状的驱动因子不同。黄土高原草地的 3 个根系群落性状参数主要受到了年平均温度的显著影响，随着年平均温度增加，根系群落性状参数逐渐增加。在青藏高原草地中，土壤氮含量是影响根系群落性状参数的主要因素。与之不同的是，在蒙古高原草地中，群落根系质量随着年平均降水增加而增加，而群落根系长度和群落根系面积则主要受到土壤氮含量的影响。

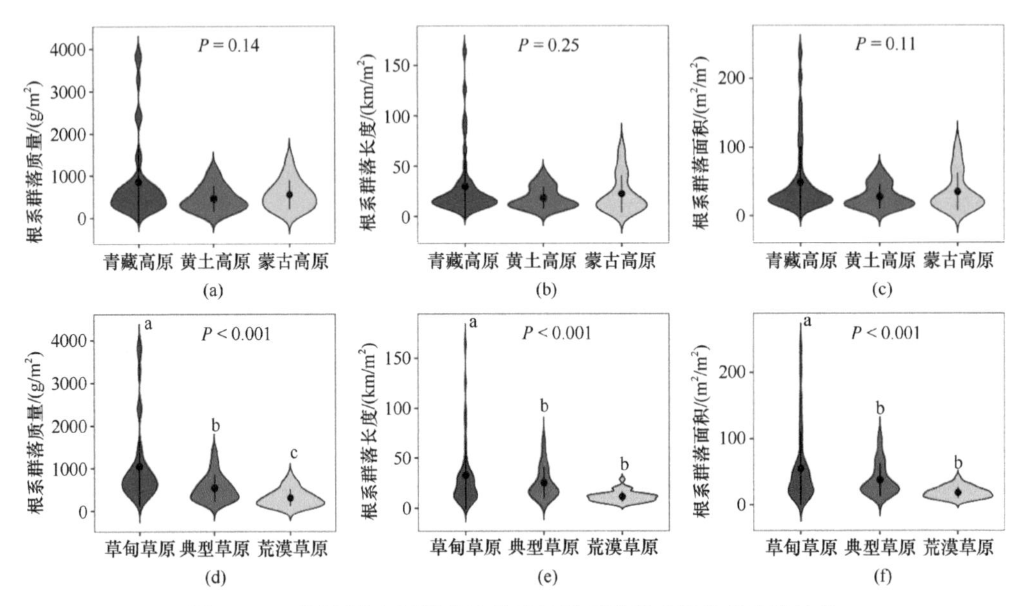

图 16.6 不同区域和不同草地类型的根系群落功能性状参数比较

不同的字母代表差异显著（P<0.05）

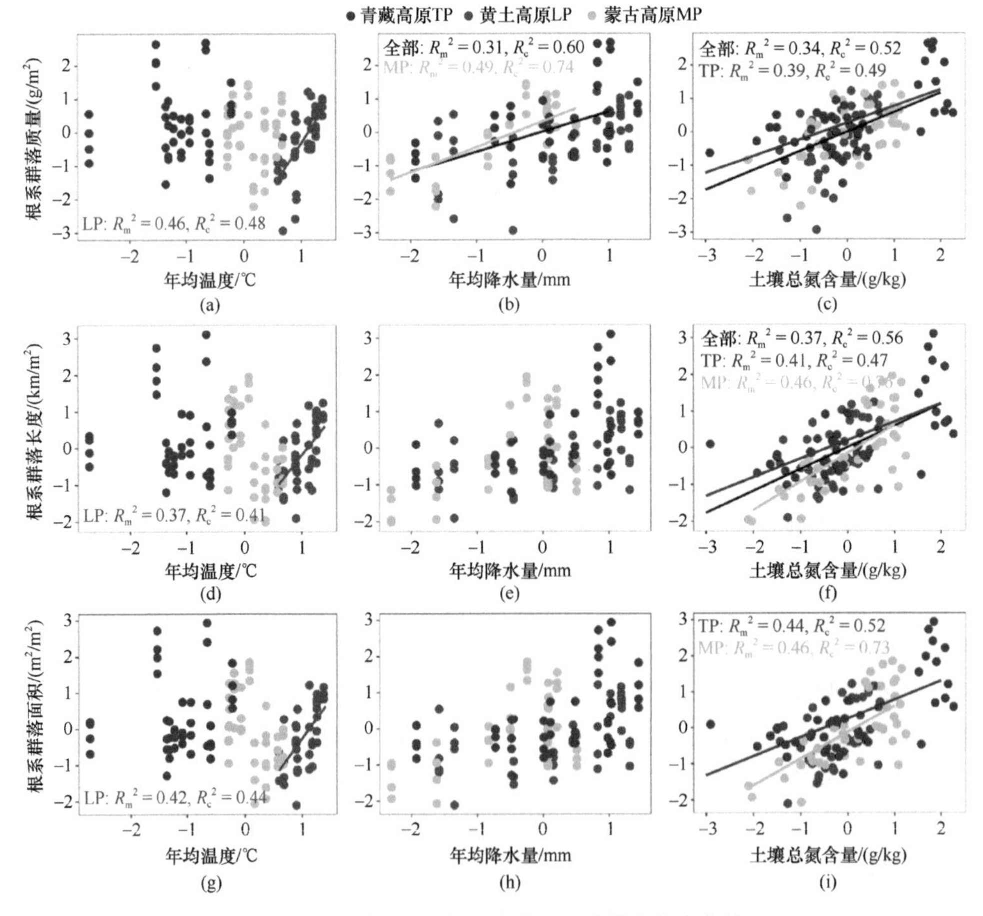

图 16.7 根系群落功能性状参数沿环境梯度的变化格局

3 个根系群落功能性状参数与草地净初级生产力（NPP）和地上净初级生产力（ANPP）均存在紧密的关系。整体而言，生产力随着群落根系质量（RMA）、群落根系长度（RLA）和群落根系面积（RAA）的增加而线性增加（图 16.8 和图 16.9）；同时，根系群落性状-ANPP 关系的斜率，在不同地区之间无显著差异（图 16.8）。类似地，在 RMA-NPP 和 RAA-NPP 关系中，不同地区之间的关系斜率差异不显著［图 16.9（a）和图 16.9（c）］，但在 NPP-RLA 关系中，黄土高原草地的斜率显著高于蒙古高原草地［图 16.9（b）］。

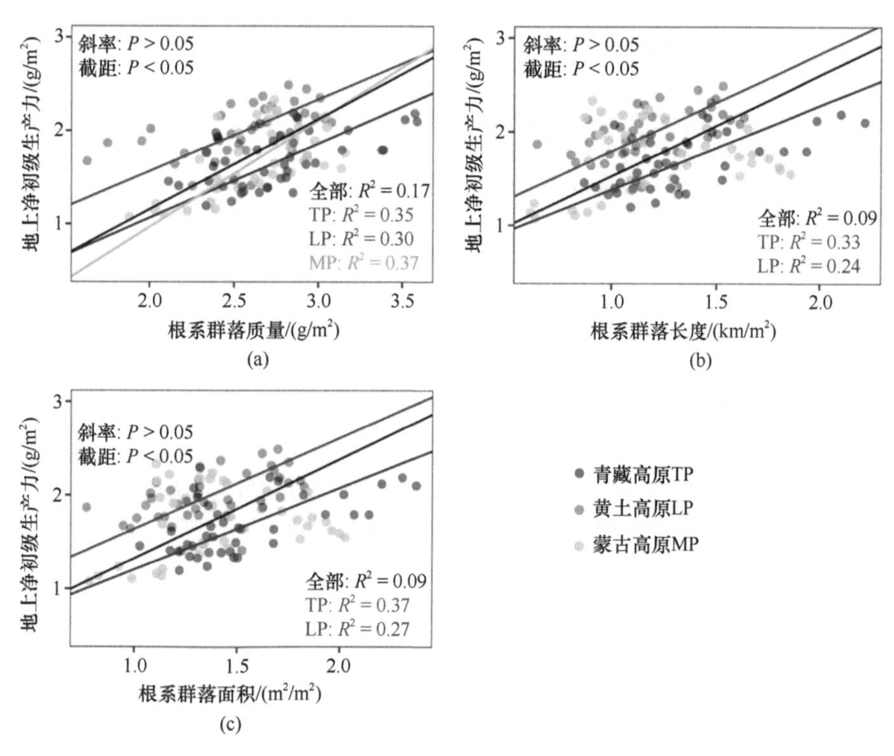

图 16.8 不同地区根系群落功能性状参数与地上净初级生产力的关系

地上净初级生产力为单位土地面积上群落生物量

由于 MODIS NPP 数据在部分站点缺失，本研究仅仅考察了不同区域内环境因素和根群落性状对 ANPP 的影响。我们首先利用模型平均方法量化了每个因素对 ANPP 的作用大小，并筛选主要的影响因素（以相对重要值>0.8 为依据）。结果表明，ANPP 主要受到气候因素和土壤氮含量的影响，但在蒙古高原内，ANPP 还受到了群落根系长度的影响，相对重要值约为 0.94。

进一步利用分段式结构方程模型评价了气候、土壤和根系群落功能性状参数对 ANPP 的影响，发现三者共同解释了 ANPP 空间变异的 79%～91%（图 16.10）。然而，不同区域内调控 ANPP 的因素不同。当包含所有取样点数据时，ANPP 主要受到环境因素（主要是年均温和年降水量）和根系群落性状的影响。具体表现为，年平均温度和年平均降水对 ANPP 具有强烈的直接作用；同时，年平均温度通过影响群落根系质量间接对 ANPP 起作用。此外，土壤氮含量也通过直接和间接调控群落根系质量来影响 ANPP 的变化［图 16.10（a）］。

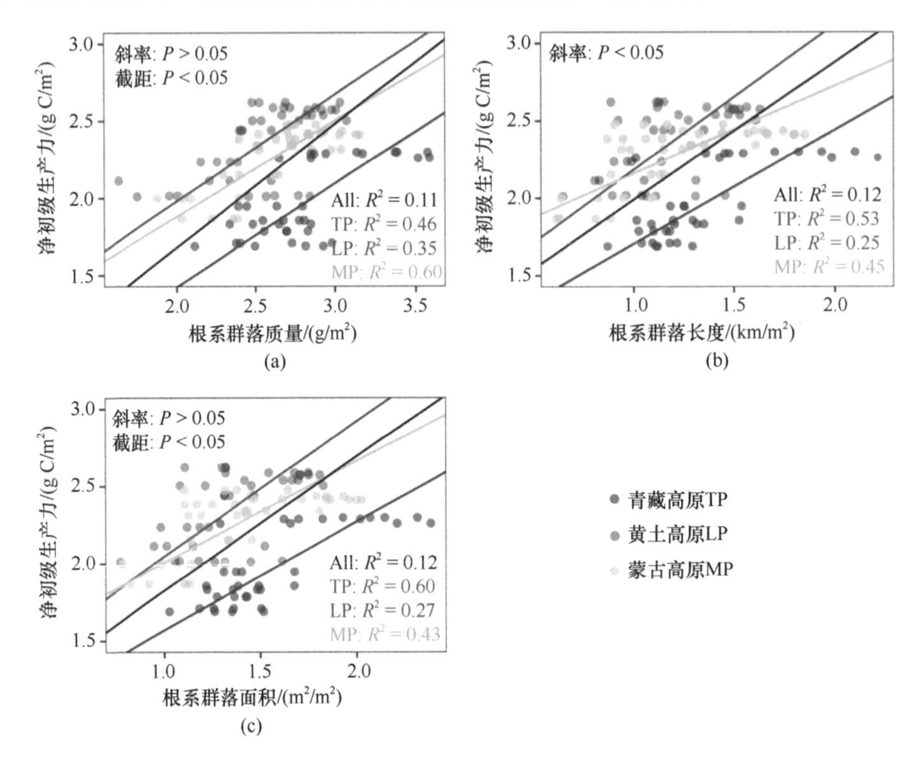

图 16.9　不同地区根系群落功能性状参数与草地净初级生产力的关系

净初级生产力来源于 MODIS 数据集（MOD17A2HGF），时间范围为 2000～2018 年

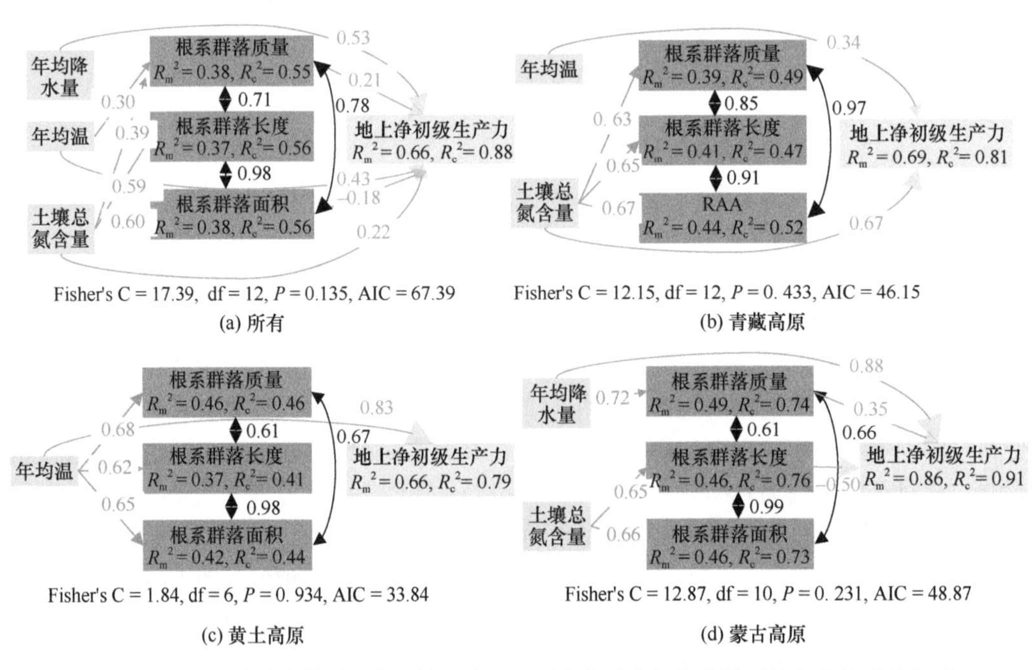

图 16.10　分段式结构模型量化环境因素和根系群落功能性状参数对地上生物量的作用

当考虑不同区域时，气候和土壤因素是 ANPP 的主要影响因素，而根系群落性状对 ANPP 的作用在青藏高原和黄土高原区域未达到显著水平[图 16.10(b)和图 16.10(c)]。

具体来讲，在青藏高原内，土壤氮含量是影响 ANPP 的主要因子，其次是平均温度；在黄土高原草地，年平均温度是影响 ANPP 的主要因子。与之不同，在蒙古高原草地，ANPP 受到年平均温度、土壤氮含量和根系群落性状的共同作用［图 16.10（d）]。年平均降水对 ANPP 具有最大的作用，通过直接作用和间接影响群落根系质量来影响 ANPP。土壤氮含量主要通过影响群落根系长度来间接作用于 ANPP。群落根系质量和群落根系长度对 ANPP 分别具有直接的正效应和负效应。

16.5.2　讨论

在变化的自然环境中，植物个体能够通过调整细根形态、构建和微生物共生关系来适应外界环境的变化，从而实现最大化单位碳投入的资源获取效率（Bardgett et al.，2014；Freschet et al.，2021）。然而，植物个体对环境变化的响应不总是和群落水平上根系对环境的适应相一致，后者包括了根系性状在群落内的分布和密度，这可以通过群落内物种组成的改变来实现（Bardgett et al.，2014）。在此，我们首次量化了三大高原草地群落内总的根系数量或根系密度，发现水分和土壤氮有效性对根系群落性状的变异起到主要作用。随着年平均降水和土壤氮含量增加，群落根系质量和群落根系长度均线性增加。根性状对于养分和水分资源可利用性变化的响应强烈，尤其在干旱和半干旱草地群落中（Mokany et al.，2006；Bai et al.，2008；Wang et al.，2020）。水分和养分条件可以直接作用于植物的生长，也可以通过调控叶片的碳同化能力，从而改变植物地下部分的碳分配格局（Chapin et al.，2002）。相关的控制实验结果也表明，氮添加和降水量的增加，往往会增加植物群落根系生物量，提高生态系统生产力（Bai et al.，2013；Wang et al.，2019）。

值得注意的是，不同区域的根系群落性状的主要影响因素不同。例如，土壤氮含量是青藏高原草地根系群落性状变化的主要影响因素，而年平均温度是黄土高原草地的根系群落性状变化的主要影响因素。青藏高原往往被认为是低温限制环境，且对气候变暖比较敏感（Qiu，2008；Liu et al.，2018），但我们没有发现温度对青藏高原草地群落根系性状的显著作用。类似地，Jing 等（2015）和 Sun 等（2020）发现，水分条件而非年平均温度，是驱动生态系统功能的重要因素。这可能是由于青藏高原内剧烈的昼夜温差，在这里生长的植物已经适应了温度的巨大变化。另外，尽管黄土高原草地往往被认为受到土壤养分的限制，年平均温度而不是土壤养分是影响黄土高原根系群落性状的主要因素。这可能是由于我们的研究中年平均温度和土壤氮含量之间存在较强的相关性，掩盖了土壤氮含量对根系群落性状的作用。

通过从群落整体角度量化的群落根系质量、根系长度和根系面积，我们发现 3 个根系群落功能性状参数均与生态系统生产力具有显著的正相关关系，尤其是群落根系质量对生产力有更高的解释度。地下生物量或生物量比率反映了植物对地下根系的投入，因此是决定植物行为和多种生态系统功能的重要功能性状。Kleyer 等（2019）认为地下根系生物量是性状网络的核心参数，因为它与许多其他性状具有高的连接度且对整株植物行为具有重要作用。然而，地下根系生物量对生态系统功能的作用常常被忽视（Freschet et al.，2015，2021；Kleyer et al.，2019）。理论上，生态系统初级生产力反映了植物群落内碳固定的量，因此决定了可用于构建根系的碳含量；但叶片光合速率容易受到资源可利用性的限制，而这些资源主要通过根系来获取。并且，在 Lavorel 和 Garnier（2002）的框架中，初级生产力主要受到群落内物种的现存生物量以及与碳获取、养分吸收和分配相关的性状的影响。因此，这就解释了尽管植物地上地下生物量分配格局存在差异，但生态系统生产力和根系生物量存在紧密的正相关关系（Yang et al.，2010；Poorter et al.，2015；Liu et al.，2021b）。我们的研究中，根系群落性状与生产力紧密正相关，表明了群落内根系数量或密度在解译草地生产力大尺度空间变异时的重要性。

生态系统生产力同时受到环境条件和群落内的物种功能性状的影响（Lavorel and Garnier，2002；Migliavacca et al.，2021）。在不同区域内，当同时考虑根系群落性状和环境因素时，根系群落性状对地上净初级生产力的作用消失，尽管这一关系在考虑所有取样点时仍存在。这可能是由于环境因素对生产力具有强烈的直接作用。例如，温度对植物生产力具有更强烈的直接作用，通过影响代谢酶活性以及调控植物物候和生长季长度影响生产力（Lavorel and Garnier，2002；Michaletz et al.，2014；Yan et al.，2022）。此外，气候和土壤可能会通过影响叶片性状对生产力施加更多的间接作用，这在我们的研究中被忽视了。未来的研究中需要同时考虑地上和地下植物群落性状，来解释多种生态系统过程和功能。

不可否认，本章研究中存在一些不足。首先，由于 MODIS 产品中净初级生产力数据精度不足，我们只分析了环境因素和根系群落性状对地上净初级生产力的影响。未来需要在更大尺度和不同生态系统类型中进一步检验这一关系的普适性。其次，根系性状被认为是许多生态系统过程和功能的驱动者，尤其是地下生态系统功能，如土壤碳和养分循环、土壤碳固持等（Klumpp and Soussana，2009；Bardgett et al.，2014；Freschet et al.，2021）。因此，将根系群落性状纳入到解释更多地下过程和功能变异的框架中是未来研究的重点。此外，本章研究中只考虑了群落水平上根系的数量性状，未来需要考虑更多的地上和地下性状以及它们的二维性状特征来提高对生态系统功能的预测能力。

16.6 小　　结

群落功能性状概念的提出和发展，一方面有利于将各种植物功能性状在单位土地面积上标准化，便于深入探讨不同功能性状间的内部关系、协同或趋异规律，进而更好地从功能性状角度揭示植物群落的构建与维持机制。另一方面，根系群落功能性状的测定方法能够保证在量纲匹配的前提下实现根系群落性状与生态系统功能的关系，因而具有明确的生态学意义。具体来讲，根系群落功能性状参数可以应用在以下几个方面：①在大尺度确定群落水平根系功能性状与环境的关系，验证根系功能性状与生态系统功能之间的经验关系，从而提高全球碳循环和植被动态模型预测准确度与精度。②通过建立单位土地面积群落功能性状，可解决长期以来植物功能性状数据与宏观生态主要测试数据空间尺度不匹配的问题，遥感观测数据、通量观测数据和模型模拟数据等，同时有望将根系功能性状和宏观生态研究的高新技术相结合，推动根系功能性状研究的发展、更好地服务于区域生态环境改善。③重新审视地上叶片冠层与地下根系群落功能性状之间的关系。地上与地下功能性状如何协同驱动植物对环境的适应策略是目前的热点问题，但目前仍没有一致性的结论（Weemstra et al.，2016；Wang et al.，2017）。植物的叶片与根系分别作为植物体地上和地下部分重要的营养器官，它们间很多功能性状存在着一定的关联性，但又有明显的分异特征。除了碳和氧气之外，植物生长发育所需的各种矿质元素主要是通过根系从土壤之中吸收获取，吸收的水分和无机养分再通过木质部运输到地上植被冠层，参与光合作用和物质的生物化学代谢；通常，根系生长得越好，其水分和无机养分的吸收功能就会越强，植物地上部分生长也越好，两者呈现显著的相关性。此外，植物的地上部与地下部形态结构还具有鲜明的"对称性映射关系"。例如，地上部分的树冠高大、枝梢多，相对应的根系群落的根系分布也深，范围也广。然而，目前的研究多是从个体或物种角度来探讨植物地上部分与地下部分的关联关系，在群落整体结构上叶片冠层与地下根系群落存在何种关系却鲜有报道。根系群落功能性状使得我们能够从植物群落地上和地下部分角度考察两者之间的关联机制。④随着分子生物技术的普及，我们有望通过分子和基因测序技术来确定单位土地面积上单个物种的优势度，根系群落功能性状能够为理解群落维持和生产力稳定机制提供新研究思路。

总之，根系群落功能性状尚属一个新鲜事物，亟需后续研究进一步证实和发展。它用一种新的视角来重新思考和分析根系群落在生态系统过程和功能中的作用，一定程度上解决了个体根系研究中的尺度无法扩展，以及传统根系功能性状在模型中难以被广泛应用的问题。在高新技术快速发展的当下，我们期待有更高级的非破坏性技术来助推群落根系性状的发展，如探地雷达、多光谱图像和X射线技术，进而量化根系群落的结构和功能以及不同根系功能模块，如吸收根和运输根、根和菌根等。更为重要的是，该新概念的提出能够帮助我们将根系功能性状融合到大尺度的生态系统功能分析中，尤其是生产力、养分获取和土壤碳循环过程，从而为遥感观测、通量观测和模型模拟提供验证、参数优化和结果比对，有助于更好地探讨区域尺度上地下根系群落的结构和功能对全球变化的响应和适应。

参考文献

何念鹏, 刘聪聪, 徐丽, 等. 2020. 生态系统性状对宏生态研究的启示与挑战. 生态学报, 40(8): 2507-2522.

何念鹏, 刘聪聪, 张佳慧, 等. 2018. 植物性状研究的机遇与挑战: 从器官到群落. 生态学报, 38(19): 6787-6796.

Anderegg W R L, Trugman A T, Bowling D R, et al. 2019. Plant functional traits and climate influence drought intensification and land-atmosphere feedbacks. Proceedings of the National Academy of Sciences USA, 116: 14071-14076.

Bai E, Li S L, Xu W H, et al. 2013. A meta-analysis of experimental warming effects on terrestrial nitrogen pools and dynamics. New Phytologist, 199: 441-451.

Bai Y F, Wu J G, Xing Q, et al. 2008. Primary production and rain use efficiency across a precipitation gradient on the Mongolia plateau. Ecology, 89: 2140-2153.

Bardgett R D, Mommer L, De Vries F T. 2014. Going underground: root traits as drivers of ecosystem processes. Trends in Ecology and Evolution, 29: 692-699.

Chapin F S, Matson P A, Mooney H A. 2002. Principles of Terrestrial Ecosystem Ecology. New York: Springer.
Chen W L, Zeng H, Eissenstat D M, et al. 2013. Variation of first-order root traits across climatic gradients and evolutionary trends in geological time. Global Ecology and Biogeography, 22: 846-856.
Croft H, Chen J M, Luo X Z, et al. 2017. Leaf chlorophyll content as a proxy for leaf photosynthetic capacity. Global Change Biology, 23: 3513-3524.
Eissenstat D M. 1992. Costs and benefits of constructing roots of small diameter. Journal of Plant Nutrition, 15: 763-782.
Freschet G T, Roumet C, Comas L H, et al. 2021. Root traits as drivers of plant and ecosystem functioning: Current understanding, pitfalls and future research needs. New Phytologist, 232: 1123-1158.
Freschet G T, Swart E M, Cornelissen J H C. 2015. Integrated plant phenotypic responses to contrasting above-and below-ground resources: Key roles of specific leaf area and root mass fraction. New Phytologist, 206: 1247-1260.
Garnier E, Navas M L. 2012. A trait-based approach to comparative functional plant ecology: Concepts, methods and applications for agroecology. A review. Agronomy for Sustainable Development, 32: 365-399.
Guo D L, Li H, Mitchell R J, et al. 2008. Fine root heterogeneity by branch order: exploring the discrepancy in root turnover estimates between minirhizotron and carbon isotopic methods. New Phytologist, 177: 443-456.
He N P, Liu CC, Piao S L, et al. 2019. Ecosystem traits linking functional traits to macroecology. Trends in Ecology and Evolution, 34: 200-210.
He N P, Yan P, Liu C C, et al. 2022. Predicting ecosystem productivity based on plant community traits. Trends in Plant Science, 28(1): 43-53.
Iversen C M, McCormack M L, Powell A S, et al. 2017. A global Fine-Root Ecology Database to address below-ground challenges in plant ecology. New Phytologist, 215: 15-26.
Jing X, Sanders N J, Shi Y, et al. 2015. The links between ecosystem multifunctionality and above-and belowground biodiversity are mediated by climate. Nature Communications, 6: ncomms9159.
Kleyer M, Trinogga J, Cebrian-Piqueras M A, et al. 2019. Trait correlation network analysis identifies biomass allocation traits and stem specific length as hub traits in herbaceous perennial plants. Journal of Ecology, 107: 829-842.
Klumpp K, Soussana J F. 2009. Using functional traits to predict grassland ecosystem change: A mathematical test of the response-and-effect trait approach. Global Change Biology, 15: 2921-2934.
Kong D L, Wang J, Wu H, et al., 2019. Nonlinearity of root trait relationships and the root economics spectrum. Nature Communications, 10: 2203.
Kramer W K R, Bellingham P J, Millar T R, et al. 2016. Root traits are multidimensional: Specific root length is independent from root tissue density and the plant economic spectrum. Journal of Ecology, 104: 1299-1310.
Lambers H, Raven J A, Shaver G R, et al. 2008. Plant nutrient-acquisition strategies change with soil age. Trends in Ecology and Evolution, 23: 95-103.
Laughlin D C, Strahan R T, Adler P B, et al. 2018. Survival rates indicate that correlations between community-weighted mean traits and environments can be unreliable estimates of the adaptive value of traits. Ecology Letters, 21: 411-421.
Lavorel S, Garnier E. 2002. Predicting changes in community composition and ecosystem functioning from plant traits: Revisiting the Holy Grail. Functional Ecology, 16: 545-556.
Liu C C, Li Y, Yan P, et al. 2021a. How to improve the predictions of plant functional traits on ecosystem functioning? Frontiers in Plant Science, 12: 622260.
Liu J, Milne R I, Cadotte M W, et al. 2018. Protect Third Pole's fragile ecosystem. Science, 362: 1368.
Liu R, Yang X J, Gao R R, et al. 2021b. Allometry rather than abiotic drivers explains biomass allocation among leaves, stems and roots of Artemisia across a large environmental gradient in China. Journal of Ecology, 109: 1026-1040.
Lynch J P. 2007. Roots of the second green revolution. Australian Journal of Botany, 55: 493-512.
Ma H Z, Mo L D, Crowther T W, et al. 2021. The global distribution and environmental drivers of aboveground

versus belowground plant biomass. Nature Ecology and Evolution, 5: 1110-1116.
Ma Z Q, Guo D L, Xu X L, et al. 2018. Evolutionary history resolves global organization of root functional traits. Nature, 555: 94-97.
McCormack M L, Dickie I A, Eissenstat D M, et al. 2015. Redefining fine roots improves understanding of below-ground contributions to terrestrial biosphere processes. New Phytologist, 207: 505-518.
McCormack M L, Guo D L, Iversen C M, et al. 2017. Building a better foundation: improving root-trait measurements to understand and model plant and ecosystem processes. New Phytologist, 215: 27-37.
Michaletz S T, Cheng D L, Kerkhoff A J, et al. 2014. Convergence of terrestrial plant production across global climate gradients. Nature, 512: 39-43.
Migliavacca M, Musavi T, Mahecha M D, et al. 2021. The three major axes of terrestrial ecosystem function. Nature, 598: 468-472.
Mokany K, Raison R J, Prokushkin A S. 2006. Critical analysis of root: shoot ratios in terrestrial biomes. Global Change Biology, 12: 84-96.
Ottaviani G, Molina-Venegas R, Charles-Dominique T, et al. 2020. The neglected belowground dimension of plant dominance. Trends in Ecology and Evolution, 35: 763-766.
Poorter H, Jagodzinski A M, Ruiz-Peinado R, et al. 2015. How does biomass distribution change with size and differ among species? An analysis for 1200 plant species from five continents. New Phytologist, 208: 736-749.
Pregitzer K S, DeForest J L, Burton A J, et al. 2002. Fine root architecture of nine North American trees. Ecological Monographs, 72: 293-309.
Prieto I, Stokes A, Roumet C. 2016. Root functional parameters predict fine root decomposability at the community level. Journal of Ecology, 104: 725-733.
Qiu J. 2008. The third pole. Nature, 454: 393-396.
Reich P B. 2014. The world-wide 'fast-slow' plant economics spectrum: a traits manifesto. Journal of Ecology, 102: 275-301.
Reich P B, Ellsworth D S, Walters M B, et al. 1999. Generality of leaf trait relationships: A test across six biomes. Ecology, 80: 1955-1969.
Reich P B, Tjoelker M G, Pregitzer K S, et al. 2008. Scaling of respiration to nitrogen in leaves, stems and roots of higher land plants. Ecology Letters, 11: 793-801.
Roumet C, Birouste M, Picon-Cochard C, et al. 2016. Root structure-function relationships in 74 species: Evidence of a root economics spectrum related to carbon economy. New Phytologist, 210: 815-826.
Simova I, Sandel B, Enquist B J, et al. 2019. The relationship of woody plant size and leaf nutrient content to large-scale productivity for forests across the Americas. Journal of Ecology, 107: 2278-2290.
Suding K N, Lavorel S, Chapin F S, et al. 2008. Scaling environmental change through the community-level: A trait-based response-and-effect framework for plants. Global Change Biology, 14: 1125-1140.
Sun J, Zhou T C, Liu M, et al. 2020. Water and heat availability are drivers of the aboveground plant carbon accumulation rate in alpine grasslands on the Tibetan Plateau. Global Ecology and Biogeography, 29: 50-64.
van der Plas F, Schroder-Georgi T, Weigelt A, et al. 2020. Plant traits alone are poor predictors of ecosystem properties and long-term ecosystem functioning. Nature Ecology and Evolution, 4: 1602-1611.
Violle C, Navas M L, Vile D, et al. 2007. Let the concept of trait be functional! Oikos, 116: 882-892.
Wang J, Gao Y Z, Zhang Y H, et al. 2019. Asymmetry in above- and belowground productivity responses to N addition in a semi-arid temperate steppe. Global Change Biology, 25: 2958-2969.
Wang P, Huang K L, Hu S J. 2020. Distinct fine-root responses to precipitation changes in herbaceous and woody plants: A meta-analysis. New Phytologist, 225: 1491-1499.
Wang R L, Wang Q F, Zhao N, et al. 2017. Complex trait relationships between leaves and absorptive roots: Coordination in tissue N concentration but divergence in morphology. Ecology and Evolution, 7: 2697-2705.
Wang R L, Yu G R, He N P, et al. 2015. Latitudinal variation of leaf stomatal traits from species to community level in forests: Linkage with ecosystem productivity. Scientific Reports, 5: 14454.

Wang R L, Yu G R, He N P. 2021. Root community traits: Scaling-up and incorporating roots into ecosystem functional analyses. Frontiers in Plant Science, 12: 690235.

Warren J M, Hanson P J, Iversen C M, et al. 2015. Root structural and functional dynamics in terrestrial biosphere models-evaluation and recommendations. New Phytologist, 205: 59-78.

Weemstra M, Mommer L, Visser E J W, et al. 2016. Towards a multidimensional root trait framework: A tree root review. New Phytologist, 211: 1159-1169.

Weemstra M, Zambrano J, Allen D, et al. 2021. Tree growth increases through opposing above-ground and below-ground resource strategies. Journal of Ecology, 109: 3502-3512.

Westoby M, Wright I J. 2006. Land-plant ecology on the basis of functional traits. Trends in Ecology and Evolution, 21: 261-268.

Wright I J, Groom P K, Lamont B B, et al. 2004. Leaf trait relationships in Australian plant species. Functional Plant Biology, 31: 551-558.

Yan P, Li M X, Yu G R, et al. 2022. Plant community traits associated with nitrogen can predict spatial variability in productivity. Ecological indicators, 140: 109001.

Yang Y H, Fang J Y, Ma W H, et al. 2010. Large-scale pattern of biomass partitioning across China's grasslands. Global Ecology and Biogeography, 19: 268-277.

Zhang Y, He N P, Li M X, et al. Yu. 2021. Community chlorophyll quantity determines the spatial variation of grassland productivity. Science of the Total Environment, 801: 149567.

第 17 章　生态系统功能性状：传统性状与宏观生态研究的桥梁

摘要：功能性状通常是指生物（植物、动物和微生物）经过对外界环境长期适应或协同进化后，在物种水平表现出相对稳定的、可量度的、与其生产力优化或其环境适应策略密切相关的特征参数。以植物功能性状为例，它具有在器官、物种、种群、群落和生态系统等不同尺度揭示植物环境适应能力和生产力形成机制的潜力；同时，生态系统生态学研究也正期望利用快速发展的功能性状研究和区域高新观测技术来拓展其应用范畴，更科学地揭示生态系统结构和功能对外界环境变化的响应与适应。然而，这些高速发展的宏观生态研究技术的研究尺度以区域为主，难以在物种水平实现；因此如何将传统功能性状与其相连结并服务于解决生态环境问题和全球变化问题是当前相关研究面临的重大技术难题，主要障碍是尺度不统一和量纲不统一。为了解决传统功能性状与宏观生态研究耦合的难题，研究人员发展了生态系统功能性状（ecosystem traits，ESTs）的新概念体系。其中，ESTs 被定义为在群落尺度可被单位土地面积标准化的、能体现生物（植物、动物和微生物）对环境适应、繁衍和生产力优化的任何可量度的功能性状，通常以强度或密度的形式呈现。在任一特定生态系统中，ESTs 是由植物群落功能性状、动物群落功能性状、微生物群落功能性状等共同组成，它们相互作用并共同完成生态系统各项功能。ESTs 构建了传统功能性状与宏生态研究的桥梁，为生态系统生态学研究引入遥感观测、通量观测、模型模拟奠定了基础，将有助于群落尺度更加深入地研究植物–动物–微生物间相互作用关系。更为重要的是，ESTs 为构建以功能性状为核心的生态系统新研究模式奠定了理论基础，发展了“生态系统结构–生态系统功能性状–生态系统功能”的新框架。

生态系统是指在一定空间内生物与环境共同构成的统一整体，在该系统中生物与生物、生物与环境间相互影响和相互制约，并在一定时期内处于相对稳定的动态平衡状态（Tansley，1935）。此后，在 C.S. Elton、G.E. Hutchinson、R.L. Lindeman、E.P. Odum 和 E.T. Odum 等前辈的开拓下，生态系统的研究得到快速发展。生态系统是当前生态学和地学研究的重要研究对象，是群落生态学、宏观生态学、或宏观地学最重要的中间环节、与人们所需的物质、能量来源以及生存环境息息相关；因此，其研究内容与范畴受到公众和政府的广泛关注（图 17.1）。在传统研究中，科研人员非常重视生态系统组成（非生物的物质和能量、生产者、消费者、分解者等）、生态系统营养结构（食物链和食物网）和生态系统功能（物质循环、能量流动和信息传递），并取得了令人瞩目的成绩（Lindeman，1942；Odum，1957）。

图 17.1　生态系统生态学当前的研究体系与科学内涵

近年来，科学家围绕生态系统结构与功能间的关系、及其对外界干扰的响应和适应开展了大量研究工作。生物多样性与生态系统功能（biodiversity and ecosystem functioning，BEF）是其中经典的研究案例，然而迄今 2 万多篇相关科研论文仍未获得较为一致的结论（Gravel et al.，2011；Snelgrove et al.，2014；O'Connor et al.，2017）。生态系统结构如何实现其功能？结构与功能直接建立联系的理论依据？通过分析前人的相关研究，不难发现科研人员广泛利用功能性状及其差异来解释他们所观测到的各种现象（Hodapp et al.，2016；Schleuning et al.，2015）。虽然功能性状被广泛地应用于植物和动物个体水平适应机制与生产力优化机制研究，但在群落和生态系统尺度研究中，人们却极少提及功能性状。受传统功能性状的定义和应用主要源自器官或个体的历史局限，人们对在群落中是否存在（植物、动物和微生物等）群落功能性状、其生态意义如何等，存在非常大的疑问（He et al.，2019；何念鹏等，2018a）。

在《陆地生态系统生态学原理》这一经典专著中，Chapin 等（2011）将生态系统生态学定义为研究地球系统内部生物及其物理环境之间关系的科学。无论定义如何变化，生态系统生态学均将生物有机体及其环境作为一个整体，强调它们之间的相互作用；其核心研究内容包括生态系统的组成要素、结构与功能、变化与演替，以及人为影响与调控机制（于贵瑞，2009）。通常，生态系统生态学被认为是以生态系统为对象，研究生态系统内的生物群落与非生物环境之间如何通过能量流动、物质循环和信息传递而建立的相互联系、相互作用的生态学分支学科，并兼顾生态系统科学管理与应用（图 17.1）。因此，生物群落与非生物环境间的关系是生态系统生态学的主要研究内容。然而，在实际研究过程中，人们也常将器官、物种、种群在不同空间尺度的研究归于生态系统生态学研究范畴。这在一定程度上混淆了个体生态学、种群生态学、群落生态学与生态系统生态学在概念与研究范畴上的差别。未来需要就该问题进一步阐释，最好能以一个可贯穿各个层次的途径或参数为抓手，才能更好地推动生态学各分支学科的发展。

功能性状的概念起源于遗传学或生理学，它是具有可遗传、相对稳定、可测定并具有一定生理生态意义的特征参数（Cornelissen et al.，2003；Violle et al.，2007；Moretti et al.，2017；He et al.，2019）。功能性状在物种水平上被广泛应用，却极少地被拓展应用到群落和生态系统尺度，这似乎是生态系统生态学的研究难题（Kunstler et al.，2016；Lu et al.，2017）。生态系统是一个复杂系统，它具有复杂的自组织功能使其结构和功能达到最优化，以更好地适应环境和抵抗外界干扰。但如何实现这种适应性和抗性？个体水平的适应是基础，群落水平的适应与优化机制也非常重要。因此，我们有必要从群落尺度探讨功能性状及其生态意义，从基础概念与理论框架中寻求突破以完善生态学研究体系，更好地推动相关研究领域的发展（He et al.，2019；何念鹏等，2020）。

17.1　发展生态系统功能性状的迫切需求和理论基础

生态系统功能性状是生态系统的基本属性，并持续地发挥着其功能，具体表现为生态系统对环境的适应性。从人类诞生之初，就开始利用、学习和改造自然，并逐步意识到植物功能性状是植物对环境长期适应与进化的结果，并人为调控或筛选特定功能性状来实现农作物的高产优质。Violle 等（2007）明确指出在器官–个体–种群–群落–生态系统水平上，功能性状都具有其特定的适应或功能优化意义（图 17.2），并正式形成了功能性状的概念。该论文在发表 10 多年来，引用已超过 1300 次，可见其理念深受大家认可。虽然它没有明确给出生态系统功能性状的定义，却启发我们大胆地推测："作为一个鲜活的有机系统，生态系统是通过不断调节其结构或组成、辅以植物、动物和微生物功能性状的适应与演化，达到生态系统功能的优化并适应特定的环境"。即在生态系统尺度，

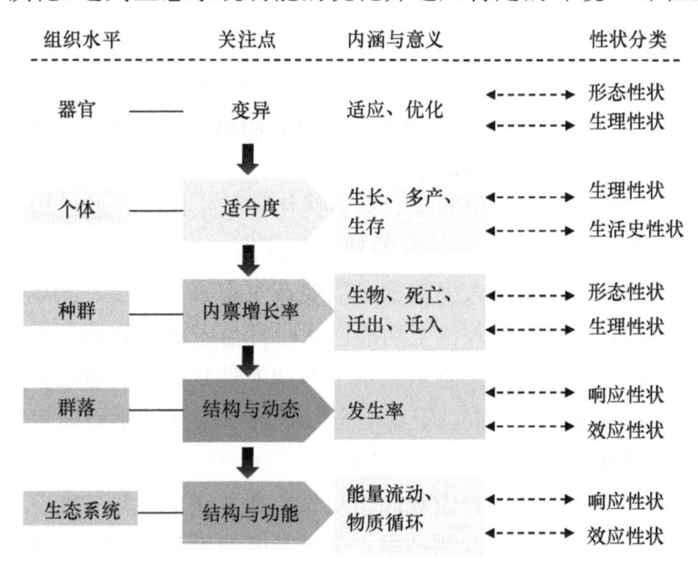

图 17.2　功能性状及其内涵从器官到生态系统水平的变化（改自 Violle et al.，2007）

群落功能性状对生态系统功能优化与环境适应也具有非常重要的作用（He et al.，2019；何念鹏等，2018a）。这可以部分解释上面提到的“结构不能很好地解释功能”“结构如何解释生态系统对环境适应、抗干扰能力和再生能力”等科学问题；同时，也为未来发展基于群落功能性状预测生态系统生产力时空变异提供了理论基础（何念鹏等，2018a；Zhang Y et al.，2021；He et al.，2023）。

综上所述，如何科学地发展可贯穿“器官–个体–种群–群落–生态系统”多个尺度的功能性状，是当前生态系统生态学自身发展的迫切需求。目前，功能性状在器官、个体、种群水平的生态学意义和功能已被大家所熟知和接受（Wright et al.，2004；Lu et al.，2017）。然而，受传统功能性状定义的约束和人们认识的局限性，当前绝大多数有关功能性状的研究都局限于器官、个体或种群水平，对群落尺度和生态系统尺度的功能性状研究相对较少（Wang et al.，2016；Zhang et al.，2018）。此外，已开展的群落、生态系统、区域甚至全球尺度功能性状研究工作，科学家们也都是采用直接平均方法来进行尺度推导（Wieczynski et al.，2019）。然而，自然群落尤其是天然森林群落，其结构和组成非常复杂，不同区域森林结构和组成存在很大差异，简单算术平均可能会对相关研究结论造成很大影响，其研究结论的科学性和准确性有待商榷（He et al.，2018a；Liu et al.，2018；Wang et al.，2015；Zhang et al.，2018，2021a）。因此，应尽量避免“物种水平简单平均=群落”的误区，使在群落和生态系统尺度的功能性状研究真正能接近自然、接近真实。这迫切需要破除传统概念的束缚，发展新的生态系统功能性状的概念、内涵、科学研究方法等。

此外，发展生态系统水平功能性状能更好地促使当前高速发展新技术在生态系统生态学研究中的运用，如遥感观测、通量观测和模型模拟技术，为传统功能性状研究与宏观生态学搭建一座桥梁。生态系统生态学研究若能借用上当前高速发展的新技术，可有力促进其自身研究手段和研究深度的快速发展。在遥感技术高速发展的现实背景下，其观测的部分参数如比叶面积、叶氮含量、光谱特征等，本身就是或非常接近生态系统功能性状，因此这些新技术和新参数可为生态系统生态学研究提供大量新数据和新思路。除此之外，生态系统功能性状有助于传统功能性状研究的成果真正服务于宏观生态学，实现从器官水平拓展到生态系统水平的美好愿景，拓宽传统功能性状研究的应用范畴，促进功能性状研究自身的发展。当然，群落水平或生态系统水平的功能性状参数能为遥感观测、通量观测和模型模拟提供验证、参数优化和结果比对，通过构建天–空–地立体的观测体系，提高人们对宏观生态研究的精度和深度（图 17.3）。众所周知，当前人类社会所面临的生态环境问题，绝大多数都是需要在生态系统尺度、流域尺度、区域尺度甚至全球尺度来解决。因此，突破传统功能性状研究与宏观生态研究间量纲不统一、尺度不统一的科学难题，发展新的生态系统水平的功能性状概念、方法和技术，是实现功能性状研究、生态系统生态学研究、宏观生态学研究或宏观地学研究等学科多赢的必然之路，这也是社会发展的迫切需求（图 17.4）。

新时代最显著的特征就是各种宏观高新科技突飞猛进的发展。生态系统生态学必须包容或接纳高速发展的新型立体观测技术。快速发展的天基和空基遥感观测技术、通量观测技术和模型模拟技术是生态系统生态学迎接新发展所必须要采用的，而生态系统生态学也必须要自我调整以使其更好地利用这些先进技术。然而，这些高新技术大都在单位空间（或单位土地面积）进行观测，其观测时间和空间尺度与地面生态观测的不匹配（图 17.4）。此外，这些高新技术除了对传统生态系统功能物质和能量的高频观测外，还可大量观测到与传统植物功能性状相关但又不完全相同的参数（Croft et al.，2017；Xu et al.，2020），这是生态系统生态学发展的新生长点和新机遇。然而，如何更好地应用这些高新技术满足当代生态系统生态学所面临的复杂需求，需要创新性地发展相关的概念框架或理论体系，甚至需要对生态系统生态学的经典研究框架进行补充和赋予新的内涵。

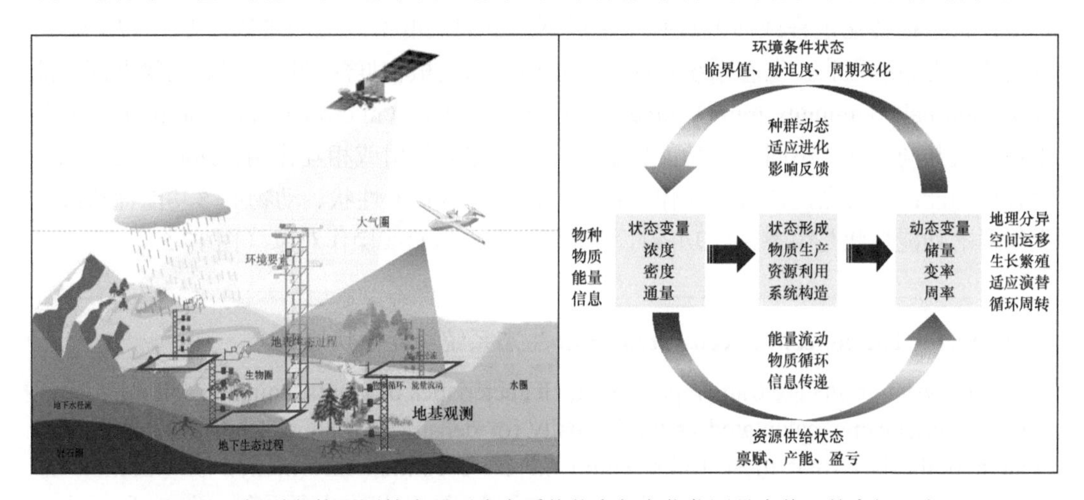

图 17.3　新型立体观测技术需要生态系统状态与变化监测具有统一的空间尺度

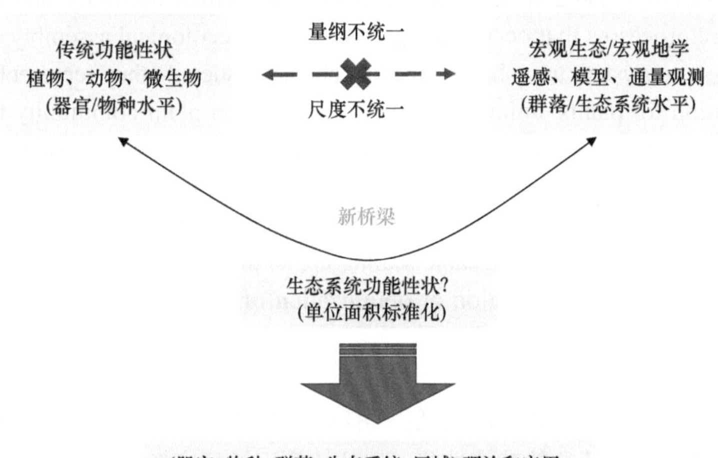

图 17.4　传统功能性状与宏观生态研究相联系的美好愿景和主要阻碍

17.2　生态系统功能性状的定义、内涵及部分研究案例

17.2.1　生态系统功能性状定义

虽然本书的相关论述大多是均基于植物群落功能性状（plant community traits）展开，

且植物群落功能性状是生态系统生态学应用高新技术的最重要方向。但是，为了进一步推动生态系统生态学或宏观生态研究，人们期望能将功能性状应用到更高或更宽广的学科范畴。因此，科学地定义生态系统性状（ecosystem traits），是满足生态系统生态学来自动物、植物和微生物等多学科综合研究的迫切需求。

生态系统功能性状被定义为在群落尺度能被单位土地面积标准化的、能体现生物（植物、动物和微生物）对环境适应、繁衍和生产力优化等的任何可量度的功能性状，常以单位面积的密度或强度的形式呈现（He et al.，2019）。该定义可一定程度解决各种功能性状指标转化过程或研究过程中，量纲或空间尺度不匹配的难题（专栏 17.1）。对特定的生态系统而言，生态系统功能性状均由一系列植物群落功能性状、动物群落功能性状（animal community traits）和微生物群落功能性状（microbial community traits）等生物要素共同组成；不同群落功能性状均起到特定的作用或相互作用，共同完成生态系统各项功能；换言之，在具体操作过程中，植物群落功能性状、动物群落功能性状或微生物群落功能性状是生态系统功能性状研究的核心单元或操作对象（图 17.5）。

专栏 17.1　The concept of ecosystem trait/生态系统功能性状的概念

Ecosystem traits are traits representing characteristics of plants, animals, soil microbes, or other organisms, calculated as the intensity (or density) normalized per unit land area. Our hypothesis is that these traits would therefore contain information of variation in community species composition and structure, including adaptation and sorting of species according to the biotic and abiotic environment, as well as their plasticity, and would reflect optimization of processes that occur during evolution and ecological assembly.

In practice, ecosystem traits have some key characteristics. 1) they represent community-scale information for plants, animals, and soil microbes, as plant community traits, animal community traits, and microbial community traits, and others; 2) they are calculated or normalized per unit land area as density or intensity, in order to enable *scale matching*; 3) they can be derived from trait measurements at organ or individual levels, and typically require community structural variables to enable scaling up; 4) they have specific ecological significance, and enable tests of adaptation or optimization of traits at community or ecosystem levels.

生态系统功能性状的核心内涵包括：①任何生态系统功能性状均以群落为对象被转化为以单位土地面积为基数的功能性状，如叶片面积经尺度拓展为叶面积指数，叶片干重经尺度拓展为叶生物量，叶片气孔密度经尺度拓展为单位土地面积的气孔个数，叶片碳、氮和磷含量经尺度拓展为碳密度、氮密度和磷密度等。②任何生态系统功能性状均是可测量或可推导的。原则上均是采用严格的群落生物量精细推导的，如结合叶片比叶面积群落加权法、或传统群落加权法、或其他各类基于物种水平的加权平均法。③任何生态系统功能性状应能从不同层面反映生物对环境的适应、繁衍或生产力形成，即具有明确的生态学意义（He et al.，2019；何念鹏等，2020）。在该理论体系中，生态系统功能性状是由一系列（植物、动物和微生物）群落功能性状共同组成，且在生态系统内相互作用和相互影响，体现对外界环境变化或扰动的响应与适应。必须指出，该概念框架或理论体系目前更多应用于植物群落功能性状，未来针对动物群落功能性状和微生物群落功能性状研究时，还会适当调整甚至是发展新的参数。

图 17.5　在群落尺度用单位土地面积标准化后的生态系统功能性状抽象示意图

17.2.2　生态系统功能性状拓展方法的发展

如何将器官水平测定的性状推导到群落，是科研人员面临的一个巨大挑战，目前已经取得了巨大进展，尤其是在植物群落功能性状方面。根据拟解决问题的不同，科研人员发展了多种尺度拓展方法：①不考虑植物群落结构的简单算术平均［式（17.1）］（Wright et al.，2017；Ma et al.，2018）。该方法在功能性状研究中被广泛使用，尤其在全国、洲际或全球的大尺度功能性状整合分析中是主要的尺度拓展途径。②考虑群落结构后［式（17.2）］，将不同物种相对丰富度或相对重要值作为功能性状推导的权重系数（Violle et al.，2007）。③考虑群落结构后［式（17.3）］，在物种和功能性状不匹配情景下对群落加权平均值的估算方法（Borgy et al.，2017）。仔细分析，我们不难发现式（17.1）至式（17.3）对功能性状的研究已经拓展到了群落，由于群落都有自身所特定对应的面积，而使其暗含单位土地面积，只是未强行进行单位为土地面积的转换（如氮、磷含量的单位仍然是 g/kg；比叶面积的单位 mm^2/mg；叶片气孔密度的单位 number/cm^2）。上述三种方法都可以看成是对物种水平的平均，应用于探讨群落或生态系统更高层次的过程和相互关系，尤其是用于探讨生态学中的个体–种群间相互作用、竞争与共存等。我们根据第 14 章对植物群落功能性状进一步发展，构建了其二维特征的概念；它们分别是表征单位面积效率的功能性状（效率性状，efficiency trait）和表征单位面积强度或数量的功能性状（强度性状，intensity trait）（Zhang Y et al.，2021）。通过上述三种方法推导的植物群落功能性状均属于“效率性状”，通常其数值大小与特定生态功能正相关；例如，某植物群落具有更高的叶片氮含量或更大的比叶面积，意味着该群落投入单位氮含量或单位叶面积将获得更高的生产力（Yan et al.，2022；Zhang et al.，2022）。

$$T = \sum_{i=1}^{n} T_i / n \tag{17.1}$$

$$T_{\text{CWM}} = \sum_{i=1}^{n} p_i T_i \tag{17.2}$$

$$T_{\text{CWM}} = \frac{\sum_{i=1}^{n} p_i \sum_{j=1}^{\text{NIV}_i} (T_{ij} / \text{NIV}_i)}{P_{\text{Cover}}} \tag{17.3}$$

式中，T 或者 T_{CWM} 为群落功能性状值，是一种均值的概念；CWM 为群落相对生物量（或相对丰富度，重要值等）加权的方法；p_i 为相对生物量（或相对丰富度，重要值等）；T_i 为群落中第 i 物种的功能性状值；n 为已知物种数量［式（17.1）］或群落中物种数量［式（17.2）］或群落中能与数据库中功能性状匹配的物种数量［式（17.3）］；T_{ij} 为第 i 物种在已有数据库中第 j 个功能性状值；NIV_i 为第 i 物种功能性状值在已有数据库中的重复数；P_{Cover} 为群落中能与数据库中功能性状匹配的物种累计相对生物量、或相对丰富度、或重要值（Borgy et al.，2017）。

当前生态系统尺度的功能或多功能几乎都是基于单位面积或体积来进行测定和模拟，如通量观测、模型模拟和遥感观测。因此，式（17.1）至式（17.3）无法解决尺度不匹配的问题，这也是目前研究发现植物功能性状（效率性状）对生产力时空变异解释度偏低的重要原因。由此可见，如何将器官水平测定的功能性状科学地推导到群落或生态系统水平、并与自然群落或生态系统功能相匹配仍然是一个巨大挑战；尤其是如何科学地推动获得植物群落功能性状中的强度性状，实现单位土地面积的转化，进而结合植物群落功能性状的二维特征来揭示生产力时空变异规律及其调控机制（Zhang Y et al.，2021；He et al.，2023；Yan et al.，2022）。

为了破解该重大技术难题，研究人员借用群落结构数据、每个物种比叶面积数据和异速生长方程数据等，发展了新的生态系统功能性状推导方法，并能将其标准化为单位土地面积上的群落功能性状，式（17.4）和式（17.5）分别为计算质量标准化和叶片面积标准化的功能性状（Zhang Y et al.，2021；Yan et al.，2022），这两个公式既考虑了复杂的群落结构，又实现了生态系统功能性状向单位土地面积转换的目的；因此，他们不仅可以用来探讨传统生态系统生态学中植物、动物和微生物间以及生物与非生物要素间的相互关系或相互作用，还可与生态系统功能相联系，更好地探讨生态系统水平功能性状与功能的关系及其影响机制（图 17.5 和图 17.6）。

$$\text{Trait}_{\text{eco}} = \sum_{j=1}^{4} \sum_{i=1}^{n} \text{OMI}_{ij} \times T_{ij} \tag{17.4}$$

$$\text{Trait}_{\text{eco}} = \sum_{i=1}^{n} \text{LAI}_i \times T_i \tag{17.5}$$

式中，功能性状分为质量标准化的功能性状（如单位叶片质量上的 N 含量）和面积标准化的功能性状（气孔密度，单位叶片面积上的气孔数量）。式（17.4）用于推导质量标准化的功能性状，式（17.5）用于推导叶片面积标准化的功能性状。$Trait_{eco}$ 为功能性状 T 的生态系统水平功能性状值，是一种累加的形式；n 为群落中的物种数量；OMI_{ij} 为群落中第 i 物种第 j 器官（叶、枝、干、根）质量指数；LAI_i 为群落中第 i 物种的叶面积指数，其算法是根据 i 物种的胸径、树高和一元或二元生长方程推导出该物种各器官的生物量，并根据比叶面积 SLA 将叶片生物量转为叶片面积，并将器官生物量或者叶片面积标准化在单位土地面积上；T_i 或 T_{ij} 为第 i 个物种的功能性状值或第 i 个物种在 j 器官上的功能性状值。在式（17.4）中，若功能性状在根–茎–叶–枝器官上不连续，则可忽略该器官的功能性状值的计算或归为 0 值，也可分别计算某一层次或亚层次的生态系统功能性状。如功能性状在植物–动物–微生物–土壤中是连续的（如氮含量），可以根据实际研究目进行推导。在此必须指出，在新的植物群落功能性状二维特征体系中，式（17.1）至式（17.3）的参数和结果，都可归咎为不同计算方法所获得的植物群落功能性状效率参数，从而实现对前人研究的继承与发展。

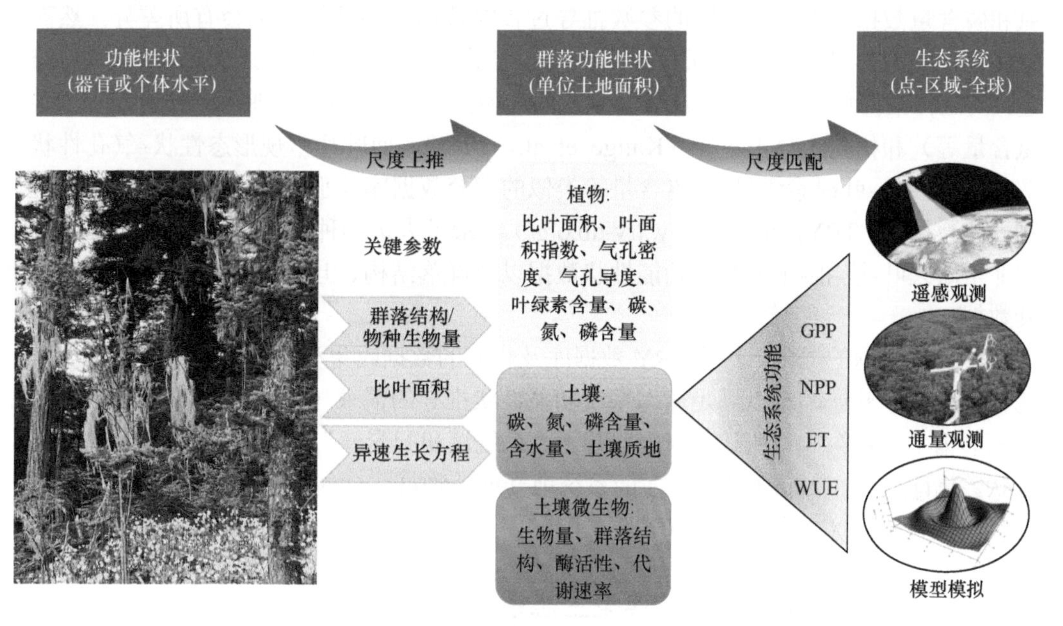

图 17.6　生态系统功能性状构建传统性状与宏观生态的桥梁与主要途径

生态系统功能性状的核心研究对象为植物群落功能性状，新概念体系下的植物群落功能性状与传统群落水平的功能性状既有本质区别，也存在内在联系。主要区别在于：第一，概念上生态系统功能性状是一种累加形式，而传统群落水平的功能性状是平均值形式，两者拟回答的科学问题不同。第二，生态系统功能性状需要更系统的数据，如准确匹配的群落结构–物种组成–功能性状–生物量方程，而传统群落水平的功能性状可以通过丰富度、重要值等进行估计。两者的内在联系在于，若传统群落水平的功能性状也能达到精准的数据要求，则生态系统功能性状与传统群落水平的功能性状可以通过叶面积（或器官质量）指数等重要参数进行转换。生态系统功能性状不是局限于单位土地面积上的功能性状，也可以是有两个或多个生态系统功能性状派生出的新功能性状，如单位土地面积上的氮含量和磷含量的比值（N∶P），比叶面积 SLA（单位土地面积上的叶片面积和叶片生物量的比值），这种派生的生态系统功能性状与传统群落水平的功能性状在数值上相同。此外，根据新发展的植物群落功能性状二维特征（详见第 14 章），可以清楚看出，先前未进行单位土地面积转化的群落功能性状主要属于效率性状，经过后续发展，单位面积转化的更多属于“数量性状”，两者是相互协作与补充的关系（Zhang Y et al.，2021；Yan et al.，2022）。

17.3　生态系统功能性状研究的案例

根据我们对生态系统功能性状的定义和内涵，需要将传统器官水平测定的功能性状科学地推导至基于单位土地面积的生态系统水平；因此，它对数据源的系统性要求非常高。以植物功能性状为例，为了实现器官水平测定的叶绿素含量、氮和磷含量的尺度外推，理论上需要详细的群落结构数据、每个物种的比叶面积数据和每个物种的叶绿素、氮和磷含量数据。当然，不同的参数推导过程对数据的系统性要求会有所差异。然而，纵观当前大尺度植物功能性状数据库，绝大多数都是采用收集公开数据的方法进行构建，其主体数据集中为植物叶片易于测定的功能性状（叶片大小、厚度、比叶面积、碳、氮含量等）和植物个体大小等（Kattge et al.，2011），而叶片常规形态性状–气孔性状–解剖结构性状–叶绿素含量–元素含量等类似的配套数据库几乎没有。例如，全球著名植物性状数据库（TRY，https://www.try-db.org/）收录了大量物种的功能性状数据，但 TRY 却非常缺乏叶-枝-根-干的配套功能性状数据以及群落结构、土壤微生物和土壤质地等配套数据。

受上述问题的局限，基于 TRY 数据库及相似的数据收集型数据库的绝大多数分析，均在物种水平开展，难以满足生态系统功能性状推导的需求（He et al.，2018b，2019）。如本书第 1 章和第 3 章所述，未来应基于“系统性和配套性”理念指导构建的新型功能性状数据库（如 China_traits），才能系统地开展植物群落功能性状或生态系统功能性状这类整合型研究（何念鹏等，2018a，2020）。

17.3.1　生态系统功能性状在典型生态系统中的应用

基于中国东部南北样带的 9 个典型森林生态系统的详细调查数据，并利用式(17.3)、式（17.4）和式（17.5），研究人员完成植物功能性状参数从器官水平到群落水平的推导，获得了相应的生态系统功能性状（He et al.，2019）。已完成推导的具体参数包括叶片常规形态特征、叶绿素含量、叶片非结构性碳水化合物、叶片气孔特征、叶片解剖结构特征、植物叶–枝–干–根的碳氮磷含量等，并从器官–物种–功能群–群落–生态系统角度探讨这些功能性状的纬度变异规律和主要影响因素（He et al.，2018a；Li et al.，2016，2018；Liu et al.，2018；Wang et al.，2016；Zhang et al.，2018）。除了叶绿素含量、叶片非结构性碳水化合物、叶片气孔特征、叶片解剖结构的大尺度空间变异特征均属全球首次报道外，还系统性地将功能性状研究从传统的器官尺度推导到了群落和生态系统尺度，为生态系统功能性状研究提供了可复制的案例与方法学依据，开拓了植物群落功能性状研究的新领域。

基于实测数据所推导的生态系统功能性状，在天然森林生态系统中建立了多个植物群落功能性状与生产力的定量关系，为生态系统功能性状与功能研究提供了有力的研究范例，也奠定了重要理论基础。长期以来，由于缺乏系统的功能性状调查数据，传统的“功能性状-功能”研究都局限在植物个体水平，或通过控制实验进行，其结论未得到大尺度的天然森林群落数据的验证；此外以“个体功能性状简单平均=群落功能性状”的方式进行尺度拓展难以适用于复杂的天然森林群落（Borgy et al.，2017; He et al.，2018b）。因此，如何建立功能性状与生产力的关系成为功能生态学领域研究的世界性难题（Reichstein et al.，2014）。何念鹏研究团队利用详细的调查数据和“群落结构+异速生长方程+比面积法”方法，突破了从器官–物种–群落推导的技术难题，并发现植物群落水平的气孔密度能解释水分利用效率 51%的空间变异（Liu et al.，2018）；类似地，从比叶面积、叶片解剖结构、叶绿素含量角度也分别建立了其与群落 GPP 的定量关系（He et al.，2018a；Li et al.，2018），为天然群落植物功能性状与功能定量关系的研究提供了可借鉴范例。虽然多个植物功能性状与 GPP 都显著相关，但它们单独解释度却都不高，因此有关“植物叶片多个功能性状协同是植物生产力优化重要机制”的假设是合理的，不能盲目地夸大单一功能性状的重要性。我们最近发表在 *Ecology* 的研究论文指出：即使是经典的群落叶片 N∶P 比，也难以很好的直接用于表征生态系统生产力空间变异（Zhang et al.，2022）。在植物功能性状网络理论发展中，研究人员明确提出“多种功能性状协同完成某种功能或任何功能均是多种功能性状协同完成”的观点，未来研究过程中应同时强调多种功能性状的共同贡献（He et al.，2020；Li et al.，2022）。

17.3.2　生态系统功能性状在全国尺度的研究案例

众所周知，宏观生态主要技术手段是在流域或区域尺度开展，能否提供与流域或区域尺度匹配的基于地面测定的生态系统功能性状数据，将是拓展功能性状研究领域或应用的重要基础。因此，除了在样地尺度完成生态系统功能性状的推导并建立群落功能性状与生产力和水分利用效率定量关系外，我们还以氮为例开展了全国尺度的生态系统功能性状推导与研究，既生态系统功能性状之氮。

生态系统的氮含量及其分配，是陆地生态系统重要的研究内容，也是生态系统功能性状的重要参数。研究人员利用前期收集的 16000 多个森林和草地地上生物量数据、15000 多个森林和草地地下生物量数据，结合 China_Traits 数据库植物叶–枝–干–根氮含量配套数据，生成了基于单位面积中国陆地生态系统叶、枝、干、根、0～20 cm 土壤和 20～100 cm 土壤的氮密度数据。有了这些数据，就可能给人们提供全新的分析角度。例如，探讨其含量和储量与空间变异格局，它们分别对应植物群落功能性状二维特征；分析生态系统内氮分配规律、氮含量与 GPP 和 NPP 间的关系；将生态系统功能性状之氮整合进入生态系统过程模型等（Zhang Y et al.，2021；He et al.，2023；Yan et al.，2022）。随着类似的生态系统功能性状参数或应用案例的增多，不仅有助于我们深入地开展生态系统生态学的研究，也有助于架起传统功能性状与宏观生态学的桥梁，更好地解决当前面临的生态环境问题。

17.4　生态系统功能性状对宏观生态研究的启示与挑战

生态系统功能性状概念体系的提出与发展，能够促进生态系统生态学、宏观生态学和宏观地学的快速发展，具体体现在以下几个方面。

17.4.1　发展了以群落功能性状为基础的生态系统生态学新研究框架

生态系统通常是指特定空间内植物群落、动物群落、微生物群落和环境因素共同组成。其结构主要是指这些要素的种类、大小、水平位置、空间位置或者是营养级位置、食物网位置；而功能多是指生态系统总初级生产力、净初级生产力、养分利用效率、水分利用效率、固碳能力、水土保持能力等。在传统研究中，由于生态系统功能性状概念体系的缺失，科研人员以往对功能性状的研究大多均是在器官或个体水平进行；在生态系统研究中，人们常不将其与结构和功能并行，从而产生了“结构–过程–功能”的经典框架（图 17.7）。基于该精度框架，科研人员围绕生态系统结构–功能关系及其对外界干扰的适应与响应等开展了大量研究工作，并试图建立生态系统结构和功能的定量关系并用于指导生产实践。生态系统功能性状概念体系的提出，将构建以功能性状为基础的生态系统生态学新研究框架，为解决当前生态系统生态学研究中许多难题提供新的探索途径（图 17.8）。

此外，作为一个复杂系统，生态系统具有复杂的自组织能力使其结构和功能达到最优化，更好地适应环境或抵抗外界干扰，甚至具有可再生能力。如前面所讨论的一样，生态系统结构本身难以直接实现相应的功能或体现对环境的适应，但在结构上可以通过调节物种组成（物种具有其特定的功能性状变异和适应范围），进而调节群落整体的功能性状特征来影响生态系统功能和适应性。Violle 等（2007）指出：在从器官到生态系统的整个体系中，功能性状都在适应环境和生产力优化等方面扮演了重要角色。随着生态系统功能性状概念体系、推导方法和可利用数据源的日益增加，必将促使生态系统生态学研究新模式的发展。基于上述总结与推导，我们提出了生态系统生态学研究的新模式［图 17.7（b)］。新框架在继承经典框架的基础上，引入功能性状理念并使其位于核心位置，这样可以帮助人们更好地研究生态系统结构–过程–功能的关系及其形成机制，还为人们探讨生态系统结构、过程和功能对全球变化、环境变化、环境扰动的响应与适应提供了新途径。

17.4.2　丰富了生态系统生态学的研究思路和技术途径

生态系统功能性状概念体系的提出和发展，为在生态系统尺度深入探讨植物、动物、土壤微生物功能性状的内部关系、协同或趋异规律提供了新思路，也可更好地探讨植物–动物–土壤微生物–土壤和气候等的相互作用和关系，并从功能性状角度揭示植物群落、动物群落和土壤微生物群落的构建与维持机制。理论上讲，生态系统生态学研究应基于

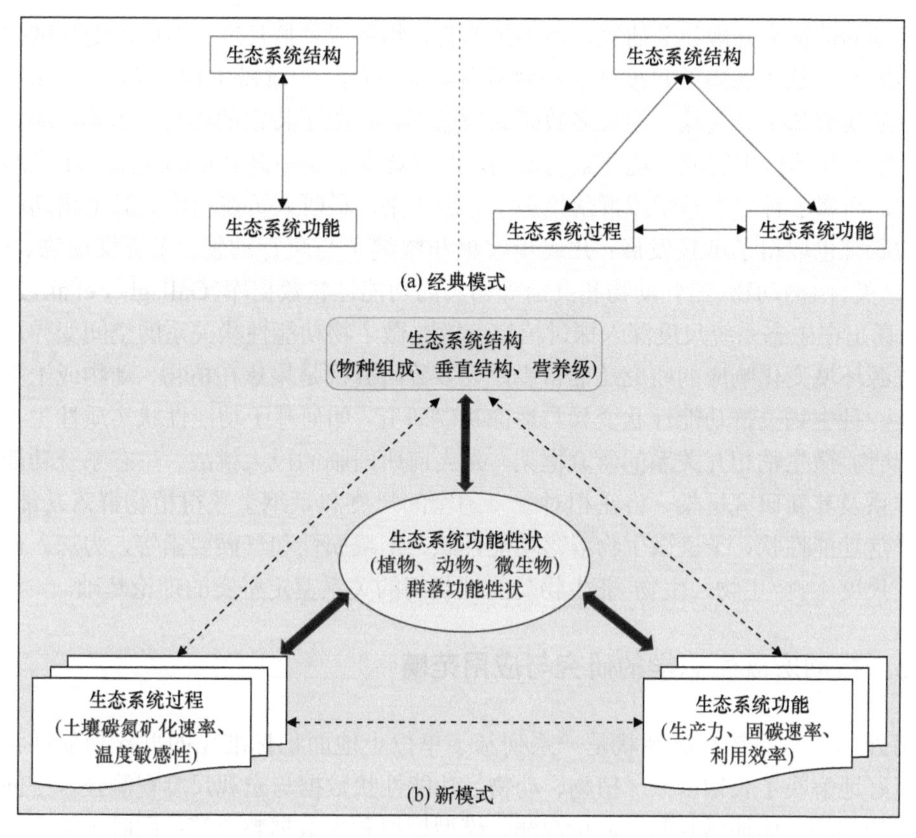

图 17.7　以生态系统功能性状为核心的生态系统生态学研究新模式

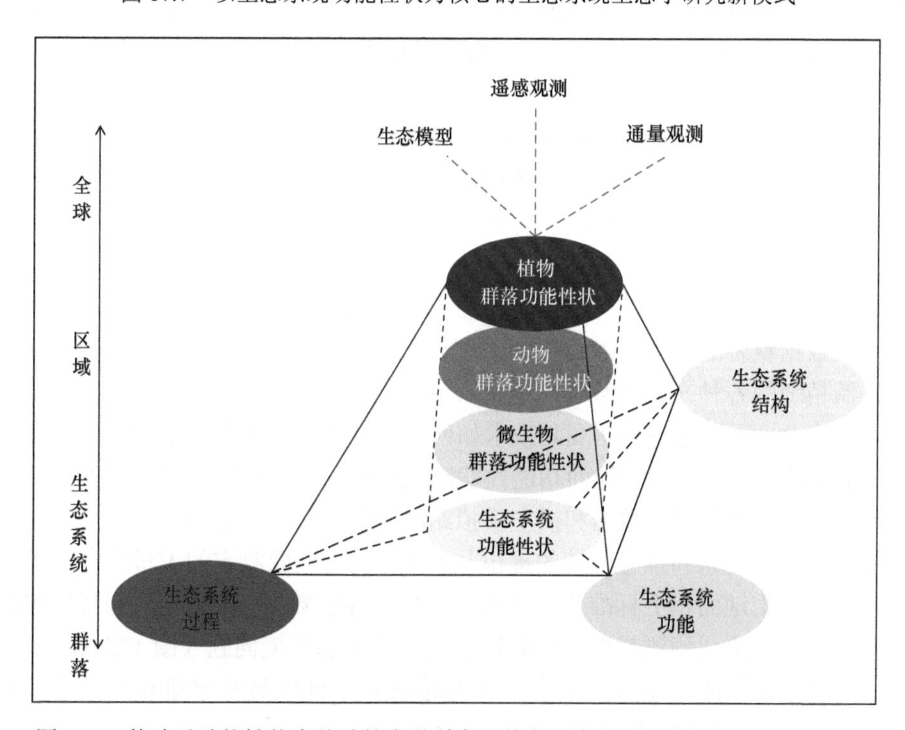

图 17.8　构建以功能性状为基础的多学科交叉的宏观生态学研究框架、理论和技术

群落尺度的数据来开展相关研究，而不是器官、物种或种群尺度；然而，受测试技术与理念的限制，从生态系统尺度开展植物群落–动物群落–土壤微生物群落–土壤和气候相互关系的研究却十分欠缺。绝大多数研究报道都是局限于特定的种类（植物、动物、土壤微生物）与其他生物或环境要素的影响，严格意义上说不是真正的生态系统生态学研究范畴，而属于种群生态学或群落生态学。近年来，科研人员在动物和微生物功能性状方面的研究也取得了迅猛发展；并逐步收集和整编了与爬行动物、无脊椎动物、鱼类、珊瑚、鸟类、两栖动物、哺乳动物和真菌等相关的功能性状数据库（Gallagher et al.，2020）。然而，真正在生态系统尺度深入探讨植物–动物–微生物功能性状关系的空间变异规律及其对资源环境变化响应的研究还非常少，大多数研究都是聚焦在植物、动物或土壤微生物的某一种生物类群功能性状变异与适应机制研究。如何基于功能性状实质性生态系统植物–动物–微生物相互关系的研究框架，是当前所面临的巨大挑战。生态系统功能性状概念体系及其新研究框架，将在相对统一的空间尺度和量纲上获得植物群落功能性状、动物群落功能性状、土壤微生物群落功能性状、土壤属性和气候要素等，为深入研究生态系统尺度生物–生物、生物–非生物功能性状间的关系奠定坚实的理论基础。

17.4.3 推动宏观生态学的研究与应用范畴

另外，生态系统功能性状是一系列基于单位土地面积标准化的群落功能性状的组合，很好地解决了长期以来（植物、动物）功能性状数据与宏观尺度观测技术空间尺度不匹配的问题，如遥感观测、通量观测、模型模拟和大数据整合等；同时也能充分利用各种高新技术发展所带来的大量新的数据源和获取数据的便利，推动生态系统生态学研究自身的发展（图 17.8）。随着宏观尺度的高新技术快速发展，将可能会产生更多或可用于解释生态系统结构、功能性状和功能的参数，如叶面积指数、比叶面积、荧光参数、群落结构参数等，未来必将成为相关领域新的生长点。因此，生态系统功能性状为构建地面测定与高新技术获取的数据间的桥梁奠定了坚实基础，将极大地推动生态系统生态学研究的发展。当然，其发展方向和发展程度还依赖于新技术的发展速度及其与生态系统生态学理论研究结合的紧密程度。

从技术手段来说，宏观生态学主要依赖于当前高速发展的遥感观测、通量观测、模型模拟和大数据整合的高新技术，随着这些技术的发展，人们可以获得越来越多的参数，尤其是日益精细的各种光谱参数和高精度雷达透视技术，将是未来宏观生态学发展和应用的利器。然而，无论这些高新观测技术如何发展，都需要生态系统的地面实测数据的支撑、验证和检验；先前由于地面功能性状测试数据与它们在空间尺度上的不匹配，导致许多遥感产品、通量观测数据和模型模拟结果难以被验证，难以提升精度。随着生态系统功能性状概念体系和推导方法的提出与发展，传统地面测定的大量生态参数将可能会被转化为单位土地面积上标准化的生态系统功能性状数据，用于验证宏观生态的主要技术，提高它们观测或预测精度，更好地解决各类生态环境问题（图 17.8）。

当前，全球变化的生态效应大多是在态系统水平或区域水平进行评估的。在利用 N∶P 变化来探讨养分限制性或未来氮磷沉降不对称的生态效应时，如果能用群落水平的 N∶P（群落内不同物种长期适应与权衡的整体表现形式）数据，其评估结果应该可以更准确。此外，也能为生态模型提供更多和更准确的关键参数，将显著提高其模拟精度（Connolly et al.，2013；Lu et al.，2017）。以 C∶N 为例，由于群落水平数据难以获得，大多数生态模型均使用个别物种数据或少数物种算术平均值来替代，一定程度影响了模型的拟合精度，但是可以提供更精确的群落水平 C∶N，降低关键输入参数的不确定性，可有效地提高相关模型的预测精度。生态系统功能性状的提出能促使更多植被功能性状纳入生态模型，为开发新一代模型奠定坚实基础（图 17.9）。

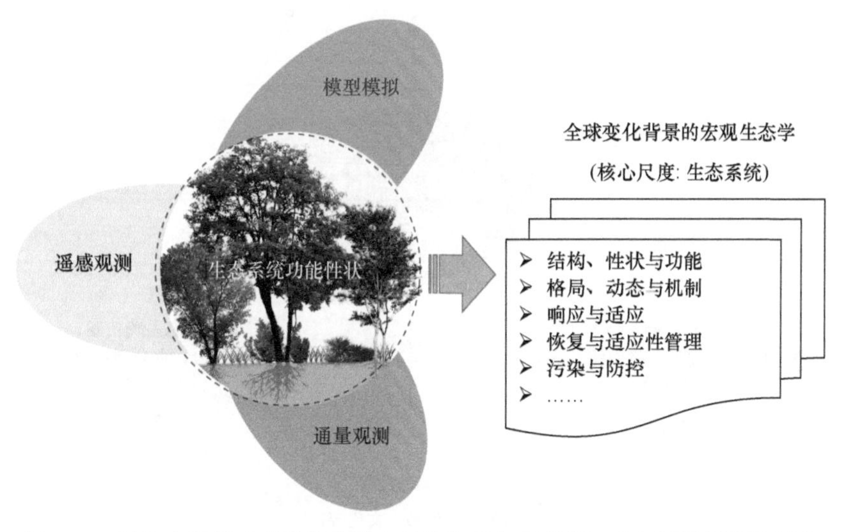

图 17.9　以生态系统功能性状为核心促进宏观生态研究技术与科学问题的解决

17.4.4　推动以功能性状为基础的多学科融合发展

功能性状从定义及其起源，就囊括了所有生物类群，如植物、动物、微生物等。因此，功能性状通常是指在个体水平上能影响生物生长、发育和繁殖的任何形态、解剖、生物化学、生理和物候学上能够遗传、相对稳定并可测量的特征参数（何念鹏等，2018b；He et al.，2020）。在复杂的自然生态系统中，植物功能性状、动物功能性状、微生物功能性状等既互相关联又相互独立，各具特色。因此，从多学科交叉融合的角度，植物功能性状作为其发展最快领域，其所发展的新概念、新方法、新技术可以为动物功能性状和微生物功能性状借鉴或改进，如不同器官间功能性状的协同和优化分配、功能性状网络、功能性状频谱、群落功能性状等。在相互促进与融合过程中，科研人员需要在尊重各种特色的基础上大胆创新。

生态系统功能性状是一系列基于单位土地面积群落功能性状的组合，可以很好地解决长期以来（植物、动物、微生物）功能性状数据与宏观尺度观测技术空间尺度不匹配的问题；同时充分利用各种高新技术发展和推动生态系统组分–结构–过程–功能–服务相贯通的整合生态学（integrative ecology）的理论框架构建（图 17.10）。随着宏观尺度的高新技术快速发展（遥感、雷达和通量观测），将可能会产生更多或可用于解释生态系统结构、性状和功能的参数，如叶面积指数、比叶面积、荧光参数、群落结构参数等，未来必将成为相关领域新的生长点。总之，为生态系统功能性状构建地面测试参数与高新技术的桥梁奠定了坚实基础，不仅可推动生态系统生态学自身的发展，还有助于宏观生态、宏观地学和遥感科学等多学科融合发展，更好地应对当前各类生态环境问题和全球变化问题。

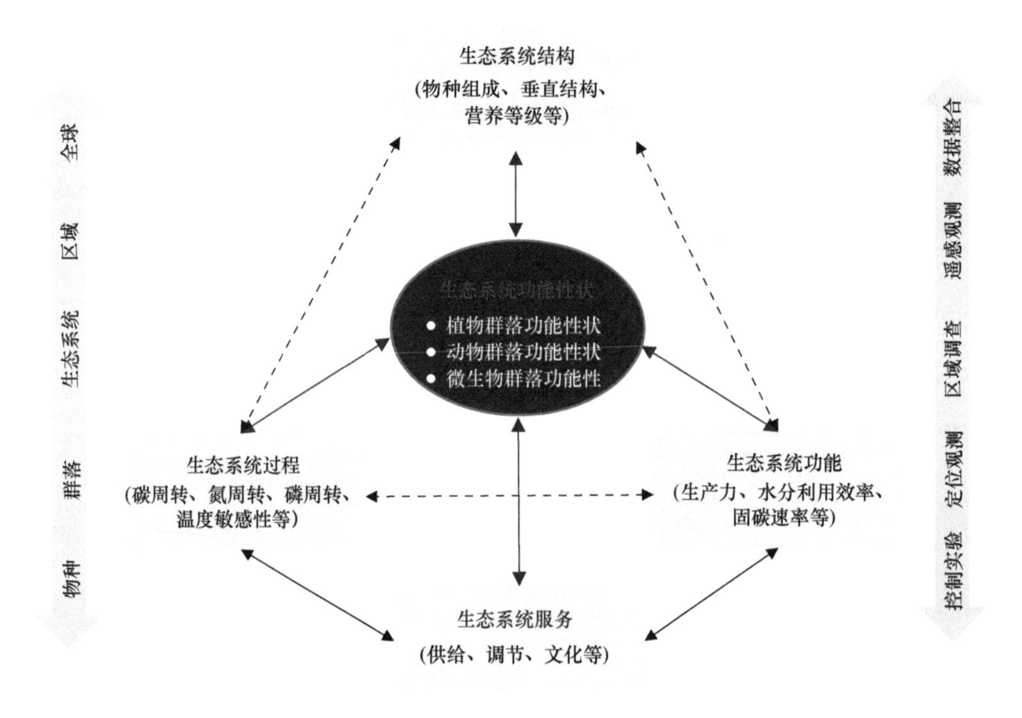

图 17.10　以功能性状为核心构建整合生态学研究的理论框架

17.5　生态系统功能性状发展与应用面临的主要困难与挑战

17.5.1　多学科交叉为特色的生态系统各学科来源名词能否统一？

生态系统生态学是一个特定空间范围内的以生态系统为研究对象的科学，因此其具有非常明确的学科交叉特性。由于各个学科在起源、研究对象等方面存在不同，使得描述生态系统内相似特征的名词多种多样。例如，性状（trait）来源于遗传学和生理学，但主要用于植物叶、枝、干、根；而其他学科却广泛使用特征（characteristics）、属性（property）、参数（parameter）等名词来描述生态系统不同组分。这些被广泛使用的名词，在各自学科上都具有合理性和溯源性；然而，在生态系统尺度，没有相对统一的名词，这将一定程度阻碍生态系统生态学的发展。理论上，由于他们的描述目的以及英文起源都非常相近；在本书中，我们强调在生态系统研究时的统一，并不排斥或抹杀各学科自身的特点或名词使用权。因此，在生态系统生态学研究过程，使用统一名词是可行的、必要的，是其学科自身发展的迫切需求。鉴于生态系统整体也具有适应性、抗性和再生能力的特征，建议将具有生物学特征的个体水平参数统一使用功能性状，如植物功能性状（叶、枝、干、根、花、果等）、动物功能性状、土壤微生物功能性状；而没有生物学特征的参数，如土壤参数、环境特征、气候因子等，建议沿用其原来的定义，但注意不要与功能性状相混淆。在群落尺度，建议采用群落功能性状（community traits）及其二维特征（效率性状和数量性状）来进行统一，如植物群落功能性状、动物群落功能性状、土壤微生物群落功能性状等，共同构成生态系统功能性状（ecosystem traits）。

17.5.2 如何解决生态系统功能性状推导过程以及功能性状与功能关系中的非线性问题？

尺度拓展过程中的非线性问题，是生态学所有分支学科共同面临的巨大挑战。从生态系统功能性状的基本定义看，必然具有将传统器官水平功能性状推导到单位土地面积的过程。因此，生态系统功能性状概念的进一步发展和应用必然要面临两个巨大的挑战：①在推导过程中，如何解决功能性状可能存在的非线性推导难题？②哪些功能性状可以推导至生态系统功能性状，哪些功能性状不能？③如何建立生态系统功能性状与功能的定量联系？在复杂的生态系统中，几乎每个功能性状都存在冗余、互补或竞争等复杂情况，使其推导过程、生态效应等均呈现出非线性问题（Croft et al.，2017）。更为重要的是，在复杂自然生态系统中，任何适应机制与功能优化机制都是通过多种功能性状协同来完成的，过分强调单一功能性状的重要性可能会得出错误的结论。例如，近期研究表明：植物群落的叶绿素含量仅能解释其 GPP 或 NPP 的 30%（Li et al.，2018），气孔导度和特性仅能解释水分利用效率（WUE）的 44%变异（Liu et al.，2018）。然而，如果我们引入新的植物群落功能性状特征后，就可以利用多种功能性状参数解释不同时空尺度的生产力变异（Li et al.，2021；Zhang Y et al.，2021；Yan et al.，2022）。虽然目前还面临巨大的困难与挑战，但生态系统功能性状开启了功能性状“从器官到生态系统、从理论发展到区域应用”的大门，未来值得期待。

17.5.3 如何快速拓展可用于推导生态系统功能性状的数据源

通过上述大量讨论，我们可以清楚地看出生态系统功能性状，尤其是动物和植物功能性状，需要大量的、系统性测定数据的支撑；因此，如何快速拓展可用于推导生态系统功能性状的数据源是一个重要瓶颈。目前，即使是世界著名的 TRY 数据库，因其缺乏群落结构数据且每个地点物种数有限，难以实现大面积植物群落功能性状的推导；因此，建立植物群落功能性状与物种数量的关系将成为未来研究的重要途径（He et al.，2018b）。然而，我们需要看到现实调查工作的另一面；在实际调查过程中，许多科学家在特定地点或多个地点，都开展了系统的群落结构与功能性状调查，但受传统概念的影响与个人理解的差异，这类系统性功能性状数据或群落数据很少被公布和积累下来。随着“系统性和配套性”数据库理念的建立、生态系统功能性状概念体系的发展与应用，将有助于这类系统性调查数据更好地保存下来，进而形成生态系统功能性状的重要数据源（He et al.，2019；何念鹏等，2020）。此外，世界各地的野外台站长期实验样地、生物多样性大样地等，都具有开展系统性功能性状调查数据的所有必要条件。随着生态系统功能性状概念、推导方法和应用的发展，人们拥有几百甚至上千个生态系统的新型功能性状数据库是完全可能的，并将极大地推动功能性状多维度研究、生态系统生态学自身研究及其与宏观生态相结合领域的发展。

尤其重要的是，生态系统功能性状概念体系为深入探讨群落尺度植物、动物、土壤微生物间的关系、协同或趋异规律等提供了新思路。然而，受测试技术、数据库、分析理念等的制约，目前相关研究还都被局限于植物群落功能性状；而真正开展动物和土壤微生物等群落功能性状的研究还比较罕见。未来如何将植物群落功能性状的概念、拓展方法和分析思路等拓展到动物和微生物？既是一个巨大的科学挑战，又蕴含着巨大的发展机遇。

17.6 小　　结

生态系统功能性状新概念框架和理论体系的提出与发展，是以前期大量研究和理论积累为基础。它不仅体现了生态系统生态学和功能生态学等学科自身的发展趋势，还具有明确的时代需求。虽然生态系统功能性状给我们呈现了一幅“功能生态学、生态系统生态学、宏观生态研究等”多学科融合发展的美好愿景，其在方法学完善和数据源匹配等方面仍需不断改进。尤其是这些基于植物功能性状发展的群落功能性状概念、拓展方法等是否适宜于动物和微生物，仍然处于萌芽的初期阶段，存在巨大的挑战。依托系统的和匹配的功能性状数据库，研究人员应围绕如下几个方面开展深入研究：①关键群落功能性状（植物、动物和微生物）的时空变异、演化趋势及其影响因素；②关键群落功能性状（植物、动物和微生物）的多尺度遥感观测技术；③基于关键群落功能性状（植物、动物和微生物）的生态系统生产力形成机制、物质循环和能量流动的调控机制；④关键群落功能性状（植物、动物和微生物）的高精度空间数据产品及其在区域生态环境保护与评估中的应用。总之，希望逐渐完善生态系统功能性状的基本概念体系，推动“以功能性状为基础的生态系统生态学研究”新框架的发展，推动以功能性状为基础的多学科（生态系统生态学、地学、遥感科学等）和多途径（控制实验、定位观测、区域调查、遥感观测、数据整合等）融合发展，发展新一代整合生态学，助力区域乃至全球生态环境问题的解决。

参 考 文 献

何念鹏, 刘聪聪, 徐丽, 等. 2018a. 植物性状研究之机遇与挑战: 从器官到群落. 生态学报, 38(19): 6787-6796.

何念鹏, 刘聪聪, 徐丽, 等. 2020. 生态系统性状对宏生态研究的启示与挑战. 生态学报, 40(8): 2507-2522.

何念鹏, 张佳慧, 刘聪聪, 等. 2018b. 森林生态系统之性状的空间格局与影响因素: 基于中国东部样带整合分析. 生态学报, 38(18): 6359-6382.

于贵瑞. 2009. 人类活动与生态系统变化的前沿科学问题. 北京: 高等教育出版社.

Borgy B, Violle C, Choler P, et al. 2017. Sensitivity of community-level trait-environment relationships to data representativeness: A test for functional biogeography. Global Ecology and Biogeography, 26: 729-739.

Chapin III F S, Matson P A. 2011. Principles of Terrestrial Ecosystem Ecology. New York: Springer.

Connolly J, Bell T, Bolger T, et al. 2013. An improved model to predict the effects of changing biodiversity levels on ecosystem function. Journal of Ecology, 101: 344-355.

Cornelissen J H C, Lavorel S, Garnier E, et al. 2003. A handbook of protocols for standardised and easy measurement of plant functional traits worldwide. Australian Journal of Botany, 51: 335-380.

Croft H, Chen J M, Luo X Z, et al. 2017. Leaf chlorophyll content as a proxy for leaf photosynthetic capacity. Global Change Biology, 23: 3513-3524.

Gallagher R V, Falster D S, Maitner B S, et al. 2020. Open Science principles for accelerating trait-based science across the tree of life. Nature Ecology and Evolution, 4: 294-303.

Gravel D, Bell T, Barbera C, et al. 2011. Experimental niche evolution alters the strength of the diversity-productivity relationship. Nature, 469: 89-92.

He N P, Li Y, Liu C C, et al. 2020. Plant trait networks: improved resolution of the dimensionality of adaptation. Trends in Ecology and Evolution, 35: 908-918.

He N P, Liu C C, Piao S L, et al. 2019. Ecosystem traits linking functional traits to macroecology. Trends in Ecology and Evolution, 34: 200-210.

He N P, Liu C C, Tian M, et al. 2018a. Variation in leaf anatomical traits from tropical to cold-temperate forests and linkage to ecosystem functions. Functional Ecology, 32: 10-19.

He N P, Liu C C, Zhang J H, et al. 2018b. Perspective and challenges in plant traits: From organs to communites. Acta Ecologica Sinica, 38: 6787-6796.

He N P, Yan P, Liu C C, et al. 2022. Predicting ecosystem productivity based on plant community traits. Trends in Plant Science, 28(1): 43-53.

Hodapp D, Hillebrand H, Blasius B, et al. 2016. Environmental and trait variability constrain community structure and the biodiversity-productivity relationship. Ecology, 97: 1463-1474.

Huang Y, Chen Y, Castro I N, et al. 2018. Impacts of species richness on productivity in a large-scale subtropical forest experiment. Science, 362: 80-83.

Kattge J, Diaz S, Lavorel S, et al. 2011. TRY-a global database of plant traits. Global Change Biology, 17: 2905-2935.

Kunstler G, Falster D, Coomes D A, et al. 2016. Plant functional traits have globally consistent effects on competition. Nature, 529: 204-208.

Li N L, He N P, Yu G R, et al. 2016. Leaf non-structural carbohydrates regulated by plant functional groups and climate: Evidences from a tropical to cold-temperate forest transect. Ecological Indicators, 62: 22-31.

Li Y, Li Q, Xu L, et al. 2021. Plant community traits can explain variation in productivity of selective logging forests after different restoration times. Ecological Indicators, 131: 108181.

Li Y, Liu C C, Sack L, et al. 2022. Leaf trait network architecture shifts with species-richness and climate across forests at continental scale. Ecology Letters, 25: 1442-1457.

Li Y, Liu C C, Zhang J H, et al. 2018. Variation in leaf chlorophyll concentration from tropical to cold-temperate forests: Association with gross primary productivity. Ecological Indicators, 85: 383-389.

Lindeman R. 1942. The trophic-dynamic aspect of ecology. Ecology, 23: 399-417.

Liu C C, He N P, Zhang J H, et al. 2018. Variation of stomatal traits from cold temperate to tropical forests and association with water use efficiency. Functional Ecology, 32: 20-28.

Lu X J, Wang Y P, Wright I J, et al. 2017. Incorporation of plant traits in a land surface model helps explain the global biogeographical distribution of major forest functional types. Global Ecology and Biogeography, 26: 304-317.

Ma Z Q, Guo D L, Xu X L, et al. 2018. Evolutionary history resolves global organization of root functional traits. Nature, 555: 94-98.

Moretti M, Dias A T C, de Bello F, et al. 2017. Handbook of protocols for standardized measurement of terrestrial invertebrate functional traits. Functional Ecology, 31: 558-567.

O'Connor M I, Gonzalez A, Byrnes J E K, et al. 2017. A general biodiversity-function relationship is mediated by trophic level. Oikos, 126: 18-31.

Odum H T. 1957. Trophic structure and productivity of Silver Springs, Florida. Ecological Monographs, 27: 55-112.

Reichstein M, Bahn M, Mahecha M D, et al. 2014. Linking plant and ecosystem functional biogeography. Proceedings of the National Academy of Sciences of the United States of America, 111: 13697-13702.

Schleuning M, Frund J, Garcia D. 2015. Predicting ecosystem functions from biodiversity and mutualistic networks: an extension of trait-based concepts to plant-animal interactions. Ecography, 38: 380-392.

Snelgrove P V R, Thrush S F, Wall D H, et al. 2014. Real world biodiversity-ecosystem functioning: A seafloor perspective. Trends in Ecology and Evolution, 29: 398-405.

Tansley A G. 1935. The use and abuse of vegetation concepts and terms. Ecology, 16: 284-307.

Violle C, Navas M L, Vile D, et al. 2007. Let the concept of trait be functional! Oikos, 116: 882-892.

Wang R L, Yu G R, He N P, et al. 2015. Latitudinal variation of leaf stomatal traits from species to community level in forests: Linkage with ecosystem productivity. Scientific Reports, 5: 14454.

Wang R L, Yu G R, He N P, et al. 2016. Latitudinal variation of leaf morphological traits from species to communities along a forest transect in eastern China. Journal of Geographical Sciences, 26: 15-26.

Wieczynski D J, Boyle B, Buzzard V, et al. 2019. Climate shapes and shifts functional biodiversity in forests worldwide. Proceedings of the National Academy of Sciences, 116: 587-592.

Wright I J, Dong N, Maire V, et al. 2017. Global climatic drivers of leaf size. Science, 357: 917-922.

Wright I J, Reich P B, Westoby M, et al. 2004. The worldwide leaf economics spectrum. Nature, 428: 821-827.

Xu L, H, N P, Yu G R. 2020. Nitrogen storage in China's terrestrial ecosystems. Science of the Total Environment, 709: 136201.

Yan P, Li M X, Yu G R, et al. 2022. Plant community traits associated with nitrogen can predict spatial variability in productivity. Ecological Indicators, 140: 109001.

Zhang J H, Hedin L O, Li M X, et al. 2022. Leaf N∶P ratio does not predict productivity trends across natural terrestrial ecosystems. Ecology, doi: 10.1002/ecy.3789.

Zhang J H, Li M X, Xu L, et al. 2021. C:N:P stoichiometry in terrestrial ecosystems in China. Science of the Total Environment 795: 148849.

Zhang J H, Zhao N, Liu C C, et al. 2018. C:N:P stoichiometry in China's forests: From organs to ecosystems. Functional Ecology, 32: 50-60.

Zhang Y, He N P, Li M X, et al. 2021. Community chlorophyll quantity determines the spatial variation of grassland productivity. Science of the Total Environment, 801: 149567.